ESSAI

DE

PHYTOSTATIQUE.

NEUCHATEL. — IMPRIMERIE DE H. WOLFRATH.

ESSAI

DE

PHYTOSTATIQUE

APPLIQUÉ À

LA CHAINE DU JURA

ET AUX CONTRÉES VOISINES,

OU

Étude de la dispersion des plantes vasculaires envisagée principalement
quant à l'influence
DES ROCHES SOUJACENTES;

PAR

JULES THURMANN,

Ancien Directeur de l'École normale du Jura bernois.

Membre de la Société géologique de France, de la Société helvétique des sciences naturelles, des Sociétés
d'histoire naturelle de Metz, Strasbourg, Fribourg en Brisgau et Berne, membre associé des Académies
de Besançon et Turin, Président de la Société jurassienne d'Émulation

Tome Premier.

BERNE.

CHEZ JENT ET GASSMANN, LIBRAIRES.

Soleure, même maison.

1849.

Aux frais de l'auteur.

« Pená voluptate, quâ Dei operum mirabilium contemplatio sapientis præcordia pertentat, lætus fruere. » *Gaudin, Flora helvetica.*

« Il n'est aucun voyageur qui ne puisse faire quelque bonne observation et apporter au moins une pierre digne d'entrer dans la construction de ce grand édifice. » *Saussure, Agenda.*

« Il n'est pas douteux que de bonnes cartes géologiques ne puissent être d'un très-utile usage dans les herborisations et n'aident à constater un jour des rapports qu'on n'aperçoit encore que trop vaguement. » *Adrien de Jussieu.*

« Le tracé des premiers chemins à travers les obstacles d'une contrée nouvelle est souvent plus pénible que ne le sera ensuite leur transformation définitive en vastes chaussées » *Watson, Remarks.*

« Nous sommes amenés à conclure que, dans l'état actuel de la science, la question de l'influence des propriétés chimiques des terrains est du nombre de celles où la physiologie végétale doit chercher un appui dans la géographie botanique, plutôt que le lui fournir. » *Schouw. Pflanzen-Geographie.*

« Ceux qui ont été bercés dans le parfum de ses vallons, ceux qui ont respiré l'air pur de ses montagnes, emportent à jamais au fond de leur cœur l'amour de sa grâce et de sa majesté. » *Marmier, Sour de Franche-Comté.*

« La nature est dans chaque coin de la terre le reflet du tout. » *De Humboldt, Cosmos.*

A Monsieur Charles Martins,

Professeur à l'École de médecine et à la Faculté des sciences de Paris, Secrétaire de la Société géologique de France, Membre de la Commission scientifique du Nord, Fondateur de l'Annuaire météorologique de France, etc. etc.

Monsieur et honorable ami,

Du sommet des plus hautes Alpes, vous avez vu souvent se dérouler le panorama des contrées savoisiennes, helvétiques, francomtoises et souabes, avec leurs verdoyantes vallées sillonnées par le Rhône ou le Rhin, étincelantes de cent lacs, coupées par les blanches crêtes du Jura, couronnées au loin par les ballons brumeux des Vosges et de la Forêt-Noire. Tandis que voyageur courageux non moins qu'observateur habile, vous plantiez au sommet du Mont-Blanc le même guidon qu'avaient agité les brises de Laponie, l'ami qui vient vous dédier cet essai parcourait en modeste promeneur le champ d'étude que vous embrassiez du regard, et tentait de deviner le secret de quelques-unes des lois qui régissent la dispersion végétale. Où ce travail qui combine des notions tour-à-tour botaniques, climatologiques et géologiques trouverait-il un plus bienveillant patronage qu'auprès de vous, à la fois botaniste, météorologiste et géologue? A qui pourrait s'adresser cette excursion sur sol gaulois et germain mieux qu'à vous, l'initié à la science des deux nations et leur interprète mutuel? Et si ce livre est assez heureux pour renfermer quelque donnée utile, quelque fait nouveau, quelque trait révélé par la vie des montagnes, qui saura les y découvrir mieux que le popularisateur dévoué, le promoteur du véritable esprit d'observation, le maître si chaleureusement inspiré par l'amour de la nature? Permettez-moi donc dans mon intérêt de placer votre nom à la tête de cet ouvrage. Veuillez l'accepter, en outre, comme un témoignage de ma haute estime et de mon affection.

JULES THURMANN.

PRÉFACE.

La géographie botanique présente le tableau des faits de dispersion végétale et les met en rapport avec leurs causes. L'expression de *phytostatique* qui a déjà été employée par quelques observateurs, satisfait bien à cette définition. Elle est plus générale et plus exacte que celle de *géographie botanique* qui, en éveillant particulièrement l'idée descriptive dans de grandes proportions, n'implique aussi bien, ni le point de vue topographique, ni le côté spéculatif de l'étude stationnelle. Elle est en outre plus courte et susceptible de modifications commodes. Après quelque hésitation, nous nous sommes décidés à l'employer dans cet ouvrage (¹).

Quelqu'ait été sur chaque point de notre terre la combinaison essentielle et primitive des éléments du monde organique qui a donné lieu à sa flore, il est évident que celle-ci est immédiatement entrée sous la dépendance des facteurs physiques propres à ce point. Il y a donc, réciproquement, au fond de toute flore, un fait de création élémentaire et originelle, inappréciable dans ses causes, comme fortuit pour nous, dominé et réglé à certains égards par les agents extérieurs, mais échappant à leur action en ce qu'il offre (qu'on nous permette cette expression) d'ethnologique. Ainsi en envisageant les diverses parties du tapis végétal qui couvre le globe, et en les circonscrivant en *provinces* caractérisées par la prédominance de certains plans organiques, les flores de ces provinces ne sont pas nécessairement l'expression des facteurs physiques, et aux mêmes facteurs peuvent correspondre des flores dif-

(¹) Les expressions de *statistique botanique*, *phytostatistique*, *phytogéographie*, qui ont aussi été essayées, et sont en partie plus exactes que celle de géographie botanique, offrent l'inconvénient d'être, les unes mal composées, les autres non modifiables, toutes plus longues que celle

férentes. Mais, dans chacune de ces provinces ainsi limitées, le fait des diversités primitives se trouvant éliminé ou réduit, la végétation entre nécessairement en rapport plus étroit avec ces agents extérieurs, puisque chaque organisme n'y est viable qu'avec eux et par eux. Et, bien que de semblables provinces soient plutôt une abstraction qu'une réalité naturelle, mieux elles seront circonscrites, et plus la mise en relation de leurs faits phytostatiques avec les facteurs physiques sera légitime et abordable.

Il y a donc en géographie botanique deux parties réellement distinctes, bien qu'elles aient des points de contact. L'une trace le tableau des grands faits de distribution ethnologique, divise le globe en provinces et caractérise celles-ci botaniquement. Elle peut parfois mettre ces faits en parallèle avec les facteurs extérieurs sur une grande échelle, mais elle est essentiellement descriptive et ne saurait échapper à une large part d'influence des causes élémentaires, influence variable à facteurs égaux. L'autre, au contraire, envisageant ce qui se passe dans une province végétale, n'a plus à faire qu'une moindre part à la dispersion fortuite, et peut ramener les faits observés aux combinaisons des facteurs physiques sous l'empire desquels ils se trouvent plus exclusivement placés. La première parcourt une série de tableaux botaniques en les mettant en regard des grands phénomènes climatologiques et telluriques auxquels ils sont synchrones sans en découler nécessairement. La seconde prend en particulier chacun de ces tableaux et détermine le concours d'agents climatologiques, physiques, géologiques, chimiques, etc., qui est la cause capitale des divers contrastes qu'on y remarque. — L'une est la *phytostatique géographique*, comme l'ont envisagée principalement les créateurs de la science, tels que Tournefort, Linné, Decandolle, MM. de Humboldt, de Buch, Link, Schouw, Wahlenberg, Robert Brown, Friese, etc., et comme l'ont traitée, en général, les géographes et les botanistes proprement dits. L'autre est la *phytostatique topographique* telle que l'ont considérée plus

de *phytostatique*. Quant à celle-ci, au lieu de : la *géographie botanique*, des *données géographico-botaniques*, les *botanistes-géographes* ou les *géographes-botanistes*, n'est-il pas plus clair et plus court de dire : la *phytostatique*, des *données phytostatiques*, les *phytostaticiens*, de même qu'on dit la *statistique*, des *données statistiques* et les *statisticiens*? La substitution que nous proposons offre les mêmes avantages que celle des expressions de *phytographie*, *phytographique* et *phytographes* souvent admises maintenant pour *botanique descriptive*, *ayant rapport à la botanique descriptive* et *botanistes descripteurs*. Nous pensons, du reste, qu'on ne fera pas à l'expression de phytostatique le reproche de porter plus particulièrement sur la notion de poids ou d'équilibre, comme cela a lieu dans *statique* ou *hydrostatique* dérivés du même radical. L'idée de *situation* se trouve aussi au fond de ces deux mots, bien que restreinte à certains rapports, parce que là tout roule sur des forces, des quantités. Le sens essentiellement *stationnel* que l'on a attaché au mot *phytostatique* est donc en réalité tout-à-fait légitime et conforme à l'étymologie.

exceptionnellement ces mêmes savants, et plus spécialement, dans ces derniers temps, un certain nombre d'observateurs éminents, comme MM. Watson, de Brébisson, Unger, de Mohl, Boussaingault, Martins, Heer, Desmoulins, Grisebach, A. Decandolle, Dove, Forbes, Quételet, Schnitzlein et Fricklinger, etc., sous des points de vue du reste très-variés.

Les facteurs étudiés sont essentiellement le climat et le sol. Le premier est une fonction complexe de toutes les données météorologiques. Les roches soujacentes jouent un rôle principal dans les propriétés du second. Tous deux agissent et réagissent l'un sur l'autre. L'influence de ces agents combinés est devenue une étude spéciale qui, partant des faits de détail, élèvera peut-être un jour plusieurs de ses interprétations aux grandes généralités géographiques. — C'est dans les limites de cette branche de la phytostatique que se meuvent les données et les conséquences abordées par la présente étude d'un district de l'Europe centrale.

La marche des sciences d'observation qui fournissent des données à la question de phytostatique traitée dans cet ouvrage a été si rapide ces derniers temps, et durant son impression même, qu'il aurait été convenable d'y introduire plusieurs développements et modifications. Nous avons dû en reporter quelques-uns à la fin du second volume, où nous prions le lecteur de les consulter à mesure.

La géographie botanique dans ses diverses parties est une science en voie de construction. La phytographie, la climatologie, la géologie, la physique, la chimie, l'agriculture y apportent rapidement leur contingent de faits qui un jour seront coordonnés en un corps de science à peine ébauché en ce moment. En attendant, rien n'est plus difficile que de réunir toutes ces données éparses, et d'en tenir compte pour les faire converger vers un point commun qu'il s'agit d'éclairer

Les beaux rapports annuels de M. Grisebach sont, à notre connaissance, la seule *Revue* qui groupe périodiquement les faits spéciaux de géographie botanique, et ils rendent à cet égard de précieux services. En outre, grâce aux excellents journaux botaniques allemands, il n'est pas impossible à un observateur isolé de se tenir à-peu-près au courant du mouvement des publications en Allemagne, Angleterre, etc., sauf cependant en ce qui concerne certains rapports plus particulièrement météorologiques ou géologiques de notre étude. L'absence de feuilles semblables en France rend la chose plus

difficile pour cette contrée. On est obligé d'y rechercher les renseignements
phytostatiques dans des recueils scientifiques, soit généraux, soit consacrés
à d'autres spécialités, où l'on ne trouve qu'un tableau incomplet de l'état des
choses, surtout relativement aux publications provinciales. Il en résulte que
des productions parfois intéressantes au point de vue de quelque travail particulier échappent aisément, non-seulement à l'étranger, mais même aux na-
tionaux comme nous pourrions en citer des exemples frappants. Et cependant
les sciences qui fournissent des données essentielles ou accessoires à la phytostatique, ont pris en France dans ces dernières années un essor tout nouveau, tant dans les départements qu'à Paris. Sous les auspices de plusieurs
noms illustres depuis longtemps inscrits dans l'histoire de la botanique, la
phytographie des phanérogames voit s'élever une école nouvelle qui explore
avec activité le sol français et dont les travaux viennent se résumer dans la
belle Flore de France de MM. Grenier et Godron. La climatologie française fait
en ce moment un pas immense sous le patronage de MM. Martins, Hæghens,
Bérigny, Quételet, Fournet, Lortet, etc. Les divers rapports entre la végétation et les sols deviennent l'objet de publications croissantes, non-seulement au point de vue purement chimique ou physiologique, mais en prenant
en considération plus particulière, soit les bases géologiques, soit les grands
phénomènes de dispersion végétale, comme l'on fait MM. de Brébisson, Sauvanaud, Thiolière, Desmoulins, Duchartre, Durocher et M. Boubée qui le
premier, à notre connaissance, a mis spécialement en relief le côté agricole
des sciences géologiques dans plusieurs ouvrages populaires remplis de vues
utiles. En outre, les données de géographie physique ou minérale, à côté
d'une foule d'autres purement géognostiques, s'accumulent rapidement dans
les bulletins de la société géologique de France, et, par ses soins, le tableau
complet de la science actuelle dans les deux mondes se déroule en une vaste
galerie sous la plume d'un de ses plus habiles rapporteurs. Enfin, depuis
quelques années, la critique scientifique est habilement popularisée dans les
grands journaux et les *feuilles illustrées,* par plusieurs écrivains remarquables
chez lesquels l'élégance de la manière et le brillant du style n'excluent plus
la solidité comme cela s'est vu longtemps.

Et cependant, comme nous l'avons dit, les détails des divers travaux relatifs à notre sujet spécial sont souvent d'un accès difficile faute d'un journal qui en résume le mouvement particulier. C'est ainsi que sans quelques
ouvrages récents qui, bien qu'adressés aux gens du monde, n'en rendent pas
moins de véritables services scientifiques (¹), nous aurions peut-être ignoré

(¹) Notamment la *Patrie* et le *Million de faits.*

plusieurs opuscules français qu'il était utile de consulter. Malgré cela, nous n'avons connu que tard des publications de la priorité desquelles nous aurions dû mieux tenir compte.

En général le lecteur voudra bien considérer qu'il nous a fallu avoir recours à des notions si diverses et à des données tellement disséminées, qu'il ne serait pas surprenant que nous eussions involontairement négligé quelque travail important. Enfin nous le prions aussi d'envisager particulièrement dans ce livre la partie positive destinée à établir *par des faits* les rapports phytostatiques, déclarant du reste attacher beaucoup moins de valeur à ce qui nous serait échappé d'aperçus hasardés, notamment en ce qui concerne la part d'action chimique des roches soujacentes, action sur laquelle les chimistes présentent entr'eux des opinions diamétralement opposées.

En terminant cet avant-propos, j'ai à remplir un devoir qui m'est bien agréable, c'est celui d'exprimer ma reconnaissance aux observateurs assez nombreux qui ont bien voulu me seconder par leurs bienveillantes communications. Ce travail a été primitivement entrepris par les conseils et sous la direction de mes respectables amis, feu MM. les professeurs Nestler et Voltz, de Strasbourg, enlevés l'un et l'autre si prématurément à la science. Éloigné des grands centres scientifiques, j'ai été secondé avec une extrême obligeance dans la partie littéraire de mes recherches par M. le professeur Martins, de Paris. M. Shuttleworth, de Berne a mis à ma disposition sa précieuse bibliothèque, et j'ai puisé dans ses conversations plus d'un aperçu qu'il reconnaîtra dans le cours de cet ouvrage. Je dois à M. Guthnick, outre de nombreux renseignements, des florules spéciales de divers points des Alpes bernoises ; à l'un des savants auteurs de la *Flore de France*, M. Grenier, de Besançon, des secours scientifiques de toute espèce ; à M. Garnier, de Salins, un catalogue manuscrit des plantes du Jura renfermant une foule de données importantes sur la partie occidentale de ces montagnes ; à M. Parisot, de Béfort, la liste des plantes comprises entre le Jura bernois et les Vosges méridionales ; à l'auteur de la *Flore jurassienne*, M. Babey, la communication d'une partie de son ouvrage avant la publication ; à M. Gibollet, de Neuveville, une énumération inédite des espèces de cette lisière du Jura ; à M. Lesquereux, de Fleurier, d'importantes données sur la dispersion des mousses avec une riche collection à l'appui ; à l'un des respectables doyens de la botanique française, M. Mougeot, diverses directions et renseignements précieux ; à M. Bernard, de Nantua, un catalogue fort important de plantes du Bugey et de quelques parties de la Savoie ; à M. Contejean, de Montbéliard, diverses notices sur les environs de cette ville et les montagnes du Doubs, avec un dépouillement des anciens catalogues de Bernard, Berdot et Wetzel ; à M. l'ancien landaman J. Schnell, des données particulières sur la végétation des molasses aux alentours de Berthoud ; à M. Löhr, de Cologne, des renseignements sur les rapports phytostatiques de certaines espèces dans les chaînes rhénanes volcaniques et de transition ; à MM. Billot de Haguenau, Blanchet de Lausanne, Moritzi de Soleure, Brossard de Bourg-en-Bresse, Verlot de Grenoble, Desmoulins de Bordeaux, Hagenbach de Bâle, Siegfried et Heer de Zurich, Rapin et Monnard de Rolle, Reuter et Decandolle de Genève, Godet de Neuchâtel, Kurr de Stuttgard, de Fischer-Ooster de Thoune, des communications de plantes, de notices manuscrites, d'ouvrages spéciaux. Je dois en outre à MM. Mérian de Bâle, Trechsel de Berne, Coulon de Neuchâtel, Jacot-Descombes du Locle, Lamon de Diesse, Jomini de Payerne, Fournet de Lyon, Germain et Marcou de Salins, Sauvanaud de Saint-Rambert, Fraas de Balingen, diverses données ou secours météorologiques ; à MM. Lapaire, Friche, Vernier, Pagnard, Gouvernon, de nombreux renseignements sur la flore du Jura bernois ; à MM. Jolissaint, Paroz et Schleppi, des observations relatives à la température des sources sur différents points de nos montagnes ; enfin à M. Marchand, conservateur des forêts à Berne, d'intéressantes données sur la question de l'alternance en sylviculture.

Partout, on le voit, j'ai rencontré l'assistance la plus empressée et la plus généreuse. Je prie donc les personnes qui ont bien voulu me seconder, d'agréer ici l'expression de ma reconnaissance pour toute l'amitié, l'obligeance et le désintéressement dont elles ont si largement usé à mon égard.

Porrentruy, 1er Septembre 1849.

— L'*Itinéraire suisse* de *M. A. Joanne* renferme les données géographiques utiles au lecteur relativement au champ d'étude à la fois suisse, sarde, français et allemand de ce livre. C'est le seul ouvrage de ce genre qui réunisse ces indications, notamment en ce qui concerne l'ensemble de la chaîne du Jura. Comme il est en vente dans la plupart des villes comprises dans les limites de ce travail, nous tenons à le conseiller au voyageur botaniste qui se proposerait d'apprécier de ses propres yeux quelques-uns des faits que nous avons signalés.

— L'Errata est à la fin du second volume : il renferme quelques fautes qui nuisent au sens et qu'il importe de corriger avant la lecture. Telles sont notamment celles des pages 94, 108, 163, 209 et 240 du tome I, et celle de la page 302 du tome II.

INTRODUCTION.

INTRODUCTION.

BUT DE CET ESSAI; SOURCES CONSULTÉES; PLAN DE L'OUVRAGE.

Ayant depuis plus de quinze ans parcouru chaque été quelque partie de la chaîne du Jura dans un intérêt géologique, j'ai pu en même temps recueillir un assez grand nombre de données sur sa flore et sur les caractères généraux de sa végétation. En visitant les contrées voisines, je fus frappé des contrastes qu'elles offrent avec le Jura sous ce rapport, et naturellement conduit à rechercher jusqu'à quel point ces contrastes correspondent à la diversité des terrains qui étaient l'objet primitif de mon attention. Je vis bientôt tous les faits observés aboutir à la démonstration de l'influence des roches soujacentes sur la distribution des espèces. J'envisageai d'abord cette influence comme dérivant de la composition chimique, et, pendant longtemps, je ne vis qu'à travers le prisme de cette idée systématique, établie, du reste, sur une foule d'apparences spécieuses. Cependant les recherches même que je faisais pour me confirmer dans cette opinion, éveillèrent des doutes dans mon esprit et, d'observation en observation, me conduisirent enfin à un résultat diamétralement opposé à celui que j'attendais. Je fus, en définitive, forcé de reconnaître dans l'état d'agrégation des roches soujacentes, la cause principale des différences que j'avais attribuées à leur composition. Telle est en peu de mots l'histoire de ce travail. Donner une idée suffisamment complète de la végétation du Jura prise comme terme de comparaison; faire voir en quoi elle diffère de celle des pays limitrophes; établir la quantité et les causes de ces différences; parmi ces causes, démontrer le peu d'importance de l'action chimique des roches soujacentes et l'importance capitale de leur action physique; tel est le but que je me suis proposé. Ou bien, en d'autres termes et pour poser la question plus exactement encore, j'ai, en premier lieu, cherché à démontrer que, *dans la contrée qui fait l'objet de cette étude, il existe entre la dispersion des espèces et les roches soujacentes des rapports appréciables, de façon que la première se montre constamment comme l'expression d'une certaine manière d'être des secondes;* ensuite, *sans prétendre que l'action chimique des roches soujacentes soit nulle sur les phénomènes physiologiques de la végétation, j'ai essayé d'établir que les grands faits de dispersion observés ne sont pas le résultat de cette influence chimique, mais celui de l'état mécanique des détritus de ces mêmes roches.*

Les contrées qui entrent dans notre cadre sont, après le Jura auquel nous les rapporterons toutes, et que nous comptons de Regensperg à Grenoble : 1° la vallée du Rhin, depuis le pied de nos montagnes jusqu'à la hauteur de Strasbourg; 2° la vallée de la Saône, qui borne le Jura, de la latitude de Besançon à celle de Lyon et Grenoble; 3° le Bassin suisse, entre les Alpes et le Jura; 4° la haute vallée du Neckar, à peu près depuis Tubingen en amont; 5° la Plaine lorraine, entre les Vosges et les Collines lorraines; 6° la chaîne de l'Albe de Souabe; 7° celle du Schwarzwald ou Forêt-Noire; 8° celle des Vosges; 9° les collines du Kaiserstuhl; 10° les Collines lorraines; 11° les Alpes, surtout occidentales, se liant au Jura par les chaînes dauphinoises, sardes et bugésiennes; 12° quelques autres vallées comme celle de Savoie et quelques petits reliefs comme ceux du Hegau, de la Serre, etc. On saisira d'un coup-d'œil les limites de cet ensemble géographique dans les croquis, pl. I et II.

Les différences tranchées qu'offrent ces contrées sous le rapport géologique fournissent une comparaison importante entre leurs flores respectives. Le Jura, l'Albe, les Collines lorraines sont des montagnes purement calcaires; les Vosges, le Schwarzwald, la Serre sont formés de roches cristallines et arénacées; le Hegau et le Kaiserstuhl sont volcaniques; le Bassin suisse est occupé par des molasses; les vallées du Rhin et de la Saône par des terrains limoneux et graveleux; les Alpes enfin présentent des terrains très-variés. La plupart des époques géologiques, des modes d'agrégation de roches, des modifications dans leur composition chimique y sont représentés sur une échelle et dans des proportions tout à fait favorables à l'appréciation de leurs influences sur la végétation.

Sous le rapport des altitudes, on trouve dans ces limites toute la diversité désirable; les plaines du Rhin et de la Bresse descendent à des niveaux très-faibles; les Alpes s'élèvent jusqu'aux neiges; l'Albe, le Schwarzwald, les Vosges, le Jura offrent tous les degrés intermédiaires. La longueur de cette contrée comptée du nord au sud, des plaines de Strasbourg aux chaines du Graisivaudan, est de près de 100 lieues, ou environ quatre degrés. Sa largeur depuis le lac de Constance jusqu'à la Côte-d'or, à peu près de 75 lieues. Cette différence en latitude des districts extrêmes détermine des résultats appréciables dans la végétation. La distance en longitude fournit aussi des faits particuliers.

Ces divers éléments de sol, de terrains, de niveaux, de latitude déterminent des stations très-variées, toutes suffisamment soutenues pour porter un caractère net et faire naître des oppositions faciles à saisir. Deux fleuves, plusieurs rivières importantes, de nombreux lacs, des contrées stagnales étendues, des plaines fertiles, de riches vignobles, des landes sableuses, des bruyères, des genêts, des buis, de vastes pelouses montagneuses et alpestres dans des conditions très-diverses, des marais lacustres et tourbeux à tous les niveaux, des rochers de toute nature : toutes ces circonstances fournissent des données comparatives qu'on ne trouve pas souvent réunies dans un espace aussi limité.

La plupart des flores ou énumérations sont circonscrites aux limites politiques d'une contrée. Cette manière d'envisager la végétation a souvent empêché de saisir des généralités de dispersion indépendantes des bornes des Etats. C'est ainsi que la flore du Jura, étudiée séparément par les botanistes suisses et par les français, est jusqu'à présent demeurée sans ensemble réel malgré d'importantes publications. De même on ne peut se faire une idée, complète de celle du Schwarzwald qu'en rapprochant la flore badoise et la wurtembergeoise, de celle des Vosges qu'en réunissant les données alsatiques et lorraines. C'est ainsi enfin, que les contrastes si frappants qui existent au contact du Jura avec les Vosges et le Schwarzwald, ont à peine jusqu'à présent fixé l'attention des observateurs. Nous n'avons donc pas besoin d'ajouter que nos limites sont purement naturelles et nullement politiques : notre contrée se trouve partagée entre la France, l'Allemagne, la Suisse et les Etats-Sardes.

Plusieurs des pays compris dans ce champ d'étude possèdent des flores, des catalogues, des notices particulières sans lesquelles un travail du genre de celui-ci serait à peu près impossible. Ces énumérations locales permettent seules d'arriver aux généralités qui exigent la considération détaillée des espèces. Le présent travail a donc pour base le dépouillement de toutes les données fournies par les observateurs qui ont étudié spécialement les divers districts dont la réunion forme la contrée : nous y avons joint nos propres observations portant essentiellement sur l'ensemble, et nous avons essayé de coordonner le tout dans le but signalé plus haut. Nous avons vu de nos propres yeux tous les termes de comparaison principaux. Ainsi nous avons dirigé des excursions ou *reconnaissances* consacrées à l'étude de la physionomie générale de la végétation, dans les Vosges, le Schwarzwald, l'Albe, le Kaiserstuhl, la Serre, les Collines lorraines, les vallées du Rhin et de la Saône, le Bassin suisse, et dans plusieurs districts des Alpes convenablement choisis. Quant au Jura, nous l'avons exploré non-seulement dans son ensemble, mais d'une manière détaillée sur une foule de points.

Peu de contrées en Europe ont servi de champ aux excursions botaniques de plus illustres et plus nombreux observateurs. Déjà avant 1700, la vallée et les montagnes du Rhin étaient explorées par Tragus, Tabernæmontanus, Chabræus; Conrad Gessner avait commencé en Suisse et y était suivi de Gaspard et de Jean Bauhin. Durant la première moitié du dix-huitième siècle, Lindern, Mappus, J.-J. Scheuchzer, Bernard de Jussieu parcouraient l'Alsace, la Suisse, le Lyonnais. De 1750 à 1800, Buchoz, Hermann, Lachenal, Villars, Haller, Jean Scheuchzer, Allioni, Durande, Gilibert, Latourette faisaient connaître la Lorraine, la Suisse, le Dauphiné, le Piémont, la Bourgogne, le Lyonnais. Au commencement de notre siècle et avant 1830, Villemet, Lamark, Gmelin, Decandolle, Nestler, Mougeot, Suter, Clairville, Gaudin augmentaient rapidement la connaissance des richesses végétales de ces districts: enfin depuis cette époque, les travaux de Hegetschweiler, Heer, Moritzi, etc. pour la Suisse, Engelberg, Spenner, Schübler, Martens, Kirschleger, Döll, etc. pour les pays du Rhin; Soyer-Willemet, Hollandre, Doisy, Mougeot, Godron, etc. pour la Lorraine; Lorey, Duret, Mutel, Garnier, Babey pour nos parties occidentales françaises, achevaient de compléter un vaste ensemble de matériaux parmi lesquels nous allons signaler ceux qui ont essentiellement servi de base à cet ouvrage.

La flore de Schübler et Martens fournit des données suffisamment complètes sur le Wurtemberg : il est facile d'en extraire celles de la vallée du Neckar, de l'Albe et d'une partie du Schwarzwald. Les ouvrages de Gmelin et de Spenner donnent un tableau fidèle de la végétation de la rive droite du Rhin et du Schwarzwald badois. M. Kirschleger, dans deux énumérations différentes, a résumé toutes les données existantes sur la végétation de la rive gauche du Rhin et des Vosges alsatiques : l'un de ces ouvrages fournit des renseignements précieux sur la division en régions et la dispersion des espèces dans cette dernière chaîne. La flore de M. Godron complète la partie lorraine des Vosges et leur versant occidental. Celle de M. Döll offre le tableau général des espèces du système du Rhin. MM. Grisselich et Schultz, puis M. de Mohl ont groupé plusieurs traits d'ensemble de ces contrées. M. Kirschleger a donné une première comparaison des montagnes du Rhin avec celles du Jura. Enfin on doit à M. Mougeot un tableau précieux non-seulement de la phanérogamie, mais surtout de la cryptogamie vosgienne.

Les flores helvétiques fournissent une foule de données sur le Bassin suisse et les Alpes. Les parties occidentales de ces dernières devraient être complétées par une flore sarde à laquelle travaille en ce moment M. Huguenin, ce qui les rattacherait à celles du Dauphiné de Villars et de Mutel, si utilement résumées par M. Albin Gras.

La vallée de la Saône a été bien étudiée dans plusieurs de ses parties : sans parler des renseignements fournis par les ouvrages de Villars, Balbis, Mutel, Duret et Lorey sur la Bresse dijonnaise et lyonnaise, la rive gauche de cette rivière, de Lons-le-Saulnier à Salins, a été parcourue par plusieurs observateurs. Indépendamment des indications fournies par Gilibert, Boissy, Dumont, Demerson et Auger, on doit à MM. Babey et Garnier de nombreuses données positives sur divers districts de cette contrée. Les parties méridionales, de Lons-le-Saulnier à Bourg, ne paraissent avoir été l'objet d'aucune investigation un peu spéciale, mais on doit à M. David d'utiles renseignements sur les Terres-froides.

Quant au Jura, il a été depuis longtemps exploré par les botanistes suisses et les français, et un grand nombre d'observateurs ont presque constamment travaillé à en faire connaître les espèces, depuis le temps de C. Gessner, des Bauhin, des Scheuchzer, de Haller qui en ont été les premiers explorateurs, jusqu'à Lachenal, Chaillet, Clairville, Reynier, Daval, Wahlenberg, Girod-Chantrans, Gaudin, Monnard, Seringe, Vaucher, Schleicher, A. et E. Thomas, Lamark, Decandolle, Duby, Gay et Mutel. Les données tant anciennes que plus récentes fournies par ces savants et par leurs collaborateurs se trouvent réunies dans les diverses flores suisses et françaises, et surtout dans celles de Gaudin et Mutel. Mais la flore du Jura ne nous est pas connue seulement par des ouvrages généraux.

La flore du Jura zuricois et des collines rhénanes qui s'étendent à son pied, a été plus spécialement étudiée par MM. Hegetschweiler, Heer, Bremi, Nägeli, Gelstorf, Graf, Hauser, Hirzel : toutes ces données ont été réunies et complétées par M. Kölliker.

La flore bâloise a été approfondie par M. Hagenbach, secondé par plusieurs collaborateurs parmi lesquels il faut citer MM. Zeiher, Mieg, Müller, Rœper, Lang, Wieland, Bourkhardt, Bernouilli, Münch, Preisswerk, Fischer et Labram.

Nous devons à M. Godet une énumération des espèces du Jura neuchâtelois : il a réuni dans ce travail les anciennes observations de d'Ivernois, Gagnebin, Simon-Dumont, Chaillet, Jean Bernouilli, Benoît, Junod, et il a encore été secondé par MM. Coulon, Agassiz, de Büren, Pury-Châtelain, Curie, Nicollet et surtout Chapuis et Lesquereux. M. Depierre, dans un catalogue manuscrit communiqué à M. Babey, a aussi fourni un bon nombre de localités neuchâteloises.

Le Jura alsatique a été étudié accessoirement par les botanistes bâlois et alsaciens : les ouvrages de MM. Kirschleger, Döll, Hagenbach fournissent des indications qui la plupart sont dues aux observations de MM. Ordinaire, Paulian, Schauenburg, Mühlenbeck, Rœper et Ræckle, et sont particulièrement consignées dans le *Prodrome* de M. Kirschleger.

La flore vaudoise comprenant celle de plusieurs chaînes jurrassiques nous est connnue par le *Catalogue* de M. Blanchet, puis par le *Guide* de M. Rapin : on y trouve réunies toutes les données anciennes ou récentes fournies notamment par MM. Gaudin, Reynier, Ray, Monnard, Bridel, Morel, Roger, Ducros, Hornung, Centurier, Boissier, Lorimier, Chavin, Durand, Leresche, E. Chavannes, Barraud, Rodolphe et Albert Rapin, Rigaud, Muret, Vuitel, Ruffey, A. et E. Thomas.

Les plantes des environs de Genève ont été spécialement étudiées par M. Reuter, assisté également de quelques-uns des botanistes indiqués plus haut pour le canton de Vaud, et par MM. Forel, Viridet, Moritzi, Susskind, David, Jack, Metert, Heldreich, Lombard-Morin, Chanal et Necker-de-Saussure.

J'ai publié récemment une *Enumération* des plantes du district de Porrentruy où sont réunies les données locales de MM. Lapaire, Friche, Vernier et quelques autres, complétées par mes propres observations.

Nous devons à MM. Dieffenbach, Degler, Lang, Many et surtout Laffon des renseignements sur le Jura schaffhousois; à MM. Roth, Hugi, Ziegler, Pflieger et Moritzi sur le Jura soleurois; à MM. Zchokke, Wydler, Meyer, Bronner sur le Jura argovien qui serait en ce moment l'objet d'un travail spécial de M. Schmidt.

Le Jura occidental français a été moins étudié que les parties suisses et alsatiques que nous venons d'énumérer. Nous possédons le catalogue du département du Doubs, dû presque totalement aux observations directes de M. Grenier, qui a soigneusement contrôlé les anciennes données de de Besses et Girod-Chantrans, et qui y a consigné aussi plusieurs renseignements de MM. Wetzel, Lefèvre-d'Esnans, Berthet, Maire et Puiseux.

Le département du Jura nous est connu par les notices de MM. Guyétant, Cordienne, Demerson et Dumont, dont nous avons déjà parlé plus haut; par celles de M. Garnier, insérées dans diverses publications; enfin par celles de M. Babey dans la flore jurassienne où il a réuni un grand nombre des données signalées ci-dessus, et, de plus, celles d'autres collaborateurs, tels que MM. Terrier, Guérillot et Guérin.

Le département de l'Ain, peu exploré, ne nous est connu que par quelques anciennes données d'Allioni, Gilibert, Latourette, Boissy, Auger, puis par les renseignements plus récents de MM. Crépin et Babey, enfin par ceux beaucoup plus complets de M. Bernard.

Mutel a réuni toutes les anciennes données relatives aux Alpes jurassiques dauphinoises, et M. Gras y en a ajouté beaucoup de nouvelles, particulièrement sur le groupe de la Chartreuse.

Enfin, le Jura sarde si longtemps et si bien étudié par Bonjean est, malgré cela, encore presque inconnu faute de publication. La flore de Savoie, à laquelle travaille M. Huguenin, comblera bientôt cette lacune que nous regrettons vivement et qui est la plus importante dans les limites de cette étude.

Outre ces renseignements consignés dans diverses flores, catalogues et notices imprimés, nous avons utilisé un assez grand nombre de données inédites de MM. Gressly, Friche-Joset, Moritzi, sur le Jura argovien et soleurois; Parisot sur les environs de Béfort; Wetzel sur ceux de Monbéliard; Gibollet sur ceux de la Neuveville; Godet sur les chaines neuchâteloises; Rapin sur le Jura vaudois; Lamon sur la montagne de Diesse; Pagnard sur le val de Moutier; Garnier sur le département du Jura; Grenier sur celui du Doubs; enfin Bernard sur celui de l'Ain et une partie de la Savoie.

Des tentatives pour réunir toutes ces données éparses sur l'ensemble du Jura ont déjà été faites par plusieurs observateurs. M. Shuttelworth avait commencé un travail de ce genre. C'est à lui qu'on doit l'étude d'un grand nombre d'espèces critiques du Jura suisse qu'il a généreusement communiquées à plusieurs publications. Il faut vivement regretter que cet excellent observateur n'ait pas réalisé un projet que peu de botanistes étaient aussi bien en position d'exécuter. M. Friche-Joset a longtemps travaillé à un *Catalogue* des plantes du Jura auquel nous avons nous-même collaboré. Nous avons utilisé plusieurs fragments de ses manuscrits dont il a laissé prendre copie à ses amis; peu d'observateurs connaissaient aussi bien la flore jurassique que cet habile botaniste récemment enlevé à la science. M. Garnier, de Salins, a également rédigé une *Enumération* des plantes du Jura qu'il a bien voulu nous communiquer : elle est surtout très-riche en données sur les districts français et nous a été fort précieuse à cet égard. La *Flore jurassienne* de de M. Babey à laquelle nous avons nous-même fourni quelques données trop tardives, cette flore, production consciencieuse et importante, est le seul travail d'ensemble qui ait été imprimé relativement à la chaîne du Jura. Enfin M. Godet s'occupe en ce moment d'une nouvelle *Flore jurassienne* qui est déjà fort avancée, et fera faire, sans aucun doute, un pas important à la connaissance de la végétation dans nos montagnes.

On voit par ces détails, où probablement nous aurons omis sans le vouloir le nom de plus d'un observateur, qu'un grand nombre de botanistes ont fourni leur contingent à la flore jurassique. Après tant d'investigations, il semblerait qu'il doit rester peu à faire pour compléter nos connaissances à ce sujet. Cependant il n'en est pas ainsi ; près de la moitié de la surface du Jura n'a été qu'incomplétement explorée et un tiers environ ne l'a pas été du tout. On s'est principalement occupé du Jura suisse, et de vastes étendues du Jura français ont été entièrement négligées. Dans le Jura suisse même, à part la flore zuricoise, bâloise, neuchâteloise et vaudoise, il reste beaucoup à faire. Le Jura argovien, soleurois, bernois et d'importantes parties du Jura vaudois sont assez mal connues. Il reste encore infiniment plus à désirer dans le Jura français, où, malgré les importants travaux de MM. Grenier, Garnier, Babey et Bernard, de vastes districts dans le Doubs, le Jura et l'Ain sont encore à étudier. Le Jura sarde enfin est presque inconnu. D'une part, l'attrait des contrées alpestres a presque exclusivement fixé l'attention sur un certain nombre de sommités, et l'on s'est plus souvent proposé la recherche de *bonnes espèces* que l'observation du tapis végétal; d'autre part les limites politiques ont exercé leur fâcheuse influence en arrêtant à ses frontières respectives le botaniste de chaque pays. Cette double cause a été si puissante, que, par exemple, la région des buis si caractéristique du Jura français est peu connue des observateurs suisses, et que la chaîne du Credoz étroitement liée à celle du Reculet, rendez-vous annuel de tant d'herborisations, a été à peine visitée jusqu'à ce jour.

Cependant, ce que nous venons de dire ne signifie pas qu'il reste à découvrir dans le Jura beaucoup d'espèces nouvelles, et nous pensons au contraire qu'il y a peu à faire à cet égard. Ce qui manque surtout, c'est une vue d'ensemble sur la végétation de ces montagnes. C'est essentiellement à réunir et compléter toutes les données éparses que nous nous sommes attachés, peu préoccupés, du reste, d'augmenter notre flore d'espèces inobservées, et laissant à d'autres plus compétents la solution des difficultés relatives aux formes critiques. Ainsi, sans négliger toutefois d'augmenter nos connaissances relativement aux plantes peu connues, nous nous sommes essentiellement attachés à celles qui, aux divers niveaux et sur les divers terrains, caractérisent la végétation. A cet effet, nous avons visité un grand nombre de localités, surtout de *sommités* et de *lisières* jusqu'à présent négligées, et qui souvent, en effet, ne pouvaient éveiller l'intérêt que relativement au but géographique. Peu importe, par exemple, à la plupart des botanistes si la *Gentiana lutea* ou l'*Alchemilla alpina*, si la *Luzula albida* ou l'*Orobus tuberosus* se trouvent sur tel ou tel point : ces espèces communes n'éveillent guère leur intérêt, tandis qu'elles sont, au contraire, d'un grand poids dans l'étude des généralités relatives aux régions d'altitude ou de sol qu'elles signalent.

Nous sommes loin toutefois de nous flatter d'avoir comblé les lacunes que laissent les observations dans la chaîne du Jura. Bien que nous en ayons parcouru presque toutes les parties, depuis le Lægerberg jusqu'au Grand-Colombier et au-delà, bien que nous ayons fait des séjours plus ou moins longs sur un grand nombre de points, et que nous habitions au milieu même de la flore jurassique, il nous reste une foule de renseignements à désirer. Néanmoins, nous croyons pouvoir donner avec quelque assurance les généralités et esquisser en traits suffisamment fidèles le tableau de la végétation du Jura. Du reste, il ne faut pas oublier que ce tableau n'est nullement le but principal, mais un terme de comparaison nécessaire à l'étude de l'influence des terrains sur la dispersion des espèces dans les contrées voisines.

Toutes les données qui pouvaient aboutir plus ou moins directement à cette dernière étude ont été recueillies avec le plus grand soin. Elles sont topographiques, météorologiques, hypsométriques, géologiques, ou enfin spéculatives, et puisées dans tous les ouvrages qui ont traité jusqu'à ce jour de la question qui nous occupe, ou plutôt de questions analogues.

Les données topographiques et les altitudes sont empruntées aux meilleurs cartes et notices spéciales, telles que celles d'Osterwald, Buchwalder, Walker, Michaelis, à celles de l'Etat-major français et aux feuilles de la Carte fédérale suisse qui ont déjà paru (*).

Les données météorologiques sont puisées, soit dans des ouvrages généraux

---

(¹) La plupart de ces données éparses au moment où j'écrivais ceci, sont maintenant réunies dans le *Recueil* de M. Osterwald et la *Géographie physique de la France* de M. Bravais.

bien connus, qu'il est inutile de citer ici, soit dans plusieurs publications locales ou spéciales que nous citerons en leur lieu : celles de MM. Schübler, Wiest, Schouw et Martins ont été particulièrement utilisées. Les généralités géologiques sont si peu de chose qu'il est presqu'inutile d'en parler ici, et on les retrouvera dans toutes les cartes réunissant la France, l'Allemagne, et la Suisse, par exemple celle de M. Dechen, comme aussi dans les cartes de France de MM. Élie-de-Beaumont et Dufrenoy.

C'est dans les flores et ouvrages spéciaux de Wahlenberg, Hegetschweiler, Moritzi, Heer, Spenner, Kirschleger, Schübler et Martens, Guyétant, Lequinio, Grenier, Gras, qu'on trouve les données les plus nombreuses et les plus importantes relativement au niveau des espèces, dans les diverses parties de notre contrée, et à la division de celles-ci en régions d'altitude.

Enfin, les opinions et la controverse relatives à l'influence chimique ou mécanique des roches soujacentes sur la dispersion des espèces, ont été recherchées avec soin dans le petit nombre d'ouvrages ou notices qui traitent de cette matière, et notamment dans ceux de MM. Decandolle, de Humboldt, Schouw, Link, Lachmann, de Brébisson, Thomson, Watson, Unger, Heer, Moritzi, de Mohl, Kirschleger, Mougeot, Lindblom, Desmoulins, etc.—Nous pensons que le lecteur sera bien aise de trouver ici la liste des principales sources dont plusieurs sont peu connues.

Flores, énumérations, notices publiées ou inédites, renfermant des données sur le Jura et les contrées voisines.

Gmelin, Flora badensis-alsatica.

Spenner, Flora friburgensis.

Schübler et Martens, Flora von Würtemberg.

Kirschleger, Prodrome d'une flore d'Alsace.

Godron, Flore de Lorraine.

Döll , Rheinische Flora.

Flores générales de *Decandolle, Duby, Mutel, Koch, Reichenbach, Suter, Clairville, Gaudin, Hegetschweiler, Moritzi.*

Kölliker, Verzeichniss der phanerog. Gewächse des Cantons Zürich.

Hagenbach, Tentamen floræ basiliensis et suppl.

Godet, Énumération des végét. vasc. du Canton de Neuchâtel : *suppl. ms*

Blanchet, Catalogue des plant. vasc. du Canton de Vaud.

Rapin, Guide du botaniste dans le Canton de Vaud: *suppl. ms.*

Reuter, Catalogue des plant. vasc. de Genève.

Thurmann, Énumération des plant. vasc. du district de Porrentrui.

Girod-Chantrans, Catalogue des plantes du Doubs.

Grenier, Catalogue des plant. phanérog. du Doubs : *suppl. ms.*

Garnier, Catalogue des pl. vasc. qui croissent spont. dans le Jura. *Ms.*

Babey, Flore jurassienne.

Cordienne, Notice phyto-topogr. sur quelques lieux du Jura.

Guyétant, Catalog. des pl. qui croissent dans les montagnes du Jura, etc. : sans localités.

Lorey et Duret, Flore de la Côte-d'or.

Balbis, Flore lyonnaise.

Laffon, Notice sur quelques espèces du Canton de Schaffhouse, dans les Gemälde der Schweiz.

Dieffenbach et Degler, Notice sur quelq. esp. du Canton de Schaffhouse, dans la Kritische Aufzahl. der schw. Pfl. de *Hegetschweiler*.

Bronner, Notice sur les espèces d'Argovie dans les Gemälde der Schweiz.

Nägeli, Notice sur les espèces du Canton de Zurich, même collection.

Friche-Joset, Fragments d'un catalogue des plantes du Jura cultivées au Jardin de Porrentruy. *Ms.*

Wetzel, Catalogue des plantes de Montbéliard, cité dans les fragments précédents. *Ms.*

Parisot, Catalogue des pl. des env. de Béfort. *Ms.*

Gibollet, Catalogue des pl. de la Neuveville et environs. *Ms.*

Bernard de Montbéliard, Tableau de la flore du Jura, etc.; prospectus de quelques pages.

Lesquereux, Recherches sur les marais tourbeux.

    — Essai sur la géogr. des pl. du Jura neuchâtelois. *Ms.*

Boissy, Statistique officielle de l'Ain; partie botanique.

Bernard, Notice sur les pl. de l'Ain, dans l'Itinéraire de M. *de St-Didier*.

    — Plantes observées dans l'Ain et une partie de la Savoie. *Ms.*

Mutel, Flore du Dauphiné.

A. Gras, Statistique botanique de l'Isère.

Pour les Alpes en général, les flores suisses; pour les Alpes occidendales, les ouvrages d'*Allioni*, *Villars*, *Mutel* et *Gras*. En outre, les flores et mémoires spéciaux de *Murith*, *Castor*, *Schlœpfer*, *Krauer*, *Brown*, *Moritzi*, *Shuttelworth*, *Guttnick*, *Unger*, *Heer*, *Wartmann*, etc. : le tout secondairement et subsidiairement.

Renseignements partiels épistolaires ou verbaux de MM. *Lamon* sur le mont Sujet, *Moritzi* sur le Farnerberg, *Gressly* sur les chaînes soleuroises et le val de Lauffon, *Pagnard* sur les environs de Moûtiers-Grandval, *Gouvernon* sur les Franches-Montagnes, *Lesquereux* sur le Jura neuchâtelois, *Grenier* sur le Jura du Doubs, *Rapin* sur le Jura vaudois, *Blanchet* sur le canton de Vaud, *Mougeot* sur la végétation des Vosges, *Marcou* sur quelques espèces du Jura salinois, *Brossard* sur les environs de Bourg, *Verlot* sur ceux de Grenoble, *Spenner* sur le Schwarzwald (¹), *Guttnick* sur le Belpberg et le Stockhorn, *Shuttelworth* sur plusieurs espèces rares, *Bernard* sur le Bugey, etc.

Ouvrages consultés relativement aux données statistiques, climatologiques, géographico-botaniques, et surtout à l'influence des roches soujacentes.

Collection des *Gemälde der Schweiz*; cantons jurassiques : Schaffhouse d'*Imthurm*, Argovie de *Bronner*, Zurich de *Meyer de Knonau*, Vaud de *Vulliemin*.

(¹) Notes marginales de cet auteur sur un exemplaire des *Kleine botan. Schrift.* de M. Grisselich.

Collection des Annuaires du Doubs de *Laurent* et du Jura de *Monnier*.

Osterwald, Recueil des hauteurs des pays compris dans le cadre de la Carte générale de la
    Suisse. 1847.

Boissy, Statistique de l'Ain.

Pyot, Statistique du Département du Jura.

Paris, Notice statistique sur l'Ain.

Coulon, Statistique du Canton de Neuchâtel.

Lequinio, Voyage pittoresque et physico-économique dans le Jura.

Salis, Streifereien durch den französischen Jura.

Godron, Préface géographico-botanique de la flore de Lorraine.

Kirschleger, Statistique de la flore d'Alsace et des Vosges.

—   Notice sur la végétat. comparée du Jura, des Vosges et de la Forêt-noire, dans le
    tome 2e des *Congrès scientif. de France,*

—   Statistique végétale des environs de Strasbourg, même collection.

Spenner, Préface géographico-botanique de la *Flora friburgensis.*

Mougeot, Considérations sur la végétation du Département des Vosges.

Hagenbach, Diverses notices dans les *Actes de la Société helvétique.*

Schübler et Martens, Préface géographico-botanique de la *Flora von Würtemberg.*

Plieninger, Beschreibung von Stuttgardt.

De Mohl, Ueber die Flora von Würtemberg, dans les *Würtemb. naturwissensch. Jahreshefte.*

Grisselich, Versuch einer Statistik der Flora Badens, etc., dans les *Kleine botan. Schriften.*

Roper, Ueber die Pflanzengeogr. Verhält. des Cant. Basel, dans les *Bericht. ueber die Verhandl.*
    der Naturforsch. Gesellsch. in Basel, 1836.

Grenier, Thèse de géographie botanique du Doubs.

Demerson, Distrib. topogr. des végét. du Jura, notice dans l'*Ann. de Monnier.*

Guyétant, Essai sur l'état actuel de l'agriculture dans le Jura. 1822.

—   Distrib. par zônes des végét. du Jura, dans l'*Ann. de Monnier.*

Garnier, Phytographie du Jura, *ibid.*

De Mandelsloh, Mémoire sur l'Albe, dans les *Mémoires de Strasbourg.*

Eisenlöhr, Geognostische Beschreib. des Kaiserstuhl.

Lorey et Durel, Préface géographique de la Flore de la Côte-d'or.

Watson, Remarks on the geograph. distribution of british plants, etc.

—   Observations on the affinities between plants and subjacent rocks, in *London's Ma-*
    gazine 1835, tome VI.

Winch, Essay on the geogr. distrib. of plants through the countr. of Northumberland, etc.

Decandolle, Mémoire sur la géogr. des pl. de la France, dans les *Mémoires d'Arcueil.*

—   Préface de la Flore française.

—   Article: Géographie botanique du *Dictionn. des sciences naturelles.*

—   Rapport sur deux voyages botaniques.

Lachmann, Préface de la Flora der Umgegend von Braunschweigg.

De Brebisson, Coup-d'œil sur la végét. de la B. Normandie, dans les *Mém. Soc. linn. Calvad.*

Link, Einige Bemerkungen ueber den Standort der Pfl., dans les *Annal. von Usteri*, 1795.

— Dissertatio specim. flor. gœtting. sistens vegetabil. solo calcar. propria, dans les *Opuscul.*
    botan. du même.

Unger, Ueber den Einfluss des Bodens nachgewiesen in der Vegetation des Tyrols.

Heer, Die Vegetations-Verhältnisse des Cantons Glarus, etc., dans les *Mittheil. de H. et*
    Fröbel.

Heer, Das Verhältniss der Monocotyled. zu den Dicotyled. in den Alpen, etc., *dans les mêmes.*

De Mohl, Ueber den Einfluss des Bodens auf die Vertheilung der Alpenpflanzen.

Moritzi, Préface géographico-botanique de la *Flora der Schweiz.*

Meyer, Beiträge zur chorograph. Kentnisse des Flussgebiets der Innerste.

Boreau, Introduction de la *Flore du centre de la France*

Lindblom, In geographicam plantarum intra Sueciam distributionem adnotata. Lundæ, 1835.

Murray, A Memoir regarding the natural history of Alford, in *Edinburgh philosophical Journal*, tome VI, 1829.

Thomson, Remarks on the relations subsisting between strata and the plants, etc. in *London's Magazine*, tom. III, 1830

Wahlenberg, De vegetatione et climate in Helvetiâ septentrionali, etc.

—   Préface de la *Flora Carpathorum principalium.*.

Gand,   Carte forestière de l'Europe.

—   Essai sur les stations des conifères de l'Europe, dans les *Mém. de Strasbourg.*

Sauvanau,   Recherches analytiques sur la composition des terres végétales.

Dureau-de-la-Malle, Mémoire sur l'alternance, dans les *Annal. des sc. naturelles.*

Schübler et Wiest, Untersuchung. über die pflanzengeogr. Verhältnisse Deutschlands und der Schweiz, dans les *Botan. Litter. Blätt.*

Fournet, Recherches sur la distrib. des vents en France, et plus. autr. Mém. climatol. dans les *Annal. des sc. phys. etc. de Lyon.*

De Leonhard, Agenda geognostica.

Boué,   Guide du voyageur géologue.

Hundeshagen, Beyträge zur Forstwissenschaft, etc., extraits de Moll dans le *Journ. d'Agric.*

Ringier, De distributione geogr. plantar. Helv., dissert. inaugur. Tubing. 1823.

Grisebach, Ueber den Vegetationscharacter der Hardanger, etc., dans les *Archiv. f. Naturg.* X Jahrg.

—   Sammlung der Berichte über die Leist. in der Pflanzengeographie.

Schouw, Tableau du climat et de la végétation de l'Italie. Copenhague, 1839.

Martins, Essai sur la météorol. et la géogr. botan. de la France dans la *Patria.*

—   Topographie botan. du Mont-Ventoux.

—   De la délimitation des régions végétales, etc.

—   Voyage botanique en Norwège.

—   Essai sur la végétation des Feroë, etc.

Bravais, Géographie physique de la France dans la *Patria.*

Dove, Ueber den Zusammenhang der Wärme-Veränder. mit der Entwickl. der Pflanz.. recens. in der *Botan. Zeit.*

Lagrèze-Fossat, Notice géologico-botanique sur les environs de Moissac, dans l'*Echo du monde savant.* 1839.

Neilreich, Préface géographico-botanique de la *Flora von Wien.* 1846.

Friese, Das Vaterland der Gewächse, uebers. von Horn., recens. in der *Botan. Zeit.*

Ch. Desmoulins, Examen des causes qui paraissent influer particulièrement sur la croissance de certains végétaux. Caen, 1847.

—   Etat de la végétation sur le Pic-du-midi de Bigorre; Bordeaux 1846.

Bulletin de la Soc. géol. de France, diverses opinions sur l'influence des sols (2e série, tome I) et Extraits d'un Mém. de M. Baudouin sur les applic. de la géol. à l'agriculture.

De Caumont, Topogr. géognost. du Calvados, dans les *Mém. de la Soc. linn.*

Fraas, Klima und Pflanzenwelt in der Zeit, etc. Landshut, 1847

Wilkom, Botanische Berichte aus Spanien, dans la *Bot. Zeit.*

De Lambertye, Catalog. des plantes de la Marne avec Carte géologique. 1846.

Wirtgen, Vortrag ueber die botanische Verhältnisse des Bade-Orts Bertrich, recens. in d. *Botan. Zeit.*

Lund, Botanische Reise in Ost-Finmarken., recens. in d. *Botan. Zeit.*

Belgrand, Etudes hydrologiques dans les granites et les terrains jurassiques formant la zône supérieure du bassin de la Seine, dans le *Bullet. Soc. géol. de France.* 1846-47.

Thiolière, Notice géologique sur les terrains où la vigne est cultivée dans le Département du Rhône.

Je ne cite pas ici les ouvrages généraux de MM. de Humboldt, de Buch, Schouw, Meyen, Kæmtz; il va sans dire qu'ils ont été consultés en première ligne.

Voici maintenant en peu de mots la marche suivie dans cet ouvrage :

Il se divise en quatre parties. La dernière est essentiellement subsidiaire et forme un recueil de données justificatives des trois autres; elle renferme une énumération des espèces vasculaires de la contrée avec leurs stations, leurs sols, leurs niveaux, leur aire générale et leur habitation jurassique en particulier. Elle offre un tableau aussi complet que possible de la flore du Jura.

La première partie contient une étude des éléments qui déterminent la station. Les conditions de climat et de sol y sont traitées avec détail, et plus particulièrement encore ce qui concerne les roches soujacentes : les divers districts de la contrée y sont classés à ce double point de vue.

La seconde renferme un examen comparé de la végétation et de la flore dans ces divers districts : le Jura sert de base et de terme de comparaison à cet examen qui met en relief les différences végétales entre cette chaîne de montagnes, les plaines ambiantes, les Vosges, le Schwarzwald, l'Albe, le Kaiserstuhl, etc.

La troisième est destinée à rechercher la part d'influence des roches soujacentes dans ces différences, et conduit à établir le peu d'importance de leur nature chimique, et, au contraire, l'importance capitale de leurs propriétés physiques. On y essaie ensuite d'indiquer quelques caractères des flores contrastantes, et d'établir une classification à cet égard. Enfin, on y passe en revue les principaux faits relatifs à la dispersion des espèces signalés jusqu'à présent, et l'on cherche à démontrer qu'ils s'expliquent par la théorie proposée.

Le cadre des ouvrages de géographie botanique est encore peu arrêté jusqu'à ce jour, et notre point de vue spécial a exigé une marche particulière. Nous n'avons nullement la prétention d'innover, mais nous avons été conduits par la nature même d'un sujet assez neuf, à nous poser des principes généraux, et à créer, pour être intelligibles sans circonlocutions et réserves continuelles, quelques néologismes pour lesquels nous devons réclamer l'indulgence. Nous avons dans ce travail recherché avec le plus grand soin tout ce qui a été dit jusqu'à ce jour relativement à la question qui nous occupe, et nous avons pu souvent nous appuyer des opinions d'autrui; cependant quelquefois aussi nous avons dû les combattre, ou plutôt proposer aux faits établis par nos devanciers une interprétation différente. Nous espérons que les savants avec lesquels nous différons d'opinion sur l'un ou l'autre point, pardonneront à un nouveau venu dans la science végétale une dissidence résultant uniquement d'observations positives. Personne mieux que l'auteur de ce livre ne sait tout ce qui lui manque comme botaniste; aussi ne se présente-t-il point précisément comme tel, mais plutôt comme une sorte de voyageur qui a recueilli des faits relatifs à la dispersion de plantes bien connues, et cherche à les expliquer. Qu'il lui soit donc permis d'adresser ici à ses maîtres en botanique, en forme de protestation, ces modestes paroles infiniment mieux placées dans sa bouche que dans celle du grand Haller : *Et valdè rogo lectores ut persuadeantur me eâ unâ mente scripsisse quoties ab his et ab aliis doctis viris dissensi, nolim vel minimam partem demere earum laudum quas grati ipsi decernimus. Nemo me certè, si rectè me novi, melius cupit eis per quos profecerim* (¹).

Ce livre, bien qu'il s'adresse à la fois aux botanistes, aux géologues et aux météorologistes, ne met en œuvre que les données les plus élémentaires de chacune des branches qui sont l'objet de leurs études spéciales. Ainsi que l'a fait observer M. Desmoulins dans une publication récente, *il faudrait, pour traiter les questions relatives à l'influence des sols sur la végétation, des délégués des deux sciences, ou plutôt des investigateurs revêtus à la fois du double caractère de botaniste et de géologue* (²). Nous ajouterons que pour les traiter à fond, il faudrait être en outre physicien, chimiste et météorologiste. Or, il faut avouer que cela n'est pas chose facile, et l'on ne s'apercevra que trop de tout ce qui nous a manqué à cet égard. Il n'est pas aisé de suivre, même de loin, les exemples qui nous ont été donnés par des observateurs tels que MM. Decandolle, de Humboldt, de Buch, Watson, Schouw, Link, Friese, Unger, de Mohl, Heer et Martins. Cependant, si la question de *l'influence des sols sur la végétation* est essentiellement du ressort des sciences

(¹) *Hall. Opuscula botanica*, p. 175.
(²) *Desmoulins. Examen des causes. etc.,* p. 2.

physiques, chimiques, physiologiques, celle de l'*influence des roches soaja-*
centes sur la dispersion des espèces est réellement très-différente : *autre chose*
est d'étudier l'action des facteurs du monde extérieur sur les phénomènes vé-
gétaux, ou de rechercher à quels terrains, à quelles roches correspond la pré-
sence de telles ou telles plantes. A ce dernier égard, il s'agit principalement
de recueillir des faits, ce qui n'exige que la connaissance des espèces et
celle des roches. Ces données une fois établies, il est aisé de reconnaitre si
c'est l'identité de composition chimique des roches ou de leur mode d'agrégation qui correspond à l'identité des faits de dispersion, et ce, sans autres
connaissances chimiques que celle de la composition de ces roches déjà
connue à l'avance par les travaux minéralogiques. C'est donc cette dernière
marche que nous avons suivie, non-seulement à cause de notre incompétence
en chimie et physiologie, mais parce que nous sommes convaincus avec un
des créateurs de la science, cité plus haut (¹), *que la question de l'influence*
des propriétés chimiques des terrains est du nombre de celles où la physiologie
végétale doit chercher un appui dans la géographie botanique plutôt que de
le lui fournir.

Du reste, ainsi que le faisait remarquer récemment à l'auteur de ce livre
un observateur éminent qui remplit si bien toutes les conditions énumérées
ci-dessus, M. le professeur Martins, les ouvrages du genre de celui-ci ont
des obstacles particuliers à surmonter. *Les botanistes proprement dits re-*
poussent souvent un travail de géographie-botanique comme appartenant au
domaine de la physique du globe, tandis que les météorologistes et les géologues
le renvoient à l'examen du botaniste. De là, double embarras, et pour être
convenablement intelligible, et pour éveiller l'intérêt. Nous avons aimé à
faire valoir auprès du lecteur ces difficultés comme un titre à son indulgence.

(¹) Schouw. *Pflanzengeographie*, p. 125.

PREMIÈRE PARTIE.

ÉTUDE DES ÉLÉMENTS DE LA STATION ET DE LA DISPERSION.

PREMIÈRE PARTIE.

ÉTUDE ET FIXATION DES ÉLÉMENTS
QUI DÉTERMINENT LA STATION ET LA DISPERSION DES ESPÈCES
DANS LA CONTRÉE.

CHAPITRE PREMIER.

DES DONNÉES NÉCESSAIRES A LA CONNAISSANCE DE LA VÉGÉTATION D'UN PAYS; FLORE ET VÉGÉTATION; TRAITS CARACTÉRISTIQUES DE CELLE-CI; COMPARAISON DE DEUX CONTRÉES VOISINES; APPRÉCIATION DES CAUSES DES DIFFÉRENCES OBSERVÉES.

§ 1. *«*Lorsqu'on doit contempler des objets aussi compliqués..... il est indispensable de se former à l'avance un plan, de se prescrire un ordre et de minuter, pour ainsi dire, les questions qu'on veut faire à la nature. » Ce précepte de l'*Agenda* de de Saussure n'est pas moins applicable à la géographie-botanique qu'à la géologie. Dans l'étude de la première de ces sciences si pleine de difficultés, de résultats éloignés de leurs causes, de faits exceptionnels et d'apparences illusoires, il importe d'adopter une marche bien arrêtée, et d'employer un langage nettement défini. Les voies suivies à cet égard ont été jusqu'à présent très-diverses, les expressions employées peu uniformes. C'est ce qui fait qu'au point de vue particulier qui nous occupe, nous nous voyons obligés de faire précéder le corps même de notre travail d'une sorte d'exposé de principes destiné à expliquer notre nomenclature et notre méthode d'observation. Nous le ferons dans ce chapitre et les suivants. Nous prions les botanistes de nous pardonner quelques innovations auxquelles nous avons été forcés par les nécessités même du sujet.

La *flore* d'une contrée est l'énumération et la description de toutes les espèces qui y croissent, envisagées d'une manière purement phytographique et indépendante de l'abondance de chacune d'elles ; la plante rare n'y occupe pas moins de place que la plante commune ; le nombre des espèces y forme un total considéré d'une manière abstraite.

La *végétation* d'une contrée est le tapis végétal qui la recouvre : il est formé des espèces de la flore associées en quantité et proportions diverses, les unes répandues jouant un rôle considérable, les autres disséminées et perdues dans la foule ; les premières formant un élément principal du tableau naturel qu'offre le pays, les secondes n'y occupant souvent qu'une place minime.

Pour connaître à fond la végétation il faut connaître la flore, mais on peut avoir étudié la flore sans s'être rendu un compte exact et complet de la végétation. La flore d'un pays et sa végétation sont donc deux choses différentes qu'il ne faut pas confondre : la première s'entend surtout du nombre des formes végétales distinctes qu'on y observe, la seconde de leurs proportions et de leur association. Les expressions relatives à la richesse ou à la pauvreté de la végétation, à la fertilité, à la stérilité du sol qui y donnent lieu, ne sont également dans aucun rapport exact avec les qualifications analogues relativement à la flore. La végétation peut être luxuriante et la flore pauvre, le sol stérile et la flore riche.

Pour pouvoir se former une image fidèle de la végétation d'une contrée, il faut en connaître : 1° les espèces ; 2° leurs stations ; 3° leur dispersion ; 4° leur habitation.

La connaissance des *espèces* envisagée purement comme formes est du ressort du botaniste phytographe : il les délimite, les établit, les classe, les groupe en genres et en familles. Pour lui, les espèces rares n'ont pas moins de poids que les communes. Toutes lui importent également pour compléter la série qu'il s'occupe de coordonner. Le botaniste géographe accepte de lui comme légitimes les résultats qu'il a posés ; il lui suffit de distinguer avec sûreté toutes les formes entr'elles et de savoir les désigner clairement en les laissant à la responsabilité du descripteur. Sa tâche est de rechercher pour quelles proportions elles entrent dans la composition du tapis végétal. Les espèces rares et critiques diminuent d'importance à ses yeux. Les mieux connues, les plus répandues ou celles qui jouent quelque rôle distinctif appellent davantage son attention. Il peut même souvent sans graves inconvénients, négliger quelque difficulté laissée irrésolue par le phytographe et dont la solution n'ajouterait que peu de lumière au tableau général de la végétation.

La *station* des espèces est un des principaux points de l'étude du botaniste géographe; la connaissance de la station lui révèle l'ensemble des conditions biologiques propres à chacune d'elles. A cet effet il recherche les différentes causes qui déterminent leur présence, leur développement, leur absence. Il inscrit avec soin à côté de chaque plante celles de ces causes qui paraissent constituer ses conditions de viabilité. Il forme ainsi un recueil de renseignements susceptible d'être dépouillé de diverses manières, pour fournir des généralités qui entreront comme traits principaux dans la physionomie végétale de la contrée. Souvent il s'apercevra que des modifications de station entraînent des changements de forme dans un même type, et tout en apportant sur ce point d'importantes lumières au botaniste phytographe, il aura recours à lui pour s'éclairer en ce qui concerne le degré et l'importance de ces changements dans la spécification.

Nous étudierons bientôt les principaux éléments qui déterminent la station par leurs combinaisons rarement simples, presque toujours très-composées. Ils se résument essentiellement dans le climat et le sol agissant et réagissant l'un sur l'autre. Souvent l'un d'eux paraît former la condition biologique principale. Tantôt c'est la température atmosphérique, tantôt l'humidité, tantôt la lumière, tantôt la nature des terrains, etc. Souvent nous saisissons celle de ces données qui caractérise le plus la station, mais souvent aussi les traits diagnostiques nous échappent. Nous voyons bien qu'une espèce exige l'air des niveaux alpestres, une autre des humus sablonneux, une troisième le concours des eaux et ainsi de suite, mais, en général, il règne encore à cet égard une grande obscurité. Nous savons qu'une plante croît dans les prés, dans les bois ombragés, sur les roches arides, mais la science n'est pas encore arrivée à substituer à ces désignations empiriques la combinaison d'éléments auxquels elles sont équivalentes. On se borne jusqu'à présent à mettre en relief auprès de chaque espèce le facteur qui paraît jouer le rôle principal dans sa station. Toutefois, le jour n'est probablement pas éloigné où la science tentera de placer à côté des noms de *lieux généraux,* l'expression des causes physiques dont ils ne sont qu'une fonction plus ou moins complexe. Quant à nous, nous nous attacherons plus particulièrement dans ce travail à la part d'influence du sol dans la constitution de la station.

Le tableau de la végétation serait incomplet s'il ne renfermait le degré de *dispersion* des plantes. A cet effet les botanistes, après avoir désigné une espèce, l'indiquent comme étant *commune, très-fréquente, fréquente, assez rare, rare, très-rare* ou autres qualificatifs analogues plus ou moins rigoureusement gradués. Ainsi, en suivant cette marche nous dirions que dans leurs régions et contrées respectives, la *Digitalis purpurea* est très-fréquente, l'*Arabis arenosa* assez fréquente, le *Paris quadrifolia* commun, l'*Ophrys muscifera* assez rare, le *Nardus stricta* commun ou assez rare. Quand il ne s'agit pas de géographie botanique, l'esprit est suffisamment satisfait de ces indications; mais quand il faut se faire une image fidèle de la végétation, on en sent bientôt l'insuffisance.

En effet, la distribution d'une espèce dans le tapis végétal se compose de deux éléments distincts : l'*extension* ou *aire* de sa dispersion et la *quantité* de cette dispersion; la première déterminée par la somme des surfaces que l'espèce occupe habituellement; la seconde par le degré d'abondance des individus sur les points où elle se trouve. Une plante peut être répandue sur tous les points d'une contrée, mais en petit ou en grand nombre sur chacun d'eux; une autre peut être moins uniformément répandue, ne se trouver qu'en certains endroits, et y être, soit en grande abondance, soit en faible quantité. Ainsi, par exemple, dans le Jura, le *Nardus stricta* se trouve inégalement réparti dans plusieurs districts, manquant presque totalement dans d'autres, mais en très-grand nombre d'individus là où il habite. On ne saurait dire qu'il y est commun, mais il n'y est également pas rare : on est donc réduit à l'indiquer comme fréquent ou assez fréquent. Mais cette indication ne portant point en elle l'idée de l'irrégularité de distribution et de l'abondance sur chaque point, conduit à une notion incomplète et même fausse. L'*Ophrys muscifera* n'est ni commun ni fréquent, et on l'indiquera comme infréquent ou assez rare, ce qui ne représente point l'état des choses, car il se trouve dans toutes les parties du Jura, mais partout en petite quantité et par individus distans et comme isolés. Si l'on indique le *Paris quadrifolia* comme très-fréquent dans les bois, l'*Arabis alpina* dans la région montagneuse, on omet encore l'idée de leur peu d'abondance sur chaque point; si l'on fait de même pour la *Mœhringia muscosa* et la *Campanula pusilla*, leur abondance locale n'est au contraire pas représentée; la dispersion de ces quatre dernières espèces se trouve signalée de la même manière, ce qui est inexact absolument et relativement. En un mot, la nécessité de plus de rigueur à cet égard se fait sentir à chaque pas, lorsqu'on cherche à se former une idée, non pas seulement de la flore d'une contrée, mais de sa végétation.

C'est ce qui a conduit M. Heer à adopter une notation numérique pour représenter ces deux éléments de l'extension et de la quantité. Il les regarde comme variant chacun entre le maximum 10 et le minimum 1, et il indique pour chaque espèce les deux chiffres qui les représentent approximativement. Ainsi une plante dont la dispersion est représentée par le rapport 1 : 10 ne se trouve que sur un très-petit nombre de points, mais y est très-abondante; au contraire, une espèce notée 10 : 1 est très-répandue, mais croît isolément; celle marquée 5 : 4 est à la fois répandue et assez abondante, etc.

Cette notation offre de grands avantages, parmi lesquels celui de permettre de représenter par un seul produit la valeur totale de la dispersion. Cependant les chiffres ont l'inconvénient de nécessiter à chaque fois leur traduction en quelque expression correspondante du langage ordinaire, pour porter dans l'esprit l'image du rapport naturel qu'ils y figurent. Ainsi, ne paraîtra-t-il pas plus lucide au lieu d'indiquer les rapports de dispersion d'une espèce par les formules 1 : 10 ou 10 : 1, de dire *rare, mais abondante là où elle se trouve; très-répandue, mais par individus isolés?* Il semble qu'une série d'expressions équivalentes aux chiffres satisferait mieux l'imagination. Elles auraient peut-être en outre l'avantage de prêter un peu moins à l'arbitraire, vu que l'expression directe représentant immédiatement sa valeur, paraît laisser moins de chances d'erreur que l'expression numérique qu'il faut sans cesse traduire pour se rendre compte à soi-même si l'on ne fait pas quelque disproportion en l'employant.

Quoi qu'il en soit, sans prétendre nullement improuver la forme numérique, nous avons trouvé plus facile pour une contrée de quelque étendue d'employer une série d'expressions correspondantes qui rentrent entièrement, du reste, dans le point de vue de M. Heer, et n'en sont que l'interprétation en langage ordinaire.

10	Excessivement répandu	*Alchemilla alpina* (Région alpestre du Jura).
9	Très-répandu	*Gentiana lutea* (Région montagneuse du Jura).
8	Répandu	*Arabis alpina, Mœhringia muscosa* (Région montagneuse du Jura).
7	Assez répandu	*Thlaspi montanum* (Région montagneuse du Jura).
6	Disséminé	*Orobus niger* (Région moyenne du Jura).
5	Très-disséminé	*Thlaspi alpestre* (Région montagneuse du Jura).
4	Assez rare	*Dentaria digitata* (Région montagneuse du Jura).
3	Rare	*Fritillaria Meleagris* (Jura).
2	Très-rare	*Chœrophyllum torquatum* (Jura).
1	Excessivement rare	*Iberis saxatilis* (Jura).

10 Excessivement abondant ou social   *Vignea brizoides* (Sundgau limoneux), *Nardus stricta* (Région alpestre des Vosges).
 9 Très-abondant   *Sarothamnus scoparius* (Vosges clastiques).
 8 Abondant   *Gentiana lutea* (Région montagneuse du Jura).
 7 Assez abondant   *Rhamnus alpinus*   (id.).
 6 Peu abondant   *Orobus niger*   (Jura).
 5 Point abondant   *Senecio sylvaticus* (id.).
 4 Assez distant   *Paris quadrifolia* (id.).
 3 Distant   *Senecio viscosus*   (id.).
 2 Très-distant   *Ophrys muscifera* (id.).
 1 Comme isolé   Limite de convention, accidentelle.

Expliquons quelques-unes de ces expressions :

Une espèce est *répandue* dans une contrée lorsqu'elle s'y présente habituellement avec sa station. Ainsi, en envisageant le Jura et ses lisières, l'*Alchemilla alpina* est une espèce répandue dans les pâturages alpestres, la *Gentiana lutea* dans les pâturages montagneux, le *Rhamnus alpinus* sur les rochers secs, la *Mœhringia muscosa* dans les ravins ombragés, le *Carex stellulata*, l'*Eriophorum vaginatum* dans les tourbières, le *Carex ampullacea*, l'*Equisetum limosum* dans les étangs des contrées basses, etc., parce que toutes ces espèces accompagnent habituellement leurs stations. Si un district du Jura manquait, sur une certaine étendue, de la station propre à l'*Alchemilla alpina* ou au *Rhamnus alpinus*, et que, par conséquent, ces espèces ne s'y trouvassent point, cela ne nuirait nullement à leur propriété d'être répandues dans le Jura envisagé en totalité. Comme, en tout pays, certaines stations sont nécessairement moins fréquentes ou occupent de moindres surfaces que d'autres, il en résulte que les espèces en réalité *également répandues* ne sauraient être également fréquentes ou communes, ce qui révèle encore le vice de ces dernières expressions. Ainsi, la *Gentiana lutea* et le *Rhamnus alpinus* ne sont pas également communs dans le Jura, mais, géographiquement parlant, leur extension y est la même ou à peu près. Selon donc que des espèces accompagnent plus ou moins habituellement leurs stations, ou qu'il y a moins d'exceptions à cette règle (celles-ci demeurant en tous cas en petit nombre, eu égard à la totalité de la contrée), nous dirons qu'elles sont *très-répandues, répandues, assez répandues*.

Mais lorsqu'une espèce n'apparaît pas habituellement avec sa station, ou qu'elle offre un grand nombre d'exceptions sous ce rapport, nous disons qu'elle est *disséminée* ou *très-disséminée*. Lorsque cet état de dissémination est tel qu'il ne forme plus d'ensemble saisissable ou bien que celles des stations où la plante manque sont beaucoup plus nombreuses que celles où elle se trouve, nous dirons que l'espèce est *assez rare, rare, très-rare, exces-sivement rare*. Les expressions relatives au degré d'abondance se comprennent d'elles-mêmes.

Ces dix manières d'être d'extension peuvent se combiner deux à deux avec les dix manières d'être de quantité, de cent façons différentes qui, la plupart, offrent des exemples dans la nature. Cependant, le plus souvent, les plus hauts degrés d'extension entraînent les plus hauts degrés de quantité et réciproquement. Du reste, les combinaisons extrêmes sont plus rares, les moyennes plus habituelles.

Nous ne devons pas dissimuler que l'indication de ces deux éléments pour chaque espèce est sujette à des difficultés provenant la plupart du défaut de renseignements suffisants. Néanmoins leur emploi fournira en tous cas des résultats infiniment plus approchés de la vérité, plus *imagés* et surtout plus comparatifs d'une contrée à une autre, que cela n'aurait lieu avec la nomenclature ordinaire. Il faut aussi remarquer que les expressions relatives à la quantité ne sont nullement représentatives du nombre des individus : cela résulte évidemment de la différence d'espace qu'occupent des végétaux de taille différente. Les principes que nous venons d'exposer sont ceux que nous avons suivis dans l'*Énumération des espèces* qui sert de base à ce travail.

Quant aux limites relatives à l'*habitation*, c'est-à-dire aux localités purement géographiques occupées par les plantes, il est évident qu'elles sont une donnée non moins essentielle que les précédentes pour se former une idée exacte de la couverture végétale.

§ 2. Lorsqu'on possède ainsi une énumération suffisamment exacte des espèces d'une contrée avec toutes les données convenables de station, de dispersion et d'habitation, on éprouve le besoin de faire jaillir de cette foule de détails inégalement importants, des traits caractéristiques généraux qui aident à saisir la physionomie de l'ensemble et les rapports des diverses parties.

S'il s'agit d'abord de se former une idée de l'organisation végétale régnante, le meilleur moyen sera l'indication des familles et du nombre d'espèces de chacune d'elles. On reconnaîtra ainsi d'un coup-d'œil à quel ordre de formes appartient la majeure partie de la végétation, dans quelles proportions ces formes se trouvent entr'elles, quelles sont celles qui manquent, etc. Ainsi, on sera satisfait en apprenant que les Renonculacées comptent 30 espèces, les Légumineuses 60, les Éléagnées 2, les Palmiers une, etc.; ou bien les Renonculacées 50, les Légumineuses 56, les Éléagnées 10, les Palmiers 12, etc. Cependant il ne faut pas oublier qu'on n'acquerra ainsi qu'une notion purement relative à la prédominance numérique de certains plans de structure végétale, et nullement à l'importance comparative de leur rôle sur le terrain; car il peut se faire que dans le premier cas, sur les 30 Renonculacées, 5 seulement aient une dispersion importante, tandis que les autres sont disséminées ou rares, ou bien que les 30 Renonculacées jouent un rôle plus considérable que les 70 Légumineuses, etc. Malgré cela, ce mode d'énumération appliqué à une contrée sera fort utile en tant qu'il s'agit de la comparer à d'autres très-différentes et très-éloignées, afin d'obtenir des résultats sur une grande échelle. Mais si on l'applique aux divers districts d'un même pays, où les grands traits d'organisation végétale ne sont plus à rechercher, il ne fournira que des résultats peu importants.

Au lieu d'indiquer le nombre des espèces de chaque famille, on peut aussi se servir du rapport de ce nombre avec le chiffre total des espèces de la contrée. On dira dès lors, par exemple, que les Graminées sont $^{1}/_{10}$, les Composées $^{1}/_{14}$, les Papavéracées $^{1}/_{150}$, les Polygalées $^{1}/_{1500}$, etc. Ce mode de notation offre des inconvénients plus graves encore que le précédent, qui a du moins l'avantage de fournir une donnée positive intéressante en elle-même, indépendamment de toute comparaison.

Mais si, comme c'est presque toujours le but dans des contrées connues en détail par de longues études, il s'agit de se former une image fidèle du rôle des espèces dans la composition du tapis végétal, l'arithmétique botanique précédente, sans cesser d'être un document intéressant, deviendra non-seulement insuffisante, mais entièrement inexacte à ce point de vue. Ici le rôle du groupe artificiel de la famille ou du genre perd sa valeur théorique, tandis que celui de l'espèce apparaît en première ligne. L'important n'est plus de savoir combien il y a de graminées dans le pays, mais quelles sont celles qui y règnent, qui y contribuent le plus à la physionomie générale, qui y caractérisent le climat ou le sol. Par exemple, l'ensemble des formes végétales et les proportions numériques du nombre des représentants de ces formes, sont à peu près les mêmes dans les Vosges et le Jura. Il ne sera, il est vrai, pas sans intérêt de s'assurer quelles petites différences il existe à cet égard : on reconnaîtra ainsi que certaines familles peu nombreuses en espèces ont plus de représentants dans l'une ou l'autre de ces chaînes, et cette différence sera quelquefois un trait caractéristique utile. Mais, en général, ce n'est pas dans la supériorité du nombre des espèces de telle ou telle famille que nous trouverons un moyen puissant d'éclairer la comparaison; que les Vosges aient dix Graminées de plus ou de moins, dix Composées en moins ou en plus que le Jura, cela est de fort peu de valeur, car il peut parfaitement arriver qu'un nombre d'espèces moindre d'un côté joue un rôle sensiblement plus important qu'un nombre beaucoup plus grand de l'autre; il peut arriver que la présence ou l'absence d'une seule espèce modifie plus le tapis végétal, que la présence ou l'absence de vingt autres espèces moins répandues.

L'appréciation du rôle des espèces dans leur extension et quantité de dispersion est donc le moyen indiqué par la nature elle-même pour se faire une image fidèle de la végétation. Mais dans la foule d'espèces qui se pressent pour former le tapis végétal, il en est un certain nombre qui contribuent très-particulièrement à sa physionomie, d'autres qui ne se montrent que sur le second plan, d'autres enfin qui ne sont qu'un élément minime dans le tableau. Les premières sont évidemment les plus importantes, les plus *caractéristiques* : c'est à celles-là surtout qu'il faut avoir recours, comme le géologue a recours à certaines espèces pour établir le type paléontologique d'un terrain; ce sont celles-là qui, au milieu d'une masse de détails dont l'ensemble serait insaisissable, mettront en relief des traits généraux faciles à saisir et éminemment comparatifs d'une contrée à une autre. Nous sommes réellement plus éclairés sur la géographie végétale d'un pays, en sachant qu'il est couvert de forêts d'épicea ou de bois de térébinthe, que ses landes abondent en genêts ou en ajoncs, que ses pâturages montagneux y sont tapissés de gentiane ou d'alchimille, ses tourbières de lédons ou d'andromèdes, ses plages de soudes ou salicornes, que nous ne le serions par l'indication de vingt autres espèces disséminées et ne portant en elles aucun caractère tranché de station ou de dispersion. L'important est de bien choisir ces espèces caractéristiques et de les prendre en nombre suffisant, pour que leur présence soit étroitement liée à toute une manière d'être de la végétation qu'elles accompagnent et qu'elles annoncent nécessairement, manière d'être qui, du reste, sera en outre décrite en détail. Ces espèces peuvent être choisies, soit de manière à caractériser l'ensemble d'une contrée, soit ses divers niveaux, soit ses divers terrains. Le plus souvent les subdivisions naturelles de ce genre faciliteront puissamment leur détermination.

Il est évident qu'elles devront être choisies parmi celles qui constituent la flore originaire de la contrée. Il importera à cet égard d'éliminer avec soin les plantes cultivées, introduites, naturalisées ou douteuses. On s'arrêtera à celles que tout nous annonce avoir conservé l'existence la plus indépendante des modifications produites par l'envahissement de l'homme. On verra dès lors la flore réelle d'une contrée diminuer d'un assez grand nombre d'espèces. Les végétaux des friches, des pelouses naturelles, des bois, des rochers, des plages, des marais, en un mot, de toutes les stations le moins susceptibles d'altération dans leur manière d'être primitive, fixeront le plus l'attention, et c'est parmi eux qu'on reconnaîtra les formes caractéristiques.

Dans le dépouillement de la liste des végétaux indigènes, on pourra surtout s'aider de la considération des altitudes qu'atteignent les différents reliefs de la contrée. On pourra séparer d'abord ceux qui croissent à tous les niveaux, ou jusqu'à des hauteurs déterminées ; faire une seconde classe des espèces qui n'apparaissent qu'à un premier niveau supérieur ; une troisième de celles qui exigent de plus grandes hauteurs, et ainsi de suite. Il sera moins difficile ensuite de choisir parmi ces diverses classes les plantes les plus répandues de chacune d'elles.

Bien que les espèces cultivées n'appartiennent pas à la flore d'une contrée, leur considération n'en est pas moins importante. La désignation du rôle qu'elles jouent sous le rapport des niveaux et des sols fournira souvent des caractères généraux plus aisés à saisir que chez les espèces indigènes, et qui corroboreront les traits fournis par celles-ci. Ces deux genres de résultats, placés en regard, complèteront le tableau et rendront plus frappante la physionomie de ses diverses parties.

Dans tout ce travail, la difficulté n'est pas de trouver des caractères, mais de se borner à ceux qui sont nécessaires et suffisants, afin d'être à la fois fidèle, simple, bref et saisissable. Une caratéristique ne sera vraiment utile qu'autant qu'elle portera en elle-même comme conséquence nécessaire et implicite les principaux détails qu'elle n'exprime pas explicitement. La perfection serait, en un mot, qu'à l'inspection des espèces distinctives choisies pour une région, le botaniste expert pût approximativement conclure quelles sont les plantes qu'on y trouvera et celles qui ne sauraient s'y rencontrer.

§ 5. Après avoir ainsi reconnu les traits caractéristiques de la végétation d'une contrée, on peut se proposer de la comparer à une autre, pour établir les différences qu'elles présentent.

Nous avons déjà vu que la statistique numérique ne fournit en général que des élémens peu comparatifs lorsqu'il s'agit de deux contrées voisines, mais que cependant, comme elle peut révéler quelque différence relativement aux familles peu nombreuses, elle ne doit pas être négligée. Il en est de même de la différence en latitude et même dans le sens longitudinal, qui entraine souvent aussi des conséquences particulières. Mais ici, comme dans une contrée envisagée en elle-même, le rôle des espèces doit être l'objet d'un examen détaillé. A cet effet la comparaison peut porter sur leur totalité ou seulement sur celles qui ont été reconnues de part et d'autre comme caractéristiques.

Si l'on procède sur toutes les espèces, on comparera d'abord la masse de celles qui constituent, dans chaque contrée, le fonds de la végétation et qui, généralement parlant, se montrent les plus indifférentes aux niveaux. On reconnaîtra que leur immense majorité est commune aux deux pays. Souvent il y aura entr'elles des différences de dispersion peu considérables ou malaisément appréciables : on pourra les négliger et s'en tenir à cet égard aux végétaux qui se conduisent de la manière la plus tranchée. Si l'on commet ainsi une erreur, elle n'aura pas lieu dans le sens de l'exagération des différences et sera, partant, moins fâcheuse. On trouvera de part et d'autre des espèces manquantes, puis des espèces répandues d'un côté, disséminées ou rares de l'autre, ici abondantes et sociales, là distantes et isolées. Ce premier dépouillement fournira un certain nombre de plantes différentielles. On fera la même chose sur celles que l'on a reconnues propres aux diverses régions d'altitude, et, ce travail terminé, on aura un tableau composé des données suivantes : 1° plantes de la contrée A qui manquent dans la contrée B ; 2° plantes de B qui manquent en A ; 3° plantes répandues en A qui ne sont que disséminées en B ; 4° plantes répandues en B disséminées en A ; 5° enfin, plantes jouant le même rôle. On formera ainsi deux groupes d'espèces *contrastantes* entre les deux contrées, et relativement caractéristiques pour chacune d'elles. Ces groupes seront évidemment l'expression du minimum des différences de la végétation. Pour peu qu'ils soient nombreux, comme ils sont formés d'espèces répandues, ils entraîneront de grandes différences dans la composition du tapis végétal; un petit nombre de plantes seulement peut en modifier entièrement la physionomie. Si l'on procède par l'examen des espèces caractéristiques, la marche sera infiniment plus simple, mais les résultats moins complets. Le tableau synoptique des listes caractéristiques des deux contrées indiquera sur-le-champ les principales différences de physionomie végétale. On arrivera ainsi rapidement à un criterium assez satisfaisant.

Il va sans dire que ce qui précède regarde essentiellement les espèces indigènes. Dans des contrées voisines, les espèces cultivées diffèrent peu. A part peut-être le plus grand développement de l'une ou de l'autre culture, il n'y aura guère à considérer à leur égard que les différences en altitude, différences qui, elles-mêmes, si elles sont quelque peu sensibles, n'apporteront que de faibles modifications aux généralités fournies par les espèces spontanées.

§ 4. Lorsqu'une fois on a établi les différences principales qui existent entre deux contrées voisines quant à leur végétation, on peut se proposer d'en rechercher les causes. En général, elles résident essentiellement dans le climat et le sol, et c'est parmi leurs éléments complexes qu'il s'agit de les démêler. Cependant avant de leur attribuer exclusivement l'état des choses observé, et avant de se tracer des règles pour se diriger dans la reconnaissance de leurs influences respectives, *il importe d'examiner si parmi les différences constatées, il n'en existe pas qui soient indépendantes d'elles.*

Or, comme d'assez grandes étendues à la surface du globe offrent des conditions de climat et de sol, sinon entièrement identiques, du moins très semblables, sans offrir nullement les mêmes formes organiques, il faut en conclure que dans certains cas ou certaines limites, la distribution des plantes constitue des faits fortuits probablement primitifs et indépendants de ces conditions. Ce qui est vrai ici pour le globe, envisagé dans son ensemble, s'applique également, quoique dans de moindres proportions, à une contrée restreinte, par exemple à l'Europe centrale. Toutes choses égales sous le rapport des conditions biologiques, une ou plusieurs espèces peuvent occuper fortuitement, ou peut-être primitivement, tel point plutôt que tel autre. Une espèce ne se trouve pas nécessairement partout où elle pourrait végéter; sa présence cesse nécessairement quelque part, soit graduellement soit brusquement, par suite du fait naturel d'une extension non indéfinie. *Il est donc indispensable d'examiner d'abord si les contrées voisines étudiées ne renferment pas pour certaines espèces, la limite purement accidentelle de leur dispersion par rapport à quelque centre de principale habitation.*

Ainsi, en considérant la distribution des espèces dans la chaîne du Jura, partout identique sous le rapport des terrains, nous verrons qu'elle est principalement sous la dépendance des altitudes et, en outre, du centre de végétation des Alpes occidentales. Cependant la dispersion de plusieurs espèces y est circonscrite d'une manière évidemment accidentelle. Par exemple l'*Arabis arenosa*, abondante dans quelques parties du Jura central, est nulle ou très-rare à l'est ou à l'ouest ; les *Cirsium rivulare, Carduus personnata, Heracleum alpinum* sont à peu près limités au Jura oriental et central, la *Gentiana asclepiadea* au Jura oriental ; le *Meum athamanticum* est groupé dans le Jura bernois et neuchâtelois, le *Buphthalmum salicifolium* dans le Jura bâlois et argovien ; le *Seseli montanum* s'étend sur toute la lisière des plateaux bernois et français ; la *Malva moschata*, très-répandue dans le Jura français, devient rare ou nulle dans le Jura neuchâtelois et bernois ; le *Geranium pratense* est cantonné dans le Jura du Doubs, le *Genista prostrata* dans le Jura occidental; le *Reseda lutea*, le *Pastinacca sativa*, l'*Euphorbia cyparissias*, très-communs dans certains districts, manquent totalement dans des districts adjacents ; le *Trollius europœus*, le *Crocus vernus* ne s'étendent pas au levant des chaînes soleuroises; l'*Iberis saxatilis*, le *Rhamnus pumilus* sont limités à un petit nombre de points, etc.

Les irrégularités dans la distribution de ces espèces ne dépendent évidemment ni des terrains, ni des niveaux, ni de quelque autre facteur du climat. Ainsi l'*Arabis arenosa* croîtrait sans nul doute aussi bien sur les rochers du Jura vaudois que sur ceux des chaînes neuchâteloises; le *Seseli montanum* aussi bien sur les côtes arides du lac de Bienne que sur les collines sèches de Montbéliard; le *Pastinacca sativa* aussi bien dans les prés humides de Porrentruy que dans ceux de Nozeroy; le *Trollius europœus* aussi bien dans les pâturages montagneux à l'est du Weissenstein qu'à l'ouest, et ainsi de suite. Si de la cessation brusque de l'*Heracleum alpinum*, dans le Jura occidental, nous voulions conclure une différence dans les terrains ou le climat, nous tirerions une conclusion fausse. De sorte que réciproquement, *si même la cessation brusque d'une espèce parait correspondre à une différence dans les conditions de température et de sol, nous ne devons pas légèrement l'attribuer à cette différence.* Il résulte encore de là, qu'*il ne faut pas se presser d'argumenter d'une ou quelques espèces, mais en envisager un aussi grand nombre que possible.*

En outre, une plante, rencontrant un obstacle qui la sépare d'une autre partie de la contrée, peut s'arrêter à cet obstacle où elle ne trouve pas ses conditions de vie, et ne pas se propager au-delà où cependant elle les rencontrerait, et où elle prospèrerait abondamment, si quelque circonstance venait à l'y apporter. Ces obstacles peuvent être des mers, des déserts, des montagnes, etc. Dans ce cas encore on commettrait une erreur en voulant lier l'absence de cette espèce à des conditions de climat et de sol qui ne la repousseraient nullement. *Il faut donc aussi voir si les contrées étudiées ne sont pas divisées par des obstacles de ce genre, et en cas d'affirmative, quel rôle ils peuvent jouer relativement aux espèces manquantes en deçà et en delà.* Ainsi, par exemple, la *Digitalis purpurea* abonde dans les Vosges et le Schwarzwald, et ne se trouve ni dans les Alpes ni dans le Bassin suisse. On ne saurait en attribuer l'absence à des différences de climat, ni, comme on le comprendra plus tard, aux différences des sols; je ne fais nul doute que, transportée sur les collines de molasse ou, du moins, sur les granites des Alpes, elle ne s'y naturaliserait rapidement. Nous ne saurions donc envisager cette absence que comme dépendant de circonstances accidentelles. Cette même espèce manque également dans le Jura et l'Albe, mais ici il faut probablement l'attribuer aux terrains, à moins qu'on ne la retrouve ailleurs sur des masses calcaires pareilles. Si c'est le sol calcaire qui la repousse, il est très probable que la chaîne du Jura est l'obstacle qu'elle n'a pu franchir pour se répandre dans le Bassin suisse et les Alpes. Si ces terrains ne la repoussent réellement point, on est forcé d'admettre qu'elle atteint dans les Vosges et le Schwarzwald sa limite accidentelle de dispersion.

De même que certains obstacles ou certaines limites arbitraires arrêtent quelquefois des espèces et les empêchent de s'établir dans les parties d'une contrée propres du reste à leur servir de station, de même les véhicules naturels, tels que des fleuves, des vallées, favorisent souvent la translation d'espèces sur des points peu appropriés à leurs conditions de vie et les y maintiennent plus ou moins, tandis qu'elles manquent dans des districts intermédiaires qui leur seraient plus convenables. Ainsi plusieurs plantes montagneuses ou alpestres sont conduites par les cours d'eau jusqu'à des niveaux inférieurs où elles s'établissent d'une manière soit passagère soit permanente. On comprend qu'*il est nécessaire d'envisager à part ces stations purement sporadiques des espèces vivant en étrangères au milieu d'une végétation à laquelle elles ne sont associées qu'exceptionnellement.* Ce n'est pas dans les cas extrêmes, où l'application de cette observation est frappante, qu'elle risque d'être négligée, mais dans plusieurs cas moins palpables qui bien souvent font donner à l'aire des espèces une extension en altitude qu'elle n'a pas réellement.

En supposant donc qu'on ait pu défalquer des différences entre deux flores la part de la dispersion fortuite et celle de la dissémination accidentelle, voyons quelles sont les précautions à prendre pour démêler les causes de différences existantes.

Une des premières causes de différence dont il importe de faire la part, même pour des contrées voisines est, s'il y a lieu, celle de la latitude. Elle se fera principalement sentir dans l'élévation et l'abaissement des niveaux pour les mêmes espèces, la disparition ou l'apparition de certaines plantes à niveau égal, aux altitudes extrêmes inférieures ou supérieures.

Ensuite, *la comparaison, s'il s'agit de l'influence du climat, ne pourra conduire à des conséquences légitimes, que toutes choses égales, quant aux terrains, et, s'il s'agit de l'influence des terrains, que toutes choses égales, quant aux climats.* Ainsi on évitera, en comparant le Jura calcaire aux Vosges granitiques, de tirer des conséquences relatives au climat d'après des différences observées à niveau égal; ou bien, en comparant ces mêmes chaînes, d'attribuer à l'influence des sols des différences observées à niveau inégal. Toutefois il ne serait pas si absurde qu'on pourrait le croire de contrevenir quelque peu à cette règle : car, là où l'influence des niveaux domine, celle des sols diminue proportion gardée, et réciproquement. Mais il est évidemment plus prudent de s'y conformer, surtout s'il s'agit de limites extrêmes en fait d'altitudes ou de terrains.

Du reste, l'influence des altitudes sur les plantes n'est point sujette à contestation. On les verra infailliblement se dessiner avec clarté dans les districts comparés, par des caractères d'organisation montagneuse ou alpestre qui ne sauraient être attribués aux sols : à cet égard il n'y a pas lieu à difficulté. *Si donc, à climat ou altitudes égales,* entre deux contrées voisines, *il reste des différences de végétation* reconnues indépendantes de la dispersion fortuite ou accidentelle, *elles doivent évidemment être attribuées à l'action directe ou indirecte des terrains.*

Cette dernière a été très-contestée et envisagée par les uns comme nulle, par les autres comme réelle et assez importante : parmi ceux-ci la plupart y ont vu l'action de l'élément chimique, quelques autres celle de la constitution mécanique. Il est évident, en tous cas, que cette influence des sols n'est pas partout également claire et palpable. Dans cet état de choses, *il est essentiel,* pour espérer à juste titre d'arriver à quelque résultat appréciable, *de faire porter la comparaison sur des districts bien distincts sous le rapport de la composition chimique, minéralogique ou mécanique des terrains ; il est important* en outre *que ces districts* aient une étendue convenable et qu'ils *se trouvent,* comme nous l'avons dit plus haut, *voisins, adjacents, et dans des conditions de climat très-semblables.* Si, par exemple, il existe réellement des plantes *silicéophiles* et des plantes *calcaréophiles,* il est comme certain qu'en comparant deux chaînes de montagnes voisines et de quelque étendue, l'une formée de roches où la silice domine, (il n'existe pas de montagnes purement siliceuses) l'autre entièrement calcaire, on trouvera des différences appréciables ; et il est probable que si on ne les trouve pas dans ce cas, on ne les découvrira point ailleurs. Même raisonnement pour la comparaison de deux districts formés, l'un de roches sableuses, l'autre de roches compactes, etc.

Mais si, au lieu de procéder ainsi, on applique ce genre de comparaison à des contrées moins bien choisies, on aura contre soi toutes sortes de chances défavorables. Ainsi, l'on ne saurait s'attendre à des résultats frappants dans la comparaison de deux districts où la succession géologique des terrains est rapide et répétée sur de courts espaces ; de deux contrées dont

les terrains différents sont à des altitudes très-inégales ; de montagnes formées de masses minérales différentes, mais trop éloignées ; de pays voisins,
mais point suffisamment contrastants quant aux masses minérales, et ainsi
de suite. Or, si l'on jette un coup-d'œil sur la carte géologique de l'Europe
et de ses parties centrales en particulier, on se convainct que peu de points
réunissent toutes les conditions indispensables à une comparaison de ce
genre.

Cela posé, soient plusieurs districts A, B, C, D, E, situés sous des
conditions de climat très-semblables. Soient A et B des districts calcaires
et C, D, E des districts siliceux ; soient en même temps A, B, E des districts à terrains compacts, C, D des districts à sol sablonneux. — Si, en
comparant A et B, nous trouvons des différences nulles ou comme nulles ;
si, au contraire, en comparant A et C, nous en trouvons de frappantes,
nous sommes conduits à les attribuer à la nature chimique du sol. Mais, si
cela est exact, en comparant A à D et E, nous devons obtenir des résultats analogues ; si cela a lieu, l'influence chimique acquiert une haute probabilité ; s'il en est autrement, et que, malgré sa composition siliceuse, E ne
diffère pas de A avec sa composition calcaire, l'échaffaudage de notre raisonnement se trouve renversé, et nous sommes conduits à rechercher si
l'état sableux ou compacte des masses entre pour quelque chose dans le résultat. Si, à cet égard, nous trouvons A, B et E pareils entr'eux, B et C
également pareils entr'eux et différents des premiers dans le même sens,
nous arrivons à conclure en faveur de l'influence mécanique du sol. Il est
évident que cette marche ne saurait guère manquer de conduire à des résultats très-voisins de la certitude.

Mais remarquons bien que si, partant de l'hypothèse de l'influence chimique nous avions raisonné sur un moindre nombre de données comparatives, par exemple, en ne prenant pas en considération le district E, nous
serions arrivé à une conclusion favorable à cette influence, sans que rien
nous avertit de notre erreur. Si, au contraire, le hasard avait voulu que
nous comparassions seulement deux districts comme A et E, ils nous auraient conduit au résultat opposé, sans éveiller en rien notre attention sur
une seconde hypothèse, et ainsi de suite.

Il résulte de ceci que, *pour arriver à des conclusions légitimes* dans le genre
de comparaison dont il s'agit, *il importe de ne pas se borner à deux ou à un
trop petit nombre de termes,* parce qu'il pourrait arriver que si, dans les districts choisis, il y a accidentellement coïncidence entre deux natures de
causes, on attribue, sans s'en douter, à l'une ce qui est l'effet de l'autre.

CHAPITRE DEUXIÈME.

EXAMEN CLIMATOLOGIQUE DE LA CONTRÉE.

§ 5. Les causes qui déterminent la station et la dispersion des espèces, sont essentiellement le climat constitué par divers éléments et le sol avec toutes les conséquences qui résultent de sa manière d'être. Nous allons nous occuper d'abord du premier de ces facteurs : nous traiterons ensuite du second.

Plaçons d'abord sous les yeux du lecteur les données relatives aux températures moyennes annuelles qui serviront de base principale à ce qui va suivre. Le premier chiffre est l'altitude du lieu en mètres, le second sa température en degrés centigrades, résultant d'observations plus ou moins longues, le troisième sa température théorique au niveau de la mer, calculée dans l'hypothèse d'une diminution d'un degré centigrade pour 200 mètres d'ascension : on verra plus loin l'emploi que nous en faisons.

Augsbourg	493	7,90	10,56
Stuttgard	248	9,60	10,84
Tubingen	328	8,57	10,21
Schaffhouse	400	9,62	11,62
Carlsruhe	115	10,20	10,76
Strasbourg	148	9,90	10,64
Mulhouse	243	10,00	11,02
Bâle	270	9,10	10,43
Metz	182	10,30	11,21
Nancy	257	9,50	10,78
Verdun	514	9,70	11,27
Epinal	517	9,50	11,08
Besançon	250	10,70	11,95
Zurich	440	8,84	11,04
Berne	550	7,76	10,01
Genève	396	9,70	11,68
Aarau	385	9,90	11,82
Lenzbourg	410	7,63	9,63
Soleure	423	9,50	11,62
Neuchâtel (Cornaux)	520	9,06	11,16

Lausanne	—	507	—	9,50	— 11,55
Dijon	—	270	—	11,50	— 12,85
Mâcon	—	184	—	11,51	— 12,25
Salins	—	550	—	10,16	— 11,44
Lons-le-Saulnier	—	260	—	11,40	— 12,70
Bourg-en-Bresse	—	220	—	11,10	— 12,20
Chambéry	—	260	—	11,71	— 13,04
Lyon	—	160	—	12,85	— 13,60
Grenoble	—	500	—	12,50	— 14,00
Turin	—	279	—	11,70	— 13,04
Milan	—	146	—	12,80	— 13,55
Paris	—	64	—	10,80	— 11,12
St. Gothard	—	2095	—	—0,80	— 9,67
Mt. Cenis	—	1949	—	5,40	— 15,15
St. Bernard	—	2490	—	—1,10	— 11,35
Genkingen	—	782	—	6,77	— 10,68
Le Locle	—	910	—	7,72	— 12,27
La Ferrière	—	1020	—	6,54	— 11,74
Pontarlier	—	840	—	8,20	— 12,40
Porrentruy	—	450	—	8,50	— 10,75
Aoste	—	615	—	11,09	— 14,16
St. Rambert	—	260	—	11,50	— 12,55
St. Jean de Maurienne	—	546	—	9,70	— 12,40

Les plus connues parmi ces données sont puisées dans les tables de Mahlmann et dans l'*Italie* de M. Schouw. On sait que plusieurs sont encore controversées et éprouvent d'année en année de petites modifications ; mais elles sont de peu d'importance pour notre objet.

Nous devons indiquer la provenance de quelques autres qui sont peu connues.

Le chiffre de Mulhouse est puisé dans la *Statistique du Haut-Rhin de Pennant*.

Celui de Nancy est emprunté à *celle de la Meurthe*, publiée en 1843 : il est le résultat de plus de 40 années d'observations de l'abbé Vautrin.

La température de Verdun est prise dans les *Mémoires de la Société philomathique* de cette ville ; celle d'Epinal dans ceux de la *Société d'émulation des Vosges*.

Le chiffre de Besançon est extrait des tables de M. Pouilley. Les observations de M. Marchand durant 15 années ont fourni 11,50 ; mais M. Grenier par diverses raisons réduit cette température à 10,80, nombre peu différent du nôtre.

La température de Lenzbourg, résultat de dix années d'observations de M. Hofmeister, est puisée dans les *Mittheil. der Naturf. Gesellsch. von Zürich*.

Le chiffre de Cornaux, près Neuchâtel, est dû aux observations de M. Ladame faites pendant les années 1812 à 1816. Leur moyenne est de 8,85; mais comme les années 14 et 16 ont été exceptionnelles, j'ai préféré la moyenne des trois autres années, qui est de 9,06. L'altitude de Cornaux est approximativement déduite de celle de Cressier, prise dans les tables hypsométriques d'Osterwald, et doit peu différer de la réalité.

La température de Dijon est due à 7 années d'observation de M. Morin; celle de Mâcon est empruntée à la *Statistique de Saône et Loire de M. Ragut*. L'une et l'autre sont puisées dans l'*Essai sur la géogr. bot. de la France* par M. Martins.

La température de Salins serait, d'après une seule année d'observations de M. Germain, en 1844, de 9,20 R. : mais l'exposition de son instrument et la comparaison avec un thermomètre contrôlé réduit ce chiffre à 8,13 R. = 10,16 C.

Le chiffre de Lons-le-Saulnier est dû à 16 mois d'observations et puisé dans les tables de Cotte. En le calculant sur Besançon d'après la loi de Schübler, que 1°C. en latitude augmente la moyenne de 0,65, on obtient le même résultat.

La température de Bourg est obtenue par deux années d'observations de M. Jarrie, consignées dans les *Mémoires de la Soc. d'agric. de l'Ain*.

Le chiffre de Chambéry, résultant de 4 années d'observations de M. Billiet, est puisé dans les *Mémoires de la Soc. acad. de Savoie*.

La moyenne de Lyon, évaluée à 13,20 dans les tables de M. Pouilley, n'est que de 12,50 d'après les observations de M. Clerc et celles de M. Fournet sur les sources des environs de cette ville. J'ignore d'où provient la première de ces données : je prends la moyenne des deux renseignements. La végétation indique en effet à Lyon une température un peu plus élevée qu'à Grenoble. Cependant M. Bravais n'a obtenu par comparaison avec Paris sur deux années que 11,80,

Le chiffre de Grenoble est puisé dans la *Statistique botanique de M. Gras*.

Celui du Locle (Jura neuchâtelois) est le résultat de dix années d'observations de M. Jacot-Descombes, dépouillées par M. Lequereux et consignées dans son ouvrage sur les tourbières. Une comparaison, bien que fort incomplète, d'un de mes thermomètres avec celui de M. Descombes, m'a convaincu que ses résultats diffèrent probablement un peu en plus de ceux qu'on obtient avec les instruments des observatoires de Berne et de Bâle.

Le chiffre de la Ferrière (Jura bernois) est calculé au moyen de deux années d'observations, faites par Gagnebin en 1757 et 1758 et consignées dans les

Acta helvetica. Gagnebin avait employé le thermomètre de Ducrest, dont le zéro correspond à 11,82 C, l'eau bouillante étant également à 100 C; de façon que l'on a: 1° Ducr. $= 0,88$ C. et $\pm\, a^o$ Ducr. $= (11,82 \pm a \times 0,88)$C. La moyenne de Gagnebin est de — 6,25 Ducr. $= +\, 6,54$ C.

La température de Pontarlier est due à trois années d'observations, 1783, 84, 85, consignées dans les *Mémoires de Cotte*, savoir: 9,0; 6,6; 5,4 R; moyenne 7,0 R. $= 8,75$ C. Ce chiffre paraît bien élevé eu égard aux conditions végétales du climat. Les différences énormes entre les années d'observation et leur décroissance graduelle, paraissent justifier un abaissement de ce chiffre que je porte ainsi à 8,20, et qui est probablement plus voisin de la réalité.

Celle de Porrentruy est présumée d'après la moyenne de deux années de la source la plus froide et la plus constante de cette ville, évaluée à 9,80. En supposant que, comme à Tubingue au pied de l'Albe (pays qui offre beaucoup d'analogie géologique et climatologique avec les plateaux du Jura bernois), la température moyenne des sources soit plus élevée que celle de l'air de 1,40, il reste comme approximation pour Porrentruy 8,40 C., ce qui paraît un peu bas et que l'on pourrait élever à 8,50, et même à 8,70.

Le chiffre d'Aoste, dû à M. Carrel, est extrait d'une notice météorologique de cet auteur, insérée dans la *Biblioth. univers. sept.* 1842.

Enfin celui de St Rambert-en-Bugey est le résultat d'une seule année d'obervations de M. Sauvanaud en 1858, année froide et qui, à Lyon, avait été de 11,81, c'est-à-dire, de plus de 1° au dessous de sa moyenne. Le chiffre obtenu à Saint-Rambert étant 11,50 est donc probablement un minimum. Cependant la chaleur moyenne des six mois froids (octobre à mars) a été cette année plus élevée à Saint-Rambert qu'à Lyon.

On voit que plusieurs de ces données sont bien sujettes à controverse; cependant il est fort probable qu'elles s'éloignent peu de la vérité. Nous n'avons employé que les plus authentiques pour obtenir les résultats principaux. On verra, du reste, qu'il s'agit plutôt d'établir dans quel sens ont lieu les différences de température d'un district à l'autre que de tirer des conclusions relatives à des températures locales. En outre, nous avons presque toujours combiné plusieurs chiffres à la fois.

Toutes ces températures ayant lieu respectivement à diverses altitudes, ont l'inconvénient de ne pas être comparatives toutes choses égales. On peut y obvier en les ramenant toutes par le calcul à ce qu'elles seraient au niveau de la mer, en supposant qu'une certaine ascension en mètres corresponde à un abaissement de 1° C. ou réciproquement. Nous avons fait les calculs sur la base de 200 mètres, sans prétendre attacher à ce chiffre une créance particulière, mais uniquement pour obtenir des termes comparables. Nous verrons du reste plus loin, que, dans le Jura, on arrive à un chiffre voisin de celui-ci.

§ 6. Le climat des diverses contrées comprises dans notre champ d'étude offre de notables différences déjà connues indépendamment de toute observation météorologique. Bien que les températures annuelles, envisagées seules, n'en soient qu'une indication incomplète, il n'est cependant pas sans intérêt de voir qu'elles corroborent les données géographiques ordinaires.

La température de la vallée du Neckar varie très-probablement entre celles de Tubingen et de Stuttgard, c'est-à-dire, de 8,56 à 9,60, pour des niveaux de 240 à 310 mètres.

Celle de la vallée du Rhin, entre celles de Bâle et Strasbourg, de 9,10 à 9,90, entre 150 et 250 mètres.

Celle de la Plaine lorraine, entre Metz, Epinal et Nancy, de 10,50 à 9,50, avec des altitudes de 150 à 350 mètres.

Celle du Bassin suisse, entre celles de Zurich, Berne, Lausanne, Genève, savoir 8,84; 7,76; 9,50 et 9,70, pour 550 à 500 mètres.

Celle des parties hautes de la vallée de la Saône entre Besançon, Dijon, Mâcon, Bourg et Lyon, c'est-à-dire, entre 10,70; 11,50; 11,51; 11,10 et 12,85, pour des niveaux de 270 à 160 mètres; et celle de ses parties basses entre Bourg, Lyon et Grenoble, c'est-à-dire, de 11,10; 12,85 et 12,50 pour des niveaux de 150 à 500 mètres.

Enfin celle des contrées sardes, de Genève à Grenoble, entre 9,70 et 12,50.

D'après ces données, les températures réelles de nos diverses vallées se succèdent dans l'ordre suivant, des plus basses aux plus élevées : Bassin suisse, vallée du Rhin (plaine rhénane), du Neckar, de Lorraine, de la Saône, du Rhône. On voit en outre que les températures augmentent dans le Bassin suisse de l'est à l'ouest, dans les vallées du Neckar, du Rhin et de Lorraine du sud au nord, dans la vallée de la Saône du nord au sud. En envisageant les choses en général, toutes les températures augmentent vers le sud et le sud-ouest, ce qui est essentiellement le résultat des expositions générales, puis de la présence ou de l'absence des Alpes au midi.

Les températures locales sont le résultat de la latitude, du niveau, de l'exposition générale et de la situation particulière relativement aux Alpes. On ne saurait donc s'attendre à voir la latitude seule les déterminer, bien qu'elle y joue un rôle important. Les différens rapports de climat entre les districts de ce territoire deviennent plus sensibles encore par la comparaison des chiffres réduits à une altitude commune, celle de zéro. En les employant, nous arrivons aux résultats ci-après qui sont d'accord avec les précédents.

Si donc pour représenter respectivement ces diverses vallées, nous prenons la moyenne des chiffres réduits,

Schaffhouse, Tubingen et Stuttgard donnent pour la *Vallée du Neckar*   10,95
Bâle, Mulhouse, Strasbourg et Carlsruhe donnent pour la *Plaine rhénane*   10,84
Besançon, Nancy et Metz pour la *Plaine lorraine*   11,31
Zurich, Berne, Lausanne et Genève pour le *Bassin suisse*   11,06
Dijon, Mâcon, Lyon pour la lisière occidentale de la Saône . . . .   12,89 ⎫
Salins, Lons-le-Saulnier, Bourg pour la lisière orientale . . . .   12,13 ⎭   *Vallée de la Saône*   12,50
Grenoble et Lyon pour la *Vallée du Rhône*   13,80
Genève, Chambéry, Aoste, St. Jean-de-Maurienne, Grenoble pour les contrées sardes, *Savoie*   13,07
Turin et Milan pour la plaine au sud des Alpes, *Plaine transalpine* .   13,19

L'élément de l'altitude se trouvant ainsi éliminé de ces résultats, on y voit la latitude reprendre une plus grande part d'influence, mais les autres facteurs signalés continuent à se faire sentir. On y remarque aussi qu'à altitudes égales la température de la Plaine lorraine est sensiblement supérieure à celle des Plaines du Rhin et du Neckar; qu'il en est de même pour celle du Bassin suisse, mais qu'elle est inférieure à celle de la vallée de la Saône, et que celle-ci augmente rapidement vers le sud; que la température de la Vallée sarde serait à peu près égale à celle de la Vallée de la Saône, etc.

Mais ces chiffres peuvent surtout nous servir à établir une appréciation des températures relatives dans les diverses chaines de montagnes comprises entre les vallées ci-dessus, et pour lesquelles nous n'avons point d'observations directes.

Pour nous faire une idée de ce qui se passe dans la chaine de l'Albe, prenons la moyenne entre Stuttgard et Augsbourg : il vient pour représenter l'*Albe*   10,45
Entre Nancy et Paris, ou mieux Nancy et Verdun, pour les *Collines lorraines*   10,98

Entre Bâle et Schaff- house on a 11,05		
Entre Strasbourg et Tubingen 10,42	En moyenne pour le *Schwarzwald* . . 10,75	
Entre Carlsruhe et Stuttgard 10,80		

Entre Bâle et Besan- çon on a 11,20	
Entre Mulhouse et Epinal 11,05	En moyenne pour les *Vosges* 11,04
Entre Strasbourg et Nancy 10,92	
Entre Carlsruhe et Metz 10,98	

Pour obtenir les chiffres relatifs au Jura nous avons :

Entre Schaffhouse et Zurich 11,33	Jura oriental 11,23	
Entre Bâle et Aarau 11,15		
Entre Porrentruy et Soleure 11,18	Jura central 11,36	
Entre Besançon et Neuchâtel 11,55		*Jura en général* 11,72
Entre Salins et Lau- sanne 11,47	Jura occidental 11,70	
Entre Bourg et Ge- nève 11,94		
Entre Bourg, St Ram- bert, Chambéry, Genève et Grenoble 12,57	Jura méridional 12,79	

En outre, la moyenne de Besançon, Porrentruy, Bâle et Schaffhouse donne
pour la *lisière nord du Jura* 11,19 ; celle de Aarau, Soleure, Neuchâtel,
Lausanne et Genève donne pour sa *lisière suisse* 11,56 ; celle de Besançon,
Salins, Lons-le-Saulnier, Bourg donne pour sa *lisière occidentale française*
12,06 ; celle de Genève et Chambéry pour la *lisière sarde* 12,54. Enfin on peut
se former une idée relative des Alpes, en prenant pour les *Alpes centrales
suisses* la moyenne entre Zurich et Milan, ce qui donne 12,14, et pour les

Alpes occidentales françaises et sardes, celle entre Grenoble, Saint-Jean-de-Maurienne et Turin, ce qui fournit 13,14.

Sans prétendre que ces chiffres soient entièrement irréprochables, il demeure cependant très-probable que les erreurs s'y compensent dans les moyennes, et n'altèrent point le sens dans lequel ont lieu les résultats généraux, remarquablement conformes, du reste, aux faits de dispersion végétale et aux appréciations de climatologie empirique.

On y reconnaît les conséquences suivantes, à altitudes égales :

1° La température des Vosges est sensiblement plus élevée que celle du Schwarzwald, et, dans chacune de ces deux chaînes, la partie centrale est la plus froide. Les contrées lorraines à l'ouest des Vosges offrent également des températures plus élevées que les contrées wurtembergeoises à l'est du Schwarzwald.

2° La température dans l'ensemble du Jura et dans chacune de ses parties est sensiblement plus élevée que dans les montagnes du Rhin. Elle augmente généralement en marchant de l'est vers l'ouest et le sud. Vers les limites méridionales de cette chaîne, la température est considérablement plus élevée que dans toutes les autres parties. Sa lisière vosgienne, alsatique et hercynienne est la plus froide ; puis vient sa lisière suisse ; enfin les lisières française occidentale et sarde orientale qui sont les plus chaudes.

3° La température dans la chaîne des Alpes est plus élevée que dans le Jura et les montagnes du Rhin ; mais elle l'est beaucoup plus dans les parties occidentales que dans les centrales.

4° Dans notre champ d'étude les températures vont généralement en augmentant du Nord au Sud et de l'Est à l'Ouest.

5° Si l'on prend la température du Jura pour 100, on a :

Schwarzwald 92

Vosges 94

Jura 100

Alpes centrales 104

Alpes occidentales 121

Nous le répétons : ces résultats obtenus *a posteriori* sont entièrement conformes à tous les faits de climatologie végétale qu'offre la contrée. Nous ferons enfin remarquer que la légitimité des calculs ci-dessus est fondée sur l'admission du principe que la décroissance des températures dans la verticale est proportionnel aux altitudes, principe qui, sans être rigoureusement exact, l'est cependant très-probablement d'une manière suffisante pour servir de base à des approximations de ce genre.

Il va sans dire, du reste, que les moyennes annuelles ne sont qu'une expression fort incomplète du climat, surtout relativement à la végétation. Les rapports des températures d'hiver et d'été ne sont pas moins importants à envisager, et jouent souvent un rôle principal. A cet égard, on sait qu'au nord des Alpes le contraste entre ces températures augmente en s'avançant du nord au sud, de façon, par exemple, qu'il est de 25° à la Haie, 16 à Strasbourg, 17 à Tubingen, 17,80 à Bâle, 18 environ à Zurich et Genève. On sait de même que les moyennes d'hiver ne sont nulle part inférieures à zéro dans le nord de la France et de l'Allemagne, et qu'elles ne le deviennent qu'un peu plus au sud comme à Tubingen — 0,6 , Bâle — 0,20 , Zurich — 0,90 , Genève — 0,80 , etc. ([1]) ; de sorte que ces contrées sont celles de l'Europe centrale qui offrent d'assez forts contrastes d'hiver et d'été.

M. Martins a fait voir qu'on peut diviser la France en cinq climats principaux : 1° celui des provinces méditerranéennes avec une moyenne annuelle de 14,80 et une différence hyberno-æstivale de 22,00 ; 2° celui de la Garonne, moyenne annuelle 12,70, différence 16,00 ; 3° celui du Rhône, moyenne annuelle 11,00, différence 21,50 ; 4° celui de la Seine, moyenne annuelle 10,90, différence 15,60 ; enfin 5° celui des Vosges, moyenne annuelle 9,60, différence 18,00. Les districts occidentaux français de nos contrées appartiennent en partie au climat des Vosges et en partie à celui du Rhône. Les parties orientales germaniques offrent un climat peu différent de celui des Vosges, mais un peu inférieur en température annuelle et en différence hyberno-æstivale. Le Bassin suisse forme un climat particulier dont la moyenne annuelle peut être évaluée à 8,95 et la différence à 17,80. Enfin, les plaines italiennes transalpines se rapprochent du climat méditerranéen.

Du reste, en entrant dans ce point de vue et se servant des données consignées en tête de ce chapitre, on arrive aux résultats suivants qui ne font que corroborer ceux de l'article précédent :

Vallée du Neckar moyenne ann.		9,08	différence hyb.-æst.		17,50
Vallée du Rhin	»	9,50	»	»	17,90
Plaine lorraine	»	9,90	»	»	18,00
Bassin suisse	»	8,95	»	»	17,80
Vallée de la Saône	»	11,57	»	»	18,60
Plaine transalpine	»	12,25	»	»	22,00

On y voit que le plus souvent dans nos climats la différence hyberno-æsti-

([1]) Quelques-uns de ces chiffres sont controversés.

vale est d'autant plus élevée que la moyenne annuelle l'est elle-même davantage.

C'est sur les plateaux wurtembergeois à l'est de l'Albe, et dans les parties orientales du Bassin suisse , que les moyennes d'hiver sont les plus basses et descendent à zéro et au dessous jusque vers — 1,0; dans tous les autres districts de notre champ d'étude, elles sont supérieures à zéro et s'élèvent jusqu'à 5,00 et peut-être quelque chose de plus dans les parties méridionales. C'est également dans les parties orientales germanique et suisse, que le chiffre de la moyenne des étés s'élève le moins haut, atteignant à peine 18,00 ; dans les parties occidentales, comme aussi vers le nord de la Vallée du Rhin, et surtout, enfin, sur nos frontières méridionales, il atteint 22,00 et quelque chose de plus.

La moyenne du mois le plus froid, qui est presque partout dans nos limites celui de janvier, varie de —2,0 à —4,0 au plus, dans les mêmes contrées déjà signalées comme offrant les hivers les plus froids ; cette moyenne demeure souvent au dessus de zéro dans les parties les plus occidentales et les plus méridionales de la contrée, et s'élève presque vers 2,00. La moyenne du mois le plus chaud, qui est généralement juillet, est également la plus faible dans les contrées les plus froides, et descend jusqu'un peu au dessous de 17,00 ; elle varie du reste de 18 à 19 dans la majeure partie de nos districts, et atteint 23 et jusqu'à 24 sur nos frontières austro-occidentales.

Nous n'avons pas besoin d'ajouter que tout ce qui précède est relatif aux altitudes moyennes des plaines, des collines et des plateaux au dessous de 400 mètres et plus rarement de 500, et que ces principales variations sont (indépendamment de la latitude et de l'exposition générale) très-souvent dues à ces mêmes altitudes. Nous allons maintenant rechercher les modifications qu'éprouvent ces généralités à des niveaux supérieurs dans les chaînes de montagne.

§ 7. On sait que les températures décroissent en s'élevant dans la verticale, et on a déjà fait de nombreux efforts pour reconnaître dans quelles proportions cela a lieu. Les résultats obtenus ont été très-divers, mais cependant tous compris entre 150 et 250 mètres d'ascension pour 1°C. d'abaissement; la plupart toutefois sont au dessous de 200 mètres. On a reconnu, du reste, que ce chiffre est variable selon les saisons, et que l'abaissement est plus rapide le long des pentes très-inclinées que sur les pentes faibles, gradinées ou disposées en plateaux. Les recherches faites à cet égard dans nos limites ont conduit aux chiffres suivants :

Au Righi, M. Martins a trouvé . . . .   149^m,10
Au Col du Géant, de Saussure 164, 69
Entre Milan, Genève, Zurich et le Faulhorn,
  M. Martins 170, 00
Entre Genève et le St. Bernard, M. Martins   202, 12
St. Gotthard, St. Bernard, Turin et Milan,
  M. Schouw 168, 00
Mont-Ventoux, M. Martins . . . .   144, 00   } moyenne 166^m
Alpes centrales des deux versants, Hegetsch-
  weiler 156, 00
Entre Zurich et le Righi, M. Horner 120, 00
Dans les Alpes vaudoises, M. Wartmann . .   150, 00
St. Jean-de-Maurienne et le St. Bernard four-
  nissent 180, 00
Au Röthifluh, M. Delcros a trouvé 180, 00
Au Chasseral, le même 209, 00

Ces calculs reposent sur des observations qui méritent toute confiance. On remarquera que les chiffres fournis par le Jura sont des plus élevés. Cependant d'autres contrées ont conduit souvent à des résultats beaucoup plus élevés encore. M. Martins, l'un des météorologistes qui s'est le plus occupé de cette question, conclut lui-même à 195 mètres dans le cas de pentes abruptes, et 235 dans celui de pentes douces. Nous n'avons rien de positif à ajouter à ces précieuses données, et nous devons nous contenter de quelques nouvelles indications relatives au Jura.

En comparant Cornaux et le Locle, on trouve 290 mètres pour 1° C., chiffre très-probablement exagéré, ce qui tient peut-être à ce que la température du Locle est trop forte. Si l'on réduit la température de Cornaux à 9°, et celle du Locle à 7, on trouve 196 mètres pour 1° C. La moyenne entre ce dernier résultat et le précédent est de 243 mètres.

Si l'on compare Bâle à la Ferrière, en corrigeant préalablement la température de cette première localité d'après Schübler, pour un demi-degré de latitude par $^1_2 \times$ o, 625 C., on trouve 1° C. d'abaissement pour 220 mètres d'ascension. La moyenne de ce résultat et du précédent est de 252^m,50.

Si l'on compare Pontarlier à Lons-le-Saulnier, il vient 1° C. pour 181^m; Genève et St. Rambert corrigé d'après la règle de Schübler, fournissent 1° C. pour 80^m; Grenoble et St. Jean-de-Maurienne 1° C. pour 88^m; Schaffhouse et Stuttgard, modifiés d'après Schübler, donnent 580^m. En un mot, en faisant tous les calculs et prenant la règle de Schübler en considération, toutes les fois que les deux localités diffèrent d'un tiers de degré ou plus en latitude, on arrive aux chiffres suivants qui peuvent servir également à obtenir une moyenne approximative :

Strasbourg et Bâle donnent	1°C. pour 86 mètres.	
Stuttgard et Schaffhouse	» 580	»
Berne et Aarau	» 144	»
Bâle et La Ferrière	» 220	»
Porrentruy et La Ferrière	» 215	»
Porrentruy et Bâle	» 500	»
Neuchâtel et le Locle	» 243	»
Pontarlier et Besançon	» 256	»
» et Neuchâtel	» 255	»
» et Lons-le-Saulnier	» 181	»
Genève et Saint-Rambert	» 85	»
Grenoble et Saint-Jean-de-Maurienne	» 88	»
St. Jean-de-Maurienne et le St. Bernard	» 180	»
Turin et Saint-Jean-de-Maurienne	» 133	»

La moyenne de ces résultats est d'un peu moins de 190 mètres pour 1°C., chiffre qu'il faut envisager comme un minimum à cause des corrections en abaissement que nous avons fait éprouver aux températures primitives de Pontarlier, le Locle et La Ferrière, et parce qu'en outre, plusieurs autres chiffres employés sont plutôt trop faibles que trop élevés. Si, entre notre résultat et les deux limites de 195 et 135 proposées par M. Martins, on prend la moyenne, elle est de 206ᵐ. Enfin, le chiffre de 200 étant plus commode pour les calculs et suffisamment voisin de ce dernier, nous nous y arrêterons comme à un minimum, c'est-à-dire que nous pensons *qu'une ascension de 200ᵐ dans la verticale, abaisse la moyenne annuelle d'au moins 1°C. dans nos contrées jurassiques.* Remarquons aussi que ce chiffre est très-voisin de ceux de M. Delcros. En outre, il est bien d'accord comme minimum avec l'opinion de M. Lequereux qui, d'après ses expériences sur les tourbières de nos hautes vallées, porte la moyenne annuelle à 7°C. entre 800 et 1000ᵐ, et avec celle de M. Guyétant qui admet dans le département du Jura un demi-degré d'abaissement pour cent mètres d'ascension.

En partant donc des températures réduites au niveau de la mer, nous trouvons pour les diverses parties du Jura, d'après ces bases, les températures suivantes :

	Mètres.	J. oriental.	J. central.	J. occidental.	J. mérid.
Lisières basses	0	11,23	11,56	11,70	12,62
	400	9,23	9,56	9,70	10,62
Plateaux et basses chaines	700	7,75	7,86	8,20	9,12
Hauts plateaux et chaines moyennes	1000	6,23	6,56	6,70	7,62
Sommités élévées	1300	4,73	4,86	5,20	6,12
Sommités alpestres	1700	2,73	2,86	3,20	4,12
Sommités alpines	2000	1,23	1,56	1,70	2,62

Nous trouvons de la même manière et d'après les bases données plus haut, les résultats suivants dont nous rapprochons l'échelle de Hegetschweiler pour les Alpes suisses, puis celles de Watson pour l'Angleterre entre 55 et 56 de latitude et calculée sur 150^m : nous transformons les yards en mètres et les degrés Farenheit en centigrades :

Mètres.	Vosges.	Schwarz.	Alp. cent.	Alp. occid.	Alp. rev. N. Heg.	Alp. rev. S. Heg.	Angl. Wats.
700	7,53	7,25	8,64	9,64	6,75	7,75	5,54
1000	6,03	5,75	7,14	8,14	5,92	6,92	1,24
1300	4,53	4,25	5,64	6,64	4,09	5,09	—1,04
1700	2,53	2,25	3,64	4,64	1,65	2,62	—4,08
2000	1,03	0,75	2,14	3,14	—0,15	0,85	

On voit que la décroissance dans les Alpes était envisagée par Hegetschweiler comme beaucoup plus rapide que celle qu'on obtient par la base 200 mètres. Cela tient surtout à ce que les chiffres du Saint-Gothard et du Saint-Bernard avaient été employés : mais les données de ces deux localités étant singulièrement abaissées par le voisinage des neiges et des glaces qui les entourent, sont probablement des minima. En tout cas, on peut admettre que *le décroissement est au moins aussi rapide que dans ce tableau.* Dans l'échelle anglaise les cultures cessent vers 450^m, c'est-à-dire vers 5,50 C., et dans le Jura vers 1050^m, c'est-à-dire vers 6,50 C (Jura central), ce qui fait prévoir que ces sortes de faits ne correspondent pas toujours aux mêmes températures moyennes annuelles.

Concluons enfin qu'on peut admettre approximativement que, dans l'ensemble du Jura, vers 1000^m, dans la région des hauts plateaux, les températures annuelles ne doivent pas dépasser 6 à 7,50 C., et vers 1600^m dans la région alpestre 3 à 4,50 C. ; qu'elles sont à ces mêmes altitudes un peu inférieures dans les montagnes du Rhin, un peu supérieures dans les Alpes centrales, et sensiblement plus élevées dans les Alpes occidentales.

Ce serait ici le cas de dire un mot des moyennes d'hiver et d'été, à ces altitudes supérieures, mais les données nous manquent à cet effet. Contentons-nous donc de quelques exemples :

Genkingen   782^m moy. d'hiver —1,50 moy. d'été +14,80 différence 16,30
La Ferrière 1020^m ».   —0,31   »   +15,59   »   13,89
St. Bernard 2490^m »   —8,00   »   + 5,90   »   13,90

On voit dans ces chiffres que ce sont moins les froids excessifs de l'hiver qui caractérisent la température que son abaissement habituel sur toutes les saisons. Il en résulte que, dans les montagnes, le véritable obstacle aux mêmes mouvements de la végétation que dans la plaine, consiste non pas dans la rigueur des froids extrêmes, mais dans l'élévation insuffisante des chaleurs moyennes qui ne laissent pas à certains végétaux, et notamment à plusieurs cultures, un temps de développement convenable entre la cessation et le retour des neiges.

Je dois encore répéter avant de quitter ce sujet que je n'envisage tous les chiffres ci-dessus que comme des approximations très-controversables. J'ai vu le décroissement dans la verticale varier singulièrement dans le Jura et monter tantôt très au-dessus, tantôt très au-dessous de 1°C. pour 200 mètres. Ainsi, une série d'une vingtaine d'observations faites entre Porrentruy et le Waldeck, distants en verticale de 160^m, m'a, excepté une seule fois, constamment fourni des résultats inférieurs à 200^m. Deux thermomètres contrôlés avec soin étaient à la même minute observés dans les deux stations. Ces observations faites dans les différentes saisons de l'année, par les températures et les temps les plus différents, ont constamment fourni des différences variant du maximum 3,06 au minimum 0,67 et le plus souvent entre 0,80 et 1,10. La moyenne de toutes ces observations a fourni comme résultat un décroissement de 1°C. pour 154^m. Une seule expérience du même genre faite par M. Lamon entre Diesse (889^m) et le sommet de Chasseral (1617^m), a donné le même résultat de 155^m pour 1°C. Au contraire, douze observations pareilles distribuées sur quatre jours entre Porrentruy (450^m) et l'auberge de la Caquerelle au Mt-Terrible (850^m) avaient fourni en moyenne une différence de 1,37 C. pour 400 mètres, soit environ 290^m pour 1°C. La moyenne entre les trois résultats que je viens de signaler est de 193^m pour 1°C. Tout ceci uniquement comme renseignement et sans que je prétende y attacher d'importance météorologique.

On peut aussi se former une sorte d'idée relative des climats aux divers niveaux, par les différences d'époque où s'y font les mêmes mouvements de la végétation assez clairement indiqués, par exemple, par certaines récoltes.

Il va sans dire que, encore ici, il faut se contenter de moyennes très-imparfaites, mais dont les erreurs partielles se compensent assez bien dans les calculs. D'après des renseignements puisés, soit dans les affirmations des agriculteurs, soit dans les statistiques, on trouve comme minima :

Entre Schaffhouse et le plateau du
   Rhanden (400 à 650 ^{m}) . . . 10 jours de retard pour 250^m d'ascension.
Entre Bâle et le plateau des Fran-
   ches-Montagnes (450 à 1020 ^{m}) 40   »   750   »
Entre Porrentruy et les mêmes
   (450 à 870 ^{m}) 50   »   570   »
Entre Porrentruy et Roche-d'or
   ou la Caquerelle, au Mt-Terrible 20   »   420   »
Entre Bienne et le Val St.-Imier
   (450 à 800 ^{m}) 25   »   550   »
Entre Delémont et le Val-de-Ta-
   vannes (450 à 750 ^{m}) 45   »   730   »
Entre Bienne et le plateau des
   Fr. Montagnes (450 à 1000 ^{m}) 55   »   550   »
Entre la Vallée de l'Ognon et les
   plus hautes vallées du Doubs
   (Mouthe, Miége) 40   »   750   »
Entre Salins et le plateau des
   Moidons (550 à 650 ^{m}) 45   »   300   »
Entre Salins et Nozeroy (550 et
   800 ^{m}) 21   »   430   »
Entre Yverdon et Ste-Croix (450
   à 900^m) 55   »   470   »
Entre Lausanne et le Val-de-Joux
   (400 à 1000 ^{m}) . . . . . , . . 55   »   600   »
Entre Bourg et les Moussières,
   Septmoncel, les Rousses, etc.
   (250 à 1100 ^{m}) 40   »   880   »

Si l'on prend la moyenne de ces résultats, on trouve 5,50 jours environ de retard des mêmes cultures pour 100 mètres d'ascension. M. Heer, dans les Alpes de Glaris, en partant de Zurich, a trouvé, par l'observation de la floraison du cerisier, que 100 pieds retardent de 1,56 jour, ce qui donne pour cent mètres 4,22 jours, et indiquerait, conformément à nos résultats, une décroissance moins rapide dans les Alpes que dans le Jura. D'un autre côté, selon Schübler, 1° de latitude de différence fournirait 5,58 jours de retard, et, comme le Jura et les Alpes diffèrent en moyenne de un degré de latitude environ, ces dernières devraient offrir à peu près cette différence relativement au Jura, tandis qu'elles ne présenteraient ici que 1,28 jours. Si, comme en outre Schübler l'a aussi établi pour l'Allemagne, 1° R. de diminution dans la température moyenne retarde la végétation de 7,51 jours, il est aisé d'en conclure que réciproquement 1 jour de retard abaisse la moyenne de 0,16 C. : et comme 100^m d'ascension retardent de 5,50 jours, il en résulterait enfin que 100^m abaissent de 0,88 C. S'il en était ainsi, la température moyenne à 1000^m, entre Besançon et Neuchâtel, par exemple, serait de $11,65 - 10 \times 0,88 = 2,85$, résultat évidemment trop bas, et qui prouve qu'ici la formule de Schübler ne saurait recevoir son application. Les données ci-dessus nous conduisent à 1° C d'abaissement au plus pour 11 jours de retard, c'est-à-dire, le double du nombre des jours de la loi de Schübler.

§ 8. On peut représenter jusqu'à un certain point, d'une manière synoptique, les principales différences qu'offre la contrée à l'égard des températures, en la divisant en 5 climats, savoir : *le climat boréal, le froid, le moyen, le chaud et l'austral*, et coloriant de teintes particulières destinées à les rappeler, les divers districts de notre champ d'étude. C'est ce que nous avons essayé dans la planche II : cette représentation, bien que très-imparfaite, est cependant propre à remplacer utilement les chiffres de détail que l'esprit coordonne toujours avec quelque difficulté.

La première teinte représente le *climat boréal;* c'est celui de nos montagnes et de nos Alpes. La température moyenne annuelle y est généralement inférieure à 8° C. Les *Pinus abies, Gentiana lutea, Arnica montana, Alchemilla alpina* ensemble ou séparément. Les cultures médiocres ou nulles.

La seconde teinte figure le *climat froid* : c'est celui des plateaux, des collines élevées, des basses montagnes. La moyenne annuelle y varie de 8 à 9° C. Les céréales y sont abondantes, mais la vigne et le maïs y sont encore généralement nuls, tandis que le sapin n'y apparaît plus que sur quelques points.

La troisième dessine le *climat moyen* : c'est-à-dire, celui qu'offre la majeure partie de la contrée aux altitudes de toutes les grandes vallées. Les températures y sont de 9 à 10° C. Les vignes en pente et le maïs peuvent y réussir presque partout. Les *Buxus sempervirens* et *Coronilla emerus* y habitent les collines sèches.

La quatrième représente le *climat chaud*, déjà un peu méridional, avec une moyenne de 10 à 11° C. Les vignobles y offrent d'excellents produits, le maïs y est commun. Les collines sèches y sont habitées par les *Cytisus laburnum*, *C. alpinus*, *C. nigricans*, *Acer opulifolium*, *Ruscus aculeatus*, *Quercus pubescens*, *Ononis natrix*, répandus et abondants vers le sud, disséminés distants vers le nord. Quelques points de nos contrées, comme nos coteaux de l'Albe, du Kaiserstuhl, n'atteignent pas la moyenne annuelle ci-dessus, mais des températures d'été assez élevées pour offrir des stations très-analogues à ce climat.

Enfin, la cinquième teinte figure le *climat austral*, où les températures varient de 11 à 12° C. et un peu plus haut. Les vignes y sont souvent cultivées avec succès en treillis et en plaine ; les châtaigniers et les mûriers deviennent habituels. Les *Pistaccia terebinthus*, *Rhamnus alaternus*, *Acer monspessulanum*, *Rhus cotinus*, *Osyris alba*, etc., apparaissent disséminées sur les collines sèches.

On voit d'un coup-d'œil dans ce croquis, ainsi colorié, la diminution des températures avec les altitudes et leur augmention notable dans le sens austro-occidental.

§ 9. Une donnée climatologique importante, soit qu'on l'emploie à se faire une idée de la chaleur terrestre, soit qu'on essaie d'en tirer parti pour la connaissance de la moyenne atmosphérique annuelle, c'est la température des sources. Elle exerce, à notre point de vue, une influence particulière dans l'arrosement des sols. Il se présente ici plusieurs questions. La première chose est de se rendre compte de la marche à suivre pour reconnaître la température annuelle d'une source. On peut se demander ensuite si ces températures sont, toutes choses égales du reste, les mêmes dans les divers terrains. En troisième lieu, de quelle manière elles varient à l'égard des altitudes. Enfin jusqu'à quel point elles diffèrent des moyennes annuelles de l'air.

Dans la même contrée, le même terrain géologique et aux mêmes niveaux, plusieurs sources offrent souvent des températures assez différentes dans le même temps d'observation. La profondeur des filets d'eau dans le sol, l'altitude réelle de leur départ, leur volume, le boisement des massifs où ils se forment, l'exploitation de ces derniers, enfin des différences imprévues dans l'hygroscopicité des mêmes sols géologiques traversés, sont autant de causes de diversité. Si donc il s'agit d'acquérir une idée da la température des sources d'un district, il est évident qu'on aura un résultat moyen d'autant plus approché de la vérité que le nombre des sources observées sera plus grand. Mais en outre, il importe aussi de faire attention que leur température varie selon les saisons et même d'une année à l'autre, et il y aura, à cet égard, des corrections à apporter. De sorte que, une exactitude parfaite est entourée de bien des difficultés, et qu'il est facile, non-seulement d'observer d'une manière insuffisante, mais de tirer des conclusions fausses.

Les sources d'un district ne sont réellement connues d'une manière quelque peu satisfaisante quant à leur température moyenne et quant à leurs allures, que par une série de 12 observations faites chaque mois de l'année. Lorsque quelques sources au moins auront été étudiées de cette manière dans chaque partie d'une contrée, on pourra s'élever à quelques généralités. Malheureusement jusqu'à ce jour, si nous sommes bien informés, non-seulement cela n'a pas été fait en général, mais c'est à peine, dans notre champ d'étude, si quelques sources ont été observées çà et là à des époques diverses et souvent, qui plus est, avec des instruments non comparés. Bien que nous ayons recueilli nous-mêmes un certain nombre d'observations, on comprend que nous ne saurions aborder ici que des probabilités. Toutefois, on va voir qu'elles ne laissent pas d'être importantes. Bâle est, à notre connaissance, le seul endroit de nos contrées où un nombre convenable de sources (non pas de fontaines) ait été observé comme nous le disions tout-à-l'heure. On doit à M. Mérian le tableau mois par mois de la température de sept sources de cette ville pendant une année[1]. Nous utiliserons tout à l'heure ce précieux document. Nous avons de la même manière observé trois sources aux environs de Porrentruy, les deux premières pendant une année, la troisième pendant deux années consécutives 1845 et 46. Notre thermomètre a été comparé à ceux de M. Mérian et en outre à ceux de M. Trechsel de Berne, et tous les résultats dont nous parlerons plus loin ont été modifiés en conséquence de ce double contrôle avec les divers instruments employés. Voici le tableau des résultats obtenus à Porrentruy pour les trois sources de la Beuchire, située dans cette ville même, de la Bonne-Fontaine et du Pâquis situées à quelques minutes de cette ville. Nous les donnons d'abord en degré de Réaumur comme ils ont été obtenus en prenant la moyenne des chiffres fournis par plusieurs immersions.

---

[1] Abhandl. über die Wärme der Erde in Basel. 1825

Mois.	Bonne-Fontaine 1846.	Pàquis 1846.	Beuchire 1845.	Beuchire 1846.
Décembre	— 7,70	— 8,30	— 7,90	— 8,00
Janvier	— 7,30	— 8,00	— 7,70	— 7,95
Février	— 7,50	— 7,90	— 7,70	— 7,95
Mars	— 7,60	— 8,00	— 8,10	— 8,22
Avril	— 7,70	— 8,25	— 8,20	— 8,12
Mai	— 7,75	— 8,30	— 8,20	— 8,25
Juin	— 8,00	— 8,75	— 8,55	— 8,47
Juillet	— 8,40	— 9,00	— 8,40	— 8,57
Août	— 8,35	— 9,35	— 8,50	— 8,70
Septembre	— 8,25	— 9,50	— 8,70	— 8,80
Octobre	— 8,45	— 9,30	— 8,80	— 8,88
Novembre	— 8,10	— 8,90	— 8,50	— 8,33
Moyennes	— 7,88 R.	— 8,65 R.	— 8,25 R.	— 8,51 R.

Si l'on jette un coup-d'œil sur ce tableau et les moyennes annuelles placées au dessous de chaque colonne, on voit que la source la plus froide est celle de la Bonnefontaine : elle sort d'un massif portlandien entièrement boisé. Vient ensuite celle de la Beuchire qui jaillit du même terrain occupé par la ville. Puis le Pàquis qui se développe toujours du même sol géologique, mais en majeure partie découvert et cultivé en céréales. On voit que c'est le massif le plus ombragé qui fournit la plus basse température, le plus exposé, la plus haute. On remarque aussi que c'est cette dernière qui varie entre les plus grandes limites. Enfin on voit que, dans les quatre colonnes, les mois de Décembre à Mai sont au dessous de la moyenne annuelle, ceux de Juin à Novembre au dessus. Nous tirerons tout à l'heure d'autres conséquences. A cet effet, pour représenter l'allure générale de ces quatre sources, prenons la moyenne de leurs chiffres mensuels respectifs, et transformons la série qui en résulte en degrés centigrades, afin de la rendre comparable avec les observations de Bâle. Prenons également les moyennes des 7 sources de Bâle, et plaçons-les en regard des premières. Calculons ensuite la quantité dont chaque chiffre mensuel est supérieur ou inférieur à la moyenne annuelle, et faisons en également deux colonnes. Il viendra le tableau suivant :

Mois.	Porrentruy.	Bâle.	Différence de Porrentruy.	Différence de Bâle.
Décembre	— 9,96	— 9,76	— au dessous 0,37	— au dessus 0,34
Janvier	— 9,74	— 8,84	— » 0,59	— au dessous 0,64
Février	— (9,70)	— (8,55)	— » 0,63	— » 1,09
Mars	— 9,90	— 8,55	— 0,43	— » 1,09

Avril	—	10,09	—	8,67	—	»	0,24	—	»	0,75
Mai	—	10,21	—	9,07	—	»	0,12	—	»	0,55
Juin	—	10,40	—	9,37	—	au dessus	0,07	—	»	0,05
Juillet	—	10,55	—	9,67	—	»	0,22	—	au dessus	0,23
Août	—	10,90	—	10,00	—	»	0,57	—	»	0,58
Septembre	—	(11,01)	—	(11,00)	—	»	0,68	—	»	1,58
Octobre	—	10,97	—	10,77	—	»	0,64	—	»	1,55
Novembre	—	10,51	—	10,06	—	»	0,18	—	»	0,54
Moyennes	—	10,55	—	9,42						

Voici dès lors quelques conséquences principales :

1° A Bâle, les mois de Janvier à Juin sont supérieurs à la moyenne, ceux de Juillet à Décembre inférieurs. A Porrentruy les mois, de Décembre à Mai sont au dessous, les autres au dessus.

2° La variation totale à Porrentruy est de 1,51, tandis qu'elle est à Bâle de 2,67, c'est-à-dire beaucoup plus forte.

3° A Porrentruy, les mois les plus rapprochés de la moyenne, et partant, les plus favorables à une observation isolée, sont, dans l'ordre, Juin, Mai et Novembre ; à Bâle Juin, Mai et Décembre.

4° En ne faisant qu'une seule observation, on la rapprochera très-sensiblement de la moyenne annuelle réelle, par l'addition ou la soustraction de la différence correspondant au mois où l'on se trouve : mais ces corrections seront autres pour Bâle que pour Porrentruy. Nous y reviendrons tout à l'heure.

5° La température des sources de Porrentruy est notablement supérieure à celle des sources de Bâle. Cela provient, non pas de ce que ces dernières n'atteignent pas un maximum aussi élevé que les premières, mais de ce qu'elles arrivent à un minimum bien inférieur, c'est-à-dire que les sources de Bâle, de février en septembre, croissent plus rapidement que celles de Porrentruy, et décroissent plus rapidement qu'elles de Septembre en Février. Il en résulte évidemment que les sources de Bâle sont plus dépendantes de la marche de la chaleur atmosphérique que celles de Porrentruy. On peut rendre cette vérité plus sensible encore au moyen des courbes thermométriques de ces deux sources, en prenant les mois pour ordonnées et les dixièmes de degré pour abscisses. Il en résulte en outre que la température moyenne des terrains où se développent les sources de Bâle est inférieure à celle des terrains de Porrentruy. Les premiers sont des limons (Lehm) purs ou graveleux et des dépôts caillouteux à masse poreuse et hygroscopique, les seconds des calcaires jurassiques à masse compacte et point poreuse ni hygroscopique. Les premiers sont donc pénétrés par les eaux et humides, tandis que les seconds ne le sont point et demeurent secs. Il s'en suit naturellement que la même quantité annuelle de calorique, soit atmosphérique, soit solaire direct, élève davantage la température des calcaires que celle des limons, puisque ces derniers pour arriver à conditions de siccité égale avec les premiers, doivent d'abord consommer une quantité notable de calorique pour la vaporisation des eaux qu'ils tiennent absorbées. Enfin, il en résulterait ce fait important que, *toutes choses égales, certains terrains à roches compactes ont probablement une température moyenne annuelle plus élevée que certains terrains à roches poreuses et hygroscopiques.* Voyons si les autres données dont nous pouvons disposer militent pour ou contre cette conclusion.

Mais auparavant, établissons un terme de comparaison quelque peu solide, au moyen d'un plus grand nombre de sources prises dans le même sol géologique, c'est-à-dire dans la chaine du Jura, et examinons les effets dus aux différences d'altitude et de latitude, afin de pouvoir en tenir compte plus tard. Mettons d'abord sous les yeux du lecteur le tableau abrégé (1) de nos données, et remarquons que les températures consignées sont le résultat d'une seule observation corrigée selon le mois d'après la colonne de variations de Porrentruy. Le premier chiffre représente approximativement l'altitude.

Porrentruy, moyenne de 7 sources, Beuchire, Pàquis, Bonnefontaine,
  Maupertuis, Boucherie, Betteraz, Ermont . . . . vers   450^m — 10°,14 C.
Collines de Porrentruy, moyenne de 6 sources, Fontenois, Creux-
  Genaz, Varieux, Vaurichard, Vergerat et Faubourg de Bressau-
  court . . . .   »   550 — 9,75
Monterrible, moyenne de trois sources les plus froides, Vàberbin,
  Sous-les-roches, Pré-Chapuis . . . .   »   700 — 8,15
Delémont, moyenne de 4 sources exposées au sud, La ville, Maiche-
  reux, Les Adelles, l'Ours . . . .   »   450 — 11,55
Moutier-Grandval, moyenne de 7 sources, droit et envers, Château,
  Cascade des Roches, Champoz-Précot, Fontaine-de-Vie, Fontaine-
  Moschard, Vauche, Maison-des-Roches de Court, Route des Roches »   600 — 9,75
Court et Tavannes, moyenne de 6 sources, Combe Yo, Pied-de-Moutoz
  sur Court, Birse, Source de Tavannes, Fontaine-Chiffèle, Reuse-

(1) Nous aurions peut-être dû placer ici le tableau complet des sources observées, avec les dates d'observations, la température du jour, etc. Mais nous avons crains d'allonger cet article outre mesure, et nous nous réservons de le faire plus tard avec détail. Il ne s'agit ici que d'un aperçu qui sera toutefois suffisamment démonstratif.

reux-sur-Saicourt	vers 750^m —	8°,78C.
Renan, moyenne de 5 sources, Suze, Auge-du-Bois, Pré-du-Four	» 1000 —	7,52
Chaux-de-Fonds et d'Abelle, moyenne de 6 sources, Boinods, La Ronde, Chaux-d'Abel, La Madelaine, Joux-Perria, Pertuis	» 1100 —	6,90
Chaîne de Chasseral, moyenne de 5 sources, Meiseschlag, Combe-Biosse, Mont-de-Suze, Chasseral-devant, Lagasse	» 1250 —	6,73
Neuchâtel, moyenne de 20 sources, d'après de Buch	» 600 —	10,00
Salins, source salée	» 550 —	10,56
Fontaine d'Arion	» 450 —	10,56
La Furieuse à Goaille	» 550 —	9,86
La Furieuse à Pont-d'Hery	» 600 —	9,56
Moulin-du-Saut, près Nozeroy	» 720 —	8,56
Pont-de-Doye, id.	» 750 —	9,11
L'Ain id.	» 800 —	7,86
Fontaine du Poirier, près Censeau	» 840 —	8,11
Bourg, les Orphelins, la plus froide de la ville (corrigée d'après Bâle)	» 200 —	12,12
Treconney, près Ceyseriat, descendant du Cuiron	» 500 —	11,45
Cerdon, source la plus froide et la plus constante	» 500 —	12,65
La Doye, en montant à l'Avocat	» 750 —	10,50
La Grange-Battant, vers le haut de l'Avocat	» 900 —	9,80

Bien que ces données soient très-incomplètes, on ne saurait cependant y méconnaître deux faits principaux : la plus haute température des sources dans le Jura austro-occidental, puis la diminution assez rapide et assez proportionnelle de ces températures en s'élevant dans les montagnes. Si tout indique, sur nos lisières jurassiques septentrionales, de 300 à 500^m, des sources marquant de 10 à 11 degrés, tout indique de même sur nos lisières françaises méridionales, pour les mêmes niveaux, au moins 11 à 12,50° C. Les statisticiens de l'Ain donnent pour température des sources du vignoble 11,50 à 13 degrés, et j'ai vu se confirmer cette évaluation dans celles des environs de Ceyseriat, St.-Amour, Cerdon et Tenay réputées les plus froides, et qui toutes, en Juin 1846, marquaient de 10,70 à 13, déduction faite de 0°,50 pour les chaleurs extraordinaires de l'année. Les statisticiens du Doubs et du Jura indiquent comme étant de 8,75 (7 R) les sources de la montagne de ces départements. En rapprochant toutes ces données, on peut présumer avec une assez grande probabilité les généralités suivantes :

Dans le Jura orient. et cent., de	550^m à	700^m,	11°C. à	8°,50C. au moins.
»	»	700 à	1500	8,50 à 6	»
»	occid. et mérid., de	250 à	700	13 à 10,50	»
»	..	700 à	1500	10,50 à 8,00	»

Résultats qui impliquent une décroissance de 1° au moins pour 150 mètres environ d'ascension verticale.

Il importe toutefois beaucoup de ne pas oublier que ces généralités offrent une foule d'exceptions de détail et de faits isolément contradictoires. Telle source qui jaillit à une altitude inférieure en se développant dans l'intérieur d'un massif élevé, peut offrir une température plus basse que telle autre qui sort à 200 ou 300 mètres plus haut, mais qui, en réalité, part d'altitudes moindres. Ainsi, la source de l'Eau-noire à Tenay, dominée par des montagnes de 800 à 1200 ^{m}, quoique sourdant à une faible altitude, marque 11 degrés, tandis qu'au Grand-Colombier, vers 600 ^{m} au moins, celle du Châlet de Romagnieux marquait quelques jours après 11,57. De même, les sources qui descendent en se précipitant des hauteurs du Mont-du-Chat jusqu'à la rencontre de la route près du Bourget, marquent encore vers 500 ^{m} au plus, 9,50 seulement, tandis que des sources beaucoup plus élevées des environs donnent habituellement 10 à 12 degrés. Dans des stations particulières, encaissées, ombragées, exposées au nord ou à l'est et favorables à la longue persistance des neiges, on voit dans les montagnes des sources très-froides à des niveaux peu élevés d'ailleurs. Telles sont, entre 650 et 750 ^{m}, celle d'Eptingen ([1]) à 6,05, celle du Kalkhof (pente nord du Spitzfluh entre Oltingen et Zeglingen) à 6,25, celle de la Froide-Fontaine au Creux-du-Van vers 1100 ^{m} jaillissant au milieu des Rosages et qui marque 4,70 dans la saison la plus chaude ([2]), etc. C'est, du reste, le cas pour la plupart des sources situées à la proximité des petits glaciers que l'on voit dans plusieurs chaînes du Jura. Les sources qui se développent le long des pentes méridionales ou occidentales offrent souvent des exceptions contraires. C'est ainsi qu'aux Vals de Delémont et de Moutiers les sources du côté du droit sont supérieures de 1° et plus à celles de l'envers; qu'au Val-de-Joux entre 1000 et 1100 mètres, aux environs du Lieu, celles qui descendent des premières pentes déboisées des Rizoux marquaient en août 1845 jusqu'à 9,70, tandis que celles des environs de l'Abbaye descendant des versants septentrionaux du Mont-Tendre, indiquaient seulement 7 à 8°; que sur le versant nord de la chaîne de Ferrette des sources marquaient en mai 1847, 7,80 à 9,57, tandis que celles du versant sud s'élevaient de 8,75 à 10. Enfin des sources offrent des températures exceptionnelles sans qu'on puisse donner la cause de cette irrégularité,

[1] Berichte des Naturf. Gesellsch. v. Basel 1853.

[2] De Buch. Sur la temp. de quelques sources dans le pays de Neuchât. Bibl. brit. 1802 et Gilberts annal. 2.

comme celle de Boinods près la Chaux-de-Fonds, vers 1100^m, qui en Juillet 1847 indiquait moins de 4° (M. Schleppi). Bref, il y a une foule d'exceptions, et c'est seulement en prenant les moyennes de plusieurs observations qu'on retrouve constamment la règle générale.

Comparons maintenant ces résultats moyens obtenus sur le sol jurassique à ceux que nous fournissent quelques observations faites sur des terrains plus hygroscopiques, comme la molasse du Bassin suisse.

Aux environs de Zurich, 6 sources signalées par Wahlenberg [1] et Meyer de Knonau et dont les niveaux varient de 400 à 600 mètres donnent en moyenne . . . . 7,84 C.

A Berne, six fontaines (pas sources), vers 550^m, d'après M. Pagenstecher [2], donnent en moyenne 8,22

A Bretièges, 4 sources inférieures à 600^m, m'ont donné en moyenne 9,77

A Bâle, 7 sources inférieures à 500^m, donnent en moyenne, d'après M. Mérian 9,42

Si l'on prend la moyenne de ces résultats, en observant que les températures des sources de Berne étant prises aux fontaines sont un maximum, et nous pouvons affirmer qu'il en est de même pour celles de Bretièges, on trouve que pour des niveaux inférieurs à 550^m, en moyenne, les sources de la molasse et des limons offrent une température de 8,81, tandis que la moyenne de toutes les sources du Jura calcaire signalées plus haut et inférieures à 600^m est de 10,10, c'est-à-dire plus élevée d'un degré au moins que les premières.

Ces différences sont mieux constatées encore par des observations faites en même temps, ou du moins, au même mois de l'année. Ainsi, la moyenne de 12 sources, observées par M. Jomini aux environs de Payerne, entre 450 et 520^m, sources jaillissant de diverses assises de la molasse et des terrains récens qui la recouvrent, a été, aux mois de Janvier et Février 1847, de 8,75 C. au plus, tandis qu'à Porrentruy, durant les mêmes mois, la température des trois sources qui représentent le mieux les environs de cette ville a été au moins de 9,50 C.

Il est fort probable que d'ultérieures observations dans les terrains tertiaires et modernes de nos vallées, notamment dans les massifs de molasse

[1] De véget. et clim. in Helv., etc.

[2] Mitth. der Naturf. Geselsch. in Berne 44.

du Bassin suisse, des Collines sardes, comme au Mont-de-Sion, et dauphinoises, comme aux environs du lac Paladru, viendront confirmer ces résultats.

Toutes les observations faites dans les Alpes par Wahlenberg et plus récemment par MM. Unger et Heer, annoncent à niveau égal, du moins sur le
versant nord de ces montagnes, des températures très-inférieures à celles du
Jura, et auxquelles l'échelle proposée par Hegetschweiler peut servir de maximum; voici cette échelle :

vers	525	mètres	8°,C.
»	650	»	7°
»	975	»	6°
»	1500	»	5°
»	1625	»	4°
»	1950	»	3°
»	2275	»	2°

La constitution souvent clastique ou cristalline des masses alpines est peut-
être pour quelque chose dans l'abaissement relatif de ces chiffres eu égard à
ceux du Jura, mais la climatologie alpine est exceptionnelle à tant d'égards
qu'il ne faut pas se presser d'en tirer des conclusions.

Il me parait à peu près certain que les sources des Vosges et du Schwarzwald présenteront aussi, à niveau égal, des températures inférieures à celles
du Jura. Malheureusement, comme mon attention n'était pas éveillée sur ce
point à l'époque de mes excursions dans ces montagnes, je ne puis apporter
que deux faits à l'appui de cette probabilité.

Dans une promenade faite le 7 juillet 1847 au Ballon de Giromagny, j'ai
observé sept sources qui ont fourni les températures suivantes :

1	Source de la Goutte-Thierry, le long de la route, à environ	520^m	—	8,50 C.
2	— dite Fontaine-du-Ballon, le long de la route, auprès d'un an-cien bâtiment ruiné, vers environ	950	—	6,75
3	— dans l'étable de la maison Bonaparte, vers	1000	—	6,25
4	— qui alimente la fontaine de la maison Bonaparte, un peu plus haut, vers	1000	—	6,25
5	— du châlet du Ballon, vers	1150	—	6,25
6	— En redescendant vers la Jumenterie, vers	1050	—	7,50
7	— qui alimente la fontaine de la Jumenterie, vers	1050	—	7,50

Le mois de Juin avait été assez froid, mais il y avait déjà eu de fortes
chaleurs auparavant. Il n'y avait plus traces de neiges sur le Ballon. Les
premiers jours de Juillet avaient été très-chauds, et le thermomètre s'était

élevé à 27,50. Toutes ces sources sortent des roches syénitiques excepté la première qui se développe principalement dans les schistes et grauwackes. Elles se forment dans des massifs dont les altitudes varient de 1000 à 1200^m. Or, dans le même temps où la première des sources ci-dessus, celle de la Goutte-Thierry, marquait vers 520^m dans les Vosges, 8,50 C. les sources jurassiques des mêmes altitudes et même de niveaux un peu supérieurs aux environs de Porrentruy donnaient la moyenne de 9,75. Ensuite, si nous prenons la moyenne des six autres sources pour représenter ce qui se passait dans les Vosges vers 1000^m nous trouvons 6,75, dans le même temps où la moyenne des sources des environs de Renan, vers ce niveau, donnait environ 7,52, et où celle des sources de Chasseral, à 200^m plus haut, donnait à peine des températures inférieures.

Le second fait est plus démonstratif encore. Au mois d'août et septembre de la même année, M. Fraas, de Balingen (Wurtemberg), avait l'obligeance de déterminer sur ma demande, et avec un thermomètre comparé que je lui avais remis à cet effet, la température d'une vingtaine de sources prises dans le Schwarzwald, l'Albe et la vallée qui les sépare, le tout à des altitudes approximativement déterminées. Voici le résultat de ces observations :

Dans le Schwarzwald, la moyenne de 6 sources sortant des granites et
    grès bigarré aux environs de Kœnigsfeld, Glasbach, Weiler et Hözlin-
    gen, donnait vers une altitude moyenne de . . . . 750^m — 8,07 C.

Six sources, parmi lesquelles celle du Neckar, sortant du conchylien et
    du keupérien, aux environs de Rothweil, Schwenningen, Oberndorf,
    Aystaig et Rosenfeld . . . . 600 — 9,47

Quatre sources sortant des calcaires et schistes liasiques aux environs
    de Balingen . . . . 500 — 9,45

Dans l'Albe, cinq sources sortant du Jura-blanc sur le Lochen, le Hen-
    berg, etc. (Thieringen, Nusplingen, Diegisheim, Lochenbrunnen) . . 800 — 10,21

Rien n'est plus évident que ces résultats. On y voit clairement les sources de l'Albe calcaire offrir, à niveau à peu près égal, une température bien supérieure à celle des sources sortant des roches cristallines et clastiques du Schwarzwald. Nous voyons aussi ces dernières offrir à peu près la même température que celle des Vosges, et les premières être supérieures à celles du Jura, aux mêmes altitudes et dans le même temps. C'est-à-dire que les contrastes à cet égard entre l'Albe et le Schwarzwald seraient encore plus forts qu'entre le Jura et les Vosges.

Si ces faits se confirment et se généralisent, comme nous n'en doutons nullement, on aura à conclure *que les sources des chaînes cristallines et psammiques du Rhin sont, à niveau pareil, plus froides que celles du Jura, de l'Albe*, etc.; fait qui ne saurait manquer d'exercer une grande influence sur la végétation et les différences de dispersion et qui est, du reste, clairement accusé par ces dernières.

En tout cas, il résulte de tout ce qui précède ce fait remarquable, c'est *qu'en descendant des plateaux du Jura sur les terrains tertiaires et récens des vallées ambiantes, bien loin de voir la température des sources augmenter, on la voit diminuer sensiblement.* Il en résulte aussi d'une manière probable, *qu'en général les sources sont, toutes choses égales, plus froides en moyenne annuelle et en même temps plus dépendantes de la marche atmosphérique, dans les terrains poreux, hygroscopiques, frais, que dans les terrains formés de roches compactes.* Cette circonstance contribue sans doute, dans une certaine proportion, aux différences de végétation qu'offrent, comme nous le verrons plus tard, ces deux sortes de terrains.

M. Wahlenberg a observé que plus une source était dépendante des variations atmosphériques, et plus sa moyenne annuelle est rapprochée de celle de l'air. Comme (ainsi que nous l'avons vu pour Bâle et Porrentruy) les sources des sols absorbants sont surtout dans le premier cas, il en résulterait qu'elles sont plus particulièrement propres à fournir une approximation à cet égard, et que les sources des sols plus compactes s'en éloigneraient davantage. Les rapprochements suivants dont nous puisons ou déduisons les chiffre de toutes les données de ce chapitre, semblent venir à l'appui de cette opinion.

Sur molasse ou sol hygroscopique prédominant on a :

Bâle   température de l'air 9,10 C. — température des sources 9,50 C. — Différence 0,40 C.
Stuttgard   »   9,78 —   »   10,26 —   0,48
Berne   »   7,76 —   »   8,22 —   0,46
Salins   »   10,46 —   »   10,55 —   0,17
Bourg   »   11,10 —   »   11,57 —   0,47
Chaux-de-Fonds   »   7,52 —   »   7,72 —   0,04
        Différence moyenne   0,59

Sur calcaires plus ou moins compactes on a :

Tubingen   température de l'air 8,85 C. — température des sources 9,94 C. — Différence 1,59 C.
Genkingen   »   6,77 —   »   7,73 —   0,90
Pontarlier   »   8,20 —   »   9,50 —   1,11
Neuchâtel   »   9,06 —   »   10,00 —   0,94
La Ferrière   »   6,54 —   »   7,07 —   0,75
St. Rambert   »   11,50 —   »   10,43 —   1,07
        Différence moyenne   1,02

C'est-à-dire, qu'en moyenne les sources des sols poreux, frais, ne seraient supérieures à la température atmosphérique que d'un tiers de degré, tandis que celles des sols compactes secs seraient plus élevés d'environ un degré. Un exemple plus développé fera voir qu'il en est nécessairement ainsi, si pas quant aux chiffres, du moins quant au sens du résultat. En effet, la température annuelle de Bâle est de 9,10, et son altitude de 270^m : l'altitude de Porrentruy est de 450^m. Les différences de végétation et de culture entre Bâle, contrée vignoble, et Porrentruy, déjà au milieu des sapins, démontrent amplement que la moyenne atmosphérique annuelle de cette dernière ville doit être notablement inférieure à celle de la première. Or, entre la température moyenne de Bâle et celle de ses sources, la différence en moins est de 0,40 : s'il existait à Porrentruy, entre la température connue de ses sources, savoir 10,53, et sa moyenne atmosphérique inconnue une différence semblable, il suffirait pour déterminer cette dernière de retrancher 0,40 de la première, ce qui donnerait 9,93, température très-supérieure à celle de Bâle, ce qui est impossible. De façon que pour obtenir pour Porrentruy une température inférieure à celle de Bâle par une opération de ce genre, il faut soustraire du chiffre de ces sources, non-seulement 1,23, ce qui fournirait un résultat égal à Bâle, mais une quantité sensiblement plus forte. Ainsi la température des sources à Porrentruy est supérieure à celle de l'air de plus de 1,23, et l'on peut admettre sans exagération 1,40 comme cela a été reconnu ailleurs, par exemple à Tubingen. Il est même probable qu'elle est plus élevée.

Enfin, terminons en faisant remarquer comme dernière conséquence générale des faits que nous venons de parcourir, *que si, toutes choses égales quant aux terrains, la température des sources décroît de même que celle de l'air avec les altitudes et augmente avec les latitudes, il peut en être autrement à terrain inégal, de façon que des sources inférieures ou plus méridionales sur certains sols, peuvent être plus froides que des sources supérieures ou plus boréales sur certains autres.* Cette remarque révèle déjà l'importance du rôle des terrains dans les différences qu'offre la végétation des divers districts d'une contrée.

§ 10. Un des principaux éléments du climat est la quantité d'eau atmosphérique sous ses diverses formes. L'hygromètre, le pluviomètre, la moyenne annuelle du nombre des jours de pluie et de neige sont employés pour le représenter. Malheureusement les données recueillies à cet égard dans nos contrées sont encore fort incomplètes. Nous nous contenterons de dire un mot relativement aux deux dernières de ces trois sortes d'indications.

On admet pour chiffre de la quantité annuelle d'eau pluviale dans la France centrale 0^m,65, et pour l'Allemagne centrale 0^m,54. Les données relatives à notre champ d'étude conduisent généralement à des chiffres supérieurs. On a pour les parties lorraines à l'ouest des Vosges d'après Nancy et Metz 0,69 ; pour la vallée du Neckar d'après Stuttgard 0,68 ; pour la vallée du Rhin d'après Strasbourg, Mulhouse et Bâle 0,70 ; pour le Bassin suisse d'après Zurich et Genève 0,90 ; enfin pour la vallée de la Saône et du Rhône 0,95, chiffre qui parait souvent dépassé. Elles diminuent au sud de Viviers dans la région méditerranéenne où elles deviennent de 0,65 ; dans la première plaine transalpine elles seraient encore de 0,87, mais diminuent plus au sud.

On voit que nos contrées seraient de celles qui, dans l'Europe centrale, offrent les quantités pluviales les plus élevées, et on remarquera qu'elles vont en augmentant dans le sens austro-occidental, comme les températures atmosphériques. Mais elles y sont inégalement distribuées sur les saisons de l'année. Ainsi, par exemple, les pluies æstivales paraissent plus importantes au nord du Jura, moins dans le Bassin suisse et moins encore dans la vallée de la Saône. C'est-à-dire qu'elles augmenteraient en abondance à mesure qu'on s'avance du sud au nord, circonstance qui doit avoir quelque influence sur la végétation relative des diverses parties de nos contrées, et probablement aussi, conformément à l'observation de M. de Buch, sur la moyenne des sources.

Ces chiffres d'eau pluviale annuelle augmentent dans les montagnes et à leurs approches. C'est ainsi que M. Schouw indique pour sa zône des Alpes italiennes 1,56, tandis qu'en s'éloignant de leur pied dans les plaines d'Italie, il se fait du nord au sud une décroissance considérable. Un fait analogue se répète au nord des Alpes. On a dans le Wurtemberg :

Dans la plaine du Neckar, vers 350^m, à Stuttgard   0^m,68 de pluies ann.
  — l'Albe, vers 780^m, à Genkingen   0   96   »
  — le Schwarzwald, vers 750^m, à Freudenstadt   1   61   »

résultats qui indiquent clairement l'augmentation des chiffres de ce genre avec les altitudes, et qui est en outre fort remarquable en ce que celui du Schwarzwald dans un district de grès, est fort supérieur à celui de l'Albe dans un district calcaire. La plus grande hygroscopicité des premiers terrains et la propriété opposée chez les seconds, contribuent certainement à cette différence.

On manque généralement d'observations udométriques pour nos montagnes, et nous devons nous borner à des probabilités. Si donc l'on envisage les plateaux du Jura situés tout-à-fait comme l'Albe vis-à-vis du Schwarzwald et des Vosges, et atteignant des niveaux médiocres de 500 à 700^m, il est fort probable qu'il y règne des relations du même genre qu'entre Genkingen et Freudenstadt; c'est-à-dire que leurs quantités pluviales sont, à altitude égale, moindres que dans les massifs cristallins et clastiques opposés. Le chiffre 0,97 trouvé par Tavernier, pour deux années d'observations [1], à Pontarlier (840^m), vient entièrement à l'appui de cette hypothèse, puisqu'à altitude supérieure de 100^m, il est beaucoup plus faible que celui de Freudenstadt, et cela cependant au milieu des tourbières. Il en est de même du chiffre de Saint-Cergue 1,56 obtenu à 1045^m [2]. Cependant une fois qu'on atteint dans le Jura des niveaux supérieurs à 900^m, et que les forêts et les tourbières prennent un grand développement, il est à présumer que ce rapport se modifie, que les quantités pluviales augmentent, et qu'elles doivent y différer moins de celles des montagnes du Rhin aux mêmes niveaux. Mais de part et d'autre cette augmentation est bientôt limitée dans les altitudes supérieures par celle des neiges.

On peut aussi tirer quelque parti des données relatives au nombre de jours de pluie et de neige; on a souvent admis 147 jours de pluie pour la France centrale et 141 pour l'Allemagne centrale. En prenant les moyennes d'Aarau, Berne, St.-Gall, Zurich et Genève on trouve environ 150 jours, chiffre moindre que les précédents, mais que l'on ne peut guère y comparer, parce que le chiffre des jours de neige dans le Bassin suisse est plus élevé, et réduit celui des jours de pluie. M. Martins admet pour son climat vosgien 157 jours, pour la vallée de la Saône 125, pour celle du Rhône 107, de la Seine 140, de la Garonne 150. Tous ces chiffres ne paraissent guère définitifs.

En comparant le nombre des jours de pluie à celui des jours de neige, on arrive à quelques résultats plus instructifs pour nos contrées. Nous trouvons :

Strasbourg	105	jours de pluie,	19	jours de neige, en tout	124	jours.
Bâle	140	»	20	»	160	»
Aarau	127	»	19	»	146	»
La Ferrière	95	»	43	»	158	»
Bourg	115	»	à peine	»	115	»

On voit qu'à La Ferriere, vers 1000^m, le nombre des jours de neige réduit déjà beaucoup celui des jours de pluie, et comme dans les chaînes voisines

[1] Mém. de Cotte.
[2] Mém. soc. économ. de Berne, 5 années.

plus élevées, un sixième au moins des pluies sont déjà des neiges vers 1500ᵐ,
il est à-peu-près certain que, vers ce dernier niveau, le nombre des jours
pluvieux est encore réduit d'environ 15 qui augmentent celui des jours de
neige, ce qui donne 78 jours de pluie et 60 jours de neige. En n'envisageant
que Bâle et La Ferrière, et les prenant pour base du calcul, on trouve qu'une
ascension de 100ᵐ augmenterait de 3 au moins le nombre des jours de neige.
Il en résulterait :

$$
\begin{array}{rll}
\text{à} & 270 \text{ mètres} & 20 \text{ jours.} \\
& 400 \quad\text{»} & 24 \quad\text{»} \\
& 700 \quad\text{»} & 33 \quad\text{»} \\
& 1300 \quad\text{»} & 51 \quad\text{»} \\
& 1700 \quad\text{»} & 63 \quad\text{»}
\end{array}
$$

Les sommités des Vosges et du Schwarzwald se couvrant de neige un peu
plus tôt que les cimes jurassiques de même altitude, il est probable que le
nombre des jours de neige dans l'échelle ci-dessus y est un peu plus élevé.
Du reste, c'est bien plutôt la *durée de la couverture de neige* que le nombre
des jours où il a neigé qui devrait être prise en considération comme élément de climat relativement à la végétation. Par exemple, en considérant
la coupe du Jura de Bâle à Chasseral. On peut dire approximativement que :

Entre 270 et 400ᵐ, p. ex. Bâle et plaine du Sundgau, la neige couvre le sol pendant env. 1 mois.
   ——   400 et 700ᵐ, p. ex. Porrentruy, Delémont, plateaux et collines voisines   2 »
   ——   700 et 1000ᵐ, p. ex. basses chaînes bâloises et bernoises   3 »
   — 1000 et 1300ᵐ, p. ex. plateaux des Franches-Montagnes et chaînes voisines   4 »
   — 1300 et 1600ᵐ, p. ex. sommités du Moron, Raimeux, Montoz, Graitery, Weissenstein 5 »
   —— 1600ᵐ et au dessus, p. ex. sommités du Chasseral   6 ».

Il résulterait de là que 300ᵐ augmentent d'un mois environ la permanence
de la couverture de neige, et 100ᵐ de 10 jours. Or, nous avons vu aussi que
100ᵐ augmenteraient de 3 le nombre des jours de chute de neige; de sorte
que 3 jours de chute produiraient 10 jours de permanence, ou un jour de
chute 3, 33 jours de permanence, ce qui ne parait pas exagéré.

Ces *minima* qui sont souvent dépassés doivent, proportion gardée, être
diminués pour le Jura occidental et méridional. Ainsi, les neiges persistent
à Bâle, et l'on y emploie des traîneaux. Il n'y a pas quinze jours de neige à
Lons-le-Saulnier ou St.-Amour et l'on n'y fait pas usage de ce genre de vé-
hicule qui redevient nécessaire à St. Claude ; la couverture s'établit à peine
à Seyssel, Belley et plus au sud. Les voitures publiques sont mises sur traîneaux tous les hivers au moins pendant quelques semaines dans toute l'é-
tendue du Jura oriental et central suisse, puis dans les parties vaudoises et

les hauts plateaux du Doubs et du Jura, ce qui n'a pas lieu dans le Jura occidental français, et deviendrait impossible dans le Jura méridional. Les routes sont ouvertes au moyen du triangle à-peu-près dans les mêmes limites et y seraient sans cela souvent impraticables.

§ 11. Enfin, un dernier élément qu'il serait utile de prendre en considération, c'est l'état des vents. Mais, ici encore, les données exactes bien qu'assez nombreuses sont insuffisantes.

M. Fournet, dans son travail sur les vents dominants en France, a établi de précieuses généralités. Il en résulte pour nos limites les conséquences suivantes que nous compléterons pour le Bassin suisse.

A l'ouest des Vosges, de même que dans toute la plaine nord-occidentale de la France, dans la Belgique, la Hollande et l'Allemagne septentrionale, les vents sud-ouest sont dominants, et, après eux, les vents d'ouest. En France les S.-O. seraient aux N.-E. comme 1 : 0,18.

Dans la vallée du Rhin les vents sud-ouest sont également dominants, mais après eux viennent les vents nord-est et seulement ensuite ceux d'ouest. Les S.-O. seraient aux N.-E. comme 1 : 0,64, ce qui accuse pour les derniers un rôle déjà beaucoup plus important.

Dans la vallée de la Saône, en suivant la basse plaine de Lyon à Dijon, les vents du nord sont prédominants, puis viennent ceux du sud, ceux du nord-est ne jouant qu'un rôle très-secondaire; mais il paraît n'en être déjà plus ainsi sur la lisière du vignoble, au pied du Jura : le N.-E. et le S.-O. y dominent et le S. et le N. y sont rares (Guyétant).

Les observations de Zurich, Aarau, Berne, Genève indiquent le sud-ouest comme prédominant, et, après lui, le nord-est, de façon que ces vents seraient entr'eux comme 1 : 0,85, ce qui révèle le rôle encore plus capital des derniers. Enfin, dans la vallée du Neckar, du moins à Stuttgard, nous trouvons prédominants les vents du nord et de l'ouest.

Il n'est pas aisé d'étendre ces généralités à nos chaînes de montagnes où les circonstances orographiques très-variables apportent sans cesse des modifications locales. Il paraît cependant probable que le sud-ouest est encore dominant dans l'ensemble du Jura, des Vosges surtout, et du Schwarzwald; mais il y a une foule d'exceptions. On a, par exemple, dans le Jura comme vents dominants, à Saint Rambert N. et S., à Champagnole N., à Nozeroy S.-O. et N.-E., à la Grand-Combe de Morteau S.-O., à Pontarlier également, à Besançon N.-E. et S.-O., à La Ferrière S.-O. et E., à Porrentruy S.-O. et N.-E., à Schaffhouse N.-E. et S.-O., etc. Nous ne tenterons pas ici d'i-

nutiles efforts pour arriver à des généralités que nous ne pourrions du reste
que difficilement rattacher à la végétation.

Nous devons toutefois, parmi les vents locaux indépendants des vents généraux, en indiquer deux qui sont trop connus pour que nous n'en fassions
pas mention. Le long du pied sud du Jura, surtout de Bienne à Yverdon,
vers la fin des journées chaudes, il descend de la montagne une forte brise
désignée sous le nom de *Bergluft* ou *Joran*. Ce vent est dû évidemment au
remplacement des portions d'air échauffé le long des versants, par les masses
supérieures. Il est constamment frais, rase le sol, et agite quelquefois violemment les lacs de Bienne et Neuchâtel, ce qui a contribué à le rendre remarquable. Il ôte aux soirées la tiédeur qu'on pourrait attendre de l'exposition. Il s'arrête refoulé à une faible distance du pied des chaînes et cesse vers
le coucher du soleil. Un vent tout à fait analogue descend des chaînes occidentales le long du vignoble français, de Salins à Bourg, et y joue un rôle
tout pareil : il y est connu sous le nom de *Juran* ou *Montaine*. Il abaisse
immédiatement la température d'au moins un degré, et ne s'avance pas à
plus de deux kilomètres dans la plaine. Le Joran est donc un vent N. et
N.-N.-O., la Montaine un vent d'E. Le pied des Vosges, du Schwarzwald, de
l'Albe offrent probablement des faits analogues.

Ainsi que l'a bien développé M. Heer (¹), tous ces éléments du climat péniblement déduits d'observations météorologiques qu'on ne possèdera pas de
longtemps en nombre suffisant pour les montagnes, pourraient être avanta-
geusement complétés par l'observation facile et n'exigeant aucun appareil,
d'un certain nombre de faits naturels tels que, premières et dernières gelées,
premières et dernières neiges, durée de la couverture de neige, verdoyance
des prés, feuillaison, rubéfaction et chute des feuilles de quelques arbres,
floraison de quelques plantes communes habitant des altitudes très-différentes, mâturité de certains fruits, certaines récoltes. Les commissions et
collaborations établies dans ce but par plusieurs sociétés fourniront probablement dans quelques années des renseignements précieux qui manquent
presque entièrement jusqu'à ce jour. Ces nouvelles données apporteront peut-
être des modifications aux résultats souvent trop inflexibles des chiffres météorologiques. Je ne connais d'observations de ce genre faites dans le Jura
que celles de M. Demerson pour Cousance. Si l'on en avait de semblables
pour une vingtaine de localités prises à différents niveaux des diverses parties
de cette chaîne, il serait aisé de se former une idée très-juste des rapports

(¹) Verhand. der schweiz Gesellsch. 1844.

de la végétation presque sans le secours des données physiques proprement dites. C'est ce qui aura sans doute lieu d'ici à quelques années.

Les faits tirés de l'observation du règne animal fourniraient des données climatologiques non moins importantes et se liant étroitement à ceux que présente la végétation. La distribution des espèces, l'époque de leur apparition, leurs évolutions biologiques, leur nosologie même offrent une foule de moyens du plus haut intérêt dont le groupement constituera un jour un corps de science, où, d'un coup-d'œil rétrospectif, on reconnaîtra amplement toute l'imperfection de la climatologie actuelle. L'étude de l'homme même figurera dans ce cadre d'une manière utile. Si l'on parcourt les notices statistiques, physiologiques et médicales que l'on possède sur quelques points de la chaîne du Jura, on se convaincra bientôt que la combinaison des altitudes, des sols, des eaux, des expositions, etc. exerce une influence assez constante pour produire sur la partie la plus autochthone ou du moins la plus sédentaire des populations des manières d'être physiologiques et pathologiques déterminées, bien que souvent difficiles à isoler des influences accidentelles ou sociales. La statistique du crétinisme en Suisse a déjà offert des rapprochements frappants. Ainsi l'on trouve trois fois plus de crétins et neuf fois plus de sourds-muets sur les molasses que sur les calcaires (1). La comparaison de la vallée de la Saône avec les plateaux et les hautes chaînes du Jura français est aussi très-favorable à ce genre de recherches. Si l'on dépouillait avec soin les données fournies jusqu'à ce jour dans les départements du Doubs, du Jura et de l'Ain par d'assez nombreux observateurs, tels que MM. Passaquay, Germain, Thevenin, Waille, Guyétant, Demerson, Puvis, Pyot, Monnier, Laurent, Marquiset, etc., on obtiendrait sans aucun doute des résultats affirmatifs de ce que nous avançons. Ainsi la constitution de l'homme dans la Bresse stagnale est plus lymphatique et offre des traits physiques et moraux qui appartiennent au relâchement de la fibre. Dans le vignoble, le tempérament sanguin domine et la puberté se déclare chez les femmes de 12 à 14 ans : la vivacité d'esprit, le courage s'unissent à la mobilité de caractère. Sur les plateaux et dans les hautes vallées, le tempérament bilieux sanguin paraît l'emporter, le caractère devient plus grave, la volonté plus intense, l'expansion moindre, et la puberté est retardée jusqu'à 15 ou 16 ans. Il se passe dans le Jura bernois des faits analogues. L'habitant des collines d'Ajoie offre un moyen terme entre celui de la Bresse stagnale et du vignoble, et contraste en plusieurs points avec celui des hauts plateaux

---

(1) Lehmann, Rapport, etc.

de la Franche-Montagne : « peu d'imagination, passions fortes quoique difficiles à émouvoir, manque d'expansion, lenteur à se déterminer, jugement solide et patience qui fait surmonter les obstacles, » (¹) tels sont les traits généraux du montagnard du Val-de-Mièges dans le Jura salinois, et tels sont également ceux du montagnard dans le Jura bernois. Aussi la vivacité plus mobile, l'expansion souvent turbulente de l'habitant des collines d'Ajoie, viennent-elles ordinairement se briser contre la tenacité, l'adresse persévérante et la volonté réfléchie du franc-montagnard. Les mêmes contrastes paraissent exister entre la plaine bâloise et ses montagnes. Dans les petites républiques suisses qui s'étendent au pied du Jura et des Alpes, il ne serait peut-être pas difficile de démontrer que parmi les hommes notables que les institutions démocratiques amènent aux affaires, les montagnes fournissent, proportion gardée des populations, un plus grand nombre d'individus habiles et audacieux que ne le fait la plaine. Et, si même ces aperçus paraissent hasardés, on ne saurait disconvenir, du moins, qu'il existe entre les populations voisines situées dans des conditions physiques notablement différentes, des contrastes le plus souvent signalés par le bon sens populaire, et qu'il appartiendra un jour à la science de positiver.

(¹) Germain, Aperçu médico-topograph. sur le Val-de-Mièges.

CHAPITRE TROISIÈME.

De la division en régions d'altitude, de son application au Jura en particulier et des causes d'exception aux généralités végétales qui en résultent.

§ 12. La plupart des montagnes de l'Europe centrale ont été divisées par les botanistes en régions d'altitude. La limite des cultures, celle des arbres, celle des neiges sont presque toujours la base de ces divisions. Ces diverses limites augmentent de hauteur en marchant du nord au sud. Ainsi dans le Harz les arbres cessent entre 800 et 1000 ^{m}, dans les Alpes suisses vers 1700 et 1800^m, dans les Pyrénées entre 1800 et 2000^m. Du reste, les données locales varient beaucoup à l'égard de ces chiffres sur lesquels l'exposition septentrionale ou méridionale exerce une grande influence. On les y a établies de bien des manières, avec des chiffres assez variables quoique toujours à-peu-près dans le même esprit. Les *régions* les plus généralement admises sont celles de la plaine ou campestre, des collines ou des montagnes inférieures, montagneuse et montagneuse supérieure, subalpine ou alpestre, alpine quelquefois divisée en inférieure ou supérieure, subnivale, nivale, glaciale : ou plus simplement, région de la plaine, colline, montagneuse, alpestre, alpine, nivale. La plupart des observateurs ont fixé vers 2700 ^{m} la limite inférieure des neiges permanentes, de 1600 à 1800 ^{m} la limite supérieure des forêts, de 1000 à 1200 ^{m} celle des céréales, de 400 à 500 ^{m} celle de la vigne.

Si l'on se rappelle que nous avons fait voir que les montagnes de notre champ d'étude se succèdent ainsi dans l'ordre de leur température : Schwarzwald, Vosges, Jura oriental, Alpes centrales, Jura occidental, Alpes occidentales; ou bien en envisageant l'ensemble des Alpes et du Jura : Schwarzwald, Vosges, Jura, Alpes, on ne sera pas surpris de trouver des différences correspondantes dans les régions d'altitude de ces chaines.

Ainsi, dans les Vosges, la végétation arborescente cesse vers 1200 à 1300 mètres : les sommités des Ballons de Sultz, Giromagny, Bœrenkopf, Hohneck,

Rossberg qui dépassent cette limite, sont nues et n'offrent plus que quelques arbustes nains. Il en est de même dans le Schwarzwald pour celles du Feldberg et du Bœlchen. Dans le Jura, la végétation arborescente ne cesse que vers 1400 à 1500^m; ainsi les sommités des Raimeux, Graitery, Rizoux, etc., qui restent inférieures à ce niveau offrent encore des forêts, tandis que celles des Haasenmatt, Chasseral, Chasseron, etc., qui les dépassent, n'offrent plus que des pâturages alpestres; et comme peut-être quelques-unes de ces sommités ont été autrefois boisées, on peut s'arrêter à la limite extrême de 1500^m pour cette partie centrale du Jura. La vigne au pied des Vosges et du Schwarzwald s'élève jusqu'à 450^m et dépasse quelquefois 550^m dans le Bassin suisse. Les plus hautes céréales des Vosges ne dépassent guère 700 à 850^m, celles du Schwarzwald 700 à 800^m, celles du Jura central 900 à 1000^m, celles des Alpes centrales 1000 à 1200^m. Il y a donc en général peu de différence dans les régions d'altitude entre les Vosges et le Schwarzwald, tandis qu'entre ces chaînes et le Jura il y en a une d'au moins 100 mètres et probablement davantage, entre le Jura et les Alpes au moins autant, et, par conséquent, au moins 200^m entre les montagnes du Rhin et les Alpes (¹).

Il n'est donc pas possible d'établir pour ces diverses chaines, des régions correspondant aux mêmes chiffres. Cependant le Jura est un intermédiaire entr'elles, et, le niveau de la station d'une espèce montagneuse y étant indiqué, on peut présumer qu'elle se présente déjà à une centaine de mètres plus bas dans les Vosges, et à une centaine plus haut dans les Alpes : ou plus probablement que l'ensemble des espèces qui affectent un niveau déterminé dans le Jura, se présentera déjà un peu plus bas dans les Vosges et le Schwarzwald, et seulement un peu plus haut dans les Alpes.

Tous les observateurs qui ont parcouru les Monts-Jura, surtout dans ses parties occidentales, ont été frappés des gradations qu'y offre la végétation. Ces différences presque constamment exprimées par les résultats agricoles ne pouvaient échapper au plus simple paysan. Aussi la division de ces contrées en *plaine,* puis en *basse, moyenne* et *haute montagne,* ou bien en *bas pays, premier plateau, second plateau* et *montagnes,* ou enfin en d'autres subdivisions équivalentes, a-t-elle été généralement adoptée par les statisticiens qui ont traité des départements du Doubs, du Jura et de

---

(¹) La plus grande froideur du Jura relativement aux Alpes suisses a déjà été remarquée par plusieurs observateurs, notamment par M. Kasthofer. Voir les notes de l'édit. franc. du Guide dans les forêts.

l'Ain(1). Plus récemment et en entrant dans le point de vue scientifique,
M. Grenier a divisé le Doubs en zônes *du pays d'alluvion, de la vigne, du
blé sans vigne et sans sapin, des sapins, des sous-Alpes* (2). Ces divisions, quoique peut-être moins évidentes et moins populaires dans le Jura, suisse n'y en
existent pas moins, et sont signalées plus ou moins exactement par des désignations et des caractères analogues subordonnés aux différences topographiques. Ainsi on a divisé le canton de Neuchâtel (3) en *région des vignes,
des champs, des pâturages* et ainsi de suite. Elles sont un peu moins tranchées dans le Jura tout-à-fait méridional et le Dauphiné; cependant on y remarque encore une *zône des cultures et des taillis,* une seconde des *futaies et
des résineux,* une troisième des *pelouses,* enfin celle de la *stérilité* (4).

En effet, supposons un observateur partant des plaines de la Bresse. Il s'y
trouvera de toutes parts entouré de terrains fertiles et de belles cultures :
le maïs, les meilleures céréales, tous les arbres fruitiers y abondent et dans
les meilleures expositions s'étendent de riches vignobles. Mais à peine se
sera-t-il élevé au dessus de la grande falaise qui sépare le Jura de sa lisière
de pays bas, qu'il verra disparaître une partie de ces richesses. Les vignes
qui l'ont accompagné jusqu'à mi-côte cessent subitement, et, de quelque
côté qu'il étende ses regards sur le plateau, il n'en apercevra plus un seul
clôs. Il ne remarquera peut-être que peu de différence dans la culture des
céréales : il verra même encore des maïs, mais moins élevés et moins luxu-
riants. Il apercevra encore des arbres fruitiers autour des habitations, mais
moins nombreux et appartenant à des espèces ou variétés plus rustiques et
fournissant des fruits moins délicats. En poursuivant sa marche, il verra cet
état de choses se maintenir sur des espaces plus ou moins étendus, jusqu'à
ce qu'après s'être élevé sur un gradin supérieur, ou avoir franchi quelque
pli de terrain, quelque chaîne, il atteigne un certain niveau. Il verra alors
la culture des céréales, soit diminuer en étendue, soit se modifier quant au
choix des espèces : peu-à-peu le froment disparaît et se trouve remplacé par
les avoines et les orges; plus traces de maïs; les arbres fruitiers rares ou

(1) Les ouvrages et notices de statistique géographique, administrative, médicale ou agricole
relatifs à ces départements, renferment tous cette division sous diverses formes : tels sont ceux
de MM. Lequinio, Chantrans, Guyétant, Puvis, Bossy, Pyot, Monnier, Germain, Demerson,
Thévenin, Passaquay, Machard, etc. Consulter à cet égard les Annuaires de Monnier et de Laurent qui renferment une foule de renseignements intéressants.

(2) Grenier. Thèse de géog. bot. du Doubs.

(3) Coulon. Essai statist. sur le canton de Neuchâtel.

(4) A. Gras. Statist. botan. de l'Isère.

presque nuls ; les prés, les pâturages prédominants ; enfin le sapin qui, d'abord mêlé au hêtre, finit par l'emporter et assombrit le paysage. S'il poursuit son excursion en se dirigeant vers les parties culminantes de la contrée, il verra bientôt toute culture disparaître, puis le sapin et l'épicea régner exclusivement en constituant de vastes forêts coupées par des pelouses semées de loges ou chalets. L'observateur le plus superficiel reconnaîtra donc certainement dans une simple excursion une *région basse,* une *région moyenne,* une *région montagneuse,* enfin une *région alpestre.*

On retrouvera tous les traits ci-dessus dans le tableau suivant que nous empruntons à M. Grenier, et qui est relatif au département du Doubs (¹) : « Le voyageur qui s'élèverait en un jour des bords de l'Ognon aux cimes des montagnes qui dominent Mouthe, Pontarlier et Morteau, verrait successivement se dérouler sous ses yeux toutes les formes de végétation qu'il rencontrerait si, à travers les plaines, il dirigeait sa course de Paris en Sibérie. Ainsi d'abord les riches cultures de blé, de maïs, d'arbres fruitiers ; la pomme, la poire, la pêche et l'abricot décorant avec profusion tous les jardins ; la vigne étendant sa large écharpe de verdure au flanc des coteaux et quelquefois couronnant leurs sommets, lui rappelleraient qu'il traverse notre fertile zône tempérée. Mais à peine aura-t-il franchi un myriamètre et atteint la chaîne du Lomont, qu'il laissera derrière lui tous ces riants paysages, pour s'engager dans une large zône dont l'aspect triste et souvent stérile contraste péniblement avec les cultures qui l'environnaient naguère. Cette zône que la sombre verdure du sapin n'embellit point encore, et que ne décorent plus ces arbres fruitiers sans nombre et la culture de la vigne, se prolonge jusqu'au pied de la haute chaîne de montagnes qui de Saint-Hyppolite se dirige sur Fuans, Levier, Champagnole. Sa largeur souvent moindre d'un myriamètre en a quelquefois plus de deux. Arrivé au pied de ce puissant relief, on entre dans la zône des sapins qui ne cesseront d'accompagner le voyageur que vers les cimes les plus élevées. Ici une végétation spéciale et plus vigoureuse que celle de la zône précédente... plus de chênes, presque plus de hêtres..... en échange partout le sapin et l'épicea, et, dans les terrains tourbeux, le bouleau nain, le pin pumilio, etc., végétaux qui, abstraction faite de la curieuse florule d'espèces herbacées, donnent au paysage un caractère d'imposante sévérité. Quelques pas encore et nous avons laissé derrière nous le sol où mûrit le froment, où le prunier et le poirier à la faveur de quelque abri privilégié donnent encore quelquefois des fruits ; nous touchons à la froide

(¹) Grenier. Thèse de géog. botan. du Doubs, p. 18.

zône subalpine; l'orge et l'avoine sont les seules céréales tolérées par ce climat rigoureux. Nos quatre vaccinium, la foule nombreuse des cyperacées envahissent toutes les prairies humides et tourbeuses. Gravissons enfin les dernières sommités du Suchet et du Châteluz qui se dressent devant nous, et nous pouvons y recueillir les espèces des régions alpines et sibériennes... Ainsi, à la faveur de l'élévation progressive du sol, nous avons pu observer en un jour toutes les modifications que le climat en se rapprochant des pôles imprime à la végétation. »

Il est évident que les contrastes observés dans les végétaux de ces régions dépendent essentiellement de la hauteur absolue des diverses parties de la contrée, sauf en ce qui concerne, comme nous le verrons plus tard, l'action des terrains dans la région basse. Quant à ce qui se passe dans le Jura même, l'exposition générale, la latitude, l'état d'agrégation des roches soujacentes, l'accidentation des surfaces, la distribution des eaux, etc. jouent un rôle important. Mais aucune de ces considérations ne contrebalance entièrement l'influence des niveaux, et c'est, en conséquence, d'après les altitudes seules que nous essaierons d'établir ici quelques généralités. Nous verrons plus tard les modifications qu'apportent les autres facteurs.

En prenant donc une connaissance générale de l'hypsométrie du Jura et des lisières qui l'entourent; en y rapportant aussi exclusivement que possible toutes les observations relatives à la présence des principaux végétaux cultivés et des espèces forestières; en choisissant parmi les uns et les autres tout ce qui est d'une observation positive, tranchée, facile, le plus générale; enfin, en éliminant avec soin tout ce qui serait trop exceptionnel comme fait, ou trop limité en étendue, voici les résultats auxquels on arrive :

Dans toutes les parties de la contrée situées au dessous de 400 mètres et dont l'ensemble constitue ce que nous nommerons la *Région basse* (et un peu au dessus dans les meilleures expositions), on cultive la vigne dans les lieux bien exposés; la culture du maïs est générale dans le Jura occidental; les céréales sont communes et de bonne qualité; les arbres fruitiers produisent toutes les variétés délicates; le noyer est général autour des habitations; le chêne est commun et constitue des forêts (¹); il faut en dire autant du hêtre; le sapin manque entièrement, et il en est de même de l'épicéa, excepté dans le Bassin suisse.

Dans toutes les parties du Jura comprises entre les niveaux de 400 et 700

(¹) Il s'agit essentiellement dans tout ce qui va suivre des *Quercus pedunculata* et *sessiliflora*, et surtout du premier. Le *Quercus pubescens* joue un rôle particulier que nous verrons plus tard.

mètres environ, formant notre *Région moyenne,* la culture de la vigne est très-rare ou nulle, excepté sur la lisière suisse; celle du maïs est encore assez fréquente dans le Jura occidental ; toutes les céréales sont encore communes ou fréquentes, mais leurs produits généralement inférieurs en qualité à ceux de la région basse ; les arbres fruitiers plus rustiques et portant des fruits moins fins sont très-fréquents ou seulement fréquents ; le noyer est encore assez répandu ; le chêne est très-fréquent et constitue encore des forêts quoique moins habituellement que dans la plaine ; le hêtre est commun ; le sapin apparaît disséminé, associé au hêtre et ne formant que rarement des forêts à lui seul ; l'épicéa manque généralement, excepté sur les lisières suisses.

A partir du niveau de 700 mètres et jusqu'à 1500 environ, on se trouve dans la *Région montagneuse;* le maïs disparaît entièrement dans le Jura occidental; le froment devient infréquent ou nul, tandis que l'orge et l'avoine forment le fonds des céréales ; ces cultures disparaissent entièrement vers le tiers supérieur de la région; les arbres fruitiers infréquents ou très-rares ne sont plus que d'un très-minime rapport ; le noyer ne réussit plus ; le chêne ne forme plus essence principale et ne se voit qu'en petite quantité ; le hêtre est encore fréquent, mais il se mêle au sapin et constitue moins habituellement les forêts à lui seul; le sapin est commun partout, et vers le second tiers de la région l'épicéa tend à se grouper ; les pâturages et les forêts commencent à occuper exclusivement de grandes étendues de terrain; les tourbières apparaissent sur une foule de points.

De 1500 à 1800 mètres s'étend la *Région alpestre* : toutes les cultures ont disparu; le hêtre devient rare; les forêts de sapin et d'épicéa alternant avec les pâturages occupent exclusivement le sol. Entre le quart et la moitié inférieure de cette zône, la végétation arborescente diminue sensiblement, puis disparaît. Les pâturages d'été règnent seuls au dessus de sa moitié inférieure.

Au dessus de ces derniers niveaux, de 1800 à 2200 mètres, on peut compter la *Région alpine* qui n'est nulle part représentée dans le Jura proprement dit, mais qu'atteignent les sommités sardes et dauphinoises que nous comprenons encore dans notre cadre, puis la *Région subnivale* jusque vers 2700 mètres; enfin au dessus la *Région nivale.*

On pourrait peut-être établir un plus grand nombre de régions. Ainsi, il ne serait pas difficile de subdiviser en deux la région montagneuse, l'une *montagneuse inférieure,* de 700 à 1000 mètres, l'autre *montagneuse supérieure,* de 1000 à 13000. Nous emploierons cette division pour désigner la station de certaines espèces. Cependant il en résulterait une classification moins simple et des coupures moins indépendantes. Les quatre premières des régions ci-dessus sont, du reste, nettement tracées dans le Jura : la première par la cessation des vignes, la troisième par l'apparition des sapins, la quatrième par la prédominance des pâturages.

Voici maintenant une courte synonymie de ces régions avec celles de MM. Kirschleger pour les Vosges, Spenner pour le Schwarzwald, Heer pour les Alpes suisses et Grenier pour le département du Jura. La division de M. Heer est celle qu'il a admise pour les coléoptères suisses. Il sera aisé d'étendre la comparaison aux régions de MM. Wahlenberg, Moritzi, Braun, Unger, Zahlbruckner, Pollini, etc. M. Martins, dans sa géographie botanique de la France, ayant à envisager une contrée étendue s'est contenté d'établir une *région de la plaine* (0^m — 600^m), une *subalpine* (600^m — 1600^m) et une *alpine* (1600^m et au dessus). La région subalpine de cet observateur comprend ainsi la majeure partie de nos régions moyenne et supérieure.

Région basse	—	Région rhénane et plaine supérieure de K. et S.
»	»	Région campestre et 80 mètres de la région colline de H.
»	»	Zône des alluvions et de la vigne G.
Région moyenne	—	Région montagneuse inférieure de K. et S., moins 80^m environ.
»	»	Région colline de H., moins 100^m environ.
»	»	Zône du blé sans vignes et sans sapins de G.
Région montagneuse	—	Région montagneuse sup., K. ; R. montagn. sup. plus 60^m, S.
»	»	Région montagueuse H.
»	»	Zône des sapins G.
Région alpestre	—	Région subalpine K. ; R. subalp. moins 60^m, S.
»	»	Région subalpine H.
»	»	Zône subalpine G.

On voit que ces régions d'altitude se correspondent assez bien, et qu'en indiquant, par exemple, une espèce dans la région moyenne du Jura et des Vosges, ce qui l'y place entre 400 et 700^m, il est aisé de reconnaître qu'elle appartient à très-peu près à la région montagneuse inférieure de M. Kirschleger, ou réciproquement. Nous verrons ailleurs les espèces propres à chacune de ces régions.

§ 15. Nous n'avons pas voulu interrompre les généralités précédentes par des exceptions et des réserves. Les grands faits d'altitude qui dominent une contrée quelque peu étendue y sont modifiés par diverses causes dont nous allons examiner les principales en les appliquant particulièrement à notre champ d'étude. Ce sont la *latitude*, l'*exposition générale*, la *situation par rapport aux grands reliefs, l'exposition particulière, la connexion des reliefs entre eux, la dispersion de proche en proche, la diversité des terrains, la température exceptionnelle de certaines sources.*

Modifications dues à la latitude. La division en régions donnée plus haut convient à la majeure partie du Jura, savoir depuis Bâle jusqu'à Nantua, et surtout au Jura central, c'est-à-dire occupant les parties situées vers le milieu de ce grand arc de montagnes ; mais elle offre respectivement des modifications à l'est et au sud de ces limites, ainsi que l'on doit naturellement s'y attendre d'après ce que nous avons établi du climat au chapitre précédent. Dans le Jura oriental qui est le plus froid, les limites supérieures des régions s'abaissent un peu ; les céréales s'élèvent moins, le sapin commence plus bas et il en est de même de toute la flore montagneuse et alpestre, mais ces différences sont peu importantes. Dans le Jura méridional, au contraire, sensiblement plus chaud, ces mêmes limites supérieures s'élèvent d'une manière notable. Cela se remarque déjà dans le haut Jura occidental bressan et genevois, mais cela est bien plus tranché encore dans les chaînes bugésiennes et sardes et enfin dans les montagnes dauphinoises auxquelles cette division cesse réellement d'être applicable. Ainsi dans le profil de Saint Amour à Genève, les sapins ne commencent guère que vers 800 mètres ou un peu au dessus ; dans la contrée comprise entre Pont-d'Ain et Seyssel, on ne les voit guère que vers 900 et 1000 ^{m}, et ils manquent même souvent encore à cette dernière hauteur ; enfin, dans les environs de Belley et dans les chaînes de Savoie et de l'Isère, on ne les voit le plus souvent que couronnant les sommités supérieures à 1000 ^{m}, et ils sont quelquefois entièrement nuls à 1100 et 1200 ^{m}. Toute la végétation suit une marche analogue, et son ensemble est à peine aussi montagneux vers 900 ^{m} qu'il l'est vers 700, aussi alpestre à 1500 qu'à 1300 dans le Jura central. Les cultures, quoique suivant ce mouvement différentiel, ne paraissent pas toutefois s'y conformer de tous points. Du reste, l'observation à cet égard est plus malaisée dans le Jura méridional, moins bien disposé en gradins successifs et renfermant moins de hautes vallées. En général, on ne s'éloignera pas beaucoup de la vérité en abaissant de 100 ^{m} toutes les limites supérieures dans le Jura le plus oriental, et en les élevant de 200 ^{m} dans le Jura le plus méridional, ce qui fait, entre les deux extrémités de cette chaîne, une différence de près de 300 ^{m}. Ainsi, par exemple, le Lœgerberg à 850 ^{m}, et la Schafmatt à 990, ont respectivement une flore plus montagneuse que la Rimondière à 1120 et le Molard-Dedon à 1220, tandis que les chaînes au dessus d'Ambronay et de l'Huis qui atteignent de 800 à 1000, montrent à peine quelques plantes montagneuses. De même la végétation du Wasserfall à 1210 mètres atteint les pelouses avec *Alchemilla alpina,* et se montre presque aussi alpestre que celle du Grand-Colombier à 1550, tandis que le Molard-Dedon déjà cité, et qui dépasse le Wasserfall, est encore couronné de bois feuillus, et entre à peine nettement dans la région des sapins.

Exposition générale. La moyenne des pentes d'une contrée peut descendre ou nord, au sud, à l'est, à l'ouest ou vers des directions intermédiaires, ce qui est toujours indiqué par le cours d'eau. Ainsi, la vallée du Rhin s'incline vers le nord, celle de la Saône vers le sud. Or, on sait que les surfaces orientées au nord sont plus froides qu'au sud, à l'est qu'à l'ouest, et que cela a lieu également sur une grande comme sur une petite échelle. Le versant nord des Alpes est plus froid que le sud; la vallée du Rhône de Lyon à Marseille, seule grande vallée de la France descendant au midi, est la plus chaude de ce pays, et y voit fructifier l'olivier; celle de la Garonne descendant au couchant est, sous la même latitude, moins chaude que cette dernière; enfin, l'ensemble des surfaces de la France tournées vers le nord-ouest et l'ouest est, toutes choses égales, plus chaud que celui des surfaces de l'Allemagne inclinées au nord. Si, de même, on envisage ce qui se passe dans les reliefs du Jura, on voit que la superficie générale du sol dans le Jura oriental et central forme un plan doucement incliné au nord et au nord-nord-est contre le Schwarzwald, l'Alsace et le pied des Vosges. Ces contrées sont donc ouvertes aux influences atmosphériques du nord et du nord-est, surtout vis-à-vis la grande vallée du Rhin. Dans les parties françaises du Jura central l'exposition devient peu à peu nord-ouest, puis ouest en tournant comme la chaîne. Dans la première moitié du Jura occidental, elles se maintiennent encore à-peu-près dans les mêmes conditions, mais, dans la dernière, la pente générale et l'exposition s'établissent vers le sud et ouvrent la contrée aux influences du midi : cette dernière manière d'être est nettement caractérisée dans le Jura méridional. Il en résulte qu'aux mêmes niveaux, et, indépendamment de la latitude, le Jura doit être plus froid dans ses parties orientales et centrales, plus chaud dans ses parties occidentales et méridionales.

Situation par rapport à de grands reliefs. Une contrée placée au pied, et au nord d'une chaîne de montagnes est évidemment dans des circonstances de climat moins avantageuses que celle qui serait située au sud, ou qu'une contrée placée sous les mêmes coordonnées, mais qui ne serait pas abritée des influences méridionales par un relief puissant. C'est ainsi qu'à latitude égale, les parties du centre de la France qui s'étendent à cent cinquante lieues des Pyrénées, doivent être plus chaudes que celles de l'Allemagne à vingt-cinq lieues des Alpes. C'est par la même raison que les districts vosgiens, alsatiques, hercyniens, germaniques situés au nord du Jura et des Alpes qui leur interceptent les influences du midi, doivent être, toutes choses pareilles, plus froids que les contrées situées à l'ouest du Jura et des Vosges, et qui n'ont plus à leur sud d'obstacle de ce genre aussi rapproché. De là vient que dans notre champ d'étude, en marchant de l'est à l'ouest, on trouve des climats meilleurs, de façon que la végétation de Paris quoique située plus au nord est plus méridionale que celle de Strasbourg, de Dijon, plus que celle de Neuchâtel et ainsi de suite. Des causes du même ordre contribuent à expliquer l'accroissement de température que l'on remarque dans la vallée du Rhin (du moins dans certaines limites) en s'avançant de Bâle vers Mayence, c'est-à-dire en s'éloignant du Jura et des Alpes. On comprend ainsi la végétation des pentes du Kaiserstuhl plus chaude à certains égards que celle du Jura dans le même méridien, la réapparition des buis à de plus grandes distances encore aux environs de Cologne, et la présence d'espèces méridionales sur quelques points de l'Albe qui vers le sud n'est plus gêné par la chaîne du Jura.

L'exposition particulière, c'est-à-dire celle des pentes d'un relief envisagé en petit et isolément apporte aussi des modifications notables aux généralités d'altitude. Le versant nord est plus froid que le sud, l'est que l'ouest. Les conséquences de cette propriété sur la végétation se font sentir, non-seulement en grand, mais jusque dans les plus petits détails des inégalités du sol, sur les édifices, les troncs des grands végétaux, les murs, les clôtures, etc. Les différences entre l'exposition nord et sud se font remarquer dans la végétation cryptogamique là où les phanérogames viennent à manquer. La marche du soleil avec les quantités relatives de chaleur qu'il répand sur les différentes orientations est la cause bien connue de ces contrastes que la météorologie ne s'est peut-être pas assez occupée de formuler par des observations exactes. L'observation suivante fera voir comment le thermomètre exprime en une seule journée les différences de climat entre l'est et l'ouest. Deux instruments de ce genre, comparés, placés le 17 septembre 1846 à l'air libre par un jour entièrement calme et serein, également inclinés, l'un à l'E.-N.-E., l'autre à l'O.-S.-O. sur deux pentes opposées, et ce, depuis une heure avant le lever du soleil jusqu'à une heure après son coucher, ont donné, par 50 observations faites de demi-heure en demi-heure, les résultats moyens suivants :

E.-N.-E. De 5 à 12   heures, moy. 14,56 R. O.-S.-O., moyenne 6,29 R.
  »   De 12 à 7 ½ »   »   14,00   »   »   27,78
  »   Moyenne totale   14,18   »   »   18,40

L'exposition O.-S.-O. a eu environ 6 h. de soleil, l'exposition E.-N.-E. environ 5 heures. Le thermomètre à l'ombre, à l'O., a varié de 1 R. (gelée blanche) à 15; à l'E., de 1 à 16. Au soleil il a varié, à l'O., de 24 à 29, à l'E., de 6,20 à 22,25. Le ciel était parfaitement pur avec un très-léger vent d'E.-N.-E., qui n'a duré que quelques heures. On peut juger par cette expérience de l'énorme différence de climat à laquelle se trouve soumise la végétation dans deux expositions semblables. Aussi les contrastes qu'elle offre sur les pentes de certaines montagnes isolées et convenablement orientées sont-ils quelquefois considérables. C'est ainsi que M. Gemellaro a fixé la limite supérieure de l'olivier à 700 m sur le versant nord de l'Etna, tandis qu'il s'élève jusqu'à 1200 sur le versant sud, et, qu'en moyenne, le hêtre, le pin unciné, le thym et les cultures sur les flancs du Ventoux ont présenté à M. Martins près de 500 m de différence en faveur de l'exposition australe.

La connexion immédiate avec d'autres reliefs. On sait que dans l'intérieur d'une forêt, les mousses qui végètent sur les troncs des arbres y affectionnent particulièrement l'exposition boréale. Cependant sur la lisière d'un bois la chose ne se passe pas toujours ainsi, et souvent, au contraire, le côté nord des troncs qui regarde le jour est moins chargé de cryptogames que le côté sud qui regarde l'ombre. Dans les massifs de montagne formés d'un plexus de chaînes séparées par des vallées étroites, il se passe souvent quelque chose de semblable. Le côté des chaînes extérieures tourné vers l'intérieur du système est, toutes choses égales d'ailleurs, plus froid que celui qui regarde la plaine. Il en résulte que selon la position d'une chaîne extérieure, cette circonstance ajoute ou retranche aux effets de l'exposition. Ainsi dans les hautes chaînes du Jura qui regardent le Bassin suisse, les versants nord sont doublement froids, et en raison de l'exposition boréale, et par suite de leur regard vers les régions élevées du centre du système. Au contraire les chaînes extérieures qui bordent la vallée du Rhin ont leurs versants septentrionaux refroidis par l'orientation, mais réchauffés par les influences de la plaine. Aussi les pentes boréales des premières de ces chaînes ont-elles une végétation plus montagneuse à altitude égale, que cela n'a lieu pour les pentes homologues des secondes, et, de même, leurs versants méridionaux une végétation plus chaude que les versants pareils de ces dernières. De même dans le Jura bugésien et sarde, les pentes occidentales des chaînes qui bordent le

Rhône et la Savoie offrent souvent à altitudes égales, et malgré leur exposition, une végétation plus montagneuse que leurs pentes orientales, parce qu'elles sont tournées vers l'intérieur du massif orographique, tandis que les versants occidentaux des montagnes qui limitent la plaine française et en reçoivent les chaudes influences, offrent à pareil niveau une végétation moins élevée que les premières. Le contraire se passe sur les plans orientaux des unes et des autres. Rendons ce qui précède plus clair par des exemples. La végétation sur les versants septentrionaux du Lomont, vers 900^m, est moins montagneuse qu'à pareille altitude sur les pentes semblables du Sujet ou du Chaumont, en même temps qu'à 400^m à l'orientation méridionale la végétation indique un climat moins chaud à Pont-de-Roide ou Baume, qu'à Neuveville ou Orbe. De même, vers 1000^m, sur les versants occidentaux du Grand-Colombier qui regardent l'intérieur des reliefs, la flore est plus montagneuse qu'à pareille hauteur sur les versants homologues de la Rimoadière qui en regardent l'extérieur ; en même temps à 250^m à l'exposition orientale, la végétation sera plus chaude à Seyssel où elle regarde hors des montagnes, qu'à Ambérieux où elle est tournée vers les montagnes.

La dispersion de proche en proche est aussi souvent une cause de perturbation apparente dans les niveaux de la végétation. Si l'on compare au même niveau de 1000^m, par exemple, deux chaines de montagnes dont l'une dépasse peu cette altitude et l'autre beaucoup, on comprend que la seconde pourra fournir des plantes que n'offrira pas la première. Les limites altitudinales des espèces ne sont pas si rigoureusement tracées, que quelques-unes des régions supérieures ne descendent jusqu'à certaines limites dans les parties attenantes des régions immédiatement inférieures. Il en résulte que, toutes autres choses égales, il y aura plus d'identité à l'égard de la végétation entre deux reliefs atteignant la même hauteur sans la dépasser, qu'entre un de ces reliefs et le niveau correspondant dans une chaine plus élevée.

La température exceptionnelle de certaines sources détermine aussi quelquefois, par les arrosements, la présence d'une végétation anormale pour son niveau. Des eaux descendant à d'assez faibles altitudes avec une température qu'elles doivent à un point de départ beaucoup plus élevé, ou à la rencontre d'amas de neiges plus ou moins persistants, rafraîchissent à leur sortie les espaces ambiants et y permettent le développement et l'établissement d'espèces alpestres que l'on est surpris de rencontrer. Ce cas se présente assez fréquemment dans les montagnes au pied de masses rocheuses très élevées et au fond de gorges profondes. Ces sortes de points sont souvent visités par les botanistes et propres à désorienter des grandes généralités. Toutefois, les sources ne paraissent pas la seule cause de ces faits sur lesquels nous reviendrons, mais qu'il importait de signaler comme exceptionnels.

Diversité des terrains. L'entière légitimité des régions altitudinales que nous avons adoptées ci-dessus et la similitude de végétation aux mêmes niveaux sont encore et surtout subordonnées à l'identité des terrains géologiques; c'est-à-dire que cette similitude de végétation est d'autant plus vraie que les terrains sont plus pareils quant à des propriétés que nous reconnaitrons plus tard. Rigoureusement parlant, on ne saurait donc établir un parallélisme complètement satisfaisant, par exemple, entre des montagnes calcaires et des chaînes granitiques, entre des collines formées de roches compactes et d'autres de terrains sablonneux, etc. Bref, il ne faudrait établir des régions d'altitudes, que toutes choses égales quant au sol, puisque sans cela on risque d'attribuer à l'une des causes les effets de l'autre. Nous ne pouvons nous occuper en ce moment des modifications qu'il y aurait à apporter à cet égard et qui sont cependant l'objet essentiel de notre travail. Nous nous contenterons donc de faire remarquer provisoirement que les régions que nous avons établies pour le Jura. conviennent à-peu-près aux autres parties de notre champ d'étude, quant aux caractères auxquels nous nous sommes bornés jusqu'à présent. Mais il importe aussi de bien reconnaitre que de ces quatre régions, basse, moyenne, montagneuse et alpestre, les trois supérieures seulement envisagées dans le Jura en particulier satisfont à la condition d'identité des terrains, tandis que la région basse y échappe entièrement. En général le sol des contrées basses qui s'étendent au pied des grands reliefs et qui fournissent ordinairement la région inférieure, est presque constamment d'une nature minéralogique très-différente de celui de ces montagnes, et plus récent dans la série des terrains. Il suffit de jeter un coup-d'œil sur une carte géologique pour s'en convaincre. Il résulte en outre de la position topographique des contrées basses qu'elles rassemblent toutes les eaux des inégalités qui les dominent. Ces caractères sont essentiels aux plaines. Si donc on n'y prend pas garde, il est aisé, dans la division d'un pays en régions d'altitude, de donner aux inférieures des caractères plus dépendants en réalité de leurs terrains que de leurs niveaux. C'est ce qui fait qu'il sera plus prudent de n'envisager cette division que dans les massifs orographiques suffisamment homogènes quant aux terrains, sans préjudice au tableau fidèle de ce qui se passe dans les plaines considérées comme fait indépendant à certains égards.

Tout ce qui précède prouve combien il importe d'envisager d'une manière très-générale et sur une assez grande échelle les faits de dispersion altitudinale. Une fois ce point de vue compris et adopté, on voit clairement disparaître dans l'ensemble tous les faits exceptionnels de détail.

§ 14. Nous avons vu qu'en prenant le Jura pour terme de comparaison, l'on pouvait sans grande erreur admettre les limites de ses régions altitudinales comme abaissées d'une centaine de mètres dans les Vosges et le Schwarzwald, puis élevées au contraire d'une quantité pareille sur le revers nord des Alpes et double au moins sur le versant sud. Or, si pour pouvoir faire entrer ces résultats dans des calculs, on envisage le Jura compris entre la latitude de Bâle et celle de Genève comme appartenant à un chiffre latitudinal intermédiaire à ces deux limites, sa position sera représentée par 46°.75. En faisant des appréciations moyennes semblables, on trouve pour la latitude des Vosges et du Schwarzwald comptée du Feldberg au Hohneck 48,10 ; pour celle du revers nord des Alpes suisses 45,80, et pour le revers sud 44,80. Entre le Jura et les montagnes du Rhin ainsi envisagé, il y aurait 1°,55 de différence, et avec les Alpes 0,95, c'est-à-dire dans le premier cas un peu plus d'un degré, et dans le second un peu moins. Cela indiquerait environ 100ᵐ d'abaissement ou d'élévation dans les limites pour un degré environ d'augmentation ou de diminution en latitude. Bien que ces chiffres ne soient que des approximations très-controversables, elles n'en représentent pas moins un fait certain, et il n'est pas sans intérêt de voir jusqu'à quel point cette loi approximative se maintient au nord et au sud de la contrée, ou les modifications qu'elle éprouve. C'est ce que nous pouvons faire en recherchant et comparant les niveaux de même végétation dans le Jura et dans d'autres chaînes de montagnes.

Or, nous trouvons d'abord en Angleterre un terme de comparaison bien étudié par M. Watson dans la partie moyenne de cette île, entre 55 et 56°. Les cultures y cessent généralement vers 450ᵐ, les arbres vers 800. Celles de nos plantes montagneuses qui s'y trouvent, comme les *Trollius*, *Vaccinium*, *Geranium*, etc., y apparaissent vers 200ᵐ. Le *Betula nana* y est déjà fréquent vers 500 ; les *Alchemilla alpina*, *Polygonum viviparum*, *Dryas octopitala* vers 600 ; la *Sibbaldia* vers 1000. Si l'on compare toutes ces limites avec celles du Jura, on trouve en moyenne une différence de 650ᵐ, qui, rapprochée de celle des latitudes, donne environ 80ᵐ de différence par degré.

Les données fournies par M. Boué pour l'Écosse, par une latitude moyenne de 57°, produisent 770ᵐ de différence dans les limites pour une différence de 10° dans les latitudes, ce qui conduit à 77ᵐ par degré, chiffre très-voisin du précédent.

Les données de Wahlenberg pour la Laponie, sous 64° à 71°, conclues des limites du sapin et du bouleau nain, fournissent une différence de 950^m avec les limites homologues dans le Jura, pour 21 degrés environ, ce qui donne un chiffre de 50^m au plus d'abaissement des régions par progression d'un degré.

Le Harz en y prenant en considération le hêtre, le bouleau nain, l'anémone des Alpes et les forêts, donne 400^m de différence pour 5°,75 environ, d'où 100^m d'abaissement en verticale par degré vers le nord.

Les montagnes de la Silésie, d'après les données empruntées à M. Wimmer sur le chêne, le sapin, la cessation des forêts, la prédominance des pâturages alpestres, donnent une différence de 150^m environ avec les limites analogues dans le Jura pour 2°, ou à-peu-près 75^m par degré.

Le Ventoux, étudié par M. Martins, voit s'élever ses cultures de 500^m environ plus haut que le Jura pour un abaissement latitudinal de 2°,75, ce qui élève les limites de 109^m pour un degré.

Les Pyrénées, d'après les données de Ramond sur le chêne, le sapin, les forêts et quelques espèces alpestres telles que *Gentiana lutea*, *G. acaulis*, *Ranunculus alpestris*, *R. thora*, offrent une différence de 425^m par rapport au Jura pour 5°,75, ce qui élève les limites de 110^m environ par degré.

Enfin les Apennins, d'après les données de M. Schouw sur le hêtre, fournissent une différence de plus de 700^m pour 4°,25 ce qui donne 200^m pour un degré.

C'est-à-dire qu'en représentant par a la position des limites supérieures ou inférieures dans le Jura, on a les résultats approximatifs suivans. — En Laponie par 67°, les limites correspondantes sont placées en a—950; en Écosse par 57°, en a—750; en Angleterre par 55°, en a—650; dans les montagnes de l'Allemagne centrale par 50°, en a—250; dans les Vosges et le Schwarzwald par 48°, en a—100; dans les Alpes centrales suisses sur le revers nord par 45°,80 environ, en a+100 et sur le revers sud par 44°,80, en a+250; au Ventoux par 44°, en a+500; dans les Pyrénées par 45°, en a+425; enfin dans les Apennins par 42°, en a+700. — Ces chiffres auxquels on ne peut bien entendu attacher qu'une très-médiocre valeur en les envisageant isolément, figurent cependant assez bien la position du Jura par rapport aux contrées situées au nord et au sud de cette chaine.

CHAPITRE QUATRIÈME.

DES ROCHES SOUJACENTES.

§ 15. Nous entendrons dans tout ce travail par *sol*, le mélange de *détritus organiques* et *inorganiques*, d'eau, d'air et de gaz dans lequel se développe la racine des végétaux ; par *roche soujacente*, la base géologique minérale sur laquelle il repose ; par *sous-sol*, les détritus compris entre le sol et la roche soujacente proprements dits, détritus de nature principalement minérale, participant surtout de celle de la roche, quelquefois assez développé, quelquefois presque nul, plus ou moins meuble, mélangé encore de débris organiques, et recevant surtout les extrémités des racines ; enfin nous emploierons toujours le mot *terrain* dans son acception géologique.

De même, dans tout ce qui va suivre, *nous n'envisagerons absolument que l'action de la partie minérale du sol, du sous-sol et de la roche soujacente sur la végétation*, c'est-à-dire que nous ferons entièrement abstraction des détritus organiques. Il est essentiel que le lecteur entre dans ce point de vue particulier.

SECTION I. *Classification générale des terrains sous le rapport de leur composition chimique.*

§ 16. Pour pouvoir comparer les faits de dispersion envisagés en grand, avec les terrains envisagés, soit sous le rapport de leur composition chimique, soit quant à leurs propriétés mécaniques, nous devons jeter un coup-d'œil sur les manières d'être qu'ils affectent à ce double égard, et en faire une classification aussi simple et aussi générale que possible.

Les principaux éléments chimiques qui entrent dans la composition des roches sont le *carbonate de chaux*, la *silice* et l'*alumine*. Si l'on envisage les masses minérales situées dans les limites de notre champ d'étude, on peut les diviser de la manière suivante :

Roches siliceuses : celles où la silice prédomine sans mélange *essentiel* d'alumine ou de calcaire : quarzites, grès vosgiens, grès rouges, grès bigarrés, grès liasiques, sables quarzeux purs, certaines arkoses, certaines grauwackes.

Roches silicéo-alumineuses : celles dans la composition desquelles entre *essentiellement* la silice et l'alumine comme prédominantes, la première étant presque toujours en plus grande proportion : ce sont surtout les roches formées de quarz, feldspath, mica, amphibole, talc et autres silicates alumineux, puis quelques argiles; granites, gneiss, syénites, protogynes, porphyres, eurites, amphibolites, plusieurs schistes, mica-schistes, talc-schistes, etc., basaltes, dolérites, trachytes, phonolites, etc., enfin argiles de tout âge.

Roches calcaires : les calcaires compactes, oolitiques, crayeux, grenus, tufacés et autres, sous une foule de formes; les marnes calcaires de tout âge; les roches calcaires marno-compactes, schisteuses, grumeleuses, etc. ; les dolomies compactes, terreuses ou sableuses. Le carbonate de chaux les forme à lui seul, ou y est très-prédominant.

Roches mélangées : les dépôts de graviers, de galets, de brèches, de poudingues, de nagelfluhs, etc. ; les molasses et autres grès à éléments variables et cimentés par des substances calcaires ; les lehms, lœss, limons caillouteux, graveleux, sableux, etc. ; les tufs volcaniques, etc. Ces roches sont tantôt silicéo-calcaires, tantôt calcaréo-siliceuses, tantôt silicéo-alumineuses, etc. ; elles varient souvent de composition sur de petites étendues.

On pourrait multiplier ces subdivisions et leur donner des bases plus scientifiques. Cependant elles représentent suffisamment ce qui se passe sous le rapport chimique dans la manière d'être des grandes masses, et aucun autre principe minéral ne saurait être introduit sur un pied d'égalité à côté de la silice, de l'alumine et du calcaire. Je les réduirai même à trois classes, vu la prédominance habituelle de la silice dans les roches silicéo-alumineuses. Nous aurons donc essentiellement à considérer des *terrains siliceux*, des *calcaires* et des *mélangés*, ce qui rentre entièrement dans le point de vue général de tous les géographes botanistes qui ont envisagé les terrains à leur échelle géologique. Il ne faut même pas oublier que la silice domine le plus souvent dans les terrains mixtes.

On pourrait cependant encore envisager à part les terrains où abonde le fer, le carbone, le sulfate de chaux, la magnésie, le sel marin ; mais ils ne jouent dans les masses géologiques qu'un rôle minime en comparaison des précédents. Nous en dirons cependant un mot plus tard. Enfin, il y a aussi des sols plus ou moins chargés de sels ammoniacaux : mais la présence de ces derniers étant due à la manière d'être des détritus organiques, ils sortent entièrement de la question qui nous occupe ; toutefois nous jetterons un coup-d'œil sur leur rôle particulier.

Si l'on objectait à la classification précédente que la plupart de nos roches où la silice prédomine renferment aussi du carbonate de chaux, les unes, en petite quantité, à l'état normal, les autres accidentellement, et que réciproquement, plusieurs de celles où le carbonate de chaux est l'élément principal contiennent souvent de l'alumine ou de la silice, ce qui est vrai, nous n'aurions rien à répondre. Si l'on ne peut pas prendre dans les terrains en principale considération l'élément prédominant, il faut renoncer à toute classification chimique ; mais il est clair dès lors que cela conduit directement à récuser toute action chimique des terrains *en grand,* auquel cas la question qui est l'objet de ce travail serait résolue précisément dans le sens négatif conforme à notre opinion. Il serait par conséquent inutile d'aller plus loin. Nous pensons toutefois qu'on ne fera pas cette objection trop souvent reproduite, et qu'on admettra avec nous que, s'il y a quelque part chance d'*action siliceuse* ou *calcaire* des terrains en grand, ce ne peut être que là où il y a le plus de silice ou le plus de carbonate de chaux.

Section II. *Classification générale des terrains sous le rapport de leur mode de désagrégation mécanique.*

§ 17. Au lieu d'envisager les roches soujacentes sous le rapport de leur composition chimique, nous pouvons les considérer sous celui de leur état d'agrégation et de ses conséquences sur la constitution mécanique des sols. L'illustre Decandolle, à qui aucune considération importante de géographie botanique n'a échappé, s'exprime ainsi à cet égard : « Chaque nature de roche a un certain degré de ténacité et une certaine disposition à se déliter ou à se pulvériser : de là résulte la facilité plus ou moins grande de certains terrains à être formés de sables ou de graviers, et à être composés de fragments de grandeur et de forme à-peu-près déterminées. Certains végétaux peuvent préférer tel ou tel de ces sables ou de ces graviers, mais la nature proprement dite de la roche n'agit ici que médiatement ([1]). » Essayons de développer cette idée.

([1]) Dict. des scien. nat. Art. géog. botanique.

Comme nous l'avons dit plus haut, le sol dans lequel une plante étend ses racines se compose d'un double détritus, l'un organique provenant de la décomposition des espèces préexistantes, l'autre minéral dû essentiellement à la désagrégation de la roche soujacente, c'est-à-dire du terrain géologique quel qu'il soit, qui a originairement servi de base au premier. Ces deux détritus sont souvent mélangés d'une manière intime par diverses causes de déplacement ; mais en général le premier est situé au dessus du second auquel il passe par des mixtions intermédiaires dont les plus inférieures, distinctes cependant de la roche soujacente proprement dite, prennent quelquefois le nom de sous-sol. C'est ce dont on se convaincra par une tranchée faite dans le sol y compris sa base : on verra à sa partie supérieure un terreau plus pur de mélange minéral ; à la partie inférieure un mélange où l'élément minéral prédomine et va en augmentant jusqu'à son contact avec le terrain géologique. Il est évident que la manière d'être et les proportions du détritus minéral dans le sol y apportent des modifications essentielles.

Toutes les roches ne sont pas également désagrégeables ; il en est qui, du moins dans des circonstances particulières, paraissent résister longtemps aux agens météoriques. On peut aisément s'en convaincre à l'inspection de diverses roches polies des Alpes et même du Jura. Ainsi, au Gothard, aux environs de l'Hospice, dans l'espèce de haute vallée occupée par plusieurs petits lacs, les granites formant des monticules arrondis et irréguliers sont lisses au point d'être miroitants et de devenir éblouissants par un soleil oblique. Ces parties polies qui occupent, du reste, des surfaces assez considérables, entièrement nues (¹), témoignent suffisamment de l'excessive lenteur ou de la presque nullité de leur altération depuis des époques géologiques fort reculées. M. Schouw a vu sur les pentes de l'Etna des courants de laves anciennes offrant la même nudité et la même résistance à la décomposition. M. Grisebach signale dans les Hardanger-Fjeld des gneiss tellement résistants qu'il admettrait volontiers que leurs surfaces se trouvent encore à l'état en quelque sorte primitif. On peut induire de là que la désagrégation superficielle quoique plus sensible dans des circonstances moins favorables, peut néanmoins, dans quelques cas, être très-lente. Cependant il paraît certain que ces cas sont généralement exceptionnels et trop restreints pour nécessiter une classe à part, des roches qui satisfont à la condition de l'inaltérabilité.

___

(¹) On en trouve de beaux exemples habilement représentés dans les Atlas de MM. Agassiz et de Charpentier.

La désagrégation des roches a lieu sur une plus ou moins grande profondeur. Dans la plupart d'entre elles les parties les plus voisines de la surface se morcellent en fragments dont la dimension est ordinairement d'autant moindre qu'ils sont plus rapprochés du jour : c'est ce que montrent toutes les carrières, et ce que n'ignorent point ceux qui les exploitent. Ce morcellement tend à isoler des fragments dont la forme dépend de la structure générale de la roche, schisteux dans les masses feuilletées ou micacées, plus irréguliers dans les granitoïdes, plus polyédriques dans les sédimentaires, etc. Il modifie souvent avec rapidité les surfaces rocheuses à forte inclinaison ; le pied de leurs escarpements est formé par un talus de ces sortes de débris qui s'augmentent incessamment ; si, dans le silence de la nuit, placé au pied d'un abrupte de ce genre, on prête une oreille attentive, on entend se succéder la chute continue de petits graviers qui se détachent : de là même, dans plusieurs parties du Jura, l'*esprit des pierrettes* créé par la superstition populaire.

L'étendue et la multiplicité des fissures qui divisent ainsi la masse à une certaine profondeur, jouent, comme nous le verrons plus tard, un rôle important relativement à leur perméabilité, à leur siccité, etc., mais elles n'exercent qu'une influence peu considérable quant à la détermination du format et des proportions du détritus minéral inhérent à la constitution du sol. C'est essentiellement à la superficie même de la roche plus ou moins divisée que s'opère la désagrégation en petit qui donne lieu à ce détritus. Or, avant d'aller plus loin, remarquons que pour ajouter de l'espace à la sphère d'activité des racines, et pouvoir ainsi être une partie constituante du sol ou du soussol, il doit satisfaire à deux conditions, un certain degré de ténuité et de mobilité dans ses parties. Ainsi, la superficie d'une roche qui ne se diviserait qu'en fragments entassés d'un demi décimètre cube, par exemple, ou qui se divisant en parcelles d'un moindre volume en maintiendrait notablement l'adhérence, n'ajouterait rien en réalité au sol, du moins pour l'immense majorité des plantes appelées à y végéter. Pour que le détritus puisse donc être considéré comme constituant une partie du sol proprement dit, il faut nécessairement qu'il soit plus ou moins meuble et formé de fragments suffisamment petits, c'est-à-dire qu'il soit graveleux, sableux ou pulvérulent.

Avant de rechercher quelles sont les roches qui peuvent donner lieu à un détritus de ce genre, il faut voir comment se conduisent à cet égard les espèces minérales qui les composent, ou du moins celles qui y jouent le rôle principal : ces espèces sont le calcaire, le quarz, le feldspath, le mica et quelques autres.

Parmi les *calcaires*, ceux-là même qui se divisent en grand au contact des agents atmosphériques, éprouvent peu d'altération ou de décomposition à leur surface : elle se réduit ordinairement à une mince couche terreuse ou pulvérulente dont la quantité et la puissance sont le plus souvent très-faibles, quelquefois à peine perceptibles. Il n'en résulte pas moins que cet état terreux et pulvérulent est la limite extrême du mode de désagrégation en petit qu'éprouvent les calcaires. Si l'on suppose qu'elle s'exerce à la surface de parcelles plus ou moins menues résultant des dernières subdivisions en grand, on voit qu'on arrive à plus forte raison à la même limite comme terme final. De sorte que le résultat le plus général de ce double mode de désagrégation et de décomposition est un gravier mêlé de substance terreuse. Mais comme, d'un côté, la désagrégation pulvérulente est généralement minime, relativement parlant, et comme, de l'autre, la subdivision fragmentaire n'atteint pas habituellement l'état de ténuité, il en résulte que le plus souvent le détritus des roches calcaires apte à former un sous-sol meuble, n'offre que très-peu de développement, qu'il est généralement peu puissant, souvent presque nul, jamais formé d'un sable fin permanent ; il se compose très-fréquemment de gros fragments plus ou moins libres et encore agrégés pour peu que l'on s'enfonce dans le terrain. Ceci est surtout vrai pour les nombreuses variétés de calcaires secondaires plus ou moins compactes. Cependant certains calcaires moins fortement agrégés comme les tufs, les craies, peuvent donner lieu à des masses pulvérulentes assez épaisses, tendant à l'état terreux, mais participant çà et là temporairement de la mobilité sableuse.

Le *quarz* pur ou les quarzites se désagrègent fort peu à leur superficie, et on n'y trouve pas cette couche pulvérulente propre aux calcaires. Cela s'observe bien, à défaut de grandes masses quarzeuses, dans les galets de la plupart des terrains récents : c'est à peine si leur surface offre un mince liseré de teinte différente. Le quarz diffère donc du calcaire, non-seulement en ce qu'il ne tend pas à un détritus pulvérulent, mais en ce que les sables plus ou moins gros au lieu de se subdiviser *indéfiniment* jusqu'à limite terreuse, demeurent, au contraire, *permanents* et conservent la forme sableuse proprement dite.

Le *feldspath* se décompose souvent au contact des agents atmosphériques, et produit des substances pulvérulentes : la limite extrême de sa décomposition superficielle est donc l'état terreux. Cependant il ne se décompose pas toujours, et, alors, sa manière d'agir est très-voisine de celle du calcaire, en ce qu'il ne forme que des détritus nuls ou de gros format ne prenant ou ne conservant point la forme sableuse permanente.

Le *mica* passe aussi à une sorte d'état terreux par sa décomposition, mais il participe le plus souvent de la nature sableuse par la faculté de division et de morcellement qu'il doit à sa fragilité et à sa structure propre.

Bornons-nous à ces quatre espèces minérales qui constituent la base essentielle d'une foule de terrains : leur considération suffit au but que nous nous proposons. Venons maintenant aux roches.

De même que chez les minéraux précédents, il y a donc essentiellement chez les roches dans la comparaison desquelles ils entrent, deux modes de désagrégation très-distincts au contact des agents atmosphériques. Les unes tendent à une subdivision indéfinie produisant la forme pulvérulente, tandis que les autres arrivent à un état de ténuité où elles s'arrêtent. Les premières se décomposent en substances terreuses, les secondes en sables plus ou moins fins.

Les roches de la première catégorie donnent donc des substances pulvérulentes qui par leur réagrégation fournissent des terres, des marnes, des argiles, des glaises, des limons, des vases ou autres produits de texture analogue. Afin de comprendre ces diverses manières d'être sous une dénomination commune qui n'entraine avec elle aucune idée de composition chimique ou minérale, mais porte uniquement sur le caractère d'agrégation qui leur est commun, nous qualifierons de *pélogènes* les roches de cette classe et de *pélique* leur détritus. Les roches de la seconde catégorie fournissant des sables permanents, nous les qualifierons de *psammogènes* et leur détritus de *psammique*.

Les calcaires sont des roches *pélogènes* mais souvent à un faible degré. Leurs variétés compactes telles qu'on les voit régner en abondance dans les terrains secondaires portlandien et corallien sont très-peu pélogènes. C'est encore le cas, mais d'une manière plus tranchée pour les calcaires néocomiens et oolitiques qui offrent une désagrégation plus rapide, et surtout pour les calcaires liasiques et conchyliens chez lesquels elle est beaucoup plus marquée. Les porphyres, eurites, trapps, basaltes, dolérites, phonolites, serpentines, etc., sont tous plus ou moins pélogènes, bien que souvent ils le soient fort peu. Les calcaires crayeux, grossiers, tufacés et, en général, peu agrégés, sont plus pélogènes encore. Mais les roches qui appartiennent essentiellement à cette classe sont les marnes, les argiles, les terres, les glaises, les limons de toutes les époques géologiques.

La plupart des roches clastiques et celles des roches cristallines dont l'élément quarzeux est demeuré distinct sont psammogènes. Ainsi, les grès vosgien, rouge, bigarré, houiller, keupérien, liasique, vert, arkose, parisien, molasse, etc. ; les granites, syénites, protogynes, gneiss, etc.; les dépôts de sables, graviers, galets, etc. appartiennent à cette catégorie, bien qu'il s'en rencontre quelques-uns qui sont souvent peu psammiques. Il faut y ajouter certains calcaires saccharoïdes et certaines dolomies dont la désagrégation produit des détritus sableux.

Parmi les roches pélogènes, toutes ne le sont pas au même degré. Ainsi, les marnes le sont essentiellement et peuvent être qualifiées de *perpéliques;* les calcaires marno-compactes le sont beaucoup moins que les marnes, beaucoup plus que les calcaires compactes, et nous pouvons les regarder comme médiocrement péliques ou *hémipéliques;* enfin les calcaires qui le sont fort peu, peuvent être dits *oligopéliques.*

De même, parmi les roches psammogènes, il y a des degrés pareils. Les sables meubles, certains grès purement quarzeux et très-désagrégeables sont *perpsammiques;* les molasses ou d'autres grès moins exclusivement quarzeux et plus cimentés peuvent être qualifiés d'*hémipsammiques;* certains granites, certains grès compactes, certaines grauwackes, etc., le sont fort peu, bien qu'étant de la classe, et seront dits *oligopsammiques.*

Enfin, il existe un grand nombre de roches qui offrent un mode et un produit de désagrégation participant à la fois de la nature terreuse et de la sableuse : nous les qualifierons de *pélopsammogènes* et leur résultat de *pélopsammique.* Les roches de cette classe sont essentiellement celles qui portent elles-mêmes ce caractère dans leur état normal, c'est-à-dire avant toute désagrégation, telles que les limons graveleux et caillouteux des formations récentes, certains granites très-kaoliniques, certains porphyres très-quarzifères, et plusieurs autres roches des classes précédentes portant souvent un caractère intermédiaire où domine tantôt l'état pélique, tantôt l'état psammique. Résumons ici ces définitions et ces conventions de langage (¹) dans un tableau synoptique.

(¹) Ψάμμος, sable, πηλός, substance de forme marneuse ou argileuse; γᾶ, terre, sol; *pélo-psammo-géo-gène*, qui produit une substance argileuse, sableuse, du sol; *per-hémi-oligo-pélique* ou *psammique* très, à demi, peu, argileux ou sableux; *eudys-géogène* qui produit facilement, difficilement du sol. — Nous pardonnera-t-on cette nomenclature qui pourra paraître à la fois bien ambitieuse et bien scolastique? Nous ne l'espérons guère. Et cependant nous n'y avons eu recours qu'après de nombreux efforts pour nous en passer, et après nous être convaincus de l'impossibilité de désigner clairement ces diverses classes de roches sans des dénominations spéciales. C'est donc ici le lieu de nous recommander à l'indulgence du lecteur.

1. *Roches pélogènes*	parfaites : *perpéliques,* p. ex., marnes oxfordiennes, argiles keupériennes, lehm pur, kaolins purs. moyennes : *hémipéliques,* p. ex., calcaires marno-compactes conchyliens, kellowiens, liasiques. imparfaites : *oligopéliques,* p. ex., calcaires compactes portlandiens, certains basaltes, certains porphyres.
2. *Roches psammogènes*	parfaites : *perpsammiques,* p. ex., sables quarzeux, certains grès vosgiens, certaines dolomies sableuses. moyennes : *hémipsammiques,* p. ex., molasses, certaines grauwackes, certains calcaires saccharoïdes. imparfaites : *oligopsammiques,* p. ex., certains granites, certaines grauwackes, certains flischs, cert. dolomies.
3. *Roches pélopsammogènes*	p. ex., limons graveleux, porphyres quarzifères hémipéliques, granites kaoliniques.

Les roches de ces trois classes fournissent, comme l'on voit, au sol des détritus plus ou moins abondants et puissants. Toutes choses égales, ce sont évidemment les roches perpéliques, perpsammiques et pélopsammiques qui en donnent le plus ; puis viennent les hémipéliques et hémipsammiques qui en produisent un peu moins ; enfin les oligopéliques et oligopsammiques qui en donnent peu et souvent presque point. On peut donc les grouper en deux classes plus générales d'après la facilité et l'abondance des détritus.

Roches eugéogènes	perpéliques, perpsammiques, pélopsammiques. hémipéliques, hémipsammiques.
Roches dysgéogènes	oligopéliques et oligopsammiques.

Nous retrouverons par la suite sous diverses formes et chez divers observateurs les éléments épars et différemment combinés de cette nouvelle classification.

Parmi ces diverses roches, les hémipéliques et les pélopsammiques sont les plus répandues dans la composition des sols qui forment l'écorce géologique, et constituent surtout les plaines et les vallées : elles contrastent quant à leurs effets sur la végétation avec les classes extrêmes perpsammiques et oligopsammiques qui jouent un rôle un peu moins considérable et forment très-souvent les montagnes. Du reste, parmi les dysgéogènes, les oligopéliques sont de beaucoup les plus importantes à considérer et il en est de même des perpsammiques parmi les eugéogènes : c'est-à-dire qu'en définitive, c'est entre les perpsammiques et les oligopéliques qu'on trouvera les oppositions les plus frappantes. C'est ce que nous ne saurions développer ici, mais que toute la suite de ce travail démontrera amplement. On peut dire plus généralement encore que les grands contrastes ont lieu entre les roches eugéogènes et les dysgéogènes.

Si l'on rapproche ce qui précède des généralités établies plus haut relativement à la composition chimique des masses, on arrive aux conséquences suivantes : 1º Les terrains où domine la silice sous la forme quarzeuse sont le plus souvent eugéogènes perpsammiques ; 2º Ceux où domine le calcaire sont le plus souvent dysgéogènes oligopéliques ; 5º Les terrains silicéo-alumineux, où la silice n'est pas isolée sous forme quarzeuse, sont ou dysgéogènes, ou eugéogènes hémipéliques, mais point psammogènes ; 4º Les roches mélangées sont très-souvent psammogènes ou pélogènes, plus souvent encore pélopsammogènes. Il n'y a donc pas une correspondance exacte entre la nature chimique et l'état mécanique le plus habituel des détritus qui entrent dans les sols. *Cependant comme très-souvent les roches siliceuses sont eugéogènes, et comme le plus souvent les calcaires sont dysgéogènes, il en résulte qu'en recherchant l'influence des sols sur la végétation, on verra souvent les mêmes faits de géographie végétale répondre aussi bien à l'hypothèse de l'action chimique qu'à celle de l'action mécanique des terrains.* Il est donc aisé de commettre des erreurs graves à cet égard, si l'observation a lieu dans une circonscription ne renfermant pas de faits contradictoires. Nous reviendrons plus tard sur cette observation.

Il importe pour compléter ce qui précède, tant à l'égard de la composition chimique que quant à la divisibilité mécanique des roches soujacentes, de rendre le lecteur attentif à un fait qui se reproduit fréquemment et pourrait donner lieu à des objections ultérieures. C'est que, très-souvent les grandes masses qui forment les terrains qu'on envisage comme constituant un affleurement dominant, sont recouvertes d'une couche de diluvium, de lehm, lœss, limons ou formations modernes analogues que l'observation géologique oublie quelquefois de signaler. Lorsque cette couche offre une puissance notable, on ne s'y trompera pas, et elle sera envisagée elle-même comme la base du sol, comme la roche soujacente, le vrai terrain pris dans le sens géognostique. Mais lorsqu'elle forme une faible épaisseur, on néglige parfois de la prendre en considération et l'on peut ainsi tomber dans une grave erreur, en rapportant à la roche qu'on envisage comme étant immédiatement soujacente, des effets qui appartiennent à ce dépôt superficiel mêlé et remanié avec l'ensemble du sol et du sous-sol. Ainsi, tel plateau portlandien est souvent recouvert d'un lit peu puissant de diluvium ou de boue glaciaire qui donne pied à une végétation toute autre que celle à laquelle conviendrait la base calcaire compacte sans cette interposition, car le sol, au lieu de participer aux conséquences physiques ou chimiques de la décomposition ou de la désagrégation du calcaire immédiatement sous-jacent en apparence, offrira des propriétés entièrement différentes. C'est ce que démontrent bien les observations de M. Sauvanau dans le Jura de l'Ain. Très-souvent le sol recueilli sur des terrains oolitiques, par exemple, renferme à peine un atome de carbonate de chaux et ne fait aucune effervescence avec les acides. Les dépôts résultant de l'action temporaire de divers phénomènes erratiques recouvrent en lambeaux minces et disséminés toutes sortes de terrains géologiques dans des limites altitudinales assez considérables, et leur désignation a été souvent omise dans les cartes géologiques. Il importe donc d'y faire attention. Toutefois, souvent encore dans ces sortes de cas il arrive que l'action de la roche principale ne cesse pas de s'exercer en partie, surtout quant au développement des racines en profondeur. Enfin, ces erreurs diminuent beaucoup d'importance quand il s'agit d'observations sur l'ensemble de terrains occupant de vastes étendues relativement auxquelles les parties *négligées* ne jouent qu'un rôle peu considérable, ce qui est le cas pour la plupart des chaînes de montagne. Dès lors, ces faits exceptionnels, bien que pouvant modifier la flore par l'adjonction de certaines espèces, ne sauraient altérer la manière d'être générale de la végétation.

Il est aisé d'inférer de tout ce qui précède que l'état d'agrégation des roches soujacentes agit sur le sol en lui fournissant ou lui refusant une certaine quantité de détritus minéral. Ce détritus qui se mélange avec le humus organique pour former la terre végétale, donnera, toutes choses égales, à celle-ci d'autant plus de puissance qu'il sera plus abondant. Ainsi les sols reposant sur les granites seront généralement plus profonds que ceux qui se développent sur les calcaires compactes. En outre, ils seront évidemment d'autant plus meubles qu'ils participeront davantage de la nature psammique, et d'autant plus disposés à la cohésion qu'ils seront plus péliques : ils offriront, du reste, une foule d'intermédiaires pélopsammiques. Or, il est facile de comprendre que la puissance et le degré de division du sol exercent sur la germination d'abord, puis sur le développement des racines une influence quelconque, dut-elle n'être que purement relative à la facilité qu'elle fournit, ou aux résistances qu'elle oppose. On peut prévoir dès lors que certaines plantes naîtront et se développeront plus aisément sur certains sols, et, par conséquent, sur certains terrains géologiques, tandis qu'elles trouveront au contraire des conditions biologiques moins avantageuses sur d'autres. M. de Mohl a exposé des considérations tout-à-fait analogues aux précédentes sur l'influence de l'état mécanique des terrains dans sa dissertation relative à la dispersion des espèces dans les Alpes. Nous traiterons plus tard du rôle des racines afin de ne pas interrompre ici la régularité de notre marche. Mais l'état mécanique des roches soujacentes entraîne aussi d'autres conséquences relativement à l'humidité et à la siccité : nous allons maintenant les examiner.

Section III. *Examen des roches soujacentes sous le rapport de leur hygroscopicité, perméabilité et autres propriétés physiques.*

§ 18. Parmi les roches envisagées en petit, il y en a qui sont susceptibles d'un certain degré d'imbibition par l'eau, et ce sont, en général, celles qui ont la structure terreuse ou sableuse. Ainsi les molasses, même assez compactes, sont de ce genre, comme l'a bien observé M. Fournet dans son Mémoire sur les sources de Lyon, où il fait voir les conséquences particulières qui résultent de son extrême porosité : il en est de même, quoique à un moindre degré, des grès vosgiens et de la plupart de ceux dont le tissu n'est pas trop serré. Les marnes, les argiles, les limons sont encore dans ce cas. Au contraire, la plupart des roches à tissu compacte, sédimentaires, cristallines, volcaniques, comme, par exemple, les calcaires jurassiques, les granites, les basaltes ne se laissent que fort peu pénétrer par les liquides. Si l'on emploie des pièces à-peu-près de même format de diverses roches, telles que granite, calcaire, basalte, grès vosgien, molasse, limon récent, marne calcaire, argile plastique, etc., et qu'on les trempe par une extrémité dans une certaine hauteur de liquide, on verra clairement que les unes ne se mouillent qu'à la superficie, tandis qu'il se fait dans les autres une absorption et une ascension du liquide en diverses proportions. Si on les retire, on remarquera qu'elles sèchent dans des temps inégaux, d'autant plus rapidement et plus complètement qu'il y a eu moins d'imbibition. Si donc on envisage sur le terrain deux surfaces rocheuses, l'une, par exemple, de calcaire compacte, l'autre de molasse, et qu'on les suppose mouillées simultanément par une même quantité d'eaux pluviales, toutes choses étant égales du reste, il est évident que la roche calcaire sera sèche avant celle de molasse ; si l'on suppose une nouvelle pluie après un temps suffisant pour qu'il y ait eu (si possible) siccité égale de part et d'autre, les mêmes différences se répéteront, et elles seront plus grandes encore si l'intervalle entre ces deux faits, bien que suffisant pour la dessication du calcaire, ne l'a pas été pour celle de la molasse. Ce que nous disons des eaux pluviales s'applique également aux autres formes atmosphériques de ce liquide. Il paraît, du reste, superflu d'insister davantage sur des faits si palpables. Il résulte de cela que les roches *absorbantes* sont, toutes choses égales, constamment plus mouillées, plus humides ou plus fraîches, en un mot pourvues d'une plus grande quantité d'eau que les roches *non-absorbantes* : d'où deux nouvelles catégories de terrains sous ces deux qualifications. Parmi les dernières, celles qui seront en même temps dysgéogènes seront évidemment les plus *sèches;* ainsi, les calcaires, les basaltes compactes seront dans les conditions de siccité les plus favorables. Après ces roches viendront, par exemple, les granites peu décomposables, puis les grès à tissu lâche, puis les roches perpéliques, ces dernières étant au contraire dans des conditions plus constamment *humides.* C'est-à-dire, en général, que les roches dysgéogènes sont moins absorbantes et plus sèches, les eugéogènes plus absorbantes et plus humides, sans en excepter celles qui paraissent au premier abord devoir constituer une station assez sèche comme les sables quarzeux fins et meubles. Ils peuvent devenir en effet très-arides à leur surface, mais ils conservent constamment de l'humidité à une petite profondeur. C'est cette propriété qui enseigne à l'animal du désert, et même à celui de nos climats pendant les chaleurs, à piétiner et défoncer le sol pour y trouver une couche plus fraîche, et qui, une fois bien reconnue par Bremontier, révéla à ce digne citoyen l'aptitude des dunes à la végétation moyennant la fixation de leur mobilité.

C'est ici le cas de remarquer que parmi les roches eugéogènes surtout perpéliques les plus absorbantes, il faut classer celles qui renferment de fortes proportions d'alumine libre ou du moins non engagée dans certaines combinaisons qui donnent lieu à des pierres dures. En effet, les propriétés hygroscopiques de cette substance sont bien connues, et déjà Buffon avait fait observer que les terrains où elle domine conservent fréquemment une humidité protectrice des végétaux dans les grandes chaleurs de l'été. Nous trouvons donc ici une propriété physique placée sous la dépendance immédiate d'un élément chimique déterminé. On pourrait peut-être faire une classe particulière des roches pourvues de ces sortes de propriétés qui, sans être essentiellement chimiques, ne sont pas cependant entièrement indépendantes de la composition. Cependant, comme en définitive, et, au cas particulier, l'hygroscopicité de ces roches alumineuses n'agit que comme phénomène mécanique, nous nous sommes abstenus, et nous nous contenterons de les considérer sur le même pied que toutes les autres roches hygroscopiques.

Il est bon peut-être aussi de prévenir une objection que l'on pourrait tirer d'un fait d'observation journalière, bien connu de tous les voyageurs et contradictoire en apparence à la classification précédente qui range les calcaires parmi les roches sèches et les sables parmi les humides. C'est celui des chaussées qui, chargées en matériaux calcaires quelque compactes qu'ils soient originairement, sont plus longues à se dessécher que celles où l'on emploie des graviers quarzeux. On se convaincra bientôt que ce fait, bien loin d'être en contradiction avec ce qui précède, vient au contraire à l'appui, si l'on réfléchit que l'empierrement calcaire ne devient boueux et absorbant qu'en tant qu'il cesse d'appartenir à la classe des roches compactes dysgéogènes, pour passer au contraire par la trituration à celle des perpéliques. Ce mode d'action n'a guère son équivalent chez les calcaires compactes en place, et il viendrait à l'avoir dans la nature, que cela ne changerait absolument rien à la légitimité de notre classification.

On peut, du reste, évaluer jusqu'à un certain point l'*hygroscopicité relative* des roches par une expérience bien simple. Si l'on prend une série d'échantillons de roches à-peu-près du même poids, qu'on les pèse secs d'abord, puis, après avoir été plongés dans l'eau durant un temps donné égal pour tous, on trouvera une série correspondante de différences de poids, qu'il est aisé de ramener, sauf de légères erreurs, à un poids commun, pour les rendre comparatives. Les chiffres de ces différences représenteront assez bien l'hygroscopicité relative des roches essayées. Ainsi, 121 grm., 20 de marnes oxfordiennes ont pesé après une immersion de 5 minutes 140 g., c'est-à-dire qu'elles ont absorbé 18 g. 80 d'eau, ou 15 g. 50 d'eau pour 100 g. de roche. De même, 152 g. 50 de grès bigarré ont augmenté de 11 g. 70 dans le même temps, ou de 7 g. 68 pour 100, et ainsi de suite. L'hygroscopicité des marnes oxfordiennes et celle du grès bigarré sont donc entr'elles comme 15,50 est à 7,68. J'ai fait un assez grand nombre d'essais de ce genre, et ils m'ont donné des résultats dont voici plusieurs exemples. Le calcul est fait pour 100 g. de roche et cinq minutes d'immersion.

Granite feuille morte des Vosges, non altéré	0,00
Basaltes non altérés de l'Albe et du Kaisertuhl	0,00
Calcaire portlandien compacte conchoïdal	0,00
Trachyte verdâtre subterreux du Kaiserstuhl	0,57
Calcaire oolitique (Dalle-nacrée) du Jura bernois	0,55
Grauwacke presque compacte des Vosges	0,90
Calcaire oolitique sableux du Jura bernois	1,60
Calcaire oolitique ferrugineux inférieur du Jura salinois	2,50
Calcaire conchylien marno-compacte du Jura argovien	1,20
Calcaire kellowien marno-compacte du Jura bugésien	1,50
Schistes liasiques divers, moyenne	1,58
Calcaires d'eau douce divers des vallées du Jura, moyenne	2,20

Calcaires néocomiens oolitique divers du Jura neuchâtelois et bisontin, moyenne 2,40
Granite un peu altéré, des Vosges   3,00
Gneiss un peu altéré, Schwarzwald   3,00
Arkose de la Serre, assez compacte   3,13
Grès vosgiens divers des Vosges et du Schwarzwald, moyenne   4,54
Argilophyre des Vosges   4,76
Granites plus altérés, des Vosges   5,50
Molasses diverses du Bassin suisse, moyenne   6,00
Grès bigarrés divers des Vosges, moyenne   7,00
Calcaire crayeux à Nérinées du Jura bernois   7,50
Limons (lehm) d'Alsace divers, moyenne   7,50
Argile pure de Limoges (Saint-Yrieix)   11,94
Pegmatite très-kaolinique de Limoges (Saint-Yrieix)   15,50
Marnes oxfordiennes diverses du Jura   15,50
Craie blanche de Champagne   20,00
Kaolin pur de Limoges (Saint-Yrieix)   50,00

On voit clairement à l'inspection de ce tableau que les roches sont d'autant plus absorbantes qu'elles sont plus eugéogènes et d'autant moins qu'elles sont plus dysgéogènes; que les plus péliques (et parmi celles-ci les alumineuses) sont les plus absorbantes; que les pélopsammiques viennent ensuite, puis les compactes cristallines, volcaniques et sédimentaires. On remarque aussi que la proportion d'eau absorbée augmente en général avec la ténuité des parties composantes, résultat identique à celui que M. Berthier a obtenu dans l'examen des terres végétales des environs de Nemours. Au moyen de ces données et d'autres analogues que je n'ai pas portées ici, on peut diviser les roches en plusieurs classes.

Première classe. Roches dont l'absorption est *entre 0 et 1* dans le tableau ci-dessus : elles peuvent être représentées par la *moyenne 0,50*. Ce sont : les calcaires compactes à cassure lisse, de toutes les subdivisions néocomiennes, jurassiques, liasiques, triasiques et les oolites tout-à-fait fondues; les roches granitiques, leptynitiques et euritiques des Vosges et du Schwarzwald qui se désagrégent le moins; les basaltes, dolérites, trachytes, phonolites compactes du Kaiserstuhl, etc.

2. *De 1 à 3, moyenne 1,50.* Les calcaires, oolites et schistes à structure marno-compacte, notamment ceux du néocomien, de l'oolitique, du liasique, du conchylien et des terrains d'eau douce; puis les granites, gneiss, eurites, grauwakes, phyllades et roches basaltiques un peu altérées.

3. *De 3 à 5, moyenne 4.* Les calcaires plus terreux encore, tels que l'oolite ferrugineuse du Jura, les schistes liasiques; puis les grès vosgiens, les arkoses, les argilophyres, les granites, gneiss, grauwackes, phyllades et les roches basaltiques sensiblement altérées.

4. De 5 à 10, moyenne 7,50. Les grès péliques, tels que grès bigarrés, molasses et certains grès verts; les calcaires crayeux; les limons graveleux ou sableux; les granites et gneiss plus profondément kaoliniques; les roches basaltiques très-altérées.

5. De 10 au dessus, moyenne conventionnelle 15. Les roches tout-à-fait péliques, les marnes et argiles de tous les terrains.

Remarquons encore que l'absorption qui résulte d'une courte immersion doit être bien inférieure à celle qui a lieu au contact des terrains avec les phénomènes atmosphériques, ce qui fait qu'en réalité les différences ci-dessus entre les roches, quant à l'hygroscopicité, sont plus tranchées encore dans la nature. Et cependant la quantité d'eau absorbée durant ces cinq minutes est assez considérable pour que la dessication totale n'ait lieu qu'après un temps assez long. Ainsi, après 24 heures, des pièces de 100 grammes de molasse, d'arkose, de grès bigarré, perdaient à peine la moitié du poids du liquide absorbé; des marnes, des craies, des argiles, à peine le tiers; ces dernières en retenaient encore jusqu'à un quart après 36 heures, et jusqu'à un cinquième après 48. Le tout à l'ombre par une sécheresse moyenne, et sous une température de 18 à 20 C.

On peut déduire de la classification précédente des résultats généraux relativement aux montagnes et vallées dans la composition desquelles domine telle ou telle roche. Si l'on a un peu parcouru notre champ d'étude, que l'on en prenne sous les yeux la carte géologique, et qu'on y tienne compte des nombreuses altérations de roches cristallines, on sera conduit aux appréciations suivantes qui, bien qu'elles puissent paraître offrir un peu d'arbitraire dans les détails, n'en présentent pas moins dans l'ensemble les faits généraux d'hygroscopicité qu'offrent les diverses parties de la contrée.

Parmi les terrains qui affleurent dans les chaines du Jura et de l'Albe et en forment les roches soujacentes, il y a :

Au moins 0,3	de roches de la	1re classe, soit	3 × 0,50	= 1,50
» 0,3	»	2e »	3 × 1,50	= 4,50
Au plus 0,4	»	3e »	1 × 4,00	= 4,00
» 0,2	»	4e »	2 × 7,50	= 15,00
» 0,1	»	5e »	1 × 15,00	= 15,00
			Total	40,00

C'est-à-dire que l'hygroscopicité des roches dominantes dans le Jura et l'Albe serait représentée par 40. Si nous appliquons la même estimation au Kaiserstuhl, aux Vosges, au Schwarzwald et aux Vallées, nous trouvons :

Classes.	Kaiserstuhl.		Vosges.		Schwarzwald.		Vallées.	
1.	— 0,5	— 2,50	— 0,5	— 1,50	— 0,2	— 1,50	— 0,0	— 0,00
2.	— 0,2	— 1,50	— 0,1	— 1,50	— 0,2	— 5,00	— 0,0	— 0,00
5.	— 0,1	— 5,00	— 0,2	— 8,00	— 0,2	— 8,00	— 0,0	— 0,00
4.	— 0,1	— 7,50	— 0,5	— 22,50	— 0,2	— 15,00	— 0,9	— 67,50
5.	— 0,4	— 15,00	— 0,1	— 15,00	— 0,2	— 50,00	— 0,1	— 15,00
		54,50		48,00		57,00		82,50

Toutes les roches absorbantes ont été portées au *minimum* dans ces quatre dernières évaluations, et les non absorbantes au *maximum,* tandis que nous avons fait le contraire pour la première relative au Jura et à l'Albe. La différence entre les chiffres des Vosges et du Schwarzwald provient de ce que nous avons dû tenir compte dans cette dernière chaîne du moindre développement des roches euritiques compactes et de la plus grande extension des roches gneissiques, micacées et diluviales ou glaciaires ?

Ainsi, l'hygroscopicité du Jura et de l'Albe étant représentée par 40, celle du Kaiserstuhl le serait par 54,50, chiffre probablement un peu faible, des Vosges par 48,50, du Schwarzwald par 56,00, des Vallées par 82,50. Enfin, relativement à l'absorption des terrains, la succession serait du moins au plus : Kaiserstuhl, Jura et Albe, Vosges, Schwarzwald, Vallées. S'il y a quelque erreur dans cette évaluation, ce n'est qu'entre les deux premiers termes Kaiserstuhl et Jura.

§ 19. Cela posé, les roches peuvent non-seulement être ou n'être pas imbibées en petit à une certaine distance du sol, mais leurs masses considérées en grand ou comme terrain, peuvent aussi être ou n'être pas traversées par les eaux, ce qui conduit à de nouvelles conséquences relatives à la quantité et au mode de leur distribution à la surface. En effet, si après avoir parcouru un groupe de montagnes granitiques, on visite un groupe de chaînes calcaires de même étendue, on est frappé d'un fait très-saillant : c'est la multiplicité des ruisseaux dans les premières et leur nombre beaucoup moindre dans les secondes. Si, sur une bonne carte des deux districts comparés, on cherche à évaluer le développement linéaire de ces cours d'eau, on arrive à des résultats plus positifs. Ainsi, on se convainct que sur un myriamètre carré pris au hasard dans le Jura, la quantité linéaire des ruisseaux n'est généralement pas le tiers, très-souvent pas le quart, souvent encore pas la sixième partie de celle des Vosges. Enfin, on voit dans le Jura des lieues carrées à-peu-près sans ruisseaux, ce dont on ne trouverait pas un exemple dans les Vosges. Cette observation comparative s'applique également au Schwarzwald et à l'Albe, aux masses cristallines des Alpes et à ses masses calcaires, etc. Or, pour nous restreindre à notre première comparaison, les neiges et les eaux pluviales du Jura n'alimentent guère de moins grands cours d'eau que celles des Vosges : le Doubs, l'Ain, la Loue, le Dessoubre, la Birse, plus de vingt autres rivières qui descendent dans les plaines de Suisse, d'Alsace, de Franche-Comté, les lacs de Bienne, Neuchâtel, Joux, Saint-Point, Nantua, Sylemt, Bourget et plusieurs autres le prouvent suffisamment. Et si même il y a une différence à cet égard en faveur des Vosges, ce que nous croyons probable, elle serait insuffisante pour rendre compte de ce fait que la longueur linéaire des cours d'eau y est au moins quadruple de celle du Jura. Si donc la masse des eaux émise par le Jura n'est que peu inférieure à celle des Vosges, il faut que le trajet des filets et ruisseaux, qui dans cette dernière chaîne a lieu si souvent à la surface, se passe dans la première au sein même de ses masses minérales.

En effet, ces masses calcaires sont constamment divisées par une multitude de fissures dans un sens à-peu-près perpendiculaire aux couches, de façon qu'on trouverait difficilement un strate d'un décamètre carré qui pût retenir les eaux à sa surface. Elles descendent donc à travers ces innombrables solutions de continuité, jusqu'à la rencontre de quelque assise imperméable et vont sourdre sur quelque point de son affleurement. C'est, en effet, dans tout le Jura, à la sortie des couches marneuses susceptibles d'être imbibées en petit sans pouvoir être traversées en grand, que se montrent les sources.

Les calcaires y sont si généralement fendillés que, dans un grand nombre d'endroits, les ruisseaux, après s'être montrés au jour sur une faible longueur, disparaissent pour ne reparaître souvent qu'à de grandes distances. Ces conduits souterrains de forme très-inégale, étroits et accidentés doivent être souvent considérables, car on en voit donner naissance à des galets d'une rondeur et d'un poli parfait, mais de petit format : on peut en recueillir abondamment dans le gouffre de Creux-Genaz, près Porrentruy, qui n'est que l'orifice d'un canal de ce genre. Cette sorte de division des masses existe aussi sans doute dans divers terrains non stratifiés, mais elle n'y a lieu qu'à un beaucoup moindre degré.

Il y a donc des terrains *perméables en grand,* et d'autres qui ne le sont que peu ou point, c'est-à-dire *imperméables en grand.* Il est évident que les premiers demeureront, toutes choses égales d'ailleurs, plus secs à leur superficie que les derniers, puisque la permanence et la quantité des eaux à leur surface seront moindres. Il est aussi visible que la formation du détritus superficiel sera plus grande dans les imperméables que dans les perméables. Les terrains stratifiés formés de calcaires et de grès compactes étant les plus divisés paraissent les plus perméables en grand; il faut y ajouter certains porphyres, certains basaltes, etc. Les terrains non stratifiés et les stratifiés de consistance pélique sont généralement moins fissurés et plus imperméables en grand : ces derniers sont essentiellement ceux qui donnent lieu à des contrées stagnales et marécageuses.

Les beaux résultats obtenus par M. Belgrand dans ses *Etudes hydrologiques* sont bien propres à éclairer ce qui précède et à y donner une forme positive. Ses observations portent sur le granite, le liasique, l'oolitique et l'oxfordien. Il trouve que les deux premiers de ces quatre terrains sont très-peu perméables, le troisième perméable, le quatrième sémi-perméable. Il établit par d'ingénieuses approximations qu'en prenant pour unité la perméabilité granitique et liasique, celle de l'oxfordien serait représentée par 0,092 environ et celle de l'oolitique par 0,006 seulement; que sur une quantité déterminée d'eau atmosphérique, il ne s'en écoule à la surface de l'oolite qu'une fraction inappréciable, tandis qu'elle est de 0,08 sur l'oxfordien et de 0,56 sur le granite. Ces chiffres font voir merveilleusement qu'elle énorme différence il doit régner dans l'humidité des surfaces de ces divers sols. Ajoutons que d'après le même observateur le corallien et le portlandien sont au moins aussi perméables que l'oolitique. Il résulte aussi de tout cela que les variations des cours d'eau sur sol imperméable sont beaucoup plus fortes et plus dépendantes des phénomènes atmosphériques que sur sol perméable.

On ne saurait douter que l'hygroscopicité des roches en petit et leur perméabilité en grand n'exercent sur la température des sources une influence capitale. Il est à prévoir que les eaux qui traversent des masses puissantes et s'assortissent mieux à leur température, sont plus indépendantes des variations atmosphériques. Les différences que nous avons signalées à cet égard entre le Jura, le Bassin suisse et les Vosges sont très-probablement dues à des causes de ce genre. Cette question mériterait un examen sérieux et approfondi : mais il ne saurait être entrepris que lorsqu'on aura recueilli un grand nombre de faits, et par des hommes spéciaux qui font de la physique du globe une étude particulière. Contentons-nous de rappeler ici que le petit nombre d'observations que nous avons indiquées conduisent à penser que la température des sources dans nos climats est plus élevée et plus constante dans les massifs dysgéogènes, peu hygroscopiques et perméables en grand que dans les terrains qui offrent les propriétés opposées. S'il en est ainsi, non-seulement l'humidité des sols ou le plus grand développement des stations aquatiques dans ces données terrains serait un des facteurs importants de la dispersion des espèces et des différences que l'on remarque à cet égard, mais il faudrait tenir compte encore de la température des sources et des conséquences de celle-ci dans l'acte de l'arrosement des sols ambiants. En envisageant, à altitude égale, deux sources, l'une plus froide dans les Vosges, l'autre plus chaude dans le Jura, on devra reconnaître que la première peut favoriser dans son voisinage le développement de végétaux plus alpestres que ne le fera la seconde. Toutefois, il faudra peut-être tenir compte des plus grandes variations annuelles chez l'une et de plus d'invariabilité chez l'autre. En outre, il importe beaucoup à cet égard de faire attention que les raisonnements à appliquer aux sources sont fort loin de convenir aux ruisseaux auxquels elles donnent lieu. Ceux-ci étant presque toujours plus étendus dans les terrains imperméables en grand, il en résulte qu'au contraire de ce qui a lieu pour le point où ils sourdent, ils offrent sur de grandes étendues de leurs cours pendant l'été (par exemple) une température plus élevée que ceux des terrains perméables. C'est ce qui fait que très-souvent les eaux des petits cours d'eau des Vosges sont moins potables que celles du Jura. La présence dans les Vosges de certaines espèces aquatiques ou riveraines, telles que le *Montia fontana* et le *Saxifraga stellaris,* totalement nuls dans le Jura, est sans doute due à la combinaison de causes de ce genre, auxquelles toutefois il faut probablement encore ajouter la présence ou l'absence des fonds psammiques, etc. On voit que cette question est fort complexe. Nous n'avons pas prétendu la traiter, et il nous suffit d'éveiller à ce sujet l'attention des observateurs.

Remarquons maintenant que ces divers terrains plus ou moins détritiques, absorbants en petit ou perméables en grand, quoique combinés de manières très-variées dans la constitution du sol géologique d'une contrée, ne le sont cependant pas dans un ordre quelconque. Comme nous l'avons déjà fait remarquer à l'occasion des altitudes, les terrains tertiaires et plus récens, sauf des exceptions, occupent les grandes dépressions, les contrées basses, les plaines : les terrains plus anciens constituent le plus souvent les grands reliefs et forment moins habituellement le fond des vallées : c'est particulièrement le cas dans les limites de notre étude. Il résulte de là que le plus souvent les niveaux inférieurs sont dessinés par des terrains psammogènes, pélogènes, pélopsammogènes, absorbants en petit et imperméables en grand. Cette circonstance, à laquelle on n'a pas toujours donné l'attention nécessaire, a pu faire attribuer aux altitudes des faits de dispersion végétale dus à des causes différentes.

§ 20. On peut aussi envisager dans les terrains l'accidentation des surfaces en petit et leur configuration orographique en grand. Les inégalités des roches tendent sans cesse à se niveler par la réduction des aspérités et le remplissage des dépressions. Les roches dysgéogènes doivent donc offrir en général des surfaces plus accidentées que les autres. Ainsi une croupe de granite, de molasse, de nagelfluh offre des surfaces plus unies et un tapis végétal moins interrompu qu'une montagne calcaire. Mais on peut établir à cet égard une distinction plus juste. Les parties les plus habituellement âpres ou abruptes des reliefs du sol sont les escarpements des roches stratifiées montrant une section transversale de leurs couches. Ces sortes de surfaces souvent très-inclinées, quelquefois verticales, plus ou moins nues, se reproduisent soit sur une petite, soit sur une grande échelle, dans les contrées à terrains sédimentaires compactes, et y forment beaucoup plus de rochers que cela n'a lieu dans les terrains massifs. Il y a sans doute des exceptions, mais la règle n'est pas moins vraie en général. Ainsi il y a beaucoup plus de rochers sur un kilomètre carré dans le Jura que dans les Vosges, dans la Côte-d'Or calcaire que dans les groupes cristallins du Chârolais, etc. Il en résulte évidemment une différence quant à la présence et à la distribution dans ces chaînes des espèces saxicoles, et cette différence sera plus grande encore si dans l'une de ces montagnes les parties rocheuses appartiennent aux flancs des vallées profondes, tandis que dans l'autre elles s'élèvent à des niveaux supérieurs et forment des sommités. En outre, bien que les terrains stratifiés offrent des surfaces assez unies lorsqu'ils présentent le plan de leurs couches, il arrive cependant très-souvent que, soit par suite de leur affleurement successif à niveau décroissant, soit par suite de leur dilacération superficielle, elles se montrent, sur des étendues plus ou moins considérables, terminées par d'innombrables aspérités qui se maintiennent telles par suite de la manière d'être peu détritique de la roche. On a dans ce cas des champs rocheux hérissés, nus et stériles qui constituent une station végétale toute particulière. On en voit de nombreux exemples dans plusieurs parties du Jura occidental et méridional où ils contribuent beaucoup à la physionomie du pays.

La structure orographique et l'ordre des affleurements qui en est un des éléments, exercent une influence bien plus grande encore sur la distribution des groupes d'espèces liées aux manières d'être du sol. Si une chaîne de montagnes est composée dans ses diverses parties d'une combinaison déterminée de certains affleurements produisant certaines formes, on verra régner dans la distribution de ces plantes une régularité correspondante. Mais si, au contraire, il n'existe aucun retour déterminé dans les affleurements et aucune symétrie dans les reliefs, il en sera de même de la dispersion végétale. Par exemple, dans les Vosges, la connaissance détaillée de la configuration d'un Ballon ne nous apprend rien sur la forme d'un autre, bien que tous deux soient granitiques, et la connaissance de la distribution des espèces sur le premier ne peut nous faire prévoir l'ordre d'apparition des mêmes espèces sur le second. Dans le Jura, au contraire, la connaissance des formes orographiques d'une chaîne donne la clé de la structure de toutes celles qui sont construites sur le même plan, de sorte que les mêmes groupes d'espèces se retrouvent dans des positions prévues et comme homologues de part et d'autre. Nous donnerons plus de développement à cette idée en nous occupant du Jura qui offre à cet égard une manière d'être remarquable.

§ 21. La conductibilité et la facilité d'émission des roches pour le calorique ne doivent également pas être sans influence sur la température de leurs parties superficielles, et, partant, sur le tapis végétal qui les recouvre. Le degré d'échauffement produit notamment par l'insolation æstivale est loin d'être la même pour ces diverses masses, soit quant à sa quantité, soit quant aux profondeurs qu'il atteint, et il en est de même de celui de la déperdition. Il est aisé de se convaincre qu'une série d'échantillons de roches exposées au soleil s'échauffe différemment, et nous en verrons tout-à-l'heure des exemples. On reconnaît aussi avec facilité que l'élévation de température acquise durant une insolation de quelques heures diminue inégalement. En tous cas, il est certain que ces roches ainsi chauffées mettent plusieurs heures à reprendre la température de roches semblables maintenues à l'ombre pendant l'expérience. Cela indique suffisamment que pareil fait doit se passer dans la nature sur une grande échelle. Il doit en résulter que tel ou tel massif de roches s'échauffe plus ou moins que tel ou tel autre, avec plus ou moins de rapidité, plus ou moins profondément, et se refroidit de même, d'où suit nécessairement une température moyenne annuelle, æstivale, hybernale plus élevée ou plus faible, selon les espèces minérales qui composent ces massifs. Malheureusement on manque encore d'expériences suivies à ce sujet, expériences qu'il ne serait cependant pas difficile de faire en petit sur des pièces égales de diverses roches par des moyens analogues à ceux qui ont servi à déterminer la conductibilité des substances métalliques. Les expériences de M. Forbes indiquent qu'à de petites profondeurs dans les roches, les variations sont d'autant plus faibles que l'on s'y enfonce davantage, mais qu'il y a cependant des exceptions à cette règle. On voit en outre que l'échauffement est plus rapide dans des sables que dans roches trappéennes, de façon que, toutes choses étant égales d'ailleurs, le maximum de température n'est atteint dans le trapp que beaucoup plus tard que dans le sable. En revanche, je présume que la température était plus élevée dans le premier que dans le dernier ([1]). Il est possible qu'à profondeur égale, les roches suivent d'autant plus les variations de la température atmosphérique que leur tissu est plus poreux, et qu'elles s'échauffent d'autant plus aux rayons solaires, bien que plus lentement, que leur structure est plus compacte, la déperdition s'y opérant de même plus lentement. S'il en était ainsi, il en résulterait que les masses dysgéogènes percevraient année moyenne une plus grande quantité de calorique de l'action du soleil que les masses psammiques et péliques. Ce résultat qui serait encore secondé par les différences d'hygroscopicité contribuerait à expliquer pourquoi, à altitude égale, les granites offrent souvent une végétation plus froide, comme l'a récemment signalé M. Wilkom dans la Sierra Morena et celle de Monchique ([2]), et pourquoi aussi, à altitude supérieure, les sources sortant des calcaires compactes ont souvent une température plus élevée que celles qut sourdent des molasses, des granites et autres terrains poreux, du moins à une certaine profondeur. Ce qui précède purement comme probabilités !

§ 22. Enfin on sait que la couleur des roches n'est pas sans effet sur leur température. On peut se faire une idée des capacités relatives d'échauffement des roches de diverses teintes sous l'action du soleil par une expérience assez simple. M. de Humboldt a fait remarquer qu'au Mont-Etna le thermomètre plongé dans des sables volcaniques noirs marquait 11° de plus que mis en contact avec les sables blancs. C'est-à-dire qu'en plaçant deux thermomètres au contact de deux roches de teintes différentes échauffées par le soleil, ils indiqueront une différence qui représente jusqu'à un certain point celle qui existe entre les aptitudes d'échauffement des deux roches. Voici, en partant de cette idée, comment nous avons procédé pour obtenir quelques données de ce genre.

Deux thermomètres soigneusement comparés dans leur marche au soleil, et y montrant, soit l'égalité, soit des différences connues pour chaque degré de l'un d'eux, sont couchés à l'ombre d'abord, l'un sur une ardoise servant

([1]) Je n'ai, à mon grand regret, sous les yeux qu'un extrait du mémoire de M. Forbes.

([2]) Botan. Berichte aus Spanien. On y voit commencer la végétation alpine vers 1200 mètres, ce qui est fort remarquable à cette latitude.

de terme de comparaison général, l'autre sur un lit de gravier de la roche à essayer [1]. L'ardoise et l'autre roche sont disposées sur deux planchettes, cette dernière sur une épaisseur de deux à trois centimètres. Les deux thermomètres marquant également, l'appareil est transporté au soleil. Bientôt l'ascension du mercure a lieu inégalement dans les deux instruments, et donne une double série de résultats parallèles dont voici un exemple en degrés Réaumur. La roche comparée est un calcaire crayeux à Nérinées, très-blanc : les thermomètres marquaient à l'ombre 22° R. (août 1846).

```
Ardoise      —23—25—28—29—31,00—33,50—34—35—36—36—36,80—37,00—38
Calcaire     —22—23—25—24—25,80—27,30—27—28—29—28—30,00—29,80—31
Différence   — 1— 2— 3— 5— 5,20— 6,20— 7— 7— 7— 8— 6,80— 7,20— 7

Ardoise      —39,50—40—41,00—42,00—43—42,00—
Calcaire     —33,00—33—33,50—34,50—35—34,50—
Différence   — 6,50— 7— 7,50— 7,50— 8— 7,50—
```

On voit que les différences vont en augmentant jusqu'à une certaine limite et qu'ensuite elles demeurent assez constantes : ainsi de 25 à 35, elles varient de 1° à 6,20, tandis que de 35 à 45 elles ne varient que de 6,20 à 8. On peut donc convenir de prendre pour différence la moyenne de celles qui sont obtenues vers les degrés supérieurs marqués par l'ardoise, et entre des limites déterminées. Nous avons choisi à cet effet ce qui se passe entre 36 et 40 R. (45 et 50 C.) comme étant plus sensible et plus constant; cette moyenne est pour l'exemple ci-dessus de 7,05. Ainsi on peut dire que l'action solaire qui échauffe l'ardoise de 35 à 40 degrés, échauffe le calcaire crayeux de 7 degrés de moins entre ces mêmes limites. Rien n'empêche de répéter cette expérience sur la même roche, et d'obtenir un nouveau chiffre différentiel qui, combiné avec le premier, fournira une moyenne plus sûre encore. Si, après cela, on applique la même opération à l'ardoise et à une seconde roche, par exemple l'oolite ferrugineuse brune, on trouvera pour celle-ci le chiffre 5,29 comparable à celui du calcaire crayeux, et ainsi de suite.

Voici, en opérant comme je viens de l'indiquer, les résultats obtenus pour

[1] La difficulté d'obtenir pour les diverses roches des plaques égales, et la facilité d'établir, au contraire, l'égalité à cet égard entre des roches concassées en graviers de même dimension, nous a fait préférer ce dernier moyen. D'ailleurs l'état de gravier représente mieux la manière d'être détritique des roches qui entrent dans la composition du sol et des pentes rocailleuses inégales peu recouvertes de végétation, sur lesquelles l'action solaire s'exerce le plus habituellement. Le contact des thermomètres avec la roche peut aussi être rendu plus uniforme.

quelques roches qu'il importait le plus d'envisager dans nos contrées. Les chiffres portés vis-à-vis des noms des diverses roches indiquent donc la moyenne du nombre des degrés que le thermomètre y marque de moins que sur l'ardoise, et entre 45 et 50 C. Le noir de fumée seul a fourni un chiffre plus élevé. L'ardoise sert de zéro.

Noir de fumée	+0,87
Ardoise	0,00
Dolérite noire d'Oberbergen au Kaiserstuhl	—0,44
Eurite porphyroïde noire, des Vosges	—0,60
Grès vosgien d'un rouge lie-de-vin foncé	—2,27
Schiste liasique noir-gris, très-foncé	—2,40
Oolite ferrugineuse du Jura, d'un brun foncé	—3,29
Granite feuille-morte, des Vosges	—3,40
Molasse d'un vert assez foncé	—3,55
Grès bigarré jaune-brunâtre	—3,50
Calcaire néocomien oolitique, jaune	—4,16
Schiste liasique gris	—4,75
Marne oxfordienne d'un gris plus clair	—4,80
Granite de couleur claire	—5,20
Calcaire portlandien gris-jaunâtre	—5,44
Calcaire à astartes gris-écru	—5,55
Molasse blanche assez claire	—6,25
Calcaire crayeux à Nérinées, très-blanc	—7,59

Sans attacher à ces chiffres un grand degré de rigueur, on ne saurait disconvenir qu'ils représentent même approximativement le sens et, à-peu-près, l'ordre des différences de capacité d'échauffement de ces diverses roches. On y voit clairement que l'échauffement est d'autant plus rapide que les teintes sont plus foncées, et cela sans que la constitution chimique ou mécanique des roches paraisse jouer un rôle appréciable. Mais il importe de ne pas oublier que ces résultats sont obtenus sur des roches à-peu-près également sèches, et que, dans la nature, ces rapports n'existent de même qu'à sécheresse ou à hygroscopicité égale. Ainsi, de deux roches de teinte également foncée, si l'une est plus absorbante et l'autre moins, comme, par exemple, certains grès et certains calcaires, l'échauffement, toutes choses égales d'ailleurs, sera évidemment plus rapide (vu l'alternative des phénomènes atmosphériques d'hygroscopicité) et plus permanent chez la seconde que chez la première, et il peut même arriver que des roches hygroscopiques de teintes plus sombres demeurent habituellement plus fraîches que des roches moins absorbantes et à teintes plus claires. Mais entre roches à-peu-près également hygroscopiques, l'effet de l'échauffement doit être très-sensible, et nous verrons des faits venir à l'appui de cette donnée. Du reste, il est probable que les différences qui ont lieu sur le terrain en grand sont moins tranchées qu'entre les roches soumises à l'expérience ci-dessus. Car d'abord les roches à teintes claires sont souvent plus foncées à leur superficie par les altérations atmosphériques, et réciproquement, celles à teintes plus sombres, plus claires par leur décomposition pulvérulente ou clastique, ce qui empêche les contrastes de couleur d'être aussi frappants. En outre, les roches elles-mêmes ne sont en réalité jamais entièrement à découvert sur des surfaces très-étendues, et exercent plutôt leur influence sous ce rapport par les modifications que leurs détritus apportent à la teinte des sols dont ils sont un des éléments. En tous cas, c'est évidemment dans les roches et les localités graveleuses que ces différences d'échauffement doivent être le plus sensibles, comme par exemple dans les talus détritiques le long desquels on cultive la vigne en beaucoup d'endroits. Aux environs de Salins les produits des vignobles situés sur les marnes ou argiles liaso-keupériennes sont les plus abondants, mais de qualités inférieures (¹) : au contraire ils sont meilleurs et en moindre quantité sur les graviers oolitiques et portlandiens. Ces terrains quant aux teintes se succèdent ainsi du foncé au clair : liasique, oolitique, keupérien, portlandien et, quant à leur hygroscopicité : portlandien, oolitique, liasique, keupérien. En rapprochant ces deux séries, on voit que l'oolitique réunit à la fois la couleur et la siccité convenables. C'est, en effet, sur cette roche qu'en général les produits offrent dans le vignoble franc-comtois la moyenne la plus avantageuse sous le double rapport de la qualité et de la quantité ; il en est de même pour le vignoble de Bourgogne supérieur au précédent pour les expositions.

§ 25. De tout ce chapitre il résulte que, de même qu'il existe des roches soujacentes péliques, pélopsammiques ou psammiques, et d'autres qui ne fournissent que peu de détritus, de même il existe des sols où le humus est plus ou moins mélangé de substances minérales provenant de ces roches, plus pur lorsqu'il repose sur une roche dysgéogène, plus chargé de parties argileuses, marneuses, sableuses, graveleuses, en cas contraire. Ces divers sols sont selon leur porosité et hygroscopicité plus ou moins chargés d'air ou de gaz, plus ou moins secs ou humides, et, selon leur proximité ou leur contact avec des eaux courantes ou stagnantes, plus ou moins arrosés ou inondés. De là viennent une foule de manières d'être en ce qui concerne la quantité d'eau qu'ils contiennent. Tantôt cette dernière n'y est qu'en propor-

---

(¹) Renseignements de M. Jules Marcou, de Salins.

tions faibles et variables dépendantes surtout des agens atmosphériques directs, et l'on a un sol propre à la végétation des *plantes terrestres*. Tantôt elle y est prédominante, le pénètre ou le recouvre à une plus ou moins grande profondeur, et il en résulte un sol approprié aux *espèces aquatiques*. Dans ce dernier cas, ce liquide constitue souvent pour la plante la partie essentielle et principale du sol. L'eau est donc, si pas une roche soujacente à ajouter à celles que nous avons considérées, du moins un *sol* important et qui joue comme tel un rôle capital dans le tapis végétal d'une contrée et la dispersion de ses espèces. Mais il est clair, et il importe de le faire remarquer, que plus un sol est pénétré d'eau et plus, toutes choses égales, la végétation qui le recouvre devient indépendante des roches soujacentes, ou, en d'autres termes, que *plus une plante est aquatique, et moins elle a de rapports avec l'état des détritus minéraux qui entrent dans la composition du sol*. Il en résulte que dans la recherche des rapports entre la dispersion des plantes et les roches soujacentes, il est convenable d'éliminer d'abord les espèces purement aquatiques, et de raisonner surtout sur les espèces terrestres. Par des raisons analogues, il est clair encore que parmi celles-ci les *plus importantes à considérer sont* celles qui se montrent dans les rapports les plus étroits avec les roches, c'est-à-dire *les espèces saxicoles*.

CHAPITRE CINQUIÈME.

§ 24. Avant d'aller plus loin, nous pouvons maintenant réunir ici des généralités qu'il importe d'avoir présentes à l'esprit relativement aux diverses parties de notre champ d'étude. On pourra, du reste, y revenir et les consulter lorsqu'on les aurait perdues de vue.

La contrée dont l'ensemble fait l'objet de notre travail est à-peu-près comprise entre la latitude de Strasbourg, 48°»33′ et celle de Grenoble, 45°»12′, en les dépassant un peu au nord et au sud. Bien que ses diverses parties ne doivent pas nous occuper également, nous avons dû les y toutes comprendre pour nous donner des limites plus naturelles. On les saisira d'un coup-d'œil dans nos croquis. Nous n'entrerons pas ici dans des détails géographiques auxquels il est aisé de suppléer, mais nous devons donner quelques généralités sur les altitudes.

Altitudes. Au sud s'étend la chaine des *Alpes* suisses, sardes et françaises. Elles forment un immense dédale de montagnes dépassant la limite des neiges sur de vastes étendues. Quelques-unes de leurs sommités atteignent ou dépassent un peu 4500 mètres, un plus grand nombre 3000; la moyenne d'une grande partie de la masse centrale s'élève au dessus de 2000.

Entre les Alpes et le Jura s'étend le *Bassin suisse*, pays coupé de plaines et de collines, semé de lacs nombreux dont trois principalement au pied du Jura, ceux de Genève, Neuchâtel et Bienne. Il se continue au N.-E. dans le Wurtemberg et la Bavière au-delà du lac de Constance, et au S.-O. au-delà du lac de Genève vers l'intérieur de la Savoie. Les niveaux de ses plaines varient généralement de 330 à 500 ᵐ ; ceux de ses basses collines de 500 à 600. La partie la plus déprimée de la contrée est le bassin du Léman, puis sa continuation sarde au-delà du Mont-de-Sion par Rumilly jusqu'à Chambéry.

Ce pays est généralement bien cultivé, et offre sur plusieurs points de médiocres vignobles.

La chaîne du *Jura* commence dans le canton de Zurich et s'étend, en formant un arc, jusqu'à Genève, puis au-delà jusqu'à Grenoble par le Bugey et la Savoie où elle va se lier aux Alpes sardes et françaises. Les parties situées au sud de la coupure de Nantua ne portent ordinairement plus le nom de Jura. Les plus hautes chaînes sont toutes situées du côté de la Suisse et de la Savoie, et vont en augmentant de hauteur de l'E. au S.-O., jusqu'au Fort-l'Écluse, où elles s'abaissent notablement pour se relever au Grand-Colombier et au Mont-du-Chat qui les lie géologiquement au groupe du Grenier et de la Chartreuse, dont les altitudes atteignent 1900 à 2100^m. La plus élevée des chaînes du Jura proprement dit est le Reculet, qui atteint 1700^m; vingt et quelques sommités dépassent 1500^m; plus de la moitié de la superficie totale de la chaîne s'élève au dessus de 700^m, et le reste n'est généralement pas inférieur à 500. L'ensemble de ces montagnes est formé de plusieurs rangs de chaînons à-peu-près parallèles diminuant de hauteur du côté de l'Allemagne et de la France puis dégénérant en plateaux plus ou moins accidentés et souvent assez étendus; ces derniers sont terminés sur toute leur longueur par une série d'escarpements qui forment un passage brusque aux plaines ambiantes, et que nous désignerons quelquefois sous le nom de *grande falaise occidentale*.

A l'ouest du Jura s'étend le pays accidenté de la *Haute-Saône* et la *vallée de l'Ognon* dont les niveaux sont généralement inférieurs à 400^m; puis les plaines de la *Franche-Comté*, de la *Bresse* et des *Terres-Froides*, de Besançon à Bourg, Pont-d'Ain, Pont-de-Beauvoisin et Grenoble, appartenant à la *vallée de la Saône* et à celle du *Rhône*, dont les niveaux varient de 500 à 150^m environ. Ces plaines offrent des régions stagnales considérables et de riches vignobles tout le long du pied du Jura. La vallée de la Saône est limitée à l'ouest par les montagnes ou collines de la *Côte-d'Or*, du *Charolais*, etc., dont les sommités atteignent à peine 1000^m sur quelques points. On y remarque en outre près de Dôle la colline dite *Forêt-de-la-Serre*, peu élevée au dessus de la plaine.

Au nord du Jura s'ouvre la *vallée du Rhin*, entre les Vosges et le Schwarzwald. Sur les deux rives du fleuve et principalement sur la gauche s'étendent les *plaines rhénanes* variant de 150 à 200^m, avec de grandes forêts, notamment celle de la Hardt. De là au pied des montagnes règnent des plaines plus élevées remarquables par de riches cultures et ne dépassant guère 400^m. Deux lisières d'assez bons vignobles dessinent les *collines sous-vosgiennes*, et *sous-*

hercyniennes. Au centre de cette vaste vallée se trouve le groupe de montagnes du *Kaiserstuhl*, sur la rive droite du fleuve; leurs points culminants n'atteignent guère que 550 ^m.

Au couchant de la vallée du Rhin s'élève la chaîne des *Vosges* formée de groupes de *Ballons* généralement arrondis, rapprochés assez irrégulièrement, et interceptant de nombreuses vallées dont les principales descendent de l'axe même du système vers les plaines ambiantes. Un petit nombre de ses plus hautes sommités ne dépassent guère 1400 ^m; une région centrale peu étendue oscille au dessus de 1500 ^m, et un grand nombre de points aux environs de 1000 ^m.

Au-delà des Vosges s'étend la *Plaine lorraine* dont les niveaux varient de 200 à 300 ^m, contrée fertile arrosée par plusieurs cours d'eau vosgiens et notamment par la Meurthe. Elle est bordée à l'ouest d'une série de reliefs peu puissants que nous désignerons sous le nom de *Collines lorraines* et qui plus au sud deviennent le *plateau de Langres* : leurs altitudes moyennes sont de 300 à 500 ^m et atteignent 600 ^m aux environs de cette dernière ville.

Au levant de la vallée du Rhin se développe la chaîne du *Schwarzwald*, offrant des formes semblables à celles des Vosges, et à-peu-près les mêmes hauteurs, avec cette différence que les régions supérieures y occupent des espaces moins considérables, et y sont groupées d'une manière moins continue.

Au-delà du Schwarzwald s'étend la *vallée du Neckar* comprise entre cette chaîne et celle de l'Albe de Souabe. La moyenne de ses altitudes varie de 200 à 400 ^m. C'est un pays coupé de plaines et de collines où l'on voit quelques vignobles.

L'*Albe* enfin est une chaîne peu élevée, se liant au Jura, formant une longue falaise rocheuse du côté de la vallée, et se terminant en plateaux doucement inclinés à l'est. Ses hauteurs oscillent le plus souvent entre 700 et 800 ^m et en atteignent rarement 1000.

Régions. Nous avons divisé le Jura en plusieurs régions d'altitude dont nous avons déjà indiqué plusieurs caractères généraux. 1° La *région basse* ou des plaines, comprenant toutes les parties du pays inférieures à 400 mètres; 2° la *région moyenne* ou des collines, comprise entre 400 et 700; 3° la *région montagneuse*, entre 700 et 1500; 4° la *région alpestre*, de 1500 à 1800 mètres environ. On peut y ajouter pour les Alpes les régions *alpine*, *subnivale* et *nivale*, situées au dessus de la dernière de ces limites.

En étendant approximativement ces divisions par niveaux aux contrées de notre champ d'étude, on voit que les vallées appartiennent à notre région

basse, excepté le Bassin suisse qui entre souvent un peu dans la moyenne ;
que le Kaiserstuhl atteint la région moyenne seulement, l'Albe la région
montagneuse seulement, les Vosges et le Schwarzwald la région alpestre où
ils s'élèvent peu, et où le Jura monte à près de 500 m plus haut ; enfin que
les Alpes atteignent seules la région des neiges éternelles.

Température. Les moyennes de température annuelle de nos plaines ne
descendent nulle part au dessous de 8° et n'atteignent probablement pas 14°.
Elles n'offrent de chiffre égal ou supérieur à celui de Paris qu'à l'ouest des
Vosges et au sud de Nantua et Genève. Elles vont, en général, en augmentant
du levant au couchant, en partant d'un méridien qu'on mènerait par Stuttgard et Zurich, mais elles se relèvent un peu à l'est de cette ligne. Le fait
climatologique le plus saillant dans la contrée, est que toutes ses parties
situées à l'ouest du méridien des Vosges offrent une température supérieure
aux parties situées à l'est de cette limite. Il paraît dû respectivement à la
présence ou à l'absence de la grande chaine des Alpes au midi.

Les différents districts de ce champ d'étude se succèdent à-peu-près
comme suit dans l'ordre de décroissement des températures *à niveau égal* :
vallée du Neckar, vallée du Rhin, Bassin suisse, Plaine lorraine, vallée de
la Saône, vallée du Rhône ; puis Schwarzwald, Vosges, Jura oriental, Alpes
centrales, Jura occidental, Alpes occidentales, Jura méridional, Alpes méridionales. Les températures du Jura vont en augmentant de l'est à l'ouest
depuis les chaines zuricoises jusqu'à celles de l'Ain, de la Savoie et de
l'Isère. Les contrastes entre les températures d'hiver et d'été sont assez
forts dans la contrée, mais, dans le Jura, ils diminuent en s'élevant dans la
verticale.

En prenant le Jura moyen pour terme de comparaison, on peut dire approximativement que les mêmes températures moyennes, ou plutôt les mêmes mouvements de la végétation déterminant les limites des régions, ont
lieu une centaine de mètres plus bas dans les montagnes du Rhin, et une
centaine de mètres plus haut dans la majeure partie des Alpes ; mais ces différences vont jusqu'au double et plus si l'on compare les Vosges et le Schwarzwald au Jura méridional et aux Alpes occidentales.

§ 25. *Terrains.* La vallée du Rhin est occupée par des terrains tertiaires
et récents : dépôts de galets, sables et graviers particulièrement dans la
plaine rhénane ; limons purs ou cailloutenx dans la plaine supérieure et les
lisières du Sundgau au pied du Jura ; lambeaux de molasse et calcaires nymphéens entre Mulhouse et Béfort, aux environs de Colmar, etc. Ce sont

essentiellement les dépôts caillouteux et limoneux qui dominent et donnent à la vallée sa physionomie pétrographique.

La Plaine lorraine repose principalement sur les terrains marneux et argileux, péliques en un mot, du liasique et du triasique, et les Collines lorraines sont formées par des calcaires jurassiques appartenant surtout aux groupes inférieurs.

Le Bassin suisse est occupé par des molasses et des nagelfluhs, quelques calcaires nymphéens et des terrains plus récents limoneux, caillouteux ou sableux, formés le plus souvent par le remaniement glaciaire ou diluvien des premiers. La Vallée sarde est formée de terrains semblables qui ne sont que la continuation des précédents.

La vallée de la Saône est, sur la rive gauche de cette rivière, au pied de la grande falaise occidentale occupée par des limons, des dépôts caillouteux et graveleux qui, au sud, sont interrompus par des massifs de molasse vers le centre desquels se trouve le lac Paladru.

Les Vosges sont formées de granites, gneiss, syénites, porphyres, eurites, leptynites, schistes, grauwackes, grès rouge, vosgien, houiller, bigarré, etc.; les roches cristallines et euritiques dominent surtout dans les parties méridionales, les clastiques sont plus abondantes dans les septentrionales et occidentales. Les masses centrales constituant les hautes Vosges sont généralement cristallines et euritiques. Au pied oriental de ces montagnes s'étendent quelques lambeaux interrompus de terrains calcaires formant ce que nous appelons les Collines sous-vosgiennes; au pied occidental s'étendent les contrées basses liasique et triasique qui commencent la Plaine lorraine.

Le Schwarzwald est composé de granites, gneiss, porphyres, grès rouge, vosgien, etc.; de même que dans les Vosges, les roches cristallines dominent vers le sud, les clastiques vers le nord; les porphyriques et euritiques sont beaucoup moins répandues que dans les Vosges où elles jouent souvent le rôle principal sur de grandes étendues : au contraire les gneiss et les roches granitoïdes règnent plus uniformément. Sur le pied occidental de ces montagnes s'étendent quelques lambeaux interrompus de terrains calcaires que nous appellons Collines sous-hercyniennes.

A l'est du Schwarzwald se trouve la vallée du Neckar occupée par les terrains liasique, keupérien, conchylien dans lesquels les masses calcaires et péliques dominent, et où l'on voit aussi quelques affleurements de grès formant des îlots assez considérables près de Stuttgard et de Tubingen.

L'Albe est entièrement formée par les calcaires jurassiques plus ou moins compactes. Çà et là, sur ses plateaux, on voit quelques lambeaux de calcaires dolomitiques sableux et de terrains meubles récens dépendant probablement du bassin tertiaire bavarois dont le rivage se dessine à peu de distance à-peu-près parallèlement à la chaîne. Au pied de l'Albe s'étend en outre une longue et étroite zône de grès liasique.

Le Jura est, comme l'Albe et les Collines lorraines, sous-vosgiennes et sous-hercyniennes, formé de calcaires jurassiques alternant avec des marnes presque toujours très-calcaires. On y voit aussi les argiles keupériennes occuper quelques districts peu étendus : il en est de même des terrains conchylien, liasique et néocomien qui sont calcaires. Enfin, quelques vallées intérieures sont remplies par des dépôts de molasse, de nagelfluh et de calcaires d'eau douce analogues à ceux du Bassin suisse. Les terrains néocomien et liasique présentent un développement particulier dans le Jura méridional dauphinois.

Le Kaiserstuhl est formé de roches volcaniques anciennes, telles que dolérites, basaltes, trachytes, phonolites, tufs, etc. : on y voit aussi des calcaires métamorphiques, c'est-à-dire altérés par les agens ignés. Les buttes du Hegau offrent une composition analogue.

La colline de la Serre est formée de roches cristallines anciennes et de roches arénacées.

Les montagnes de la Côte-d'Or proprement dite sont formées de calcaires jurassiques : mais leur continuation au sud dans le Chârolais, le Beaujolais, le Mont-d'Or, le Pilat est composée de terrains semblables à ceux des Vosges et du Schwarzwald. A leur pied s'étendent des lambeaux calcaires plus ou moins interrompus.

Les Alpes enfin sont formées de terrains très-variés. Si nous les envisageons comme partagés en deux bandes parallèles par une ligne médiane passant du Mont-blanc au Gothard, nous verrons que les grandes masses cristallines sont situées au sud de cette limite, et que les masses situées au nord sont principalement composées de calcaires et de grès très-variés appartenant à diverses formations géologiques. Quant aux Alpes cristallines, on peut pour fixer ses idées, y envisager les massifs de Chalanche, du Montanvert, du Valais, des Alpes bernoises et du Gothard.

Il existe dans la partie nord de notre champ d'étude une disposition géologique symétrique que nous devons faire remarquer. A l'est de la vallée du Rhin, le Schwarzwald, les vallées du Neckar et l'Albe, sont respectivement homologues aux Vosges, à la plaine et aux collines lorraines à l'ouest. On saisira aisément cette disposition dans nos divers croquis.

§ 26. *Composition chimique des masses.* Le Jura, les collines sous-vosgiennes, sous-hercyniennes, lorraines, l'Albe, la majeure partie de la vallée du haut Neckar, plusieurs districts de la Plaine lorraine, enfin les collines de la Côte-d'Or et du pied des chaînes du Chârolais, etc., sont calcaires. Les Vosges, le Schwarzwald, la Serre, les montages du Chârolais, etc., le Kaiserstuhl, le Hegau, les alpes dauphinoises entre l'Isère et la Romanche sont siliceux et silicéo-alumineux, ou, si l'on veut, siliceux prédominant. La vallée du Rhin, le Bassin suisse, les vallées de la Saône, du bas Neckar et une partie de la Plaine lorraine sont formés de roches mélangées dans lesquels l'élément silicéo-alumineux prédomine le plus souvent, l'élément siliceux souvent, l'élément calcaire plus rarement. Les Alpes envisagées comme ensemble ne rentrent nettement dans aucune de ces trois classes : leur zône septentrionale est principalement formée de roches calcaires et mélangées ; leur méridionale est plus souvent silicéo-alumineuse ou siliceuse. Si la composition chimique des roches exerce une influence marquée sur la végétation, les principaux contrastes à cet égard dans nos limites doivent exister à niveau égal entre les Vosges, le Schwarzwald, les Alpes dauphinoises précitées et le Kaiserstuhl d'un côté, puis le Jura et l'Albe de l'autre.

§ 27. *État d'agrégation des masses.* Dans le Jura, l'Albe et les Collines lorraines, les terrains dysgéogènes prédominent : ils alternent avec des terrains pélogènes moins développés qu'eux. On voit, dans plusieurs vallées du Jura, des dépôts un peu psammogènes. Dans l'ensemble, les roches dysgéogènes l'emportent considérablement. Il en est de même des collines sous-vosgiennes et sous-hercyniennes et de la Côte-d'Or proprement dite.

Dans les Vosges les terrains psammogènes sont très-répandus et bien caractérisés sur de grandes étendues : ils sont prédominants. Cependant les districts occupés par des roches porphyriques sont tantôt dysgéogènes, tantôt pélogènes, tantôt pélopsammogènes.

Dans le Schwarzwald les terrains psammogènes règnent plus exclusivement, mais sans être toujours aussi nettement caractérisés que ceux des Vosges, et ne se montrent souvent que hémipsammiques.

Dans la Serre les roches psammogènes dominent : elles paraissent assez développées dans les montagnes du Chârolais, etc.

Dans le Kaiserstuhl les terrains sont pélogènes, mais souvent dysgéogènes, oligopélogiques, et très-rarement psammogènes. Leur décomposition a lieu à la manière des calcaires marno-compactes et de certains porphyres.

Dans le Bassin suisse ils ne sont généralement qu'hémipsammogènes, souvent psammogènes, mais rarement d'une manière tranchée et soutenue. Il en est de même de la vallée sarde.

Dans la vallée du Rhin les terrains sont psammogènes et pélopsammogènes. Dans la Plaine lorraine ils sont généralement pélogènes ou pélopsammogènes. Dans la vallée de la Saône, pélopsammogènes et exclusivement pélogènes dans certains districts : ils sont plutôt hémipsammiques dans le massif des molasses du lac Paladru. Dans les contrées de l'Ognon, à part la vallée elle-même, ils sont calcaires et presque dysgéogènes sur de grandes étendues, mais avec de grands affleurements péliques oxfordiens, et, sur plusieurs points, avec dépôts récents pélopsammiques.

Dans les Alpes enfin, ils sont très-variés. Les masses psammogènes dominent dans les parties méridionales et centrales. Les parties septentrionales offrent un plexus de chaînes les unes calcaires dysgéogènes, les autres formées de divers grès compactes hémipsammiques. Il en résulte l'absence d'un caractère général. Cependant les Alpes dauphinoises situées immédiatement au sud de l'Isère, et que nous aurons plus particulièrement à considérer, sont assez nettement psammogènes.

Pour résumer ce qui précède et en faire saisir l'ensemble principal, on peut dire que, dans les limites de la contrée, les vallées sont eugéogènes plus péliques ; les Vosges, le Schwarzwald, etc., eugéogènes plus psammiques ; le Jura, l'Albe, le Kaiserstuhl dysgéogènes quelquefois péliques. Le trait principal de cette classification est le défaut de psammicité dans ce dernier groupe.

§ 28. *Hygroscopicité en petit.* Le Jura et l'Albe avec leurs calcaires possèdent les sols les moins absorbants, les plus secs. Il en est de même des parties les plus dysgéogènes du Kaiserstuhl, puis des Collines lorraines, sous-vosgiennes et sous-hercyniennes.

Ensuite viennent les Vosges avec leur mélange de roches peu absorbantes, mais psammogènes comme les granites, et de roches tantôt peu détritiques et peu hygroscopiques, tantôt plus pélogènes et plus fraîches comme les porphyres. Il en est à-peu-près de même du massif des Alpes dauphinoises cristallines.

Après les Vosges, vient le Schwarzwald avec ses gneiss plus absorbants, bien que souvent moins psammiques.

Puis toutes les vallées dont les terrains sont susceptibles d'imbibition profonde ; les vallées du Rhin et de la Saône offrant des sols plus inondables, le Bassin suisse des sols seulement humectés et frais.

§ 29. *Perméabilité en grand*. Enfin, si nous envisageons les diverses parties de la contrée sous le rapport de la perméabilité des masses en grand, nous voyons que le Jura, l'Albe, les Collines lorraines, sous-vosgiennes sous-hercyniennes et la Côte-d'Or sont éminemment perméables et, par conséquent, secs, et qu'il en est de même de plusieurs parties doléritiques et basaltiques du Kaiserstuhl ; que les Vosges et le Schwarzwald sont peu perméables en grand et, par conséquent, moins secs que le Jura ; que le Bassin suisse l'est médiocrement, mais plus que les parties péliques des autres vallées qui le sont fort peu ; que ce caractère est très-variable dans les Alpes.

SECONDE PARTIE.

DE LA VÉGÉTATION DANS LE JURA ET LES CONTRÉES VOISINES.

SECONDE PARTIE.

DE LA VÉGÉTATION DU JURA CONSIDÉRÉE EN ELLE-MÊME ET COMPARÉE A CELLE DES CONTRÉES VOISINES.

CHAPITRE SIXIÈME.

CLASSIFICATION GÉNÉRALE DES ESPÈCES DE LA CONTRÉE RELATIVEMENT A LA CHAINE DU JURA.

§ 30. Avant d'aborder le tableau à grands traits de la végétation jurassique et l'examen des ressemblances ou des contrastes qu'elle offre avec celle des autres parties de notre champ d'étude, il importe de simplifier autant que possible nos moyens de description et de comparaison. A cet effet, *il est nécessaire d'établir parmi les deux mille espèces de notre flore, des groupes qui réduisent au minimum le nombre des plantes à mettre en œuvre et permettent de substituer à des répétitions détaillées, l'indication de catégories données une fois pour toutes à l'avance.* Nous suivrons en ceci une marche assez analogue à celle que M. Winch a employée dans son esquisse du Northumberland, et M. Nägeli, bien que plus succinctement, dans sa notice botanique sur le canton de Zurich.

Mais d'abord, il convient de bien circonscrire la contrée étudiée. Les limites que l'on trouvera tracées sur notre croquis Pl. I, enferment le Jura, les Vosges, le Kaiserstuhl, le Schwarzwald, l'Albe, les Collines lorraines; puis les vallées du Neckar, du Rhin ; la Plaine lorraine en entier ; la partie du Bassin suisse qui constitue essentiellement la plaine et s'étend au pied du Jura jusqu'aux premiers reliefs de quelque importance qui montent vers les Alpes ; enfin les parties de la vallée de la Saône, du Rhône et de l'Isère qui forment autour du Jura une lisière de quelques lieues. Notre Enumération comprend toutes les plantes observées jusqu'à ce jour dans la contrée ainsi délimitée. Elle ne renferme donc point les espèces des Alpes, ni celles du Wurtemberg oriental et de tout le pays situé sur la rive droite de la Saône et du Rhône, bien que nous nous réservions de dire un mot de ces différents districts complémentaires. Du reste, à part les espèces des altitudes supérieures des Alpes et quelques plantes des parties les plus méridionales du bassin du Rhône qui figure dans notre croquis, notre Enumération comprend à très-peu près toutes celles du champ d'étude qu'il est destiné à représenter.

Cela posé, comme il s'agit surtout d'arriver à reconnaître l'influence des roches soujacentes sur la dispersion des espèces, nous diviserons en premier lieu toutes les plantes de la contrée selon deux grandes catégories, celle des aquatiques et celle des terrestres. Les secondes, comme nous l'avons dit en terminant le chapitre IV, sont sous une dépendance plus étroite et plus directe des détritus minéraux qui entrent dans la composition du sol ; les premières en sont évidemment d'autant plus indépendantes qu'elles sont plus exclusivement ou plus complétement plongées dans l'eau. Ainsi les *Ranunculus aquaticus, Nymphea alba, Potamogeton natans* sont des plantes aquatiques, tandis que les *Ranunculus bulbosus, Papaver rhœas, Orobus tuberosus* sont des plantes terrestres. D'autres espèces tiennent à cet égard une sorte de moyen terme ; par exemple les *Heleocharis palustris, Carex ampullacea, Hydrocotyle vulgaris* ne sont pas aussi purement aquatiques que les premières, mais sont beaucoup moins terrestres que les secondes ; de même les *Caltha palustris, Inula dysenterica, Trifolium fragiferum* ne sont pas aussi exclusivement terrestres que les secondes, mais sont beaucoup moins aquatiques que les premières. De sorte que, dans une division en deux classes, on pourra placer l'*Heleocharis* dans les aquatiques, puisqu'il disparaîtrait de sa station dès qu'il cesserait de s'y trouver inondé ; au contraire, on pourra placer le *Caltha* dans les terrestres, car il persistera encore longtemps moyennant un sol médiocrement humide.

Non-seulement les plantes aquatiques sont, parmi les végétaux, des plus indépendantes des roches soujacentes, mais aussi des plus indépendantes des altitudes. Cependant quelques espèces montrent à cet égard des préférences qui dépendent peut-être en partie de la température atmosphérique et de celle des eaux : ainsi l'*Hydrocharis morsus-ranæ* ne s'élève pas dans les montagnes, tandis que l'*Eriophorum alpinum* ne descend pas dans la plaine. Nous pourrons donc réunir ces quelques espèces en sous-groupes particuliers. En outre, ce qui est plus important, bien que l'état des roches soujacentes, et par conséquent du sol, n'exerce ici qu'une influence secondaire, on voit cependant quelques espèces aquatiques ne pas s'accomoder des fonds péliques qui se retrouvent le plus souvent avec les eaux sur les divers terrains, mais exiger des fonds plus ou moins psammiques, et disparaître avec eux. C'est ainsi que le *Montia fontana,* si commun dans les ruisseaux des Vosges, manque totalement dans ceux du Jura et de beaucoup de contrées purement pélogènes, peut-être par cette raison. Quoi qu'il en soit, nous pourrons également essayer de mettre à part les plantes que les faits de dispersion semblent assigner à cette catégorie. Enfin, rappelons ici ce que nous avons déjà remarqué ailleurs, que l'eau est, sinon une roche soujacente proprement dite, du moins un véritable *sol.* Ajoutons que ce sol offre, quant au libre jeu des racines, des analogies notables avec les sols terrestres les plus meubles, et, qu'à cet égard, il présente un maximum des conditions de leur facilité de développement. Ainsi, à ce point de vue, il ne sera pas surprenant de trouver entre les espèces arénophiles et les aquatiques certains rapprochements.—La classe des plantes aquatiques étant ainsi séparée, fournit environ 200 végétaux, et il ne reste plus que des espèces terrestres.

Une première chose à faire maintenant, est évidemment d'éliminer les espèces dont l'existence ou l'indigénat laisse plus ou moins d'incertitude, bien que nous ayons dû les signaler. Telles sont, par exemple, les *Pæonia officinalis, Cardamine trifolia,* etc. De quelque manière que doive être, plus tard, résolue la question en ce qui les concerne, il est clair qu'elles n'exercent qu'une minime influence sur le tapis végétal. Nous retrancherons donc largement, en y comprenant même certaines espèces peu douteuses, de notre extrême frontière. On sera peut-être surpris de la radiation de quelques autres, mais nous prions le lecteur de suspendre son jugement à cet égard, jusqu'à ce qu'il ait saisi l'ensemble et le but de notre opération. On se convaincra alors que nous avons dû admettre pour les erreurs présumées une certaine latitude, et que ces erreurs, si même elles étaient quelque peu nombreuses, ne jouent qu'un rôle peu important à notre point de vue. De cette première élimination il résulte un groupe d'une cinquantaine de plantes.

Comme il s'agit essentiellement de raisonner sur la végétation indigène, nous pouvons en second lieu éliminer toutes les plantes cultivées. soit en grand, soit en petit, et dont un bon nombre tendent à se naturaliser, par exemple *Triticum vulgare, Lepidium sativum, Dianthus plumarius.* Ici encore, pour un certain nombre de ces espèces, l'indigénat est controversé, comme pour *Centranthus ruber, Echinops sphærocephalus, Hemerocallis fulva, Viburnum tinus,* etc.; mais nous admettrons largement la négative, et il en résulte un groupe d'environ 170 plantes qu'il est inutile d'employer dans nos comparaisons.

Un assez grand nombre de plantes sans avoir été cultivées ont cependant évidemment été introduites par les cultures, et disparaîtraient avec elles : par exemple *Centaurea cyanus, Prismatocarpus speculum, Centaurea solstitialis, Apera spica-venti, Fumaria Vaillantii, Melampyrum arvense,* etc. Il est clair qu'elles ne font pas partie de la flore indigène de nos contrées, et nous pouvons également les retrancher. Toutefois, nous ne devons procéder à ce choix qu'avec une grande réserve, et il y a ici une limite bien difficile et peut-être impossible à poser. Car, si cette élimination paraît légitime pour les espèces signalées et pour beaucoup d'autres, il est fort malaisé de se décider pour un certain nombre de végétaux qui, bien qu'ils accompagnent les cultures ou les habitations, se retrouvent cependant dans les lieux naturels analogues aux stations artificielles que celles-ci constituent : tels sont, par exemple, *Stachys annua, Filago gallica, Passerina annua, Chenopodium album,* etc. De ces sortes de plantes nous avons fait un choix, plaçant les unes comme introduites, réservant les autres comme indigènes. De là nécessairement un certain arbitraire pouvant amener une erreur maximum d'une centaine d'espèces, mais de peu d'importance, vu que la plupart sont communes à toutes les parties du pays. Le groupe résultant de cette troisième élimination se compose de 140 plantes environ dont une partie ascende dans le Jura avec les cultures, et une autre s'arrête à la rencontre de ses terrains ou de ses altitudes.

Les plantes douteuses, cultivées, introduites, se trouvant ainsi mises à part, il reste essentiellement les végétaux terrestres indigènes. Parmi ceux-ci, un grand nombre sont répandus dans toutes les parties de la contrée, s'y accomodant de toutes sortes de terrains dans les trois régions inférieures, et souvent encore à des altitudes alpestres. Ils forment pour ainsi dire le fonds de la végétation. Ainsi, en partant de ce fait qu'ils se retrouvent dans tous les districts du pays, il est superflu de les prendre en considération dans une comparaison de ses diverses parties. Par exemple les *Taraxacum officinale, Trifolium repens, Rosa canina, Salvia pratensis, Plantago major, Bellis perennis,* etc., se trouvant en quelque sorte partout, on peut s'abstenir de les envisager lorsqu'il s'agit d'établir des différences. Bien donc que le fait de leur ubiquité ne soit pas rigoureusement exact, il l'est suffisamment pour légitimer leur élimination dans l'opération qui nous occupe. Il résulte de là une nouvelle catégorie d'environ 400 espèces, qui est donc encore à mettre de côté.

Puisque le Jura doit servir de point de départ à tous les rapprochements, nous pouvons maintenant, parmi les plantes qui nous restent, rechercher toutes celles qui, par une cause quelconque et aux diverses altitudes, ne croissent pas dans cette chaîne, ne s'y montrent qu'accidentellement ou disséminées, tandis qu'elles sont répandues dans d'autres parties du pays. Si, par opposition avec la prédominance de grandes masses eugéogènes dans les vallées et dans les montagnes du Rhin, nous envisageons essentiellement dans le Jura la masse de ses roches dysgéogènes, nous pouvons regarder comme des exceptions peu importantes les dépôts tertiaires ou tourbeux de ces montagnes. Nous pouvons dès lors réunir toutes les espèces qui sont nulles, rares ou très-disséminées dans l'ensemble du Jura envisagé comme dysgéogène, tandis qu'elles sont présentes et plus ou moins répandues dans la vallée du Rhin, les Vosges, le Schwarzwald, etc., envisagés comme péliques, psammiques ou pélopsammiques. Ainsi les *Corynephorus canescens, Scleranthus perennis, Digitalis purpurea*, peuvent être regardés comme nuls dans le Jura ; les *Sarothamnus scoparius, Aira flexuosa, Orobus tuberosus, Luzula albida*, y sont très-rares ; les *Holcus mollis, Trifolium agrarium*, n'y apparaissent que très-disséminés, tandis qu'ils sont répandus ailleurs ; les *Hieracium boreale, Quercus sessiliflora, Festuca rubra, Calluna vulgaris* y sont infiniment plus disséminés et moins prospères que dans les vallées ou les montagnes cristallines et clastiques, et ne s'y établissent guère qu'à l'aide de quelques lambeaux pélopsammiques superposés aux calcaires ; les *Centaurea calcitrapa, Onopordon acanthium, Verbascum blattaria*, s'y trouvent dans quelques vallées offrant des sols tertiaires sableux ; les *Hydrocotyle, Ceratophyllum, Hippuris, Myriophyllum* n'y rencontrent que rarement des stations convenables par suite du défaut de sols pélopsammiques dans les lieux aquatiques. Enfin si les *Vaccinium, Drosera, Andromeda, Eriophorum* s'y montrent souvent en abondance, c'est dans les dépôts tourbeux constituant sol eugéogène, et faisant une exception à l'ensemble dysgéogène de la masse des terrains. Nous pouvons donc former un groupe d'espèces comprenant toutes celles qui étant répandues dans l'une ou l'autre des contrées ambiantes, sont nulles, rares ou très-disséminées dans le Jura où, en tous cas, contrairement à ce qui se passe ailleurs, elles ne jouent qu'un rôle exceptionnel. Nous pouvons ensuite diviser cette catégorie en quelques sous-groupes ; le premier comprenant les espèces des régions inférieures et dont un grand nombre ascendent remarquablement dans les montagnes du Rhin ; le second des espèces montagneuses et alpestres de ces chaînes ; le troisième réunissant les plantes non jurassiques des régions inférieures qui se détachent du caractère le plus général de la végétation comme particulièrement méridionales. Cette catégorie renferme environ 550 végétaux. C'est naturellement parmi ces espèces qu'il faut essentiellement rechercher celles qui donnent à plusieurs parties non jurassiques de la contrée un caractère différent de celui que nous reconnaîtrons dans le Jura. Remarquons aussi que, dans leur nombre, les plus distinctives ou contrastantes sont évidemment celles qui sont nulles ou très-rares d'un côté, en même temps qu'elles se montrent habituelles et répandues de l'autre.

Cela fait, les plantes qui nous restent croissent toutes dans les chaînes jurassiques. Cela ne signifie pas, bien entendu, qu'elles ne croissent point dans d'autres parties du pays, et nous aurons à examiner plus tard ce qu'il en est à cet égard. Les unes préfèrent la région moyenne, d'autres sont montagneuses, d'autres encore alpestres. De là trois sous-groupes, auxquels on peut en joindre un quatrième formé des espèces montagneuses et surtout alpines qui apparaissent au passage du Jura proprement dit au Jura dauphinois, c'est-à-dire aux Alpes de la Chartreuse, par suite de l'élévation subite et notable des altitudes. Le total de tous ces groupes jurassiques est de 500 plantes environ.

Enfin, dans tout ce long démembrement, il se présente un certain nombre de plantes de classification difficile dont nous avons fait une catégorie particulière qui se compose d'une centaine d'espèces. On aurait pu peut-être en introduire plusieurs dans l'une ou l'autre des divisions établies précédemment, mais elles auraient affaibli la physionomie propre à chacune d'elles. La plupart sont des espèces peu répandues ou peu importantes dans le tapis végétal, et dont nous n'avons pu saisir le caractère de station.

En résumé, il résulte de ce travail deux sections principales : l'une renfermant toutes les plantes que l'on peut regarder comme évitant les calcaires dysgéogènes de la chaîne du Jura et préférant des sols plus péliques ou plus psammiques, l'autre contenant toutes celles qui s'accomodent des terrains jurassiques, mais sans préjudice à ce qui concerne leurs allures à l'égard des terrains moins dysgéogènes ; ce sont précisément ces allures que nous nous attacherons à démêler dans les chapitres suivants.

Nous donnons ci-après les groupes en question. *Répétons qu'on doit les envisager d'un point de vue général, ne pas y rechercher une rigueur impossible, et ne pas s'effrayer de la classification présumée ou même reconnue mauvaise de quelques espèces.* Nous avons souvent , en cas d'incertitude sur le placement, accompagné la plante d'un point de doute. Nous plaçons ici ces catégories dans un ordre différent de celui dans lequel elles ont été obtenues, afin de mettre en première ligne celles auxquelles on devra le plus souvent avoir recours. En voici du reste la succession et les titres :

Section I. Plantes qu'il importe le plus souvent d'envisager dans la comparaison des diverses parties de la contrée.

A. Plantes aquatiques, paraissant plus particulièrement liées à la présence des sols eugéogènes, la plupart très-disséminées ou nulles dans le Jura.

B. Espèces terrestres, nulles ou très-disséminées dans le Jura calcaire, croissant sur les sols eugéogènes des contrées ambiantes, etc.

C. Espèces terrestres croissant dans le Jura sous l'influence des sols dysgéogènes. — C. 1. Région moyenne ; C. 2. Région montagneuse ; C. 3. Région alpestre.

Section II. Plantes éliminées de la comparaison à divers titres.

D. Aquatiques des plus ubiquistes quant aux sols.

E. Terrestres des plus ubiquistes quant aux sols.

F. Introduites par les cultures et l'habitation.

G. Cultivées en grand ou en petit.

H. D'indigénat contestable ou d'existence douteuse.

I. Non classées par incertitude.

K. Alpines dauphinoises.

Voici maintenant les groupes eux-mêmes. Les numéros sont ceux des familles dans l'Enumération qui termine ce volume : l'ordre et la nomenclature sont à-peu-près en tous points ceux du *Synopsis* de M. Koch, excepté pour un certain nombre d'espèces françaises qui sont nommées d'après le *Botanicon gallicum* de M. Duby.

SECTION I. *Plantes qu'il importe le plus d'envisager dans la comparaison des diverses parties de la contrée.*

A. *Plantes aquatiques paraissant plus particulièrement liées à la présence des sols eugéogènes (péliques, psammiques, pélopsammiques), la plupart très-disséminées ou nulles dans le Jura.*

Thalamiflores. 1. Ranunculus hederaceus, R. divaricatus, R. sceleratus,

R. lingua.—6. Nasturtium amphibium.—15. Elatine hydropiper, E. hexandra, E. alsinastrum, E. triandra.—*Calyciflores*. 38. Isnardia palustris, Trapa natans.—39. Myriophyllum verticillatum, M. spicatum, M. alternifolium.—41. Callitriche.—42. Ceratophyllum demersum, C. submersum.—43. Peplis portula.—44. Myricaria germanica.—48. Montia fontana.—49. Corrigiola littoralis.—50. Sedum villosum.—55. Helosciadium inundatum, H. nodiflorum, H. repens, Hydrocotyle vulgaris, Sium latifolium, OEnanthe fistulosa, OE. phellandrium, OE. crocata?, Cicuta virosa, Thysselinum palustre. — 60. Galium uliginosum.—65. Bidens cernua, Senecio paludosus.—69. Ledum palustre.— *Corolliflores*. 77. Villarsia nymphoïdes, Gentiana utriculosa, G. pneumonanthe. — 83. Gratiola officinalis, Veronica scutellata, Limosella aquatica, Scrophularia Balbisii? — 85. Mentha sativa, Teucrium scordium, Scutellaria minor. — 89. Utricularia vulgaris, U. minor, U. intermedia, U. Bremii?—90. Hottonia palustris, Samolus Valerandi, Lysimachia thyrsiflora. — 93. Littorella lacustris. — *Monochlamydées*. 97. Rumex palustris, R. maritimus, R. aquaticus, R. Hydrolapathum, Polygonum mite.— 101. Hippophae rhamnoides. — 104. Euphorbia palustris. — 109. Salix aurita, S. viminalis, S. purpurascens, S. daphnoides, S. hippophaefolia, S. seringiana? S. nigricans, Populus nigra, P. alba, P. canescens. — 110. Betula pubescens? Alnus glutinosa, A. incana. — 112. Pinus uliginosa? —*Endog. phanérog*. 113. Hydrocharis morsus-ranæ, Alisma plantago, A. parnassifolia, A. natans, A. ranunculoides, Sagittaria sagittæfolia.—115. Triglochin palustre, Stratiote aloides.—115. Butomus umbellatus.—117. Zanichellia palustris.—118. Nayas major, N. minor.—119. Lemna trisulca, L. polyrhiza, L. gibba.—120. Typha latifolia, T. angustifolia, T. minor, T. Shuttelworthii, Sparganium natans, S. simplex.—121. Acorus calamus, Calla palustris. —123. Gladiolus Boucheanus.—124. Iris graminea?, I. sibirica?—130. Scirpus triqueter, Heleocharis uniglumis, H. acicularis, H. ovata, Cyperus Monti?, C. longus?, Vignea paradoxa?, V. teretiuscula?, V. paniculata?, Carex acuta, C. stricta, C. pseudo-cyperus, C. riparia, C. limosa ?—131. Alopecurus paludosus, A. utriculatus, Leersia oryzoides, Calamagrostis lanceolata, C. littorea, Phragmites communis, Poa fertilis, Glyceria spectabilis, G. aquatica, G. plicata?, Festuca arundinacea, Agrostis canina. — *Endog. cryptogames*. 133. Equisetum hyemale, E. variegatum, E. limosum. — 134. Marsilea, Salvinia, Pilularia, Isoëtes. — 135. Lycopodium inundatum?, L. annotinum?

B. *Espèces terrestres, nulles ou très-disséminées dans le Jura calcaire, croissant sur les sols eugéogènes des contrées ambiantes et un certain nombre plus rarement dans les vallées tertiaires, les tourbières ou sur les plateaux limoneux du Jura en rapport avec des sols analogues.*

B. 1. *Habitant généralement les deux régions inférieures; un grand nombre remarquablement ascendantes dans les Vosges et le Schwarzwald.*

Thalamiflores. 1. Ranunculus flammula, R. philonotis, Anemone hepatica, Myosurus minimus. — 5. Glaucium luteum. — 6. Nasturtium palustre, N. sylvestre, N. pyrenaicum, Erysimum cheiranthoides, Sinapis cheiranthus, Erucastrum obtusangulum, E. Pollichii, E. incanum, Cardamine impatiens, C. hirsuta, Sisymbrium sophia, Diplotaxis tenuifolia, D. muralis, Draba muralis, Teesdalia nudicaulis, Lepidium rudarale, L. graminifolium, L. draba, Senebiera coronopus, Rapistrum rugosum.— 10. Reseda lutea?—11. Polygala depressa. —12. Gypsophila muralis, Dianthus deltoides.—13. Sagina apetala, Spergula pentandra, Alsine Jacquini, A. rubra, Stellaria holostea, Mœnchia erecta. — 16. Radiola linoides. — 19. Hypericum humifusum, H. pulchrum. — 23. Geranium rotundifolium?, G. palustre. — *Calyciflores.* 31. Ulex europæus?, Sarothamnus scoparius, Medicago falcata, M. minima, Melilotus officinalis, M. leucantha, Lotus uliginosus, Tetragonolobus siliquosus, Astragalus cicer, Vicia lathyroides, V. lutea, Lathyrus tuberosus, L. palustris, Trifolium fragiferum, T. hybridum, T. elegans, T. agrarium, Genista germanica, Ononis spinosa, Orobus tuberosus, Ornithopus perpusillus.—34. Cerasus padus, Spiræa filipendula, Sorbus torminalis, Potentilla rupestris, P. supina, P. recta, P. argentea. — 38. Œnothera biennis. — 45. Lythrum salicaria, L. hyssopifolia. — 47. Bryonia dioica?— 48. Portulacca oleracea. — 49. Herniaria glabra, H. hirsuta, Illecebrum verticillatum, Polycarpon tetraphyllum. — 50. Scleranthus perennis. — 52. Saxifraga granulata. — 53. Eryngium campestre, Seseli coloratum, Selinum carvifolia, Peucedanum oreoselinum, P. alsaticum, P. officinale, Conium maculatum, Anthriscus vulgaris, Chœrophyllum bulbosum. — 59. Lonicera periclymenum. — 60. Galium sylvaticum, G. boreale. — 62. Dipsacus laciniatus, Scabiosa suaveolens?—65. Stenactis annua?, Inula Vaillantii, I. britannica, Pulicaria vulgaris, Filago arvensis, F. minima, Gnaphalium luteo-album, Helichrysum arenarium, Artemisia campestris, Achillæa ptarmica, Anthemis tinctoria?, Senecio aquaticus, S. sylvaticus, Onopordon acanthium, Centaurea calcitrapa, C. nigra, C. phrygia, Thrincia hirta, Arnoseris minima, Hypochæris glabra, Podospermum Jacquinianum, P. laciniatum, Tragopogon ma-

jor, Lactuca virosa, Crepis tectorum, Chondrilla juncea, Hieracium bifurcum,
H. vulgatum, H. boreale. — 64. Xantium strumarium. — 66. Jasione montana, Wahlenbergia hederacea. — 69. Pyrola chlorantha. — *Corolliflores.*
77. Erythræa pulchella, Exacum filiforme, E. Candollii, Chlora perfoliata.
—80. Pulmonaria officinalis, Echinospermum lappula.—81. Solanum nigrum,
Physalis alkekengi. — 82. Verbascum blattaria, V. floccosum, Scrophularia
canina, S. vernalis.— 83. Antirrhinum orontium, Linaria cymbalaria?, Veronica spicata, V. verna, Lindernia pyxidaria. — 84. Orobanche rapum. —
85. Euphrasia odontites.—86. Galeopsis ochroleuca, Mentha pulegium, Nepeta
cataria, Lamium amplexicaule?, Stachys germanica, Marrubium vulgare, Ballota nigra, Leonurus cardiaca, Ajuga genevensis. — 90. Centunculus minimus, Primula acaulis. — *Monochlamydées.* 94. Amaranthus sylvestris,
A. retroflexus, A. blitum. — 96. Polycnemum arvense, Chenopodium hybridum, C. urbicum, C. murale, C. vulvaria, C. ficifolium, C. opulifolium,
Blitum glaucum, B. rubrum, Atriplex angustifolia, A. latifolia. — 100. Thesium intermedium.— 104. Euphorbia Gerardiana, E. esula, Mercurialis annua.—106. Parietaria erecta, P. diffusa.— 108. Quercus sessiliflora, Q. pedunculata? Carpinus betulus. — 109. Betula alba. — *Endog. phanérog.*
122. Orchis laxiflora, O. coriophora, Limodorum abortivum, Sturmia Lœselii, Spiranthes autumnalis. — 125. Asparagus officinalis. — 127. Allium
acutangulum, A. schœnoprasum.—128. Tofieldia calyculata.—129. Juncus
conglomeratus, J. capitatus, J. obtusiflorus, J. sylvaticus, J. alpinus, J. squarrosus, J. filiformis, J. tenageia, Luzula multiflora, L. albida.—130. Cyperus
flavescens, C. fuscus, Schœnus nigricans, S. ferruginens, Rhincospora alba,
R. fusca, Cladium mariscus, Eriophorum gracile. E. angustifolium, Scirpus
cæspitosus, S. setaceus, S. supinus, S. holoschœnus, S. pauciflorus, Psyllophora dioica, P. pulicaris, Cyperoides capitata, Vignea disticha, V. vulpina,
V. Schreberi, V. elongata, V. brizoides, V. stellulata, Carex Buxbaumii, C. ericetorum, C. tomentosa, C. pilosa, C. distans, C. filiformis, C. pilulifera.—
131. Panicum sanguinale, P. ciliare, P. crus-galli, P. glabrum, Alopecurus
pratensis, Cynodon dactylon, Calamagrostis epigeios, Aira cæspitosa, A. flexuosa, A. præcox, Holcus mollis, Eragrostis pilosa, E. poæoides, E. megas-
tachya, Poa bulbosa, Molinia cærulea, Festuca ovina, F. loliacea, F. Lachenalii, F. heterophylla, Avena pratensis?, A. caryophyllea, Triodia decumbens,
Corynephorus canescens, Bromus tectorum, B. racemosus, Hordeum murinum, H. nodosum, Vulpia pseudo-myurus, V. sciuroides. — *Endog.
cryptog.* 155. Lycopodium clavatum. — 156. Osmunda regalis, Aspidium
thelypteris.

B. 2. *Habitant les régions montagneuse et alpestre des Vosges et du Schwarzwald.*

Thalamiflores. 9. Viola grandiflora. — 13. Silene rupestris. — *Caly-ciflores.* 38. Epilobium origanifolium? — 51. Sedum annuum, S. repens, Rhodiola rosea ?— 52. Saxifraga stellaris. — 53. Meum athamanticum, Angelica pyrenaica.—60. Galium saxatile.—63. Arnica montana, Gnaphalium norwegicum, G. supinum, Leontodon pyrenaicum, Sonchus Plumieri, Hieracium alpinum, H. albidum, H. Mougeotii. — 66. Jasione perennis. — 67. Phyteuma nigrum, Campanula Scheuchzeri. — *Corolliflores.* 85. Digitalis purpurea. — 90. Trientalis europæa, Androsace carnea. — *Monochlamydées.* 110. Alnus viridis. — *Endog. phanérog.* 129. Luzula spadicea. — 130. Carex frigida. — 131. Poa sudetica, P. supina, Calamagrostis sylvatica. — *Endog. cryptog.* 133. Lycopodium alpinum, L. chamæcyparissias, L. selago. — 136. Asplenium septentrionale, A. germanicum, Allosurus crispus.

B. 3. *Habitent de préférence les contrées basses austro-occidentales et y sont la plupart sous la dépendance de sols généralement moins dysgéogènes que ceux du Jura où elles n'entrent qu'accidentellement.*

Thalamiflores. 6. Iberis pinnata? —10. Reseda phyteuma. —15. Cucubalus bacciferus, Silene anglica, S. otites. — 16. Linum gallicum, L. angustifolium. — 17. Althæa officinalis, A. hirsuta. — 19. Androsæmum officinale. — *Calyciflores.* 31. Ononis natrix, O. minutissima, O. Columnæ, Spartium junceum, Cytisus sessilifolius, C. supinus, C. argenteus, Melilotus gracilis, Trigonella monspeliaca, Dorycnium herbaceum, Astragalus aristatus, A. monspessulanus, Oxytropis pilosa, Coronilla minima. — 34. Potentilla intermedia, P. micrantha. — 49. Telephium Imperati. — 51. Crassula rubens, Sedum cæpea. — 55. Sison amomum, Tordylium maximum, Buplevrum odondites, B. junceum, B. tenuissimum, Laserpitium pruthenicum, L. gallicum?, Siler trilobum, Tordylium nodosum.—60. Asperula galioïdes, Rubia peregrina, Galium aristatum.—61. Valeriana tuberosa, Centranthus calcitrapa.—63. Carpesium cernuum, Micropus erectus, Achillæa nobilis, A. tomentosa, Chrysanthemum corymbosum, C. maximum?, Centaurea paniculata, Senecio doria, S. adonidifolia, Cirsium ferox, C. monspessulanum, Kentrophyllum lanatum, Xeranthemum inapertum, Crupina vulgaris, Catananche cærulea, Crepis nicæensis, C. pulchra, Leontodon crispum, Chondrilla juncea, Lactuca scariola, Barkhausia fœtida?, Hieracium staticæfolium.— 66. Campanula patula, C. cervicaria, C. medium?— *Corolliflores.*

79. Convolvulus cantabrica. — 80. Anchusa officinalis?, A. italica. — 83. Anarrhinum bellidifolium, Linaria arvensis, L. supina, L. origanifolia. — 85. Melampyrum nemorosum, Euphrasia linifolia. — 86. Mentha rotundifolia.—95. Plantago coronopus, P. cynops. — *Monochlamidées.* 96. Chenopodium botrys, Rumex pulcher.—108. Quercus cerris, Castanea vulgaris. — *Endog. phanérog.* 114. Alisma damasonium. — 122. Himanthoglossum hircinum.—123. Iris fœtidissima.—125. Asparagus tenuifolius.—127. Asphodelus ramosus, Allium multiflorum — 130. Carex nitida, C. brevicollis. — 131. Festuca rigida, F. serotina?, Vulpia myurus, Tragus racemosus, Phleum asperum, Stipa juncea, Kœleria phleoïdes, Poa dura, Cynosurus echinatus, Ægilops ovata, Triticum junceum?—*Endog. cryptog.* 136. Adianthum capillus veneris, Asplenium adianthum nigrum. *NB. Il peut se faire que plusieurs plantes des plus méridionales de ce groupe seraient mieux placées dans le groupe C 1.*

C. Espèces terrestres croissant dans le Jura : elles s'y montrent particulièrement sous la dépendance de ses sols dysgéogènes et habitent de préférence ou exclusivement certaines régions d'altitude.

C 1. Habitent de préférence la région moyenne. On retrouve un grand nombre de ces espèces dans toutes les zônes de terrains secs, notamment calcaires ou basaltiques et aussi porphyriques : telles sont les parties basses de l'Albe, les Collines lorraines, celles du Kaiserstuhl, les Collines sous-vosgiennes et sous-hercyniennes, quelques parties euritiques ou même psammiques sèches des Vosges et du Schwarzwald et quelques districts sablonneux secs de la région rhénane. Les lisières, les collines et les premiers plateaux du Jura sont leur station principale dans nos limites, et elles deviennent en général rares ou nulles à la rencontre des sols eugéogènes frais.

Thalamiflores. 1. Thalictrum montanum, T. galioides, Anemone ranunculoides, Helleborus fœtidus. — 20. Acer platanoides?— 25. Geranium sanguineum. — *Calyciflores.* 31. Trifolium rubens, T. alpestre, T. scabrum?, Orobus vernus, O. niger.—33. Cerasus mahaleb, Aronia rotundifolia. —51 Sedum reflexum.—55. Buplevrum falcatum, Cervaria glauca, Peucedanum Chabræi.— 59. Sambucus racemosa?— 63. Taraxacum lævigatum, Chrysocoma linosyris, Aster amellus, Buphthalmum salicifolium, Cirsium acaule, Carlina acaulis, Inula salicina, Lactuca perennis, Hieracium præaltum. — *Corolliflores.* 75. Cynanchum vincetoxicum. — 80. Pulmonaria angustifolia, Lithospermum purpuro-cœruleum, Myosotis sylvatica.—81. Atropa belladona. —82. Verbascum lychnitis.—83. Veronica prostrata, V. montana.—85. Melampyrum cristatum, Euphrasia lutea. — 86. Calamintha officinalis, Melittis melissophyllum, Stachys recta, Prunella grandiflora, P. alba, Teucrium chamædrys, T. scorodonia? — 91. Globularia vulgaris. — *Monochlamydées.* 96. Rumex scutatus. — 100. Thesium pratense. — 105. Asarum europæum. —105. Euphorbia verrucosa, E. dulcis, E. amygdaloides, Mercurialis perennis. —108. Fagus sylvatica. — *Endog. phanérog.* 122. Orchis militaris, O. fusca, O. simia, Anacamptis pyramidalis, Platanthera bifolia, Ophrys muscifera, O. aranifera, O. arachnites, O. aranifera, O. pseudo-speculum, Aceras anthropophora, Herminium monorchis, Cephalanthera ensifolia, C. rubra, Listera ovata. — 124. Galanthus nivalis. — Convallaria maialis, C. polygonatum, C. multiflora. — 126. Anthericum ramosum, A. liliago. — 127. Allium sphærocephalum. — 130. Carex humilis, C. alba, C. gynobasis. — 131. Andropogon ischæmum?, Phleum Bœhmeri, Melica uniflora, M. ciliata, Festuca glauca, Sessleria cærulea.

A ce groupe il faut ajouter le suivant qui se montre plus particulièrement répandu dans les parties occidentales et méridionales de la contrée, et dont plusieurs espèces n'apparaissent que vers le sud de nos limites.

Thalamiflores. Isopyrum thalictroides. — 6. Arabis brassicæformis, A. auriculata, A. saxatilis, A. muralis, A. stricta, A. serpyllifolia, Sisymbrium austriacum, Hutchinsia petræa, Æthionema saxatile. — 8. Helianthemum fumana, H. apenninum. — 13. Dianthus sylvestris, Saponaria ocymoides. — 15. Linum tenuifolium. — 23. Geranium pyrenaicum, G. lucidum? — *Calyciflores.* 29. Rhamnus alaternus, R. pumilus. — 31. Coronilla montana, C. emerus, Cytisus laburnum, C. capitatus?, Trifolium striatum?, Ononis rotundifolia, Colutea arborescens. — 34. Rosa gallica?, R. cinnamomea? — 51. Sedum anopetalum, S. boloniense, S. altissimum. — 55. Trinia vulgaris, Seseli montanum, Ptychotis heterophylla. — 57. Cornus mas. — 59. Lonicera caprifolium. — 60. Galium mucronatum. — 61. Centranthus angustifolius. — 62. Scabiosa graminifolia. — 65. Scorzonera austriaca, Doronicum pardalianche, Inula squarrosa, Artemisia absinthium, Leuzea conifera. — *Corolliflores.* 74. Jasminum fruticans, Vinca major. — 85. Linaria striata. — 86. Sideritis scordioides, Lavandula vera. — *Monochlamydées.* 98. Daphne laureola, D. alpina, D. cneorum? — 105. Buxus sempervirens. — 108. Quercus pubecens, Q. apennina. — 112. Juniperus sabina. — *Endog. phanérog.* 122. Orchis pallens? — 125. Ruscus aculeatus. — 127. Lilium bulbiferum, Ornithogalum sulfureum, Erythronium dens-canis, Allium paniculatum, A. fallax. — 129.

Luzula Forsteri, L. nivea. — 151. Kœleria valesiaca, Stipa pennata, S. capillata. — *Endog. cryptog.* 156. Ceterach officinarum.

C. 2. *Apparaissent généralement vers les niveaux inférieurs de la région montagneuse, ou du moins ne sont quelque peu habituelles ou répandues qu'au-dessus de cette limite.*

Thalamiflores. 1. Thalictrum aquilegifolium, Ranunculus aconitifolius, R. lanuginosus, R. gracilis, Trollius europæus, Aconitum lycoctonum, A. napellus. — 6. Arabis alpina, A. turrita, A. arenosa, Dentaria pinnata, D. digitata, Lunaria rediviva, Draba aizoides, Kernera saxatilis, Thlaspi montanum, T. alpestre. — 8. Helianthemum grandiflorum. — 9. Viola palustris. — 15. Dianthus cæsius, Mœhringia muscosa, Stellaria nemorum, Cerastium strictum? — 19. Hypericum dubium, H. montanum. — 20. Acer pseudo-platanus. — 23. Geranium sylvaticum. — *Calyciflores.* 29. Rhamnus alpinus. — 31. Genista prostrata, G. pilosa, Trifolium montanum, Coronilla vaginalis. — 34. Potentilla caulescens, Spiræa aruncus, Geum rivale, Rubus saxatilis.—35. Rosa pimpinellifolia, R. alpina, R. rubrifolia, Alchemilla vulgaris.—36. Cotoneaster vulgaris, C. tomentosa, Sorbus aria, S. intermedia, S. aucuparia.—38. Circæa alpina, Epilobium trigonum.—53. Ribes alpinum, R. petræum. — 54. Saxifraga aizoon, S. sponhemica, Chrysosplenium alternifolium, C. oppositifolium? — 55. Astrantia major, Pimpinella rubra, Buplevrum longifolium, Libanotis montana, Athamanta cretensis, Angelica montana, Laserpitium latifolium, L. siler, Chærophyllum hirsutum, C. aureum, Anthriscus torquata. — 59. Lonicera alpigena, L. nigra, L. cærulea. —60. Galium rotundifolium.—61. Valeriana montana, V. tripteris. —62. Knaulia longifolia.—63. Adenostyles albifrons, A. alpina, Petasites albus, Bellidiastrum Michelii, Chrysanthemum montanum, Senecio nemorensis, Cirsium eriophorum, C. rivulare, Carduus defloratus, C. personnata, Centaurea montana, Hypocheris maculata, Prenanthes purpurea, Crepis succisæfolia, Hieracium Jacquini, H. amplexicaule, H. glaucum, H. flexuosum. — 66. Phyteuma orbicularis, Campanula pusilla, C. rhomboidalis, C. latifolia.—67. Vaccinium myrtillus, V. vitis-idæa.—68. Arctostaphylos officinalis.—69. Pyrola secunda. —*Corolliflores.* 77. Gentiana lutea, G. verna, G. campestris, G. asclepiadea, Swertia perennis.—80. Cynoglossum montanum, Cerinthe alpina.—82. Scrophularia Hoppii. — 83. Digitalis lutea, D. grandiflora, Erinus alpinus, Veronica urticæfolia. — 85. Melampyrum sylvaticum. — 86. Salvia glutinosa, Stachys alpina, Teucrium montanum.—89. Pinguicula vulgaris, P. grandiflora,

Primula farinosa, P. auricula, Cyclamen europæum? — 91. Globularia cordifolia. — *Monochlamydées*. Rumex alpinus, Polygonum bistorta. — 100. Thesium alpinum.— 104. Empetrum nigrum? — 109. Salix pentandra, S. grandifolia. — 112. Taxus baccata, Abies excelsa, A. pectinata.— *Endog. phanérog*. 122. Orchis globosa, O. sambucina, Gymnadenia odoratissima, Listera cordata, Corallorhiza innata, Epipogium Gmelini.—123. Crocus vernus. —124. Streptopus amplexifolius. — 125. Convallaria verticillata. —127. Fritillaria Meleagris?, Gagea lutea?, Lilium martagon.—128. Veratrum album. —129. Luzula maxima. —130. Carex montana, C. ornithopoda.—131. Calamagrostis montana, Lasiagrostis calamagrostis, Sessleria cœrulea, Poa hybrida, Festuca sylvatica?, Elymus europæus, Nardus stricta.—*Endog. criptog.* 133. Equisetum sylvaticum. — 136. Polypodium phægopteris, P. dryopteris, P. robertianum, Aspidium oreopteris, A. lonchitis, A. aculeatum, A. dilatatum, Cystopteris montana, Asplenium viride, Blechnum spicant. — *Il faut y ajouter quelques espèces plus particulièrement austro-occidentales.* — 6. Erysimum ochroleucum?, Iberis saxatilis?—23. Geranium phæum, G. nodosum. —31. Cytisus alpinus, Anthyllis montana.—34. Rosa glandulosa.—63. Inula montana?, Cirsium erisithales, Serratula nudicaulis, Hieracium andryaloides, H. lanatum. — 123. Narcissus incomparabilis. — 129. Luzula flavescens.— Asplenium Halleri. — *NB. Plusieurs espèces de ce groupe devront peut-être plus tard appartenir au précédent.*

C. 3. *Apparaissent généralement vers les niveaux supérieurs de la région montagneuse, ou sont alpestres.*

Thalamiflores. 1. Ranunculus alpestris, Anemone narcissiflora, A. alpina. — 6. Hutchinsia alpina. — 8. Helianthemum œlandicum. — 9. Viola calcarata, V. biflora,—13. Gypsophila repens, Silene quadrifida.—14. Spergula saginoides, Alsine saxatilis, A. laricifolia, Arenaria ciliata.—16. Linum montanum? — *Calyciflores*. 31. Trifolium cæspitosum, T. badium, Oxytropis montana, Orobus luteus. — 34. Dryas octopetala, Geum montanum, Potentilla aurea, P. salisburgensis, P. minima, Sibbaldia procumbens. — 35. Alchemilla alpina. — 36. Sorbus chamæmespilus. — 38. Epilobium alpinum. — 51. Sedum atratum, S. dasyphyllum, Sempervivum tectorum. — 54. Saxifraga oppositifolia, S. aizoides, S. muscoides, S. rotundifolia. — 55 .Buplevrum ranunculoides, Heracleum alpinum.—60. Galium alpestre.— 62.Scabiosa lucida.—63. Homogyne alpina, Petasites niveus, Aster alpinus, Erigeron alpinum, Senecio doronicum, S. lyratifolius, Gnaphalium leontopodium, Sonchus alpinus, Crepis aurea, C. blattaroides, Soyeria montana, Hieracium aurantiacum, H. villosum.—66. Campanula thyrsoidea.—67. Arctostaphylos alpina. — 68. Rhododendron ferrugineum, R. hirsutum. — *Corolliflores*. 77. Gentiana acaulis, G. nivalis. — 80. Myosotis alpestris. — 83. Linaria alpina, Veronica aphylla, V. fruticulosa, V. saxatilis, V. alpina. — 85. Tozzia alpina, Bartsia alpina, Pedicularis foliosa, Euphrasia salisburgensis, E. minima. — 85. Calamintha alpina. — 89. Pinguicula alpina.— 90. Soldanella alpina, Androsace lactea.—93. Plantago alpina, P. montana. —*Monochlamydées*. 97. Polygonum viviparum, Rumex arifolius.— 109. Salix retusa, S. reticulata. — 110. Juniperus nana. — *Endog. phanérog.* 122. Gymnadenia albida, Nigritella angustifolia. — 125. Narcissus pseudonarcissus, N. poeticus. — 127. Czackia liliastrum, Allium victorialis. — 129. Luzula sudetica, L. spicata.— 150. Carex sempervirens, C. ferruginea, C. tenuis. — 151. Phleum Michelii?, P. alpinum, Agrostis alpina, Poa alpina, Festuca nigrescens, F. pumila, F. Scheuchzeri. — *Endog. cryptog.* 156. Polypodium alpestre, Aspidium rigidum, Lycopodium selaginoïdes. *Il faut ajouter quelques espèces particulièrement austro-occidentales :* 1. Atragene alpina, Ranunculus thora, Aconitum anthora?—12. Dianthus monspessulanus? — 14. Alsine liniflora, Arenaria grandiflora. — 19. Hypericum Richeri. — 55. Eryngium alpinum.— 60. Cephalaria alpina. — 90. Androsace villosa. *Nous n'avons pas compris dans ce groupe les espèces de la Chartreuse qui appartiennent la plupart à des altitudes supérieures à notre région alpestre jurassique. Nous les avons réunies à part dans le groupe K.*

SECTION II. *Plantes éliminées de la comparaison à divers titres, ou qu'il importe beaucoup moins d'y faire entrer que celles des stations précédentes.*

D. *Plantes aquatiques des plus ubiquistes quant aux sols, ou plutôt quant aux roches soujacentes.*

Thalamiflores 1. Ranunculus aquatilis, R. fluitans, Thalictrum flavum?, T. angustifolium. — 5. Nymphæa alba, Nuphar luteum. — 6. Nasturtium officinale. —13. Stellaria uliginosa. S. glauca. — 14. Drosera rotundifolia, D. longifolia, D. intermedia. — 23. Geranium palustre. — *Calyciflores*. 54. Comarum palustre, Sanguisorba officinalis. — 58. Epilobium palustre. — 41. Callitriche vernalis. — 55. Berula angustifolia. — 60. Galium palustre. — 65. Petasites officinalis, Bidens tripartita. — 67. Vaccinium oxycoc-

cos. — 68. Andromeda poliifolia. — *Corolliflores.* 77. Menyanthes trifoliata. — 83. Veronica anagallis, V. Becabunga. — 85. Mentha aquatica,
Scutellaria galericulata, Lycopus europæus. — *Monochlamydées.* 97. Polygonum hydropiper, P. amphibium. — 109. Salix repens, S. ambigua, S. fragilis, S. alba, S. amygdalina, S. rubra, S. incana. — *Endog. phanérog.*
117. Potamogeton lucens, P. natans, P. rufescens, P. gramineus, P. Horne-
manni, P. perfoliatus, P crispus, P. pusillus, P. densus. — 119. Lemna
minor. — 120. Sparganium ramosum. — 122. Epipactis palustris, Spiranthes æstivalis? — 124. Iris pseudo-acorus. — 130. Eriophorum vaginatum,
Carex vesicaria, C. ampullacea, C. paludosa, Scirpus lacustris, Heleocharis
palustris. — 131. Glyceria fluitans. — *Endog. cryptog.* Equisetum palustre.
Quelques-unes affectionnent des altitudes supérieures. 130. Eriophorum alpinum, Vignea canescens, V. heleonastes, Psyllophora pauciflora. — 54. Saxifraga hirculus.—67. Vaccinium uliginosum.—110. Betula torfacea, B. nana.
—112. Pinus uliginosa.— 116. Scheuchzeria palustris.

*E. Plantes terrestres formant le fonds de la végétation dans toute la contrée et des
plus ubiquistes quant aux altitudes et aux terrains. Les espèces marquées d'un * recherchent davantage les sols dysgéogènes et tendent à se joindre au groupe des jurassiques moyennes C 1.; les espèces marquées ** préfèrent les roches eugéogènes
psammiques, et se rapprochent du groupe B 1.*

Thalamiflores. 1. Clematis vitalba, Anemone nemorosa, Ranunculus fi-
caria, R. auricomus, R. acris, R, nemorosus *, R. repens, R. bulbosus,
Caltha palustris, Actæa spicata. — 2. Berberis vulgaris. — 4. Chelidonium
majus. — 5. Corydalis cava.— 6. Barbarea vulgaris, Cardamine pratensis,
C. amara, Sisymbrium officinale, S. alliaria, Alysson calycinum, Draba verna,
Capsella bursa pastoris. — 8. Helianthemum vulgare *. — 9. Viola hirta,
V. odorata, V. sylvestris.—10. Reseda luteola.— 11. Parnassia palustris.—
12. Polygala vulgaris **, P. amara *. — 13. Dianthus prolifer **, D. armeria,
D. carthusianorum *, D. superbus, Saponaria officinalis, Silene nutans, S. inflata, Lychnis floscuculi, L. vespertina, L. diurna. — 14. Sagina procum-
bens **, Arenaria trinervia, A. serpyllifolia, Stellaria media, Malachium aqua-
ticum, Cerastium semidecandrum, C. pumilum, C. triviale, C. arvense,
C. glomeratum, C. brachypetalum.—16. Linum catharticum. — 17. Malva
rotundifolia, M. alcæa, M. sylvestris, M. moschata. — 18. Tilia grandifolia,
T. parvifolia. — 19. Hypericum perforatum, H. tetrapterum, H. hirsutum*.
— 20. Acer campestre. — 23. Geranium pusillum, G. columbinum,
G. molle, G robertianum. — 25. Oxalis acetosella. — *Calyciflores.* 28. Evo-

nymus europæus. — 29. Rhamnus catharticus, R. frangula. — 31. Ononis repens*, Anthyllis vulneraria*, Medicago lupulina, Melilotus arvensis, Genista sagittalis*, G. tinctoria**, Trifolium pratense, T. medium, T. ochroleucum, T. repens, T. procumbens, T. filiforme, Lotus corniculatus, Astragalus glycyphyllos, Hippocrepis comosa*, Onobrychis sativa, Vicia cracca, V. sepium, Lathyrus sylvestris, L. pratensis. — 33. Prunus spinosa*, Cerasus dulcis.— Spiræa ulmaria, Geum urbanum, Rubus fruticosus. R. idæus, R. cæsius, Fragaria vesca, Potentilla anserina, P. reptans, P. verna*, P. fragaria Tormentilla erecta**, Agrimonia eupatorium, Rosa canina, R. tomentosa, R. arvensis, R. rubiginosa*. — 35. Poterium sanguisorba*. — 36. Cratægus oxyacantha, C. monogyna.— 38. Epilobium angustifolium, E. hirsutum, E. parviflorum, E. montanum, E. tetragonum, E. roseum?, Circæa lutetiana. — 51. Sedum album, S. acre, S. sexangulare*. — 53. Ribes uva-crispa. — 54. Saxifraga tridactylites. — 55. Sanicula europæa, Ægopodium podagraria, Carum carvi, Pimpinella magna, P. saxifraga*. Silaus pratensis, Angelica sylvestris, Pastinacca sativa, Heracleum sphondylium, Daucus carotta, Torylis anthriscus, Anthriscus sylvestris, Chærophyllum temulum.—56. Hedera helix.—57. Cornus sanguinea.—58. Viscum album.—59. Adoxa moschatellina, Sambucus ebulus. S. nigra, Lonicera xilosteon, Viburnum lantana, V. opulus.—60. Asperula cynanchica**, A. odorata, Galium cruciata, G. aparine, G. verum, G. mollugo, G. sylvestre. — 61. Valeriana officinalis, V. dioica. — 63. Dipsacus sylvestris, D. pilosus, Knautia sylvatica, K. arvensis, Succisa pratensis, Scabiosa columbaria.—65. Eupatorium cannabinum. Tussilago farfara**, Bellis perennis, Erigeron canadense, E. acre*, Solidago virga aurea. Pulicaria dysenterica**, Gnaphalium sylvaticum, G. uliginosum**, G. dioicum, Artemisia vulgaris, Achillæa millefolium, Chrysanthemum leucanthemum, Senecio vulgaris, S. jacobæa, S. erucifolia, Cirsium lanceolatum, C. palustre, C. oleraceum, Carduus crispus, C. nutans, Lappa major, L. minor, L. tomentosa, Carlina vulgaris, Centaurea jacea, C. scabiosa, Lapsana communis, Cichorium intybus, Leontodon autumnale, L. hastile, Picris hieracioides, Tragopogon pratense, Hypochæris radicata, Taraxatum officinale, Phœnixopus muralis, Sonchus oleraceus, S. asper, Barkhausia taraxacifolia, Crepis biennis, C virens, Hieracium pilosella, H. auricula**, H. murorum, H. umbellatum**.—66. Phyteuma spicatum, Campanula rotundifolia, C. rapunculus, C. rapunculoides, C. trachelium, C. persicifolia?, C. glomerata. — 68. Calluna vulgaris**.—69. Pyrola rotundifolia, P. minor.—70. Monotropa hypopytis. — *Corolliflores*. 72. Ilex aquifolium. — 73. Ligustrum vulgare, Fraxinus excelsior**.—76. Vinca minor. — 77. Gentiana cruciata*, G. germanica, G. ciliata*, Erythræa centaurium**. — 79. Convolvulus sepium, Cuscuta europæa, C. epithymum, C. epilinum. — 80. Cynoglossum officinale, Symphytum officinale, Echium vulgare, Lithospermum officinale, Myosotis palustris, M. intermedia, M. hispida, M. versicolor**, M. stricta**. — 81. Solanum dulcamara. —82. Verbascum thapsus *, V. Schraderi, V. nigrum, Scrophularia nodosa, S. aquatica. — 83. Linaria vulgaris, Veronica chamædrys, V. officinalis, V. serpyllifolia**, V. agrestis, V. dydyma?, V. opaca?, V. hederæfolia.—84. Lathræa squammaria, Orobanche Galii, O. epithymum, O. cruenta.—85. Melampyrum pratense**, Pedicularis sylvatica**, Rhinanthus cristagalli, Euphrasia serotina, E. officinalis**. —86. Mentha sylvestris, Salvia pratensis, Origanum vulgare*, Thymus serpyllum, Glechoma hederacea, Lamium maculatum, L. purpureum, L. album, Galeopsis ladanum, G. tetrahit, Galeobdolon luteum, Stachys sylvatica, S. palustris, Betonica officinalis, Prunella vulgaris**. Ajuga reptans, Clinopodium vulgare. — 87. Verbena officinalis. — 90. Lysimachia nummularia, L. nemorum**, Primula officinalis, P. elatior. — 93. Plantago major, P. media, P. lanceolata. — *Monochlamydées*. 96. Blitum bonus henricus, Rumex conglomeratus, R. nemorosus**, R. crispus, R. obtusifolius, R. acetosa, R. acetosella**, Polygonum persicaria, P. lapathifolium, P. aviculare, P. dumetorum?—98. Daphne mezereum. —105. Euphorbia platyphyllos, E. stricta*, E. cyparissias**, E. peplus. — 106. Urtica urens, U. dioica, Humulus lupulus, Ulmus campestris. — 107. Corylus avellana. — 109. Salix cinerea, S. capræa, Populus tremula**. — 110. Juniperus communis, Pinus sylvestris?—*Endog. phanérog.* 121. Arum maculatum.—122. Orchis morio, O. maculata, O. mascula, O. latifolia?, Gymnadenia conopsea *, Habenaria viridis, Cephalanthera pallens *, Epipactis latifolia *, Neottia nidus-avis, Goodiera repens, Cypripedium calceolus. — 124. Leucoium vernum*. — 125. Paris quadrifolia. — 126. Tammus communis? — 127. Scilla bifolia *, Allium ursinum. — 128. Colchicum autumnale. — 129. Juncus effusus, J. glaucus, J. lamprocarpus, J. bufonius, Luzula pilosa, L. campestris. — 130. Scirpus sylvaticus, Blysmus compressus, Eriophorum latifolium, Psyllophora davalliana, Vignea muricata *, V. leporina, V. remota**, Carex vulgaris, C. præcox, C. panicea, C. glauca, C. maxima, C. pallescens, C. flava, C. OEderi, C. sylvatica, C. hirta. — 131. Anthoxanthum odoratum **, Phalaris arundinacea, Phleum pratense, Agrostis stolonifera **, A. vulgaris**, Milium effusum, Kœleria cristata*, Holcus lanatus, Arrhenaterum elatius, Avena pubescens, A. flavescens, Melica nutans, Briza media, Poa annua, P. nemoralis, P. trivialis, P. pratensis, P. compressa, Brachypodium sylvaticum, B. pinnatum *, Lolium perenne, Bromus mollis, B. asper,

B. erectus *, Triticum repens, T. caninum, Dactylis glomerata, Cynosurus cristatus, Festuca duriuscula*, F. rubra**, F. gigantea, F. elatior. — *Endog. cryptog.*153. Equisetum arvense, E. eburneum, E. palustre. — 156. Ophyoglossum vulgatum**, Botrychium lunaria, Polypodium vulgare, Aspidium filix mas, Athyrium filix fœmina, Cystopteris fragilis, Asplenium trichomanes, A. ruta muraria, Scolopendrium officinale*, , Pteris aquilina**.

     F. *Plantes introduites par les cultures ou l'habitation, et qui probablement disparaitraient avec elles.*

     F 1. *Les unes se tiennent de préférence dans la région basse et montent peu dans le Jura : la plupart paraissent affectionner les sols eugéogènes, et quelques-unes sont austro-occidentales.*

     Thalamiflores. 1. Adonis æstivalis. A. flammea, Nigella arvensis, Delphinium consolida.—5. Papaver argemone.—5. Fumaria capreolata.—6. Myagrum perfoliatum, Calepina Corvini. — 13 Spergula arvensis, Alsine segetalis, A. tenuifolia? — *Calyciflores.* 51. Lathyrus cicera, L. aphaca, L. nissolia, Medicago apiculata, M. orbicularis, M. scutellata, Astrolobium scorpioides, Vicia angustifolia, V. lathyroïdes, V. lutea,Ervum gracile.—55. Falcaria Rivini, Ammi majus, A. glaucifolium, Buplevrum rotundifolium, B. protractum, Scandix pecten, Torylis helvetica.—60. Asperula arvensis, A. tinctoria, Galium saccharatum, G, tricorne, G. anglicum. — 61. Valerianella carinata, V. auricula. — 63. Filago gallica, Calendula arvensis, Centaurea solstitialis, Barkhausia setosa. — 66. Prismatocarpus hybridus. — *Corolliflores.* 70. Heliotropium europæum, Asperugo procumbens, Lycopsis arvensis,—85. Linaria elatine, Veronica acinifolia, V. præcox. — 86. Stachys arvensis, Ajuga chamæpytis, Lamium hybridum. — *Monochlamydées.* 94. Amaranthus blitum. — 105. Euphorbia falcata. — *Endog. phanérog.* 123. Gladiolus segetum.— 127. Tulipa sylvestris, Ornithogalum umbellatum, Gagea arvensis, Allium rotundum, A. vineale, A. scorodoprasum, Muscari racemosum, M. comosum, M. botryoides. — 151. Bromus arvensis, B. squarrosus, Gastridium lendigerum, Gaudinia fragilis.

     F 2. *Les autres s'élèvent avec les cultures, et la plupart jusque dans la région montagneuse du Jura.*

     Thalamiflores. 1. Ranunculus arvensis. — 2. Papaver rhœas, P. dubium. —5. Fumaria officinalis, F. Vaillantii. — 6. Sisymbrium thalianum, Sinapis arvensis, Thlaspi arvense, T. perfoliatum, Iberis amara, Lepidium campestre,

Neslia paniculata, Raphanus raphanistrum. — Viola tricolor. — 12. Lychnis githago, Saponaria vaccaria. — 23. Geranium dissectum. — *Calyciflores.* 31. Trifolium arvense, Ervum hirsutum, E. tetraspermum, Lathyrus hirsutus. — 36. Alchemilla arvensis. — 50. Scleranthus annuus. — 55. Carum bulbocastanum, Æthusa cynapium, Orlaya grandiflora, Caucalis daucoides.— 60. Shérardia arvensis.—61. Valerianella olitoria, V. dentata. — 63. Filago germanica, Anthemis arvensis, A. cotula, Chrysanthemum inodorum, Matricaria chamomilla, Cirsium arvense, Centaurea cyanus, Sonchus arvensis. 66. Prismatocarpus speculum. — *Corolliflores.* 79. Convolvulus arvensis. — 83. Linaria spuria, L. minor, Veronica arvensis, V. triphyllos.—85. Melampyrum arvense. — 86. Stachys annua, Teucrium botrys, Mentha arvensis, Calamintha acinos. — 90. Anagallis phœnicea, A. cœrulea. — *Monochlamydées.* 96. Chenopodium album, C. polyspermum ? — 97. Polygonum convolvulus. — 98. Passerina annua. — 105. Euphorbia helioscopia, E. peplus, E. exigua. — *Endog. phanérog.* 127. Allium oleraceum. — 131. Setaria verticillata, S. viridis, S. glauca, Alopecurus agrestis?, Apera spica venti. Bromus secalinus, Lolium temulentum.

G. *Plantes cultivées tendant plus ou moins à se naturaliser et dont quelques-unes sont peut-être indigènes.*

G 1. *Plantes des grandes cultures : céréales, fourragères, oléagineuses, textiles, tinctoriales, arbres, etc.*

Thalamiflores. 4. Papaver somniferum. — 6, Brassica oleracea, B. nigra, B. napus, B. rapum, Sinapis alba, Camelina sativa, C. dentata, Isatis tinctoria. — 16. Linum usitatissimum. — 22. Vitis vinifera. — *Calyciflores.* 31. Lupinus albus, Medicago sativa, M. lupulina, Trifolium pratense, T. incarnatum, Vicia sativa, V. faba, Cicer arietinum, Ervum lens, E. ervilia, Pisum arvense. — 53. Amygdalus communis, Persica vulgaris, Armeniaca vulgaris, Prunus insititia?, P. domestica, Cerasus acida, Mespilus germanica?, Cydonia vulgaris?, Sorbus domestica? — 55. Pimpinella anisum. — 60. Rubia tinctorum. — 63. Carthamus tinctorius. — *Corolliflores.* 73. Olea europæa. — 81. Solanum tuberosum, Nicotiana tabacum, N. rustica. — *Monochlamydées.* 97. Polygonum fagopyrum, P. tataricum. — 106. Ficus carica, Morus alba, M. nigra, Cannabis sativa.—107. Juglans regia.—*Endog. phanérog.* 131. Zea maïs, Panicum miliaceum, Setaria italica, Avena sativa, A. orientalis, A. nuda, A. strigosa, A. fatua, Triticum vulgare,

T. spelta, T. dicoccum, T. monococcum, T. durum, T. turgidum, T. polonicum, Secale cereale, Hordeum vulgare, H. distichum, H. hexastychon, H. zeocriton.

G 2. *Plantes de petite culture, potagères et officinales.*

Thalamiflores. 6. Cochlearia officinalis, Armoracia ruticana?, Lepidium sativum, L. latifolium, Raphanus sativus. — 27. Ruta graveolens. — *Calyciflores.* 31. Pisum sativum, Phaseolus vulgaris, P. multiflorus. — 47. Cucurbita pepo, Cucumis melo, C. sativus. — 45. Apium graveolens, Petroselinum sativum, Fœniculum officinale?, Ligusticum levisticum, Angelica archangelica, Anthriscus cerefolium, Myrrhis odorata?, Coriandrum sativum. — 61. Valeriana phu. — 65. Inula helenium, Artemisia pontica, A. dracunculus, Anthemis nobilis, Chrysanthemum parthenium, Cynara scolymus, C. carduncellus, Cichorium endivia, Tragopogon porrifolium, Scorzonera hispanica, Lactuca sativa. — *Corolliflores.* 80. Borrago officinalis. — 81. Lycopersicum esculentum. — 86. Salvia officinalis, S. sclarea, Melissa officinalis?, Hyssopus officinalis?, Thymus vulgaris? — *Monochlamydées.* 96. Blitum capitatum, B. virgatum, Beta vulgaris, Atriplex hortensis, Spinacia oleracea, Rumex patientia, R. acetosa. — 98. Laurus nobilis. — 105 Euphorbia lathyris. — *Endog. phanérog.* 127. Allium sativum, A. porrum, A. ascalonicum, A. fistulosum. — 131. Phalaris canariensis.

G 5. *Plantes d'ornement les plus communes.*

Thalamiflores. 5. Corydalis lutea. — 6. Cheiranthus cheiri?, Iberis umbellata. — 13. Dianthus plumarius, D. barbatus, D. sinensis, Silene armeria, Lychnis flos-jovis? — 21. Æsculus hippocastanum. — 23. Erodium moschatum? — 24. Oxalis stricta?, O. corniculata? — *Calyciflores* — 31 Robinia pseudo-acacia, Lathyrus latifolius. — 55. Prunus lauro-cerasus. — 57. Punica granatum — 45. Philadelphus coronarius. — 46. Myrtus communis. — 52. Opuntia vulgaris. — 55. Viburnum tinus? — 61. Centranthus ruber? — 65. Aster novi-Belgii, A. brumalis, etc., Calendula officinalis, Echinops sphærocephalus, Silybum marianum. — *Corolliflores.* 75. Syringa vulgaris. — 78. Polemonium cœruleum? — 81. Lycium barbarum, L. europæum. — *Monochlamydées.* 94. Amaranthus caudatus. — 95. Phytolacca decandra. — 106. Celtis australis. — 119. Salix babylonica, Populus pyramidalis. — 122. Cupressus sempervirens, Thuya occidentalis, Abies larix. — *Endog. phanérog.* 135. Gladiolus communis, Iris germanica?, Narcissus biflorus. —

127. Lilium candidum, Ornithogalum nutans?, Leucoium æstivum?, Scilla amœna, S. italica?, S. verna?, Hemerocallis fulva?, H. flava, Endymion nutans.

II. *Plantes dont l'indigénat ou l'existence dans nos limites laisse quelque incertitude.*

1. Pæonia officinalis, Epimedium alpinum. — 6. Arabis pumila, A. bellidifolia, Cardamine trifolia, Sisymbrium Lœselii, S. irio, S. polyceratium, S. pannonicum. — 15. Cerastium tomentosum, C. alpinum. — 29. Rhamnus infectorius. — 31. Genista anglica, Galega officinalis, Vicia Gerardi. — 33. Epilobium virgatum. — 34. Bulliardia Vaillantii, Tillæa muscosa. — 55. Petroselinum segetum, Caucalis leptophylla. — 60. Asperula taurina?— 93. Aster salignus, Gnaphalium margaritaceum, Chrysanthemum segetum, Prenanthes viminea, Sonchus palustris. — 64. Wahlenbergia erinus. — 68. Erica carnea, E. tetralix, E. cinerea, E. scoparia. — 76. Ajuga pyramidalis. — 92. Statice alpina. — 93. Plantago arenaria. — 96. Atriplex tatarica. — 105. Euphorbia segetalis. — 122. Orchis variegata. — 127. Gagea Liottardi, G. bohemica, G. italica, G. minima, Allium nigrum, A. suaveolens, A. ampeloprasum, A. intermedium, Bulbocodium vernum. — 130. Carex mucronata. — 136. Struthiopteris germanica.

I. *Plantes non classées par divers motifs.*

1. Anemone sylvestris, A. pulsatilla, Adonis vernalis, Helleborus viridis, Eranthis hyemalis.—5. Fumaria parviflora, Papaver hybridum.—6. Barbarea præcox, Cardamine granulosa, Dentaria bulbifera, Sisymbrium strictissimum, Erysimum crepidifolium, Diplotaxis viminea, Iberis Violeti, Capsella procumbens, Bunias erucago.—9. Viola alba, V. canina, V. Schultzii, V. stagnina, V. pratensis, V. elatior, V. mirabilis.—12. Polygala calcarea, P. chamæbuxus.—13. Silene linicola, Lychnis viscaria.—14. Alsine marina, Stellaria viscida. —16. Linum Leonii. —23. Geranium pratense. — 27. Dictamnus fraxinella. — 28. Staphylea pinnata. — 31. Cytisus nigricans, Vicia pisiformis, V. sylvatica, V. dumetorum, V. tenuifolia, V. villosa, Lathyrus heterophyllus, L. sphæricus, Orobus canescens, O. albus. — 33. Fragaria elatior, F. collina, F. Hagenbachiana, Potentilla inclinata, P. cinerea, P. opaca, P. intermedia, P. petiolulata, Agrimonia odorata, Rosa pomifera, R. systyla. — 36. Sorbus hybrida. — 38. Epilobium Dodonæi, Circæa intermedia. — 51. Sedum faharia, S. purpurascens, S. maximum. — 53. Ribes nigrum.

R. rubrum. — 55. Æthusa elata, Seseli hippomorathrum, Peucedanum austriacum, Heracleum asperum. — 63. Aster tripolium, Filago Jussiœi, Inula hirta, I. germanica, Cirsium bulbosum, Carduus tenuiflorus, Serratula tinctoria, Leontodon incanum, Scorzonera humilis, Crepis alpestris.— 69. Pyrola uniflora, P. umbellata. — 86. Salvia verticillata, Chaiturus marrubiastrum. —90. Lysimachia punctata. — 93. Plantago maritima.— 96. Salicornia herbacea. —100. Thesium montanum, T. humifusum, T. rostratum, T. ebracteatum. — 103. Euphorbia nicæensis, E. esula, E. lucida, E. angulata. — 131. Crypsis alopecuroides, Chamagrostis minima, Glyceria distans, Festuca tenuifolia, Bromus inermis, Lolium italicum.—135. Equisetum paleaceum. — 136. Asplenium adianthum nigrum, *et quelques autres.*

K. Enfin, un certain nombre d'espèces montagneuses ou alpines commencent dans le groupe de la Chartreuse à des altitudes souvent supérieures à celles du Jura proprement dit, et établissent le passage de celui-ci à la végétation des Alpes méridionales.

1. Ranunculus Seguieri, Aconitum paniculatum.—6. Draba nivalis, Petrocallis pyrenaica, Hutchinsia rotundifolia. — 13. Dianthus glacialis, Silene acaulis. — 31. Ononis cenisia, O. fruticosa, Trifolium cæspitosum, Oxytropis campestris, Phaca alpina, Astragalus onobrychis, A. depressus.—34. Potentilla nitida. — 51. Rhodiola rosea, Sempervivum arachnoideum. — 54. Saxifraga cuneifolia. — 55. Astrantia minor, Imperatoria ostruthium. — 60. Galium pumilum? — 61. Valeriana saliunca. — 63. Erigeron uniflorum, Gnaphalium carpathicum, Achillæa macrophylla, Aronicum scorpioides, Cirsium spinosissimum, Aposeris fœtida, Prenanthes tenuifolia.—66. Phyteuma hemisphæricum, P. pauciflorum, Campanula barbata. — 69, Azalea procumbens.—77. Gentiana punctata.—83. Linaria Bauhini, Veronica bellidioides. —85. Pedicularis gyroflexa, P. tuberosa, P. incarnata.— 86. Betonica hirsuta, B. alopecuros, Calamintha grandiflora, Scutellaria alpina. — 91. Globularia nudicaulis. —122. Chamæorchis alpina. —131. Avena sedinensis, Poa distichophylla. — 133. Lycopodium helveticum — *Une grande partie de ces espèces apparaissent également dans les Alpes de la vallée de Maglan les plus rapprochées du Jura et dans celles des environs de Chambéry, qui comptent en outre une cinquantaine d'espèces alpines de plus, pour des altitudes peu supérieures à celles du groupe de la Chartreuse.*

§ 32. La crainte que le lecteur, après avoir parcouru l'énumération précédente ne la juge pas à notre point de vue, ou n'impute à légèreté le placement de certaines espèces, nous engage à ajouter ici quelques développements qui n'ont pu trouver place au commencement de ce chapitre.

Chaque plante a été placée dans le groupe qui a paru lui convenir le mieux, et, bien qu'un assez grand nombre se montrent très-exclusives à cet égard, un grand nombre aussi le sont assez peu pour que la convenance de leur classement ne frappe pas au premier coup-d'œil. Qu'on nous permette donc d'insister sur cela, que ces groupes ne sont pas destinés à fournir des données numériques ou à représenter des faits tranchés pour chaque plante qui les compose, mais bien à dessiner en grand les faits moyens de dispersion qu'offrent certains ensembles d'espèces, et à offrir le cadre de quelques-uns de ces faits, afin de faciliter les raisonnements ultérieurs. Il n'est aucun des groupes ci-dessus qui ne puisse encore donner lieu à des subdivisions analogues à celles qui servent de base générale à leur propre établissement.

Ainsi, la majeure partie des espèces du groupe de nos plantes ubiquistes constitue bien le fonds de la végétation dans toute la contrée, sur tous les sols et aux trois altitudes inférieures. Cependant il n'en est pas une seule qui n'affectionne encore certains sols, certaines conditions d'humidité, certains niveaux, et qui, à cet égard, ne *tende* à faire partie de quelque autre catégorie. Donnons quelques exemples : Les *Anthyllis vulneraria*, *Hippocrepis comosa*, *Rosa rubiginosa*, *Cirsium acaule* sont plus appropriés aux sols dysgéogènes ; les *Asperula cynanchica*, *Carlina vulgaris* aux stations psammiques sèches ; les *Calluna vulgaris*, *Rumex acetosella*, *Festuca rubra*, *Agrostis vulgaris* aux terrains pélopsammiques frais ; les *Tussilago farfara*, *Erythræa centaurium*, *Sambucus ebulus* aux sols péliques ; les *Knautia sylvatica*, *Angelica sylvestris*, *Solidago virga aurea* à la région sous-montagneuse, etc. Bien donc que ces plantes soient communes dans tout notre champ d'étude, elles pourraient cependant servir à caractériser chaque affleurement d'un district déterminé, et même être employées sur une plus grande échelle. On verrait, par exemple, que, sur les terrains cristallins des Vosges, l'*Hippocrepis comosa* n'est que disséminée, tandis qu'elle est répandue sur les calcaires jurassiques, et que c'est l'inverse pour la *Festuca rubra*. Cependant, comme à cet égard il est fort difficile de s'arrêter, nous avons préféré nous en tenir à des plantes dont le rôle est plus évident encore. Ainsi, nous avons admis l'*Helleborus fœtidus* dans nos jurassiques et l'*Holcus mollis* parmi les espèces extra-jurassiques, parce qu'elles se conduisent d'une manière plus tranchée que l'*Hippocrepis* et la *Festuca* ci-dessus. Bref, nous avons dû nous limiter à ce qui est suffisant pour mettre en relief certains contrastes, sans ignorer tout ce qui peut se grouper autour d'eux, et uniquement pour les rendre plus saisissables. Ce que nous avons négligé étant réintroduit ne ferait que corroborer tout ce que nous avancerons. Ce raisonnement peut s'appliquer à plusieurs de nos groupes, tant sous le rapport des roches soujacentes qu'à l'égard des régions d'altitude, et nous prions le lecteur de ne pas le perdre de vue.

Disons maintenant un mot sur nos groupes de plantes introduites, naturalisées, douteuses, etc. On commence à être généralement d'accord sur l'origine étrangère d'un grand nombre d'espèces. Les unes, cultivées pour divers usages, se sont acclimatées, plus ou moins répandues, apparaissent ou disparaissent, se montrent irrégulièrement, tantôt persistantes, tantôt fugaces : pour celles-là, à part quelques cas douteux, la provenance exotique ne saurait être récusée. D'autres, en plus grand nombre, paraissent avoir été introduites médiatement par les grandes cultures et l'habitation. Cette provenance est évidente pour un grand nombre de plantes, plus controversable pour plusieurs autres. La plupart ne se trouvent point dans les localités naturelles qui ont échappé aux deux influences modificatrices ci-dessus, et disparaîtraient probablement avec elles après un temps plus ou moins long. Il y a dans nos limites au moins 250 plantes de ces deux catégories. M. Rœper en a compté 190 dans le canton de Bâle ; M. Kölliker en admet 250 environ dans celui de Zurich, mais il y fait figurer, probablement avec raison, un assez grand nombre de celles que nous avons envisagées comme appartenant au fonds de la végétation indigène. M. Nägeli serait porté à diviser ces sortes d'espèces en deux classes : celles qui n'existaient pas dans les temps anté-historiques et ont été introduites, par exemple *Iberis amara* ; celles qui paraissent jouer le même rôle, mais qui, réellement originaires du pays, se sont accomodées des stations artificielles en y modifiant leur habitation par une vie multiséculaire, par exemple le *Poa annua*. Il est évident qu'il sera toujours bien difficile d'asseoir quelque chose de positif à cet égard. En somme, il est probable que dans nos contrées, le nombre réel des plantes introduites n'est pas inférieur à 500, c'est-à-dire la sixième partie environ de la flore totale, ou bien une naturalisée pour cinq autochthones. La majeure partie d'entre elles sont annuelles ou bisannuelles. La dispersion historique de quelques espèces exotiques en Europe, telles que les *Erigeron canadense, Œnothera biennis, Agave americana, Cactus opuntia* peut donner une idée de ce qui s'est passé dans la naturalisation certainement très-ancienne des plantes de cette catégorie dont plusieurs sont loin d'avoir acquis un aussi véritable indigénat et une aussi large diffusion que l'*Erigeron,* par exemple. Toutefois, selon la remarque de M. Friese, il est aisé de pécher par excès dans ce genre d'appréciation. Un assez grand nombre de plantes qui accompagnent nos cultures et nos habitations par suite de la constitution psammique, graveleuse ou azotée de nos sols artificiels, se retrouvent dans les stations naturelles analogues qui ont pu être leur aire primitive. Tels sont les *Carduus, Lithospermum, Urtica, Cynoglossum, Galeopsis, Chenopodium, Solanum, Bromus,* etc. que l'on retrouve sur les pentes graveleuses, les plages, dans les stations ruderales naturelles, etc.

Le temps est passé où les botanistes se préoccupant trop exclusivement de l'augmentation numérique des végétaux de la contrée objet de leurs études, y faisaient figurer légèrement des plantes exotiques, limitrophes ou *suspectissimæ cives.* C'est ainsi que Schübler et Martens ont retranché de la flore wurtembergeoise plus de 250 espèces, M. Hagenbach une trentaine de celle de Bâle, et M. Grenier plus de 50 de celle du Doubs, qui y avaient été signalées à tort par les premiers observateurs. C'est ainsi encore que tout récemment MM. Germain et Cosson ont fait à très-juste titre disparaître de la flore parisienne près de 80 espèces qui y avaient été introduites avec une incroyable légèreté (¹). Cependant il faut aussi se garder à cet égard d'une élimination trop précipitée ; si l'on doit reconnaitre beaucoup d'erreurs dans les anciennes indications, on doit aussi ne pas oublier que bien des espèces ont disparu des localités où elles existaient par suite de défrichements, aménagements forestiers, dessèchements de marais, travaux de route, démolition même d'anciens édifices en ruine, etc. Ainsi, aux environs de Strasbourg, selon M. Kirschleger, une quinzaine d'espèces signalées autrefois par Mappus, Lindern, Hermann manquent aujourd'hui; aux environs de Bâle, selon MM. Hagenbach et Rœper, c'est le cas pour 50 à 40 plantes ; autour de Genève, sur une quarantaine de celles qui n'ont pas été retrouvées par M. Reuter, un certain nombre ont très-probablement disparu ; plusieurs des espèces indiquées par Lachenal aux environs de Montbéliard et de Porrentruy ne s'y trouvent plus ; parmi celles que de Besses et Chantrans avaient signalées dans le Jura bisontin et qui n'ont pas été revues par M. Grenier, il en est très-probablement un certain nombre qui y ont vécu anciennement; enfin, il en est sans doute de même de quelques-unes au moins des pseudo-wurtembergeoises de Schübler et Martens. Il y a donc évidemment, et défalcation faite

____

(¹) Je me rappelle encore le temps où, avec toute l'ardeur des premières herborisations et toute la foi candide *in verba magistri,* je cherchais très-sérieusement et non moins inutilement aux environs de la grande ville, des espèces telles que *Phleum alpinum, Gentiana campestris, Phyteuma betonicæfolium, Gentiana nivalis !!* Je dois cependant dire que ma foi ne fut pas de longue durée, et qu'une première excursion de montagne m'eut bientôt ouvert les yeux.

des anciennes erreurs, un certain nombre de végétaux qui ont disparu, et qui forment, selon l'expression de M. Rœper, l'*Archeologia botanica* de la flore. Mais, encore à cet égard, ne faut-il pas trop se hâter, car des espèces longtemps inobservées sont retrouvées de temps en temps par des botanistes attentifs, ce qui a eu lieu récemment aux environs de Genève, Bâle, Zurich, etc. Au contraire, des espèces qui n'existaient pas à l'époque des premiers observateurs ont souvent apparu depuis, dans une contrée. Les mêmes modifications artificielles du sol qui ont détruit la station de certains végétaux, ont créé des combinaisons nouvelles propres au développement des graines importées du dehors ou longtemps enfouies dans la terre. De là, ces apparitions frappantes qui ont donné lieu à tant d'hypothèses et de controverses sur l'alternance, l'épuisement des sols, les générations spontanées, etc. Indépendamment de ces causes sociales, des agens de dispersion purement naturels paraissent avoir importé certaines espèces ou étendu leur aire primitive. C'est ainsi que, selon la remarque de M. Hagenbach, l'*Antirrhinum cymbalaria* et le *Nasturtium pyrenaicum* n'auraient pas existé à Bâle et dans les environs du temps de Gaspard Bauhin, et que, d'après Bernard de Montbéliard, les *Globularia vulgaris, Seseli montanum, Peucedanum Chabræi, Thalictrum minus* manquaient autour de cette ville à l'époque de Jean Bauhin, auquel ils n'auraient certainement pas échappé.

Bien donc qu'il soit fort difficile de connaître complètement l'état des espèces dans un district même assez restreint, et que l'on doive se défier des conclusions négatives basées trop souvent sur l'insuffisance de l'observation, il n'en est pas moins sûr qu'il s'opère avec le temps et de nos jours même certaines modifications dans la dispersion et la répartition des espèces. Mais il paraît certain aussi que les changements actuels plus sensibles dans la flore d'un district de peu d'étendue, sont peu importants dans une grande contrée envisagée quant à l'ensemble de son tapis végétal. Du reste, remarquons bien que dans tout cet ouvrage il s'agit d'apprécier l'état actuel de la flore et non de rechercher quelles altérations elle a pu éprouver depuis les temps anciens. Il est à-peu-près certain qu'en se reportant seulement à 2000 ans en arrière dans notre époque historique, on reconnaît de notables différences, non-seulement dans la dispersion et l'association des plantes, mais aussi dans les caractères mêmes des espèces. Ainsi que l'a bien démontré M. Fraas dans son travail sur les climats et la végétation selon les temps, la température moyenne de l'Europe centrale et méridionale s'est généralement adoucie, et l'atmosphère est devenue plus sèche depuis les siècles qui ont précédé et suivi de près l'ère chrétienne. Les modifications qui s'opèrent de nos jours paraissent avoir lieu encore dans le même sens, car l'aire des végétaux à station humide tend à se réduire, tandis que celle des plantes des lieux secs paraît prendre de l'extension. Mais, répétons-le, ceci n'appartient qu'indirectement à notre sujet.

Outre les divisions que nous avons établies dans l'énumération ci-dessus, nous aurions pu combiner les espèces de la contrée de plusieurs autres manières. Ainsi nous aurions pu former un groupe des espèces jurassiques qui se trouvent dans les montagnes du Rhin, un autre de celles qui y manquent, etc. Nous retrouverons ces combinaisons quand nous parlerons des Vosges, du Schwarzwald, etc.

Nous aurions aussi pu faire une classe à part des espèces *erratiques,* c'est-à-dire visiblement déplacées de leur station, notamment celles des montagnes amenées dans la plaine par les cours d'eau. C'est ainsi que le Rhin, sur différents points de son cours a semé des espèces alpestres, par exemple à Constance le *Saxifraga biflora,* à Eglisau le *S. mutata,* à Rheinfeld, Bâle et jusqu'à Strasbourg les *Salix daphnoïdes, Biscutella lœvigata, Myricaria germanica,* etc.; il en est de même de la plupart des rivières descendues des Alpes, et l'on voit le Rhône conduire jusqu'à Lyon la *Linaria alpina* et les *Gypsophila repens.* De même encore, selon M. Kirschleger, dans la vallée du Rhin les affluents des Vosges, comme la Bruche, amènent des espèces vosgiennes, ceux du Jura, comme l'Ill, des espèces jurassiques. C'est ainsi, en effet, qu'aux environs de Béfort la rivière d'Alleine amène jusque près de Delle la *Mœhringia muscosa* et l'*Arabis alpina,* tandis que la Savoureuse sème le *Nasturtium pyrenaicum* et la *Digitalis purpurea.* La Birse, dans son cours sur Bâle, conduit jusque dans la plaine l'*Aconitum napellus,* la *Globularia cordifolia,* la *Campanula pusilla;* le Doubs, l'Ain offrent des faits du même genre, et ainsi de suite. Il est visible que les cours d'eau jouent ainsi dans la dissémination un rôle particulier qui, un jour, a singulièrement contribué à l'état des choses actuelles, mais il paraît à-peu-près sûr aussi que leur influence à cet égard est bien réduite en ce moment, et qu'on voit régner une notable stabilité dans le tapis végétal des vallées qu'ils traversent : cela même que nous pouvons compter comme exceptions les espèces sporadiques montagneuses déplacées de leur niveau, le prouve suffisamment. Il faut même ne pas trop se presser d'envisager plusieurs plantes comme provenant des Alpes, par exemple l'*Epilobium Dodonæi,* dispersé dans la Plaine suisse par la Rhin, l'Aar, la Töss, la Thur, l'Emme, etc., se retrouve non-seulement au pied du Jura, mais au centre même de ces montagnes aux environs de Morey, et, de l'autre côté de cette chaîne, à Arbois ; le *Juncus alpinus* auquel on attribue également une origine alpestre, se rencontre à Delémont, à Besançon, au Val-de-Joux, etc. Outre ces espèces disséminées par les cours d'eau, un certain nombre d'autres offrent une dispersion ambigue : telles sont, par exemple, *Sempervivum tectorum, Sedum dasyphyllum, Primula farinosa, Cyclamen europæum, Hepatica triloba,* etc., dont on pourrait rechercher les causes. Mais, quoi qu'il en soit, la considération de ces végétaux disséminés, par rapport à l'état actuel des choses, est de peu d'importance sur l'ensemble de la distribution générale.

Enfin, nous aurions pu encore faire une classe particulière de quelques plantes naturalisées dans les montagnes par les anciens botanistes : telles sont dans les Vosges la *Rhodiola rosea* (selon M. Döll) et plusieurs saxifrages; dans le Jura neuchâtelois les *Erysimum ochroleucum, Viola grandiflora, Linaria alpina, Cerastium tomentosum,* etc., naturalisées par Junod sur des points connus ; aux environs de Montbéliard diverses espèces probablement introduites par Wetzel, comme les *Hemerocallis flava* et *fulva* du côteau de Jouvans; dans le Jura bernois les *Asperula taurina, Cephalaria alpina, Erithronium dens-canis* probablement dus à Gagnebin ; tel est enfin le *Cochlearia officinalis* des Roches de Moutier semé par Moschard et toujours indiqué comme spontané, etc. La seule chose qui importe à l'égard de ces espèces, c'est d'être bien averti de leur origine. Bien que ces sortes de plantations ne soient en général pas à conseiller, il faut remarquer qu'elles ne laisseraient pas d'offrir un certain intérêt quant à l'acclimatement, si l'on y employait des espèces convenablement choisies.

CHAPITRE SEPTIÈME.

SECTION I. *Le Jura, envisagé géographiquement, orographiquement et géologiquement.*

§ 33. Le système des Monts-Jura est formé d'un plexus de chaînes à-peu-près parallèles ou se rencontrant sous des angles très-aigus. Les plus élevées regardent le sud, le sud-est et l'est; vers le nord et l'ouest elles vont en diminuant de hauteur, et se transforment en plateaux plus ou moins accidentés et divisés en différentes directions par des déchirures profondes. On saisira d'un coup-d'œil cette structure générale dans notre croquis Pl. IV : on y verra aussi les limites de la chaîne.

On arrête ordinairement le Jura à la coupure de ses chaînes par Fort-l'Ecluse, Nantua et Bourg : mais cette limite est purement de convention, car il se continue vers le sud à travers le Bugey et la Savoie avec les mêmes caractères géologiques et orographiques, jusqu'au groupe des Alpes de la Chartreuse et du Grenier, avec lesquels il se lie. Au sud de ce massif s'étend la vallée de l'Isère qui sépare les terrains secondaires des cristallins, et forme ainsi une désinence naturelle, de la même manière que cela se passe au contact des Vosges et du Schwarzwald. Les chaînes jurassiques, ou plutôt secondaires, ne s'en continuent pas moins de l'autre côté du Graisivaudan, entre le Drac et l'Isère, mais elles portent en général le nom d'Alpes, et se présentent d'ailleurs avec des caractères géologiques et orographiques de plus en plus distincts, tandis qu'on n'a jamais donné le nom d'Alpes, et qu'on ne saurait refuser le nom, la composition et la structure jurassiques aux chaînes bugésiennes et sardes qui s'étendent de Nantua à la coupure du Guier-vif, ou bien au groupe du Grenier et de la Chartreuse. Quant à ces dernières montagnes, elles ont déjà perdu en grande partie les caractères habituels du Jura. Soit donc qu'on les regarde comme lui appartenant encore, soit qu'on les envisage comme le commencement des Alpes, elles n'en sont pas moins la limite de tout ce système de reliefs séparé de la masse principale des Alpes par une vallée large et profonde, et, sur une notable longueur, nettement isolé d'elles par l'apparition des roches et des formes cristallines. Le Jura ainsi envisagé de Regensperg à Grenoble, forme un tout orographique et géognostique continu, isolé de toutes les contrées basses ambiantes, suffisamment séparé des Alpes comme relief, et montrant cependant ses relations géologiques avec elles. Le Rhanden, au nord, n'est que le commencement de l'Albe de Souabe, et le Salève, au sud, une sentinelle avancée des Alpes sardes. Cette nouvelle délimitation du Jura, si bien indiquée par la nature même, est indispensable à l'intelligence de la dispersion des espèces dans cette chaîne, tandis que l'admission des cluses de Nantua pour limite méridionale romprait, au contraire, tous les rapports naturels avec la flore bugésienne, sarde et dauphinoise. Nous décrirons dans le chapitre suivant les plaines qui s'étendent au pied du Jura.

La majeure partie de ses reliefs s'élève à plus de 800 ᵐ, tandis que les contrées basses qui l'entourent ne dépassent guère 400 à 500 ᵐ. Ainsi, tout le massif du système envisagé quant à la moyenne de ses niveaux, s'élève au moins de 5 à 400 ᵐ au dessus de sa base. Du reste, en considérant la chose sous un autre point de vue, on voit qu'une grande partie des hauteurs varie de 400 à 700 ᵐ, une autre partie, considérable encore, de 700 à 1100, une fraction notable de 1100 à 1500, et, enfin, qu'une minime partie dépasse cette limite. Les plus hautes cimes s'élèvent de 1500 à 1700 ᵐ environ. Les points les plus bas au pied de ces montagnes ne descendent guère au dessous de 200 ᵐ. Ainsi, la plus grande élévation du Jura au dessus de sa base, est d'environ 1500 ᵐ. Il faut excepter des généralités précédentes les groupes de la Chartreuse et du Grenier dont les sommités atteignent et dépassent un peu 2000 ᵐ (1).

Nous avons divisé précédemment toute la contrée en quatre régions d'altitude que nous avons délimitées et dénommées. Les quatre teintes qui ont servi à les distinguer dans notre croquis, permettent d'y saisir aisément leur distribution. Un grand nombre de cotes numériques donnent en détail celle de chaque point.

Pour faciliter les indications, nous avons divisé le Jura arbitrairement en quatre parties : le Jura oriental, le central, l'occidental et le méridional. On

---

(1) La hauteur du Grand-Som est de 2050 ᵐ et non pas de 5050 ᵐ, ainsi qu'on le lit dans la Statistique de l'Isère d'A. Gras (page 109) ; il importe de corriger cette erreur typographique.

trouvera facilement cette division sur notre croquis où elle est tracée. Ces montagnes s'étendent sur les territoires de Suisse , de France et de Savoie, et touchent l'Allemagne à leur extrémité nord. Nous en avons aussi quelquefois désigné les divers districts par leur dénomination chorographique, ce qui divise le Jura en français, suisse et sarde, puis en Jura zuricois, argovien, soleurois, bernois (Porrentruy à Bienne), alsatique (Ferrette, Béfort, Montbéliard), neuchâtelois, vaudois, bisontin (Besançon et Doubs), salinois (Salins et montagnes voisines), ledonien (Lons-le-Saulnier et montagnes), bressan (Bourg, Ceyseriat, etc.), genevois, bugésien (ancien Bugey), savoisien et dauphinois ; mais nous avons employé ces expressions le moins que possible. Quant aux données géographiques de détail, elles se trouvent partout, et nous ne saurions y suppléer ici. On n'a porté dans le croquis que les chefs-lieux de Département, d'Arrondissement et de Canton pour les parties françaises, les chefs-lieux de Canton et de District pour les parties suisses, ceux de Province et d'Intendance pour les parties sardes ; plus quelques localités utiles ou importantes sous le rapport botanique.

Les *chaînes* nombreuses qui forment le Jura y sont combinées avec des *plateaux* et des *vallées*. Les principaux plateaux sont ceux des environs de Frick, Liesstal, Porrentruy, Monbéliard, Baume, Vercel, Ornans, Salins, Arbois, Lons-le-Saulnier, Polygny, Saint-Amour, Ceyseriat, etc., tous situés dans la région moyenne ; puis ceux de Saignelégier (Franches-montagnes), Maiche, Le Russey, Morteau, Levier, Nozeroy, Clairveaux, Septmoncel, Les Moussières, Val-Romey, etc., qui appartiennent à la région montagneuse ou en approchent. Ils sont ordinairement formés de couches à-peu-près horizontales terminées par des escarpements ou *falaises,* tantôt très-accidentés et découpés en caps et promontoires irréguliers, tantôt se soutenant en ligne droite sur d'assez grandes longueurs. Les plus remarquables de ces falaises sont, d'abord celle qui termine le Jura depuis Salins à Bourg en dominant la Bresse, et que nous avons désignée sous le nom de grande falaise occidentale ; puis celles qui s'étendent vis-à-vis du Schwarzwald en dominant le Rhin de Klingnau à Bâle, et vis-à-vis des Vosges, de Béfort à Villersexel ; enfin celles qui encaissent la vallée de la Loue et des parties de celles du Doubs et de l'Ain.

Les vallées sont de deux espèces. Les premières appelées ordinairement *vals* et qu'on qualifie quelquefois de *longitudinales,* sont formées par le rapprochement naturel de deux chaînes parallèles consécutives ; elles sont ordinairement étroites, allongées et occupées la plupart par des terrains pélopsammiques plus récens que les versants qui les encaissent. Les principales sont celles de Mümsliswyl, Ballstall, Rosières, Lauffon, Delémont, Undervilliers, Moutiers, Tavannes, Chaux-de-Fonds, la Brévine, les Ponts, les Verrières, Saint-Imier, de Ruz, de Travers, Pontarlier, La Chaux, Arc-sous-Cicon, Quingey, Mouthe, les Foncines, Saint-Laurent, Septmoncel, Joux et Rousses, Dappes et Chézery, Suran, Val Romey, Seissel, Bourget, Belley, Pont-Saint-Laurent, etc. Les plus remarquables de ces vals sont ceux de Belley, Pontarlier, Ruz et Delémont. Les vallées de la seconde espèce qu'on qualifie quelquefois de *transversales*, portent un caractère bien différent. Elles sont dues à de profondes érosions dans la masse des terrains, et offrent sur leurs versants des escarpements souvent désignés sous le nom de *côtes* : elles ne sont pas parallèles entr'elles ou au sens des chaînes, mais coupent tous les reliefs dans des directions indépendantes, souvent perpendiculaires à l'axe des mouvements principaux. Telles sont les vallées des petits affluens du Rhin, de l'Aar, du Doubs, de l'Ain, etc., sur une plus ou moins grande échelle, et celles de ces rivières elles-mêmes. Le plus bel exemple qu'offre le Jura de ces sortes de vallées est celle de la Loue commençant à Mouthier par des gorges étroites et profondes, puis s'élargissant en vallée riante, constamment dominée par des falaises au pied desquelles s'étendent de beaux vignobles jusqu'au delà d'Ornans où elle se resserre de nouveau, etc. Un autre exemple non moins bien caractérisé, mais sauvage et grandiose est celui des côtes du Dessoubre, de Consolation à Saint-Hyppolyte. Le Doubs sur une grande partie de sa longueur offre des formes analogues : les côtes du Teusseret, du Moulin-de-la-Mort et du Saut offrent les modèles les plus pittoresques de ce genre d'accidens. Il en est de même de l'Ain entre Thoirette et le Pont-de-Serrières, etc.

Lorsque ces vallées transversales, au lieu de sillonner des plateaux à couches horizontales, coupent une ou plusieurs chaînes configurées comme nous le verrons tout à l'heure, elles donnent lieu à des gorges particulières appelées quelquefois *roches* et plus souvent *cluses*, et qui montrent à découvert la structure interne de la montagne, c'est-à-dire des couches ployées ou déchirées de diverses manières, le plus souvent hardies et imposantes. On en voit un assez grand nombre dans le Jura : telles sont celles de la Dünneren (Cluses de Ballstall et OEnsingen), de la Birse (Cluses ou roches de Court, Moutier, Vorburg, Grellingen), de la Sorne (Pichoux), de la Suze (Cluses de la Reuchenette), du Seyon (Vaux-Seyon), du Doubs (à Saint-Hyppolyte, Clairval, Fort-de-Joux, etc.), de la Reuse (La Clusette, Roches Saint-Sulpice), de Longeaigue entre Sainte-Croix et le Val Travers, de Vuittebœuf sous Sainte-Croix, du Laveron, du Mâclus, de Morey, de Saint-Laurent, de

Saint-Claude, de Nantua et Sylant, de Cerdon, de Saint-Rambert et Tenay, de Pierre-Châtel et beaucoup d'autres. On peut donner celles de la Birse situées sur la route de Bâle à Berne comme un des plus beaux exemples de ce genre.

Les chaînes sont formées de couches calcaires ployées ou brisées, et par là même plus ou moins soulevées, affectant dans leur ensemble la forme générale d'un tertre allongé, accidenté de diverses manières. Le Jura en compte un grand nombre plus faciles à isoler géographiquement comme reliefs distincts que géologiquement comme ayant une origine individuelle. Un grand nombre portent des noms géographiques généralement admis et bien connus, mais beaucoup d'autres sont à peine désignées par des dénominations portant sur l'ensemble des accidents collectifs qui devraient les former. Il suffit à notre but botanique de reconnaître les plus évidentes, et de les bien distinguer les unes des autres, afin qu'elles puissent servir de guide aux indications d'espèce, et, partant, à la dispersion. C'est un des buts principaux du croquis de carte joint à ce volume, et il en apprendra plus au lecteur sur leur nombre, leurs hauteurs, leurs rapports de position que ne le ferait une longue et fastidieuse énumération. On nous pardonnera d'y avoir quelquefois réuni sous un nom collectif plusieurs reliefs que les botanistes dans leurs indications séparent ordinairement : cette réunion qui est d'ailleurs fondée sur des considérations géologiques que nous développerons ailleurs, tend en outre à une simplification bien désirable en pareille matière. En attachant donc au mot de chaîne son acception en géologie jurassique, c'est-à-dire un relief notable du sol formé par la dislocation des couches, et en y joignant la condition qu'il atteigne au moins 2 à 300^m de hauteur sur sa base et se soutienne au moins sur une quinzaine de kilomètres, il y a dans le Jura plus de cent de ces chaînes dont un grand nombre doublent ou triplent les conditions de grandeur énoncées ci-dessus ; plus de soixante s'élèvent plus ou moins haut dans notre région montagneuse, et plus de vingt dans la région alpestre. Un grand nombre de ces chaînes n'ont été que fort imparfaitement visitées par les botanistes, et plusieurs ne l'ont pas été du tout.

Elles offrent toutes un nombre limité de configurations qu'il est utile de connaître et que l'on trouvera représentées dans la Pl. III. Dans les profils de ces diverses sortes de chaînes, les parties pointillées sont des affleuremens péliques le plus souvent marneux : tout le reste est formé de roches calcaires le plus souvent compactes. Ces affleuremens marneux forment ainsi dans l'intérieur des accidens qui constituent un système, de hauts vallons étroits et encaissés : ils portent fréquemment le nom de *combes*, et on qualifie celles-ci d'*oxfordiennes,* à cause du groupe géologique qui y donne lieu. On voit aussi que presque toujours les chaînes offrent des abruptes rocheux plus ou moins élevés : on les désigne sous les noms de dents, d'aiguilles, de cornes et surtout de *crêts* en y ajoutant l'épithète de *coralliens* à cause de la roche qui les compose communément; ils forment habituellement des points culminants. Nous avons vu plus haut que les coupures profondes traversant une chaîne de part en part et montrant ainsi sa structure interne tout-à-fait à la manière des profils de notre croquis, sont des *cluses;* les massifs terminés par des crêts et qui forment le flanc des chaînes sont souvent aussi déchirés de ravins rocheux au fond desquels se précipite un ruisseau, et que l'on nomme nants, goûx, biefs et plus fréquemment *ruz.* Enfin lorsque, dans l'intérieur d'une chaîne, deux crêts se réunissent à un point commun plus ou moins semi-circulairement pour se reformer en voûte, il en résulte des *cirques,* c'est-à-dire des amphithéâtres rocheux plus ou moins bien accusés et quelquefois d'une grande beauté. On conserve le nom de *voûte* aux arceaux de couches comme ceux des figures 1 et 5 (¹).

Ces configurations topographiques se reproduisent avec constance et régularité dans toutes les parties du Jura. Les formes des fig. 1, 2, 5, 4, sont surtout habituelles dans le Jura oriental et central ; celles des fig. 5, 6, 7, 8, 9, dans le Jura occidental. La forme 4 est surtout fréquente dans le Jura argovien, bâlois et soleurois ; les formes 5 et 10 sont celles de plusieurs chaînes méridionales ; la forme 5 avec ses modifications est la plus générale.

Les versants des chaînes sont ordinairement boisés ; dans les contrées élevées, leurs parties supérieures sont occupées par des prés secs et des pâturages. Il en est à-peu-près de même pour les *voûtes.* Les combes marneuses ont une végétation plus humide, et sont le plus souvent recouvertes de prés gras ou de pâturages un peu marécageux. Les crêts et leurs escarpemens sont propres aux plantes des rochers exposés, apriques ou ventés ; les ruz et les cirques à celles des rocailles ombragées et humides ; les cluses réunissent souvent toutes ces dernières stations. Les plateaux arides manquent des végétaux des localités précédentes, excepté leurs falaises qui offrent de l'analogie avec les crêts, et les hautes côtes d'érosion avec les cluses. Les vals offrent, selon leur largeur, une végétation qui participe plus ou moins de

---

(¹) Les lecteurs qui voudraient connaître plus en détail ces formes orographiques du Jura pourront consulter mon *Essai sur les soulèvements jurassiques,* le Mémoire de M. Gressly sur le *Jura soleurois,* celui de M. Renaud-Comte sur les *Vallées du Doubs,* enfin ceux de M. Mousson sur les *Evirons d'Aix et de Baden.*

celle des chaines qui les forment : ils sont, dans les régions élevées, surtout occupés par des marais tourbeux.

La constance, le retour régulier de ces formes topographiques et des stations botaniques qui en dépendent, donne à la végétation, dans le Jura, un caractère de distribution qui lui est entièrement propre. Au moyen de la connaissance même superficielle de la structure d'une chaine, il est souvent aisé de prévoir quelles stations on y rencontrera, à quels points elles sont situées, et quel ordre elles suivent dans leur apparition. Par exemple, l'observateur qui explorera une montagne comme celle de la fig. 5, trouvera en gravissant un des versans, la végétation des forêts ; dans les ravins qui le déchirent, les plantes saxicoles des lieux couverts ; sur le crêt qui le termine, celles des rochers arides ; dans la combe, celles des prés humides ; sur les pentes de la voûte, de nouveau celles des forêts ; sur la voûte même, celles des prés secs ; puis de l'autre côté de la chaine, il verra se reproduire ces stations dans le même ordre. Si la montagne étudiée appartient au type, figure 1, il ne s'attendra pas à y trouver les plantes des prés arrosés et des cimes élancées ; si ce sont les formes 6 et 7, la végétation des couches péliques y manquera encore, mais celle des parois rocheuses y jouera un plus grand rôle. Si une chaine manque de ruz, de cirques, de cluses, on y recherchera moins les expositions couvertes, sombres, accidentées ; si au contraire ces formes s'y trouvent, on sera plus sûr d'y rencontrer les espèces qui s'accomodent de ces conditions ; etc. Sans doute, il ne faut pas prendre ce qui précède avec un degré de rigueur que ne comporte pas la matière, et il y a des exceptions à ces généralités ; il faut apporter à leur appréciation l'esprit géographique dans lequel nous les faisons.

Pour faciliter l'intelligence de ces contrastes de station, donnons ici quelques plantes des plus caractéristiques observées dans une seule chaine, celle du Mont-Terrible qui atteint la moyenne hauteur de 900 à 1000^m, et représente ce qui se passe le plus souvent dans le Jura.

Bois et leurs lisières sur les versants des crêts et des voûtes. *Pinus abies, Ilex aquifolium, Senecio nemorensis, Spiræa aruncus, Digitalis lutea, Dentaria pinnata, Prenanthes purpurea, Adenostyles albifrons, Convallaria verticillata, Elymus europæus, Festuca sylvatica,* etc.

Crêts. *Sessleria cærulea, Kernera saxatilis, Rhamnus alpinus, Athamanta cretensis, Saxifraga aizoon, Aronia rotundifolia, Cotoneaster tomentosa, Teucrium montanum, Draba aizoïdes, Coronilla vaginalis, Hieracium, Jacquini, Hieracium amplexicaule, Valeriana montana, Melica ciliata,* etc.

Combes. *Carex flava, C. OEderi, C. panicea, C. pallescens. Eriophorum latifolium, Polygonum bistorta, Crocus vernus, Gentiana verna, Ranunculus aconitifolius, Crepis paludosa, C. succisœfolia, Geum rivale, Salix aurita*, etc.

Prés secs de la voûte. *Thesium pratense, Phyteuma orbiculare, Trollius europœus, Polygala amara, Anthyllis vulneraria, Gnaphalium dioicum, Orchis morio, Anacamptis pyramidalis, Platanthera bifolia, Gymnadenia conopsea, Carex, montana*, etc.

Ruz et cirques. *Campanula pusilla, Chœrophyllum hirsutum, Mœhringia muscosa, Chrysosplenium alternifolium, Lunaria rediviva, Arabis alpina, Impatiens noli-tangere, Scolopendrium officinale, Polypodium robertianum, Asplenium viride*, etc.

Nous avons déjà fait remarquer, au chapitre III, que l'exposition particulière sur les versants d'un relief apporte des modifications qui ne sauraient être négligées. Toutes les chaines et vallées du Jura qui courent à-peu-près de l'est à l'ouest, ont un *côté du droit* (exposition sud) et un *côté de l'envers* (exposition nord). Les limites supérieures d'ascension des espèces cultivées sont constamment plus élevées du côté du droit : cela est frappant partout, et la culture des arbres fruitiers ainsi que celle des céréales y est généralement plus prospère. Au contraire, comme les chaines du Jura sont sèches, les prés sont plus herbeux et les forêts plus belles du côté de l'envers. Il se passe des faits correspondants pour les espèces spontanées. Ainsi, dans l'exemple précédent relatif au Mont-Terrible, les plantes à stations chaudes et arides, telles que *Teucrium montanum, Athamanta cretensis, Coronilla raginalis, Cotomaster tomentosa, Aronia rotundifolia*, etc., sont plus fréquentes sur le versant sud ; celles à station fraîche, telles que *Elymus europœus, Adenostyles albifrons, Ranunculus aconitifolius, Campanula pusilla, Lunaria rediviva*, etc., plus abondantes sur le côté nord. Quelquefois même, ces espèces fréquentes sur un versant manquent entièrement sur l'autre, ce qui dépend aussi du concours des circonstances de forme et de terrain. Du reste, cette influence de l'exposition ne se fait pas moins sentir dans la région alpestre que dans les inférieures. Ainsi, entre la végétation qui recouvre les abruptes tournés au nord des crêts élevés du Haasenmatt et du Chasseral et ceux de la Dôle et du Reculet regardant le midi, il y a des différences notables : ces dernières chaines comptent encore à niveau supérieur des espèces de la région moyenne qui ont déjà disparu dans les premières. Cela est surtout frappant si l'on compare les escarpemens méridionaux de l'Aiguillon aux abruptes septentrionaux du Moron. Dans le premier, à 1550 ᵐ, on trouvera associées à une flore beaucoup plus alpestre, des plantes chaudes des régions inférieures qui, à 1340ᵐ, ne se trouvent plus dans le second, au milieu d'une végétation beaucoup moins alpestre. — Ces modifications dues à l'exposition paraissent beaucoup moins tranchées dans le Jura occidental où les chaînes courent davantage du nord au sud, et moins encore dans les chaînes méridionales bugésiennes et sardes, où elles ont entièrement cette dernière allure. Il y a cependant entre les pentes orientales et les occidentales des contrastes analogues à ceux qui existent dans le Jura central entre les versants nord et sud, mais elles paraissent moins aisément appréciables et me sont mal connues.

§ 34. Les terrains, quoique peu variés dans le Jura, ont aussi leur part d'influence modificatrice sur les généralités de dispersion dues aux formes et à l'exposition. Nous ne parlerons pas ici des sols tertiaires plus ou moins eugéogènes des vals longitudinaux que nous examinerons au chapitre suivant, mais des terrains *néocomien*, *jurassique* et *triassique* qui forment la masse principale de la chaîne. — Ces derniers, assez développés dans le Jura oriental sont le *conchylien*, formé de roches calcaires assez compactes et le *keupérien* composé de masses argileuses parfois un peu psammiques. Le conchylien offre une décomposition plus pélique que les calcaires jurassiques, mais il se conduit à-peu-près comme eux à l'égard de la végétation. Le keupérien montre un certain nombre de plantes pélopsammiques, sans néanmoins le faire d'une manière assez tranchée pour nous occuper ici. Du reste, ces deux terrains, eu égard à la chaîne du Jura, ne jouent qu'un rôle peu important. — Le terrain jurassique se divise en groupes *liasique, oolitique, oxfordien, corallien* et *portlandien*. Le liasique est le plus souvent marneux et se conduit à-peu-près comme l'oxfordien que nous verrons tout à l'heure. L'oolitique est formé de calcaires de couleur rousse ou brune généralement assez compactes, mais souvent oolitique et quelquefois assez désagréables ; l'oxfordien est composé de marnes d'un gris-bleuâtre et de calcaires marno-compactes un peu schisteux, quelquefois aussi d'argiles jaunâtres ; le corallien et le portlandien qu'on peut envisager ici comme un seul massif, sont formés de calcaires bleus le plus souvent compactes, et alternent quelquefois avec des assises marneuses grises ou bleu-jaunâtre. — L'oolitique se montre dans une foule de chaînes configurées comme les exemples 5 et 4, et, en outre, sur des plateaux très-étendus dans le Jura bâlois, salinois, lédonien et bressan. Ainsi que nous l'avons fait remarquer ailleurs, son mode de désagrégation et de remaniement à la surface entraînant une plus grande hygroscopicité, lui permet quelquefois l'admission d'espèces pélopsammiques ou même psammiques qui se voient en général peu sur nos terrains calcaires : telles sont les *Eryngium campestre, Barkhausia fœtida, Ononis spinosa*, etc. de quelques parties du Doubs, les *Sarothamnus scoparius, Orobus tuberosus, Aira flexuosa* du bord des plateaux de Salins, Poligny, Lons-le-Saulnier, Saint-Amour, etc. C'est ce qui fait que, dans des circonstances locales particulières, quelques-unes de ces espèces et d'autres analogues ont été envisagées comme calcaréophiles par certains observateurs. Toutefois un examen détaillé et comparatif fournirait probablement des espèces différentielles entre ce terrain et les subdivisions jurassiques plus compactes. Ainsi, dans les parties du Jura où il se fait sur de petites étendues des passages fréquents de l'oolitique au corallien, les propriétés rurales sont plus estimées sur la première roche que sur la seconde. Dans les districts du Jura bernois les cultures forestières et les repeuplemens sont plus faciles sur les calcaires bruns que sur les blancs, et les côtes oolitiques abandonnées à elles-mêmes se repeuplent spontanément, tandis que les coralliennes restent nues beaucoup plus longtemps (1). Enfin leurs teintes sombres ne sont pas sans quelque influence sur la végétation, et nous avons déjà remarqué que c'est surtout dans leurs graviers que prospèrent les vignobles du Jura occidental.—L'oxfordien avec ses assises péliques qui affleurent le plus souvent dans les couches montagneuses, et, à la rencontre desquelles sourdent les petits cours d'eau, détermine des stations généralement fraîches et arrosées. Il est très développé dans le Jura oriental ainsi que dans toutes les parties nord du Jura central et occidental; mais à partir du Jura neuchâtelois, et dans toutes les hautes chaînes jusqu'au sud, il prend sa forme marno-compacte, moins pélique, moins hygroscopique, plus perméable en grand, d'où résulte une moindre fraîcheur et un moindre arrosement, ce qui contribue, avec d'autres causes que nous verrons plus loin, à donner à ces parties du Jura un caractère d'aridité souvent très prononcé et se manifestant sur une foule de points par l'état de la végétation. — Le massif de calcaires blancs (corallien et portlandien) forme partout la station la plus sèche et domine presque exclusivement dans les hautes chaînes méridionales. Leurs teintes claires sont cause qu'ils s'échauffent peu et établissent au contraire à la surface du sol une atmosphère de réverbération chaude défavorable à beaucoup de végétaux. Aussi les voit-on souvent former des côtes nues et désolées découvertes de humus, et n'offrant de station convenable qu'aux buis et à quelques espèces analogues. Le Jura méridional en offre de nombreux et tristes exemples. — Le néocomien qui s'étend avec plus ou moins d'interruptions au pied du Jura depuis

---

(1) Communication de M. l'inspecteur Marchand.

Bienne à la Perte-du-Rhône, puis par Seyssel, Belley, le Mont-du-chat, etc. et dont on voit des lambeaux peu importans dans quelques vallées, paraît jouer un rôle analogue à celui des calcaires oolitiques. Les teintes assez foncées de ses calcaires jaunes déterminent, toutes choses égales, des stations plus chaudes que les calcaires blancs jurassiques avec lesquels ils sont souvent en contact. C'est ainsi qu'au pied du Jura suisse, par exemple aux environs de la Neuveville, Neuchâtel, Lasarraz, ils contribuent à fixer un ensemble d'espèces plus rares ou nulles sur les calcaires portlandiens juxtaposés, telles que *Chrysocoma linosyris*, *Kœleria valesiaca*, *Helianthemum fumana*, etc. Ce terrain s'augmente en outre dans le Jura méridional de deux subdivisions, l'une formée de grès verdâtres, l'autre de calcaires compactes clairs souvent puissants : il joue dès-lors un rôle important notamment dans les chaînes sardes et dauphinoises où il finit par constituer la masse principale des montagnes, par exemple le groupe de la Chartreuse. Les calcaires blancs paraissent se comporter entièrement à l'égard de la végétation comme les calcaires jurassiques ; mais la subdivision de grès détermine sur plusieurs points des stations réellement psammiques qui paraissent modifier assez sensiblement la flore de quelques chaînes méridionales, sans apporter toutefois une notable différence dans leur végétation.—Du reste, de tous ces terrains l'oolitique roux et le massif de calcaires blancs coralliens et portlandiens, occupent de beaucoup dans le Jura les plus grandes surfaces, et ce sont surtout les derniers qui donnent à l'ensemble de la chaîne ses caractères pétrographiques et botaniques prédominants.

§ 55. Toutes les eaux qui descendent du Jura se rendent au Rhin ou au Rhône. La ligne de partage de ces deux fleuves passe par les points suivans : les Rousses, les Rizoux, le Mont-d'or, le Mont-l'Herbaz, les Bayards, la chaîne des Fontenettes, des Sagnettes, de Son-Martel, d'Entre-deux-monts, des Crozettes, les hauteurs des Bois du Noirmont, de Saignelegier, la chaîne de Saint-Braix, la Caquerelle, les Rangiers, Pleujouse, une partie de la chaîne de la Birkmatt et de Ferrette. Les principaux affluens du Rhin sont l'Orbe et Thièle, la Reuse, le Seyon et la Dünneren par l'intermédiaire de l'Aar ; puis la Frick, l'Ergolz, la Birse. Ceux du Rhône sont le Doubs et par son intermédiaire le Drujeon, le Dessoubre, l'Alleine, la Savoureuse, la Loue, etc. ; l'Ain et par son intermédiaire la Bienne, l'Oignin, la Valouse, le Suran, l'Albarine, etc. ; ensuite directement le Fier, les Usses, le Guier, etc. ; en outre plusieurs autres descendent de la Falaise occidentale dans la Saône ; enfin le Versoix, la Promenthouse, le Boiron, la Venoge, etc., descendant au Léman. Toutes ces rivières et ruisseaux sont des cours d'eaux vives et pures souvent très rapides. La plupart dans le Jura même sont profondément encaissées et ne forment ni points dormans, ni laisses stagnantes, ni plages sableuses de quelque étendue. Il n'en est pas ainsi de plusieurs d'entr'elles dans la partie de leur cours située hors des montagnes et se développant dans la région basse. Ainsi une grande partie de la contrée (Seeland) occupée par l'Orbe, la Thièle, les lacs de Neuchâtel et Bienne et le cours de l'Aar est couverte de marais vastes, profonds et stagnans sur un grand nombre de points. Il en est de même du Rhin au-dessous de Bâle et du Rhône au-dessous de Genève qui forment en outre des grèves et des iles sableuses. La lisière entre Bâle et Béfort (Sundgau) offre aussi une contrée stagnale assez étendue. On peut en dire autant des plaines de l'Ognon, du Doubs, de la Loue, de l'Ain et de l'Isère. Enfin toutes celles de la haute et surtout de la basse Bresse, jusqu'à Bourg et bien au-delà dans la Dombe et les Terres-froides, sont occupées par d'innombrables étangs dont un grand nombre artificiels il est vrai, mais qui n'en offrent pas moins une multitude de mares profondes, de fossés limoneux, de laisses stagnantes et de landes marécageuses. C'est sur tous les points de cette lisière basse stagnale suisse, alsatique, bressane et dauphinoise qu'on trouve les tourbières immergées.

Néanmoins il y a dans l'intérieur même du Jura un certain nombre de petits lacs. Ils se trouvent presque tous dans sa partie occidentale. Les principaux sont ceux de Saint-Point, Joux, Brenets, les Rousses, Châlin, Chambly, Clairvaux, Narlay, La Motte, Bonlieu, Mâclus, Grandvaux, Rouges-Truites, Les Mortes, Etival, Antre, Combe-du-Lac, Viry, Nantua, Sylant, Les Hopitaux, le Bourget, Aiguebelette, Barque, Barterans, etc. Il faut y ajouter le lac d'Etalières dans le Jura central et les étangs de Bellelay, des Seignes, de la Gruyère à la Franche-Montagne qui offrent plutôt la manière d'être lacustre que stagnale. La plupart étendent leurs nappes limpides dans de hautes vallées verdoyantes et dominées par des chaines boisées de sapins, excepté ceux du Jura sarde qui, de même que ceux du pied du Jura suisse, sont encaissés par des vignobles. Leurs rives proprement dites sont rarement ombragées. D'autres au contraire occupent des dépressions stériles hérissées de rochers arides et presque dépourvues de végétation. Plusieurs ne sont alimentés par aucune source observable à la surface, et dégorgent de même par des conduits souterrains, ou par des ruisseaux qui se perdent à quelque distance dans des goufres. La plupart abaissent leur niveau pendant les sécheresses et les haussent à la fonte des neiges ou après les grandes pluies : les différences qui en résultent se montent quelquefois à plusieurs mètres.

Leur végétation aquatique a été peu observée. Bien qu'ils se montrent en général pauvres à cet égard, ils méritent cependant plus d'attention. Les données fournies par quelques-uns d'entr'eux sur les *Potamogeton, Chara, Utricularia,* etc., en sont la preuve.

Les eaux de presque tous ces petits lacs sont vives et pures. Ils offrent peu de parties vaseuses et croupissantes, à la manière des eaux stagnantes de la plaine. Toutefois leurs laisses forment très souvent aussi des marécages, mais portant le caractère des tourbes émergées. Ces sortes de marais qui sont appelés *mouilles, seignes* ne se rencontrent pas seulement dans le voisinage des petits lacs encore existants actuellement, mais sur une foule de points, dans un grand nombre de hautes vallées, dans les dépressions sans dégorgement ou à écoulement très lent, et toujours sur de petits dépôts de nature pélique. On y exploite la tourbe en une multitude d'endroits. Ces tourbières manquent presque totalement dans le Jura oriental qui n'a ni plateaux élevés ni hautes vallées à écoulement embarrassé : on en voit cependant quelques-unes, par exemple au Wasserfall dans la chaîne du Passwang et au Goldenthal derrière le Probstberg. Elles commencent surtout aux plateaux du Jura bernois, et se suivent de là vers l'ouest et le sud à-peu-près dans l'ordre suivant : Tourbières de Fornet, Bellelay, la Gruyère, Pleine-seigne, Tramelan, Chaux-d'Abel, les Convers, l'Echelette, les Pontins, les Eplatures, la Sagne, les Ponts, les Verrières, le Russey, le Bélieu, Mouthe, les Foncines, les Rizoux, la Chapelle-des-bois, le Grandvaux, Bonlieu, Saint-Laurent, Marigny, Frânois, Bief-du-four, Sainte-Croix, Chaux-du-Dombief, Combe-du-Lac, Longchaumois, les Bouchoux, les Moussières, Septmoncel, Valfin, la Rixouse, Prénovel, Morey, Val-de-Joux, les Rousses, la Trélasse, Oyonnax, Coillard, Malbronde, etc. Elles offrent presque partout des caractères de végétation très-semblables. Presque toutes sont situées vers 800 ᵐ ou au-dessus, dans des localités froides, au milieu des forêts d'épicea. Les plus élevées sont entre 1000 et 1100 ᵐ. Le Jura méridional en offre beaucoup moins que l'occidental.

M. Lesquereux à qui l'on doit une étude spéciale des tourbières du Jura suisse a établi les différences capitales qui existent entre ces sortes de marais. Il a fait voir que ceux de la plaine, aux environs des lacs suisses, par exemple, se développent le plus souvent à l'état de submersion, tandis que leurs analogues des montagnes se développent par émersion. De là, deux classes de tourbières, les unes *immergées,* les autres *émergées,* d'où plusieurs considérations importantes, étrangères à notre objet. La présence et l'extrême abondance des mousses parmi lesquelles dominent les sphaignes et les hypnes sont le trait caractéristique de ces dernières : elles forment la base essentielle de leur végétation, et entrent en première ligne dans la composition de la tourbe. Leur absence totale est le trait caractéristique des premières. De part et d'autre les monocotylédones dominent du reste dans la végétation, et offrent le plus de ressemblance ; mais les dycotylédones sont très-différentes.

Les espèces phanérogames qui dominent dans les marais tourbeux immergés sont les suivantes : *Equisetum limosum*, *Phragmites communis*, *Arundo epigeios*, *Carex paludosa*, *C. riparia*, *C. vesicaria*, *C. panicea*, *C. paniculata*, *C. vulpina*, *Scirpus palustris*, *S. uniglumis*, *S. bæothryon*, *S. Rothii*, *Juncus obtusiflorus*, *Acorus calamus*, *Iris pseudo-acorus*, *Typha latifolia*, *Sparganium simplex*, *S. ramosum*, *Potamogeton natans*, *P. lucens*, *Alisma*, *Sagittaria*, *Lemna*, *Callitriche*, *Nymphæa*, *Nuphar*, *Rumex*, *hydrolapathum*, *Polygonum amphibium*, **P.** *hydropiper*, *Littorella*, *Hydrocotyle*, *Hottonia*, *Thysselinum*, *OEnanthe*, *Sium*, *Hydrocharis*, *Hippuris*, *Myriophyllum*, *Ranunculus aquatilis*, **R.** *lingua*, **R.** *flammula*, *Cochlearia*, *armoracia*. Parmi ces plantes les *Equisetum*, *Carex*, *Scirpus*, *Iris*, *Typha*, *Sparganium*, *Potamogeton*, *Alisma*, *Sagittaria*, *Lemna*, *Nymphæa*, *Hydrocharis* contribuent le plus à la physionomie générale de la végétation qui n'est autre chose que celle des eaux dormantes de la plaine.

Les espèces qui dominent dans les marais tourbeux émergés sont : *Equisetum palustre*, *E. limosum*, *Lycopodium inundatum*, *Eriophorum vaginatum*, *E. angustifolium*, *Carex ampullacea*, *C. panicea*, *C. stellulata*, *C. leporina*, *C. limosa*, *C. pulicaris*, *C. filiformis*, *C. cæspitosa*, *C. glauca*, *Juncus obtusiflorus*, *J. lamprocarpus*, *J. conglomeratus*, *Luzula multiflora*, *Schœnus albus*, *Blysmus compressus*, *Phalaris arundinacea*, *Molinia cœrulea*, *Agrostis canina*, *Festuca ovina*, *Utricularia vulgaris*, *U. minor*, *U. intermedia*, *Drosera rotundifolia*, **D.** *obovata*, **D.** *longifolia*, *Comarum palustre*, *Viola palustris*, *Scheuchzeria palustris*, *Galium uliginosum*; puis parmi les espèces ligneuses : *Pinus uliginosa*, *Betula pubescens*, *Erica vulgaris*, *Vaccinium uliginosum*, *V. oxicoccos*, *V. myrtillus*, *V. vitis-idæa*, *Andromeda poliifolia*, *Salix aurita*, *S. repens*, *S. ambigua*, *Lonicera cœrulea*, à quoi il faut ajouter dans les tourbières les plus élevées : *Betula nana*, *Eriophorum alpinum*, *Scirpus cæspitosus*, *Carex pauciflora*, *C. heleonastes*, *C. chordorhiza*, *Saxifraga hirculus*, *Swertia perennis*. Un grand nombre de ces espèces, surtout des ligneuses, entrent avec les mousses dans la composition de la tourbe. Parmi ces plantes les *Sphagnum*, *Hypnum*, *Eriophorum*, *Carex*, *Drosera*, *Pinus*, *Betula*, *Andromeda*, *Vaccinium* et *Salix* donnent à l'ensemble de la végétation un aspect propre et entièrement différent de celui des marais tourbeux immergés. « Des gramens courts et ligneux qui ne sont entremêlés que rarement de quelque fleur à gracieuse corolle et à couleur éclatante ; des lits épais de mousses jaunâtres parmi lesquels surgissent quelques arbustes rabougris couverts de lichens et les feuilles allongées des joncs ; quelques bouleaux dont la blanche écorce contraste avec la verdure de leur maigre feuillage ; des pins dont la croissance semble arrêtée par une vieillesse anticipée, et quelques chétifs peupliers au tronc noueux et courbé ; partout le silence et la monotonie (¹). »

Après avoir ainsi fait la revue des principaux traits de détail qu'offre le Jura à l'égard des altitudes, des formes, des terrains et des eaux, et essayé de saisir quelques-uns de leurs rapports avec la végétation, il nous reste à en esquisser le tableau général et à tracer les règles qui dominent la distribution des espèces dans l'ensemble de la chaîne, ce qui est l'objet spécial de ce chapitre.

Section II. *Végétation et distribution des plantes dans le Jura.*

§ 36. Les espèces de la contrée, indigènes, introduites, subspontanées et cultivées passées en revue dans l'Enumération qui termine ce volume, sont au nombre maximum de 2100, dont environ 1860 envisagées comme indigènes dans toutes les flores de quelque partie du pays. — Si l'on réunit les plantes des groupes *C, D, E, F, G* de la classification du chapitre précédent, plus un certain nombre d'espèces éparses dans les autres groupes, on aura toute la flore du Jura y compris ses vallées intérieures, mais non compris ses lisières de terrains eugéogènes : la suppression du groupe *G* donnera la flore réellement indigène, se composant d'environ 1000 espèces. La réunion des groupes *C* et *E*, sauf peut-être quelques plantes de ce dernier, fournira la flore du Jura envisagée essentiellement comme calcaire et dysgéogène, avec un nombre d'espèces d'environ 800. Enfin, la considération des sous-groupes moyen, montagneux et alpestre du groupe *C* isolera la flore du Jura envisagé uniquement comme chaîne de montagnes.

Nous avons déjà fait remarquer que les lisières de terrains tertiaires ou récents qui entourent le Jura, et que l'on comprend ordinairement dans sa flore, ne sauraient en réalité en faire partie. Il en résulte que la région basse à laquelle appartient cette zône n'est réellement pas comparable, toutes choses égales d'ailleurs, avec les régions jurassiques supérieures. Nous décrirons plus loin et séparément ces diverses lisières. Mais afin de ne pas présenter

(¹) Lesquereux, Tourbières, page 7.

ici d'une manière incomplète le cadre de nos régions, nous joignons aussi provisoirement les caractères principaux de la région basse : seulement, il ne faut pas oublier qu'ils sont autant l'expression de l'influence des sols que celle des altitudes.

Nous avons, dans le chapitre précédent, énuméré les espèces propres à chacune des régions moyenne, montagneuse et alpestre du Jura *(C1, C2, C5)*, et les lisières basses sont caractérisées par l'apparition contrastante d'espèces généralement rares sur les calcaires et faisant partie des groupes *A* et *B*. Toutes les espèces du groupe *C*, c'est-à-dire de la région moyenne jurassique, descendent aussi dans la région basse en y recherchant les stations les plus dysgéogènes et les plus sèches. Ces mêmes espèces s'élèvent aussi assez haut dans la région montagneuse et même au dessus, mais elles y sont moins habituelles que dans la moyenne, et y sont d'ailleurs associées à tout le groupe *C2*, qui envoie lui-même quelques plantes erratiques vers les stations froides des niveaux inférieurs. Ce groupe *C 2* des espèces de la région montagneuse s'élève lui-même dans la région alpestre, bien qu'en diminuant, et s'y associe bientôt à l'ensemble des plantes de cette région énumérée au groupe *C 5*.

Ces groupes, composés d'un trop grand nombre d'espèces pour être fixées dans la mémoire, peuvent être, d'après les principes exposés au chapitre II, remplacés par des groupes plus petits, formés d'espèces dont le rôle en altitude est le plus tranché et le mieux soutenu, et qui sont dès lors assez faciles à retenir. Ces derniers groupes que nous avons composés chacun de 24 plantes, rapprochés des autres caractères tirés des cultures et des arbres forestiers, tels que nous les avons indiqués au chapitre III, forment une sorte de diagnose de nos régions qui est en général suffisamment exacte, et dans laquelle les caractéristiques indigènes suffisent seules pour se niveler approximativement. Ainsi, un observateur qui, transporté sur un point du Jura, y constaterait la présence de la moitié seulement de l'un de ces groupes de 24 espèces, pourrait, sans hésiter, conclure la région où il se trouve. Il est probablement peu de chaines de montagne dont les régions puissent être tracées aussi sûrement que dans le Jura, ce qui tient, d'un côté, à sa régularité topographique, et de l'autre à l'homogénéité de ses terrains. Toutefois ces diagnoses conviennent surtout aux parties centrales et occidentales du Jura et (ainsi que nous l'avons fait remarquer au chapitre III) abaissent un peu leurs niveaux dans les chaines orientales, tandis qu'elles les élèvent plus sensiblement dans les chaines méridionales. Bref, il s'agit essentiellement dans tout ceci de la moyenne des faits que présente le Jura vers le milieu de l'ensemble de son système.

Région basse, ou lisière sous-jurassique.

Au dessous de 400 mètres environ. Zône de terrains eugéogènes non jurassiques contrastant avec ceux-ci quant à leur végétation, et indépendamment des altitudes.

a) Vignes dans les lieux en pentes bien exposés.

b) Maïs répandu dans les contrées austro-occidentales.

c) Toutes les céréales très-répandues.

d) Tous les arbres fruitiers très-répandus.

e) Noyer répandu.

f) Chêne très-répandu constituant forêts, le sessile souvent dominant, moins dans le Bassin suisse.

g) Hêtre assez répandu constituant forêts.

h) Sapin nul.

i) Epicéa nul, excepté dans le Bassin suisse.

Toutes les espèces de la région moyenne abondantes et prospères lorsque le terrain le permet, mais le plus souvent disséminées par suite de son impropriété à leurs stations, et non par· suite de l'altitude.

1. Stellaria holostea. — 2. Hypericum pulchrum. — 3. Sarothamnus scoparius. — 4. Melilotus officinalis. — 5. Trifolium fragiferum. — 6. Ononis spinosa.— 7. Orobus tuberosus.—8. Cerasus padus.— 9. Castanea vulgaris. — 10. Eryngium campestre. — 11. Pulicaria vulgaris. — 12. Senecio aquaticus. — 13. Onopordon acanthium. — 14. Centaurea calcitrapa. — 15. Hieracium boreale. — 16. Verbascum blattaria. — 17. Stachys germanica. — 18. Quercus sessiliflora. — 19. Betula alba. — 20. Luzula albida. — 21. Vignea brizoides. — 22. Aira flexuosa. — 23. Holcus mollis. — 24. Triodia decumbens.

Il n'est aucun district non jurassique de la région basse où la moitié au moins de ces espèces ne se trouve réunie, et on les y voit souvent en totalité. Il n'est aucun district jurassique de la région moyenne où cela ait lieu.

Région moyenne du Jura.

De 400 à 700 mètres environ. Sols dysgéogènes très-prédominants, çà et là eugéogènes.

a) Vignes nulles ou très-rares.

b) Maïs assez répandu dans les contrées occidentales.

c) Toutes les céréales répandues ou assez répandues.

d) Arbres fruitiers assez répandus ou disséminés.

e) Noyer assez répandu.

f) Chêne, surtout le pédonculé, assez répandu et formant forêts.

g) Hêtre très-répandu constituant forêts.

h) Sapin disséminé, formant quelquefois des forêts dans le Jura oriental.

i) Epicéa nul ou très-rare.

Absence ou rareté générale des espèces de la région basse.

1. Helleborus fœtidus. — 2. Prunella grandiflora. — 5. Anacamptis pyramidalis.— 4. Orchis militaris.— 5. Fagus sylvatica.—6. Euphorbia amygdaloides.— 7. Orobus vernus.— 8. Cephalanthera rubra. — 9. Buplevrum falcatum.—10. Melittis melissophyllum.— 11. Veronica prostrata.— 12. Melica ciliata. — 15. Buxus sempervirens. — 14. Sambucus racemosa. — 15. Euphorbia verrucosa. — 16. Convallaria multiflora. — 17. Coronilla emerus.— 18. Aronia rotundifolia.—19. Myosotis sylvatica.—20. Calamintha officinalis. —21. Carex alba.—22. Anthericum ramosum.—25. Teucrium chamædrys. —24. Daphne laureola.

La plupart de ces espèces s'élèvent dans la région montagneuse. Quelques caractéristiques de cette dernière région descendent disséminées dans la partie supérieure de la moyenne.

Région montagneuse du Jura.

De 700 à 1500 mètres environ. Terrains dysgéogènes prédominants, çà et là eugéogènes tourbeux.

a) Vignes nulles.

b) Maïs nul.

c) Froment disséminé, orge et avoine répandus ; les céréales cessent vers 1100 mètres.

d) Arbres fruitiers disséminés, rares ou nuls vers 1000 mètres.

e) Noyer nul.

f) Chêne très-disséminé, constituant rarement forêts, puis nul.

g) Hêtre assez répandu, mêlé au sapin, formant moins souvent les forêts à lui seul.

h) Sapin répandu et constituant forêts.

i) Epicéa, de rare à répandu et formant forêts.

Les caractéristiques de la région moyenne diminuent sensiblement vers 1000 mètres.

1. Gentiana lutea.—2. Trollius europæus.—3. Crocus vernus.—4. Rhamnus alpinus. — 5. Carduus defloratus. — 6. Abies excelsa. — 7. Mœhringia muscosa. — 8. Campanula pusilla. — 9. Arabis alpina. — 10. Ranunculus aconitifolius. — 11. Spiræa aruncus. — 12. Lonicera alpigena. — 13. Geranium sylvaticum.— 14. Draba aizoides.— 15. Lunaria rediviva.—16. Coronilla vaginalis. — 17. Athamanta cretensis. — 18. Saxifraga aizoon. — 19. Chærophyllum hirsutum.—20. Bellidiastrum Michelii.—21. Adenostyles albifrons.— 22. Centaurea montana— 23. Abies pectinata.— 24. Prenanthes purpurea.

Quelques caractéristiques de la région alpestre descendant çà et là dans les parties supérieures de la montagneuse. La plupart des montagneuses s'élèvent dans la région alpestre.

Région alpestre du Jura.

De 1300 à 1700 mètres et un peu au dessus. Terrains dysgéogènes très - prédominants.

a...e) Cultures nulles.

f) Chêne très-rare ou nul.

g) Hêtre disséminé, rare ou nul.

h) Sapin assez répandu, constituant plus rarement forêts.

i) Epicéa répandu, constituant forêts et cessant vers 1400 mètres.

Les caractéristiques de la région montagneuse qui habitent les forêts cessent avec celles-ci ; la plupart des autres persistent. La plupart des caractéristiques de la région moyenne ont disparu.

1. Alchemilla alpina.—2. Poa alpina.—3. Potentilla aurea.—4. Heracleum alpinum.—5. Anemone narcissiflora.—6. Dryas octopetala.—7. Buplevrum ranunculoides.— 8. Hieracium villosum.— 9. Gentiana acaulis. — 10. Anemone alpina.—11. Androsace lactea.—12. Saxifraga rotundifolia.—13. Sorbus chamœmespilus. — 14. Polygonum viviparum. — 15. Helianthemum œlandicum.—16. Gymnadenia albida.—17. Ranunculus alpestris.—18. Erigeron alpinum. — 19. Rumex arifolius. — 20. Sonchus alpinus. — 21. Nigritella angustifolia. — 22. Carex sempervirens. — 23. Phleum alpinum. — 24. Aster alpinus.

Il paraît maintenant convenable de faire voir sur un certain nombre d'exemples jusqu'à quel point les groupes ci-dessus sont vraiment caractéristiques pour les niveaux que nous leur assignons dans le Jura. On ne s'attendra pas en pareille matière à trouver des résultats mathématiquement rigoureux. Si, pour fixer les idées, nous avons dû adopter des chiffres nécessairement rigides de leur nature, il ne faut pas oublier qu'ils ne sont qu'une approximation, et que 50 mètres de plus ou de moins sont souvent de peu de valeur dans ces sortes de considérations, bien que souvent aussi ils entraînent d'importantes conséquences. Ainsi, dans une chaine boisée, 50 mètres de hauteur modifient moins la végétation qui se développe sous ses futaies, qu'ils ne le feraient dans des sommités rocheuses découvertes, quoique encore, à ce dernier égard, il y ait des exceptions. Si nous fixons à 1500 mètres environ la limite inférieure de nos caractéristiques alpestres, cela signifie seulement que la chose se passe ainsi en général dans l'ensemble de la chaine, mais non que dans certains cas et isolément elles ne puissent apparaître 50 ou 100 mètres plus bas, ou manquer encore à 50 mètres plus haut. En géographie botanique il ne saurait y avoir que de grandes généralités analogues aux moyennes arithmétiques en usage dans les sciences physiques, et offrant toujours certaines exceptions, à moins qu'il ne s'agisse d'un district très-limité. Du reste, les régions dont il s'agit sont d'autant mieux caractérisées dans la nature, que les diverses altitudes sont représentées avec plus de développement par gradins successifs. Ainsi elles sont plus palpables en montant dans le haut Jura par les plateaux que par les pentes uniformes et souvent très-inclinées de ses hautes chaines.

Nous devons aussi rappeler ce que nous avons dit ailleurs des exceptions produites par la latitude, l'exposition générale, la situation par rapport à de grands reliefs, l'exposition particulière, la connexion immédiate des reliefs entre eux, les transports erratiques, l'influence des formes orographiques, etc. A cette occasion nous placerons encore ici une remarque qui n'est pas sans importance. C'est qu'une extrême accidentation paraît favoriser singulièrement la présence des espèces montagneuses et alpestres. Il en résulte que, dans ces sortes de cas elles descendent souvent bien au dessous de leurs niveaux habituels. Les ravins qui déchirent les flancs d'une chaîne, les gorges rocheuses qui les traversent, les cirques qui en accidentent l'intérieur, les profondes et étroites vallées d'érosion qui les divisent échappent presque entièrement aux modifications apportées, souvent jusque sur les sommités, par la culture, l'habitation, les aménagements forestiers et la pâture. En outre, ces sortes de localités à reliefs brusques et à faces multipliées réunissent des expositions et des stations très-diverses, ici apriques exposées ou battues par les vents à la manière des régions supérieures, là occupées par de longues neiges protectrices des végétaux alpestres. En troisième lieu, elles traversent le plus souvent des chaînes atteignant des niveaux assez élevés et nourrissant elles-mêmes des espèces subalpines qui forment un centre de dispersion et de renouvellement le long et au pied des abruptes qu'elles dominent. En outre, elles sont le plus souvent arrosées de nombreuses sources ou filets d'eau apportant des régions supérieures d'où elles descendent, une température plus froide que cela n'aurait lieu s'ils se développaient aux altitudes où ils viennent sourdre. Cette température, quelquefois remarquablement basse (comme, par exemple, à la Froide-Fontaine du Creux-du-Vent, marquant 4,70 C. vers 1100 m), contribue à entretenir une fraîcheur anormale favorisée encore par la quantité d'ombre journalière qui résulte du rapprochement de grands massifs à pentes très-inclinées. C'est ainsi que les cluses et les hautes-côtes de la Dünneren, de la Birse, de la Sorne, du Doubs, du Dessoubre, du Seyon, de la Reuse, de la Loue, de la Bienne, de la Chaille, de l'Orbe, de l'Ain, de l'Albarine, etc., font descendre très-souvent aux niveaux de la région moyenne un grand nombre de plantes montagneuses et même alpestres qui le plus souvent, il est vrai, habitent les hauteurs qui encaissent leurs gorges, mais qui, souvent aussi, y sont moins fréquentes ou y manquent totalement. Ces localités, très-intéressantes, du reste, pour le botaniste, sont tout-à-fait exceptionnelles quant à la distribution générale de la végétation relativement aux altitudes. Enfin, rappelons en dernier lieu qu'un observateur qui, au milieu des accidents d'une chaîne jurassique, voudrait se niveler approximativement au moyen de nos caractéristiques, doit rechercher chaque espèce dans sa station respective, et en faire abstraction si cette station venait à manquer par suite des formes orographiques de la montagne, ou lui échappait dans son excursion. Si, par exemple, une chaîne n'offrait point de ravins ombragés, il pourrait ne pas y rencontrer la *Lunaria rediviva* qui affectionne ce genre de station, de même que s'il omettait l'observation de quelque crêt rocheux, il ne rencontrerait peut-être pas l'*Hieracium Jacquini*, etc. Du reste, il sera amplement guidé dans ce genre de recherches par les nombreuses espèces que nous avons énumérées dans les groupes *C 1, C 2* et *C 3*, et dont l'apparition de quelques-unes de nos caractéristiques entraîne infailliblement la présence.

Voici donc quelques exemples propres à faire comprendre et à légitimer l'emploi des caractéristiques données plus haut. Nous avons soin de les prendre dans toutes les parties du Jura, et sur des points souvent peu connus. Il s'agit essentiellement ici des trois régions supérieures jurassiques. Nous donnerons au chapitre suivant des exemples des contrastes entre la région moyenne jurassique dysgéogène et la région basse eugéogène.

Les collines des environs d'Aarau (570^m) montrent avec un certain nombre d'espèces habituelles à la plaine, toutes nos caractéristiques moyennes, excepté le buis, qui toutefois se trouve à une petite distance. Les chaînes voisines, de la Gislifluh (770^m) et de la Schafmatt (990) présentent environ les deux tiers de nos caractéristiques montagneuses, et seulement disséminées.

La ville de Bâle, qui s'élève sur des sols psammiques et pélopsammiques, offre dans ses plaines la plupart de nos caractéristiques eugéogènes de la région basse. Les premières collines calcaires qui l'environnent au sud, et qui atteignent des niveaux variant de 400 à 720 mètres, montrent partout nos caractéristiques moyennes, y compris le buis disséminé, puis, çà et là éparses, quelques caractéristiques montagneuses et même alpestres erratiques. Arrivé aux chaînes de Meltingen, de Bretzweil et du Passwang (1210), on voit bientôt abonder environ 20 de nos montagneuses et 3 ou 4 alpestres disséminées.

La ville de Porrentruy avec les collines qui l'entourent (450 à 500^m), offre en abondance toutes nos caractéristiques moyennes y compris le buis sur quelques points, et à peine une ou deux espèces montagneuses rares et éparses. La chaîne du Monterrible (700 à 1000^m) compte au moins 22 de nos montagneuses, mais disséminées et peu abondantes, plus une seule alpestre très-rare. Il en est tout-à-fait de même des localités de Pont-de-Roide, Clerval, Beaume-les-Dames, Blamont, Montbéliard eu égard à la chaîne du Lomont un peu moins élevée toutefois, et aussi un peu moins riche en plantes montagneuses que celle du Monterrible.

Besançon (300^m), avec un certain nombre d'espèces pélopsammiques de notre région basse, offre sur ses collines à formes pittoresques (400 à 450^m) toutes nos caractéristiques moyennes, y compris le buis en abondance. La chaîne du Mont-d'Arguel qui ne dépasse guère 600 mètres, mais qui est très-accidentée, présente plusieurs de nos caractéristiques montagneuses, mais disséminées.

La ville de Soleure (425^m), avec quelques espèces pélopsammiques de la région basse, montre sur ses collines calcaires toutes nos moyennes, y compris le buis infréquent. La chaîne du Weissenstein, qui la domine au nord, et dont les sommets atteignent 1450 mètres, offre toutes nos montagneuses répandues et la moitié environ de nos alpestres.

La Neuveville au bord du lac (450 m), au milieu des vignobles, a sur ses collines toutes les caractéristiques moyennes, excepté le buis peu éloigné. La petite Chaîne-du-Lac (700 à 800 m) peut présenter la moitié de nos espèces montagneuses. Chasseral qui s'élève un peu plus au nord et atteint 1620 mètres, nourrit toutes nos espèces alpestres, excepté la *Dryas octopetala?*

La ville de Salins, située au milieu de beaux vignobles au pied (350 m) de collines très-accidentées, atteignant 660 mètres, offre, à côté des espèces propres à ses sols pélopsammiques, sans parler de sa végétation déjà un peu sud-occidentale, toutes nos caractéristiques moyennes très-abondantes et quelques erratiques montagneuses (Belin, Goaille, etc.). Les masses voisines du Poupet (850 m) alimentent plus de la moitié de nos montagneuses.

Arbois, entouré de célèbres vignobles et dans des conditions analogues (320 m), offre de même sur ses côteaux toutes nos caractéristiques moyennes, puis, dans leurs parties les plus élevées et les plus accidentées (650 m), quelques-unes de nos montagneuses surtout saxicoles (Gilly, Châtelaine).

Les collines des environs de Pontarlier (840 m) offrent la moitié au moins de nos montagneuses (pentes du Laveron); les sommités du Laveron et de l'Armont (1200 m) les offrent toutes, plus quelques espèces alpestres.

La même gradation se remarque entre Neuchâtel, Chaumont et Tête-de-Rang, entre Orbe ou Lassarraz et le Suchet, entre Montricher et le Montendre, Gex et la Dôle, Thoiry et le Reculet, Seyssel et le Crêt-du-Nud, Culloz et le Grand-Colombier, l'Huis et le Molard-Dedon, le Bourget et le Mont-du-Chat; puis, plus dans l'intérieur du Jura, entre Saint-Ursanne et le Clôs-du-Doubs, Saint-Hippolyte et le Lomont, Levier et Boujailles, Nozeroy et les Hautes-joux, Sainte-Croix et Chasseron, Nantua et le Mont-d'Ain, Tenay et la Rimondière, etc., etc., c'est-à-dire à-peu-près partout. Mais il convient peut-être de donner quelques exemples plus détaillés.

M. le professeur Moritzi, qui habite Soleure et à qui j'avais remis la liste de nos caractéristiques, a eu l'obligeance d'en faire l'essai sur la chaîne peu connue du Farnerberg qui atteint très-probablement 1100 à 1200 mètres au plus. En montant depuis la Schmiedmatt au dessus de Günsberg, longeant la chaîne et redescendant sur la Klus, il a, dans une seule promenade, constaté la présence des *Gentiana lutea, Crocus vernus, Rhamnus alpinus, Carduus defloratus, Campanula pusilla, Arabis alpina, Spiræa aruncus, Lonicera alpigena, Geranium sylvaticum, Saxifraga aizoon, Adenostyles albifrons, Centaurea montana, Prenanthes purpurea, Mœhringia muscosa, Abies pectinata, A. excelsa,* c'est-à-dire, 16 de nos directrices montagneuses. Il n'a trouvé aucune de nos caractéristiques alpestres. Il m'a fait observer en outre que la floraison de plusieurs des espèces non observées étant passée, elles ont pu lui échapper. J'ajouterai qu'en effet quelques-unes se trouvent dans la partie de la chaîne voisine d'OEnsingen. M. Gressly a aussi observé la *Gentiana acaulis* à la Schmiedmatt.

M. Vernier, directeur du Jardin de Porrentruy, a aussi, à notre prière, mais sans connaître nos caractéristiques, dirigé une excursion dans la chaîne du Lomont de Pont-de-Roide, qui s'élève de 200 mètres environ dans notre région montagneuse. Une journée consacrée à l'examen de la végétation de la partie de cette chaîne comprise entre Vaufrey et la cluse du Doubs lui a fourni toutes nos caractéristiques montagneuses excepté la *Gentiana lutea* et la *Rosa alpina,* et deux seulement de nos alpestres les plus saxicoles, l'*Hieracium villosum* et l'*Helianthemum œlandicum.* C'est dans la même promenade que cet observateur a constaté de nouveau la présence et la réunion remarquable au Crêt-des-Roches, d'un certain nombre d'espèces déjà indiquées par Girod-Chantrans : telles sont les *Iberis saxatilis, Daphne alpina, Dianthus cæsius, Saponaria ocymoides, Erinus alpinus, Globularia vulgaris, Genista pilosa, Hieracium Jacquini, Aronia rotundifolia, Prunus mahaleb, Cotoneaster tomentosa, Rosa prinpinellifolia, Melica ciliata, Thalictrum montanum,* etc., ensemble d'espèces portant un caractère subméridional et s'élevant à une altitude de 8 à 900 mètres, par suite de l'exposition particulière des rochers.

M. le professeur Pagnard, de Moutier-Grandval, a appliqué le même essai aux chaînes du Moron et du Montoz qui encaissent le Val-de-Tavannes et atteignent toutes deux 1340 mètres environ. Celui-ci, élevé de 650 mètres à-peu-près, offre encore la majeure partie de nos caractéristiques moyennes déjà mêlées de plusieurs erratiques montagneuses. M. Pagnard qui ne connaissait pas nos caractéristiques, devait prendre note de toutes les espèces les plus montagneuses.

Une journée fut consacrée à l'exploration de chacune des deux chaînes en question, et voici ce qui résulte du dépouillement d'une liste de 80 plantes que M. Pagnard observa. Au Moron : *Gentiana lutea, Crocus vernus, Trollius europœus, Rhamnus alpinus, Carduus defloratus, Abies excelsa, Arabis alpina, Ranunculus aconitifolius, Lonicera alpigena, Geranium sylvaticum, Lunaria rediviva, Athamanta cretensis, Saxifraga aizoon, Bellidiastrum Michelii, Adenostyles albifrons, Centaurea montana, Abies pectinata, Prenanthes purpurea, Spiræa aruncus,* c'est-à-dire 19 de nos caractéristiques montagneuses;

puis *Sonchus alpinus, Rumex arifolius, Heracleum alpinum, Saxifraga rotundifolia, Gentiana acaulis,* c'est-à-dire 5 de nos alpestres. Au Monto, toutes les espèces précédentes, plus *Alchemilla alpina* et *Poa alpina.* Il est évident que ces chaines satisfont à nos caractéristiques, et que, si l'on n'en connaissait pas les hauteurs, on pourrait conclure qu'elles sont entièrement situées dans notre région montagneuse, et qu'elles atteignent probablement le commencement de la région alpestre. Il faut ajouter aussi qu'en réalité, des cinq caractéristiques montagneuses qui n'ont pas été reconnues dans l'excursion, quatre se trouvent dans les deux chaines. Ainsi, une seule promenade a fourni des données suffisantes à ce genre d'orientation.

J'ai reçu, durant l'impression des premières feuilles de cet ouvrage, de M. Gouvernon, une liste des plantes observées dans les environs des Bois à la Franche-Montagne (Jura bernois, district de Saignelegier), c'est-à-dire sur les plateaux de la région montagneuse bordés à l'ouest par les Côtes-du-Doubs, et à une altitude de 1000 mètres environ. Le dépouillement de ce catalogue fournit les résultats suivants :

1° Sur 24 de nos caractéristiques de la région moyenne, 6 environ sont encore assez répandues, ce sont les *Helleborus, Anacamptys, Orchis militaris, Fagus, Euphorbia amygdaloides, Orobus;* 10 ne sont plus que disséminées, savoir : *Bupleurum, Veronica, Melica, Sambucus, Convallaria, Coronilla, Aronia, Anthericum, Teucrium* et *Myosotis,* surtout vers les bords rocheux des Côtes-du-Doubs ; les 8 autres sont, ou nulles ou très-rares, savoir : *Prunella, Cephalanthera, Melittis, Buxus, Daphne, Calamintha, Carex alba* et *Euphorbia verrucosa.* Ajoutons à cela que les *Clematis, Berberis Acer campestre, Evonymus, Prunus spinosa, Pyrus communis* et *malus, Hedera, Cornus, Ligustrum, Quercus* sont eux-mêmes déjà rares ou disséminés. Les Côtes-du-Doubs qui descendent vers les régions inférieures offrent plus abondantes presque toutes les espèces de la région moyenne. — 2° Sur les 24 caractéristiques montagneuses, toutes sont présentes excepté deux, savoir : *Chærophyllum hirsutum* et *Draba aizoides* qui toutefois se trouvent sur des points peu éloignés ; 12 sont répandues, savoir : *Gentiana lutea, Trollius, Crocus, Geranium, Abies excelsa, A. pectinata, Mœhringia, Ranunculus, Spiræa, Lonicera, Centaurea, Prenanthes;* les 10 autres, la plupart plus saxicoles, sont plus disséminées sur les bords du plateau, savoir : *Rhamnus, Lunaria, Coronilla, Carduus, Campanula, Athamanta, Saxifraga, Bellidiastrum, Arabis* et *Adenostyles.* Elles sont renforcées des *Hypericum dubium, Lonicera nigra, Gentiana verna, Kernera, Thlaspi montanum, T. alpestre, Valeriana montana, Convallaria verticillata,* etc., puis de toute la flore des tourbières avec *Pinus uliginosa, Betula nana, B. pubescens, Vaccinium uliginosum, V. vitis-idæa, V. oxycoccos, Andromeda, Lonicera cærulea, Eriophorum, Carex*, etc. ; le *Vaccinium myrtillus* est commun dans les forêts d'épicéa ; les *Fraxinus excelsior, Sorbus aucuparia, S. aria*, etc. sont fréquents; l'*Acer platanoides* joue son rôle montagneux, etc. — 5° De nos caractéristiques alpestres, trois des plus descendantes se trouvent sur un ou deux points des environs, ce sont : *Saxifraga rotundifolia, Gentiana acaulis, Androsace lactea* ; les autres sont nulles. On voit que la contrée des Bois confirme encore toutes nos généralités.

Nous pourrions ajouter ici une foule d'exemples puisés dans nos propres observations ; nous nous bornerons à quelques-uns seulement afin de compléter les idées et de faire voir une ou deux exceptions. Nous choisissons exprès des points peu connus.

La chaîne de l'Aiguille-de-Beaulmes, ou plutôt de l'Aiguillon comme on le nomme dans le pays, atteint 1550 mètres. Dans une excursion d'une demi-journée, faite en septembre 1845 depuis Sainte-Croix, j'y ai observé toutes nos caractéristiques montagneuses excepté *Crocus* et *Lunaria* qui s'y trouvent probablement, et les alpestres *Alchemilla alpina, Poa alpina, Saxifraga rotundifolia, Gentiana acaulis, Androsace lactea, Rumex arifolius, Anemone narcissiflora, Buplevrum ranunculoides, Polygonum viviparum*, toutes en abondance, et il y en a certainement d'autres que la saison trop avancée ne m'a pas permis de remarquer. Je ne parle pas des autres espèces alpestres qui ne figurent point parmi nos caractéristiques.

Dans une autre excursion faite en Juillet 1846, de Culloz au sommet du Grand-Colombier, j'ai trouvé les résultats suivants. Aux environs de ce village toutes nos caractéristiques moyennes en abondance, plus beaucoup d'espèces du Jura méridional. De là, en montant par le sentier qui passe au châlet de Romagnieux, et jusque vers 900 mètres au moins, on voit se soutenir cette même végétation moyenne (ce qui est dû à l'exposition méridionale de ces pentes), puis, au dessus seulement avec les hêtres et les sapins, apparaître disséminées nos caractéristiques montagneuses dont on rencontre une vingtaine ; la plupart sont devenues abondantes avant d'arriver aux châlets qui s'étendent sur le plateau au pied du Cuerne et du Colombier. Enfin, à partir de là, dans les pentes et sur les sommités du crêt des Signaux (1550 ᵐ) apparaissent *Alchemilla alpina, Poa alpina, Nigritella angustifolia, Potentilla aurea, Hieracium villosum, Helianthemum œlandicum, Carex sempervirens, Gentiana acaulis, Gymnadenia albida, Saxifraga rotundifolia*, c'est-à-dire dix de nos caractéristiques alpestres. Si l'on réfléchit que ceci est le résultat d'une seule promenade, et qu'il serait probablement complété par une exploration plus attentive, on doit reconnaître qu'ici encore, c'est-à-dire dans le Jura méridional, la dispersion en altitude obéit à très-peu près aux mêmes lois.

Si, du Lieu au Val-de-Joux (1000 ^{m}), déjà situé dans la région montagneuse et en offrant en effet toutes les caractéristiques, on dirige une excursion au Gros-Crêt, sommité de la chaîne des Rizoux (1420), on s'attendra à y trouver une plus riche flore alpestre qu'elle ne l'est en réalité. Mais en parcourant pour y arriver le labyrinthe des petits accidents orographiques qui forme cette chaîne partout recouverte d'antiques forêts, on s'apercevra bientôt qu'il y manque de stations suffisamment découvertes pour espérer une végétation vraiment alpestre. Arrivé au petit plateau de pâturages qui forme le point culminant du Gros-Crêt, entièrement entouré de bois et ayant à peine vue sur la contrée du côté du nord, on ne trouvera que les espèces montagneuses ordinaires, sauf quelques pieds de *Poa alpina*. Du reste, les lieux ombragés offrent partout le *Rumex arifolius*, le *Saxifraga rotundifolia* et surtout en excessive abondance le *Sonchus alpinus*. Tel est le résultat d'une course d'une demi-journée : cependant il est fort probable que d'autres points des Rizoux offrent plusieurs de nos espèces alpestres inobservées. — De même, si de la Chaux-de-Fonds (1000 ^{m}) on fait une promenade au sommet du Pouillerel, formé de pâturages et atteignant 1280 mètres, on est surpris de n'y trouver qu'une végétation médiocrement montagneuse et à peine une espèce alpestre, tandis que plusieurs de ces dernières, par exemple l'*Alchemilla* croissent plus bas dans les environs. — Nous avons donné ces deux derniers exemples afin de signaler nous-mêmes des exceptions à la règle. Elles tiennent probablement dans l'un et l'autre cas à l'absence totale d'accidents orographiques rocheux, hardis, élancés, isolés dans les airs et battus par les vents.

Enfin, si, pour terminer cet examen, nous envisageons des localités offrant ces dernières conditions, bien qu'à de faibles altitudes, nous y reconnaîtrons conformément à ce que nous avons fait remarquer plus haut, une végétation notablement montagneuse et alpestre. Les cluses de la Birse (roches de Vorburg, Moutiers, Court) qui coupent les chaînes de la Chaive, du Raimeux, du Moron, du Graitery, et dont le fond varie de 500 à 600 mètres, offrent à-peu-près toutes nos caractéristiques montagneuses et plusieurs alpestres, telles que *Alchemilla alpina, Gentiana acaulis, Heracleum alpinum, Androsace lactea*, etc. qui se montrent peu répandues sur les sommités des chaînes traversées. Les cluses de la Sorne offrent un exemple analogue : on y voit

(Undervilliers, Pichoux) les espèces que nous venons de citer, tandis qu'elles ne sont nullement habituelles sur les cimes des montagnes qui dominent ces défilés. Les hautes côtes de la Loue près de Moutier, encaissées par les chaînes de Haute-Pierre et de Montmaillot (roches du Capucin) qui atteignent à peine 900 mètres, offrent un ensemble d'espèces aussi montagneuses (et peut-être plus) que ces sommités mêmes, de façon qu'à la sortie des gorges elles se trouvent en contact avec les premiers vignobles de la belle vallée d'Ornans. Le cirque du Mauron qui déchire les flancs de la chaîne du Pouillerel dont nous parlions tout-à-l'heure, et les hautes côtes du Saut-du-Doubs, offrent, à 400 mètres au moins plus bas, une végétation plus montagneuse que ses parties supérieures. Il en est de même des côtes de l'Albarine aux environs de Tenay comparées aux chaînes du Molard-Dedon et de la Rimondière qu'elles traversent. Enfin, le célèbre Creux-du-Vent dont le haut du cirque n'atteint que 1470 mètres (c'est-à-dire guère plus que le Gros-Crêt des Rizoux), et dont le fond ne doit guère s'élever au dessus de 1100 mètres, est, nonobstant ce faible niveau, l'un des points du Jura qui offre la plus notable réunion d'espèces alpestres.

Malgré ces divergences, les plantes que nous avons indiquées n'en sont pas moins, pour l'ensemble du Jura, caractéristiques de leurs altitudes. Si l'examen de la distribution des végétaux dans les chaînes du Doubs a fait dire à M. Grenier que, « dans la plupart des cas, l'apparition d'une espèce sur une montagne suffirait pour en fixer la hauteur avec une certaine précision, » à plus forte raison ce principe est-il applicable à des groupes plus nombreux.

Du reste, à part les moyens de caractéristique des régions que nous venons d'examiner, il y a dans le Jura cinq espèces qui peuvent être considérées comme les régulatrices ou directrices les plus importantes de toute la flore, relativement aux altitudes. Ce sont la vigne, le sapin, la grande gentiane et l'alchimille. Nous traiterons longuement de la distribution de la vigne au chapitre suivant pour encadrer nos montagnes au milieu des plaines ambiantes : elle dessine partout la région basse et son passage à la moyenne. Donnons ici les limites des autres espèces.

Le sapin commence généralement vers 700 mètres, et trace presque partout dans le Jura la limite inférieure de notre région montagneuse. C'est entre ce niveau et 1100 mètres environ qu'il forme le plus de forêts à lui seul ; plus haut, il est très-souvent remplacé par l'épicéa, mais il atteint en buissonnant les parties moyennes de la région alpestre. Il prédomine aux niveaux précités à partir des chaînes situées à l'est du Stafelegg, et s'étend sans interruption jusque dans le Bugey. Depuis les environs d'Aarau et d'Olten, on le voit diminuer sur les chaînes jurassiques orientales, et y être presque entièrement remplacé par le hêtre dont les teintes gaies font contraste avec les noires forêts d'épicéa du Bassin suisse. A l'ouest de ces localités, il couronne toutes les sommités de la grande chaîne. Il descend assez bas sur plusieurs points entre Soleure et Neuveville : il semble s'y lier aux épicéas de la plaine, et on l'y voit parfois en contact avec les vignes les plus élevées. Plus au couchant, sa limite inférieure s'élève, et, dans les hautes chaînes, on le voit former une ligne assez soutenue vers 700 mètres. Aux environs de Fort-l'Ecluse, il arrive presque au contact des buis, mais dans les chaînes du Bugey sa limite inférieure parait se relever sensiblement, ce qui en réduit beaucoup la dispersion, de façon qu'il m'a paru devenir rare au dessous de 900 à 1000 mètres, et qu'il ne couronne plus aussi exclusivement les sommités mêmes supérieures à ces chiffres, comme l'Avocat, le Molard-Dedon et même le Mont-du-Chat. Il en est à plus forte raison de même aux environs de Grenoble sur les versants méridionaux des chaînes : cependant, dans l'intérieur du massif de la Chartreuse, il descend un peu plus bas, et, dans les montagnes de Chalanche, on le voit au dessus d'Uriage, par exemple, se soutenir à une hauteur qui ne saurait guère dépasser 700 à 800 mètres. Si maintenant nous reprenons sa marche dans les parties de l'arc jurassique regardant au nord et à l'ouest, nous le trouvons à-peu-près limité par les chaînes suivantes : Schafmatt (Geissfluh, Wiesenberg, sommités de Kienberg et d'Oltingen), les Hauenstein, la chaîne de Meltingen et Bretzweil, le groupe du Gempen, Blauenberg, Mont-de-Ferrette, collines de Porrentruy (Vaudelincourt, Courchavon, Fahy, 5 à 600 ᵐ), Monterrible, Lomont de Pont-de-Roide, chaînes encaissant le Dessoubre, chaînes de Passonfontaine, de Haute-Pierre, de Châteaumaillot, plateaux de Salins et d'Arbois (disséminé), Poupet, chaînes de Champagnole, de la Fresse, du Mâclus, de Moirans, du lac d'Antre, des Monts-d'Ain, de la Rimondière, etc. C'est-à-dire, comme nous l'avons annoncé, qu'il trace en général les limites de notre région montagneuse, excepté qu'il descend notablement plus bas dans quelques points à exposition boréale, comme aux environs de Bâle, Ferrette, Porrentruy, et commence sensiblement plus haut dans les districts les plus méridionaux. Hors de ces limites il ne se trouve que disséminé : dans ces limites il constitue partout des forêts, excepté où l'épicéa prédomine, ou bien, où l'exploitation l'a laissé remplacer par les bois feuillus, ce qui se voit, par exemple, d'une manière remarquable sur les pentes nord des Hautes-Joux de Nozeroy. Cette limite inférieure est en général constante et uniforme. I

n'occupe que rarement les plateaux moyens, et ne descend jamais, ni dans
la vallée du Rhin, ni dans celle de la Saône ; dans le Bassin suisse on le voit
disséminé dans les forêts d'épicéa, et il ne forme que çà et là des forêts à
lui seul, par exemple aux environs de Zurich, de Payerne et au Jorat.

Bien que l'épicéa ne soit pas essentiellement un arbre des montagnes, et
que, grâce aux terrains, il s'accomode de niveaux très-inférieurs, par exemple dans le Bassin suisse, il n'en joue pas moins dans le Jura un rôle caractéristique comme espèce montagneuse (voir l'article épicéa dans l'Enumération). Il se montre partout dans nos chaînes au dessus de 1000 mètres, mais
il descend plus bas dans les vallées tertiaires occupées par la molasse (Vals-
de-Delémont, Moutiers, Tavannes, etc.), ou sur les lisières suisses en contact
elles-mêmes avec des collines de cette nature, et, dans ces sortes de cas, il
couvre quelquefois les pentes jurassiques voisines ; il n'apparaît que plus haut
dans le Jura méridional. Cependant, on peut dire qu'il n'est en réalité généralement répandu que vers l'altitude signalée, où il forme alors de vastes
forêts, le plus souvent à lui seul. Il est ordinairement accompagné par
la gentiane qui annonce en même temps l'abondance des espèces montagneuses.

Celle-ci est généralement répandue dans toute la région montagneuse au
dessus de 900 à 1000 mètres, et presque partout en abondance. Je ne l'ai
pas vue dans les chaînes les plus orientales à l'est de celle des Hauenstein
et de la Hohefluh ; en tous cas, elle y devient rare ; mais, à partir de là, elle
se soutient sans interruption jusque dans le Bugey et au-delà. Sa dispersion,
limitée au sud par la ligne des hautes chaînes, l'est au nord et à l'ouest
à-peu-près par les suivantes, où elle se trouve encore en plus ou moins
grande quantité : Passwang, Rothmatt, Fringeli, Raimeux, Monterrible
(Côtes, Caquerelle), Clôs du Doubs, plateaux et sommités du Russey et de
Morteau, Montpelé, Boujailles, Laveron, Hautes-Joux, plateaux et sommités
de Saint-Laurent, Saint-Claude, Nantua, Avocat, Rimondière, Grand-Colombier, Mont-du-Chat, Chartreuse. En dehors de cette ligne, on la voit encore
à des niveaux un peu inférieurs dans le Jura occidental, dans les chaînes de
Passonfontaine, Château-maillot, Poupet, sur les plateaux de Salins et d'Arbois, dans la chaîne de Serrières, etc. Dans toutes ces contrées, surtout celles
comprises dans les premières limites, elle est très-commune et surtout répandue avec une remarquable uniformité : elle fleurit et fructifie partout ce
qui n'est pas toujours le cas ailleurs. Il faut, du reste, remarquer à l'égard
de sa dispersion actuelle qu'exploitée depuis des siècles pour les usages offi-
cinaux et même économiques, elle a probablement été extirpée de bien des
localités.

L'alchimille est généralement répandue vers 1300 mètres, ou un peu au dessus, bien qu'elle manque quelquefois jusqu'à 1400, et qu'elle descende parfois plus bas, mais disséminée. Dans sa vraie station elle tapisse les pâturages alpestres en quantité innombrable. Elle s'étend depuis le Wasserfall dans la chaîne du Passwang jusqu'au Salève et à la Chartreuse en occupant les sommités des chaînes de Haasenmatt, Brückliberg, Rœtifluh, Raimeux??, Graitery?, Moron, Montoz, Sonnenberg?, Chasseral, Sujet, Tête-de-Rang, Pouillerel?, Châteluz, Tourne, Taureau, Creux-du-Van, Chasseron, Aiguillon, Mont-l'Herbaz?, Suchet, Dent, Mont-d'Or, Rizoux?, Montendre, Noirmont, Crêt-de-la-Cera?, Crêt-de-Chalam, Dôle, Colombier, Montoisé, Reculet, Gralet, Credoz, Grand-Colombier, Mont-du-Chat. Celles de ces chaînes marquées d'interrogation laissent des doutes. Elle se montre aussi çà et là plus bas comme nous l'avons dit, par exemple aux environs de Septmoncel (1100), au Chaumont français (950), aux roches de Moutier, de Court, du Pichoux (5 à 600 ^{m}). Son apparition est suivie communément de celle de toutes nos espèces alpestres.

En résumé, dans le Jura, la cessation de la vigne annonce la région moyenne, le sapin les approches de la région montagneuse, l'épicéa et la gentiane les niveaux moyens de cette région, l'alchimille la région alpestre.

C'est peut-être ici le cas de dire un mot sur la manière dont s'opère la diminution et la disparition des espèces dans le passage d'une région inférieure à une supérieure ou réciproquement. La cause essentielle de ce fait gît dans les difficultés qu'apporte à la maturation du fruit la diminution de la température moyenne de la saison chaude, à mesure qu'on s'élève dans la verticale. L'altitude convenable à une espèce est essentiellement celle où son fruit atteint annuellement la maturité, même dans les cas minimums ou exceptionnels. Au dessus de ce niveau s'étend encore une région d'une certaine hauteur dans laquelle cette maturation a lieu le plus souvent, mais pas nécessairement; au-delà elle devient rare, puis impossible. C'est ce qu'il est aisé de suivre sur les végétaux cultivés dont la maturation est constatée chaque année comme fait important. Vers 1000 mètres, par exemple, chez les arbres à fruits, la floraison a lieu le plus souvent, mais il manque du temps nécessaire à la maturation, excepté dans des expositions particulières qui apportent compensation. Les céréales, l'avoine, l'orge y arrivent le plus souvent à leur maturité, mais quelquefois aussi ils ne l'atteignent pas, et, dans le Jura central, il arrive qu'ils sont fauchés après les premières neiges à un état d'imparfait développement. Une autre cause importante est celle des gelées printannières tardives qui détruisent la fleur, non-seulement chez les plantes

cultivées, mais chez les espèces indigènes, et c'est aux altitudes moyennes
que, toutes choses égales, elles exercent le plus leur action, à cause de la
précocité de développement qui n'a pas lieu au même degré à des niveaux
plus élevés. Parmi les végétaux qui indiquent bien par leur présence, leur
floraison et surtout leur maturation, l'action de ces causes réunies, il faut
citer le chêne, le hêtre et le sapin. D'après les renseignements de sylviculteurs compétens, la glandée qui a lieu dans les plaines de l'Allemagne aux
niveaux de notre région basse à-peu-près tous les 4 ans, n'a guère lieu dans
les régions moyennes du Jura central que tous les 7 ou 8 ans : cela explique
combien l'ensemencement spontané de cet arbre doit devenir rare au-delà
d'une certaine altitude, et combien la reproduction de l'espèce, en présence
de sols impropres, doit diminuer rapidement en s'élevant dans des chaînes à
terrains dysgéogènes. La faînée dans cette même région moyenne est également déjà beaucoup moins fréquente que dans la région basse à terrains
secs, mais l'obstacle du sol n'existant point, l'ascension dans les niveaux
supérieurs a lieu plus aisément. Enfin, à une certaine altitude, vers 1200
mètres environ, le sapin porte bien encore des cônes, mais ceux-ci ne mûrissent en réalité que rarement, d'où il résulte que les forêts ne s'ensemen-
çant que rarement d'elles-mêmes, ce qui a été bien reconnu par les sylviculteurs souvent déçus pour avoir trop compté sur ce mode de reproduction
dans des forêts élevées. Des causes inverses des précédentes empêchent, au
contraire, la plupart des plantes alpestres de descendre dans les régions inférieures. Parmi ces causes, il en est trois surtout qui paraissent principales :
le défaut de lumière suffisante, la trop haute température des étés et l'absence de neige pour les protéger contre la température trop basse des hivers.
De là résulte que les plantes des sommités transportées dans nos jardins botaniques y succombent également aux ardeurs de l'été et aux froids de l'hiver, tandis qu'elles réussissent bien en serre tempérée moyennant un éclai-
rage convenable.

§ 37. Quoique notre division en régions s'applique bien à tout le Jura,
on conçoit d'après tout ce qui précède, que la flore montagneuse doit être
d'autant plus complète dans une chaîne que celle-ci s'élève davantage dans
les limites assignées. Qu'ainsi une montagne qui n'atteint que 1000 mètres
peut manquer de certaines plantes qu'on trouvera dans celle qui en atteint
1200, bien que toutes deux appartiennent à la région montagneuse. Or,
comme le Jura va en augmentant de hauteur de l'est vers l'ouest et le sud,
on conçoit qu'il y ait dans ce même sens un ordre d'apparition graduelle

des espèces en rapport avec l'élévation successive des niveaux. C'est en effet ce qui se passe d'une manière très-remarquable et tout-à-fait démonstrative du rôle particulier de chaque végétal relativement à ses altitudes.

La plupart de nos espèces montagneuses du groupe *C 2* commencent à l'est du Weissenstein, et se maintiennent dans toute la longueur du Jura. Un grand nombre commencent au Lægerberg même, les autres à la Schafmatt et quelques-unes au Passwang seulement. On verra par ce qui suit quelles sont celles qui ne commencent que plus à l'ouest. Parmi les alpestres, avant le Weissenstein, on voit disséminés *Heracleum alpinum, Galium alpestre, Scabiosa lucida, Gentiana acaulis, Androsace lactea, Gymnadenia albida.*

A partir des chaînes du Weissenstein, du Graitery et du Raimeux, on entre dans le Jura central, et les reliefs atteignent et dépassent souvent la limite supérieure de notre région montagneuse. Un certain nombre d'espèces montagneuses apparaissent pour se maintenir dès lors, et la flore alpestre commence à se dessiner. Ces montagneuses sont : *Trollius europæus, Thlaspi alpestre, Viola palustris, Laserpitium latifolium, L. siler, Lonicera cærulea, Cirsium rivulare, Carduus personnata, Campanula latifolia, Gentiana campestris, Crocus vernus, Veratrum album, Blechnum spicant?* et quelques autres. Les alpestres sont : *Ranunculus alpestris, R. gracilis, Helianthemum œlandicum, Spergula saginoides, Alchemilla alpina, Epilobium trigonum, Saxifraga rotundifolia, Bupleurum ranunculoides, Homogyne alpina, Aster alpinus, Erigeron alpinus, Sonchus alpinus, Crepis aurea?, C. blattarioides, Hieracium aurantiacum?, Linaria alpina, Tozzia alpina, Bartsia alpina?, Calamintha alpina, Rumex arifolius, R. alpinus, Nigritella angustifolia, Allium victorialis, Carex sempervirens, Poa alpina.*

Vers la chaîne du Chasseral, les niveaux s'élèvent encore : quelques espèces montagneuses se montrent pour la première fois, et la flore alpestre s'enrichit. Parmi les montagneuses on remarque : *Ribes petræum, Saxifraga hirculus, Swertia perennis, Digitalis grandiflora, Betula pubescens, B. nana, Listera cordata, Streptopus amplexifolius, Eriophorum alpinum, Scirpus cæspitosus, Psyllophora pauciflora, Vignea canescens,* la plupart appartenant à l'apparition des hautes tourbières. Les alpestres sont : *Anemone narcissiflora, A. alpina, Arabis arcuata, Alsine stricta, Hypericum Richeri, Potentilla aurea, P. salisburgensis, Sorbus chamæmespilus, Hieracium villosum, Pedicularis foliosa, Pinguicula grandiflora, Salix retusa, S. reticulata, Narcissus pseudonarcissus, Phleum alpinum, P. Michelii, Festuca pumila, Lycopodium selaginoides* et quelques autres qui se soutiennent peu.

Dans la région du Creux-du-Van, on voit apparaître les montagneuses : *Potentilla caulescens, Campanula rhomboidalis, Vignea heleonastes,* et les alpestres *Dryas octopetala, Geum montanum, Rhododendrum ferrugineum, Polygonum viviparum, Narcissus poeticus, Luzula flavescens,* etc., dont plusieurs se soutiennent à peine.

Vers le groupe du Suchet, de la Dent-de-Vaulion et du Montendre, quelques espèces montagneuses commencent à mieux trancher le caractère austro-occidental : *Aconitum anthora, Rhamnus pumilus, Cirsium erisithales, Hypochœris maculata, Cytisus alpinus,* et les espèces alpestres s'augmentent des *Alsine laricifolia, Linum montanum?, Anthyllis montana?, Sedum atratum, Cepharia alpina, Hieracium prenanthoides, Campanula thyrsoidea, Gentiana nivalis, Myosotis alpestris, Veronica aphylla, Plantago montana,* dont une ou deux ne se soutiennent pas, et dont celles marquées d'interrogation sont plutôt occidentales que vraiment subalpines.

Vers la Dôle et jusqu'au Credoz, le Jura atteint ses niveaux les plus élevés, et la flore alpestre s'augmente rapidement d'un bon nombre de plantes dont plusieurs portent en outre le caractère austro-occidental : *Ranunculus thora, Hutchinsia alpina, Viola calcarata, V. biflora, Gypsophila repens, Trifolium cæspitosum, Oxytropis montana, Orobus luteus, Silene quadrifida, Alsine liniflora, Potentilla minima, Sibbaldia procumbens, Epilobium alpinum, Sempervivum tectorum?, Saxifraga oppositifolia, S. aizoïdes, S. muscoides, Eryngium alpinum, Ligusticum ferulaceum, Gnaphalium leontopodium, Senecio doronicum, Soyeria montana, Arctostaphylos alpina, Veronica fruticulosa, V. saxatilis, V. alpina, Soldanella alpina, Androsace villosa, Plantago alpina, Orchis sambucina, Czackia liliastrum?, Carex ferruginea, Festuca Scheuchzeri, Polypodium alpestre, Aspidium rigidum, A. alpinum* et quelques autres.

Au sud des cluses de Nantua, dans la contrée du Grand-Colombier et du Mont-du-Chat, le Jura s'abaisse sensiblement, presque toutes les plantes du groupe précédent disparaissent, et la flore reprend les caractères montagneux ou alpestres qu'elle offrait à niveaux pareils dans les chaînes neuchâteloises et vaudoises. Cependant l'augmentation des températures a déjà un peu élevé les limites inférieures des régions, restreint, toutes choses égales, leur superficie et diminué l'aire des plantes à stations fraîches ou froides. Bien qu'un assez grand nombre d'espèces austro-occidentales modifient la flore, c'est à peine s'il en est l'une ou l'autre d'entr'elles évidemment propres aux régions supérieures.

Arrivé aux massifs du Grenier et de la Grande-Chartreuse, les altitudes s'élèvent de nouveau et dépassent 2000 mètres. Le nombre des espèces alpestres et alpines augmente considérablement. La plupart de celles des chaînes de la Dôle au Reculet reparaissent, plus une cinquantaine d'autres que nous avons réunies dans notre groupe *K* et que nous ne reproduirons pas ici. — On voit avec quelle fidélité la flore montagneuse et alpestre suit toutes les variations d'altitude qu'éprouve le grand relief jurassique.

§ 38. Il nous reste à jeter un coup-d'œil sur les changements qu'éprouve la végétation dans le Jura, en marchant de l'est vers le sud-ouest, changements dus à la fois à l'abaissement en latitude, aux variations dans les expositions générales et à l'élimination partielle du grand rempart des Alpes. Bien que ces modifications soient appréciables dans les régions supérieures, c'est surtout dans les deux inférieures qu'elles sont aisées à saisir.

Si l'on prend pour départ ou terme de comparaison le Jura oriental et le central, à-peu-près jusqu'à la ligne Neuchâtel-Besançon, on verra qu'à partir de cette ligne les chaînes et les vallées qui couraient d'abord de l'est à l'ouest passent à la direction nord-est, sud-ouest, pour prendre dans les parties les plus méridionales une allure presque nord, sud. Il en résulte, comme nous l'avons fait observer ailleurs, un climat plus chaud pour les vallées et des contrastes de température moindres entre les versants des montagnes. De plus, l'ensemble des plateaux qui, dans le Jura oriental, formait un plan incliné vers le nord, se tourne insensiblement vers le nord-ouest, puis l'ouest. En troisième lieu, au sud d'une ligne tirée à-peu-près par Beaufort, Orgelet, Etival, la Rixouze, le Jura occidental prend une exposition générale au sud, et la plupart des vallées, telles que celles du Suran, de l'Ain, du Lison, de la Valserine, etc., courent vers le midi. Cette exposition qui est un instant interrompue par les massifs qui encaissent les cluses de Nantua et Sylant, reprend bientôt dans la contrée de Belley. Les environs de Grenoble présentent eux-mêmes de larges pentes méridionales. Il résulte de toute cette structure qu'en suivant le Jura depuis la ligne Besançon-Neuchâtel, l'augmentation des températures est favorisée non-seulement par la diminution assez notable de latitude, mais par toutes les conditions topographiques. On doit donc s'attendre à voir la végétation s'augmenter d'espèces à stations chaudes, en suivant le relief du Jura dans le sens indiqué.

Les points les plus favorisés à cet égard doivent évidemment se trouver aux altitudes inférieures les mieux exposées. Or, de ce nombre sont évidemment, et dans un ordre croissant : 1° la zône sous-jurassique suisse et sarde par Bienne, Neuchâtel, Yverdon, Orbe, Gex, Collonge, Fort-l'Écluse, Seyssel.

le Bourget, Chambéry ; 2° la zône sous-jurassique française par Besançon, Salins, Arbois, Lons-le-Saulnier, Saint-Amour, Ceyseriat, Pont-d'Ain, l'Huis, Cordon, etc. ; 3° les vallées bien exposées de la contrée jurassique comprise entre Saint-Amour, Saint-Claude, Ceyseriat et Châtillon ; 4° la contrée de Belley et le lac d'Aiguebelette, depuis le Val-Romey jusqu'au Guier-vif ; 5° les environs de Grenoble. En effet, ces lisières et ces districts sont nettement dessinés par une végétation de plus en plus méridionale.

1° Zône sous-jurassique suisse et sarde. Elle est caractérisée par les *Buxus sempervirens, Cerasus mahaleb, Acer opulifolium, Coronilla emerus, Quercus pubescens* qui y sont disséminés dans la partie suisse, et auxquels, vers le Fort-l'Ecluse, s'adjoignent les *Cytisus laburnum, Ononis natrix, Ruscus aculeatus*. A la suite de ces végétaux ligneux qui la plupart deviennent communs vers le sud, suivent une marche analogue : *Dianthus sylvestris, Saponaria ocymoides, Cotoneaster vulgaris, Melampyrum cristatum, Trifolium rubens, Veronica spicata, Helianthemum fumana, Himantoglossum hircinum, Trinia vulgaris, Euphrasia lutea, Chrysocoma linosyris, Carex gynobasis, Tunica saxifraga, Allium sphærocephalum, Kœleria valeriaca, Ceterach officinarum*, etc., puis, plus méridionaux : *Isopyrum thalictroides, Aconitum anthora, Dianthus monspessulanus, Reseda phyteuma, Anthyllis montana, Hieracium andryaloides, Sideritis hyssopifolia, Plantago cynops, Rumex pulcher, Gaudinia fragilis, Athyrium fontanum*, etc. ; probablement aux environs de Chambéry des espèces plus méridionales encore.

2° Zône sous-jurassique française. Elle est plus nettement dessinée encore par les *Buxus sempervirens, Acer opulifolium, Coronilla emerus, Cerasus mahaleb, Quercus pubescens, Cytisus laburnum, Ruscus aculeatus*, puis plus au sud: *Ononis natrix, Pistaccia terebinthus, Acer monspessulanum*. Ils sont accompagnés d'une manière plus ou moins soutenue de la plupart des plantes de la zône suisse en plus grande abondance, et, en outre, de plusieurs autres, telles que les *Hutchinsia petræa, Erysimum ochroleucum, Linaria striata, Centranthus angustifolius, Coronilla minima, Sedum anopetalum, S. altissimum, Galium mucronatum*, etc. ; enfin, çà et là, d'une autre catégorie d'espèces plus dépendantes des stations eugéogènes de la plaine, telles que *Cytisus capitatus, Quercus cerris, Iris fœtidissima, Androsæmum officinale*, etc.

3° La contrée des plateaux à l'est de St-Amour et Ceyseriat offre à-peu-près la même végétation, et se montre surtout caractérisée par l'abondance des buis.

4° Il en est de même de celle des environs de Belley qui offre cependant quelques espèces plus méridionales encore que les précédentes, telles que *Laserpitium gallicum, Lonicera caprifolium, Osyris alba,* etc.

5° Enfin, les environs de Grenoble voient encore s'augmenter considérablement cette flore : c'est là que commencent les *Rhus cotinus, Rhamnus alaternus, Convolvulus cantabrica, Scabiosa graminifolia, Leuzea conifera, Orobus gracilis, Quercus apennina?, Ononis minutissima,* etc., *Cytisus argenteus,* etc., *Buplevrum junceam,* etc., *Carpesium cernuum, Senecio Doria, Crupina vulgaris, Leontodon crispum, Linaria supina,* etc., *Melampyrum nemorosum, Geranium nodosum, Kœleria phleoides,* etc. On trouvera dans les groupes *B 5* et *C 2* de quoi compléter les énumérations d'espèces précédentes.

Toute cette marche de plantes méridionales peut être indiquée d'une manière plus simple par quelques espèces seulement qui jouent à cet égard un rôle particulièrement caractéristique. Le *Rhamnus alaternus* ne paraît guère dépasser Grenoble. Le *Pistaccia* et l'*Osyris* s'arrêtent à-peu-près à la ligne l'Huis-Belley ; l'*Ononis natrix* s'avance environ jusqu'à Genève, Thoirette et Pont-d'Ain ; le *Cytisus laburnum* se soutient jusqu'à Salins, Champagnole, etc. ; le *Buxus sempervirens* habituel jusqu'à la limite Beaufort-Saint-Claude se dissémine plus au nord ; les *Quercus pubescens* et *Acer opulifolium* s'étendent interrompus jusqu'aux frontières du Jura oriental. Dans toute cette décroissance graduelle, les espèces les plus méridionales s'avancent toujours beaucoup plus au nord sur le côté occidental français que sur l'oriental suisse, le tout d'une manière entièrement conforme aux climats figurés dans notre croquis Pl. II.

Du reste, cette même marche de la végétation est encore clairement indiquée par un seul arbrisseau, savoir le *Buxus sempervirens*. En effet, on le voit s'étendre, bien qu'avec quelques interruptions (qui paraissent tenir au sol, comme c'est peut-être le cas pour les calcaires liasiques un peu pélogènes de Grenoble), depuis nos limites méridionales, à travers le Jura dauphinois, sarde et bugésien, jusqu'à la ligne Beaufort-Saint-Claude qui est la limite des expositions générales au sud. Jusque là, la majeure partie de la région moyenne (et même quelque chose de la montagneuse) est occupée par la végétation des buis, qui, en un grand nombre de points, s'y étend sur de vastes espaces rocailleux où le sol est presque nu et impropre aux cultures. Bien qu'en général les buis et les sapins recherchent des conditions différentes, cependant ils se trouvent souvent en contact dans la partie de ces contrées qui monte dans la région montagneuse, par exemple aux environs de Saint-Claude, des lacs de Nantua et Sylant et sur les versants du Crédoz.

Dans plusieurs districts envahis par les buis, la présence de cet arbrisseau devenu social donne à tout le reste de la végétation un caractère de pauvreté et en quelque sorte de désolation tout particulier. On en voit des exemples remarquables entre le Pont-de-la-Pile et Moirans, au Coude-de-l'Ain à l'est de Simandre, aux montagnes de Serrière et de Mornay, etc., et quelquefois même plus au nord comme entre Besançon et Quingey. A partir du Fort-l'Écluse vers le nord-est, en suivant le pied de la grande chaîne, on trouve les buis plus ou moins interrompus, par exemple à Lasarraz, aux gorges du Seyon, à Hauterive, à la Neuveville, au dessus de Soleure, enfin entre Ballstall et Olten (au dessus de Buchsiten et Egerkingen). Sur les limites occidentales, à partir de Ceyseriat, on l'observe sur un grand nombre de points plus ou moins liés le long de la grande falaise, de Bourg à Arbois, sur les plateaux de Poligny et Salins, dans les chaînes de Leutte et Roche-à-Mâclus, aux environs de Dampierre, Quingey, Châtillon-la-Loue, Besançon où il est commun, la Malmaison, Mandeure près Audincourt sur les ruines mêmes de l'amphithéâtre romain, Delle (Buix), Porrentruy (Pont-d'Able) où il est en contact avec les premiers sapins, Saint-Ursanne (château) dans les parties inférieures de la région montagneuse, Ferrette (château), Altkirch, Illfurth, Frænig (sur les calcaires nymphéens dans ces trois dernières localités), Crenzach près Bâle (sur les calcaires conchyliens) au pied de la Forêt-Noire, à Liestal, en quelques autres points du Jura bâlois (Wallenburg, etc.), enfin à Schaffhouse (bois de l'Enge?).—En résumé, ils sont répandus dans la partie méridionale de la chaîne du Jura dans presque toute sa largeur, et dans la région moyenne jusqu'à la latitude de Saint-Claude environ, tandis qu'au nord de cette limite ils se montrent de plus en plus disséminés. Ils lient le Jura aux Alpes sardes et françaises, et, comme ils s'arrêtent partout sur les lisières eugéogènes, de même qu'à la rencontre des Vosges et du Schwarzwald, ils dessinent nettement notre arc de montagnes comme contrée sèche, chaude et dysgéogène.

§ 59. Si maintenant on cherche à se rendre compte du caractère général qu'offre la végétation dans le Jura, on voit clairement par tout ce qui précède relativement à la marche des espèces depuis le Dauphiné vers le nord, que c'est avec celle des Alpes calcaires françaises et sardes que la flore de la chaîne jurassique offre le plus de ressemblance. L'immense majorité, la presque totalité de nos plantes se trouvent dans ces montagnes, et la présence des espèces non jurassiques qu'elles renferment tient de toute évidence à l'abaissement en latitude et à la supériorité des niveaux alpins. Les Alpes calcaires helvétiques, bien que présentant encore avec le Jura une grande analogie, le font infiniment moins que les Alpes savoisiennes et dauphinoises. Un assez grand nombre de nos plantes y manque totalement et beaucoup d'autres y sont moins habituelles. C'est ce qu'il serait très-facile de faire voir. La végétation du Jura, dans tout ce que nous y avons signalé de caractéristique, s'arrête en général brusquement sur toutes ses lisières à la rencontre de terrains différents qui l'entourent presque de toutes parts. Cela est vrai non-seulement pour les plaines, mais plus encore peut-être comme nous le verrons plus tard pour le contact avec les Vosges, le Schwarzwald et les Alpes cristallines. La chaîne jurassique, soit donc qu'on la compte de Regensperg à Grenoble, soit qu'on s'arrête à la coupure du Guier-vif, forme un tout géographico-botanique non moins distinct que son ensemble géognostique. Mais de même que ses terrains se lient à l'est à ceux de l'Albe par une zône étroite et se rattachent par quelques reliefs orographiques aux Alpes calcaires vers le sud, de même sa végétation se propage et se perpétue dans le Jura allemand et dans les chaînes franco-sardes en suivant rigoureusement ces conducteurs dysgéogènes. C'est ce que l'on comprendra mieux encore lorsque nous aurons comparé le Jura aux autres parties de notre champ d'étude.

Si, de même que nous avons essayé de former pour nos montagnes et leurs lisières des groupes d'espèces directrices des altitudes, nous voulions en composer un autre qui caractérisât l'ensemble de toute la chaîne, nous proposerions le suivant :

Buxus sempervirens,	*Gentiana lutea,*	*Alchemilla alpina,*
Helleborus fœtidus,	*Abies pectinata,*	*Poa alpina,*
Fagus sylvatica,	*Draba aïzoides,*	*Heracleum alpinum,*
Daphne laureola,	*Arabis alpina,*	*Androsace lactea.*

Les quatre premières espèces représentent la région moyenne, les secondes la montagneuse, les troisièmes l'alpestre. Cette formule sépare nettement le Jura des Alpes suisses, des Vosges et du Schwarzwald, et même des autres zônes calcaires qui n'atteignent pas les altitudes jurassiques.

Nous avons parcouru dans ce chapitre les traits caractéristiques qu'offre la végétation du Jura, tant dans ses parties que dans son ensemble. On verra les détails relatifs aux espèces dans l'Enumération qui termine ce volume. Il nous suffit d'avoir fait un tableau général comparable aux contrées voisines dont nous allons nous occuper plus sommairement. Résumons ici, pour terminer, ce qui concerne l'aspect que présente nos montagnes au botaniste qui les parcourt, et les ressources qu'elles offrent à ses investiga-

tions. Le Jura se présente du côté de l'Allemagne et de la France comme
une longue falaise terminant brusquement des plateaux étendus au dessus
desquels il voit dans le lointain s'étager de nouveaux gradins dominés çà et
là par quelques sommités ; du côté suisse, il se présente comme un vaste
amphithéâtre de chaînes à flancs rocheux. Par quelque point qu'il entre dans
ce système de reliefs, soit du côté des falaises, soit de celui des chaînes,
avait de mettre le pied sur le sol jurassique, il traverse les vignobles avec
la végétation chaude qui les accompagne. S'il s'occupe de l'étude des espèces, les hautes chaînes lui offriront les stations les plus riches et les plus
abondantes ; mais, s'il se propose de prendre une idée générale de la végétation et des lois de dispersion, c'est par les plateaux qu'il devra l'aborder.
De cette manière, il verra se dessiner clairement les différentes régions avec
leurs traits caractéristiques. Il verra disparaître les vignobles au passage du
plateau, et celui-ci lui offrir la végétation moyenne souvent accusée par les
buis. La diminution des bois feuillus, l'approche des sapins, les modifications
de la flore partout où elle n'a pas subi d'altération, lui signaleront l'entrée
dans la région montagneuse. Il rencontrera bientôt les premières chaînes
proprement dites, et partout il verra se recourber les voûtes arrondies, se
redresser les crêts anguleux, se déchirer les ruz profonds, les cirques rocheux, se dessiner les combes marneuses, tous accidents qui lui indiqueront
les positions relatives d'un grand nombre d'espèces. Il verra les chaînes in-
tercepter les vals, ou les plateaux se diviser en vallées d'érosion profondes.
Bientôt la gentiane qui couvrira les pelouses, l'épicéa qui régnera dans les
forêts, les tourbières qui étendront leurs seignes de distance en distance,
lui apprendront qu'il a dépassé la moitié inférieure de la région montagneuse.
De chaîne en chaîne, de val en val il atteindra des niveaux de plus en plus
élevés ; il verra la végétation prendre un aspect toujours plus sévère, les cultures disparaître, les forêts s'éclaircir et faire place aux paturâges tapissés
d'alchimille lui annonçant son entrée dans la région alpestre et le voisinage
des points culminants. Dans une excursion ainsi dirigée, il pourra saisir l'ensemble de la structure du Jura, et, partant, celui des différences qu'elle formule dans la végétation, résultats qu'on n'obtiendrait pas en faisant l'ascension d'une sommité depuis le côté suisse. Ajoutons que l'observateur sera
partout distrait de ses fatigues, non-seulement par les aspects variés et pittoresques de la contrée elle-même, mais aussi par les panoramas lointains
qu'il verra se dérouler à chaque pas sur les plaines du Rhin, de la Saône ou
du Rhône, sur les Ballons des Vosges ou du Schwarzwald, sur le Bassin
suisse avec ses lacs et sa splendide ceinture de neiges éternelles.

CHAPITRE HUITIÈME.

§ 40. Ces principales plaines ou contrées basses qui entourent le Jura sont : la vallée du Rhin, le Bassin suisse et la vallée de la Saône. Comme nous l'avons dit ailleurs, leurs niveaux ne dépassent guère 400 à 500 mètres, et demeurent, dans toutes les parties françaises, inférieures à la première de ces limites. Leur végétation fait partout contraste avec celle du Jura, tant par suite de ces différences d'altitude qu'à cause des différences de sol et d'exposition générale. L'état des cultures, bien que souvent dépendant de circonstances économiques et sociales, est cependant une expression assez fidèle de ces contrastes. Mais, parmi les espèces cultivées, il en est une qui se trouve plus particulièrement en rapport avec ces différentes conditions, c'est celle de la vigne. Sa dispersion, son abondance, la qualité de ses produits correspond fidèlement à l'état de la végétation spontanée, et fournit un horizon botanique facile. Là où la vigne abondamment cultivée mûrit les meilleurs vins, toutes les autres cultures sont généralement plus prospères ; là où elle est peu répandue et ne donne que de médiocres résultats, les autres cultures portent le même caractère, et la flore diminue en espèces australes ; enfin, avec elle beaucoup d'autres espèces cultivées cessent ou diminuent d'extension, en même temps que la flore méridionale disparaît pour faire place aux plantes à caractère plus boréal. Comme la vigne encadre tout le Jura, et constitue une base d'orientation principale et de même nature pour toutes les contrées sous-jurassiques, nous ferons précéder l'examen de ces contrées de celui de sa distribution au pied de nos montagnes.

La culture de la vigne suit notre région basse et fait avec elle une zône qui entoure le Jura presque de toutes parts comme une île, et entre avec quelques vallées dans son intérieur. Il va sans dire que cette zône se rattache plus ou moins à tous les vignobles des contrées basses adjacentes de France, de Suisse et d'Allemagne. Cependant comme, sous notre latitude, la vigne réussit moins bien en terrain horizontal, et qu'au contraire elle aime des côteaux convenablement exposés, il arrive qu'entre cette zône et les vignobles de l'intérieur des pays ambiants, il y a de fréquentes interruptions dues le plus souvent à des plaines.

Dans la partie orientale du Bassin suisse, la vigne ne mûrit pas au-dessus de 550^m (Wahlenberg) à 580^m (Hegetschweiler). En effet, la majeure partie des vignobles de cette contrée, notamment aux environs des lacs de Constance et de Zurich varient entre 450 et 550^m environ : les vins en sont très-médiocres. — Dans les parties occidentales, aux environs des lacs de Bienne et de Neuchâtel, les niveaux des vignobles varient entre le minimum de 450 et le maximum de 580 mètres (Coulon), c'est-à-dire, terme moyen, entre 450 et 550 mètres environ ; mais ici les expositions au pied du Jura sont beaucoup plus favorables, et les vins supérieurs. — Les vignobles du canton de Vaud et du bord du Léman varient entre le minimum de 400^m et le maximum de 600^m et même plus, c'est-à-dire, terme moyen, entre 450 et 550 environ, comme dans les deux cas précédens : d'excellentes expositions contrebalancent l'effet des niveaux, et les vins y sont de bonne qualité. — Il résulte de là, qu'en général on ne commettra pas d'erreur notable en admettant pour limite supérieure de la vigne dans le Bassin suisse et au pied du Jura, le chiffre de 550 mètres environ. Parcourons rapidement cette ligne.

De Regensperg à Bienne, en suivant le pied des chaînes, on ne voit guère que de très-médiocres vignobles, peu étendus, souvent interrompus, et disséminés de distance en distance dans les meilleures expositions, comme aux environs de Regensperg, Baden, Schinznach, le val de Thalheim (Oberflachs, Kasteln), Arau, Lenzburg, Gösgen (Erlinsbach), Wiedlisbach et Grange.—Depuis cette dernière localité, jusqu'à Grandson, la ligne des vignobles se soutient presque sans interruption par Bienne, Neuveville, Neuchâtel et Boudry, adossée au pied du Jura. Aux environs de ces dernières localités seulement se trouvent les bonnes qualités, notamment à Cortaillod.—A partir de Grandson, par Yverdon, Orbe, Lasarraz, etc., les vignobles sont de nouveau médiocres, souvent interrompus, de peu d'étendue, et s'éloignent davantage du pied des montagnes. — Depuis les environs de Morges jusqu'à ceux de Nyon, s'étend le vignoble estimé et considérable dit *de la Côte.* — Enfin, de Nyon à Genève, les vignobles ne sont plus que disséminés et médiocres, excepté en quelques points très-restreints, comme à Genthod, et toujours plus éloignés de la base du Jura. Aux environs de Genève la vigne ne réussit qu'à force de soins.

La coupure du Jura par le Fort-l'Ecluse, les lacs de Sylant et de Nantua, de même que quelques vallées qui y aboutissent appartiennent aux niveaux de notre région basse; aussi les environs de Châtillon-de-Michaille, les parties inférieures et ouvertes de la vallée de l'Ain et quelques affluens particuliers du Suran, offrent des vignobles qui, la plupart n'atteignent pas la limite supérieure de 400 mètres, et qui, en remontant ces diverses vallées vers le nord, disparaissent quand on la dépasse. On en voit ainsi jusqu'à Condes, puis dans les environs de Saint-Julien et d'Arinthod.

Le pied du Jura et des Alpes dans les vallées sardes, et aussi dans la partie de la vallée du Rhône qui coupe le Jura, offre une série de vignobles qui m'ont paru ne s'élever que rarement au-dessus de 400^m, et demeurer le plus souvent au-dessous. Ceux du Graisivaudan paraissent dépasser çà et là cette limite, mais je manque à cet égard de données certaines. Sur la majeure partie de ces lisières du Jura méridional sarde et dauphinois, la vigne est cultivée en treillis, souvent en sol horizontal, et associée aux céréales, à-peu-près dans les mêmes limites caractérisées par l'abondance des bonnes variétés de châtaignier et de la culture du mûrier.

Sur les pentes de la falaise occidentale, s'étend une longue zône de vignobles. Leur niveau est presque partout inférieur à 400^m, et même à 350, ce qui est dû à plusieurs circonstances qu'il importe d'examiner. — D'abord le pays offre assez d'expositions avantageuses inférieures à ce niveau, et variant entre 260 et 380 mètres environ, pour qu'il ne soit pas nécessaire d'établir des cultures à des niveaux supérieurs avec des chances moins avantageuses. ce qui est au contraire le cas dans le Bassin suisse où les niveaux descendent rarement au-dessous de 400^m. En second lieu, les vignobles sont presque partout établis sur des pentes qui aboutissent au pied des falaises. Entre ce pied où ils s'arrêtent, et le plateau même, on passe presque partout brusquement et sans intermédiaires, de 350^m environ à 450^m ou 500^m et plus, de sorte qu'il s'y trouve peu d'espace propre à être livré à la culture. En troisième lieu, non-seulement on a cette augmentation subite de niveaux, mais comme le plateau est généralement horizontal et n'offre, par conséquent, point de côtes, il est encore sous ce rapport tout-à-fait impropre à la vigne. Enfin, les vignobles s'étendent le plus souvent sur des talus meubles, graveleux, marneux, ou marno-schisteux et de couleur sombre du liassique et de l'oolitique, circonstance d'agrégation qui convient à leur culture et qui cesse sur le plateau formé de sols moins désagrégés et plus compactes. De toutes ces causes, il résulte que presque partout dans la zône française dont nous parlons, la vigne devient tout-à-coup impraticable au passage de la plaine au plateau, c'est-à-dire généralement entre 350 et 400^m. — Ajoutons ici que, dans la Côte-d'Or (¹), d'après M. Vergnette-Lamotte, ces vignobles ne dépassent guère 400^m, puis dans le Beaujolais et le Lyonnais d'après M. Thiolière, environ 500.

Ainsi, dans le vignoble français, il y a non-seulement convenance mais nécessité de ne cultiver la vigne qu'au dessous de 400^m, tandis que dans le vignoble suisse, il y a nécessité de la cultiver au-dessus de ce même niveau. Si donc nous comparons ces deux vignobles, nous reconnaîtrons d'abord que le vignoble français a en sa faveur les conditions de niveau. — De plus, bien que la grande falaise occidentale regarde en général à l'ouest et au nord-ouest, il n'en est pas moins vrai que les vignobles trouvent dans ses nombreuses découpures, dans ses lacérations et ses lambeaux avancés, une foule de parties tournées au sud et au sud-ouest, expositions les plus favorables de toutes, tandis que les vignobles de la zône suisse ont la plupart une exposition sud-est bien moins avantageuse. En outre, la structure même de la grande falaise fournit constamment de grandes étendues de *côtes* ayant une bonne inclinaison et immédiatement dominées par des escarpemens qui contribuent à concentrer la chaleur, circonstances qui n'ont pas lieu au même degré et avec le même développement dans la zône suisse. Enfin il paraît que la nature meuble, graveleuse, marneuse est la couleur foncée de la plupart des terrains du vignoble français sont un dernier élément favorable qui manque au pied sud du Jura. — De sorte qu'en résumé, la ligne des vignobles de Franche-comté est réellement mieux partagée sous le rapport des niveaux, des expositions, des pentes et des terrains. Ces considédrations expliquent la supériorité des vins français. Il va sans dire que tout ce qui précède ne regarde que les vignobles situés au sud de Besançon.

Ces vignobles s'étendent sur une ligne un peu interrompue, depuis Grenoble, par Voreppe, Cordon, l'Huis, Lagnieux, Pont-d'Ain, en entrant dans la plupart des vallées comme celles de Belley, Saint-Rambert, Cerdon; puis par Ceyseriat, Meillonaz, Saint-Amour, Cuzeau, Cousance et Beaufort. Jusque là ils n'offrent point de produits supérieurs, excepté ceux de Monferrand près du val de Gizieux. Les meilleures qualités se trouvent entre Beaufort et Salins, par Vincelles, Grasse, Saint-Laurent, Césancey, Lons-le-Saulnier, (Conliège, Périgny, Montaigu, Savigny, l'Etoile), Voiteur (Château-Châlons,

---

(¹) On peut prendre une idée très-juste de la situation, des niveaux, de l'exposition et de l'aspect géologique des plus célèbres vignobles de Gevray à Santenay dans la *Vue générale de la Côte-d'or* prise du chemin de fer par M. Mennot. Il serait aisé de tirer bon parti de ce joli panorama dans un but phytostatique.

Menetrux, Frontenex, etc.), Poligny (Poligny, Saint-Lothain, etc.), Arbois (Arbois, Pupillin, les Arsures, etc.), Salins.

Au nord de Salins débouche la vallée de la Loue qui sillonne profondément le massif des plateaux, et offre des vignes sur une grande partie de sa longueur par Lesnay, Lombard, Quingey, etc., puis, après une interruption due à l'étroitesse de la vallée, par Cléron, Scey, Ornans, Montgesoye, Vuillafans, Lods et Mouthier. Tous ces vignobles sont exposés au sud et au sud-ouest, et plusieurs offrent de bonnes qualités. La plupart n'atteignent pas 400^m, et quelques-uns seulement dépassent ce chiffre. Leur position au pied des falaises d'érosion de la Loue offre beaucoup d'analogie avec celle des vignobles précédens.

Au sud de Besançon, aux environs de Boussières, s'ouvre la vallée du Doubs. Elle offre des vignobles de peu d'étendue sur un grand nombre de points jusqu'au delà d'Audincourt. Ainsi on en voit disséminés aux environs de Besançon, Roulans, Beaume, Clerval, Dambelin, l'Ile, Montbéliard, Audincourt et sur plusieurs points intermédiaires. Le niveau de toutes ces cultures varie généralement entre 250 et 550 mètres ; quelques-uns dépassent cette limite et atteignent 400 mètres et un peu plus. Les expositions générales sont au sud-est ; les pentes sont variables mais moins inclinées, moins dominées et moins abritées que celles de la vallée de la Loue ; les terrains sont aussi moins meubles, ses produits sont bien inférieurs à ceux de cette dernière vallée. — Au nord-est de Besançon, au pied de la petite chaine de Chazelles, est une contrée de peu d'étendue vers le milieu de laquelle se trouve Marchaux, et qui offre quelques vignes disséminées, inférieures à 400 mètres. — Le pays médiocrement accidenté qui est arrosé par l'Ognon, et dont le niveau général est inférieur à 400^m, offre des vignobles plus ou moins étendus sur un grand nombre de points qu'il est inutile d'énumérer, et qui n'affectent rien de constant dans leur position, ni de remarquable dans leurs produits. Les vignobles de la Haute-Saône avec lesquels ils se lient à l'ouest, atteignent à peine 400 mètres.

La dépression qui sépare le Jura des Vosges entre Villersexel et Béfort, offre encore quelques vignes sur la première moitié de sa longueur, mais elles manquent dans les autres parties bien qu'appartenant à notre région basse. La plupart des pentes y regardent le nord, et celles qui regardent au sud et font déjà partie des Vosges, sont presque toutes boisées.

Entre Béfort, Dannemarie, Altkirch et Bâle, et surtout un peu au nord de ces localités, les grands vignobles d'Alsace viennent mourir disséminés sur les dernières bonnes expositions méridionales qui interrompent le plan incliné montant au nord vers les premiers reliefs jurassiques. Ces derniers vignobles qui n'offrent plus guère de produits supérieurs, sont la plupart situés au dessous de 400^m, bien que dans quelques parties de l'Alsace, au pied des Vosges, ils en atteignent jusqu'à 450^m, et dans le grand-duché de Bade, au pied du Schwarzwald jusqu'à 420.

La vallée du Rhin de Bâle à Schaffhouse, offre des vignobles interrompus, sur un assez grand nombre de points, par exemple, aux environs de Bâle, Liestal, Rheinfeld, Frick, Seckingen, Lauffenburg, Waldshut, Zurzach, Kaiserstuhl et surtout Schaffhouse, où le vignoble est assez étendu. Presque partout ils sont inférieurs à 400^m. Ils sont médiocres et souvent, sur plusieurs points, mûrissent avec peine. — De Waldshut à Brugg, s'étend la vallée de l'Aar avec le confluent des trois rivières qui se trouve à peu près dans les mêmes conditions que la contrée précédente. — Enfin, de Schaffhouse à Constance, les niveaux se relèvent ; la culture de la vigne dépasse forcément 400^m et monte jusqu'à 500 : ses produits sont très-médiocres.

Ainsi, en résumé, dans le vignoble suisse du pied du Jura, la limite supérieure est forcément au dessus de 400^m et va jusque vers 580. Dans les vallées de la Loue, du Doubs, de l'Ognon, en Alsace, dans le Badois, contrées où rien en général ne gènerait l'ascension au dessus de 400^m et la descente au dessous, elle s'arrête généralement à ce niveau. *Il sera donc pour nous la moyenne de la limite supérieure de la vigne dans nos contrées, tandis que son maximum accidentel atteindrait 600^m, et, ne serait en tous cas, jamais supérieur à ce dernier chiffre.* — Après avoir ainsi tracé le cadre des régions basses qui ceignent le Jura, nous allons les examiner en détail.

§ 41. *Vallée du Rhin.* Si l'on réunit les plantes des groupes *A, B, D, E, F,* plus une grande partie de celles du groupe *C1,* mais en excluant toujours les espèces des sous-groupes méridionaux, et y ajoutant quelques-unes de celles des groupes *II* et *I,* on aura à peu près la flore de la vallée du Rhin, de Bâle à Strasbourg, et jusqu'aux limites supérieures de notre région basse. C'est-à-dire, qu'à la majeure partie des jurassiques de la région moyenne, présentes bien que plus disséminées, il faut, pour former cette catégorie, joindre les aquatiques et terrestres plus particulièrement dépendantes des sols eugéogènes qui, au contraire de nos terrains calcaires où elles sont absentes ou disséminées, deviennent ici respectivement présentes ou répandues. On peut se faire une idée très-complète de la statistique végétale de cette contrée, en réunissant les énumérations de MM. Spenner et Kirschleger. Elle se divise en *plaine rhénane* et *plaine supérieure.*

La première s'étend le long des deux rives du Rhin, sur une largeur variable de une à trois lieues : elle est occupée par plusieurs stations distinctes la plupart psammiques : 1° Les rives sableuses du fleuve caractérisées par les *Populus alba, P. nigra, Salix viminalis, S. incana, S. daphnoides, Ulmus suberosa, Myricaria, Hippophae,* etc. ; 2° de nombreux marécages stagnants avec une foule d'espèces aquatiques : *Marsilea, Pilularia, Equisetum, Chara, Lemna, Nayas, Potamogeton, Ceratophyllum, Myriophyllum, Typha, Carex, Scirpus, Butomus, Utricularia, Hottonia, Limosella, OEnanthe, Sium, Isnardia, Elatine,* etc. ; 3° de vastes pelouses souvent inondées et abondantes en *Carex, Scirpus, Cyperus, Juncus, Gratiola, Pedicularis, Chlora menaanthes, Bidens, Peucedanum, Selinum, OEnanthe, Sanguisorba, Asparagus,* etc., mais dans les parties sèches desquelles on trouve beaucoup d'espèces de la région moyenne du Jura ; 4° des forêts très-étendues où dominent le *Chêne,* le *Charme,* l'*Aulne,* le *Frêne,* etc., puis dans les stations plus sèches le *Bouleau,* le *Genêt-à-balai* et presque toutes les espèces moyennes jurassiques ; 5° enfin des landes sabloneuses avec *Genêts* et *Bruyères* accompagnées de toutes sortes d'espèces herbacées psammophiles. — La seconde qui repose sur des sols moins sablonneux, souvent pélopsammiques et péliques est plus élevée et occupée par de riches cultures ou des prairies plus vertes, plus luxuriantes, analogues aux prés marneux du Jura, et ne renfermant qu'un petit nombre d'espèces arénophiles. — Ces divers traits caractéristiques appartiennent particulièrement à la partie alsatique ; cependant, sauf de légères différences, ils sont applicables au côté badois et à l'ensemble de la vallée du Rhin.

Parmi les nombreuses espèces psammiques ou pélopsammiques qui dominent dans la caractéristique précédente, il en est un grand nombre qui s'élèvent jusque dans les parties inférieures de la région montagneuse des Vosges : on les y retrouve dans les landes et les champs sabloneux reposant sur des grès, des porphyres quarzifères, des granites et autres roches anciennes. Telles sont, par exemple, les *Carex pilulifera, Aira flexuosa, Avena caryophyllea, Triodia decumbens, Corynephorus canescens, Luzula albida, Betula alba, Jasione montana, Hieracium boreale, Senecio sylvaticus, Sarothamnus scoparius, Orobus tuberosus, Trifolium agrarium, Stellaria holostea, Arenaria rubra, Gnaphalium montanum, Arnoseris pusilla, Galeopsis ochroleuca,* etc., etc. Il faut en conclure que leur présence dans la région basse ne saurait être attribuée aux altitudes, comme on serait porté à le croire si l'on se contentait de comparer la vallée du Rhin au Jura. Cependant, parmi les espèces des sols eugéogènes de la plaine, il y en a probablement un certain nombre qui ne s'élèvent pas dans les régions supérieures et sont caractéristiques de leur niveau. Mais je dois dire que je ne saurais me hasarder à les désigner.

A part donc les grands traits caractéristiques dus aux cultures et aux arbres forestiers, que nous avons déjà indiqués, les différences entre la végétation jurassique de la région moyenne et celle de la vallée du Rhin dépendent principalement des terrains. Il suffit de dire pour les exprimer que cette vallée est caractérisée par l'abondance relative de toutes les espèces des sols eugéogènes. Ce caractère toutefois serait insuffisant et même inexact, s'il s'agissait de la comparer aux Vosges et au Schwarzwald. Il faudrait, dans ce cas, établir avec soin quelles sont les espèces réellement dépendantes des altitudes de la région inférieure.

En résumé, le contraste entre la vallée du Rhin et les terrains jurassiques d'assez faible altitude pour être envisagés comme dans des conditions suffisamment pareilles à cet égard, est celui-ci : *d'une part, plus de 200 espèces des sols eugéogènes étrangères au Jura, associées à la majeure partie des espèces jurassiques de même niveau, ces dernières toutefois n'étant le plus souvent que disséminées ; d'autre part, absence ou rareté générale de ces 200 mêmes espèces et abondance au contraire de celles des sols dysgéogènes.* Ainsi, bien que les espèces de ces derniers sols soient peu répandues sur les eugéogènes, elles ne laissent pas de s'y trouver en très-grande partie, tandis qu'au contraire la plupart de celles des terrains eugéogènes surtout psammiques manquent presque totalement sur les dysgéogènes. Nous reviendrons plus tard sur cette exclusion relative qui n'est ici que le cas particulier d'une loi générale.

Ces contrastes qui ont lieu sur une grande échelle aux centres respectifs du plus parfait développement des roches soujacentes qui y donnent lieu, ne sont guère moins frappans à leur lisière géologique même et sur de faibles distances. C'est ce que nous nous réservons de faire voir plus tard par une série d'exemples.

§ 42. *Bassin suisse.* Il est terminé nettement d'un côté par le lac de Constance et la ligne continue des hautes chaînes du Jura, de l'autre par la ligne brisée et irrégulière que forment en s'avançant les premiers groupes des basses Alpes. Cet espace est occupé par des plaines coupées de nombreuses collines. Les niveaux de ces accidens varient généralement de 400 à 600^m, c'est-à-dire, qu'ils appartiennent aux parties inférieures de notre région moyenne, excepté quelques hauteurs qui s'élèvent à 700^m. Ces collines sont formées de molasses et de nagelfluhs ; les vallées par des terrains plus récens qui en dérivent plus ou moins. Si l'on réfléchit que la moyenne des niveaux est ainsi de 200^m plus élevée que celle de la vallée du Rhin, et que les roches précitées ne sont généralement qu'à demi psammiques, quelquefois fort peu sur d'assez grandes étendues, et souvent assez perméables en grand, on comprendra qu'indépendamment des autres circonstances de distribution, la végétation du Bassin suisse doit être assez différente de celle de la vallée du Rhin, et moins différente que celle-ci ne l'est de la végétation de la région moyenne du Jura.

De nombreuses collines de molasses hémipsammiques forment constamment un sol frais par suite de leur hygroscopicité en petit, et peu susceptible d'être inondé par suite de leur perméabilité en grand ; des districts lacustres reposant sur des sols péliques et pélopsammiques offrant quelquefois des plages ; des vallées occupées par des cours d'eau descendant des Alpes en lavant des grès et des poudingues et se formant ainsi des lits caillouteux, sabloneux, çà et là nettement psammiques; tels sont les traits caractéristiques de la manière d'être générale des terrains sous le rapport de leur division mécanique dans la vallée helvétique. Ici, au contraire des plaines du Rhin, les sols hémipsammiques dominent, tandis que les sols péliques inondés, psammiques purs et pélopsammiques ne jouent qu'un rôle secondaire. Il en résulte une végétation qui n'a ni les caractères de celle du Jura, ni ceux de la vallée rhénane, mais qui participe des uns et des autres.

Cependant, relativement au Jura, la présence des espèces psammiques est encore le trait différentiel le plus saillant, de même que la diminution des espèces des sols dysgéogènes. Mais, à cet égard, il faut distinguer entre les parties orientales du Bassin suisse généralement plus élevées, plus fraîches et moins psammiques et ses districts occidentaux offrant les caractères opposés. Il n'est donc pas aussi aisé de saisir le trait dominant du tapis végétal dans les plaines helvétiques que dans celles du Rhin.

La vigne et les bonnes cultures forment une lisière au pied du Jura par Zurich, Aarau, Neuchâtel, Lausanne et Genève. C'est aussi dans cette zône que la végétation offre le plus d'analogie avec celle de la région basse transjurane. C'est dans les plaines d'Eglisau, dans celles du Seeland autour des trois lacs de Bienne, Neuchâtel et Morat, et enfin dans le bassin du Léman que sont groupées les principales stations psammiques et pélopsammiques analogues à celles des contrées rhénanes ; puis çà et là le long des rivières comme la Thur, la Limmat, la Reuss, l'Emme, l'Aar, le Rhône, l'Arve et surtout à leurs confluents où se forment des grèves de sable quarzeux fin provenant du lavage des molasses.

Mais le trait principal de la physionomie de la vallée suisse c'est la présence des forêts d'épicéas. Cet arbre très-répandu dans toutes les Alpes, descend aisément de proche en proche par la succession de gradins qui lient les basses Alpes aux collines. Là, il trouve sur la molasse pourvue des propriétés que nous avons signalées plus haut, une station fraîche et, par suite des niveaux, une température convenable sur laquelle il réagit probablement lui-même. Il constitue de nombreuses forêts tantôt seul, tantôt associé au hêtre, plus rarement au sapin et au chêne. Ces forêts s'arrêtent en général aux dernières collines tertiaires qui s'étendent parallèlement au pied du Jura où le plus souvent elles ne reparaissent que dans la région montagneuse. Ce contraste se voit bien aux environs d'Aarau, d'Iverdon, d'Orbe, de Cossonay ou en quittant la plaine on laisse derrière soi les forêts d'épicéas, tandis qu'on entre dans les bois feuillus sur les pentes jurassiques. Ces forêts donnent ainsi au Bassin suisse une physionomie particulière très-distincte de celle des contrées basses transjuranes. Elle se dessine bien nettement dans les districts accidentés qui s'étendent un peu au nord de la ligne qu'on tirerait de Berne à Lucerne.

Si l'on compare les espèces psammiques et pélopsammiques de la Vallée suisse à celles de la vallée du Rhin, on voit sur-le-champ qu'en général les plantes de cette catégorie y sont moins répandues et moins abondantes, et qu'un bon nombre d'espèces rhénanes y manquent entièrement ou y sont rares et comme nulles. Parmi ces dernières, on remarque : *Alsine segetalis, Stellaria holostea, Potentilla supina, Montia fontana, Helichrysum arenarium, Hypochœris glabra, Crepis tectorum, Prismartocarpus hybridus, Digitalis purpurea, Lindernia pyxidaria, Samolus Valerandi, Euphorbia gerardiana, Juncus capitatus, J. squarrosus, J. tenageya, Aira præcox, Festuca Lachenalii, Osmunda regalis*, etc. ; parmi les premières, c'est-à-dire moins fréquentes dans le Bassin suisse, nous citerons : *Myosurus minimus, Ranunculus philonotis, Lepidium ruderale, Spergula pentandra, Holosteum umbellatum, Hypericum pulchrum, Sarothamnus scoparius, Genista germanica, Medicago minima, Isnardia palustris, Trapa natans, Peplis portula, Lythrum hyssopifolium, Corrigiola littoralis, Herniaria glabra, Scleranthus perennis, Saxifraga granulata, Eryngium campestre, Helosciadium repens, Pulicaria vulgaris, Filago minima, Veronica præcox, Limosella aquatica, Mentha pulegium, M. rotundifolia, Galeopsis ochroleuca, Stachys germanica, S. arvensis, Marrubium vulgare, Amaranthus retroflexus, Chenopodium vulvaria, Blitum glaucum, Atriplex angustifolia, Euphorbia palustris, Salix rubra, S. viminalis,*

Hydrocharis morsus-ranæ, Sagittaria sagittæfolia, Typha minima, Juncus obtusiflorus, J. sylvaticus, J. uliginosus, Schœnus nigricans, Scirpus setaceus Carex tomentosa, Cynodon dactylon, Poa fertilis, Glyceria spectabilis, Vulpia pseudomyurus, Bromus tectorum, Corynephorus canescens, Aspidium thelypteris, Marsilea, Pilularia, etc. , qui ne se trouvent la plupart que dans les parties occidentales. Des espèces mêmes qui sont regardées comme fréquentes dans le Bassin suisse, telles que *Betula alba, Alnus glutinosa, Luzula albida, Orobus tuberosus, Carex brizoides, Verbascum blattaria,* les *Quercus,* les *Salix,* les *Populus* l'y sont généralement moins que dans la vallée du Rhin, et y manquent souvent sur de grandes étendues. En un mot, la végétation psammique et pélopsammique de la Vallée helvétique diffère de celle de la contrée rhénane par la moindre abondance des espèces, la rareté d'un grand nombre et l'absence de plusieurs d'entr'elles, avec cette réserve que les parties occidentales sont les plus riches et les orientales les plus pauvres à cet égard. En général, les districts qui montrent le plus de similitude ne sont pas ceux qui reposent sur les molasses, mais ceux qui ont pour base des sols plus récents, des alluvions, des diluviums, des boues glaciaires, etc.

Ce qui précède, en établissant les rapports qui existent entre le tapis végétal des plaines rhénanes et celui des collines helvétiques, indique bien les relations de ce dernier avec celui qui recouvre le sol jurassique. Les différences entre la contrée molassique et la contrée calcaire sont celles qui résultent de plus de psammicité et d'une plus grande fraîcheur d'un côté, de plus de compacité jointe à plus de sècheresse de l'autre. Si nous prenons une colline de molasse aux environs de Saint-Gall, Zurich, Lucerne ou Berne pour la comparer à une colline calcaire de la région moyenne jurassique, par exemple aux environs de Besançon, nous pourrons former les groupes suivants (¹) :

a) Buplevrum falcatum, Euphorbia verrucosa, Helleborus fœtidus, Genista sagittalis, Sedum reflexum, Buxus sempervirens, Rosa rubiginosa, Calamintha officinalis, Melittis melissophyllum, Anacamptis pyramidalis, Coronilla varia, Melica ciliata, Orobus niger, Lithospermum purpuro-cœruleum, Anemone ranunculoides, Allium carinatum, etc.

b) Veronica prostrata, Asperula cynanchica, Cynanchum vincetoxicum,

---

(¹) Le Prodrome de la flore lucernoise de Krauer, le Catalogue de M. Kölliker et surtout la Flore saint-galloise de M. Wartmann qui ne comprend qu'un rayon d'une lieue autour de cette ville, pourront servir au besoin à vérifier l'exactitude du rôle attribué aux espèces dans les groupes ci-dessus.

Saxifraga tridactylites, Helianthemum vulgare, Teucrium chamœdrys, Prunella grandiflora, Artemisia vulgaris, Stachys recta, Malva alcœa, Trifolium medium, Hippocrepis comosa, Hypericum hirsutum, Carlina acaulis, Dianthus carthusianorum, Verbascum lychnitis, Convallaria multiflora, Euphorbia amygdaloides, Conyza squarrosa, Cephalanthera rubra, etc.

c) Abies excelsa, Luzula albida, Vignea brizoides, Vaccinium myrtillus, Galium rotundifolium, Aira cœspitosa, Triodia decumbens, Hieracium boreale, Ononis spinosa, Carex tomentosa, Rumex acetosella, Luzula maxima, Alnus glutinosa, Betula alba, Orobus tuberosus, Lysimachia nemorum.

Les espèces du groupe *a* sont très ou assez répandues dans le district calcaire, nulles ou très-rares sur le molassique ; celles du groupe *b* jouent à-peu-près le même rôle dans le premier district, et ne sont que disséminées ou assez rares dans le second ; celles du groupe *c* sont répandues ou disséminées sur le sol des molasses, nulles ou assez rares sur le jurassique. Les deux premiers groupes renferment des espèces des sols dysgéogènes, le troisième des eugéogènes frais. Ils établissent d'une manière très-claire les rapports qui existent entre la végétation dans la région moyenne calcaire et la région moyenne molassique. En les comparant aux collines de la vallée du Rhin, on voit que la végétation y diffère de celle des collines molassiques par le troisième groupe surtout : les espèces froides, telles que *Abies excelsa, Vaccinium myrtillus, Luzula maxima, Galium rotundifolium* manquent à la colline rhénane ; les espèces les plus psammiques, telles que *Betula alba, Orobus tuberosus, Luzula albida* y sont beaucoup plus répandues et plus abondantes. On pourrait dire que la végétation des collines molassiques tient le milieu entre les deux autres. On y voit constamment : 1° Un plus grand développement des plantes à station fraîche que cela n'a lieu sur une colline calcaire avec les mêmes niveaux, expositions et formes orographiques ; 2° un certain nombre d'espèces psammiques proprement dites ; 3° une végétation d'autant plus jurassique, du reste, que les molasses et surtout les nagelfluhs offrent plus de siccité et de compacité. Pour faire mieux comprendre encore ceci, prenons pour exemple la colline de l'Irchel si bien étudiée par les botanistes zuricois. Elle atteint à peine 650 mètres ; son pied est couvert de vignobles et c'est peut-être une de celles qui offre en Suisse une des expositions les plus chaudes. Tandis que la fraîcheur des molasses absorbantes y permet à un aussi faible altitude la végétation des *Alnus viridis, Arctostaphylos officinalis, Bellidiastrum Michelii, Veronica urticœfolia, Rubus saxatilis,* etc., la nature psammique des roches est indiquée par les *Betula alba, Aira fle-*

xuosa, Luzula albida, Jasione montana, Orobus tuberosus, Carex ericetorum, Saxifraga granulata, Thesium linophyllum, etc. ; en même temps les lieux arides étalent le groupe tout jurassique des *Anthericum ramosum, Cephalanthera rubra, Gymnadenia odoratissima, Anacamptys pyramidalis, Ophrys myodes, O. apifera, O. aranifera, Aceras anthropophora, Melittis melissophyllum, Teucrium chamœdrys, T. montanum, Laserpitium latifolium, Geranium sanguineum, Orobus niger,* etc.

Mais une comparaison plus locale éclairera encore mieux la question. A cet effet, envisageons d'une part les collines tertiaires (molasses et muschelsandstein) des environs de Berthoud variant de 500 à 800 ^{m}, et de l'autre celles des environs de Porrentruy (calcaires portlandiens compactes) comprises entre 450 et 700. Les différences d'altitude ne sont pas assez considérables pour porter obstacle à cette comparaison dont je dois les données à l'obligeance de M. le professeur J. Schnell. Il s'agira uniquement de part et d'autre de la végétation des bois et des pelouses naturelles. Voici les résultats que fournit ce rapprochement :

a) Plantes de Porrentruy nulles à Berthoud ; habituelles : *Helleborus fœtidus, Hypericum hirsutum, Buplevrum falcatum, Cynanchun vincetoxicum, Prunella grandiflora?, Teucrium chamœdrys, Daphne mezereum, Asarum europæum, Anacamptys pyramidalis, Ophrys arachnites;* plus disséminées : *Buxus sempervirens, Calamintha officinalis, Coronilla emerus, Orobus niger, Euphorbia verrucosa, Inula salicina, Melica ciliata,* etc.

b) Plantes de Berthoud nulles, ou à-peu-près, à Porrentruy ; habituelles : *Betula alba, Abies excelsa, Ononis spinosa, Orobus tuberosus, Luzula albida, Jasione montana, Senecio sylvaticus, Vaccinium myrtillus, Mayanthemum bifolium;* plus disséminées : *Nardus stricta, Galeopsis ochroleuca,* etc.

c) Plantes habituelles de Porrentruy, présentes à Berthoud, mais plus disséminées : *Helianthemum vulgare, Dianthus carthusianorum, Hippocrepis comosa, Rosa rubiginosa,* etc.

d) Plantes habituelles de Berthoud, présentes à Porrentruy, mais plus disséminées : *Calluna vulgaris, Galium sylvaticum, Holcus mollis, Melampyrum pratense, Teucrium scorodonia, Lysimachia nemorum,* etc.

e) Plantes également répandues à Porrentruy et Berthoud, rares ou nulles ?

f) Plantes montagneuses de Porrentruy, présentes à Berthoud : *Abies pectinata, Ranunculus aconitifolius, Sorbus aria, Carex montana, Prenanthes purpurea* et quelques autres ; absentes à Berthoud : *Arabis alpina, Dentaria pinnata, Senecio nemorensis. Mœhringia muscosa, Crocus vernus, Cam-*

panula pusilla, Elymus europœus, Libanotis montana, Sessleria cœrulea et beaucoup d'autres en s'élevant jusqu'à 800 ᵐ.

g) Plantes montagneuses de Berthoud, présentes à Porrentruy : voir au groupe précédent. Absentes à Porrentruy : *Veronica urticœfolia, Dianthus cœsius?,* etc., très-peu nombreuses.

h. Quelques espèces locales des stations chaudes à Berthoud : *Muscari botryoides, Ornithogalum nutans, Campanula cervicaria, Aronia rotundifolia, Festuca glauca,* etc.

Il est aisé de lire dans ces groupes les résultats suivants : 1° Les groupes *f* et *g* font voir qu'à altitude égale, ou même un peu supérieure, Berthoud (au dessous de 800 ᵐ) offre moins d'espèces montagneuses que Porrentruy, de sorte que l'on ne saurait y attribuer à l'altitude l'absence des espèces des régions inférieures ; 2° la présence des plantes du groupe *h* indique à Berthoud des stations locales aussi chaudes qu'à Porrentruy, et le climat y est en effet au moins aussi bon ; 3° l'absence des plantes du groupe *a*, à Berthoud, plantes appartenant presque toutes à des lieux secs ou épurés, bien que couverts, indique que ces sortes d'endroits y manquent, ce qui est confirmé par la dissémination des espèces du groupe *c ;* 4° la présence habituelle à Berthoud des plantes du groupe *b*, absentes à Porrentruy, y indique des lieux plus frais, à sols plus sableux, plus meubles, plus profonds, et le grouge *d* corrobore ce résultat. Ainsi, d'un côté l'on a, à conditions à-peu-près pareilles d'altitude et de température générale, sur la molasse la végétation des stations fraîches, humectées, détritiques ; sur les calcaires celle des stations sèches à roches soujacentes peu désagrégées et sol peu puissant.

Du reste, comme nous l'avons déjà annoncé, en marchant de l'est à l'ouest dans le Bassin suisse, on voit diminuer ce caractère de fraîcheur générale dans la végétation. Cela est déjà sensible sur les lisières bernoises et fribourgeoises : les forêts de hêtre y jouent déjà un plus grand rôle et le chêne y devient plus commun. Ainsi, sur les collines des environs d'Aarberg, sur celles qui dominent les lacs de Bienne et de Neuchâtel, on voit déjà les espèces fraîches du groupe *c* (pages 205 et 206) diminuer, et celles du groupe *b* devenir plus abondantes et plus habituelles. Enfin, sur les collines vaudoises, on retrouve la plupart des plantes du groupe *a,* et on voit disparaître, au contraire, des espèces à station fraîche, telles que *Vignea brizoides.* Il ne faut en outre pas oublier que les molasses sont souvent très-peu détritiques sur certaines étendues, ou peut-être que leur détritus n'y demeure pas convenablement meuble, et se cimente de nouveau après première désagrégation. Il en résulte qu'en certains districts, c'est à peine si quelques espèces seulement trahissent sa nature psammique, ici l'*Ononis spinosa,* là la *Luzula albida,* ailleurs l'*Orobus tuberosus,* l'*Hieracium boreale,* etc.

Une modification analogue à celle qui s'opère du levant au couchant, a lieu en marchant du pied des Alpes vers le nord jusqu'à la rencontre du Jura ou du Rhin. Elle est surtout sensible dans les parties orientales de la Vallée helvétique comprise entre la Reuss et la Thur. Les districts les plus rapprochés du Rhin, généralement moins élevés, en même temps qu'ils offrent des terrains plus psammiques présentent aussi une exposition plus chaude. C'est, par exemple, le cas pour la région du Kaiserstuhl, Rafz, Bülach, Andelfingen et Eglisau, comparée à la contrée des environs de Zurich. Les *Aira flexuosa, Avena caryophyllea, Bromus tectorum, Holcus mollis, Luzula albida, Betula alba, Filago minima, Jasione montana, Polycnemum arvense, Holosteum umbellatum, Saxifraga granulata, Veronica spicata, Centaurea calcitrapa, Nepeta cataria, Lycopsis arvensis, Draba muralis, Ajuga chamœpytis, Linaria elatine, Antirrhinum orontium* et beaucoup d'autres espèces des sols eugéogènes, nulles, rares ou infréquentes, à Zurich y apparaissent ou y deviennent fréquentes. En même temps les espèces des lieux secs et chauds, également plus rares à Zurich, se montrent ou acquièrent plus de développement ; telles sont : *Melica uniflora, Andropogon ischœmum, Phleum asperum, Carex alba, Anthericum ramosum, Anacamptys pyramidalis, Parietaria erecta, Daphne laureola, Aster amellus, Chrysocoma Linosyris, Conyza squarrosa, Cirsium acaule, Asarum europœum, Calamintha officinalis, Stachys recta, Prunella grandiflora, Teucrium chamœdrys, T. montanum, Digitalis grandiflora, Verbascum lychnitis, Dianthus carthusianorum, Sedum reflexum, Geranium sanguineum, Euphorbia amygdaloides, Trifolium rubens, Orobus niger,* etc., etc. Cet ensemble d'espèces avec beaucoup d'autres donne à la végétation de cette contrée une ressemblance plus particulière avec celle de la plaine rhénane.

L'extrémité sud-occidentale de la vallée helvétique aux environs de Genève offre une flore analogue, plus chaude encore et augmentée de l'apparition d'un bon nombre d'espèces méridionales de notre groupe *B,* et dont l'*Ononis natrix* peut être regardée comme une assez bonne directrice.

Les collines molassiques de l'intérieur du Bassin suisse montrent en outre fréquemment quelques espèces de la région montagneuse descendues des hauteurs qui les dominent de toutes parts. Mais elles n'y sont ni assez habituelles ni assez uniformément répandues pour faire méconnaître le caractère un peu sporadique de leur station. On voit au contraire clairement comme dans le Jura nos espèces montagneuses ne commencer que vers 700 mètres. Ainsi le Belpberg près Berne qui atteint 800 à 900 mètres, compte comme caractéristiques : *Abies excelsa*, *A. pectinata*, *Chærophyllum hirsutum*, *Bellidiastrum Michelii*, *Prenanthes purpurea*, *Campanula pusilla*, *Asplenium viride*, et en outre *Ranunculus lanuginosus*, *Lonicera cærulea*, *Petasiles albus*, *Gentiana acelepiada*, *Digitalis grandiflora*, *Veronica urticæfolia*, *Taxus baccata*, *Equisetum sylvaticum*, *Sorbus aria*, *Sambucus racemosa*, *Calamagrostis montana* et peut-être quelques autres, c'est-à-dire (et probablement à cause de l'absence des saxicoles) un moindre nombre que le Jura n'en offre aux mêmes niveaux. Le Jorat, qui atteint 800 à 1000 mètres dans ses parties, offre les caractéristiques suivantes : *Abies pectinata*, *A. excelsa*, *Trollius europæus*, *Ranunculus aconitifolius*, *Saxifraga aizoon*, *Prenanthes purpurea*, *Mœhringia muscosa*, *Spiræa aruncus*, *Chærophyllum hirsutum* et quelques autres, c'est-à-dire également un nombre de végétaux montagneux probablement plus petit que dans les chaînes jurassiques à altitudes égales.

Les contrastes de petite échelle sont moins faciles à saisir au passage du Bassin suisse sur les calcaires jurassiques que sur les lisières alsatiques. Nous en verrons cependant quelques exemples.

§ 43. *Vallée de la Saône.* Nous ne voulons parler ici que de la partie de la vallée de la Saône qui s'étend sur la rive gauche de cette rivière jusqu'au pied de la grande falaise occidentale, et qui porte le nom de Bresse. Elle est à-peu-près limitée au nord par le Doubs et au sud par le Rhône. Elle est formée de terrains limoneux et caillouteux analogues à ceux des parties méridionales de la vallée du Rhin. Elle offre de nombreuses contrées stagnales parmi lesquelles il faut remarquer celle qui s'étend entre Bourg et Lyon et porte le nom de Dombe. Ces terrains limoneux viennent reposer à l'est sur une lisière le plus souvent étroite de terrains secondaires infrajurassiques également péliques, et brusquement recouverts par les calcaires du Jura qui s'élèvent subitement de 150 à 300 ^{m} au dessus de la plaine, derrière Salins, Arbois, Poligny, Lons-le-Saulnier, Saint-Amour, Ceyseriat, Ambérieux, etc. Les principales forêts de cette contrée sont situées dans la partie septentrionale : la plus grande est celle de Chaux.

Une lisière de vignobles s'étend comme nous l'avons déjà vu tout le long du pied des pentes du Jura sans s'avancer dans la plaine. Celle-ci est occupée presque partout par des alternances de cultures et de forêts. Le maïs, les céréales, le millet, le sarrasin, se montrent généralement : le chêne forme l'essence principale d'une foule de forêts, et, selon que les sols deviennent plus secs, plus inondés ou plus sabloneux, on voit s'y mêler respectivement le hêtre, l'aulne et le bouleau. Le genêt-à-balai est abondant dans la majeure partie de la contrée. Le châtaignier dans ses districts méridionaux. Les étangs interrompent presque partout les champs et les bois de distance en distance et donnent au paysage bressan un caractère qui lui est propre.

Les espèces de la région moyenne jurassique y sont disséminées (réserve faite du vignoble, bien entendu), et peut-être moins répandues encore que dans la vallée du Rhin et le Bassin suisse, par suite de la plus grande prédominance des sols péliques. La présence d'une grande partie des plantes extra-jurassiques de nos groupes *B* et *A* y est constatée, et elles s'y trouvent probablement toutes, en y comprenant un bon nombre de celles de la section méridionale. Il suffit de voir les espèces suivantes pour se faire une idée générale de la végétation. Dans les eaux et les lieux humides : *Ranunculus sceleratus, Nymphœa, Nuphar, Nastursium amphibium, N. sylvestre, Peplis, Montia, Helosciadium nodiflorum, OEnanthe phallandrium, OE. fistulosa, Veronica scutellaria, Scutellata minor, Teucrium scordium, Euphorbia palustris, Heleocharis acicularis, H. ovata, Scirpus setaceus, Alopecurus geniculatus, Arundo phragmites, Potamogeton, Zanichellia, Villarsia, Typha, Lemna, Utricularia, Trapa, Marsilea, Sagittaria, Isnardia*, etc. ; dans les lieux péliques : *Trifolium fragiferum, T. elegans, Lythrum hyssopifolia, Senecio aquaticus, Pulicaria vulgaris, Stachys germanica, Triodia*, etc. ; dans les stations psammiques ou pélopsammiques : *Erucastrum obtusangulum, Senebiera coronopus, Linum gallicum, Eryngium campestre, Senecio sylvaticus, Centaurea calcitrapa, Thrincia hirta, Xanthium, Jasione, Calluna, Galeopsis ochroleuca, Herniaria, Illecebrum, Radiola, Stellera, Verbascum blattaria, Cyperus flavescens, C. fuscus* ; dans les bois : *Stellaria holostea, Hypericum pulchrum, H. humifusum, Cerasus padus, Sarothamnus scoparius, Orobus tuberosus, Lysimachia nemorum, Betula alba, Quercus sessiliflora, Vignea brizoides, Molinia cœrulea, Luzula albida, Aira flexuosa*, etc. ; dans les cultures : *Delphinium consolida, Gypsophila muralis, Spergula arvensis, Alsine rubra, A. tenuifolia, Holosteum umbellatum, Mœnchia, Centunculus, Buplevrum rotundifolium, Antirrhinum orontium, Linaria elatine, Veronica acinifolia, Ajuga chamœpytis, Mentha pulegium, Rumex acetosella, Polycnemum arvense, Panicum crus-galli, P. sanguinale*, etc., etc.

De ces 80 plantes environ, la plupart sont répandues dans toute la contrée et les autres plus disséminées. Leur ensemble révèle bien l'état eugéogène

des sols, et fait avec le Jura le même contraste que la vallée du Rhin. Cette
végétation s'étend sur des limons caillouteux ou graveleux, et aussi quelquefois sur les marnes, les argiles et les grès marneux du liassique et du
keupérien, ce qui fournit une occasion de comparer les flores de ces deux
terrains. Ainsi, la contrée qui s'étend depuis le coude du Doubs, aux environs de Dampierre jusqu'à la hauteur de Poligny, Sellières et Chaumergy,
peut servir d'exemple : la forêt de Chaux, les environs de Villersfarlay sont
sur les limons caillouteux et graveleux ; un peu plus au sud, le bois Mon-
chard est sur les subdivisions péliques et pélopsammiques du liassique et du
keupérien ; la contrée de Grozon repose sur des terrains variés, savoir les
bois de Grozon et d'Aumont sur les limons, tandis que Vaucy est sur les
grès du keuper, etc. Or, l'ensemble de cette contrée offre la flore indiquée
plus haut, moins une dixaine d'espèces ; la plupart se trouvent également
sur les limons des deux extrémités, c'est-à-dire des environs de Villersfarlay
et d'Arbois, tandis que les deux tiers seulement habitent le sol liasso-keupé-
rien comme au bois Mouchard, et ce sont précisément les espèces les plus
psammiques qui y manquent ou y sont plus rares. Mais en tout cas la différence paraît peu tranchée. Il faut aussi remarquer que le lias et le keuper
de la plaine sont souvent remaniés à leur surface avec des lambeaux pélopsammiques de terrains récents.

Les contrastes entre la végétation de la plaine et celle des plateaux jurassiques bordés par la grande falaise occidentale, sont partout assez tranchés,
si l'on envisage l'ensemble de la végétation en la prenant sur une étendue
convenable des premiers. Toutefois, considérés sur une plus petite échelle,
ils n'ont pas lieu d'une manière aussi brusque que sur la lisière alsatique du
Jura. Cela tient non-seulement à ce que les terrains jurassiques supérieurs
(portlandien et corallien) les plus dysgéogènes n'y occupent pas d'aussi
grandes étendues, mais encore à ce que les subdivisions jurassiques inférieures (groupe oolitique) qui y dominent s'y montrent souvent plus détritiques que cela n'a lieu ailleurs. La superficie des assises y a été dilacérée et
remaniée soit avec son propre détritus, soit avec des lambeaux diluviens (1),
de façon à offrir un sol eugéogène assez profond. Cette manière d'être est
bien caractérisée, par exemple au dessus de Salins, Arbois, Lons-le-Saulnier,
Saint-Amour, et fournit une station qui, sans être identique avec la plaine,
permet cependant la présence d'un certain nombre d'espèces que nous avons
envisagées ailleurs comme très-contrastantes, telles que *Sarothamnus, Be-*

---

(1) Ceci mériterait d'être examiné de plus près sous le rapport géologique.

tula, Luzula, Aira, etc. Cela se remarque surtout sur les bords des plateaux, quelquefois sur une faible largeur, ailleurs sur quelques kilomètres. Mais cet état de choses cesse ordinairement à peu de distance de la falaise, soit à la rencontre d'assises plus compactes ou moins horizontales de l'oolitique lui-même, soit à l'apparition du kellowien, du corallien, etc. Nous donnerons au chapitre XII quelques exemples pour éclairer ce qui précède. Ces derniers faits, que l'on peut envisager comme exceptionnels, et qui seraient tout-à-fait de nature à dérouter l'observateur qui étudie les contrastes de terrains, n'ont pas lieu sur la lisière occidentale partout où le jurassique devient suffisamment compacte, soit qu'il appartienne encore au groupe oolitique, soit surtout qu'il fasse partie des groupes corallien ou portlandien. Ainsi, entre la grande chaîne du Chauney à l'est de Quingey, et la Forêt-de-Chaux à l'ouest; près de Salins, entre les bois situés au nord de Pagnoz et ceux situés au sud de Villersfarlay : près de Clairvaux, entre les collines coralliennes à l'est de l'Ain et les plateaux oolitiques à l'ouest de la chaîne de Leutte; près de Ceysériat, entre la chaîne du Cuiron et la plaine; près de l'Huis, entre la chaîne de Tantaine et les collines limoneuses de l'autre côté du Rhône; près de Pont-de-Beauvoisin, entre la contrée des Abrets et celle des côteaux jurassiques qui s'étendent au levant, etc. Bien donc que les contrastes dont nous parlons soient souvent interrompus dans le détail, il n'en sont pas moins frappants dans l'ensemble et ont servi de base à l'opinion populaire qui, sur toute cette ligne, déclare que les *Genettes (Sar. scop.)* ne montent pas, et que les *Bois-de-chèvre (Cytis laburn.)* ne descendent pas. Du reste, tous les statisticiens qui ont traité de ces contrées ont reconnu ces oppositions végétales entre la Bresse et les Plateaux. Ils ont été examinés sous les points de vue agricole, sylvicole et même administratif et nosologique, et ont constamment offert des résultats tranchés.

§ 44. *Vallée du Rhône.* Nous n'avons pas l'intention de parler ici des vallées sinueuses que forme ce fleuve depuis sa sortie du Léman à travers le Jura, tantôt en en suivant les vals, tantôt en en coupant les chaînes. Dans ces parties de son cours, il offre partout sur ses rives, ses grèves et ses îles la végétation fluviale commune à la plupart des grands cours d'eau de l'Europe centrale et a, à cet égard, une grande ressemblance avec le Rhin. C'est encore ici cette flore caractérisée par les *Populus nigra, P. canescens, Alnus incana, Myricaria germanica, Hippophae rhamnoides, Salix incana, Epilobium Dodonæi, Erucastrum Pollichii, Melilotus alba, Centaurea calcitrapa, Onopordon acanthium, Eryngium campestre, Verbascum floccosum,*

Tetragonolobus siliquosus, etc., que l'on peut bien voir, par exemple à la jonction du Fier et des Usses près Seyssel, à Culloz au pied du Grand-Colombier, à l'embouchure du Guier près de Pont-de-Cordon, etc. Nous voulons parler de la partie de la vallée du Rhône qui, de même que la Bresse plus au nord, s'étend au pied du Jura, entre Grenoble et Lyon, dans la contrée de Bourgoing, et qui est connue dans l'Isère sous le nom des *Terres-Froides*, dénomination populaire remarquablement caractéristique. Elle repose sur des terrains tertiaires et récents réunissant à un haut degré tous les caractères hygroscopiques des roches eugéogènes, et offre une végétation entièrement contrastante avec celle du Jura aux mêmes altitudes. Sa physionomie est en quelque sorte intermédiaire entre celle de la Bresse et celle des collines suisses. La fraîcheur, la verdoyance de son tapis végétal lui donnent un aspect déjà moins habituel à ces contrées un peu méridionales, et ses petits bassins d'eau pure comme celui de Paladru rappellent les lacs helvétiques des contrées zuricoises et argoviennes. Il suffit de jeter un coup-d'œil sur le catalogue de ses plantes les plus remarquables (1) pour apprécier aussitôt le caractère général de sa flore. De même que dans la Bresse et la plaine rhénane, on est ici dans le patrie des *Drosera, Elatine, Peplis, Trapa, Myriophyllum, Ceratophyllum, Hippuris, Montia, Corrigiola, Illecebrum, Hydrocotyle, Radiola, Cyperus, Scirpus, Schœnus, Carex, Hydrocharis, Sagittaria, Marsilea*, etc. Ce sont dans les champs les *Centunculus, Gypsophila, Spergula, Sagina, Veronica triphyllos, Stachys arvensis, Galeopsis ochroleuca*, etc. ; dans les bois les *Quercus sessiliflora, Genista scoparia, Betula alba, Hypericum pulchrum, Digitalis purpurea, Osmunda regalis*, etc. Il est clair que cette végétation offre avec celle des collines jurassiques les contrastes dont nous avons déjà si souvent parlé.

§ 45. *Vallée sarde.* Nous devrions dire un mot ici de la vallée irrégulière qui s'étend du Léman à Chambéry, au centre de laquelle se trouve Rumilly, et qui est coupée par les Usses et le Fier ; mais nous manquons de données locales suffisantes, et elle ne nous est connue que par quelques excursions rapides. Cependant, occupée par des collines de molasse et des terrains récents, elle nous a paru offrir au point de vue de l'influence des sols une grande analogie avec la partie occidentale du Bassin suisse. Ainsi, par exemple, entre les collines molassiques des environs de Rumilly et les pentes du

(1) Albin Gras, Statistique de l'Isère, Catalogue de M. David ; puis Bernard, liste de plantes des environs de Crémieux, Pont-de-Beauvoisin et Morestel, *ms.*

Mont-Chambotte, entre celles de Chambéry et celles du Mont-du-Chat, entre les bois des versants du Mont-de-Sion et ceux du Vuache, il est impossible de méconnaître les mêmes contrastes de fraîcheur et de siccité qu'entre les molasses du Léman et les calcaires du Jura. Partout on voit sur le premier terrain le tapis végétal gagner en taille, en développement herbacé, en luxuriance, et sur le second, au contraire, affecter un aspect aride et réduit. La présence des châtaigniers d'un côté et celle des buis de l'autre dessine souvent la limite entre les deux natures de roches soujacentes, eugéogènes et dysgéogènes.

§ 46. *Vallée de l'Isère.* Nous devons dire un mot aussi de la magnifique vallée du Graisivaudan. Comprise entre les masses cristallines des Alpes dauphinoises et les dernières chaines calcaires du groupe de la Chartreuse, elle repose sur le passage liassique de ces deux terrains, recouvert çà et là de dépôts récens. L'ensemble de sa constitution est principalement pélique et pélograveleux, plus psammique ou plus calcaire par districts, et présente de nouveau en grande partie la végétation des vallées précédentes. Cependant sa position entre deux chaînes de composition minéralogique opposée, et la plus grande diversité de ses sols, donne à la végétation un caractère d'ensemble moins facile à saisir. En outre, elle est encore puissamment modifiée par l'introduction d'un assez grand nombre des espèces méridionales de nos frontières jurassiques extrêmes, et par les plantes erratiques descendues des montagnes. Toutefois, de même que dans la vallée du Rhin, on voit plus d'analogie entre la végétation de ses sols psammiques et celle des Vosges, qu'entre cette première et celle du Jura, de même ici l'on voit le tapis végétal de la plaine se lier plus insensiblement à celui des versans trans-Isériens, et présenter un contraste beaucoup plus brusque avec les pentes calcaires sur la droite de la rivière. Du reste les détails qu'il serait aisé de donner ici sur sa flore n'ajouteraient que peu de lumières à tout ce qui précède, et nous nous en abstiendrons pour éviter des longueurs inutiles. Nous reviendrons ailleurs sur les contrastes qui existent entre la végétation calcaire et la cristalline, dans les chaines qui encaissent la vallée.

§ 47. *Vallée du Neckar.* Cette vallée qu'il ne faut guère compter que depuis quelques lieues au nord de Tubingue, et qui sort en majeure partie de nos limites, repose sur des terrains liassique et triassique très-variés, quelquefois calcaires compactes, plus souvent marneux ou argileux, et offrant en outre des affleuremens de grès assez considérables. Il en résulte que la physionomie de la végétation est moins uniforme et moins nettement tranchée que chez les vallées précédentes, et qu'elle porte généralement des caractères mixtes. Ainsi tout en offrant un assez grand nombre d'espèces de nos sols eugéogènes, elle y en joint beaucoup d'autres de notre région moyenne dysgéogène. Nous verrons dans le chapitre XVIII, à propos de l'étude faite par M. de Mohl des contrées wurtembergeoises, les principaux traits qui importent à notre point de vue, et nous y renvoyons le lecteur.

§ 48. *Plaine lorraine.* Comprise entre le pied des Vosges et les collines lorraines, elle est principalement formée par les terrains triassique, keupérien et conchylien offrant des calcaires plus pélogènes que ceux de la série oolitique, une grande abondance d'assises marneuses et argileuses, et quelques grès. Les alluvions et les dépôts de galets recouvrent çà et là ces terrains par lambeaux épars. Il en résulte que la constitution pélique domine dans l'ensemble, interrompue çà et là par des affleuremens plus dysgéogènes, puis ailleurs plus psammiques, ce qui produit une végétation participant davantage de celle des sols jurassiques et moins de celle des sols vosgiens que cela n'a lieu dans la vallée du Rhin. Ainsi, tandis que les *Nymphœa, Elatine, Myriophyllum, Hippuris, Sium, OEnanthe, Villarsia, Gratiola, Lindernia, Hydrocharis, Sagittaria, Butomus,* etc. caractérisent les parties stagnales ou fluviales, tandis que les *Myosurus, Senebiera, Gypsophila, Spergula, Mœnchia, Radiola, Sarothamnus, Ornithopus, Corrigiola, Herniaria, Illecebrum, Arnoseris, Jasione,* etc. révèlent les sols psammiques, les affleuremens péliques sont signalés par les *Trifolium fragiferum, Lathyrus tuberosus, Lythrum hyssopifolia, Peplis portula, Prismatocarpus hybridus Erythrea pulchella, Falcaria Rivini, Orchis coriophora, Vignea brizoides,* etc. et les découvertes calcaires oligopéliques par quelques espèces habituelles aux collines jurassiques.

§ 49. *Vals intérieurs du Jura.* En parlant du Jura nous avons constamment envisagé le sol calcaire compact qui constitue l'immense majeure partie de ses surfaces, et fait abstraction des sols tertiaires et récens plus ou moins eugéogènes de quelques-unes de ses vallées. Un assez grand nombre d'entr'elles sont occupées par des molasses, des nagelfluhs, des calcaires d'eau douce. Telles sont celles de Ballstall, Delémont, Laufon, Undervilliers, Moutier, Tavannes, Saint-Imier, Nods, Ruz, Chaux-de-Fonds, Brévine, Travers, Verrières, Sainte-Croix, Belley, Aiguebelette, Saint-Laurent-du-Pont, etc.; d'autres le sont par des lambeaux de terrains sabloneux caillouteux limoneux plus modernes : telles sont celles de Montbéliard, l'Isle, Beaume, Pontarlier, Saint-Point, Champagnole, etc. Or, bien que dans la plupart de ces vallées les dépôts psammiques ou pélopsammiques n'offrent que peu d'étendue ou soient très-morcelés, toutes cependant trahissent par quelque trait de la végétation leur constitution plus eugéogène que celle des calcaires qui les enferment. Tantôt c'est la plus grande luxuriance des plantes et des arbres, l'apparition des roseaux, des aulnes, des saules arborescens le long des ruisseaux, celle de quelques bouleaux dans les bois et de l'épicéa de faibles altitudes, tantôt c'est l'établissement des lacs et des tourbières avec leur flore spéciale, le développement des bruyères sur les collines, des fougères dans les pelouses, des cypéracées dans les prairies, etc., enfin la présence de l'une ou l'autre espèce psammique habituellement étrangère au sol jurassique. Donnons ici quelques exemples.

L'observateur qui débouche subitement sur le val de Delémont par le passage des Rangiers, et dont le regard plonge sur une partie de ce bassin tertiaire, ne saurait manquer d'être frappé de la différence d'aspect entre la végétation luxuriante des bois qu'il voit s'étendre à ses pieds et celle de la zône de montagnes calcaires qui le ceignent de toutes parts. Aussi trouvera-t-il une florule d'espèces la plupart nulles dans le bassin plus dysgéogène qui entoure Porrentruy, sur un rayon d'une lieue. Dans les champs *Adonis œstivalis, Nigella arvensis, Myagrum perfoliatum, Lathyrus tuberosus, L. aphaca, Asperula arvensis, Anthemis tinctoria, Ajuga chamœpitys, A. genevensis*, etc.: le long des rives *Alnus glutinosa, A. incana, Populus nigra, Festuca arundinacea, Phragmites vulgaris*, etc.; dans les lieux humides *Geranium palustre, OEnanthe peucedanifolia, Bidens cernua, Epipactis palustris, Schœnus ferrugineus, Scirpus setaceus, Heleocharis uniglumis, Carex tomentosa*, etc.

Les vallées de Monbéliard et d'Audincourt encaissées de toutes parts dans les collines jurassiques trahissent au premier pas la nature pélopsammique de leurs sols par quelque espèce comme *Eryngium campestre, Verbascum blattaria, Stachys germanica, Mentha pulegium, Ajuga Chamœpitys, Polycnemum arvense, Bromus tectorum, Nigella arvensis, Lycopsis arvensis, Salix viminalis, Carex pilulifera, Alopecurus pratensis*, etc.

Aux environs de Pontarlier les *Ranunculus lingua, R. philonotis, Spergula arvensis, Alsine rubra, Stellaria glauca, Lathyrus tuberosus, Orobus tuberosus, Sedum villosum, Saxifraga granulata, Cicuta virosa, Thysselinum palustre, Galium rotundifolium, Bidens cernua, Epipactis palustris, Alopecurus pratensis*, etc. révèlent les dépôts graveleux dont est formée la plaine.

Il serait aisé de multiplier les exemples de ce genre, et les environs de Moutier-Grandval, de Champagnole et de Belley avec sa forêt de Rotonne reposant sur des sols eugéogènes, en fourniraient probablement de saillans, moyennant une observation un peu détaillée. Il faut en réalité y ajouter les hautes vallées occupées par des tourbières qui toutes reposent sur quelque base pélique imperméable, et constituent un sol analogue aux sols psammiques par le jeu qu'elles laissent aux racines. Aussi renferment-elles, comme nous l'avons déjà vu, un bon nombre d'espèces propres aux terrains eugéogènes.

En outre à propos des vals du Jura envisagés comme affleuremens eugéogènes, il convient de rappeler ce que nous avons dit des terrains oolitiques remaniés sur les bords de la falaise occidentale. Il faut ne pas oublier non plus les grands affleuremens keupériens et liassiques du Jura oriental, puis les oxfordiens du Jura bisontin jouant encore un rôle analogue plutôt pélique que psammique et révélés quelquefois par des espèces telles que *Luzula albida, Orobus tuberosus, Hieracium boreale,* etc. Enfin les plateaux jurassiques les plus dysgéogènes tels que ceux du Jura bernois sont fréquemment recouverts de lambeaux diluviens ou limoneux dont la présence est constamment décelée par quelques plantes qui s'arrêtent à la réapparition du sol portlandien. Telles sont les *Quercus sessiliflora, Aira cœspitosa, Calluna vulgaris, Luzula multiflora, Pedicularis sylvatica, Holcus mollis, Trifolium agrarium, Lotus uliginosus, Hieracium boreale,* etc. Un observateur attentif peut même souvent les reconnaître à la seule présence de certaines modifications de forme dans des espèces du reste plus ubiquistes, comme la variété du *Polygala vulgaris* à laquelle cette dénomination spécifique convient plus particulièrement, celle de la *Veronica prostrata* se redressant et montrant une tendance aux feuilles plus entières, celle de la *Brunella grandiflore* à feuilles moins laciniées, et ainsi de suite. C'est ce que nous verrons ailleurs avec plus de détail.

Après avoir parcouru ce chapitre et avant de passer au suivant nous engageons le lecteur à jeter un coup-d'œil sur le chapitre XII où il trouvera réunie une série de contrastes observés sur une petite échelle au passage du Jura sur le sol des vallées que nous venons de décrire.

CHAPITRE NEUVIÈME.

COMPARAISON DU JURA AVEC LES VOSGES, ET CARACTÉRISTIQUES VÉGÉTALE DE CES DERNIÈRES.

§ 50. Il n'est sans doute pas rigoureusement vrai que les groupes de plantes communes *D* et *E* que nous avons envisagées comme constituant le fonds de la végétation dans toutes les parties de notre champ d'étude, soient absolument les mêmes dans les Vosges que dans le Jura. Si cela est à-peu-près exact quant à la flore, c'est-à-dire, quant à la présence de chaque espèce, cela ne l'est nullement quant à leur quantité de dispersion, ou au rôle qu'elles jouent dans le tapis végétal. Car, parmi ces plantes communes, il y en a aussi de plus propres aux sols eugéogènes qui sont plus répandues dans les Vosges, et d'autres mieux appropriées aux terrains dysgéogènes plus habituelles dans le Jura. C'est ainsi que les espèces marquées de deux astérisques dans l'énumération *E*, comme par exemple *Polygala vulgaris, Genista tinctoria, Tormentilla erecta, Hieracium umbellatum, Calluna vulgaris, Melampyrum pratense, Lysimachia nemorum, Vignea remota, Agrostis vulgaris, Festuca rubra, Anthoxanthum odoratum, Pteris aquilina*, sont infiniment plus abondantes dans les montagnes cristallines du Rhin, tandis que d'autres marquées d'un seul, comme les *Ranunculus nemorosus, Dianthus carthusianorum, Hypericum hirsutum, Hippocrepis comosa, Anthyllis vulneraria, Cirsium acaule, Gentiana cruciata, Gymnadenia conopsea, Kœleria cristata, Brachypodium pinnatum*, etc., sont beaucoup plus habituelles dans les chaînes jurassiques. On pourrait donc tirer parti de ces sortes d'espèces dans la comparaison que nous allons établir. Cependant, comme il est plus aisé de raisonner sur des espèces jouant un rôle encore plus tranché, et que ces dernières fournissent du reste assez de traits différentiels, nous nous abstiendrons de considérer celles dont les limites sont plus difficiles à poser, sans toutefois nous interdire d'en faire usage plus tard, comme traits de physionomie générale.

Des 80 espèces environ qui forment le groupe *C1* de la région moyenne jurassique, toutes, excepté quelques-unes qui sont douteuses, croissent dans les Vosges. C'est à peine si quelques-unes y sont plus répandues que dans le Jura : un quart au plus paraissent y offrir à-peu-près la même dispersion ; toutes les autres y sont généralement moins habituelles, moins uniformément distribuées, moins abondantes et moins ascendantes. Les plus caractéristiques se trouvent surtout vers les lisières calcaires sous-vosgiennes et un peu au dessus, puis inégalement dans certaines vallées où dominent des roches euritiques plus dysgéogènes. — Des 70 espèces environ qui composent le sous-groupe austro-occidental, une dizaine seulement se trouvent dans les Vosges, et toutes les autres manquent entièrement. Parmi celles dont l'absence est le plus caractéristique et ne saurait être imputée à la latitude, il faut citer les *Buxus sempervirens, Daphne laureola, Cytisus laburnum, Ruscus aculeatus, Dianthus sylvestris, Saponaria ocymoides, Carex alba,* etc. ; quant à un grand nombre d'autres, les différences de latitude sont trop fortes pour qu'on puisse attribuer leur absence aux terrains seulement. — Ainsi sur 150 espèces de la région moyenne jurassique, une soixantaine des plus occidentales manquent dans les Vosges, une soixantaine y sont moins répandues, et une trentaine au plus jouent peut-être le même rôle de dispersion de part et d'autre. Ce premier résultat qui porte principalement sur des espèces habitant des stations sèches et chaudes, indique dans les Vosges une moindre température ou une moindre siccité à niveau égal. Cependant comme il repose en partie sur la considération des espèces austro-occidentales du Jura, il pèche par excès, et on obtiendra une expression plus fidèle des vrais rapports à cet égard par l'emploi des 24 caractéristiques qui représentent mieux l'ensemble de la chaîne. Nous trouvons en procédant, ainsi que les deux caractéristiques les plus méridionales *Buxus* et *Daphne,* plus deux autres *Carex alba* et *Orobus vernus* y manquent entièrement ; que deux autres *Melica ciliata* et *Coronilla emerus* y sont assez rares ; que 15 autres comme *Helleborus fœtidus,* etc., y sont très-notablement moins répandues; enfin que trois au plus comme *Fagus sylvatica* y présentent peut-être la même quantité de dispersion.

Des 180 espèces environ du groupe *C2* qui appartiennent à la région montagneuse du Jura, 70 à-peu-près manquent aux Vosges, ou y sont comme nulles. En outre parmi les 120 espèces communes aux deux chaînes une trentaine sont moins répandues dans la dernière.

Les espèces jurassiques nulles ou comme nulles dans la chaîne cristalline sont : *Thalictrum aquilegifolium, Ranunculus gracilis, R. lanuginosus, Arabis alpina, Draba aizoides, Kernera saxatilis, Erysimum ochroleucum, Ibe-*

ris saxatilis, Helianthemum œlandicum, Dianthus cœsius, Mœhringia mus-cosa, Geranium phœum, Rhamnus alpinus, R. pumilus, Genista prostrata, Cytisus alpinus, Coronilla vaginalis, Anthyllis montana, Potentilla caules-cens, Cotoneaster tomentosa, Sorbus intermedia, Saxifraga hirculus, S. spon-hemica, Athamanta cretensis, Laserpitium siler, Chœrophyllum torquatum, Ligusticum ferulaceum, Lonicera alpigena, Valeriana montana, Adenostyles alpina, Bellidiastrum Michelii, Cineraria campestris, Cirsium rivulare, C. erisithales, Carduus defloratus, C. personnata, Hieracium Jacquini, H. am-plexicaule, H. glaucum, H. audryaloides, H. lanatum, H. flexuosum, Cam-panula pusilla, C. rhomboidalis, C. latifolia, Arctossaphylos officinalis, Swertia perennis, Gentiana asclepiadea, Cerinthe alpina, Scrophularia Hop-pii, Erinus alpinus, Veronica urticœfolia, Salvia glutinosa, Stachys alpina, Primula farinosa, P. auricula, Cyclamen europhœum, Globularia cordifo-lia, Salix pentandra, S. grandifolia, Betula nana, Corallorhiza innata, Crocus vernus, Fritillaria Meleagris, Narcissus incomparabilis, Luzula fla-vescens, Eriophorum alpinum, Vignea chordorrhiza, V. heleonastes, Lasia-grostis calamagrostis, Cystopteris montana, Asplenium Halleri et quelques autres.*

Les espèces suivantes qui se trouvent dans les Vosges y sont beaucoup moins répandues que dans le Jura et n'y sont ni habituelles ni répandues mais disséminées ou rares : *Arabis turrita, Rubus saxatilis, Rosa alpina, Saxifraga aizoon, Astrantia major, Libanotis montana, Laserpitium lati-folium, Petasites albus, Cirsium eriophorum, Phyteuma orbiculare, Pyrola secunda, Gentiana verna, Teucrium montanum, Rumex scutatus, Taxus baccata, Orchis globosa, Veratrum album, Carex montana, C. ornithopoda, Sesleria cœrulea, Elymus europœus, Asplenium viride,* etc.

Les espèces qui se trouvent dans les Vosges avec l'infériorité la moins sensible quant à leur quantité de dispersion, sont les suivantes. Cependant, bien que parmi ces plantes il y en ait peut-être même un bon nombre plus répandues dans les Vosges que dans le Jura, c'est probablement encore le contraire pour plusieurs autres : *Ranunculus aconitifolius, Trollius europœus, Aconitum lycoctonum, A. napellus, Arabis arenosa, Dentaria pinnata, D. di-gitata, Lunaria rediviva, Thlaspi alpestre, Viola palustris, Stellaria nemo-rum, Hypericum dubium, H. montanum, Acer pseudoplatanus, Geranium sylvaticum, Impatiens noli-tangere, Genista pilosa, Trifolium montanum, Spirœa aruncus, Geum rivale, Rosa pimpinellifolia, R. rubrifolia, Alchemilla hybrida, Sorbus aria, Cirœa alpina, Ribes alpinum, R. petrœum, Chrysos-plenium alternifolium, C. oppositifolium, Buplevrum longifolium, Meum athamanticum, Angelica montana, Chœrophyllum hirsutum, Lonicera nigra, L. cœrulea, Valeriana tripteris, Adenostyles albifrons, Chrysanthemum montanum, Arnica montana, Senecio nemorensis, Centaurea montana, Prenanthes purpurea, Crepis paludosa, Vaccinium myrtillus, V. uliginosum, V. vitis-idœa, Gentiana lutea, G. campestris, Cynoglossum montanum, Digitalis lutea, D. grandiflora, Melampyrum sylvaticum, Pinguicula vulgaris, Polygonum bistorta, Thesium alpinum, Abies pectinata, Scheuchzeria palustris, Orchis sambucina, Gymnadenia odoratissima, Epipogium Gmelini, Streptopus amplexifolius, Convallaria verticillata, Lilium martagon, Luzula maxima, Scirpus cœspitosus, Psyllophora pauciflora, Vignea canescens, Calamagrostis montana?, Nardus stricta, Equisetum sylvaticum, Blechnum spicant, Aspidium oreopteris, A. lonchitis, Polypodium phœgopteris,* etc.

On remarque que, parmi les espèces manquant dans les Vosges, un quart au moins sont austro-occidentales dans le Jura, et qu'un grand nombre d'autres appartiennent à des stations sèches, tandis qu'au contraire la plupart de celles qui croissent dans les Vosges recherchent des expositions fraîches ou humides. Nous arrivons donc encore ici à ce résultat de la moindre température à niveau égal dans les Vosges, et du caractère plus méridional ou plus sec dans le Jura. Si, au lieu de comparer toutes les espèces, nous envisageons les 24 caractéristiques seulement, nous trouvons que onze manquent aux Vosges, savoir : *Crocus vernus, Rhamnus alpinus, Carduus defloratus, Mœhringia muscosa, Campanula pusilla, Arabis alpina, Lonicera alpigena, Draba aizoides, Coronilla vaginalis, Athamanta cretensis, Bellidiastrum Michelii*; que sur les 15 autres, 2 ou 3 y sont moins répandues, et que, parmi celles qu'on peut envisager comme également communes, la moitié au moins appartiennent à des stations fraîches, telles sont : *Ranunculus aconitifolius, Spirœa aruncus, Geranium sylvaticum, Lunaria rediviva, Chœrophyllum hirsutum, Prenanthes purpurea, Adenostyles albifrons.* Ce résultat est donc pareil à celui que l'on obtient par la considération de toutes les espèces.

Sur nos 110 espèces alpestres environ du groupe *C 5*, les Vosges n'en ont qu'une trentaine, c'est-à-dire qu'il y en manque à-peu-près 80. Ces espèces présentes sont : *Anemone narcissiflora, A. alpina, Alsine verna, Potentilla aurea, P. salisburgensis, Sibbaldia procumbens, Alchemilla alpina, Sorbus chamœmespilus, Epilobium trigonum, E. alpinum, Sedum dasyphyllum, Meum mutellina, Galium alpestre, Scabiosa lucida, Sonchus alpinus, Crepis blattarioides, Hieracium aurantianum, H. prenanthoides, Myosotis alpestris, Veronica saxatilis, Pedicularis foliosa, Bartsia alpina, Rumex alpinus, R. arifolius, Gymnadenia albida, Narcissus pseudo-narcissus, Allium victorialis,*

Luzula sudetica, Poa alpina, Polipodium alpestre, Lycopodium clavatum, L. annotinum. Toutes sont moins répandues dans les Vosges, excepté 5 ou 6, ce qui du reste a peu de valeur, vu la moindre étendue de la région alpestre dans cette chaîne. Sur les 80 manquantes, une cinquantaine sont de celles qui croissent surtout dans les parties occidentales du Jura, dont la moitié encore sur les sommités les plus méridionales. Parmi les 30 autres, il faut remarquer : *Saxifraga rotundifolia, Buplevrum ranunculoides, Homogyne alpina, Aster alpinus, Erigeron alpinum, Gentiana acaulis, Nigritella angustifolia, Heracleum alpinum, Ranunculus alpestris, Androsace lactea,* espèces qui trouveraient dans les Vosges des altitudes suffisantes, et qui croissent dans le Jura et les Alpes à celles qu'y occupent les alpestres vosgiennes. La plupart de ces dernières se trouvent dans le Jura à niveau égal, c'est-à-dire au dessous de 1420 ᵐ environ, mais une douzaine ne s'y rencontrent que vers 1500 ᵐ et au dessus, telles sont : *Sibbaldia, Sorbus chamœmespilus, Epilobium alpinum, Myosotis alpestris, Veronica saxatilis, Pedicularis foliosa, Luzula sudetica,* etc. Ce résultat nous conduit toujours à la même conséquence d'une température moyenne moins élevée dans les Vosges, à niveau égal, et du caractère plus chaud de la végétation jurassique.—Si l'on compare les 24 caractéristiques alpestres du Jura, on est conduit à la même conclusion : une quinzaine manquent aux Vosges, et ce sont les plus austro-occidentales ; les 9 qui sont présentes appartiennent aux stations les plus froides et se montrent à peine dans le Jura aux mêmes altitudes.

En résumé, d'environ 440 espèces moyennes, montagneuses et alpestres du Jura, il s'en trouve environ 240 dans les Vosges, c'est-à-dire guère plus de la moitié. Les espèces manquantes sont essentiellement celles qui donnent à cette première chaîne son caractère austro-occidental, et y dénotent l'état général dysgéogène des terrains. Parmi les espèces présentes, celles des stations sèches sont généralement moins répandues dans les Vosges ; enfin, tout indique qu'à même altitude les régions vosgiennes sont plus humides et plus froides que les zônes jurassiques correspondantes.

§ 51. Nous venons de voir quelles sont les plantes du Jura qui se trouvent dans les Vosges, recherchons maintenant quelles sont les vosgiennes non jurassiques. Si l'on jette les yeux sur les groupes *A* et *B,* et surtout ce dernier (que l'on pourrait augmenter des espèces marquées ** dans le groupe *E),* on voit qu'une soixantaine d'espèces au moins qui se trouvent dans la région basse, c'est-à-dire sur les sols eugéogènes de la plaine, montent jusque dans la région montagneuse des Vosges, et, par conséquent, dans la région

moyenne, où nous les envisageons de préférence comme y étant plus répandues. Nous en avons indiqué quelques-unes en parlant de la vallée du Rhin
(page 201), et nous avons remarqué ailleurs qu'elles s'arrêtent en général au
pied du Jura calcaire. Parmi ces espèces, choisissons en 24 de celles qui
contribuent le plus à la physionomie du tapis végétal vosgien et aux contrastes qu'il offre avec celui des chaînes jurassiques.

1. Stellaria holostea,	9. Senecio sylvaticus,	17. Luzula albida,
2. Sarothamnus scopar.,	10. Filago minima,	18. Juncus squarrosus,
3. Genista germanica,	11. Centaurea nigra,	19. Calamagrostis sylvatica,
4. Ononis spinosa,	12. Arnoseris minima,	20. Carex pilulifera,
5. Ornithopus perpusil.,	13. Chondrilla juncea,	21. Aira flexuosa,
6. Orobus tuberosus,	14. Jasione montana,	22. Festuca Lachenalii,
7. Montia fontana,	15. Galeopsis ochrol.,	23. Corynephorus canesc.,
8. Scleranthus perennis,	16. Betula alba,	24. Alopecurus pratensis.

Il n'existe guère de district dans les Vosges ou ces 24 espèces ne soient
réunies, et, la plupart, en abondance. Au contraire, il n'est pas un seul point
du Jura ou six d'entr'elles se montrent ensemble même exceptionnellement.
C'est à peine si 10 de ces espèces s'y trouvent quelque part sur sol jurassique, en comparant toutes les parties. Parmi ces plantes, les six plus caractéristiques sont peut-être :

1. Sarothamnus scoparius,	3. Jasione montana,	5. Luzula albida,
2. Aira flexuosa,	4. Betula alba,	6. Carex pilulifera.

On trouverait difficilement une chaine cristalline ou clastique où elles ne
fussent au moins disséminées, tandis qu'on les chercherait inutilement sur
un point quelconque du sol dysgéogène jurassique. En un mot, ces espèces
sont essentiellement habituelles aux Vosges, essentiellement étrangères au
Jura. Le *Sarothamnus* annonce leur apparition de même que le *Buxus* signale
la flore sèche et chaude.

Si, sur quelque point de la lisière comprise entre Béfort et Lure, on passe
des dernières collines jurassiques calcaires sur celles de grès vosgien ou autres roches psammogènes, on est frappé du contraste qui se présente. On
voit habituellement apparaitre plusieurs des plantes signalées tout-à-l'heure
qui manquaient totalement dans la contrée qu'on laisse derrière soi : les *Sarothamnus, Betula, Luzula, Aira, Jasione,* etc. se montrent presque immédiatement à l'observateur, et, en s'avançant davantage sur le sol vosgien, les
oppositions se dessinent de plus en plus. Aux végétaux qui constituent habituellement le fond de la végétation dans toute la contrée, on voit s'adjoindre
un grand nombre d'espèces étrangères au Jura, et un bon nombre de celles

qui, dans cette dernière chaîne, n'offrent qu'un développement étriqué, acquièrent bientôt une large dispersion ; et tandis que les espèces saxicoles
dysgéogènes s'amoindrissent, se disséminent et disparaissent, les espèces
envahissantes des sols eugéogènes prennent possession de la contrée. Les
*Orobus tuberosus, Senecio sylvaticus, Stellaria holostea, Luzula multiflora,
L. albida, Sarothamnus, Betula, Aira cæspitosa, A. flexuosa, Vaccinium myrtillus,* deviennent fréquents ou communs dans les bois ; les pelouses sèches
ou humides se couvrent des *Calluna vulgaris, Genista germanica, Agrostis
vulgaris, Holcus mollis, Festuca rubra, Triodia decumbens, Alopecurus pratensis, Juncus uliginosus, J. squarrosus, J. tenegeya, Scirpus pauciflorus,
Carex pilulifera, C. pulicaris,* etc. ; les lieux sablonneux se parent des *Jasione montana, Ononis spinosa, Filago minima, Arnoseris minima, Festuca
Lachenalii, Corynephorus canescens, Scleranthus perennis, Galeopsis ochroleuca,* etc.; la *Montia* devient commune dans les ruisseaux, l'*Asplenium septentrionale* sur les rochers, etc. Toutes ces espèces avec beaucoup d'autres,
et surtout la tendance évidente de plusieurs d'entr'elles à la sociabilité comme
les genêts, les bruyères, les fougères, certaines graminées donnent au tapis
végétal de la région moyenne des Vosges une physionomie différente de celle
du Jura.

Tous ces traits caractéristiques se soutiennent ou se renforcent dans la
région montagneuse par un envahissement croissant des espèces à stations
fraîches ou humides. Les *Vaccinium, Aira, Montia, Juncus* déjà cités, deviennent plus abondants et s'augmentent des *Juncus filiformis, Blechnum
spicant, Aspidium oreopteris, Polypodium dryopteris,* etc. ; les *Luzula maxima, Genista pilosa, Nardus stricta, Equisetum sylvaticum, Meum athamanticum, Lycopodium selago,* etc., espèces jurassiques se montrent avec
un développement ou une constance auxquels l'œil du botaniste jurassien
n'est point accoutumé ; enfin on voit apparaître tout un nouveau groupe
d'espèces étrangères aux chaînes calcaires, telles que : *Arnica montana,
Viola lutea, Silene rupestris, Sedum annuum, Galium saxatile, Poa sudetica, Calamagrostis sylvatica, Digitalis purpurea, Lycopodium chamæcyparissus,* etc. Ces plantes avec plusieurs autres donnent à cette région un
aspect tout autre que celui du Jura. Des forêts de sapins entremêlées de
quelques bouleaux, tapissées de *Vaccinium,* abritant la *Digitalis,* le *Meum* ;
des *chaumes* (pâturages) parsemés d'*Arnica,* gazonnés sur de grandes étendues par les touffes raides du *Nardus,* et offrant dans leurs parties humides
une abondance particulière de *Scirpus, Schœnus, Carex* et *Juncus,* parmi
lesquels se distingue le *squarrosus* ; des rochers constamment moins nus,

recouverts par les *Silene, Sedum* et *Galium* cités plus haut, et supportent les élégantes touffes des *Poa* et *Calamagrostis* signalés ; partout une abondante végétation de Fougères, de Lycopodiacées, de Mousses et surtout de Lichens tapissant les rocailles les plus découvertes ; tels sont les traits généraux qui frappent le plus dans la région montagneuse des Vosges l'observateur habitué aux allures du tapis végétal jurassique. On peut dire à coup sûr que transporté à son insu sur quelque point inconnu des Vosges ou du Jura, il lui suffirait, sans avoir recours au paysage, aux roches ou à l'aspect orographique, d'une inspection de quelques minutes faite autour de lui-même sur un petit rayon, pour décider s'il foule le terrain calcaire ou le sol cristallin. Enfin la région alpestre n'offre pas de moindres différences : les *Polypodium alpestre, Luzula sudetica, Lycopodium selago, L. annotinum,* etc. y sont beaucoup plus répandus que sur nos cimes calcaires. Les *Sedum repens, Saxifraga stellaris, Angelica pyrenaica, Leontodon pyrenaicum, Hieracium alpinum, H. albidum, H. Mougeotii, Androsace carnea, Luzula spadicea, Carex frigida, Poa supina, Pteris crispa, Lycopodium alpinum* et plusieurs autres étrangères au Jura, donnent aux sommités alpestres des Vosges un caractère propre, se rapprochant de celui des Alpes granitiques.

Nous avons déjà fait remarquer que celles des espèces alpestres qui se trouvent à la fois dans les deux chaînes se contentent de moindres altitudes dans les Vosges. Il en est de même de celles que nous venons d'énumérer ci-dessus comme vosgiennes non jurassiques. Ainsi la plupart de ces plantes montagneuses et surtout alpestres qui croissent dans les Alpes ne s'y montrent que beaucoup plus haut. Par exemple les *Saxifraga stellaris, Leontodon pyrenaicum* qui ici apparaissent déjà vers 1100 ᵐ et même plus bas ne se montrent guère dans les Alpes suisses qu'au dessus de 13 à 1400. Les *Hieracium albidum, H. alpinum* qui se présentent ici vers 1500 ᵐ, habitent dans les Alpes au dessus de 1600, et ainsi de suite, ce qui nous ramène de nouveau à ce résultat d'une température inférieure à niveau égal entre les Vosges et les Alpes.

§ 52. Il résulte de tout ce qui précède que la végétation d'un *Ballon* vosgien ressemble beaucoup plus à celle d'une cime cristalline des Alpes plus éloignées, qu'à celle d'une haute crête jurassique plus voisine. Non-seulement on ne trouve nulle part dans le Jura une sommité offrant les 24 espèces suivantes, mais je doute qu'on les rencontre ensemble sur aucune montagne calcaire des Alpes : *Arnica montana, Viola lutea, Silene rupestris, Sedum saxatile, Gnaphalium norwegicum, Campanula Scheuchzeri,*

*Lycopodium chamæcyparissus, Asplenium septentrionale, Saxifraga stella-
ris, Leontodon pyrenaicum, Hieracium alpinum, H. albidum, Luzula spadicea, Poa supina, Allosurus crispus, Lycopodium alpinum, Aira flexuosa,
Juncus filiformis, J. squarrosus, Psyllophora pulicaris, Meum mutellina.* Or
ces plantes sont toutes réunies dans le groupe essentiellement granitique du
Gothard, depuis le Pont-du-Diable jusqu'à Airolo, la plupart en grande abondance, tandis que plusieurs sont infréquentes ou rares dans les Alpes à terrains non psammogènes. Les deux tiers environ de ces mêmes espèces qui
ne se montrent certainement que fort peu dans les Alpes dysgéogènes de la
vallée de l'Arve, commencent sur les terrains cristallins entre Servoz et le
Montanvert ; toutes, si je ne me trompe, se trouvent dans la chaine gneissique de Chalanche au sud de Grenoble, tandis que c'est à peine si l'on en
observe quelques-unes dans le massif secondaire de la Chartreuse au nord
de cette ville.

Si, rapprochant les deux séries d'espèces que nous avons envisagées séparément, savoir les vosgiennes qui croissent dans le Jura et celles qui y
manquent, nous cherchons à tirer de leur ensemble une caractéristique,
comme nous l'avons fait pour le Jura, nous reconnaitrons que la plupart des
plantes directrices dans cette dernière chaine ne le sont plus nullement ici,
mais qu'elles sont remplacées par d'autres. Il en résulte les nouveaux groupes
suivants :

Région moyenne des Vosges.

Fagus sylvatica,	*Myosotis sylvatica,*	Luzula albida,
Sarothamnus scoparius,	*Melittis melissophyllum,*	Triodia decumbens,
Betula alba,	Scleranthus perennis,	Alopecurus pratensis,
Jasione montana,	Filago minima,	Carex pilulifera,
Orobus tuberosus,	Calluna vulgaris,	Montia fontana,
Euphorbia verrucosa,	Hypericum pulchrum,	Galeopsis ochroleuca,
Sambucus racemosa,	*Teucrium chamædrys,*	Aira flexuosa,
Aronia rotundifolia,	Rumex acetosella,	Juncus squarrosus.

Région montagneuse.

Arnica montana,	Centaurea nigra,	Vaccinium myrtillus,
Digitalis purpurea,	Galium saxatile,	Viola lutea,
Silene rupestris,	Valeriana tripteris,	Calamagrostis sylvatica,
Sedum saxatile,	*Lunaria rediviva,*	Nardus stricta,
Centaurea montana,	*Gentiana lutea,*	Blechnum spicant,
Spiræa aruncus,	*Trollius europæus,*	*Adenostyles albifrons.*

Geranium sylvaticum,	*Prenanthes purpurea,*	*Abies pectinata,*
Chærophyllum hirsutum,	Meum athamanticum,	Asplenium septentrionale.

Région alpestre.

Alchemilla alpina,	*Potentilla salisburgensis,*	Gnaphalium norwegicum,
Sonchus alpinus,	Saxifraga stellaris,	Luzula spadicea,
Rumex arifolius,	Leontodon pyrenaicum,	Polypodium alpestre,
Anemone alpina,	Epilobium origanifolium?,	Lycopodium selago.

Ces trois groupes représentent assez bien les proportions relatives des espèces caractéristiques entre les Vosges et le Jura, en ce qui concerne l'importance de leur rôle dans la physionomie du tapis végétal. On y voit clairement la prédominance de l'élément psammique et la plus grande fraîcheur des stations. On peut les résumer dans le groupe suivant comparable à celui que nous avons donné pour le Jura :

Sarothamnus scoparius,	*Gentiana lutea,*	*Alchemilla alpina,*
Jasione montana,	*Abies pectinata,*	Saxifraga stellaris,
Fagus sylvatica,	Silene rupestris,	Luzula spadicea,
Scleranthus perennis,	Asplenium septentrionale,	Polypodium alpestre.

§ 53. On voit combien la végétation des Vosges est indépendante de celle du Jura ou réciproquement, et combien est grande l'influence de ses sols sur la présence des espèces et sur la quantité de dispersion. Un grand nombre de plantes de la région montagneuse jurassique descendent sporadiquement jusque dans les plaines au pied des Vosges sans franchir la limite naturelle qui leur est posée par les terrains. Ainsi les *Mœhringia muscosa, Arabis alpina, Draba aizoides, Crocus vernus,* etc., disséminées jusqu'aux extrêmes frontières vosgiennes ne les ont point dépassées. Au contraire, les *Genista scoparia, Digitalis purpurea, Silene rupestris, Asplenium septentrionale,* etc., qui s'avancent jusqu'au pied des premières collines calcaires s'y sont partout arrêtés. Il est évident que ce contraste si brusque est dû aux terrains dysgéogènes d'un côté, eugéogènes psammiques de l'autre.

Nous devons faire remarquer que les trois groupes ci-dessus sont, quant à leurs altitudes, moins nettement tracés dans les Vosges que leurs analogues dans le Jura, où les plateaux gradinés les dessinent avec clarté. Ainsi, un certain nombre d'espèces de la région montagneuse apparaissent à un niveau moins bien déterminé, et oscillent çà et là assez bas, mais disséminées dans la région moyenne ; les *Abies, Prenanthes, Centaurea, Chœrophyllum, Spiræa, Vaccinium* et autres qui ne sont réellement habituels que dans la zône montagneuse, se montrent, sur plusieurs points, plus bas que cela n'a lieu dans le Jura. Il peut donc y avoir ici une différence qui consiste en ce que ces plantes commencent à un niveau un peu inférieur dans les Vosges, ce qui s'accorde du reste avec tous les résultats obtenus. On pourrait introduire ces différences dans les groupes ci-dessus, mais nous ignorons si elles ont lieu d'une manière assez constante pour détruire réellement le parallélisme que nous avons préféré conserver afin d'éviter la confusion. Il faut aussi ne pas oublier que toutes ces généralités ne concernent que les Vosges méridionales comprises dans nos limites, et que les versants orientaux et occidentaux de cette chaîne offrent des différences dont nous avons fait abstraction, les premiers étant plus froids que les seconds.

Il faut remarquer aussi que les collines calcaires sous-vosgiennes n'ont point été prises en considération vu leur peu d'importance par rapport à la masse cristalline et clastique des Vosges. Nous les envisagerons plus tard en les rapprochant des collines sous-hercyniennes. Disons cependant ici que leur végétation est à-peu-près celle de la région moyenne jurassique, mais avec quelques espèces des sols dysgéogènes de moins et quelques eugéogènes de plus. Cela tient à plusieurs causes, parmi lesquelles il faut signaler leur faible étendue, leur défaut de continuité ou leur isolement, leur enclavement dans des terrains différents portant une flore pélique et psammique, enfin leur composition, formées qu'elles sont de lambeaux du terrain oolitique plus désagrégeable que les groupes supérieurs. Malgré ces conditions défavorables, leur tapis végétal contraste encore fortement avec celui des contrées ambiantes de la plaine et de la montagne, ce qui a permis à M. Kirschleger d'en faire une région à part en signalant la série de plantes qui leur sont propres. C'est sur leurs flancs que végétent les espèces les plus méridionales d'Alsace, et que s'étendent plusieurs des meilleurs vignobles du Haut-Rhin.

Enfin, nous ajouterons une dernière remarque. Bien que les généralités de ce chapitre conviennent à l'ensemble des Vosges depuis le Donon jusqu'à la lisière du Doubs, il n'y en a pas moins dans ces montagnes des inégalités de dispersion qui empêchent que la végétation n'offre l'unité de physionomie que présente le Jura. Elles sont encore le résultat des différences dans ses terrains plus ou moins eugéogènes, et parfois assez notablement dysgéogènes. Les masses granitiques et clastiques étant plus psammiques que les chaînes porphyriques ou euritiques, il y a entre leurs flores des oppositions analogues à ce qui se passe entre des calcaires et des grès. La dispersion du *Sarothamnus* les dénonce clairement : par exemple les grès vosgiens du Donon et les belles syénites du Ballon de Giromagny sont couverts de cet arbrisseau, tandis qu'il est rare ou nul dans de grandes étendues sur le groupe euritique du Ballon de Sultz, reparaissant bien vite aux affleurements cristallins psammogènes de sa base (aux environs de Goldbach, par exemple) avec les *Jasione,* les *Scleranthus,* etc. Par une raison inverse, certaines espèces jurassiques, telles que l'*Helleborus,* l'*Euphorbia amygdaloides,* etc., sont plus répandues dans certaines vallées et manquent au contraire dans d'autres, et ainsi de suite. Une étude détaillée de la chaîne des Vosges à ce point de vue sera certainement faite un jour, et fournira de nouvelles preuves à l'appui de l'influence des propriétés physiques des roches soujacentes. En comprenant dans cette comparaison les cryptogames aussi bien que les phanérogames, on pourra former des groupes caractéristiques des principaux terrains qui constituent les massifs vosgiens, et lire dans leur carte pétrographique les grands traits de distribution végétale.

L'observateur qui désirerait prendre rapidement un aperçu de tous ces contrastes entre les Vosges et le Jura, peut le faire très-aisément en quelques jours de promenade. Une excursion aux environs de Porrentruy pourra lui donner une idée fort juste de la végétation jurassique habituelle, tant dans la région moyenne que dans la montagneuse inférieure. Si, de cette ville, il se transporte à Béfort distant de quelques lieues seulement, il pourra sur quelques kilomètres y comparer le tapis végétal des dernières collines calcaires (la Miotte, la Justice) à celui des premiers reliefs des roches de transition (l'Arsot, le Salbert). En se rendant à Giromagny et au Ballon il verra une vallée vosgienne, et un séjour de quelques heures sur la montagne (châlet Bonaparte, châlet du Haut) lui fera connaître la végétation des roches syénitiques. Les différences de flore qu'il remarquera dans cette double excursion ne sauraient échapper à l'observation la plus superficielle, et il est impossible de ne pas en être frappé. Partout dans les forêts et pâturages des Vosges (par exemple autour du châlet Bonaparte), les *Betula, Sarothamnus, Digitalis, Arnica, Vaccinium, Nardus, Silene rupestris, Galium saxatile, Poa sudetica, Juncus squarrosus,* etc., et rien de semblable dans ceux du Monterrible ; partout sur les rochers jurassiques (par exemple la Croix, les Roches-Fallats, le Ruz des Seignes), les *Arabis alpina, Draba aizoides, Libanotis montana, Athamanta cretensis, Kernera saxatilis, Mœhringia muscosa, Campanula pusilla, Daphne laureola, Hieracium Jacquini, Sessleria cærulea,* et rien de pareil sur les escarpements du Ballon.

CHAPITRE DIXIÈME.

§ 54. *Schwarzwald.* Les caractères généraux de la végétation dans le Schwarzwald diffèrent si peu de ceux des Vosges, que nous aurions presque pu comprendre ces deux chaînes dans la même comparaison avec le Jura. Par cette raison nous ne reproduirons plus ici un parallèle direct du Schwarzwald avec nos montagnes calcaires ; il ne serait guère qu'une répétition de ce qui précède. Nous nous contenterons de rechercher les principales différences qu'offre son tapis végétal avec celui des Vosges.

Le Schwarzwald compte en général les mêmes espèces que les Vosges, et, ce qui est important, le plus souvent dans les mêmes rapports de dispersion. Une cinquantaine de plantes vosgiennes au plus manquent ici, là une vingtaine d'hercyniennes ; une centaine d'espèces vosgiennes sont moins répandues dans la chaîne allemande, une cinquantaine d'hercyniennes dans la française. Ainsi, dans la région montagneuse, les suivantes manquent au Schwarzwald : *Dentaria digitata, Thlaspi alpestre, Viola lutea, Alsine stricta, Ribes petræum, Buplevrum longifolium, Lonicera cærulea, Taxus baccata, Orchis sambucina, Veratrum album, Epipogium Gmelini, Calamagrostis montana*, etc. ; et dans la région alpestre : *Anemone narcissiflora, A. alpina, Potentilla salisburgensis, Sibbaldia procumbens, Sedum repens, Rhodiola rosea, Angelica pyrenaica, Sonchus Plumierii, Hieracium albidum, H. Mougeotii, Myosotis alpestris, Pedicularis foliosa, Bartsia alpina, Androsace carnea*, etc. — En revanche, dans les zônes montagneuses et alpestres du Schwarzwald, on voit les plantes ci-après nulles dans les Vosges : *Bellidiastrum Michelii, Centaurea phrygia, Crepis succisæfolia, Swertia perennis, Primula auricula, Salix grandifolia, Alnus viridis, Spergula saginoides, Gnaphalium supinum, Trientalis europæa, Soldanella alpina, Meum mutellina, Gentiana verna*, etc. En outre, on voit moins répandues ou plus rares (quelquefois comme nulles) que dans les Vosges, dans la région moyenne les *Euphorbia verrucosa, Teucrium chamœdrys, Euphorbia amygdaloides, Helleborus fœtidus, Aronia rotundifolia, Coronilla emerus, Acer platanoides*, etc. ; dans la montagneuse : *Gentiana lutea, Trollius europæus, Dentaria pinnata, Libanotis montana, Laserpitium latifolium, Elymus europæus, Meum athamanticum*, etc. ; dans l'alpestre : *Alchemilla alpina, Luzula spadicea*, etc. Enfin un petit nombre d'espèces sont plus répandues dans le Schwarzwald, comme *Abies excelsa, Poa supina*, etc.

En général ces différences ne paraissent pas d'une grande valeur, et, en défalquant encore ce qu'il peut y avoir de fortuit dans la présence de telle ou telle espèce, elles se réduisent à peu de chose. Cependant on peut y reconnaître un fait principal. Les plantes des stations sèches si caractéristiques dans la région moyenne du Jura, et qui avaient déjà considérablement diminué dans les Vosges, éprouvent encore ici un plus notable décroissement. Cela nous annonce un nouvel abaissement de température ou une augmentation d'humidité, ce qui est bien conforme aux données climatologiques. Il est, du reste, largement accusé par la descente du sapin plus bas que dans les Vosges, et par la présence des vastes forêts d'épicéa qui couvrent la chaîne et auxquelles elle doit probablement son nom. L'envahissement des régions supérieures par cet arbre a peut-être contribué à restreindre la végétation libre des pelouses et empêché, comme dans plusieurs chaînes jurassiques, l'extension de certaines plantes montagneuses telles que le *Trollius*, la *Gentiana* et peut-être même de quelques espèces psammiques, telles que le *Betula*, le *Sarothamnus*, etc.? L'absence ou la rareté de plusieurs végétaux alpestres des Vosges, comme *Alchemilla, Sibbaldia, Androsace*, etc., semblerait, au contraire, au premier abord indiquer, à niveau égal, une flore moins froide, si la présence des *Poa supina, Gnaphalium supinum, Soldanella, Alnus viridis* ne rétablissait la balance en sens opposé ; ceci a d'autant plus juste titre que la zône alpestre du Schwarzwald, où cinq ou six sommités seulement dépassent 500^m, est beaucoup moins étendue et moins continue que celle des Vosges où c'est le cas pour une dixaine de Ballons. Il faut aussi remarquer que la plus grande homogénéité qu'offre le Schwarzwald dans la composition de ses roches où les gneiss dominent, y rend plus général que dans les Vosges le caractère pélopsammique des sols, en même temps que le caractère psammique tranché y paraît moins fréquent ; il en résulte à la fois une plus grande fraîcheur et une plus notable uniformité du tapis végétal qui, sur de grandes étendues, donne à ces montagnes quelques traits de ressemblance avec les chaînes molassiques suisses, tandis que la diversité des masses vosgiennes détermine des stations plus variées, moins constamment fraiches, souvent psammiques et parfois dysgéogènes.

Les groupes caractéristiques suivants, homologues à ceux du Jura et des Vosges et différant peu de ces derniers, représenteraient assez bien, ce nous semble, la végétation relative du Schwarzwald :

Région moyenne du Schwarzwald.

Fagus sylvatica,	*Myosotis sylvatica,*	Luzula albida,
Sarothamnus scoparius,	Galeopsis ochroleuca,	Vignea brizoides,
Betula alba,	Scleranthus perennis,	Triodia decumbens,
Jasione montana,	Filago minima,	Alopecurus pratensis,
Orobus tuberosus,	Calluna vulgaris,	Carex pilulifera,
Teucrium scorodonia,	Hypericum pulchrum,	Montia fontana,
Sambucus racemosa,	Vaccinium myrtillus,	Rumex acetosella,
Aira flexuosa,	Juncus squarrosus,	Centaurea nigra,

Région montagneuse.

Arnica montana,	Centaurea phrygia,	Poa sudetica,
Digitalis purpurea,	Galium saxatile,	Nardus stricta,
Silene rupestris,	Valeriana tripteris,	Poa supina,
Sedum saxatile,	Calamagrostis sylvatica,	Asplenium septentrionale,
Centaurea montana,	*Gentiana lutea?,*	*Abies excelsa,*
Spiræa aruncus,	Meum athamanticum,	*Abies pectinata,*
Geranium sylvaticum,	Crepis succissæfolia,	*Adenostyles albifrons,*
Chærophyllum hirsutum,	*Prenanthes purpurea,*	Blechnum spicant.

Région alpestre.

Sonchus alpinus,	*Potentilla aurea,*	Lycopodium selago,
Rumex arifolius,	Saxifraga stellaris,	Gnaphalium norwegicum,
Epilobium origanifolium,	Leontodon pyrenaicum,	Gnaphalium supinum,
Soldanella alpina,	Luzula spadicea,	Polypodium alpestre.

On peut résumer ces trois groupes dans le suivant :

Sarothamnus scoparius,	*Abies excelsa,*	Soldanella alpina,
Jasione montana,	*Abies pectinata,*	Saxifraga stellaris,
Fagus sylvatica,	Silene rupestris,	Luzula spadicea,
Scleranthus perennis,	Asplenium septentrionale,	Polypodium alpestre.

Quant aux collines sous-hercyniennes on peut y appliquer à-peu-près tout ce que nous avons dit des collines sous-vosgiennes dans le chapitre précédent : elles présentent, un peu modifiée, la flore de notre région moyenne jurassique.

§ 55. *Albe*. Toutes les espèces moyennes du premier sous-groupe de *C 1* se trouvent dans l'Albe excepté un petit nombre, et la plupart des plus caractéristiques dans nos chaînes calcaires jouent ici le même rôle. Mais toutes celles du sous-groupe austro-occidental y manquent excepté quelques-unes comme *Coronilla montana, Allium fallax, Daphne cneorum*, etc. ; l'absence des *Buxus sempervirens, Cytisus laburnum, Ruscus aculeatus, Acer opulifolium*, etc., est à remarquer. En revanche plusieurs espèces nulles ou peu répandues dans le Jura deviennent ici habituelles ou fréquentes, par exemple *Cytisus nigricans, Staphylea pinnata, Coronilla montana, Globularia vulgaris*, etc.

Des 180 espèces montagneuses jurassiques, 90 environ manquent dans l'Albe. Ce sont, d'abord, toutes les espèces du sous-groupe méridional, telles que *Cytisus alpinus, Cirsium erisithales*, etc. ; la plupart de celles des tourbières élevées comme *Vaccinium, Pinguicula, Scheuchzeria, Swertia, Eriophorum alpinum, Vignea chordorrhiza, Betula nana, Saxifraga hirculus*, etc.; celles des bois frais, telles que *Adenostyles albifrons*, *Veronica urticæfolia*, etc. ; des rochers ombragés et humides : *Mœhringia, Campanula pusilla, Arabis alpina*, etc. ; un certain nombre qui n'y trouvent pas les altitudes convenables : *Erinus?, Globularia cordifolia, Salix grandifolia*, etc. ; d'autres enfin dont on ne peut guère attribuer l'absence qu'au fait fortuit de la dispersion : *Thlaspi montanum*, *Hypericum dubium, Rhamnus alpinus, Cotoneaster tomentosa, Athamanta cretensis, Lonicera nigra, Valeriana montana*, etc. Les 90 autres espèces montagneuses, et notamment les plus caractéristiques, sont la plupart assez ou très-répandues. De toutes nos espèces alpestres, deux ou trois seulement se montrent comme raretés dans la chaîne wurtembergeoise. En revanche on voit apparaître plusieurs espèces montagneuses dépendantes de la dispersion germanique, parmi lesquelles il faut remarquer *Crepis alpestris, Dentaria bulbifera, Orobus albus*, etc.

Les plantes de nos groupes *B 1* et *B 2*, c'est-à-dire des sols eugéogènes de la plaine et des montagnes s'arrêtent généralement au pied de l'Albe comme au pied du Jura, et manquent à-peu-près totalement sur ses pentes rocheuses plus ou moins interrompues, excepté sur quelques affleurements du grès liassique situés vers sa base. Sur le plateau même, il n'en est pas tout-à-fait ainsi. La présence des calcaires coralliens saccharoïdes et des dolomies jurassiques sableuses sur un grand nombre de points, y constitue un sol réellement psammique et des stations convenables à un certain nombre de végétaux étrangers aux calcaires compactes dysgéogènes, tels que *Betula alba* (¹), *Arnica montana, Luzula albida,* qui paraissent assez répandus : c'est encore probablement le cas pour quelques autres plantes de cette catégorie, et on rencontre même, bien que rarement, le *Sarothamnus* et la *Digitalis.* Des points eugéogènes calcaires ou dolomitiques, tels que ceux que nous signalons se voient, par exemple, dans les bois de Kitz. de Mehrstetten, de Münsingen, de Blaubeuren, (²) etc. M. Fraas de Bahlingen à qui j'avais signalé comme probable cette relation entre les couches psammogènes de l'Albe et la présence du bouleau, l'a constatée récemment (1847) de la manière la plus positive. Partout cet arbre se trouve sur les calcaires sacchoroïdes *magnésifères ou non;* partout il disparaît subitement au passage sur les calcaires compactes et marno-compactes. Il reste à déterminer ultérieurement les autres espèces qui se conduisent de la même manière.

Si au lieu de considérer la totalité des espèces on compare les groupes caractéristiques, on voit que les 24 moyennes du Jura jouent à-peu-près le même rôle dans l'Albe, excepté *Buxus sempervirens, Daphne laureola, Carex alba* et *Coronilla emerus* que l'on pourrait peut-être remplacer par *Globularia vulgaris, Coronilla montana, Staphylea pinnata, Cytisus nigricans.* Sur les 24 montagneuses, 19 se trouvent dans l'Albe, la plupart assez répandues, quelques-unes disséminées, comme les deux *Abies* et la *Gentiana.* quelques-unes enfin rares comme *Geranium sylvaticum, Crocus vernus, Coronilla vaginalis;* les 5 autres, *Athamanta cretensis, Campanula pusilla, Arabis alpina, Thlaspi montanum* manquent totalement. Ce déficit et ces différences de quotité de dispersion ne sont pas surprenants, puisque l'Albe n'atteint que la moitié inférieure de notre région montagneuse.

En comparant de même aux caractéristiques du Schwarzwald, on trouve que sur les 20 espèces psammiques de la région moyenne, les pentes occidentales de l'Albe qui y correspondent et sont exclusivement calcaires, n'en comptent à-peu-près aucune, excepté peut-être sur quelques affleurements des grès liassiques, mais qu'ainsi que nous l'avons déjà dit, plusieurs se re-

---

(¹) C'est certainement là l'explication de la présence du bouleau dans l'Albe, présence signalée récemment aux sylviculteurs comme un fait exceptionnel comparativement au Jura, par M. de Greyerz dans les Bulletins de la Soc. d'Hist. nat. de Berne.

(²) Ces points dolomitiques sont indiqués dans les cartes géologiques du Wurtemberg. On peut prendre une idée de leur mode de distribution dans la carte des environs de Tubingen jointe à la Flore de Schübler et Martens, et dans l'atlas géologique de M. de Léonhard.

trouvent plus haut dans les affleurements dolomitiques du plateau. Des 15 caractéristiques psammiques de la région montagneuse hercynienne, on ne voit guère que l'*Arnica* et la *Valeriana tripteris* avec deux ou trois autres peut-être, mais disséminées ou rares.

D'après cela, voici comment on pourrait composer les groupes caractéristiques des deux régions de l'Albe.

Région moyenne ou pentes de l'Albe.

Helleborus fœtidus,	*Prunella grandiflora,*	Orchis militaris
Fagus sylvatica,	*Euphorbia amygdaloides,*	*Cephalanthera rubra,*
Buplevrum falcatum,	*Melittis melissophyllum,*	*Melica ciliata,*
Globularia vulgaris,	*Sambucus racemosa,*	Convallaria multiflora,
Coronilla montana,	*Aronia rotundifolia,*	*Calamintha officinalis,*
Staphylea pinnata,	*Anthericum ramosum,*	Cytisus nigricans.

Région montagneuse, falaise et plateaux.

Trollius europœus,	*Lonicera alpigena,*	*Saxifraga aizoon,*
Draba aizoides,	*Prenanthes purpurea,*	*Carduus defloratus,*
Betula alba,	*Spiræa aruncus,*	Crepis alpestris,
Bellidiastrum Michelii,	*Ranunculus aconitifolius,*	Arnica montana.

On voit par tout ce qui précède que la végétation de l'Albe envisagée dans son ensemble a la plus grande ressemblance avec celle du Jura. L'identité serait entière sans les affleurements sableux du plateau et la dispersion fortuite de quelques espèces germaniques. On voit aussi que les contrastes entre l'Albe et le Schwarzwald sont tout-à-fait semblables à ceux qui existent entre ces dernières montagnes et les chaines jurassiques.

Par suite de la constitution orographique même de la chaîne de l'Albe, essentiellement formée d'une longue falaise rocheuse, les régions d'altitude n'y sont pas aussi clairement déterminées que dans le Jura, parce qu'il se fait entre ses niveaux inférieurs et les supérieurs un saut brusque à stations sèches et à pentes raides où descendent les espèces montagneuses, tandis que le plateau est très-souvent occupé par des cultures. Dans cet état de choses, la nature géologique des affleurements joue un rôle principal, et comme ceux-ci ont lieu avec une grande régularité orographique, il n'est pas surprenant qu'ils dessinent assez nettement la station de certaines espèces. On peut se faire une idée du mode de dispersion qui en résulte par l'énumération qu'a donnée M. de Mandelsloh (¹) des espèces qui paraissent respec-

---

(¹) Mémoire sur l'Albe de Wurt. dans les Mém. de Strasb., tom. 2.

tivement, préférer le corallien, l'oxfordien et l'oolitique. Le premier est plus dysgéogène; le second est encore assez dysgéogène mais déjà plus pélogène; le troisième est plus pélique encore et en outre graveleux. C'est sur le premier que végétent : *Aronia, Convallaria, Conyza, Draba aizoides, Crepis alpestris, Hieracium Jacquini, Saxifraga aizoon, Sessleria, Thalictrum montanum, Taxus,* etc. ; c'est sur le second que l'on trouve avec beaucoup de plantes des stations sèches : *Gentiana verna, Geranium sylvaticum, Gentiana ciliata, Mayanthemum bifolium, Parnassia palustris, Polygonum bistorta, Rubus saxatilis, Stachys germanica, Thalictrum aquilegifolium, Turritis glabra,* etc.; enfin on voit sur le troisième : *Gentiana pneumonanthe, Lotus uliginosus, Sanguisorba officinalis, Phragmites communis, Spiræa filipendula, Tussilago alba.* Si à cela on ajoute à la partie inférieure la flore psammique des grès liassiques avec le *Sarothamnus,* et dans le haut celle des sables dolomitiques avec le *Betula,* on se convaincra qu'à travers le caractère généralement dysgéogène de l'ensemble, il n'est pas impossible de saisir quelques-uns des traits généraux que d'assez légères modifications de sol impriment à la végétation.

Les botanistes suisses comptent ordinairement le Rhanden comme appartenant au Jura et en formant une des extrémités orientales. Cette manière de l'envisager est certainement inexacte sous le double rapport orographique et géographique. Cette montagne n'est que le commencement des plateaux de l'Albe, et sa végétation en porte déjà entièrement le caractère, la présence des *Cytisus nigricans, Coronilla montana, Crepis alpestris, Staphylea pinnata,* etc., l'indique clairement.

Ajoutons pour compléter ces généralités relatives à l'Albe que la vigne ne s'élève à son pied que jusque vers 400 m et ne donne que de médiocres produits; que le sapin s'y montre sur les sommités constituant à peine quelques forêts entre 700 et 1000 m; que les tourbières y manquent presque totalement; qu'à niveau égal la végétation est plus sèche que celle du Schwarzwald, mais porte à peine les caractères d'une moindre température que dans le Jura central à expositions pareilles; cependant l'absence des buis y est à cet égard d'accord avec les données climatologiques.

§ 56. *Collines lorraines.* Leur végétation est en général celle de la région moyenne du Jura, et on y trouve habituelles toutes nos caractéristiques. Cependant comme elles sont surtout formées du groupe oolitique qui est le plus eugéogène des subdivisions jurassiques, elles offrent une ressemblance plus grande avec les plateaux de nos lisières occidentales qu'avec ceux que

constitue le portlandien ou le corallien, et, comme eux, admettent un certain
nombre d'espèces péliques et graveleuses. Mais de même que dans l'Albe, on
y voit manquer habituellement toute la masse des espèces vosgiennes ou hercyniennes, et les plantes pélopsammiques de la Plaine lorraine s'arrêtent ordinairement à leur pied. Nous n'entrerons pas ici dans de nouveaux détails.
Nous devons dire cependant que, de même que dans l'Albe, quelques espèces
impriment à la flore un caractère oriental germanique, de même ici quelques
plantes donnent à l'ensemble de la végétation un cachet occidental français. Tels sont, bien que peu fréquents, les *Buxus, Ruscus, Ononis natrix,
Siler aquilegifolium, Polygala calcarea, Seseli montanum, Reseda phyteuma*, etc., dont la présence est du reste bien d'accord avec l'augmentation
des températures de l'est à l'ouest, indiquée par les chiffres météorologiques.
Il ne faut pas oublier non plus que les Collines lorraines sont recouvertes çà
et là de lambeaux de terrains récents, limoneux et cailouteux qui n'appartiennent naturellement pas à leur caractéristique comme collines calcaires.
Ce que nous disons ici s'applique encore aux plateaux de Langres et à leur
liaison géologique avec la Côte-d'Or. Les pittoresques côtes du Suzon, par
exemple, offrent entièrement la flore et l'aspect de la végétation jurassique,
et l'on s'y croirait dans quelque gorge de la chaîne du Jura. Il en est de
même des coteaux des environs de Dijon et du Mont-Afrique en particulier.

§ 57. *Le Kaiserstuhl.* La végétation de ces collines basaltiques est si
semblable à celle des bandes calcaires sous-hercyniennes, que Spenner les
a réunies pour former sa région calcaire. Cette végétation est en général
celle des parties inférieures chaudes de notre région moyenne jurassique, un
peu modifiée par la présence d'un certain nombre d'espèces des sols péliques
et de quelques autres plus pélopsammiques. Mais il est ici besoin de quelques détails pour bien faire comprendre cette association et ses causes.

Bien que nous qualifiions de basaltique ce groupe de collines, les roches
qui y jouent le rôle principal sont surtout des dolérites la plupart compactes,
peu détritiques, quelquefois davantage mais toutes pélogènes à la manière
des calcaires, et parfois à un haut degré. Le Kaiserstuhl renferme en outre
des collines d'un calcaire métamorphique et des limons péliques silicéo-alumineux qui recouvrent souvent les autres roches. Nous emploierons donc ici
des exemples pour mettre mieux en évidence le rôle particulier des masses
volcaniques.—Si l'on entre dans le Kaiserstuhl par Oberschaffhausen, et que
de là on prenne la route qui aboutit au sentier conduisant au point culminant des *Neun-Linden,* on trouvera, immédiatement à la sortie du village, de

petits rochers de dolérite dans lesquels sont ouvertes plusieurs carrières. Un botaniste habitué à la physionomie du Jura ne saurait manquer d'être frappé de l'extrême ressemblance que la végétation offre en ce point avec la végétation jurassique, surtout s'il vient de quitter la flore hercynienne. A peine, sur les dolérites, il verra réunis dans l'espace de quelques pas les *Prunella grandiflora, Stachys recta, Asperula cynanchica, Verbascum lychnitis, Picris hieracioides, Calamintha acinos, Conyza squarrosa, Dianthus carthusianorum, Helianthemum vulgare, Betonica officinalis, Clinopodium vulgare, Brachypodium pinnatum, Arrhenatherum elatius, Anthericum ramosum, Ligustrum vulgare, Anthyllis vulneraria, Cratægus aria, Pimpinella saxifraga, Origanum vulgare, Cynanchum vincetoxicum, Sedum sexangulare, Rubus tomentosus, Genista sagittalis, Coronilla varia, Teucrium chamædrys, Campanula glomerata, Trifolium rubens, Phlœum Bœhmeri*, etc. ; et cet ensemble d'espèces si jurassique ne sera altéré que par quelques plantes évidemment liées au contact des limons plus ou moins graveleux, tels que : *Ononis spinosa, Artemisia campestris,* et quelques autres évidemment dépendantes du climat et du voisinage des vignes, comme *Allium paniculatum* et *Achillea nobilis.*

En poursuivant son excursion, il entrera dans un petit bois reposant sur les limons le plus souvent très-épurés et compactes, mais souvent aussi constituant un sol plus pélique et plus frais que les dolérites qu'il vient de quitter, et offrant une sorte de moyen-terme entre leur état eugéogène et le caractère dysgéogène des roches qu'ils recouvrent. Il y trouvera, dans les parties les plus sèches, les espèces jurassiques telles que *Teucrium chamædrys, Buplevrum falcatum, Gentiana cruciata, Geranium sanguineum, Trifolium medium, T. rubens, Dianthus carthusinorum, Asperula cynanchica, Prunella grandiflora, Stachys recta, Verbascum lychnitis, Picris hieracioides, Anthericum ramosum, Anthyllis vulneraria, Gymnadenia conopsea,* etc. ; mais à côté de cela, il verra se révéler l'état eugéogène des sols par la présence d'une autre catégorie de plantes, telles que *Medicago falcata, Genista tintoria, Linum tenuifolium?, Eryngium campestre, Senecio erucœfolius, Anemone pulsatilla, Carex glauca, Erythrœa centaurium, Hieracium auricula, Tofieldia calyculata, Molinia cœrulea, Orobus tuberosus, Arundo epigeios,* etc.

En continuant sa marche et suivant le sentier qui conduit au sommet des Neun-Linden, il rentrera sur la dolérite tantôt compacte, tantôt désagrégée ou ensablée de limons, et constituant un terrain réellement plus sableux que celui du bois de pins ; de sorte qu'il trouvera un mélange d'espèces ju-

rassiques et d'autres plus eugéogènes, par exemple : *Orobus tuberosus,
Hieracium boreale?, Galium sylvaticum, Genista germanica, Luzula albida,* etc.

S'il redescend la colline boisée des Neun-Linden vers le nord, franchit
rapidement la petite vallée occupée par des cultures, et remonte sur la colline stérile et désolée du Vogtsberg, formée de calcaires métamorphiques
grumeleux et graveleux, il retrouvera, à côté des espèces jurassiques, telles
que *Convallaria polygonatum, Asperula cynanchica, Verbascum lychnitis,
Dianthus carthusianorum, Cynanchum vincetoxicum, Brachypodium pinnatum, Teucrium montanum, Buplevrum falcatum, Helianthemum vulgare,
Stachys recta,* etc., quelques espèces des sols psammiques ou graveleux,
comme *Melilotus leucantha, Eryngium campestre, Teucrium chamœpytis,
T. scorodonia,* puis quelques autres du vignoble : *Allium sphœrocephalum,
A. paniculatum, Achillœa nobilis,* etc. En retournant par la route de Vogtsberg
à Oberschaffhausen, il pourra juger de la remarquable compacité qu'offrent
parfois les limons, et comprendra qu'ils peuvent jouer à cet égard, moyennant une position convenable, un rôle analogue à celui des calcaires.

Dans cette petite excursion, la physionomie végétale est frappante de similitude avec celle des lisières vignobles du Jura, notamment sur le côté
suisse, comme le long des lacs de Bienne et de Neuchâtel. C'est que sur
un grand nombre de points il y a compacité du sol, siccité et chaleur : mais
c'est surtout le cas pour les dolérites elles-mêmes dont la végétation est souvent plus exclusivement jurassique que celle des calcaires métamorphiques,
parce que les premières sont souvent moins détritiques que les seconds.
D'un autre côté, les terrains de limon montrent par places, selon leur siccité, leur compacité et la perméabilité des masses recouvertes, une végétation
toute jurassique, ou quelques traits de la flore eugéogène pélique. Enfin ces
limons disséminés çà et là en lambeaux minces qui recouvrent les dolérites,
et celles-ci souvent désagrégées elles-mêmes à limite extrême pélograveleuse,
acceptent quelques espèces qui viennent se mélanger à la flore jurassique
sans en altérer nulle part la physionomie générale.

Bien que les calcaires métamorphiques et quelques lambeaux jurassiques
accidentent le massif du Kaiserstuhl, les roches doléritiques y dominent de
beaucoup, et c'est certainement à elles que doit se rapporter le caractère général de la végétation en tant que dysgéogène. Quant aux lambeaux limoneux
ils agissent plutôt comme eugéogènes. La similitude de la végétation de ces
roches volcaniques silicéo-alumineuses avec les calcaires n'est donc pas contestable. Elle est fort digne de remarque et nous y reviendrons plus tard.—

Demandons à tout botaniste de nos contrées à qui l'on présenterait comme rapportés d'une herborisation les *Carex montana, Melica ciliata, Anacamptis pyramidalis, Orchis militaris, Ophrys myodes, O. arachnites, Cephalanthera rubra, Mercurialis perennis, Euphorbia verrucosa, Melittis melissophyllum, Calamintha officinalis, Orobus niger, Prunella alba, Aster amellus, Helleborus fœtidus, Ceterach officinarum* et toutes les espèces que nous avons déjà citées, s'il ne jugerait pas que le collecteur en a dépouillé quelque colline calcaire?

Enfin faisons remarquer que si, malgré ce qui précède, on voulait attribuer à la présence des calcaires associés aux roches volcaniques dans le Kaiserstuhl, le caractère de sa végétation, il suffirait de jeter les yeux sur la liste suivante des plantes qui sont *explicitement signalées par Spenner sur les basaltes,* pour se convaincre que c'est réellement au sol volcanique qu'appartiennent les espèces réputées les plus *calcaréophiles* dans ce groupe de collines. Ces espèces sont : *Ceterach officinarum, Carex humilis, Stipa capillata, Melica ciliata, Allium sphærocephalum, Himantoglossum hircinum, Anacamptis pyramidalis, Quercus pubescens, Euphorbia verrucosa, Melampyrum cristatum, Asperula galioides, Ruta graveolens, Dictamnus,* etc.

Le caractère de température relativement élevé que porte cette végétation, est aussi digne de remarque. La teinte sombre des roches n'y est peut-être pas entièrement étrangère. Mais la cause principale en est probablement l'exposition générale et la distance déjà notable qui sépare le Kaiserstuhl des chaînes jurassiques et alpines qui, du côté du sud, font obstacle aux influences méridionales. Cette double cause (et surtout la dernière) est d'autant plus probable que, beaucoup plus au nord, et sur des roches analogues, aux environs de Coblence on voit reparaître des espèces plus australes encore, comme le *Buxus sempervirens* et l'*Acer monspessulanum.*

Si nous voulions indiquer des caractéristiques pour le Kaiserstuhl, nous prendrions nos 24 espèces de la région moyenne jurassique, nous en supprimerions quelques-unes comme le *Buxus* et le *Daphne* et nous les remplacerions par quelques espèces péliques comme l'*Eryngium,* l'*Orobus tuberosus,* etc.

La flore des buttes volcaniques du *Hegau,* bien que j'aie visité une de ses collines, ne m'est malheureusement pas assez connue pour que je puisse en parler ici. Cependant la présence de certaines espèces y annonce comme dans le Kaiserstuhl un caractère de végétation jurassique : on y voit, par exemple, le *Draba aizoides.*

§ 58. *La Serre* est un petit groupe de collines situées au nord de Dôle, entre le Doubs et l'Ognon, et entièrement couvert de forêts ; il est formé de roches cristallines et clastiques et entouré comme une île par les calcaires jurassiques et les terrains triassiques. Le massif de la Serre offre avec ses lisières les mêmes contrastes de végétation que ceux que nous avons vus entre les Vosges ou le Schwarzwald et le Jura, et comme le tout a lieu sur une petite étendue, cela fournirait une étude facile et instructive. Les plantes contrastantes sont encore ici les *Betula, Sarothamnus, Luzula, Asplenium septentrionale, Scleranthus perennis,* etc. qui sont répandus ou présents d'un côté, rares ou nuls de l'autre. On trouverait difficilement ailleurs, sur une échelle aussi commode, un fait géologique aussi bien approprié au genre d'observations qui nous occupe. Une comparaison de la Serre avec le Mont-Roland, par exemple, serait aisée et instructive. Nous en dirons encore un mot plus loin.

§ 59. *La Côte-d'Or.* Nous désignons sous cette dénomination impropre et faute de nom collectif, les montagnes qui s'étendent entre la Saône et la Loire depuis le Pilat et Lyon à Dijon, comprenant le Morvan, la Côte-d'Or proprement dite, le Chârolais, le Beaujolais et le Mont-d'Or lyonnais. Elles offrent un mélange de terrains parmi lesquels dominent les porphyres, les gneiss, les granites, etc., formant les massifs principaux, flanqués çà et là de collines calcaires. Les moyennes des sommités varient de 600 à 900 ^{m}, et atteignent 1000 ^{m} environ. Ainsi que l'a bien signalé M. Rozet, à qui l'on doit la description géologique d'une partie de ces groupes [1], les diverses roches y offrent chacune un mode de désagrégation bien caractérisée et certainement favorable à notre étude. Je n'ai pas visité ces montagnes, mais en parcourant les flores qui traitent de quelques-uns de ses districts, il est aisé de se convaincre qu'elles offrent dans leurs massifs centraux une végétation analogue à celle des Vosges, et dans leurs collines calcaires latérales une flore toute jurassique. Ce contraste n'a pas échappé à MM. Duret et Lorey dans leur Flore de la Côte-d'Or, et nous examinerons ailleurs en détail ce qu'en ont signalé ces observateurs. Nous y voyons le passage des calcaires aux granites signalés par l'apparition des *Asplenium septentrionale, Montia fontana, Scleranthus perennis, Galeopsis ochroleuca, Digitalis purpurea, Jasione montana, Sarothamnus scoparius,* etc., et le retour sur les calcaires annoncé par leur disparition et par le plus grand développement des espèces

[1] Mémoires de la Soc. géol. de France, tom. 4.

de notre region moyenne austro-occidentale comme les *Buxus, Cytisus, Acer opulifolium,* etc.

Des faits analogues paraissent se reproduire d'une manière tout-à-fait semblable aux environs de Lyon, du moins à en juger par un dépouillement attentif de la Flore de Balbis. Ainsi, en comparant la végétation du Mont Ceindre (416 ^{m}) formé de roches calcaires, avec un district pareil de collines cristallines du même niveau prises dans le Mont-d'Or lyonnais, je ne doute pas que l'on n'y trouve les oppositions signalées ailleurs. On verra sur les premières abonder nos espèces jurassiques moyennes, et manquer ou être rare les espèces des sols sabloneux, tandis que sur les secondes on retrouvera, dans leurs parties sèches, avec ces mêmes espèces moyennes, peut-être moins abondantes, une diversité notable de plantes psammiques. Parmi les espèces calcaires on remarquera, par exemple, les *Buxus, Helleborus, Aronia, Buplevrum, Cynanchum, Melittis, Orchis, Ophrys, Anthericum, Veronica prostrata, Prunella grandiflora, Calamintha officinalis, Stachys recta, Teucrium chamædrys, Carex humilis, C. gynobasis, Melica ciliata, Festuca glauca,* etc.; parmi les psammiques : *Hypericum pulchrum, Stellaria holostea, Sarothamnus, Orobus tuberosus, Scleranthus perennis, Saxifraga granulata, Artemisia campestris, Senecio sylvaticus, Filago minima, Jasione, Galeopsis ochroleuca, Digitalis purpurea, Betula, Castanea, Triodia, Aira flexuosa, Avena caryophyllea, Corynephorus, Bromus tectorum, Asplenium septentrionale,* etc. Le Pilat, plus au sud, formé de roches cristallines et variées, continuera à présenter les mêmes analogies, et, de même que dans les Vosges, à côté d'espèces jurassiques montagneuses propres à ses altitudes, telles que *Ranunculus aconitifolius, Mæhringia, Geranium sylvaticum, Spiræa aruncus, Chærophyllum hirsutum, Valeriana montana, Centaurea montana, Abies, Gentiana lutea,* etc., et de quelques plantes alpestres comme *Alchemilla, Potentilla aurea, Sonchus alpinus,* etc., on y retrouvera les espèces eugéogènes *Arnica, Meum, Galium saxatile, Poa sudetica, Juncus squarrosus, Lycopodium selago, Asplenium septentrionale, A. germanicum,* etc., tandis que, malgré la situation méridionale du Pilat, on y verra nulles ou rares beaucoup d'espèces dysgéogènes jurassiques, telles que *Draba, Kernera, Saponaria, Rhamnus, Cytisus, Cotoneaster, Libanotis, Lapersitium, Sesleria, Erysimum ochroleucum, Carduus defloratus, Hieracium Jacquini, H. lanatum, H. glaucum, Dianthus sylvestris,* etc. Du reste, c'est aux observateurs locaux à vérifier ce qui précède.

CHAPITRE ONZIÈME.

§ 60. *Les Alpes.* La grande chaîne des Alpes a été depuis quelques années dans ses diverses parties l'objet d'un assez grand nombre d'investigations au point de vue qui nous occupe. MM. Zuccarini, A. Sauter, Dr. Sauter, Hoppe, Stein, Zahlbruckner, Sendtner, Unger, Heer, etc., en ont chacun examiné quelque district d'une manière plus ou moins spéciale, et la plupart des ouvrages des autres botanistes qui se sont occupés de la flore de ces montagnes, convenablement rapprochés des données géologiques, fournissent des renseignements sur les relations qui existent entre elle et les roches soujacentes. Cependant dans l'état actuel de la géognosie et de la topographie des Alpes, malgré de beaux et nombreux travaux, il n'est pas encore facile de se faire une idée claire de l'agencement si compliqué des terrains dans cet immense dédale, ou, du reste, plusieurs districts sont encore presque inobservés. Ces difficultés et d'autres qui dépendent de la nature même des terrains, et dont nous parlerons plus tard ne seront probablement pas levées de si tôt. Cependant nous devons à M. de Mohl un précieux relevé résultant d'une sorte d'élection et d'élimination de toutes les données fournies jusqu'à ces dernières années, et qui accompagne comme pièce justificative l'excellent travail de cet observateur sur l'influence des sols dans les Alpes. Cette étude porte sur l'ensemble de la chaîne et sur les espèces des régions supérieures à partir de la montagneuse. Sur 750 plantes environ, M. de Mohl trouve 570 espèces croissant indifféremment sur toutes sortes de sols, et 380 dont la dispersion paraît plus particulièrement dépendante de certains terrains; de ces dernières, 230 environ préfèrent les calcaires, 150 suivent les roches primitives *(Urgebirge).* Nous ne nous arrêterons pas à leur subdivision en dépendantes et préférentes *(bodenstete, bodenholde)* à laquelle M. de Mohl attache probablement moins d'importance. En admettant avec ce botaniste que les données ultérieures viennent sans aucun doute modifier ces chiffres, il n'en demeure pas moins certain que l'existence de deux groupes analogues est un fait acquis à la science. M. de Mohl les envisage comme correspondant plutôt aux propriétés physiques des sols qu'à leur composition chimique. Nous reviendrons ailleurs sur les espèces énumérées par ce savant. Bornons-nous ici à quelques traits comparatifs entre les Alpes suisses et les montagnes, objet principal de notre étude.

Essayons de suivre d'abord dans les Alpes suisses quelques-unes de nos espèces psammiques des Vosges et du Schwarzwald, et voyons sur quels terrains nous conduisent leurs stations les plus connues.

Silene rupestris. Chalanche (roches cristallines), Chamouny (idem), Méry (grès verts?), Voirons (idem), Gemmi (calcaires et schistes), Niesen (grès), Hohgant (calcaires à nummulites), Faulhorn (schistes), Hasli-Scheidegg (id.), Gothard (gneiss, granites), Glaris (schistes), Grisons (schistes et roches cristallines), Kitzbühl (schistes), etc.; il manque sur le groupe calcaire depuis la Dent-de-Jaman et le Moléson jusqu'au Stockhorn, puis sur les calcaires de l'Appenzell, de Glaris et du Kitzbühl.

Sedum saxatile. Chalanche (roches cristallines), Chamouny (idem), Bagne, Finshauts, etc. (idem), Fouly (idem et grès), Morcles (idem), Bovonnaz, Lavaraz et Bretaye (schistes et calcaires), Zermatt (granites, etc.), Faulhorn (schistes), Gothard (roches cristallines), Pilate (schistes, grès, calcaires), Glaris (schistes), Grisons (roches cristallines et arénacées), Kitzbühl (schistes), etc.; manquant dans les mêmes limites que le précédent excepté dans l'Appenzell (terrain?) d'après Schläpfer.

Scleranthus perennis. Chalanche, Chamouny, Fouly, Gonthey (schistes), Trient (grès), Salanfe sous la Dent-du-Midi (schistes), Marques près Martigny (granite, grès), Simplon (gneiss), Grimsel (granites), Bergell et Soglio (roches cristallines); point observé dans la même zône que les précédents.

Hieracium albidum. Chalanche, Montanvert, Breven, Col-de-Balme, Zwischenberg (roches cristallines), Mayenwand, Grimsel, Gothard, Andermatt, Schœllenen, Realp, Sidlinen-Alp, Albula, Zapport-Alp, Averserthal, Tawetsch, etc. (roches cristallines et clastiques), Glaris (schistes), Kitzbühl (schistes), etc. ; toujours nul dans la même zône que les précédents.

Aira flexuosa. Alpes sardes, dauphinoises, vaudoises, valaisannes, bernoises, glaronnaises, grisonnes, cristallines et clastiques. Stockhorn et Appenzell nulle.

Androsace carnea. Javernaz, Pennino, Fouly, Aless, Arpallaz, Val d'Orsières, de Bagnes, de Zermatt, Loëche, etc., sur roches cristallines, schisteuses et clastiques : mêmes sols en Dauphiné et Tyrol.

Poa sudetica. Alpes daupinoises, sardes, valaisannes, bernoises, tyroliennes, etc., sur roches cristallines et clastiques ; point signalé sur les Alpes calcaires, etc.

Nous ne multiplierons pas davantage ces exemples. On voit par cette marche d'observation que ces espèces que nous n'avons pas choisies au hasard puisqu'elles appartiennent au groupe vosgien contrastant avec le Jura, jouent remarquablement le même rôle dans les Alpes à l'égard des terrains calcaires de cette chaîne. Si l'on continuait un travail de ce genre, il importerait non-seulement d'établir quelles sont les plantes psammiques qui manquent dans les chaînes dysgéogènes, mais aussi et surtout, quelles sont celles qui, sans y manquer entièrement, y sont cependant ou moins répandues ou rares, appartenant bien à leur flore, mais n'étant qu'un élément minime de leur tapis végétal. On trouverait des résultats de ce genre pour *Arnica montana, Saxifraga stellaris, Hieracium alpinum, Gnaphalium supinum*, etc., espèces également vosgiennes non jurassiques, et pour beaucoup d'autres, telles que : *Phyteuma hemisphæricum, Luzula spadicea, Carex frigida, C. fœtida, Avena versicolor, Astrantia minor, Azalea, Empetrum, Juncus trifidus, Allosurus crispus, Asplenium septentrionale*, etc.

Essayons maintenant, en suivant un autre procédé, de voir si ces faits de détail se confirment par la comparaison particulière de quelques chaînes alpines avec le Jura et les Vosges.

Prenons d'abord la chaîne du Stockhorn, l'une des plus exclusivement calcaires et dont la végétation nous est connue par une énumération spéciale que nous devons à l'obligeance de M. Gutnick. Ses altitudes extrêmes varient de 1800 à 2100^m environ, et dépassent, par conséquent, celles du haut Jura, de 3 à 400^m. Nous n'y comprenons pas le Ganterisch et le Bürglen avec leur voisinage de roches clastiques, ni les ensablements de terrains récents qui s'étendent à son pied. Nous ne considérons que la masse dysgéogène de la chaîne, en éliminant les affleurements clastiques qui s'y montrent sur quelques points et ne sont probablement pas étrangers à la présence de quelques espèces.

Sur 150 espèces environ du groupe *C1* de la région moyenne du Jura, 90 à-peu-près ne se trouvent pas sur les pentes du Stockhorn : ce sont presque toutes des espèces propres aux stations sèches austro-occidentales. Sur les 24 caractéristiques, 9 seulement s'y rencontrent, savoir *Prunella, Fagus, Sambucus, Cephalanthera, Melica, Coronilla, Myosotis, Carex, Teucrium*, encore est-il probable que la plupart y sont moins répandues que dans le Jura. Quelques espèces de cette région se montrent surtout au versant sud, comme *Dianthus sylvestris, Saponaria ocymoides, Cotoneaster vulgaris, Trinia vulgaris, Digitalis grandiflora, Stachys alpina, Teucrium montanum*, etc.—Sur 180 espèces de la région montagneuse jurassique, 90 environ manquent ici : ce sont des plantes peu généralement répandues dans le Jura, excepté plusieurs occidentales. Des 24 caractéristiques toutes s'y trouvent, excepté *Lunaria rediviva* et *Coronilla vaginalis*. La masse des espèces qui constitue le fond de la végétation à ce niveau est déjà beaucoup plus semblable à celle du Jura que dans la région précédente.— Sur 110 espèces de la région alpestre, 25 seulement manquent au Stockhorn : ce sont des espèces occidentales telles que *Ranunculus thora, Aconitum anthora, Dianthus monspessulanus, Alsine laricifolia, Arenaria grandiflora, Hypericum Richeri, Heracleum alpinum, Eryngium alpinum, Androsace villosa* et quelques autres peu répandues dans le Jura. Sur nos 24 caractéristiques alpestres, une seule, l'*Heracleum,* ne se trouve pas au Stockhorn. — Réciproquement la région moyenne de cette chaîne compte à peine quelques espèces manquant au Jura, mais plusieurs plantes montagneuses y descendent plus bas. Il en est de même de la région montagneuse : quelques espèces comme *Galium rotundifolium, Juncus fili-formis, J. triglumis* manquant dans le Jura, se trouvent ici, et quelques alpestres descendent davantage. La région alpestre compte aussi quelques plantes non jurassiques qui peuvent ne pas être considérées comme descendant des niveaux supérieurs, telles que *Petrocallis pyrenaica, Viola grandi-flora, Meum mutellina, Gnaphalium norwegicum, G. Supinum, Arnica mon-tana, Carex frigida, Poa supina,*etc. Enfin les niveaux supérieurs à 1800 ^{m} sont habités par une soixantaine d'espèces alpines dont plusieurs descendent quelquefois dans la région alpestre ; de ce nombre, on remarque *Saxifraga stellaris, Astrantia minor, Hieracium alpinum, Azalea, Empetrum* qui y sont ou fréquents ou rares.

Il résulte de cette comparaison, qu'à niveau égal, ou en supposant la hau-teur du Stockhorn abaissée de 3 ou 400^{m}, sa végétation diffère surtout de celle du Jura par l'absence ou la moindre abondance des espèces qui exigent certaines conditions de siccité ou de chaleur, et la plus grande abondance de celles qui recherchent des stations fraîches. Aussi la végétation sur le ver-sant sud est-elle plus jurassique que sur le versant nord. Or si l'on se rap-pelle la situation du Stockhorn formant en ce point la chaîne la plus avancée des Alpes du côté boréal, et ayant derrière elle, c'est-à-dire en obstacle aux influences méridionales, une profondeur de plus de 15 lieues de montagnes neigeuses coupées de glaciers, on comprendra que la température particu-lière de la chaîne oberlandaise puisse être inférieure à celle d'une chaîne ju-rassique. Si, après cela, nous remarquons que le Stockhorn ne nous présente qu'un très-petit nombre des espèces psammiques vosgiennes, nous verrons s'accroître la ressemblance jurassique. Ainsi, il est digne d'attention d'y voir manquer les *Scleranthus perennis, Silene rupestris, Sedum saxatile, Hieracium albidum, Luzula spadicea, Asplenium septentrionale, Allosurus crispus,* etc., et d'y voir très-disséminées ou rares *Carex brizoïdes, Luzula albida, Orobus tuberosus, Aira flexuosa, Saxifraga stellaris, Alopecurus pratensis, Hieracium alpinum, Azalea, Empetrum,* etc., espèces qui se trouvent toutes dans les chaînes schisteuses, cristallines et clastiques les plus rapprochées comme le Niesen, le Faulhorn, le Grimsel, le Kiley et surtout le Gothard. — En résumé, dans la végétation du Stockhorn calcaire, nous voyons prédominer la physionomie jurassique, un peu modifiée par l'abaissement des températures, l'état moins dysgéogène des roches et moins sec des stations, puis l'apparition probable de quelques affleurements plus eugéogènes ; en même temps nous voyons manquer les caractères principaux de la flore vosgienne, comme aussi de celle des Alpes voisines moins dysgéogènes et plus psammiques.

Envisageons maintenant, au contraire, une chaîne purement eugéogène. Prenons à cet effet la montagne de Chalanche. Nous avons vu que la vallée de l'Isère ou Graisivaudan limite le Jura calcaire au sud, et la sépare nettement des Alpes cristallines, qui forment au nord de la Romanche une chaîne accidentée depuis le Drac et Vizille jusqu'à Allevard et au-delà. C'est dans cette chaîne que se trouve plusieurs localités bien connues des botanistes, telles que Prémol, Revel, Uriage, les Sept-Laux, etc. Elle est flanquée de collines formée par les schistes, marnes et calcaires désagrégeables du terrain liassique inférieur qui offre partout des caractères très-eugéogènes, et se trouve en contact immédiat avec les roches cristallines. Ainsi, dans la vallée de l'Isère, depuis Voreppe jusqu'à Montmélian, les masses qui forment le groupe de la Chartreuse d'un côté sont calcaires, tandis que celles qui forment le groupe opposé sont en général cristallines. La plupart des espèces du premier de ces massifs se retrouvent sur le second, tandis qu'un certain nombre d'espèces de ce dernier sont nulles ou très-rares sur les premières. Ainsi les *Arenaria rubra, Dianthus deltoides, Hypericum pulchrum, H. humifusum, Orobus tuberosus, Montia fontana, Scleranthus perennis, Filago minima, Ornithopus perpusillus, Hyoseris minima, Jasione montana, Thesium linophyllum, Juncus squarrosus, J. ustulatus, Luzula nivea, L. multiflora, Scirpus setaceus, Vignea brizoides, Alopecurus pratensis, Corynephorus canescens, Avena caryophyllea, Aira flexuosa, A. cœspitosa, Danthonia decumbens, Nardus stricta, Festuca rubra, F. heterophylla, Genista germanica, Sarothamnus scoparius, Herniaria hirsuta, Betula alba, Fagus castanea, Lecidea geographica*, etc., dont un grand nombre sont nulles dans le groupe de la Chartreuse, et plusieurs infréquentes ou rares, apparaissent subitement sur les roches cristallines dans la région moyenne. De même les *Silene rupestris, Viola lutea, Epilobium origanifolium, Sedum saxatile, S. repens, S. villosum, Rhodiola rosea, Saxifraga stellaris, Meum mutellina, Galium saxatile, Valeriana tripteris, Arnica montana, Gnaphalium supinum, Centaurea phrygia, Sonchus Plumieri, Hieracium albidum, H. alpinum. Leon-*

lodon pyrenaicum, *Campanula Scheuchzeri*, *Empetrum nigrum*, *Androsace carnea*, *Alnus viridis*, *Carex frigida*, *Poa supina*, *Polypodium alpestre*, *Asplenium septentrionale*, *Allosurus crispus*, etc., nulles ou rares sur les calcaires de la Chartreuse, se présentent aussitôt dans la région montagneuse granitique. Toutes ces plantes, on le remarquera, sont constamment les mêmes espèces vosgiennes et hercyniennes que nous avons vu contraster par leur absence dans le Jura. On pourrait en ajouter beaucoup d'autres des régions supérieures s'il s'agissait de comparer entr'elles les masses eugéogènes ou dysgéogènes des Alpes elles-mêmes.

En se servant uniquement des espèces contrastantes vogéso-jurassiques que nous avons si souvent signalées, on trouvera dans toutes les parties des Alpes ces oppositions entre les calcaires dysgéogènes d'un côté, et les roches clastiques, schisteuses et surtout cristallines de l'autre. Il est aisé de les suivre dans le Dauphiné entre les chaînes au nord et au sud de Grenoble : en Savoie entre les chaînes de l'Arve et les massifs de Servoz, Chamouny, Montanvert ; dans le Valais entre les chaînes qui bordent la vallée au nord et les groupes de l'entrée par Fouly et le Simplon ; dans les Alpes bernoises entre les chaînes extérieures et les hautes Alpes ; dans l'Unterwald entre les montagnes du bas et le groupe du Gothard ; enfin, il se passe des faits tout semblables dans les Grisons, le Tyrol, etc. Cependant, il est à présumer que souvent les contrastes qui pourront être établis à cet égard ne seront pas aussi frappants qu'entre le Jura et les montagnes du Rhin. En effet, les Alpes sont formées de terrains géologiques très-variés, mais dont la plupart montrent plus ou moins de tendance à la désagrégation psammique, sans en offrir des types extrêmes parfaitement tranchés. Cela est vrai non-seulement pour certains groupes de roches anciennes et pour les roches clastiques très-nombreuses, telles que molasse, nagelfluh, flysch, grès du Gurnigel, du Niesen, des Ralligen, de Fouly, de Taviglianaz, etc., dont plusieurs forment des chaînes considérables, puis pour les schistes, calcaires schisteux, grès calcaires de divers âges, comme ceux des hautes Alpes bernoises, glaronnaises, tyroliennes, mais encore pour les calcaires eux-mêmes comme ceux à nummulites, à spatangues, et même ceux du Stockhorn, du Moléson, etc., car ils offrent souvent des alternances, des couches subordonnées schisteuses ou clastiques prenant quelquefois un certain développement et fournissant des stations eugéogènes qui rompent l'unité de la flore de leurs divisions compactes. Indépendamment de cela, toutes ces chaînes alpines sont le plus souvent enchevêtrées les unes dans les autres et modifient mutuellement leur végétation. Ainsi, en résumé, elles présentent un ensemble peu favorable à l'observation des contrastes dus à la nature des terrains, contrastes peut-être moins sensibles, toutes choses égales, sous l'influence de ces hautes altitudes. La psammicité des sols au lieu d'offrir des oppositions brusques avec les conditions contraires sur une échelle suffisante, s'y présente avec toutes sortes de transitions. S'il s'agit, par exemple, des Alpes orientales du Gothard au Montblanc, on y voit bien deux massifs principaux où l'on peut prévoir des contrastes : l'un formé des groupes cristallins qui s'étendent depuis le Gothard, le Grimsel et la Jungfrau par le Simplon, le Mont-Rose, le Mont-Cervin ; l'autre formé de masses calcaires depuis le Stockhorn jusqu'à la Dent-de-Jaman et au lac de Genève (¹). Mais, entre ces deux massifs, s'étendent une foule de chaînes formées de roches plus ou moins clastiques et schisteuses, offrant toutes sortes de modifications peu tranchées. Le massif calcaire lui-même en présente quelques-unes. C'est ainsi que nous avons vu la molasse du Bassin suisse offrir une végétation intermédiaire à celle des calcaires du Jura et des limons pélopsammiques de la vallée du Rhin. C'est ainsi que nous verrons plus tard les schistes du Kitzbühl montrer des caractères moins psammiques que les granites et les grès, mais moins dysgéogènes que les calcaires. C'est ainsi enfin que des roches soujacentes en apparence clastiques et où l'on s'attendrait à trouver une végétation plus psammique, offrent, au contraire, une flore presque jurassique : telles sont certains nagelfluhs dont la ténacité du ciment est telle que les plans de disjonction naturels des masses intersectent tous les galets de façon qu'ils deviennent une vraie roche compacte et dysgéogène. C'est le cas, pour la montagne si connue du Righi, et l'on peut voir de beaux exemples de la compacité de ses poudingues en montant de Weggis au Kalt-Bad. Aussi, sur nos 72 caractéristiques jurassiques en compte-t-il environ 50, tandis qu'il compte à peine 20 des caractéristiques vosgiennes, et encore peu répandues. Si l'on se rappelle que le Stockhorn calcaire présente environ 55 des premières et une quinzaine des dernières, on voit que malgré l'énorme différence de composition des terrains, il y a, par suite de leur caractère commun de compacité, beaucoup moins de différence dans la végétation que l'on ne s'y serait attendu d'après les idées que l'on se fait habituellement des caractères d'agrégation et de composition de leurs roches respectives (²).

(¹) On saisit bien une partie de ces rapports dans la Carte géologique des Alpes occidentales de M. Studer.

(²) Nous espérions placer ici une comparaison détaillée entre le Righi et le Pilate dont les éléments nous avaient été promis il y a deux ans par M. le Dr. Steiger de Lucerne qui a étudié très-spécialement la flore de ces montagnes. Mais les événements politiques qui depuis cette époque n'ont cessé d'agiter la Suisse, et qui ont exercé sur la vie de M. Steiger une si grave influence, nous ont forcé de renoncer momentanément à une communication à laquelle nous aurions attaché beaucoup de prix.

TROISIÈME PARTIE.

DE L'INFLUENCE DES ROCHES SOUJACENTES SUR LA DISPERSION.

TROISIÈME PARTIE.

DE L'INFLUENCE DES ROCHES SOUJACENTES SUR LA DISPERSION DES ESPÈCES.

CHAPITRE DOUZIÈME.

QUE LA FLORE ET LA VÉGÉTATION DIFFÈRENT SUR CERTAINES ROCHES SOU-JACENTES DIFFÉRENTES, ET QUE LES CONTRASTES A CET ÉGARD ONT LIEU NON-SEULEMENT D'UNE CONTRÉE A UNE AUTRE SUR UNE GRANDE ÉCHELLE, MAIS JUSQUE DANS LES DÉTAILS.

§ 61. La contrée dont nous venons d'examiner les diverses parties dans les chapitres précédents, offre évidemment de grandes différences dans sa flore et surtout dans sa végétation, à altitudes égales. Ce qu'on voit dans le Jura est différent de ce qui se passe dans les Vosges; ce qui a lieu dans le Kaiserstuhl et l'Albe autre ce qui se passe dans le Schwarzwald; ce qui s'observe dans le Bassin suisse diffère de ce que nous voyons dans la vallée du Rhin ou de la Saône, et ainsi de suite. Il y a donc entre ces divers districts des contrastes notables dans le tapis végétal : nous apercevons tout d'abord que celui des diverses vallées offre de grands traits de ressemblance; qu'il y a similitude d'une part entre les Vosges, le Schwarzwald, les Alpes cristallines, et, d'autre part, entre le Jura, l'Albe, le Kaiserstuhl, les Collines lorraines, etc. En un mot, que la flore et la végétation se ressemblent davantage sur certains terrains, et offrent entre certains autres des dissemblances plus ou moins fortes.

Nous ne saurions donc en général méconnaître l'action des roches soujacentes sur la dispersion des espèces dans notre contrée, toutes choses égales d'ailleurs. Elle est évidemment, à climats et niveaux pareils, une des causes des différences observées dans le degré d'abondance des plantes communes du reste, à la flore des deux districts, dans la présence ou l'absence de celles qui se trouvent exclusivement chez l'un d'eux en manquant dans l'autre. Tous les observateurs sont maintenant d'accord à ce sujet, et ceux-là notamment qui ont traité de l'une ou l'autre des parties de notre champ d'étude, tout en controversant la nature des causes et le degré d'influence sont entièrement unanimes sur le fait, tels sont : MM. Spenner, Kirschleger, Mougeot, Schübler, Martens, Duret, Lorey, de Mandelsloh, de Mohl, Moritzi, Godron, Schultz, Döll et Grenier. Tous ont reconnu que certaines modifications de roches soujacentes entraînent, soit le plus grand ou le moindre développement de la dispersion de certains végétaux, soit même leur présence ou leur absence.

Jusqu'à présent, nous avons vu jaillir ces différences de la considération de districts étendus et de grandes masses de terrains. Elles nous ont apparu comme une sorte de moyenne résultant de la comparaison opérée sur de grandes proportions, et l'on pourrait penser qu'elles ne sont en quelque sorte que l'expression générale d'un ensemble de faits moins nettement appréciables dans le détail et sur une petite échelle. Il importe, avant d'aller plus loin, de faire voir qu'il n'en est pas ainsi, et que ce qui se passe en grand en fait de différence de végétation ou de dispersion des espèces d'une contrée géologique à une autre, est aisé à vérifier sur des exemples particuliers, au contact brusque de deux terrains différents.

En deçà et au-delà de la ligne de jonction de deux roches soujacentes de nature diverse, s'étendent nécessairement deux sols géologiques différents. Or, avec eux, commencent le plus souvent deux zônes de végétation qui se distinguent immédiatement par la présence ou l'absence, par le développement ou la diminution de certaines espèces. Là donc s'opère un *contraste* presque toujours aisé à observer sur une petite étendue, de façon qu'il n'y a souvent qu'une ou quelques centaines de pas entre les *plantes contrastantes* qui le révèlent. Nous croyons que c'est ici le lieu de donner une série d'exemples de ce genre. Outre l'intérêt qu'ils présentent, ils offrent l'avantage de pouvoir être aisément constatés. Nous les prendrons principalement sur les lisières du Jura qui offrent le contact des terrains calcaires avec des roches assez différentes, le long des masses cristallines du Schwarzwald, des roches clastiques des Vosges et du Bassin suisse, des sols limoneux du Sundgau et de la Bresse. Nous y ajouterons quelques traits du même genre pris dans les Alpes, la Serre, la Côte-d'Or. Nous les réduirons tous à ce qu'ils offrent de plus caractéristique, et nous prendrons le plus souvent la végétation des forêts pour comparaison. Rappelons que parmi les contrastantes nous aurons presque toujours, d'un côté, les plantes de la région moyenne jurassique (page 172) dont l'*Helleborus fœtidus* peut être regardé comme une directrice, de l'autre les espèces péliques ou psammiques prises parmi les caractéristiques de notre région basse (page 171) et parmi celle des Vosges ou du Schwarzwald (pages 227 et 255) ; les premières appartiennent du reste toutes au groupe *C1* de notre classification, les secondes au groupes *B1* et *B2*.

1ᵉʳ *Exemple, Lisière hercynienne.* Sur les deux rives du Rhin, entre Waldshut et Schaffhouse s'étendent d'un côté les collines calcaires du Jura, de l'autre les premiers reliefs cristallins du Schwarzwald. A Lauffenburg, sur les gneiss de la rive droite on verra partout *Vignea brizoides, Luzula albida, Orobus tuberosus, Betula alba,* qui sont rares ou nuls sur les calcaires conchyliens de la rive gauche : au contraire, nos moyennes jurassiques fréquentes sur les calcaires diminuent notablement sur les gneiss.

2ᵈ *Exemple.* Si, de Seckingen, on se rend au village d'Egg sur les premières avancées du Schwarzwald, on trouvera *Luzula albida, Betula alba, Sarothamnus scoparius, Orobus tuberosus, Carex pilulifera,* etc., et les espèces moyennes jurassiques disséminées, distantes ou rares ; si, de cette ville, on se rend sur les collines conchyliennes de Stein, on verra se développer largement ces dernières espèces et les premières devenir très-rares ou nulles, excepté l'une ou l'autre sur quelque affleurement des grès bigarrés comme près de Mumpf.

3ᵐᵉ *Exemple, Lisière alsatique.* Elle s'étend de Bâle à Monbéliard par Münchenstein, Æsch, Leymen, Oltingen, Ferrette, Dirlingsdorf, Courtavon, Vaudelincourt, Boufol, Fetterouse, Réchésy, Florimont, Delle, Fêche-l'Eglise, Dampierre et Etupes. Les environs de toutes ces localités offrent des contrastes entre la végétation des calcaires au sud, et celle des terrains limoneux au nord. La forêt de la Hardt et un bois sur sol jurassique près de Bâle sont dans ce cas. En sortant du Jura par les Cluses de Grellingen, et débouchant dans la plaine bâloise, on se trouve sur les alluvions psammiques de la Birse et du Rhin, dominés par des collines limoneuses. On verra dans cette contrée et dans leurs stations respectives : *Onopordon acanthium, Eryngium campestre, Stachys germanica, Trifolium fragiferum, Verbascum blattaria, Lycopsis arvensis, Centaurea calcitrapa, Orobus tuberosus, Luzula albida,* etc.; les moyennes jurassiques n'y sont que disséminées. En entrant dans le Jura, ou s'élevant sur ses premiers plateaux, toutes les espèces ci-dessus disparaissent et les moyennes jurassiques deviennent répandues et abondantes.

4ᵐᵉ *Exemple.* La petite chaîne de Ferrette, d'Oltingen à Levoncourt, offre la végétation de notre région moyenne, plus quelques espèces montagneuses. Si, en partant de l'une ou de l'autre des localités au pied de cette chaîne, telles que Ferrette, Dirlingsdorf, Courtavon, on parcourt les collines limoneuses qui commencent la plaine au nord, on verra diminuer ou cesser ces espèces. Le chêne devient prédominant dans les bois et se mêle, selon que le terrain est sec, pélique ou psammique, respectivement de hêtres, avec les moyennes jurassiques, d'aulnes avec les *Myosotis palustris, Lysimachia nemorum, Ranunculus flammula, Juncus conglomeratus, Prunella vulgaris,* etc., de bouleaux avec les *Vignea brizoides, Luzula albida, Juncus sylvaticus, Holcus mollis, Orobus tuberosus, Hypericum pulchrum, Calluna vulgaris,* etc., toutes espèces infréquentes, rares ou nulles sur les calcaires. Dans tout ce district qui repose sur les limons et où le sol porte généralement le caractère pélique, on distinguera aisément les points où ils se mêlent de galets et de sable par l'apparition des bouleaux, ceux où ils sont plus épurés par la prédominance des hêtres, ceux où ils sont plus humides par l'abondance des aulnes. Le tout fait un contraste très-tranché avec la végétation jurassique.

5ᵐᵉ *Exemple.* Si, des diverses collines jurassiques qui s'étendent entre la ferme de Montingo et Vandelincourt, et dont la végétation porte le caractère de notre région moyenne, on descend dans le golfe de terrains limoneux alsatiques au milieu duquel se trouve Boufol, en se dirigeant sur ce village, on verra la végétation changer brusquement de physionomie. Les collines sont tantôt péliques, tantôt pélopsammiques ; les forêts de hêtres se mêlent de chênes et surtout d'aulnes qui dominent parfois entièrement. Les *Calluna vulgaris, Luzula albida, L. multiflora, Vignea brizoides, Senecio sylvaticus, Hieracium boreale, Juncus sylvaticus, Rumex acetosella, Genista germanica, Salix aurita, Trifolium agrarium, Holcus mollis,* etc., toutes espèces rares ou nulles sur les calcaires, s'y montrent fréquentes, tandis que les jurassiques moyennes ont sensiblement diminué.

6ᵐᵉ *Exemple.* Si, en partant de la Chapelle-Saint-Imier près de Lugnez, on traverse la colline jurassique qui domine Réchésy au sud et dont la végétation est celle de notre région moyenne, aux deux tiers de la descente sur ce village, on retrouvera les limons avec lesquels on verra aussitôt apparaître la *Luzula albida*, puis bientôt, entre Réchésy et le Puy, les bois de hêtre, chêne sessile, bouleaux et aulnes avec *Luzula multiflora*, *Vignea brizoides*, *Hypericum humifusum*, *Genista germanica*, *Alopecurus fulvus*, *Juncus sylvaticus*, etc. Cette contrée repose sur les calcaires de la molasse recouverts de lambeaux limoneux tantôt purs, tantôt mélangés de galets et de sables. On verra ces trois modifications du sol respectivement marquées par l'abondance du hêtre, celle de l'aulne et l'apparition du bouleau.

7me *Exemple*. Si, de Faverois, situé au pied de la dernière colline jurassique ensablée de limons caillouteux, on se dirige vers la ferme de Fahy, reposant sur calcaire, on verra les bois d'aulnes et de bouleaux avec *Luzula albida*, *Vignea brizoides*, *Calluna vulgaris*, *Lysimachia nemorum*, *Genista germanica*, *Juncus sylvaticus*, *Digitalis purpurea*, etc., disparaître avec les limons, et, au Fahy, faire place à la végétation jurassique moyenne. La disparition subite de la *Luzula albida* se voit très-bien aussi au point où le sentier de Saint-André à la Tuilerie descend dans la combe qui va rejoindre Boncourt.

8me *Exemple*. Si, de Fèche-l'Eglise, qui est à-peu-près sur la lisière des limons, on parcourt les forêts situées au sud, sur calcaire, on y verra toute la végétation de la région moyenne. Si, au contraire, on traverse celles qui s'étendent au nord, vers Grandvillars, et qui reposent sur des limons caillouteux, on y trouvera sur-le-champ avec les bois d'aulnes, de bouleaux et de chênes, selon le degré de sècheresse et de psammicité, les *Luzula albida*, *Vignea brizoides*, *Stellaria holostea*, *Orobus tuberosus*, *Senecio sylvaticus*, *Hieracium boreale*, *Juncus sylvaticus*, *Hypericum pulchrum*, *Digitalis purpurea*, etc.

9me *Exemple*. Si, après avoir passé le bac de l'Alleine près l'usine de Morvillars, on traverse la colline du Grandbois formée de nagelfluhs jurassiques surmontés de limons, tant qu'on sera sur les premiers, on verra la végétation de la région moyenne du Jura, et dès qu'on arrivera sur les seconds, on retrouvera des bouleaux et des aulnes avec *Vignea brizoides*, *Luzula albida*, *Orobus tuberosus*, etc., espèces qu'on verra disparaître à la descente sur Allanjoie, et reparaître sur limons caillouteux avec la *Digitalis purpurea* à la montée de Fèche-les-Prés vers Dampierre-outre-Bois.

10me *Exemple*. Les collines auxquelles est adossé Châtenois près de Montbéliard sont jurassiques, mais parsemées de lambeaux de terrains marneux sidérolitiques et de limons. Leur végétation est celle de la région moyenne du Jura, sauf de loin en loin quelques espèces plus pélopsammiques : *Vignea brizoides, Carex pilulifera, Luzula albida, Stellaria holostea*, etc. Elles offrent un bon exemple de la fidélité avec laquelle ces espèces suivent ces sortes de sols.

11me *Exemple*. Les collines entre Bourogne, Moval et Vourvenans sont formées des calcaires de la molasse recouverts de lambeaux limoneux. Elles offrent un caractère mitoyen entre la végétation des calcaires jurassiques supérieurs et celle des limons. Les bruyères, les bouleaux, la *Vignea brizoides*, la *Luzula albida* y sont disséminés ou nuls selon les localités. La colline du Château-de-Bourogne, formée de nagelfluhs jurassiques ensablés à leur pied, offre la végétation jurassique moyenne : on y est frappé de la présence du *Seseli montanum*.

12me *Exemple*. La vallée de la Halle ou Allaine qui descend du Jura par Porrentruy et Delle est, jusqu'à cette dernière localité, formée de limons généralement péliques et peu caillouteux : on n'y voit aucune espèce psammique, et les saules n'y sont point arborescents. Vers Delle, ces terrains deviennent plus pélopsammiques, plus chargés de galets et plus profonds ; les saules augmentent, deviennent plus arborescents, et les espèces pélopsammiques apparaissent en petit nombre, par exemple *Salix viminalis*. La vallée de la Savoureuse, qui descend des Vosges par Béfort et Montbéliard, a partout son sol plus eugéogène, et les espèces psammiques qui manquent dans celle de la Halle y apparaissent : *Nasturtium sylvestre*, *N. amphibium*, *Œnanthe fistulosa, Verbascum blattaria, Eryngium campestre, Crepis fœtida, Myriophyllum verticillatum, Mentha pulegium*, etc.

15me *Exemple. Lisière suisse.* Les circonstances topographiques rendent les contrastes sur une petite échelle plus difficiles à reconnaitre sur cette lisière, entre les molasses, du reste moins eugéogènes que les terrains alsatiques, et les calcaires jurassiques. Cependant ils n'échapperont pas non plus à un observateur attentif. Ainsi, aux environs d'Olten, si l'on contourne les collines calcaires de Kienberg couvertes par la végétation jurassique moyenne, pour passer l'Aar au bac de Winznau, on y trouvera aussitôt arrivé sur les molasses désagrégées, les *Luzula albida, Vignea brizoides, Orobus tuberosus*, etc., manquant sur les collines elles-mêmes. A Soleure, si l'on parcourt les collines calcaires entre le Waldeck et Sainte-Vérène, dans les bois occupés par les blocs erratiques çà et là ensablés de galets, graviers et limons, on verra la *Luzula albida* signaler chaque fois cette dernière nature du sol et disparaître devant les affleurements purement compactes. Etc.

14me *Exemple*. Si l'on compare la végétation du système de collines molassiques qui s'étend de Bretièges au Jolimont au sud des lacs de Bienne et de Neuchâtel, à celle de même niveau des collines jurassiques et néocomiennes des bords des mêmes lacs, on retrouve des faits analogues. Ainsi, sur les premières collines, partout où la station devient suffisamment épurée sans cesser d'être psammique, on voit apparaître des espèces calcaires, telles que *Hippocrepis comosa*, *Pimpinella saxifraga*, *Asperula cynanchica*, *Anthyllis vulneraria*, *Convallaria multiflora*, *Melica metans*, *Stachys rectã*, *Teucrium chamædrys*, *Helianthemum vulgare*, *Sedum sexangulare*, *Prunella grandiflora*, *Buplevrum falcatum*, etc., tandis qu'on observe çà et là *Trifolium agrarium*, *Orobus tuberosus*, *Arenaria rubra*, *Spergula arvensis*, *Senecio sylvaticus*, *Jasione montana*, *Galeopsis ochroleuca*, *Scirpus setaceus*, *Luzula albida*, *Aira cæspitosa*, *Senecio aquaticus*, *Solanum nigrum*, *Holcus mollis*, *Centaurea nigra*, etc., toutes espèces plus rares ou nulles sur les calcaires au pied du Jura.

15me *Exemple*. La route de Cossonay à l'Isle, à dix minutes de cette première ville, traverse une forêt reposant sur des sables caillouteux appartenant à la formation des molasses. Sur un espace de quelques centaines de pas à droite et à gauche de la route à l'entrée du bois, on trouve *Trifolium fragiferum*, *Calluna vulgaris*, *Genista germanica*, *Rumex acetosella*, *Lythrum salicaria*, *Juncus glomeratus*, *Aira cæspitosa*, *Epilobium palustre*, *Trifolium agrarium*, *Orobus tuberosus*, *Ononis spinosa*, *Betula alba*, *Fagus castanea*. La forêt est formée de chênes, de bouleaux et d'épicéas. Toutes ces espèces sont devenues rares, et la plupart ont disparu dans les bois situés sur les calcaires jurassiques le long de la route qui s'élève sur les pentes du Montendre au-delà de l'Isle.

16me *Exemple. Lisière vosgienne.* Si, des collines calcaires qui s'avancent jusqu'au pied des Vosges et forment la limite du Jura, on passe sur les terrains psammiques ou schisteux de cette chaîne, on voit sur-le-champ apparaître *Betula alba*, *Sarothamnus scoparius*, *Jasione montana*, *Aira flexuosa*, *Luzula albida*, *Vignea brizoides*, *Orobus tuberosus*, etc., espèces qui manquent généralement sur les derniers calcaires qu'on laisse derrière soi, tandis que partout où les conditions de siccité demeurent égales, les espèces jurassiques, quoique moins habituelles, se montrent plus ou moins fréquemment sur les collines vosgiennes. Ce contraste est frappant tout le long du contact entre les Vosges et le Jura, depuis Lure jusqu'à Béfort. Il est très-aisé à observer, par exemple entre les plateaux calcaires d'Héricourt et les Villages-des-bois (Béverne, Etobon, etc.) où il est entièrement confirmé par les observations de M. Contejean et le dépouillement de son Catalogue.

Il est également bien tranché à Béfort entre les collines des Forts et celles du Salbert ou de l'Arsot qui commencent les reliefs vosgiens, et où M. Parisot l'a reconnu avec les mêmes caractères. Dans la première de ces localités il avait aussi frappé Bernard et Wetzel. Ce dernier déclare dans ses notes manuscrites avoir, pendant plusieurs années, fait d'inutiles efforts, par semis et par plants, pour *naturaliser* le *Sarothamnus* sur les calcaires jurassiques : il n'a pu réussir à en faire prospérer un seul pied.

17me *Exemple. Lisière occidentale française.* Dans les terrains jurassiques de la Haute-Saône et une partie du Jura bisontin, les assises oxfordiennes sont très-développées et affleurent souvent, sur de grandes étendues, tantôt sous la forme marneuse, tantôt sous celle d'argiles-à-chailles. Partout dans ces contrées ces affleurements pélograveleux sont annoncés par les *Luzula albida, Orobus tuberosus, Hieracium boreale,* etc., espèces qui deviennent rares ou nulles à quelque pas sur les calcaires coralliens. Cela se voit bien, par exemple, dans la contrée située entre Gy et Rioz, aux environs même de Besançon aux bois de Chailluz et de la Vaize, etc.

18me *Exemple.* Si, des collines jurassiques des environs de Quingey et de Liesle, où l'on voit, malgré quelques exceptions dues à des affleurements marneux, régner encore la végétation jurassique moyenne, on descend sur quelques points de la Forêt-de-Chaux, on voit avec les limons et galets apparaître immédiatement et partout les *Betula alba, Quercus sessiliflora, Sarothamnus scoparius, Luzula albida, Orobus tuberosus, Aira flexuosa, Hypericum pulchrum,* etc., qui disparaissent de nouveau dans les bois jurassiques des environs de Dôle. Les plantes de la région jurassique moyenne ne se montrent plus que disséminées sur des points à siccité convenable.

19me *Exemple.* Si, de Lons-le-Saulnier, on dirige une promenade par la route de Bletterans jusqu'au bois de Ruffey situé sur les terrains limoneux, on y verra le *Quercus sessiliflora* jouant le rôle d'essence principale associé aux *Betula, Alnus, Sarothamnus, Salix aurita,* etc. ; puis les *Orobus tuberosus, Aira flexuosa, Lotus uliginosus, Festuca heterophylla, Triodia, Genista germanica, Trifolium elegans, Pteris aquilina,* etc. On y remarquera la rareté ou l'absence des *Helleborus fœtidus,* etc. Si, après cela, en suivant la route de Champagnole, on se dirige vers le bois de Perrigny, aussitôt qu'on arrivera sur les terrains jurassiques de la côte de Panessières, on reconnaîtra, au contraire, les traits principaux de la végétation des calcaires, les *Helleborus, Teucrium chamœdrys, Stachys recta, Veronica prostrata, Rumex scutatus, Saponaria ocymoides, Melica ciliata, Anacamptis pyramidalis* et analogues. Les pâturages rocailleux et les lisières du bois reposant sur l'oolite peu désagrégée offriront encore *Sorbus aria, Euphorbia amygdaloides, Orobus vernus, Ornithogolum sulfureum, Hypericum hirsutum, Thesium pratense,* etc. ; mais, en entrant dans le bois, on se trouvera bientôt sur un terrain remanié, graveleux et pélique, et l'on verra apparaître abondamment les *Quercus sessiliflora, Sarothamnus, Aira flexuosa, Luzula albida, Stellaria holostea, Orobus tuberosus, Hypericum pulchrum, Festuca heterophylla,* etc.

20me *Exemple.* Faisons, aux environs de Saint-Amour, deux excursions semblables aux précédentes. Dans une première promenade au bois des Grands-Plans sur limons caillouteux et graveleux, on reconnaîtra *Quercus sessiliflora* comme essence principale, associé aux *Fagus, Alnus, Salix aurita,* etc., beaucoup de *Sarothamnus* et de *Calluna,* puis les *Hypericum, Triodia,* etc., tant de fois cités ; les espèces moyennes jurassiques comme *Helleborus, Teucrium chamædrys,* etc., rares ou nulles. Une seconde excursion dans le bois du Chànet et du Biollet, à droite et à gauche du chemin de Thoissia, fera connaître ce qui se passe sur la falaise. En y montant par Vilette, tant qu'on sera sur les calcaires compactes, on verra les espèces sèches de notre région moyenne ; mais, arrivé sur les premiers accidents du plateau, on se trouvera immédiatement sur l'oolitique désagrégé et dans des bois de *Quercus sessiliflora* dominant avec *Sarothamnus, Calluna, Aira flexuosa, Stellaria holostea, Festuca rubra, F. heterophylla, Luzula maxima, Orobus tuberosus, Genista germanica, Pteris aquilina,* etc., et on y remarquera la dissémination des espèces du groupe *Helleborus,* etc. ; cependant on verra quelques *Cytisus laburnum* sur le bord de la falaise. Si, en redescendant sur Saint-Amour par un chemin un peu différent, l'on visite en passant les petits crêts de l'Aubépin et d'Allonal formé de roches compactes, on y retrouvera de nouveau toute la végétation jurassique : *Buxus, Cytisus, Aria, Helleborus, Rosa rubiginosa, Melica ciliata, Trifolium rubens, Teucrium chamædrys, Euphorbia verrucosa, Seseli montanum, Linum tenuifolium, Dianthus sylvestris,* etc., sans aucune des espèces contrastantes des bois qu'on vient de quitter.

21me *Exemple.* Deux excursions aux environs de Ceyseriat nous fourniront un dernier exemple des contrastes sur la lisière occidentale. Si l'on dirige une première promenade dans la forêt de Tréconnaz reposant sur les limons, on verra le *Quercus sessiliflora* se mêler aux *Alnus, Sarothamnus,* etc., abriter les *Triodia, Agrostis, Holcus, Aira, Luzula, Orobus, Hypericum,* etc., tant de fois cités. Une seconde excursion dans les forêts du Revermont, par exemple dans celle de la petite chaine calcaire dont la roche du Cuiron forme le sommet, offrira le contraste le plus complet avec la végétation précédente. Les *Quercus pubescens* et *Fagus sylvatica* comme essence principale, mêlés de *Mahaleb, Aria, Cytisus, Buxus, Coronilla emerus, Acer opulifolium,* etc.; puis les *Helleborus, Euphorbia verrucosa, Teucrium chamœdrys, Stachys recta, Prunella alba,* etc. ; enfin, quelques espèces plus méridionales comme *Cervaria glauca, Melica ciliata, Phleum Bœhmeri, Linum tenuifolium, Sedum reflexum, Cytisus capitatus,* etc., le tout sans mélange d'aucune des plantes pélopsammiques du bas. C'est qu'ici les forêts du Revermont reposent la plupart sur le groupe corallien dysgéogène.

22ᵐᵉ *Exemple. La Serre.* Encore les mêmes différences qu'au contact vosgien entre la colline de la Serre et les contrées calcaires qui l'entourent de toutes parts comme une île. Si l'on y entre par le village de Moissey, aussitôt que l'on quitte les calcaires conchyliens oligopéliques pour mettre le pied sur les sols sabloneux, on voit brusquement apparaitre : *Sarothamnus, Aira flexuosa, Avena caryophyllea, Luzula albida, Orobus tuberosus,* etc., qui sont nuls ou rares sur les premiers, et ce, sans préjudice aux espèces jurassiques moyennes dans les points à siccité convenable.

23ᵐᵉ *Exemple. Lisière dauphinoise.* Nous avons comparé dans le chapitre précédent la chaîne de Chalanche aux masses de la Chartreuse. Deux excursions aux environs de Grenoble révèleront les contrastes qu'elles présentent. Dans une première sur les calcaires, en ayant soin d'éviter les ensablements artificiels sous les Forts, on trouvera toute la végétation jurassique méridionale caractérisée par les *Quercus pubescens, Cytisus laburum, Acer opulifolium, Prunus mahaleb, Dianthus sylvestris, Galium mucronatum, Prunella alba, Tunica saxifraga, Rhamnus alaternus, Pistaccia terebinthus, Acer monspessulanum,* etc., etc. Dans une seconde, sur les collines eugéogènes, par exemple de Vizille à Eybens par l'ancienne route, on retrouvera dans toutes les expositions suffisamment sèches une partie du groupe que nous venons de citer, mais combiné de diverses manières, selon la psammicité ou la pélicité des sols, aux *Castanea, Sarothamnus, Plantago cynops, Artemisia campestris, Eryngium, Centaurea calcitrapa, Ononis natrix, O. spinosa, Herniaria hirsuta, Luzula nivea, Orobus tuberosus,* etc., ensemble d'espèces qu'on n'a pas trouvées sur les calcaires compactes. Plus à l'est, dans la même chaîne, vers Uriage et au dessus, on verra s'augmenter cette liste des *Scleranthus perennis, Jasione montana, Sedum saxatile, Silene rupestris, Alnus viridis, Poa sudetica, Asplenium septentrionale, Allosurus crispus,* etc., toutes plantes nulles sur les calcaires au nord de l'Isère.

24ᵐᵉ *Exemple.* Les Alpes sardes présentent aussi des contrastes pareils.

Ainsi, le long de la route si fréquentée de Genève à Chamouny, la vallée de l'Arve est encaissée par des chaînes calcaires jusque vers Servoz. On voit partout dans les pentes la végétation jurassique dysgéogène la mieux caractérisée. Vers Servoz, on entre dans les roches cristallines la plupart assez psammiques, et l'on voit aussitôt apparaître *Betula alba, Silene rupestris, Aira flexuosa, Scleranthus perennis, Asplenium septentrionale,* etc. ; puis, plus près de Chamouny *Sedum saxatile, Allosurus crispus,* etc., etc., toutes espèces vosgiennes contrastantes, etc.

25me *Exemple. Kaiserstuhl.* Rappelons encore l'exemple que nous avons donné au chapitre précédent, des contrastes entre la végétation des dolérites à Oberschaffhausen et celle des terrains limoneux adjacents, pris, soit dans la plaine, soit dans les collines mêmes. Cet exemple aurait pu prendre place ici.

26me *Exemple. Albe.* L'apparition du bouleau et de quelques autres espèces psammiques sur les points de l'Albe où affleure la dolomie sableuse contrastant avec son absence sur les calcaires compactes voisins, offre certainement des faits tranchés du même genre que tous les précédents, mais qu'il faudrait étudier d'une manière plus locale que nous ne l'avons fait.

27me *Exemple. Blocs erratiques.* Parmi les faits de ce genre observables en petit, on ne saurait en trouver de plus frappants que ceux que présentent les blocs erratiques cristallins du pied du Jura à Bienne, Neuveville, Neuchâtel, etc. Posés sur les terrains calcaires qui les entourent de toutes parts, on les remarque de tout loin à la végétation cryptogamique qui les recouvre et qui offre, comme nous le verrons plus tard, bon nombre d'espèces étrangères aux chaînes jurassiques : il suffit de citer la *Lecidea geographica,* qui les fait reconnaître lorsqu'ils sont à demi enterrés et mêlés aux blocs calcaires qui les entourent, puis quelquefois l'*Asplenium septentrionale,* comme au bois de l'Hôpital et à Corcelles près Neuchâtel, sur la Pierre-à-Roland près de Burtigny, etc.

28me *Exemple. Côte-d'Or.* Enfin terminons par un fait pris dans la Côte-d'Or. Près de Baune, au nord de Nolay, à peu de distance de la route d'Autun, le ruisseau (coupant cette route) coule sur une bande assez étroite de gneiss qui sépare les calcaires des granites. A peine a-t-on passé des premiers aux seconds, qu'on voit subitement apparaître les *Digitalis purpurea, Aira flexuosa, Galeopsis ochroleuca, Jasione montana, Scleranthus perennis, Lecidea geographica* etc., nuls sur ceux-ci. On voit bien la position de ce ruisseau dans le cartes géologiques. Nous tenons ce dernier renseignement de

M. le docteur Brossard à qui la flore de ces contrées est redevable de plusieurs données importantes.

Il serait aisé de multiplier les exemples de ce genre que nous avons presque tous observés nous-même sur les lieux, mais ils suffiront, je pense, pour établir ce que nous avons annoncé en commençant ce chapitre, savoir que les *contrastes dans la végétation qu'offrent certains terrains envisagés comme formant le sol de contrées entières, s'observent également sur une petite échelle et qu'ils se soutiennent jusque dans les détails.*

Cela étant clairement et irrécusablement établi, il convient de chercher à ramener tous ces faits à une solution commune et à une expression finale aussi simple que possible, tant en ce qui concerne le dispersion qu'en ce qui regarde les terrains.

CHAPITRE TREIZIÈME.

DE DEUX CATÉGORIES DE PLANTES JOUANT LE RÔLE PRINCIPAL DANS LES CON-
TRASTES OBSERVÉS RELATIVEMENT A LA DISPERSION DES ESPÈCES SUR
DIVERS TERRAINS ET DANS TOUTE LA CONTRÉE.

§ 62. Si l'on a lu attenttvement les énumérations d'espèces qui, dans les
diverses parties de notre champ d'étude, contribuent par leur degré d'abondance relative, leur présence ou leur absence, à établir les différences dans
la végétation, on a dû s'apercevoir que celles que nous avons employées
sont presque constamment les mêmes sur tous les points du pays.

Parmi ces plantes que nous avons vues le plus souvent contraster entr'elles
sur divers terrains, tant dans les régions inférieures que dans la montagneuse, choisissons-en cinquante de part et d'autre ; il viendra les deux
groupes suivants dans chacun desquels les dix dernières espèces représentent les niveaux supérieurs :

Groupe de l'*Orobus tuberosus*.

Orobus tuberosus. — Cerasus padus. — Betula alba. — Sarothamnus scoparius.— Quercus sessiliflora.— Alnus glutinosa.— Luzula albida.—Vignea
brizoides.—Calluna vulgaris.—Aira flexuosa.—Hieracium boreale.—Ononis
spinosa.—Jasione montana.— Hypericum pulchrum.— Stellaria holostea.—
Galeopsis ochroleuca.— Eryngium campestre.—Centaurea calcitrapa.—Trifolium fragiferum.—Verbascum blattaria.— Luzula multiflora. — Filago minima. — Aira cæspitosa. — Alopecurus pratensis. — Triodia decumbens.—
Rumex acetosella. — Arnoseris minima.— Montia fontana.—Nardus stricta.
—Scleranthus perennis.— Pulicaria vulgaris.—Trifolium agrarium.—Hypericum humifusum.— Senecio sylvaticus. — Senecio aquaticus.— Verbascum
floccosum. — Alsine rubra. — Lotus uliginosus. — Vaccinium myrtillus.—
Juncus squarrosus.— Sedum saxatile.— Silene rupestris. — Meum athamanticum.— Digitalis purpurea.— Arnica montana. — Galium saxatile.— Calamagrostis sylvatica.— Saxifraga stellaris.— Carex frigida.— Asplenium septentrionale.

Groupe de l'*Orobus vernus*.

Orobus vernus.— Cerasus mahaleb. — Fagus sylvatica. — Prunella grandiflora.—Prunella alba.—Helleborus fœtidus.—Cynanchum vincetoxicum.—Anacamptis pyramidalis.— Euphorbia amygdaloides.— Buplevrum falcatum. Melittis melissophyllum.—Veronica prostrata.—Melica ciliata.— Buxus sempervirens.—Euphorbia verrucosa.—Coronilla emerus.—Aronia rotundifolia. — Carex alba.— Calamintha officinalis.— Anthericum ramosum.— Daphne laureola.— Cytisus laburnum.— Sessleria cærulea.— Quercus pubescens.— Teucrium chamædrys.— Verbascum lychnitis.— Trifolium rubens. — Geranium sanguineum. — Rosa rubiginosa. — Mercurialis perennis. — Asarum europæum.— Orchis militaris.— Ophrys arachnites.— Cephalanthera rubra. —Convallaria polygonatum.— Carex humilis.— Carex gynobasis.— Festuca glauca.— Dianthus sylvestris.— Carex montana.— Rhamnus alpinus.—Carduus defloratus.—Mœhringia muscosa.— Draba aizoides.—Arabis alpina.— Saxifraga aizoon.—Coronilla vaginalis.— Bellidiastrum Michelii.— Lonicera alpigena.— Libanotis montana.

Les plantes du groupe de l'*Orobus tuberosus* sont constamment et en majeure partie assez répandues dans toutes les parties de la contrée qui reposent sur des sols péliques, pélopsammiques et psammiques (c'est-à-dire eugéogènes), et deviennent constamment rares et en grande partie nulles sur les sols oligopéliques ou oligopsammiques (c'est-à-dire dysgéogènes). On remarquera qu'elles appartiennent toutes à notre groupe *B*.—Au contraire, toutes celles du groupe de l'*Orobus vernus* accompagnent essentiellement ces derniers sols, sans cesser entièrement de se montrer sur les premiers, mais en y étant beaucoup plus disséminées, souvent rares ou nulles. Elles appartiennent à notre groupe *C*.—Un grand nombre d'autres espèces de ces groupes *B* et *C* suivent respectivement la même loi de dispersion, et c'est encore le cas pour plusieurs plantes du groupe *E* respectivement marquées de un ou de deux astérisques.

Deux exemples de ces contrastes généraux de dispersion rendront la chose plus sensible et nous les choisissons parmi des espèces du même genre.

L'*Orobus vernus* est répandu, abondant ou assez abondant dans le Jura, l'Albe, les Collines lorraines, sous-vosgiennes, sous-hercyniennes, le Kaiserstuhl et la Côte-d'Or calcaire. Il est disséminé, le plus souvent rare ou nul dans les Vosges, le Schwarzwald, les Vallées, les Alpes et la Côte-d'Or cristallines. L'*Orobus tuberosus* est répandu, plus ou moins abondant partout où manque l'*O. vernus,* disséminé, rare et le plus souvent nul partout où il abonde.

Le *Cerasus padus* habite les bois humides de toutes nos vallées, les Vosges, le Schwarzwald, mais il est généralement rare ou nul sur toutes les zônes sèches de la contrée, Jura, Albe, Collines lorraines, etc. ; le *C. mahaleb,* au contraire, habite toute cette dernière zône où il est d'autant plus fréquent que le climat est plus chaud, et ne se trouve que rarement dans la première.

Nous pourrions comparer de même les *Ranunculus nemorosus* et *flammula, Myosotis sylvatica* et *palustris, Rumex scutatus* et *acetosella, Ononis repens* et *spinosa, Trifolium rubens* et *fragiferum, procumbens* et *agrarium, Melilotus arvensis* et *officinalis, Lotus corniculatus* et *uliginosus, Rubus tomentosus* et *corylifolius, Inula Salicina* et *pulicaria, Carex montana* et *brizoides, Festuca glauca* et *ovina, Hypericum hirsutum* et *humifusum, Verbascum lychnitis* et *blattaria, Stachys alpina* et *germanica, Polypodium robertianum* et *dryopteris, Calamagrostis montana* et *sylvatica, Festuca duriuscula* et *rubra,* etc. Nous les verrions toutes, envisagées deux à deux, suivre une dispersion analogue à celle des deux *Orobus* et des deux *Cerasus* ci-dessus, mais représenter l'ensemble des contrastes de dispersion beaucoup moins bien que ne le font les deux groupes donnés plus haut pris en totalité. Sans doute on trouvera çà et là quelques exceptions à ces généralités, mais elles ne sont qu'en petit nombre et ne font que confirmer la règle.

Il y a donc évidemment parmi les plantes qui forment le tapis végétal de la contrée, deux catégories d'espèces qui se trouvent dans un rapport déterminé avec deux catégories de terrains. La comparaison des diverses parties de notre champ d'étude avec le Jura avait déjà révélé des faits semblables dont nos groupes *A* et *B* d'un côté puis *C* de l'autre, sont l'expression incomplète ; mais on voit qu'ils rentrent tous dans un fait général qui règne sur tout l'ensemble du pays. Nous rechercherons plus loin les caractères des plantes de ces deux catégories. Pour le moment, comme il est indispensable à l'intelligence des chapitres suivants d'avoir présent à l'esprit quelque trait distinctif des deux groupes de l'*O. vernus* et l'*O. tuberosus,* afin de reconnaître les analogies que présenteront avec eux diverses énumérations d'espèces auxquelles nous devrons avoir recours, nous en signalerons le caractère le plus saillant.

Tout botaniste qui jettera un coup-d'œil sur *les 40 plantes du premier groupe propres aux régions inférieures, reconnaîtra immédiatement que leur majeure partie appartient à des stations fraîches ou humides, tandis que c'est le contraire pour la plupart des 40 espèces correspondantes du second* qui recherchent des stations sèches. Il verra aussi que parmi les premières, un grand nombre ne croissent que sur des sols sabloneux ou argileux, psammiques ou péliques, tandis que parmi les secondes il n'en est aucune qui exige cette condition. Il fera les mêmes remarques pour les dix espèces de la région montagneuse.

Il serait aisé de tirer immédiatement de cette observation, à la vérité de laquelle il est impossible de se refuser, toutes les conséquences auxquelles nous arriverons plus tard; et il est visible ici comme dans tout ce que nous avons vu précédemment, que nous avons, d'un côté, des plantes correspondant à des sols eugéogènes, de l'autre à des sols dysgéogènes. Mais afin de procéder avec plus de méthode, ajournons un instant ces conclusions afin d'éliminer d'abord des objections qui embarasseraient la marche du raisonnement et de réunir en outre des éléments de démonstration plus complets.

Nous avons seulement besoin de deux expressions pour désigner les deux catégories d'espèces dont il s'agit. Nous nommerons les premières plantes *hygrophiles,* c'est-à-dire aimant l'humidité, et les secondes plantes *xérophiles* ou recherchant les stations sèches (¹). On verra que la convenance de ces deux expressions qui ne se base pour le moment que sur un simple aperçu sera justifiée plus tard de toutes façons. Remarquons encore que parmi les premières il y a des espèces à stations sableuses ou *psammophiles,* et d'autres à stations argileuses, marneuses, etc., ou *pélophiles.* Remarquons aussi que parmi les plantes de la seconde classe, il n'en est aucune qui appartienne à ces deux derniers genres de stations.

Cela posé, examinons si les différences de dispersion correspondent à des différences dans la composition chimique des roches soujacentes.

(¹) Ὑγρὸς, humide, ξηρὸς, sec, φίλος, qui aime.

CHAPITRE QUATORZIÈME.

SI LES DIFFÉRENCES DANS LA VÉGÉTATION, OBSERVÉES DANS LA CONTRÉE, CORRESPONDENT A DES DIFFÉRENCES DANS LA COMPOSITION CHIMIQUE DES ROCHES SOUJACENTES.

§ 63. Il résulte de la comparaison des divers districts de notre champ d'étude, qu'en prenant la végétation du Jura pour terme de comparaison, on reconnaît qu'à altitudes égales, celle

des Collines lorraines	lui est	semblable.
de l'Albe	»	semblable.
du Kaiserstuhl	»	semblable.
des Vosges	en est	différente.
du Schwarwald	»	différente.
des plaines ambiantes	»	différente.
des Alpes non cristallines . . .	lui est	assez semblable.
des Alpes cristallines	en est	différente.

Il résulte, en outre, de cette comparaison, que la végétation du Jura, de l'Albe, du Kaiserstuhl, des Collines lorraines offre en particulier des caractères communs ; que celle des Vosges, du Schwarzwald, de la Serre et de la Côte-d'Or cristallines présente de même une grande similitude ; que celle des plaines du Rhin, du bas Neckar, de la Saône et du Bassin suisse forme un troisième groupe du même genre, et que ces deux derniers groupes sont beaucoup moins différents entr'eux qu'ils ne le sont du premier.

Il résulte en troisième lieu de la classification adoptée dans le chapitre précédent que ce qui constitue essentiellement ces différences, c'est *dans le Jura, l'Albe, le Kaiserstuhl, les Collines lorraines la prédominance des xérophiles et la rareté ou l'absence des hygrophiles ; dans les Vosges, le Schwarzwald, les Alpes cristallines, les vallées, la dissémination des xérophliles, la présence et l'abondance des hygrophiles.* Ainsi, d'un côté, les terrains calcaires compactes et les silicéo-alumineux volcaniques forment un groupe offrant les mêmes caractères de végétation et les mêmes différences avec le suivant. De l'autre, les terrains siliceux, silicéo-alumineux, calcaréo-siliceux et calcaréo-alumineux à constitution psammogène des montagnes ou pélogène des plaines, forment un second groupe offrant les mêmes caractères de végétation et les mêmes différences avec le précédent.

Donc on ne voit nullement les différences de végétation correspondre aux différences dans la composition chimique des roches soujacentes, car, s'il en était ainsi, les terrains silicéo-alumineux du Kaiserstuhl au lieu d'offrir la végétation jurassique, devraient présenter la végétation vogéso-hercynienne ou celle des plaines à sol silicéo-alumineux, et les sols calcaires marneux des plaines au lieu de voir leur végétation semblable à celles de leurs districts purement silicéo-alumineux, devraient se couvrir de la végétation jurassique.

§ 64. Ces faits généraux qui dominent une contrée assez étendue nous paraissent tellement démonstratifs qu'il est presque superflu d'y ajouter des faits ou des raisonnements de détail. Cependant nous rendrons la démonstration peut-être plus palpable encore sous un autre forme.

Comme on voit dans tout ce qui précède les plantes xérophiles correspondre le plus souvent au sol calcaire, et, au contraire, les hygrophiles au sol siliceux ou silicéo-alumineux, il importe de faire voir qu'une simple modification dans l'état d'agrégation des sols calcaires y fait apparaître les hygrophiles, de même qu'une autre modification dans l'état d'agrégation des sols siliceux y amène les xérophiles.

Les calcaires des groupes jurassique supérieurs comme ceux du Jura et de l'Albe sont ordinairement compactes dysgéogènes et n'admettent généralement que très-peu d'espèces hygrophiles : les xérophiles y dominent. Prenons pour exemple une colline portlandienne des environs de Porrentruy et douze espèces pour la caractériser : *Carex montana*, *Melica ciliata*, *Anacamptis pyramidalis*, *Mercurialis perennis*, *Euphorbia amygdaloides*, *Teucrium chamædrys*, *Calamintha officinalis*, *Prunella grandiflora*, *Buplevrum falcatum*, *Dianthus carthusianorum*, *Helianthemum vulgare*, *Helleborus fœtidus*.

Si nous quittons le sol calcaire portlandien pour passer sur les calcaires oolitiques de la lisière occidentale française dans leurs parties les plus graveleuses et désagrégées comme au dessus de Salins, nous voyons les xérophiles ci-dessus diminuer et les hygrophiles apparaître : *Orobus tuberosus*, *Sarothamnus*, *Luzula albida*, *Aira flexuosa*, *Stellaria holostea*, etc., aussi bien que sur les limons silicéo-alumineux.

Si nous nous nous transportons sur les terrains liassiques marneux et calcaires de la Plaine lorraine, nous voyons les xérophiles devenir plus rares encore, et les hygrophiles péliques s'établir entièrement : *Vignea brizoides, Senecio aquaticus, Trifolium fragiferum, Orobus tuberosus*, etc., aussi bien que sur les argiles keupériennes; et les *Tussilago farfara, Equisetum eburneum*, etc., végéter également sur les marnes du premier terrain et sur les argiles du second.

Si nous choisissons un district calcaire sabloneux ou plutôt caillouteux et graveleux sur les grèves de la Birse, du Doubs, de l'Ain à leur sortie du Jura, comme par exemple à Pont-d'Ain, nous y voyons apparaitre les hygrophiles psammiques, telles que *Eryngium, Centaurea calcitrapa, Verbascum floccosum, Scrophularia canina, Artemisia campestris, Ononis spinosa, Thesium intermedium, Euphorbia gerardiana, Barkhausia fœtida, Melilotus leucantha, Poa bulbosa*, etc., aussi bien que dans les plages plus ou moins siliceuses du Rhône, du Rhin ou du Léman, et associées dans les parties sèches avec les xérophiles jurassiques, *Helleborus fœtidus*, etc.

Bien mieux encore, si, en parcourant le plateau de l'Albe et après avoir quitté la végétation xérophile toute jurassique de ses falaises de calcaires compactes, nous rencontrons de petits affleurements de calcaire magnésien ou même de calcaire corallien sabloneux, nous y trouvons le *Betula*, la *Luzula albida* et probablement beaucoup d'autres espèces psammiques hygrophiles, comme dans des sables siliceux.

Enfin, si un même terrain calcaire, une même montagne offre dans ses différents points des alternances compactes et marneuses. nous voyons successivement et souvent côte-à-côte les xérophiles et les hygrophiles péliques ou psammiques rapprochées. Ainsi, près de Grenoble, les collines liassiques dont nous avons déjà parlé, et qui sont traversées par l'ancienne route de Vizille nous fournissent un exemple de ce genre. Le terrain liassique calcaire y est très-détritique, souvent pélique, quelquefois psammique-graveleux, çà et là compact, généralement hygroscopique. Elles sont couvertes d'une végétation mixte. Elles sont assez compactes pour servir de station aux xérophiles : *Ononis natrix, Coronilla minima, Teucrium montanum, Dianthus sylvestris, Kœleria phlœoides, Helianthemum fumana, Brunella alba, Saponaria ocynoides, Hypericum montanum, Sedum reflexum, Melica ciliata, Tunica saxifraga*, etc. ; assez péliques pour *Melilotus officinalis, Prenanthes viminea, Chlora perfoliata, Erythræa centaurium, Filago germanica, Stachys germanica*, etc. ; assez psammiques ou pélograveleuses pour *Sarothamnus*,

Herniaria hirsuta, *Thesium intermedium*, *Plantago cynops*, *Centaurea pani-culata*, *C. calcitrapa*, *Eryngium*, *Ononis spinosa*, *Orobus tuberosus*, *Luzula nivea*, *Genista germanica*, etc.; tandis que sans changer la nature chimique de la roche, la plupart de ces dernières plantes disparaissent sur les collines compactes du même terrain géologique au nord de Grenoble.

Les sables quarzeux, fins et purs de quelques parties de la plaine rhénane fournissent un exemple de terrains siliceux les mieux caractérisés. Si l'on prend un district de ce genre aux environs de Haguenau on y verra en abondance toutes les hygrophiles psammiques, telles que *Sarothamnus*, *Ornitho-pus*, *Betula*, *Jasione*, *Herniaria*, *Scleranthus*, *Corynephorus*, *Senecio sylva-ticus*, *Galeopsis ochroleuca*, *Artemisia campestris*, *Centaurea calcitrapa*, *Ar-noseris minima*, *Vignea brizoides*, *Luzula albida*, *elichrysum*, etc., sans préjudice à un bon nombre de xérophiles dans toutes les parties suffisamment épurées et sèches.

Si l'on se transporte dans quelque district de grès vosgien dans les Vosges, déjà moins désagrégés et beaucoup plus compactes que les sables quarzeux précédents, on verra disparaître une partie des hygrophiles psammiques énu-mérées, et augmenter sensiblement le nombre des xérophiles : si, de là, on passe dans quelque vallée à roches euritiques compactes, comme le val Saint-Amarin, on verra les hygrophiles psammiques diminuer de plus en plus et les xérophiles y prendre souvent une prédominance et une abondance presque jurassiques. Enfin, si l'on transporte son observation à un district de basaltes ou de dolérites compactes du Kaiserstuhl, on verra les hygrophiles psammi-ques disparaître totalement et les xérophiles dominer exclusivement comme sur une colline de calcaire jurassique. Ainsi, dans ces diverses transitions, sans quitter les roches soujacentes, siliceuses ou silicéo-alumineuses, on verra la dispersion des plantes varier dans les mêmes limites, au même de-gré et par les mêmes espèces qu'entre un sol siliceux et un sol calcaire net-tement caractérisés.

Si l'on parcourt une contrée à sol calcaire compacte, comme les plateaux jurassiques, on y verra partout les xérophiles régner presque sans partage. Si l'on rencontre çà et là quelques plantes psammiques que nous voyons ha-bituellement ailleurs sur les terrains siliceux, c'est dans des stations qui ne révèlent en rien la présence de cet élément. Ainsi, sur les murs, dans les débris de mortiers préparés avec des sables calcaires, on verra les *Poa com-pressa*, *P. bulbosa*, *Setaria viridis*, *S. glauca*, *Panicum crus-galli*, *Bromus sterilis*, *B. tectorum*, *Hordeum murinum*, *Erodium cicutarium*, *Arenaria serpyllifolia,* etc., plantes plus habituelles sur les sols siliceux psammiques. Dans les champs au milieu des terres calcaires ameublies par les labours, on verra çà et là apparaître les *Spergula arvensis, Gypsophila muralis, Heliotropium europæum, Lycopsis arvensis, Antirrhinum orontium, Setaria viridis, S. glauca, Agrostis spica-venti, A. alba, Holcus mollis, Hieracium umbellatum, Rumex acetosella,* et autres analogues plus ou moins hygrophiles et plus abondantes dans les sols eugéogènes. Dans les bois, sur les places où l'on a fait du charbon et où il s'est formé un sol artificiel meuble, qui n'est en rien siliceux ou alumineux, on remarquera : *Agrostis alba, Anthoxanthum, Aira cœspitosa, Poa bulbosa, P. compressa, Setaria viridis, S. glauca, Apera spica-venti, Erythrœa pulchella, Erodium cicutarium, Cerastium glomeratum, Arenaria serpyllifolia, Sagina procumbens, S. apetala, Cardamine hirsuta, Hypericum humifusum, Rumex acetosella, Senecio sylvaticus, S. viscosus,* etc., espèces toutes plus communes sur sol siliceux-sabloneux, et dont plusieurs manquent presque totalement sur les calcaires compactes. Si l'observateur parcourt un pâturage reposant sur des calcaires compactes, et accidenté de nombreuses taupinées formées d'un sol ameubli, il verra se grouper autour de ces éminences artificielles les *Agrostis, Calluna, Genista* et autres plantes plus ou moins psammophiles, si bien que rebutées par le bétail, elles feront partout relief sur les pelouses totalement dénuées de ces espèces et broutées de très-près. S'il rencontre une tourbière elle lui offrira en abondance : *Calluna vulgaris, Tormentilla erecta, Aira cœspitosa, Vaccinium myrtillus, V. vitis-idœa, V. uliginosum, Andromeda, Betula alba, B. pubescens, Pinus uliginosa, Festuca ovina, Molinia, Triodia, Rumex acetosella, Agrostis vulgaris, A. alba, Anthoxanthum, Spergula nodosa, Luzula multiflora, Salix depressa,* etc., et autres plantes hygrophiles péliques ou psammiques des sols siliceux meubles, sans que rien annonce l'introduction de la silice dans le sol spongieux ou poreux formé par la tourbe. Enfin si, au contraire, à la surface de ces mêmes terrains calcaires, et dans les points où la roche est peu recouverte, nous essayons les humus par le moyen de quelque acide, nous les trouvons souvent sans aucune effervescence, c'est-à-dire privés de calcaire, là où néanmoins ils sont recouverts d'une végétation toute xérophile. C'est-à-dire que dans une contrée calcaire à sol compacte, nous voyons apparaître, malgré l'isolement des stations, quelques hygrophiles partout où la roche soujacente de quelque nature chimique qu'elle soit du reste, se trouve divisée ou ameublie par quelque procédé naturel ou artificiel.

De ces faits de détail, tout comme des faits généraux, il résulte évidemment que la dipersion des espèces contrastantes ne se montre en aucun rapport direct avec la composition chimique des roches soujacentes. Voyons maintenant s'il en est autrement à l'égard de l'état d'agrégation de ces roches.

§ 65. Si nous reprenons les similitudes établies au commencement de ce chapitre, et que nous nous rappelions les propriétés physiques des roches soujacentes dans chaque partie de la contrée, nous trouvons qu'il y a ressemblance dans la végétation ou la dispersion des espèces contrastantes entre tous les districts reposant sur des roches eugéogènes (péliques, pélopsammiques et psammiques), puis entre ceux qui ont pour base des roches dysgéogènes (oligopéliques, oligopsammiques) et dissemblance entre ces deux groupes, et cela sans aucune exception. C'est-à-dire que *nous voyons rigoureusement correspondre les xérophiles aux terrains dysgéogènes et les hygrophiles aux terrains eugéogènes.* Or, si l'on se rappelle les caractères de ces deux classes de roches, on voit clairement que les grands contrastes de dispersion sont en rapport avec le mode d'agrégation des roches soujacentes, leur hygroscopicité et leur perméabilité. On saisira dans le tableau ci-joint les relations des divers districts de la contrée avec l'état mécanique des roches et leur composition chimique. On y verra clairement que *parmi les facteurs principaux de l'état du sol (à latitudes et altitudes égales), son degré de division, sa profondeur et sa quantité d'humidité décident principalement de la ressemblance et de la dissemblance du tapis végétal, tandis que l'identité de composition chimique n'entraîne aucune identité à cet égard.* On y voit aussi que nos plantes hygrophiles correspondent le plus souvent à des sols frais ou humides, et les xérophiles à des sols plus secs, ce qui justifie ces deux dénominations (voyez le tableau ci-joint).

§ 61. *Tableau général des facteurs de dispersion dans les diverses parties de la contrée.*

DISTRICTS.	ROCHES SOUJACENTES.					SOL.	VÉGÉTATION.			SIMILITUDE.
	Nature chimique.	*Désagrégation mécanique.*	*Hygroscopicité.*	*Perméabilité.*	*Siccité.*	*Caractéres physiques du sol.*	*Xérophiles.*	*Hygrophiles péliques.*	*Hygrophiles psammiques.*	*Dispersion relativement au Jura.*
JURA, ALBE, COLLINES LORRAINES.	calcaires.	dysgéogènes, oligopéliques, parfois péliques.	peu absorbantes.	très-perméables.	très-sèches.	Sol peu profond, assez compact, peu divisé, mal arrosé généralement sec.	répandues.	assez disséminées.	rares ou nulles.	semblable.
KAISERSTUHL.	silicéo-alumineuses.	dysgéogènes, oligopéliques, souvent péliques.	assez absorbantes.	assez perméables.	sèches.	Sol assez profond, compact, peu divisé, peu arrosé, très-souvent sec.	répandues.	disséminées.	rares ou nulles.	semblable.
VOSGES, SCHWARZWALD, ALPES, CÔTE-D'OR, ET SERRE CRISTALLINES.	silicéo-alumineuses.	eugéogènes, psammiques.	assez absorbantes.	peu perméables.	assez humides.	Sol assez profond, peu compact, divisé, très-arrosé, frais.	assez disséminées.	disséminées.	répandues.	différente.
VALLÉES DU RHIN, DE LA SAÔNE, DU NECKAR (BAS) ET PLAINE LORRAINE.	mélangées.	eugéogènes, pélopsammiques.	absorbantes.	très-peu perméables.	humides.	Sol profond, divisé, à eaux stagnantes, humide.	très-disséminées.	répandues.	assez répandues.	différente.
BASSIN SUISSE ET VALLÉE SARDE.	mélangées.	eugéogènes, hémipsammiques.	absorbantes.	assez perméables.	assez humides.	Sol assez profond, assez divisé, humecté, sans stagnations, frais.¶	disséminées.	assez répandues.	disséminées.	différente.

Nous pourrions de nouveau corroborer ces résultats déduits des faits généraux par une foule de faits de détail. Mais il n'en est pas un seul de tous ceux que nous avons cités tant dans le chapitre XII comme exemples de contrastes que dans celui-ci comme militant contre l'action chimique des roches soujacentes, il n'en est pas un, disons-nous, qui ne s'explique de lui-même par l'influence de l'état mécanique des terrains. Nous allons encore en citer d'analogues dans les chapitres suivants. Nous nous abstiendrons donc de rien ajouter pour le moment à une démonstration qui nous parait suffisamment complète.

§ 66. Si maintenant l'on colorie la carte de notre champ d'étude au moyen de teintes de convention représentant respectivement, d'un côté, les roches soujacentes psammiques, pélopsammiques et péliques formant le groupe des eugéogènes, et de l'autre les oligopéliques formant celui des dysgéogènes, les teintes de la première espèce donneront la distribution générale ou *zône des hygrophiles,* et celles de la seconde la *zône des xérophiles.* C'est ce qu'on saisira aisément dans le croquis Pl. I au moyen de la légende qui l'accompagne. Nous croyons inutile de rien ajouter à cet égard. L'inspection attentive de cette petite carte en dira plus que toutes les explications.

On pourrait du reste encore, pour être plus exact, distinguer parmi les espèces hygrophiles celles qui sont plus particulièrement péliques (plus hygrophiles) ou psammiques (moins hygrophiles) et en faire deux catégories assez distinctes. Ainsi, par exemple, les *Cerasus padus, Ranunculus flammula, Holcus mollis,* etc., seraient des hygrophiles péliques, tandis que les *Centaurea calcitrapa, Myosurus minimus, Herniaria glabra, Senecio sylvaticus,* etc., seraient des hygrophiles psammiques. Mais il y a ici mille nuances intermédiaires. Cependant cette distinction n'est pas inutile si l'on veut faire ressortir plus exactement encore que dans la Pl. I les trois manières d'être prédominantes de la végétation des vallées, des reliefs calcaires ou basaltiques, et des reliefs cristallins ou clastiques dans lesquels prédominent respectivement les sols péliques, dysgéogènes et psammiques. Il est aisé de composer des groupes de plantes qui mettent ces contrastes en évidence. Donnons-en un exemple pour terminer ce chapitre. Composons d'abord les trois groupes suivants de 12 espèces chacun, les premières xérophiles, les secondes hygrophiles plus péliques, les troisièmes hygrophiles plus psammiques.

a) Helleborus fœtidus, Prunella grandiflora, Anacamptis pyramidalis, Orchis militaris, Euphorbia amygdaloides, E. verrucosa, Orobus vernus, Buplevrum falcatum, Veronica prostrata, Teucrium chamædrys, Anthericum ramosum, Polypodium robertianum.

b) Betula alba, Digitalis purpurea, Sarothamnus scoparius, Jasione montana, Scleranthus perennis, Galeopsis ochroleuca, Luzula albida, Filago minima, Silene rupestris, Orobus tuberosus, Sedum saxatile, Aira flexuosa, Asplenium septentrionale.

c) Cerasus padus, Ranunculus flammula, Myosotis palustris, Hypericum humifusum, Lysimachia nemorum, Lotus uligininosus, Trifolium fragiferum, Senecio aquaticus, Scutellaria galericulata, Hieracium boreale, Holcus mollis, Vignea brizoides.

Construisons ensuite à la manière géologique les profils de la planche III, et, de même que dans notre croquis Pl. I, représentons-y par trois teintes les roches dysgéogènes, les eugéogènes plus psammiques et les eugéogènes plus péliques, nous verrons :

1º Que dans toutes les parties de la contrée coloriées par la première teinte, les plantes du groupe *a* sont généralement répandues, toujours fréquentes, souvent abondantes ; celles des groupes *b* et *c* très-disséminées, très-souvent rares ou nulles.

2º Que dans les parties des profils coloriées par la seconde teinte, les espèces du groupe *b* sont en majeure partie habituelles et répandues ; celles du groupe *c* guère moins, celles du groupe *a,* au contraire, disséminées, rares ou nulles.

3º Que dans les parties coloriées par la troisième teinte, les plantes du groupe *c* sont en majeure partie habituelles et répandues ; celles de *b* et *c* n'y sont que disséminées, souvent rares ou nulles.

C'est-à-dire que ces profils représentent, avec une fidélité suffisante, la dispersion générale de ces trois groupes, et notamment les contrastes entre les districts où ils prédominent respectivement.

CHAPITRE QUINZIÈME.

§ 67. Nous avons bien vu jusqu'à présent les xérophiles et les hygrophiles correspondre généralement aux roches soujacentes dysgéogènes et eugéogènes, mais il nous reste à préciser un peu mieux la manière dont ces groupes de plantes ou leurs subdivisions se conduisent à l'égard des terrains qu'elles ne préfèrent pas ou qu'elles évitent.

Il est constant, et cela n'est du reste rien de nouveau, que des plantes se plaisent dans des sols plus psammiques, que d'autres préfèrent des sols plus péliques et que d'autres enfin n'exigent ni les uns ni les autres. Puisqu'il en est ainsi, il serait utile de reconnaître jusqu'à quel point les végétaux sont assujettis ou indépendants à cet égard. Les questions à résoudre sont donc les trois suivantes :

Première question. Une espèce hygrophile pélique peut-elle vivre sur un sol dysgéogène, une xérophile sur un sol eugéogène pélique? Nous avons vu qu'un sol dysgéogène oligopélique est essentiellement sec, un sol eugéogène pélique essentiellement humide. La question à résoudre revient donc à celle-ci : une espèce qui requiert l'humidité comme condition de vie peut-elle vivre dans un sol qui en est privé, et réciproquement, une plante qui requiert la siccité peut-elle vivre dans un sol humide? Il est évident que cette question n'admet qu'une réponse négative. Ainsi, en envisageant les choses d'une manière absolue, on peut dire qu'une espèce hygrophile pélique ne peut vivre sur un sol dysgéogène, une xérophile sur un eugéogène pélique. Mais comme ce point de vue abstrait est exceptionnel dans la nature, cela revient à dire que *moins un sol pélique et plus un sol dysgéogène seront humides, et plus ils pourront avoir d'espèces communes, leurs limites extrêmes répoussant toute communauté à cet égard.* Deux districts, l'un calcaire compacte, l'autre marneux pourront donc avoir une foule de plantes en commun, mais les *humides* du premier seront rares au second, les *sèches* du second rares au premier.

les plus sèches et *les plus humides* de chacun d'eux manquant respectivement
sur l'autre. Ainsi, en comparant les collines limoneuses de la Bresse et du
Sundgau à un district de calcaires portlandiens, on trouvera que les *Buplevrum falcatum*, *Teucrium chamædrys*, *Euphorbia verrucosa* communs sur
les calcaires sont rares sur les limons, et que le *Buxus sempervirens* y est
nul : qu'au contraire les *Hypericum humifusum*, *Stellaria holostea*, *Lysimachia nemorum* communs sur les limons sont rares sur les calcaires, et que
l'*Alisma plantago* y manque totalement Mais il ne faut pas oublier que,
comme en tous cas, un certain degré d'humidité est indispensable à la vie
des plantes les plus xérophiles (circonstance que nous avons omise dans la
question posée d'une manière générale), ces dernières ont, toutes choses
égales, plus de chances de se maintenir sur les sols péliques que les hygrophiles péliques sur sol dysgéogène.

§ 68. *Seconde question. Une espèce hygrophile psammique peut-elle vivre
sur un sol dysgéogène, et, réciproquement, une xérophile sur un sol eugéogène
psammique?*

Pour résoudre cette question, nous allons parcourir quelques exemples
propres à faire ressortir dans quel sens ont lieu les différences de dispersion d'espèces contrastantes entre un district psammique et un dysgéogène.

1ᵉʳ *Exemple.* Si l'on considère un district psammique pris dans la plaine
du Rhin (par exemple aux environs de Haguenau, sur les lisières et dans les
éclaircies de la Hardt, etc.), formé de sables fins, de graviers menus et d'autres roches analogues, et un district de calcaires compactes (par exemple aux
environs de Porrentruy), et qu'on y compare la flore des localités sèches,
on peut former les groupes suivants :

a) Helleborus fœtidus, Helianthemum vulgare, Dianthus carthusianorum,
Pimpinella saxifraga, Hippocrepis comosa, Anthyllis vulneraria, Poterium
sanguisorba, Potentilla verna, Conyza squarrosa, Aster amellus, Inula sali-
cina, Prunella grandiflora, Melittis melissophyllum, Teucrium chamœdrys,
Cynanchum vincetoxicum, Euphorbia verrucosa, Cephalanthera rubra, Ophrys
arachnites, Orchis militaris, Anacamptis pyramidalis, Veronica prostrata,
Anthericum ramosum, Convallaria polygonatum, Brachypodium pinnatum,
Kœleria cristata, Melica uniflora, Carex præcox, etc.

b) Myosurus minimus, Sarothamnus scoparius, Ornithopus perpusillus,
Ononis spinosa, Galeopsis ochroleuca, Saxifraga granulata, Seseli coloratum,
Eryngium campestre, Senecio sylvaticus, Centaurea calcitrapa, Onopordon

acanthium, Chondrilla juncea, Barkhausia fœtida, Hyoscris minima, Jasione montana, Lycopsis arvensis, Verbascum blattaria, Betula alba, Herniaria glabra, Xanthium strumarium, Scleranthus perennis, Potentilla argentea, Bromus tectorum, Corynephorus canescens, Vulpia pseudo-myurus, Carex pilulifera, C. tomentosa, Vignea brizoides, Luzula albida, etc.

c) Dianthus prolifer, Rumex acetosella, Hordeum murinum, Sedum reflexum, Andropogon ischœmum, Scleranthus annuus, Setaria viridis, Agrostis stolonifera, etc.

Voici maintenant ce qu'on observe : 1° Toutes les espèces du groupe *a* qui sont répandues dans les lieux secs du district calcaire, se retrouvent dans les lieux analogues du district psammique, mais moins répandues ; 2° Toutes les espèces du groupe *b* qui sont répandues dans les lieux secs du district psammique manquent entièrement dans le district calcaire ; 3° Les espèces du groupe *c,* répandues dans le district psammique se trouvent dans le district calcaire, mais y sont disséminées ou assez rares. Nous avons vu ailleurs que les espèces psammiques du groupe *b* s'élèvent dans les Vosges, et, par conséquent, leur absence dans le district calcaire ne saurait tenir à une légère différence d'altitudes, et on ne saurait douter qu'à terrain égal elles vivraient dans le Jura. Ainsi, en résumé, les espèces des collines jurassiques vivent sur sol psammique à conditions égales de siccité, tandis qu'au contraire les espèces des terrains sablonneux ne sauraient vivre sur le sol compacte.

2ᵈ *Exemple.* Le fait précédent peut être rendu plus palpable et plus aisé à vérifier en se bornant à une localité plus restreinte. Si l'on parcourt les glacis de Neuf-Brisach, formés de sables ou graviers caillouteux, et constituant une station aride, on y trouvera beaucoup d'espèces psammiques manquant généralement aux stations sèches et même graveleuses du Jura compacte, telles que *Centaurea paniculata, Eryngium campestre, Centaurea calcitrapa, Onopordon acanthium, Solanum nigrum, Barkhausia fœtida, Herniaria glabra, Bromus tectorum, Alsine Jacquini,* etc., tandis qu'on y voit en abondance les xérophiles jurassiques, telles que *Potentilla verna, Calamintha acinos, Asperula cynanchica, Stachys recta, Verbascum lychnitis, Dianthus carthusianorum, Pimpinella saxifraga, Helianthemum vulgare, Anthyllis vulneraria, Hippocrepis comosa,* etc.

3ᵐᵉ *Exemple.* Si l'on parcourt les rives du Léman, on y remarquera à chaque pas des faits analogues. Ainsi, en faisant une promenade de ce genre à quelques minutes à l'est de Rolle, on trouvera sur les grèves sèches la végétation xérophile associée aux hygrophiles psammiques. D'un côté les *Era-*

grostis pilosa, Veronica spicata, Polycnemum arvense, Medicago minima, Thrincia hirta, etc., sans préjudice aux *Helleborus fœtidus, Prunella grandiflora, Stachys recta, Helianthemum fumana, Quercus pubescens,* etc.

4ᵐᵉ *Exemple.* Si de même on se promène sur les grèves de l'Ain, à Pont-d'Ain, on observera sur les points les plus secs *Eryngium campestre, Centaurea calcitrapa, Verbascum floccosum, Artemisia campestris, Thesium intermedium, Euphorbia gerardiana, Poa bulbosa, Ononis spinosa,* etc., associés aux *Helleborus fœtidus, Teucrium montanum, Prunella alba, Helianthemum fumana, Stachys recta, Ononis natrix, Sideritis hyssopifolia, Sedum anopetalum, Dianthus sylvestris, Kœleria valesiaca,* etc. L'ensemble du premier groupe ne suivra pas l'observateur sur les collines calcaires des environs, tandis qu'il y retrouvera le second.

5ᵐᵉ *Exemple.* Si en conservant un district jurassique compacte, on y compare un district hémipsammique, c'est-à-dire médiocrement sabloneux, par exemple une colline de molasse, on trouvera naturellement des contrastes moins frappants que dans le premier des exemples ci-dessus. Si nous reprenons, à cet effet, l'exemple d'une colline molassique de la Suisse orientale donné au chapitre huitième (§ 42), nous y retrouverons également qu'à siccité égale cette colline accepte les espèces calcaires, tandis que l'inverse n'a pas lieu pour les espèces psammiques. Le Belpberg près de Berne offre des résultats du même genre dans ses altitudes moyennes comparées à celles d'une colline jurassique. Les xérophiles de ces dernières s'y trouvent en grande partie, mais disséminées, telles que *Helleborus, Orobus vernus, Origanum vulgare, Stachys recta, Gymnadenia conopsea, Cephalanthera rubra, Pimpinella saxifraga, Asperula cynanchica, Silene nutans,* etc., et un certain nombre d'autres y manquent par suite du peu de siccité des molasses. Au contraire, un certain nombre d'hygrophiles psammiques, telles que *Betula, Luzula albida, Senecio sylvaticus, Holcus mollis, Festuca rubra, Calluna vulgaris, Tofieldia calyculata,* etc., s'y montrent sans y être communes, mais plus fréquemment cependant que sur les calcaires.

Nous ne multiplierons pas davantage ces exemples. Il n'en est aucun de ceux que nous avons déjà donnés ailleurs en assez grand nombre pour éclairer les contrastes, qui ne vienne à l'appui des précédents. Enfin et surtout, la comparaison sur une grande échelle des diverses parties de la contrée a constamment fait voir les xérophiles passant bien que disséminées sur les sols eugéogènes psammiques, et, au contraire, les hygrophiles psammiques s'arrêtant presque toujours brusquement à la rencontre des sols dysgéogènes. Nous pensons donc qu'on ne se refusera pas à tirer avec nous cette conclusion, que *les xérophiles des sols dysgéogènes vivent également sur les sols eugéogènes psammiques moyennant siccité convenable de ceux-ci, mais qu'au contraire les hygrophiles psammiques ne sauraient vivre sur les sols dysgéogènes.*

§ 69. *Troisième question. Une espèce hygrophile psammique peut-elle vivre sur un sol eugéogène pélique, et une espèce hygrophile pélique sur un sol psammique?*

Bien que dans ce qui précède nous ayons envisagé les espèces psammiques dans leurs stations les plus sèches, afin de pouvoir les comparer aux espèces des sols dysgéogènes, nous savons que les sols eugéogènes psammiques ne sont pas nécessairement secs, mais qu'ils sont au contraire susceptibles de conditions d'humidité très-diverses, depuis la fraîcheur jusqu'à l'inondation. Ici donc la comparaison n'est pas moins facile que tout-à-l'heure.

Si nous comparons les espèces croissant sur un affleurement de marnes oxfordiennes prises dans l'intérieur du Jura, par exemple dans les combes montagneuses médiocrement humides comme elles le sont la plupart, avec celles d'un district sablonneux humide de la plaine rhénane, nous y trouvons de quoi former les groupes suivants :

a) Ranunculus flammula, Caltha palustris, Nasturtium palustre, Cardamine amara, Viola palustris, Stellaria nemorum, Hypericum tetrapterum, Impatiens noli-tangere, Potentilla anserina, P. reptans, Galium palustre, Valeriana dioica, Dipsacus pilosus, Tussilago farfara, Petasites officinalis, Pulicaria dysenterica, Gnaphalium uliginosum, Cirsium palustre, C. oleraceum, Erythræa centaurium, Veronica anagallis, V. becabunga, Pinguicula vulgaris, Lysimachia nemorum, Polygonum hydropiper, Salix aurita, S. cinerea, Alnus glutinosa, Juncus effusus, J. glaucus, J. lamprocarpus, J. compressus, J. bufonius, Heleocharis palustris, Blysmus compressus, Eriophorum angustifolium, Vignea remota, V. canescens, V. stellulata, Carex panicea, C. flava, C. OEderi, C. glauca, C. hirta, Agrostis vulgaris, Aira cæspitosa, Glyceria fluitans, Molinia cœrulea, Equisetum eburneum, E. palustre, E. arvense, etc.

b) Myosurus minimus, Spergula nodosa, Stellaria uliginosa, Hypericum pulchrum, Ononis spinosa, Melilotus officinalis, Trifolium agrarium, T. fragiferum, Melilotus officinalis, Orobus tuberosus, Spiræa filipendula, Lythrum salicaria, Montia fontana, Scleranthus perennis, Sedum villosum, Pulicaria vulgaris, Artemisia campestris, Senecio sylvaticus, S. viscosus, Jasione montana, Menianthes trifoliata, Verbascum blattaria, Alsine rubra, Scutellaria galericulata, Betula alba, Juncus squarrosus, J. filiformis, J. tenegaya, Luzula albida, Psyllophora pulicaris, Vignea brizoides, Carex pilulifera, C. tomentosa, C. ericetorum, Panicum crus-galli, Alopecurus paludosus, A. pratensis, Leersia oryzoides, Aira flexuosa, Corynephorus canescens, Triodia decumbens, etc.

Le premier de ces groupes est formé d'espèces qui croissent habituellement dans les combes marneuses du Jura bernois, moins les plantes montagneuses : elles se contentent d'un sol médiocrement humide et exigent ce sol. Le second est composé de plantes qui viennent communément dans les contrées sablonneuses de la plaine rhénane d'Alsace, à conditions d'humidité à-peu-près pareilles : les espèces purement aquatiques sont omises de part et d'autre. Il est évident, du reste, que les unes et les autres s'accommodent des mêmes altitudes.

Or, toutes les espèces du groupe *a* se trouvent habituellement dans les districts sablonneux de la vallée du Rhin. Au contraire toutes celles du groupe *b* manquent généralement ou sont des raretés dans tout le Jura, dans les affleurements marneux néocomiens, séquaniens, oxfordiens et liassiques purement péliques, et isolés du voisinage de terrains suffisamment psammiques pour les y amener accidentellement. Il serait aisé de donner une forme plus locale aux exemples de ce genre en mettant toutefois le plus grand soin à choisir des affleurements véritablement et purement péliques, et non pélopsammiques comme c'est souvent le cas. On est donc conduit à conclure que *les espèces psammiques à conditions égales d'humidité ne s'accommodent point des sols purement péliques, tandis que les espèces péliques peuvent vivre sur les sols psammiques.* Mais hâtons-nous d'apporter à ces conclusions beaucoup trop rigides les modifications convenables.

§ 70. Résumons d'abord les conséquences des trois paragraphes précédents : *Les sols eugéogènes psammiques sont les seuls qui, à condition égale d'humidité, offrent des conditions de vie suffisantes à toutes les espèces. Les sols dysgéogènes repoussent les espèces hygrophiles péliques et surtout les psammiques. Les sols eugéogènes péliques repoussent les xérophiles et les hygrophiles psammiques.* Mais dans ce qui précède nous avons envisagé la question d'une manière abstraite, absolue et en l'appliquant aux types extrêmes dysgéogènes, eugéogènes psammiques et péliques. Or, dans la nature, ces types extrêmes ne sont point habituels, et, le plus souvent, au contraire, les terrains offrent des manières d'être intermédiaires. Ainsi les calcaires qui sont dysgéogènes à l'état compacte, peuvent devenir plus ou moins péliques ou graveleux sous les diverses formes qui s'éloignent de la compacité, comme la forme ooli-tique, crayeuse, tufacée, etc. Mais ils ne le sont d'ordinaire que temporai-rement et tendent toujours dans ce cas à la limite terreuse; ou bien ils peuvent passer par des transitions variées à la constitution marno-compacte jusqu'à la limite marneuse; ou bien, quoique compactes envisagés en grand, alterner rapidement avec des strates péliques, etc. Les terrains péliques passent de même par diverses gradations à l'état compacte dysgéogène, ou bien se mêlent de sables, de graviers, de galets et participent dès lors plus ou moins de la nature psammique. Enfin les terrains psammiques eux-mêmes le sont inégalement, souvent à un faible degré, et se rapprochent de temps à autre de la forme moins détritique ; ou bien leur décomposition est accompagnée de la désagrégation terreuse de quelques-uns de leurs éléments, ce qui les fait participer de la nature pélique, et ainsi de suite. Cependant les généralités ci-dessus se reconnaissent constamment avec facilité au milieu de ces nuances, et *leur trait le plus saillant est surtout l'inaptitude des sols dysgéogènes aux plantes hygrophiles psammiques.* Aussi diverses que soient les modifications de terrain dans le détail, elles n'en sont pas moins dans leur ensemble susceptibles d'être réduites aux formes dysgéogènes, eugéo-gènes péliques, pélopsammiques et psammiques, et les plantes respective-ment correspondantes aux catégories de xérophiles, hygrophiles péliques ou psammiques. — Répétons toutefois ici ce que nous avons dit ailleurs en traitant des roches soujacentes, que les expressions de dysgéogène, de psammique et de pélique ne font que servir de terme de comparaison ex-trême, puisque la ténacité ou la mobilité absolue d'un sol le rendent évi-demment impropre à toute végétation. Remarquons encore à ce sujet qu'une roche absolument solide, compacte et dure oppose en tous cas une résis-tance invincible à la végétation par l'impossibilité de recevoir ni graine ni racine, tandis qu'une roche psammique parfaitement meuble n'est impropre à la germination et consolidation d'un végétal dans son sein *qu'en tant que mobile et non en tant que divisée,* puisque, moyennant obstacle à leur dis-persion, des sables quarzeux purs finissent par se couvrir d'un tapis végétal abondant, ainsi que l'a amplement démontré la fixation des dunes sur les côtes de France. Enfin, faisons observer aussi qu'en disant qu'une plante ne saurait vivre sur un sol déterminé, nous entendons qu'elle ne saurait, soit s'y ressemer, soit s'y développer par les procédés de la nature de manière à y prospérer.

On vient de voir que les espèces xérophiles des sols dysgéogènes se re-trouvent également sur sol eugéogène psammique, mais moins répandues et moins abondantes. Cela est dû en grande partie au défaut de parité complète dans la siccité des deux sols. Cependant cette cause n'est probablement pas la seule dans certains cas. Il en est une autre bien naturelle qui contribue évidemment au même résultat. C'est que le sol psammique offrant une station convenable à la fois aux plantes qui le préfèrent et à celles auxquelles il suffit, il a à pourvoir de place sur sa surface un plus grand nombre d'espèces, et que, partant, il en restera d'autant moins aux indifférentes que les préférées en occuperont davantage. En effet, un assez grand nombre d'espèces psammiques s'y propagent en tous sens avec une grande rapidité, en couvrant de grandes surfaces, et apportent ainsi un obstacle puissant au développement des autres végétaux. Telles sont les *Agrostis vulgaris, Holcus mollis, Festuca rubra, Nardus stricta, Corynephorus canescens, Bromus tectorum, Triodia decumbens, Juncus squarrosus, Vignea brizoides, Luzula albida, Calluna vulgaris, Sarothamnus scoparius, Jasione montana, Vaccinium myrtillus, Artemisia campestris, Rumex acetosella, Ononis spinosa, Chondrilla juncea, Stellaria holostea, Genista germanica, G. sagittalis, G. tinctoria, G. pilosa, Juncus glomeratus, J. effusus, Aira flexuosa, A. cæspitosa, Senecio sylvaticus, Pteris aquilina,* etc. Il suffit de voir dans les Vosges et le Schwarzwald l'excessif développement de quelques-unes de ces plantes pour apprécier toute l'importance de cet envahissement sur l'ensemble de la végétation. On voit clairement qu'il est impossible que les proportions dans la dispersion des espèces soient les mêmes entre deux contrées, l'une où certaines plantes règnent socialement sur de grandes étendues, et l'autre où cela n'a pas lieu ainsi. Les terrains dysgéogènes ont aussi quelques espèces sociales, par exemple le buis, qui acquiert souvent un développement considérable, l'aubours, l'hellébore, le carex blanc, etc. ; mais, en général, elles sont moins nombreuses et ne jouent qu'un rôle peu important en comparaison de ce qui se passe dans les sols psammiques. — Concevons d'après cela deux districts adjacents, l'un dysgéogène, l'autre psammogène. Les espèces du premier sol, quoique pouvant à la rigueur passer sur le second, y seront *nécessairement* moins répandues ou même totalement nulles, si l'envahissement est considérable. Il n'y aura lieu ni à être surpris, ni à conclure que le sol psammique les repousse. Cet envahissement sera donc une vraie barrière à la propagation des espèces de proche en proche, et peut jouer un rôle important en empêchant leur introduction dans toute une contrée par les seuls points qui pourraient les y transmettre. Ainsi, les *Campanula pusilla, Rhamnus alpinus, Orobus vernus, Mœhringia muscosa, Arabis alpina, Draba aizoides, Kernera saxatilis, Sta-*

chys alpina, Crocus vernus, etc., qui descendent du Jura sporadiquement jusqu'à ses limites les plus extérieures, presqu'au contact des Vosges, n'y pénètrent pas par suite (en partie du moins) de l'extrême sociabilité à la lisière vosgienne de certaines hygrophiles psammiques. De sorte que, *quand un district psammique manque de certaines espèces d'un district dysgéogène adjacent, on n'est pas autorisé à conclure qu'elles sont repoussées par les propriétés du sol, si celui-ci est occupé par un grand développement des espèces qui s'en accomodent le mieux.* Cette remarque me parait importante, et trouve également son application au contact du Jura et du Schwarzwald, comme en bien d'autres endroits.

§ 71. De la propriété des sols psammiques, il résulte *qu'une contrée psammogène peut renfermer plus d'espèces qu'une contrée dysgéogène, puisque la première peut d'abord avoir toutes les espèces de la seconde et ensuite celles qui lui sont exclusives.* Cela a lieu en effet là où l'envahissement ne prend pas trop d'extension, par exemple sur les sols cristallins médiocrement psammiques. Aussi les centres granitiques des montagnes sont-ils ordinairement très riches en espèces montagneuses ou alpestres, comme le Hohneck dans les Vosges, le Gothard dans les Alpes, etc. Mais là où l'état psammique a amené une grande sociabilité de quelques espèces, les conditions numériques de la flore peuvent être différentes. Ceci est donc plus vrai pour une contrée de quelque étendue que pour un district restreint.

Dans tout ce qui précède, il ne faut du reste pas oublier que quand l'état psammique atteint un trop grand degré de mobilité, comme cela se voit sur plusieurs points de la vallée du Rhin, dans les *kritter* des Vosges, dans les *crans* ou *arènes* granitiques du Morvan et de la Bourgogne, etc., il en résulte une manière d'être du sol très-défavorable à la végétation en général, c'est-à-dire une plus ou moins notable stérilité. Mais cela ne signifie pas qu'il y croisse moins d'espèces sur une surface donnée, et c'est le cas de rappeler qu'il ne faut pas confondre la pauvreté de la végétation avec celle de la flore. Ainsi, une colline stérile de grès, un champ granitique sabloneux dans les Vosges peuvent compter plus d'espèces, bien que les individus y soient moins prospères et moins nombreux, qu'une colline ou un champ calcaire dans le Jura recouverts d'un plus beau tapis végétal. La flore d'un district peut être riche et sa végétation pauvre, le sol propre à servir de station à un plus grand nombre d'espèces quoique infertile, à un moindre nombre bien que fertile, en prenant ces expressions de fertile et d'infertile dans le sens ordinaire. Cette distinction qui n'est pas sans importance paraît avoir été quel-

quefois négligé. Ainsi l'on a souvent signalé la pauvreté et l'uniformité de
la végétation des grès dans les Vosges et le Schwarzwald, en laissant implicitement entendre le contraire pour les collines calcaires de ces contrées.
Cependant il serait inexact d'en conclure que ces dernières offrent une flore
numériquement supérieure aux premiers ; car, à siccité égale, les espèces
xérophiles des collines calcaires se retrouvent sur les grès, bien que beaucoup
moins fréquentes et moins faciles à observer et à collecter, tandis que les espèces psammiques des grès manquent presque totalement sur les calcaires.
Si la végétation des grès est la plupart du temps si différente de celle des
calcaires, cela tient bien moins à ce qu'ils repoussent les espèces xérophiles,
qu'à ce qu'ils sont occupés par une plus grande abondance d'hygrophiles
psammiques. Si donc on envisage la flore numérique, il est vrai de dire
qu'elle est plus riche sur les grès que sur les calcaires, malgré la pauvreté
apparente de la végétation ; mais si l'on entend en même temps l'abondance,
la plus ample représentation de chaque espèce, il est juste de dire que la flore
calcaire est la plus riche. Or, il est clair que cette dernière manière de
s'exprimer est inexacte, et qu'on ne saurait d'un seul mot désigner l'idée
complexe du nombre des espèces, de leur abondance et de leur luxuriance.
Pour être exact, il faut indiquer le chiffre de la flore d'une contrée et son
aptitude à la végétation des diverses catégories d'espèces. Si l'on réfléchit
combien il y a eu souvent de confusion à cet égard, on nous pardonnera
d'avoir insisté sur cette idée.

§ 72. Dans une contrée qui offre des inégalités d'altitude quelque peu
considérables, l'influence des niveaux sur la végétation domine généralement
toutes les autres, et se dessine en zônes d'autant plus régulières qu'il y a
plus d'homogénéité dans les terrains. Ainsi elle règne avec une continuité
soutenue dans une chaîne toute dysgéogène, généralement sèche et compacte, mais se montre plus interrompue dans des montagnes eugéogènes où
l'état psammique, pélique et aquatique qui en résulte offre nécessairement
plus d'inégalités et agit comme plus ou moins prépondérant selon les points.
C'est ce qui fait, par exemple, que les régions sont plus saisissables dans le
Jura que dans les Vosges.

Il semble en outre que la végétation soit d'autant moins dépendante des
altitudes, qu'elle est sous la dépendance de sols plus eugéogènes, plus psammiques, plus péliques et surtout plus aquatiques. En effet, si au niveau de
1500 mètres, par exemple, on examine la végétation qui recouvre un sol pélique purement marneux ou argileux, et celle qui tapisse un terrain dysgéo-

gène, ainsi dans le Jura une combe oxfordienne avec le crêt corallien qui la domine, on reconnaîtra que la végétation se compose de part et d'autre d'un certain nombre d'espèces ascendantes des régions inférieures et d'un certain nombre d'autres propres à la région montagneuse ou alpestre. Mais on se convaincra immédiatement que les dernières sont beaucoup plus nombreuses sur le crêt que dans la combe. Si l'on applique cet examen à la longue falaise qui forme le sommet du Chasseral et à la petite vallée allongée qu'elle domine au sud avec une faible hauteur, on trouvera *dix* espèces montagneuses ou alpestres sur les rochers et les pâturages secs coralliens, pour *une* dans les prés oxfordiens marneux et humides ; au contraire, dans ces prés on observera dix plantes des régions inférieures pour une sur le rocher. On peut faire la même remarque dans toutes les chaînes du Jura qui offrent des contrastes de crêts et de combes. Non-seulement cela se passe ainsi à niveau égal, mais on verra partout qu'un lieu aprique, sec, sur sol dysgéogène offre plus d'espèces montagneuses, c'est-à-dire est plus affecté par l'altitude à 900 ^{m}, que cela n'a lieu pour un affleurement marneux à 1000 ^{m} et davantage. — Les nombreuses tourbières du Jura offrent dans ce genre des exemples non moins démonstratifs. Situées entre 900 et 1100 ^{m} environ, elles renferment à très-peu de choses près les mêmes espèces que celles des contrées basses ambiantes appartenant également à la classe des tourbières émergées, plus un petit nombre de montagneuses, telles que *Swertia, Saxifraga hirculus, Betula nana, Eriophorum alpinum*, etc., tandis que la flore des pâturages, des bois et surtout des rochers de même niveau compte habituellement plus de cent espèces montagneuses. Ainsi entre les tourbières de Bellelay dans le Jura bernois (800 ^{m} au moins) et celles de Woltmatingen près Constance (450 ^{m} au plus), il y a une immense majorité d'espèces communes, et quelques espèces montagneuses seulement de différence, tandis qu'entre les flores des environs de ces localités il y a plus de 150 espèces montagneuses et autant d'espèces de la plaine de différence.

Comme les contrées péliques stagnales sont plus propres aux plaines basses qu'aux montagnes, on a souvent indiqué comme espèces de la plaine celles qui préfèrent ces sortes de stations. Mais il faut apporter à cet égard beaucoup de réserve, car lorsque les montagnes offrent ces mêmes circonstances de sol et d'humidité, on y voit reparaître un assez grand nombre des plantes dont il s'agit, et même à de fortes altitudes. Il serait aisé d'apporter ici de nombreux exemples fournis par les *Thysselinum, Bidens, Pedicularis, Myriophyllum, Hydrocotyle, Hippuris, Nuphar, Nymphœa, Typha, Sanguisorba, Menianthes, Limosella, Scutellaria, Utricularia, Equisetum*, etc., dans les lacs du Jura et des hautes Alpes. En général, si l'on parcourt la flore montagneuse et alpestre d'une contrée, on remarquera qu'à part les espèces des lieux ombragés, des rochers humides et des neiges déliquescentes, il n'y a qu'un petit nombre de plantes péliques, marécageuses ou tout-à-fait aquatiques propres aux niveaux élevés relativement au grand nombre de celles des autres stations, surtout dysgéogènes. Cela signifie évidemment *que là où les conditions péliques et aquatiques se rencontrent, elles luttent contre l'influence des altitudes.* Il résulte encore de là *que cette dernière influence doit être la plus complète, là où les conditions de ce genre sont à leur minimum, c'est-à-dire, toutes choses égales, sur les rochers,* et c'est, en effet, ce que toutes les observations indiquent clairement. — Du reste, il paraît se passer à l'égard des stations psammiques, quelque chose d'analogue à ce qui précède pour les stations aquatiques et péliques, c'est-à-dire que des espèces psammophiles de la plaine ascendent très-haut dans les montagnes si elles y trouvent des terrains convenables, et réciproquement. C'est ainsi que le *Juncus squarrosus* de la région rhénane habite également les granites psammogènes des hauteurs des Vosges, du Schwarzwald, du Gothard, du Dauphiné, que l'*Alnus viridis* des Alpes se montre sur les molasses du Vully et de l'Irchel, l'*Arnica montana* dans les sables de Haguenau et d'Ambérieux, la *Digitalis purpurea* sur les limons graveleux de Delle, etc. Dans ces diverses stations sporadiques, l'action du sol fait une sorte de compensation à l'influence normale des altitudes. Il résulte de là que des espèces psammiques appartenant du reste aux régions inférieures, s'élèvent souvent dans certaines montagnes à des niveaux supérieurs à celui de leur habitation ordinaire. Il en résulte même que comme la masse des espèces que nous nommons communes appartient aux plaines, lesquelles sont presque toujours eugéogènes, *cette masse d'espèces communes s'élève plus haut dans les montagnes eugéogènes que dans les dysgéogènes, et que, par conséquent, le tapis végétal de ces dernières doit différer davantage de celui des plaines que cela n'a lieu chez les premières.* Cette circonstance ne doit pas être omise lorsqu'il s'agit de découvrir les plantes propres aux contrées basses.

A toutes les observations précédentes n'oublions pas d'ajouter une remarque qu'il importe de ne pas perdre de vue dans le cas où l'on chercherait à transporter nos appréciations à des latitudes un peu différentes de la nôtre. Toutes les généralités précédentes sont vraies *quant aux espèces mises en œuvre* pour les diverses parties de la contrée, indépendamment des différences de climats qui y règnent, mais pourraient cesser de l'être *quant à ces espèces* sous des climats notablement inégaux. Des terrains géologiques pareils sous le rapport de la désagrégation et de l'hygroscopicité peuvent, sous l'influence de températures trop diverses, se conduire différemment à l'égard des mêmes plantes. Non-seulement on y voit apparaître et l'on en voit disparaître certains végétaux, mais les espèces communes aux deux districts éloignés peuvent éprouver des modifications dans leur situation relative à l'égard de terrains identiques. Dans un district plus chaud les espèces xérophiles du district plus froid s'accommoderont plus aisément des sols eugéogènes, de même que, dans ce dernier, les hygrophiles du premier s'accommoderont plus aisément des sols dysgéogènes. C'est ainsi, par exemple, qu'aux environs de Grenoble sur les sols liassiques pélogènes, à côté d'espèces propres à ce genre de sol, nous en trouvons déjà d'autres qui en Lorraine ne peuvent s'en contenter, et ont besoin de roches soujacentes plus dysgéogènes. Bien que nos limites extrêmes offrent à cet égard des différences appréciables, elles ne sont pas assez sensibles pour troubler la généralité de nos observations relativement aux espèces que nous avons signalées. Mais il n'en serait plus ainsi si nous considérions ces espèces en Angleterre, par exemple, ou en Espagne, bref à de fortes distances en latitude ou en température. C'est-à-dire que *dans une contrée donnée, toutes choses égales quant au climat, le sol joue un rôle principal dans la dispersion des espèces possibles quant à ce climat, et que, toutes choses égales quant au sol, le climat est l'élément prépondérant dans la dispersion des espèces possibles quant à ce sol.* Ainsi, en jetant un coup-d'œil sur nos croquis des températures, on se convaincra aisément qu'il y a déjà lieu à application de cette règle entre la région boréale et la méridionale. Nous verrons du reste plus loin jusqu'à quel point tout ceci est applicable à des contrées quelque peu distantes des limites de notre champ d'étude.

§ 75. On a dans ces derniers temps, et relativement aux sols, divisé les espèces contrastantes en *préférentes* et *adhérentes*, les premières affectant une préférence pour certaines roches soujacentes, les secondes s'y montrant exclusivement attachées. Ainsi l'on a reconnu dans certains districts limités, des préférentes ou des adhérentes calcaires, granitiques, schisteuses, etc. Il est aisé de conclure de tout ce qui précède que les xérophiles sont préférentes à l'égard des terrains dysgéogènes, mais très-rarement (et probablement jamais) adhérentes rigoureusement parlant. De même les espèces hygrophiles sont en général préférentes à l'égard des terrains eugéogènes, et, parmi celles-ci, les psammiques particulièrement adhérentes aux sols psammogènes. De façon qu'il existerait en réalité parmi ces dernières un certain nombre d'espèces qui mériteraient bien la qualification d'adhérentes, mais qu'il en existerait à peine parmi les xérophiles. Toutefois ces préférences et ces adhérences auraient lieu, non point par rapport à telle ou telle roche chimiquement ou minéralogiquement déterminée mais par rapport à telle ou telle classe de roches jouissant de propriétés physiques pareilles. Ainsi l'*Helleborus fœtidus* est bien, en effet, une préférente calcaire, mais aussi une préférente basaltique, euritique, siliceuse même moyennant que les roches soujacentes soient dysgéogènes, mais elle n'est pas même une adhérente exclusive dans ce dernier cas. L'*Asplenium septentrionale* est une préférente des granites, des grès, de certains schistes, de certaines roches volcaniques moyennant que celles-ci soient convenablement psammogènes, et paraît exclusivement adhérente aux roches pourvues de ce dernier caractère.

CHAPITRE SEIZIÈME.

DE QUELQUES CARACTÈRES DES XÉROPHILES ET DES HYGROPHILES; DE LA
VÉGÉTATION SUR SOL DYSGÉOGÈNE ET SUR EUGÉOGÈNE.

§ 75. Nous allons maintenant essayer de reconnaître si les deux catégories de plantes xérophiles et hygrophiles offrent quelques traits distinctifs
dans leurs habitudes, leur facies ou leur organisation, quelque analogie de
structure ou de plan. Ici nous sortirons parfois du domaine positif pour entrer dans le probable ; *aussi ne prétendons-nous donner ce qui va suivre que
comme des aperçus que nous invitons à vérifier.*

Rappelons d'abord qu'ensuite des considérations exposées au chapitre précédent, il *règne parmi les plantes des terrains eugéogènes une plus grande
diversité que parmi celles des dysgéogènes.* Les premiers admettent, au moins
comme cas particulier, dans leurs stations sèches toutes les espèces des seconds, tandis que ces derniers offrent beaucoup moins de chances à l'admission des plantes des premiers. Il en résulte évidemment sur une même surface de terrain eugéogène, la possibilité et presque toujours le fait d'un plus
grand nombre de formes végétales, que sur une superficie pareille de roches
dysgéogènes. Nous ne développerons pas davantage cette proposition. Contentons-nous de la remarque suivante. Pour obtenir la flore terrestre habituelle de la région moyenne dans nos contrées sur sol dysgéogène, il faut
réunir les groupes *E* et *C1* en supprimant les espèces austro-occidentales
de ce dernier, et ajoutant un petit nombre d'espèces du groupe *B1* comme
exception; tandis que pour composer la flore habituelle des sols eugéogènes,
il faut à ces mêmes groupes *E* et *C1* dont il n'y a que quelques espèces à
supprimer, joindre le groupe *B1* tout entier. Il est évident que la multiplicité
des formes est toute en faveur de cette dernière combinaison. Mais cette diversité des espèces sur sol eugéogène existe beaucoup plus dans la flore que
dans les généralités du tapis végétal, c'est-à-dire, ne se fait pas sensiblement
remarquer dans l'aspect de ce dernier qui souvent présente, au contraire,
plus d'uniformité à cause du rôle plus développé des espèces sociales. Nous

verrons plus loin que les espèces annuelles, bisannuelles, puis celles à racines divisées, sont plus répandues sur sol psammique que sur sol compacte. Or, on sait que ces plantes sont le plus souvent multiflores et polyspermes. Cette circonstance jointe à la facilité particulière qu'offrent les sols meubles à la germination des graines, au développement des radicelles les plus débiles et aux migrations radiculaires de tout genre, contribue à l'envahissement de certaines espèces. Il en résulte dans la végétation des terrains eugéogènes la physionomie peu variée que produit la prédominance fréquente des plantes sociales, qui réduit ainsi l'extension et déguise, en quelque sorte, la présence des autres formes. Un autre caractère, qui est également la conséquence de ce qui précède, consiste dans *une plus grande mobilité ou une moindre fixité dans la dispersion*. Mais ce sont là plutôt des caractères de dispersion géographique, que des traits botaniques d'organisation.

§ 73 *bis*. Il résulte de la comparaison que nous avons faite dans la seconde partie de cet ouvrage entre les divers districts de notre champ d'étude, un trait caractéristique saillant qu'il importe maintenant de mettre en relief : c'est que la végétation sur les zônes dysgéogènes est plus méridionale que sur les eugéogènes, c'est-à-dire que *le tapis végétal sur sol dysgéogène est formé, en moyenne, d'espèces qui s'avancent moins vers le nord que celles qui constituent ce tapis sur sol eugéogène*, et ce, bien entendu, à latitudes égales.

La connaissance de la dispersion des plantes européennes au nord des Alpes est assez avancée pour nous apprendre vers quel degré de latitude s'arrêtent la plupart des espèces. Leur rôle est très-variable à cet égard. Les unes atteignent les plus hautes latitudes, tandis que d'autres s'échelonnent à des distances plus ou moins grandes. Ainsi, par exemple, si nous envisageons ce qui se passe sur les deux premiers degrés de longitude à l'est et à l'ouest du méridien de Paris, nous voyons que le *Caltha palustris* s'étend jusqu'au 59me lat. N. (Ecosse), tandis que l'*Actæa spicata* n'atteint que le 55me et que la *Coronilla emerus* ne dépasse guère le 49me. Ces mêmes espèces offrent vers le sud des limites analogues, mais beaucoup moins bien connues.

Si, comme l'a fait M. Watson pour la Grande-Bretagne, nous formions un tableau des plantes de nos contrées, déjà disposées en groupes correspondants aux diverses roches soujacentes, et qu'à côté de chacune d'elles nous inscrivions sa limite latitudinale nord, on reconnaîtrait aisément quels sont les groupes les plus méridionaux et les plus boréaux ; en faisant même pour chacun d'eux la moyenne des limites latitudinales de ses espèces, nous aurions des résultats numériques, significatifs et comparables.

Nous avons essayé ce travail bien qu'imparfaitement, et il en résulte clairement ce que nous avons annoncé en tête de cet article. Mais outre qu'il offre des difficultés relatives à l'absence de renseignements pour certaines plantes, il faudrait presque un volume entier pour en présenter en détail les données et les calculs. A défaut donc d'un exposé complet à ce sujet, nous nous bornerons à comparer de cette manière les groupes caractéristiques des régions basse, moyenne, montagneuse et alpestre que nous avons donnés (pages 171, 227, 235, 236) pour les lisières sous-jurassiques, le Jura, les Vosges, le Schwarzwald et l'Albe. Ces groupes portant en eux le cachet de l'ensemble de la végétation devront fournir des résultats, du moins approximatifs, aussi fidèles que ceux que nous leur avons déjà vu donner pour les régions d'altitudes du Jura.

Prenons donc successivement chacun de ces groupes et, au moyen des tables de M. Watson complétées pour quelques espèces, écrivons à côté de chaque plante qui le compose sa limite latitudinale nord dans le méridien de Paris passant par les Iles britanniques, méridien qui est à-peu-près le nôtre. Nous verrons qu'un certain nombre d'espèces s'étendent jusqu'au 59me degré, tandis que les plus méridionales atteignent au plus le 50me.

Pour le groupe de la *Région basse sous-jurassique* (page 171), nous trouvons le tableau suivant :

Stellaria holostea,	58.	Hypericum pulchrum,	59.	Sarothamnus scoparius,	59.
Melilotus officinalis,	57.	Trifolium fragiferum,	56.	Ononis spinosa,	56.
Orobus tuberosus,	59.	Cerasus padus,	58.	Castanea vulgaris,	58.
Eryngium campestre,	55.	Pulicaria vulgaris,	55.	Senecio aquaticus,	59.
Onopordon acanthium,	57.	Centaurea calcitrapa,	55.	Hieracium boreale,	58.
Verbascum blattaria,	55.	Stachys germanica,	54.	Quercus sessiliflora,	58.
Betula alba,	59.	Luzula albida,	50.	Vignea brizoides,	50.
Aira flexuosa,	59.	Holcus moliis,	58.	Triodia decumbens,	58.

Ainsi, sur ces 24 plantes, on en compte : 6 atteignant le 59me latitude nord, 7 le 58, 2 le 57, 2 le 56, 3 le 55, 1 le 54, 1 le 53 et 2 atteignant à peine le 50me. Or, si l'on fait la somme des produits suivants : $6 \times 59 + 7 \times 58 + 2 \times 57 + 2 \times 56 + 3 \times 55 + 1 \times 54 + 1 \times 53 + 2 \times 50$, on trouve pour résultat 1364, et si l'on divise ce résultat par 24, nombre des espèces, on aura une moyenne qui pourra être comparée à des moyennes semblables obtenues pour d'autres groupes. Cette moyenne est ici de 57 ;

ainsi on peut dire que l'aptitude d'extension des plantes ci-dessus vers les hautes latitudes est représentée par 57°.

Prenons maintenant les caractéristiques de la *Région moyenne du Jura* (page 172), et procédons à leur égard de la même manière, il vient :

Helleborus fœtidus (¹)	57.	Prunella grandiflora,	50.	Anacamptis pyramidalis,	57.
Orchis militaris,	52.	Fagus sylvatica,	58.	Euphorbia amygdaloides,	53.
Orobus vernus,	50.	Cephalanthera rubra,	54.	Buplevrum falcatum,	52.
Melittis melissophyllum,	52.	Veronica prostrata,	50.	Melica ciliata,	50.
Buxus sempervirens,	54.	Sambucus racemosa,	50.	Euphorbia verrucosa,	50.
Convallaria polygonatum,	56.	Coronilla emerus,	50.	Aronia rotundifolia,	50.
Myosotis sylvatica,	56.	Calamintha officinalis,	55.	Carex alba,	55.
Anthericum ramosum,	50.	Teucrium chamædrys,	57.	Daphne laureola,	56.

Ainsi, sur ces 24 plantes, une seule atteint le 58ᵐᵉ latitude N., 5 le 57, 5 le 56, une le 55, 2 le 54, une le 53, 5 le 52 et 10 à peine le 50ᵐᵉ. Si, en opérant comme dans le cas précédent, on cherche la moyenne d'aptitude du groupe entier à l'extension vers le nord, on trouve un peu moins de 55°.

Ainsi les deux aptitudes d'extension nord des deux groupes, eugéogènes de la région basse sous-jurassique et dysgéogène de la région moyenne jurassique sont entr'elles comme 57 : 55. C'est-à-dire que, contrairement à ce à quoi l'on se serait peut-être attendu à cause de l'altitude supérieure de la région moyenne, la végétation de cette région est plus méridionale que celle de la région basse. Du reste, tout botaniste habitué à s'occuper de la dispersion des espèces ne sera point surpris de ce résultat, après avoir jeté un coup-d'œil sur les listes que nous avons données des plantes de ces régions au chapitre sixième, et il en est de même pour tout ce qui va suivre. Ajoutons que la considération de la totalité des espèces nous à conduits à des rapports entièrement semblables.

Si maintenant on continue à procéder de la même manière sur tous nos groupes on trouve les chiffres suivants que nous donnons en omettant les détails afin d'abréger, en y joignant les deux résultats précédents pour faire un ensemble.

(¹) Quelques-unes des plantes de ce groupe et des suivants n'atteignent en Angleterre les limites indiquées qu'à l'état subspontané : nous avons conservé le chiffre de M. Watson. Nous avons porté 50° comme limite à toutes celles qui ne passent pas le détroit, bien que plusieurs s'arrêtent réellement plus au sud, préférant affaiblir un peu nos résultats à nous exposer au reproche contraire.

	Plaines.	Jura.	Vosges.	Schwarzwald.	Albe.
Région basse	57	»	»	»	»
» moyenne	»	55	57	57	52,60
» montagneuse	»	51,50	55,50	55	51,50
» alpestre	»	55	55,60	58	»
Moyennes	57	52,55	54,70	56	52,05

Il est aisé de lire dans ces chiffres les résultats suivants : 1° La végétation du Jura est plus méridionale que celle des plaines ambiantes et des montagnes du Rhin. 2° Celle de ces dernières montagnes est plus boréale que celle du Jura et moins que celle des plaines ambiantes. 3° Celle de l'Albe est plus méridionale que celle des montagnes du Rhin et des plaines. Ajoutons que les flores du Kaiserstuhl et des Collines lorraines qui portent un caractère tout jurassique sont également plus méridionales que celles des Vosges, du Schwarzwald et des plaines ; qu'il en est de même de la végétation de la Côte-d'Or calcaire relativement aux chaînes cristallines du Chârolais, des Alpes calcaires relativement aux Alpes primitives ou clastiques et ainsi de suite.

Enfin si l'on prend la moyenne entre les chiffres des Vosges, du Shwarzwald et des Plaines d'un côté, puis celle du Jura et de l'Albe de l'autre, on trouve respectivement les chiffres 55,90 et 52,19 pour représenter les aptitudes relatives d'extension nord de la végétation sur nos principaux massifs eugéogènes et dysgéogènes. Nous n'avons pas besoin de faire remarquer que les différences de latitude des divers districts de notre champ d'étude ne jouent aucun rôle dans ces résultats puisqu'ils sont fournis aussi bien par le Schwarzwald et l'Albe également situés à cet égard que par le Jura et les Vosges. Ils sont évidemment dus à la siccité supérieure des roches dysgéogènes relativement aux eugéogènes. Ainsi se trouve établi ce que nous avions annoncé en commençant cet article, savoir que *la végétation est plus méridionale sur les sols dysgéogènes et plus boréale sur les eugéogènes*. En faisant plus tard la revue des observateurs qui ont traité de la dispersion, nous retrouverons fréquemment les sols dysgéogènes, ou équivalents sous d'autres noms, signalés comme servant particulièrement de station aux plantes les plus australes. Remarquons aussi que ce caractère boréal qui implique à la fois plus de froid et d'humidité est bien d'accord avec ce que nous avons reconnu de la température inférieure des sources et du plus grand arrosement sur sol eugéogène.

§ 74. Un des caractères essentiels des sols eugéogènes, c'est d'être à la

fois plus puissants, plus profonds, plus divisés, plus meubles et plus humides
que les dysgéogènes. A tous ces égards les sols aquatiques proprement dits
offrent des caractères tout-à-fait analogues, et les plantes qui les habitent
sont évidemment des hygrophiles par excellence. Si donc on réunit les terrestres hygrophiles aux aquatiques, on aura une catégorie de plantes qui comprend toutes les hygrophiles avec toutes leurs nuances, tandis que toutes les
autres plantes terrestres constitueront une catégorie d'espèces relativement
xérophiles et à sol plus dysgéogène. On formera ces deux classes pour les
deux régions inférieures bien qu'imparfaitement, en réunissant d'un côté les
groupes *A, B1, B2* et *D* de notre classification, et de l'autre les groupes *E*
et *C1*. Ce rapprochement étant effectué on y reconnaît certaines propriétés.
Les espèces plus hygrophiles et les espèces plus xérophiles s'y trouvent à-peu-
près dans les proportions suivantes :

Sur 100 Endogènes phanérogames,			il y a 55 plus hygrophiles,	24 plus xérophiles.			
»	Exogènes monochlamydées		»	14	»	7	»
»	»	corolliflores	»	12	»	17	»
»	»	calyciflores	»	26	»	56	»
»	»	thalamiflores	»	13	»	16	»
				100		100	

Ou bien sur 100 Endog. phanérog.							
	et Exog. monochl.	réunies,	49 plus hygrophiles,	51 plus xérophiles.			
»	Exog. dichlamydées	»	51	»	69	»	
			100		100		

C'est-à-dire que parmi les Endogènes phanérogames et les Exogènes monochlamidées, les hygrophiles sont beaucoup plus nombreuses que les xérophiles, et qu'elles le sont au contraire beaucoup moins parmi les Exogènes
dichlamidées. Ce résultat qui serait sans aucun doute corroboré par la considération des espèces cryptogames, fait voir d'abord que *la majeure partie
des hygrophiles appartient particulièrement aux classes inférieures de la série
végétale.* Si, au lieu de placer comme on le fait habituellement les Exogènes dichlamidées, on commençait par les corolliflores en suivant par les
calyciflores et thalamiflores (ou ce qui revient au même si l'on commençait par les monopétales en suivant par les polypétales), on verrait les espèces hygrophiles diminuer constamment en nombre en montant la série des
ordres.

Voyons si ce résultat qui ne paraît pas sans importance en géographie botanique, trouve son application dans les diverses parties de notre contrée.

A cet effet choisissons des districts convenablement contrastants, et comparons-les quant au rapport qu'ils présentent entre les familles inférieures et toute la série des plantes vasculaires. Nous entendrons ici par familles inférieures le groupe formé par les Endogènes cryptogames (Rhizospermes, Équisetacées, Lycopodiacées, Fougères), les Endogènes phanérogames (Graminées, Cypéracées, Joncées, etc., jusqu'aux Hydrocharidées) et les Exogènes monochlamidées (Amentacées, Polygonées, Chénopodées, etc.).

Le département du Doubs en majeure partie calcaire et n'offrant que quelques districts eugéogènes, après dépouillement du Catalogue de M. Grenier, et en complétant les endogènes cryptogames, donne 29 plantes de familles inférieures sur 100.

Le canton de Neuchâtel, également calcaire et n'offrant qu'une zône étroite de terrains eugéogènes, donne, au moyen de l'Enumération de M. Godet, sensiblement le même résultat de 29 : 100.

Le canton de Zurich reposant sur des molasses peu psammogènes, mais cependant plus eugéogènes que des calcaires, et offrant vers le nord des districts assez psammiques, fournit, d'après le Catalogue de M. Kölliker, complété approximativement pour les endogènes cryptogames, environ 32 : 100.

La Flore lyonnaise de Balbis offre pour cette contrée où prédominent les sols cristallins et clastiques près de 55,50 : 100.

Parmi les espèces montagneuses du Jura indiquées par M. Kirschleger comme étrangères aux Vosges et au Schwarzwald, on trouve 27 : 100 ; tandis que le petit nombre des espèces vogéso-hercyniennes non jurassiques donne 50 : 100.

Les plantes indiquées par M. Godron comme caractéristiques des terrains cristallins et clastiques de Lorraine, donnent le rapport 57,50 : 100, tandis que celles des calcaires oolitiques donnent 54,20 : 100.

Les espèces caractéristiques de la plaine rhénane alsatique énumérées par M. Kirschleger fournissent le résultat 54 : 100 ; celles de la région calcaire sous-vosgienne seulement 29 : 100.

Les caractéristiques de la plaine rhénane badoise de Spenner fournissent les chiffres 45 : 100, celles de sa région calcaire et basaltique 19 : 100.

Les plantes des terrains primitifs (Urgebirge) des Alpes énumérées par M. de Mohl comme préférentes et adhérentes à ce sol donnent 21 : 100, les calcaires 18 : 100. Celles des schistes du Tyrol de M. Unger conduisent au rapport 56 : 100 et ses calcaires à 56 : 100.

Si, de cette double série de résultats on prend la moyenne, on trouve que les familles inférieures sont aux vasculaires sur sol eugéogène comme

37 : 100, et sur sol dysgéogène 30 : 100, c'est-à-dire que dans ces deux cas elles sont entre elles environ comme 6 à 5.

Nous n'attachons aux chiffres ci-dessus qu'une importance très-secondaire. Puisés approximativement, tantôt dans la série totale des espèces sans pouvoir tenir compte de la quantité de dispersion, tantôt parmi les espèces caractéristiques plus en rapport avec leur quantité réelle mais négligeant la série totale, ils ne sauraient servir à établir le rapport réel des familles inférieures avec la composition du tapis végétal dans nos contrées. Mais ils indiquent, tout au moins, d'une manière irrécusable dans quel sens a lieu ce rapport, et on peut en conclure légitimement que *le chiffre des familles inférieures est plus fort sur les sols eugéogènes que sur les dysgéogènes.*

Si, à ces familles inférieures que nous avons considérées, on ajoute les Exogènes calyciflores, on voit cette prédominance relative diminuer, tandis que si l'on y ajoute les Cellulaires supérieures (Mousses et Lichens), on la voit se renforcer, c'est-à-dire, qu'en général, *elle va en augmentant* (sauf quelques irrégularités), *à mesure qu'on descend la série végétale.* M. de Brébisson qui a le premier, je crois, indiqué cet ordre de résultats, a trouvé de même que, dans le Calvados, les cryptogames atteignent leur maximum sur les terrains primordiaux relativement aux secondaires. Du reste, celles des familles qui montrent un développement relatif plus grand sur les sols eugéogènes sont surtout les Lichens, Mousses, Lycopodes, Fougères, Graminées, Cypéracées, Joncées, Salicinées, Chénopodées, Polygonées, tandis que leur série paraît interrompue par les Liliacées, Orchidées et quelques autres.

Il résulte en outre des belles recherches de M. Heer dans les Alpes suisses orientales que, dans les parties granitiques et schisteuses, vers des niveaux de 1500 à 2800 ^{m}, le rapport des Endogènes phanérogames aux Vasculaires en général serait en moyenne de 16,70 à 100 (le premier terme de ce rapport se montrant moins élevé dans les Alpes sèches plus dysgéogènes, plus élevé au contraire dans les Alpes arrosées et détritiques comme le Gothard), tandis que dans les parties calcaires, il ne serait que de 12,50 : 100 environ. Ces chiffres viennent entièrement à l'appui de ce qui précède.

On voit aussi par ces derniers résultats, qu'aux niveaux élevés, les Endogènes phanérogames ont un développement relativement moindre que dans les contrées basses, ce qui peut être dû encore en partie au moindre rôle des sols eugéogènes et aquatiques. Les plantes de cet ordre vont du reste en diminuant à mesure qu'on s'élève vers les sommités, ce qui peut encore dépendre pour quelque chose de l'extrême diminution dans la quantité et la puissance des humus et des sables par suite de la grande extension qu'y prennent les masses rocheuses à fortes inclinaisons. Au Gothard, cette diminution que M. Heer dit n'avoir pas eu l'occasion de constater au dessus de 2800 ^{m}, se remarque parfaitement en montant depuis l'Hospice à la Fibia qui en atteint 5100 ; on y voit encore à mi-hauteur des ilots de formes acaules d'*Arenaria*, de *Silene*, d'*Aretia*, etc., lorsque toute Graminée, Cypéracée et Joncée a déjà disparu ; mais cette proposition ne saurait s'étendre aux Cellulaires qui s'élèvent beaucoup plus haut encore. Du reste la faible hauteur des sommités du Jura et des montagnes du Rhin les rend peu propres à ce dernier genre d'observation. Cependant le sommet même du Reculet examiné sous ce rapport fournit également un chiffre relatif plus défavorable aux familles inférieures que les combes d'Ardran et de Pransioz à 150 ^{m} plus bas, ou que le sommet du Chasseral vers 1600 ^{m}.

On sait aussi que, dans notre hémisphère boréal, le chiffre des Endogènes phanérogames augmente relativement à celui des espèces vasculaires, en s'avançant de l'équateur vers le nord : que le rapport à cet égard vers les tropiques serait environ de 14 à 100, dans la zône tempérée de 20 à 100, vers le nord de 25 à 100 ; mais qu'aux plus hautes latitudes les Endogènes phanérogames diminueraient de nouveau de même qu'aux plus fortes altitudes. Ces variations ont été mises jusqu'à ce jour en rapport avec celles des climats. Mais à l'aspect des faits que nous venons de parcourir, on se demande si l'influence des sols n'y serait pas pour quelque chose? Lorsqu'on se rappelle que le continent scandinave qui a fourni une des bases de comparaison, est particulièrement formé de roches cristallines eugéogènes qui, toutes choses égales, donneraient lieu à un chiffre plus élevé d'Endogènes phanérogames que l'Allemagne et la France où les roches dysgéogènes offrent un plus grand développement, on sent que cette considération ne saurait être négligée dans le calcul. Et, en effet, si par exemple on jette un coup-d'œil sur les florules de Loffoden, de l'Altenfiord, de Hammerfest et de Mageroe (67 à 71 de latitude) données par M. Martins (Voyage de la Recherche), où les familles inférieures sont en moyenne à la flore comme 4 à 100, on y remarque que le premier de ces chiffres y est principalement élevé par les familles qui nous fournissent également le plus d'espèces hygrophiles (Graminées, Cyperacées, Joncées), tandis que celles des familles inférieures qui se contentent de sols plus dysgéogènes (Orchidées), n'y comptent qu'un très-petit nombre d'espèces.

On se représente ordinairement la série végétale comme disposée dans l'ordre de *perfection* relative des organisations, les moins parfaites étant les cryptogames et de là en montant. En outre, on est disposé à envisager les végétaux les moins parfaits comme les premières apparitions végétales, les autres leur ayant succédé dans l'ordre de leur complication relative, et la paléontologie a établi des faits remarquables à cet égard. Or, il est évident que les premières formes qui ont surgi ont dû être aquatiques ou psammiques, puisque le humus n'existait point. Il en résulte nécessairement que ces formes sont plus anciennes que les autres, c'est-à-dire qu'elles doivent en effet être placées plus bas dans la série végétale ordonnée à ce point de vue. Cette conséquence, tout en expliquant *à priori* la prédominance des espèces hygrophiles, surtout aquatiques et psammiques dans les classes inférieures, viendrait indirectement à l'appui de la doctrine de l'évolution graduelle des générations primitives du simple au composé, doctrine débattue récemment d'une manière si philosophique par M. Gérard dans le Dictionnaire d'histoire naturelle de M. d'Orbigny.

§ 75. Puisque la profondeur du sol et son degré de division sont l'une des causes de la présence ou de l'absence de certaines espèces, il est fort probable que la forme des racines est en quelque rapport avec ces propriétés. Decandolle a depuis longtemps signalé cette considération : « les terrains de sable très-mobile ne peuvent servir d'appui qu'aux végétaux munis de racines assez profondes et assez ramifiées pour les y fixer..., tandis que les plantes à petites racines peuvent être suffisamment fixées dans des terrains compactes.... et que les racines très-grandes ne sauraient pénétrer dans des terrains trop tenaces (¹).» On sait en effet que, parmi nos arbres forestiers, ceux qui ont des racines plus ou moins pivotantes comme le chêne, le châtaignier exigent une certaine profondeur de sol pour prospérer ; que ceux dont les racines sont très-rameuses et accompagnées d'un chevelu plus ou moins développé comme l'aulne, le bouleau, ont besoin de sols suffisamment meubles ; que ceux, au contraire, dont les racines s'enfoncent peu et s'étendent horizontalement, comme le hêtre, se contentent d'un sol plus mince reposant sur la roche divisée en gros fragments. Nous voyons en même temps le chêne commun plus habituel sur les terrains eugéogènes que sur les dysgéogènes ; le bouleau et le châtaignier prospérer dans les premiers et se refuser aux seconds. Ces rapports entre la forme des racines des grands végétaux et la puissance ou l'état d'agrégation du sol doivent probablement exister aussi pour beaucoup d'autres plantes ; et la manière bizarre dont un champ de luzerne a révélé il y a quelques années à Narbonne la présence d'un cirque

(¹) Dic. des sciences nat. art. géog. botanique.

antique demeuré ignoré durant des siècles en est encore une indication intéressante (¹). L'agronomie a établi par des expériences directes faites sur des substances pulvérulentes, des sables, des argiles plus ou moins divisés, des argiles pures et grasses, des terres arables, des humus, que, toutes choses égales, la germination s'opère aisément dans un sol convenablement meuble, difficilement ou nullement dans un sol trop compacte. Pour que la plante réussisse, il est nécessaire que la radicule et la plumule puissent se développer, la première trouver pour s'étendre une profondeur et une mobilité suffisantes, la seconde pouvoir percer la croûte qui recouvre la graine. Si donc une racine verticale cherche à s'établir dans un sol trop peu puissant, et rencontre la base minérale solide, la plante peut périr là où, au contraire, l'espèce à racine moins pivotante, plus horizontale, pourra vivre ; si une racine à chevelu ample et déliée cherche à se développer dans un sol trop compacte, il peut arriver qu'elle éprouve trop de résistance et périsse, en même temps qu'une espèce à racine moins rameuse y trouve une assiette convenable; enfin si une racine débile cherche à se fixer dans un sol difficile à diviser, elle peut succomber tandis qu'une plus vigoureuse y prospèrera. Les expériences de M. Pinot et celles plus récentes de M. Durand (²) viennent bien à l'appui de ce qui précède et prouvent que chaque racine jouit d'une intensité d'action particulière moyennant laquelle elle tend à s'enfoncer dans le sol. Il est donc probable que beaucoup d'espèces qui ne pourraient vivre sur un sol peu détritique, mince ou compacte, réussiront sur un sol détritique, profond et meuble. Ainsi les sols plus ou moins psammiques et profonds seront plus favorables aux racines verticales, chevelues et débiles, sans l'être beaucoup moins pour cela aux autres formes de racines, tandis que les sols non psammiques admettront ces dernières, et pourront souvent repousser les premières. Et, tout ce qui précède, tant en ce qui concerne la reproduction séminale que relativement à la migration radiculaire. Nous allons voir bientôt que les faits généraux viennent entièrement à l'appui de ces déductions.

Mais indépendamment des obstacles que les racines peuvent rencontrer à

(¹) On vient de découvrir un cirque immense.... Une pièce de luzerne en offre le dessin exact. Les racines pivotantes souffrent quant, atteignant le marbre ou la pierre, elles ne trouvent plus de sucs nourriciers ; elles sont au contraire dans un état prospère quand elles poussent dans un bon fonds. Il résulte de cette différence que la luzerne est plus ou moins belle à sa surface, et qu'elle offre aux curieux avec son admirable tapis vert l'élégante forme du cirque antique. *(Echo du monde savant, 1859, n° 432.)*

(²) Comptes rendus de l'Académie des sciences 1845.

leur développement par suite de la compacité du sol ou de son peu de profondeur, il est encore d'autres considérations que nous ne devons pas négliger. D'abord il est fort probable que les racines, selon les espèces, exigent des conditions biologiques particulières relativement à leur contact avec l'air et les gaz, contact qui peut être plus ou moins facilité par l'état, le mode et le degré de division du sol. Mais nos connaissances à l'égard des rapports qui peuvent exister à ce sujet entre les propriétés physiques du sol, la forme des racines et des espèces végétales déterminées paraissent à-peu-près nulles jusqu'à présent. On sait en outre, qu'au-delà d'une certaine profondeur dans le sol la température est constante. Il suit des recherches de M. Dove (¹) que, jusqu'à une profondeur de 8 décimètres (2 p. ¹/₂) environ, les racines éprouvent dans la terre végétale des variations de température analogues à celles qu'éprouve la plante au dessus du sol. Ainsi la chaleur moyenne d'un végétal est d'autant plus basse en été, d'autant plus élevée en hiver que sa racine s'enfonce plus profondément. Il en résulte qu'il existe nécessairement pour chaque plante une longueur moyenne normale de sa racine, appropriée à ses conditions biologiques et fournissant à l'égard de la température extérieure un contre-poids aux extrêmes délétères. De façon que si une racine ne peut s'enfoncer à la profondeur convenable, il s'en suit dans sa température générale un abaissement ou une élévation tels dans les cas extrêmes que celle-ci ne saurait s'y approprier ou y résister. Ou enfin qu'un végétal qui n'a pas un sol suffisamment profond pour ses racines, non-seulement souffre en vertu des contrariétés apportées à son développement, mais peut devenir incapable de supporter les variations extrêmes du climat et succomber soit aux gelées intenses, soit aux fortes chaleurs. Il est donc naturel que certaines plantes ne puissent s'établir ou se maintenir que sur des sols profonds et cela indépendamment de toute composition chimique du sous-sol et de la roche soujacente.

Il est à-peu-près impossible de classer les racines des espèces d'une flore avec une entière et irréprochable rigueur. La même plante, suivant son aptitude de flexibilité aux facteurs du monde extérieur, offre souvent de grandes différences dans la forme, la division, la direction et la consistance de ses racines, et ces différences sont même beaucoup plus grandes qu'on ne le suppose ordinairement dans les ouvrages descriptifs; cette variabilité a occasionné plus d'une donnée fausse et aussi plus d'une omission. Cependant

---

(¹) Ueber den Zusammenhang der Wärme-Veränderungen der Atmosphäre mit der Entwickelung der Pflanzen. Berlin 1846 et recens, in der Botan. Zeit. Jahrg. 4, page 743.

quand il ne s'agit que de grandes généralités, on peut reconnaître quelques manières d'être principales. Relativement à sa direction, la racine se montre ou plus essentiellement verticale et partant plus profondément enfoncée dans le sol, ou plus essentiellement oblique ou horizontale et le plus souvent aussi plus superficielle. Relativement au degré de division, les unes sont à-peu-près simples et entières, les autres au contraire plus divisées et fibreuses comme limite extrême. Enfin, relativement à leur vigueur, les unes sont fortes, consistantes, de gros volume, les autres débiles et grêles. Il y a du reste, comme chacun sait, un grand nombre d'autres distinctions à établir dans lesquelles nous ne saurions entrer. Entre les racines verticales ou horizontales, simples ou chevelues, vigoureuses ou faibles, il y a une foule d'intermédiaires. Cependant ils se rapprochent presque tous assez l'un ou l'autre des types extrêmes pour permettre de classer approximativement les plantes d'une flore sous l'une ou l'autre des catégories qui résultent de ce point de vue particulier. Le tout, sans doute, sauf quelques erreurs qui toutefois ne sont pas assez nombreuses pour altérer les généralités. Nous croyons du reste inutile de consigner ici des exemples familiers à tout le monde.—Cela posé, examinons d'abord particulièrement en détail le rôle plus facile à saisir des espèces non vivaces.

§ 76. Les plantes annuelles ou bisannuelles ont la plupart des racines plus verticales et, en outre, plus débiles et plus fibreuses que les vivaces. D'après ce qui précède il devrait donc peut-être se trouver moins de ces premières espèces dans un district à terrain dysgéogène que dans une contrée à sol eugéogène et surtout psammogène. — Or, il y a dans nos limites à-peu-près 400 espèces non vivaces, dont un cinquième environ bisannuelles, tant spontanées qu'introduites, naturalisées ou subspontanées. Sur ces 400 plantes, la moitié à peine (190 environ) croissent dans le Jura sur les sols calcaires modifiés ou non par la culture. Ces espèces, excepté un nombre insignifiant de montagneuses, croissent au contraire toutes sur les sols psammogènes de même altitude, dans la vallée du Rhin et les Vosges, avec l'autre moitié d'espèces non jurassiques. Ainsi, dans la région moyenne, le nombre des espèces annuelles est beaucoup plus grand dans les Vosges que dans le Jura, bien que certaines espèces de cette dernière chaîne y soient moins abondantes par suite du plus grand développement des plantes psammophiles. Si l'on compare un district vosgien reposant sur les grès ou les granites décomposés, à un district jurassique calcaire avec ses subdivisions marno-compactes ou même marneuses, et qu'on prenne de part et d'autre

deux landes ou deux cultures stériles, on trouvera, dans le premier, d'abord
à-peu-près toutes les espèces non vivaces du Jura, puis beaucoup d'autres qui
y sont généralement étrangères, telles que *Avena caryophyllea, Aira præcox,
Vulpia pseudo-myurus, Festuca Lachenalii, Veronica verna, Antirrhinum
orontium, Verbascum blattaria, Galeopsis ochroleuca, Prismatocarpus hybridus, Jasione montana, Asperula arvensis, Arnoseris minima, Filago minima,
F. arvensis, Senecio viscosus, S. sylvaticus, Ornithopus perpusillus, Alsine
rubra, Spergula arvensis, Teesdalia nudicaulis, Papaver argemone*, etc. —
Si l'on compare un district psammique de la plaine rhénane avec un district
calcaire du Jura, on trouvera dans le premier toutes les espèces annuelles
jurassiques et une foule d'autres étrangères au sol compacte. Par exemple,
outre celles que nous venons de signaler pour les Vosges, on verra plus ou
moins habituellement : *Adonis æstivalis, Myosurus minimus, Delphinium
consolida, Nigella arvensis, Sisymbrium sophia, Erysimum cheiranthoides,
Sinapis cheiranthus, Diplotaxis muralis, Lepidium ruderale, Senebiera coronopus, Isatis tinctoria, Myagrum perfoliatum, Gypsophila muralis, Saponaria vaccaria, Silene noctiflora, Spergula pentandra, Alsine segetalis, Holosteum umbellatum, Cerastium glomeratum, C. semidecandrum, Medicago
minima, Trifolium agrarium, Vicia gracilis, Lathyrus aphaca, Potentilla
supina, Falcaria Rivini, Buplevrum rotundifolium, Scandix pecten, Anthriscus vulgaris, Galium saccharatum, Onopordon acanthium, Centaurea
calcitrapa, Lactuca virosa, Barkhausia fœtida, Xanthium Strumarium, Heliotropium europæum, Asperugo procumbens, Lycopsis arvensis, Solanum
nigrum, Verbascum floccosum, Linaria elatine, Veronica præcox, Ajuga cha-
mæpitys, Amaranthus retroflexus, Polycnemum arvense, Chenopodium vulvaria, Mercurialis annua, Juncus tenageya, Cyperus flavescens, C. fuscus,
Panicum crus-galli, Alopecurus agrestis, Bromus tectorum, Hordeum nodosum*, etc.— Si, dans l'intérieur même du Jura, on compare une vallée occupée par les terrains tertiaires plus ou moins psammogènes, avec un district
exclusivement calcaire, on trouvera des différences du même genre. — De
plus, sur les 200 espèces non vivaces du Jura, le plus grand nombre croissent
dans les sols les plus meubles, artificiels ou naturels, qu'offrent ses terrains.
Ainsi 90 environ accompagnent les cultures, par exemple : *Ranunculus arvensis, Papaver rhœas, Fumaria Vaillantii, F. officinalis, Sinapis arvensis,
Raphanus raphanistrum, Agrostemma githago, Trifolium arvense, Lathyrus
hirsutus, Alchemilla arvensis, Scleranthus annuus, Æthusa cynapium, Orlaya grandiflora, Caucalis daucoides, Fedia olitoria, F. dentata, Anthemis
arvensis, A. cotula, Matricaria chamomilla, Chrysanthemum inodorum,*

Centaurea cyanus, Sonchus arvensis, Prismatocarpus speculum, Lithospermum arvense, Linaria spuria, L. minor, Veronica arvensis, V. agrestis, etc., *Melampyrum arvense, Stachys annua, Teucrium botrys, Anagallis arvensis, Euphorbia exigua, E. peplus, Apera spica-venti, Bromus secalinus, Lolium temulentum,* etc. Une quarantaine croissent dans les lieux graveleux des alentours des habitations, par exemple : *Papaver dubium, Sisymbrium officinale, Capsella bursa pastoris, Malva sylvestris, M. rotundifolia, Stellaria media, Geranium pusillum, G. molle, Chærophyllum temulum, Conium maculatum, Sonchus oleraceus, Lappa minor,* etc., *Hyosciamus niger, Datura stramonium, Verbena officinalis, Atriplex patula, Chenopodium album,* etc., *Polygonum persicaria,* etc., *Urtica urens,* etc. Une cinquantaine environ recherchent les affleurements les plus graveleux des calcaires : *Turritis glabra, Arabis hirsuta, A. arenosa, Alysson calycinum, Dianthus prolifer, D. armeria, Arenaria serpyllifolia, Cerastium pumilum, Geranium columbinum, G. robertianum, Erodium cicutarium, Trifolium scabrum, Saxifraga tridactylites, Torylis anthriscus, Erigeron acre, E. canadense, Picris hieracioides, Carlina vulgaris, Barkhausia taraxacifolia, Campanula rapunculus, Gentiana germanica, Echium vulgare, Verbascum lychnitis,* etc., *Euphorbia stricta, Bromus sterilis,* etc. Le reste croit dans des stations plus vagues, des terrains argileux, humides, etc. — Il est évident, par ce qui précède, que, dans nos contrées, les espèces non vivaces, c'est-à-dire à racines grêles et verticales, recherchent les sols eugéogènes surtout psammiques et meubles, et qu'un grand nombre d'entr'elles ne sauraient s'en passer.

Si l'on applique le même examen aux espèces annuelles et bisannuelles de la flore de Lorraine, on arrive à des résultats analogues. Ils ne sont pas seulement sensibles sur l'ensemble de la flore, mais même sur des familles considérées isolément. Ainsi, par exemple, on trouve que sur une quarantaine de Crucifères non vivaces de Lorraine, une vingtaine seulement croissent communément sur les calcaires et ce sont à-peu-près celles du Jura ; une douzaine d'autres telles que *Diplotaxis tenuifolia, Braya supina, Eruca sativa, Barbarea præcox, Lepidium draba, L. ruderale, Calepina Corvini, Rapistrum rugosum* s'y trouvent, mais y sont sensiblement rares ; les autres, telles que *Sinapis cheiranthus, Sisymbrium pannonium, Cardamine hirsuta, Berteroe incana, Teesdalia iberis, Draba muralis,* ne se rencontrent essentiellement que sur les terrains de grès. — Sur une quarantaine de Graminées annuelles, c'est à peine si la moitié croissent sur sol calcaire dysgéogène ; toutes les autres recherchent des stations psammiques ; telles sont : *Panicum glabrum, P. sanguinale, P. crus-galli, Setaria verticillata, Alope-*

curus geniculatus, A. fulvus, Corynephorus canescens, Avena strigosa, A. caryophyllea, Eragrostis pilosa, Triticum nardus, Vulpia pseudo-myurus, V. sciuroides; et si quelques-unes se montrent sur calcaire, elles y sont sensiblement rares. Si donc on compare la Lorraine calcaire à la Lorraine psammique, on trouve, comme entre les Voges et le Jura, beaucoup plus d'espèces non vivaces sur les sols eugéogènes que sur les autres. Et cependant le groupe oolitique, qui dans ces contrées forme le sol calcaire, est moins dysgéogène que les groupes jurassiques supérieurs qui dominent dans la partie du Jura prise ordinairement par les botanistes pour type de roches compactes.

Un examen analogue appliqué au Wurtemberg en se servant des énumérations de M. de Mohl, fournit les résultats suivants. Parmi les plantes de la vallée du Neckar qui rapprochent sa flore de celle de la vallée du Rhin, sur une cinquantaine d'espèces, il y a la moitié environ de non vivaces ; parmi les plantes sableuses du keupérien, il y en a à-peu-près la même proportion ; sur 95 plantes calcaires du conchylien il n'y en a que 9 d'annuelles, c'est-à-dire par la dixième partie. Etc.

Enfin si nous jetons un coup-d'œil sur les deux groupes caractéristiques donnés par M. de Brébisson pour les bois et coteaux secs des sols primitifs d'une part, et pour ceux des sols secondaires de l'autre, en Basse Normandie, nous trouvons sur 41 plantes du premier, 14 espèces non vivaces, et sur 36 espèces du second 4 seulement de cette catégorie, c'est-à-dire plus du tiers d'espèces annuelles ou bisannuelles sur sol cristallin psammogène, et la neuvième partie seulement sur sol calcaire plus dysgéogène. Encore, 2 des 4 espèces non vivaces de ce dernier terrain, savoir *Onopordon acanthium* et *Lactuca saligna* préfèrent-elles évidemment des sols graveleux subpsammiques.

§ 77. Ce qui précède nous paraît déjà très-démonstratif du rapport étroit qui existe entre les conditions biologiques de la racine et l'état du sol. Mais ces relations ne doivent pas exister seulement pour les espèces annuelles. Si la manière d'être de leurs racines est une des causes qui rend les sols dysgéogènes moins propres à leur végétation, il doit se passer quelque chose d'analogue pour toutes les plantes, vivaces ou annuelles en général.

Or, les plantes terrestres notablement hygrophiles des contrées eugéogènes qui entourent le Jura, se composent essentiellement des groupes *B1* et *B2* de notre classification générale. Au contraire, les plantes notablement xérophiles et croissant sur sol dysgéogène sont renfermées dans le groupe *C1*. Or, dans le premier formé de 500 plantes environ, il y a à-peu-près :

```
Racines annuelles et bisannuelles  .   .   .   .   .   115
   —    sensiblement chevelues  .   .   .   .   .   .    75
   —    sensiblement profondes .   .   .   .   .   .    25
   —    notablement grèles  .   .   .   .   .   .   .    20
   —    plus ou moins rampantes  .   .   .   .   .      55
   —    diverses  .   .   .   .   .   .   .   .   .      40
   —    mal connues .   .   .   .   .   .   .   .   .    20
                                                     ─────
                                                       300
```

Dans le groupe des 150 espèces des sols dysgéogènes, il y a :

```
Racines annuelles et bisannuelles  .   .   .   .   .    15
   —    sensiblement chevelues  .   .   .   .   .   .    15
   —    plus ou moins rampantes et vigoureuses         55
   —    sensiblement peu profondes  .   .   .   .       45
   —    diverses et mal connues  .   .   .   .   .       20
                                                     ─────
                                                       150
```

C'est-à-dire que parmi les espèces des sols eugéogènes, il y a au moins une racine annuelle sur 3 plantes, tandis que dans les dysgéogènes il n'y en a qu'une sur 10 ; de même une racine chevelue sur 4 plantes dans le premier cas, et une sur 10 dans le second ; en outre une racine rampante sur 9 d'un côté, et plus d'une sur 3 de l'autre, etc. Donc sur sol eugéogène, au moins trois fois plus de racines annuelles et fibreuses que sur sol dysgéogène, et, au contraire, plus du double de rampantes sur ce dernier que sur le premier. Etc.

Si au lieu de comparer les plantes les plus hygrophiles aux plus xérophiles de la contrée, nous examinons toutes les plantes qui croissent dans nos limites, nous arrivons à des résultats entièrement analogues qui sont surtout frappants dans certaines familles. Ainsi dans celle des Graminées, sur 90 espèces environ qui sont suffisamment répandues dans notre champ d'étude pour être regardées comme élément important du tapis végétal, 30 ont des racines plus ou moins obliques ou horizontales, qui, excepté deux ou trois, croissent dans le Jura sur sols calcaires. Sur les 60 autres espèces à chevelu plus ou moins ample, délié et profond, 15 environ y sont nulles, et 10 plus ou moins rares. Ainsi, il manque dans le Jura la neuvième ou dizième partie seulement des espèces à racines horizontales de la contrée, tandis qu'il y manque plus du tiers de ses espèces à racine fibreuse. Au contraire (excepté quelques espèces des niveaux alpestres dans le Jura), toutes à-peu-près, plus ou moins rampantes, ou chevelues plus ou moins verticales, croissent sur les sols psammiques et pélopsammiques de la vallée du Rhin et des

Vosges. On ne voit pas que les premières y soient sensiblement moins répandues que dans le Jura, mais elles y sont peut-être moins abondantes, ensuite de la place occupée par les secondes qui prédominent évidemment. Telles sont pour ces dernières les *Alopecurus pratensis, Aira flexuosa, A. præcox, Avena pratensis, A. caryophyllea, Triodia decumbens, Poa bulbosa, P. supina, Festuca Lachenalii, Vulpia pseudo-myurus, Bromus tectorum, Corynephorus canescens, Nardus stricta,* etc.

Il est intéressant de constater si nous retrouverons une expression de ces contrastes dans les groupes d'espèces caractéristiques jurassiques et vosgiennes. Toutefois, comme nous avons déjà remarqué qu'aux altitudes supérieures l'influence de la température rend moins sensible celle des sols, contentons-nous de comparer les groupes de la région moyenne. A cet effet, éliminons d'abord les espèces communes à ces groupes : il nous reste 17 plantes de part et d'autre, dont nous pourrons former le tableau suivant :

Vosges.		Jura.	
Jasione montana,	R. annuelle.	*Helleborus fœtidus,*	R. rampante.
Filago minima	id.	*Euphorbia amygdaloides*	id.
Galeopsis ochroleuca	id.	*Buplevrum falcatum*	id.
Montia fontana	id.	*Melica ciliata*	id.
Hypericum pulchrum	R. fibreuse.	*Buxus sempervirens*	id.
Juncus squarrosus	id.	*Convallaria multiflora*	id.
Aira flexuosa	id.	*Curex alba*	id.
Alopecurus pratensis	id.	*Daphne laureola*	id. ou transverse.
Triodia decumbens	id.	*Coronilla emerus*	id. id.?
Carex pilulifera	id.	*Orobus vernus*	R. transverse vigoureuse.
Orobus tuberosus	R. fibroso-tuber., prof.	*Calamintha officinalis*	id.
Betula alba	R. rameuse avec ample chevelu.	*Prunella grandiflora*	id. peu profonde.
Scleranthus perennis	R. grèle.	*Anthericum ramosum*	R. fascic., fib., vig.
Sarothamnus scoparius	R. notabl. prof.	*Veronica prostrata*	R. subramp. peu prof.
Calluna vulgaris	id.	*Anacamptis pyramidalis*	R. fasc. peu prof.
Luzula albida	R. subrampante stolonif.	*Orchis militaris*	id.
Centaurea nigra	R. subrampante.	*Cephalanthera rubra*	id.

De ce tableau résulte le suivant :

	Vosges		Jura.
Racines annuelles	4	—	0
» fibreuses, chevelues, tuberculeuses . .	8	—	0
» grèles, débiles	1	—	0
» notablement profondes, rameuses . .	2	—	0
» rampantes, vigoureuses	0	—	7
» subrampantes, transverses, fasciculées, vigoureuses et peu profondes . . .	2	—	10
	17	—	17

On voit donc que dans le groupe vosgien les racines annuelles, fibreuses, faibles et profondes dominent, tandis qu'elles manquent presque entièrement dans le jurassique où dominent, au contraire, les racines vivaces, vigoureuses, plus ou moins rampantes et superficielles. C'est-à-dire évidemment qu'on a, d'un côté, celles qui exigent un sol plus profond et plus meuble, de l'autre celles qui se contentent d'un sol plus mince et moins divisé. Il n'est, du reste, aucune des nombreuses énumérations d'espèces contrastantes que nous avons données dans les chapitres précédents qui ne confirment ces résultats.

Terminons en faisant remarquer que toutes les expériences relatives à l'ensemencement viennent entièrement à l'appui de tout ce qui précède. On sait qu'en agriculture comme en horticulture, il faut tenir meuble le sol dans lequel on veut semer des graines surtout annuelles, et qu'en général beaucoup de celles qui réussissent dans un sol divisé, ne lèvent pas sans cette condition. Citons quelques exemples. Un semis de *Coreopsis tinctoria,* fait aux environs de Karlsruhe dans des terrains meubles y a rapidement répandu et acclimaté cette plante du moins pour quelques années; sur plus d'un demi-kilogramme de graine de la même espèce semée aux environs de Porrentruy dans les stations les plus plus meubles du sol calcaire, pas un individu n'a levé. En Pologne, à Pulawie près Kasimir, un semis de *Sarothamnus* a rapidement naturalisé cette espèce qui y couvre maintenant plusieurs hectares, tandis qu'elle arrive au pied des Vosges au contact du Jura sans s'y répandre, et que, comme nous l'avons dit ailleurs, Wetzel a fait d'inutiles efforts à Monbéliard pour l'y propager sur les collines oolitiques. Le bouleau occupe tous les bois de la lisière du Jura alsatique sur sol eugéogène sans passer sur les calcaires qui les bordent. On a fait de vaines tentatives pour obtenir cet arbre de semis sur les sols calcaires du Jura bernois ; aucun essai n'a réussi, tandis que le même arbre planté en racines se maintient assez bien mais sans se resemer. Au contraire, dans les villages, les bouleaux ainsi plantés dans les vergers à la proximité des toits de chaume, s'y resèment naturellement sur ce sol artificiel qui joue le rôle de terrain meuble. Etc.

§ 78. Parmi les plantes herbacées, il en est dont les familles se développent plus particulièrement vers le collet de la racine, plus étalées, plus grandes que les caulinaires (lesquelles sont peu nombreuses ou nulles) et persistent durant la floraison. On pourrait les désigner sous le nom de plantes *rhizophylles.* Parmi les genres dont les espèces offrent ce caractère d'une manière plus tranchée, il faut citer les *Allium, Iris, Orchis, Crocus, Plan-*

*tago, Statice, Asarum, Cyclamen, Soldanella, Primula, Androsace, Pingui-
cula, Hieracium (Pilosella), Taraxacum, Scorzonera, Leontodon, Thrincia,
Arnoseris, Bellis, Bellidiastrum, Tussilago, Homogyne, Draba, Ranunculus,
Hepatica*, etc., par exemple : *Allium fallax, Asarum europæum, Plantago
lanceolata, Soldanella alpina, Primula officinalis, Androsace lactea, Hieracium auricula, Crepis aurea, Leontodon hastile, Draba aizoides, Ranunculus
alpestris*, etc. Ces mêmes genres et beaucoup d'autres renferment des espèces qui offrent encore cette prédominance d'une manière notable quoique
moins nettement caractérisée; tels sont les *Convallaria, Rumex, Globularia,
Teucrium, Prunella, Barkhausia, Veronica, Aster, Erigeron, Laserpitium,
Astrantia, Saxifraga, Alchemilla, Geum, Dryas, Hippocrepis, Oxytropis,
Anthyllis, Thlaspi, Kernera, Dentaria, Arabis, Anemone*, etc., et les espèces
*Globularia cordifolia, Rumex scutatus, Teucrium montanum, Hieracium Jac-
quini, Hypochœris radicata, Saxifraga aizoon, Alchemilla alpina, Dryas
octopetala, Hippocrepis comosa, Anthyllis montana, Kernera saxatilis,
Thlaspi montanum, Arabis arenosa, Ranunculus gracilis*, etc. Toutes ces
plantes montrent une prédominance particulière de feuilles radicales et un
petit nombre de feuilles caulinaires.

Dans un grand nombre d'autres plantes on voit, au contraire, prédominer
le développement des feuilles caulinaires qui sont dès lors grandes, nombreuses et souvent aux dépens des radicales en petit nombre, de faible
dimension relativement aux proportions de la plante, plus précoces, plus
passagères et moins persistantes durant la fructification. On voit beaucoup
d'espèces de cette catégorie qu'on pourrait désigner sous le nom de *thyrsophylles* dans les genres *Euphorbia, Thesium, Polygonum, Atriplex, Chenopodium, Lysimachia, Galeopsis, Lamium, Euphrasia, Melampyrum, Veronica, Myosotis, Erythræa, Prenanthes, Senecio, Artemisia, Inula, Erigeron,
Galium, Asperula, Lythrum, Circæa, Epilobium, Lathyrus, Orobus, Hypericum, Stellaria, Sisymbrium, Ranunculus, Adonis*, etc., par exemple les
espèces *Polygonum persicaria, Chenopodium album, Lamium maculatum,
Euphrasia officinalis, Veronica chamædrys, Myosotis palustris, Prenanthes
purpurea, Senecio nemorensis, Erigeron canadense, Galium aparine, Circæa
lutetiana, Epilobium angustifolium, Lathyrus nissolia, Orobus vernus, Hypericum perforatum, Stellaria holostea*, etc. Enfin une foule d'autres plantes
tiennent le milieu entre les rhizophylles et les thyrsophylles, c'est-à-dire ne
montrent pas de prédominance aussi marquée des feuilles radicales aux dépens des caulinaires ou réciproquement.

Des observations faciles à constater font voir qu'une plante à caractère rhizophylle offre un d'autant plus grand développement de ses feuilles radicales, et un d'autant moindre de ses caulinaires qu'elle croit dans un lieu plus découvert, plus libre, et qu'au contraire, cette prédominance des feuilles de la base va en diminuant au profit de l'augmentation en nombre et dimension des caulinaires, à mesure que la station devient plus ombragée, soit par les plantes gramineuses et herbacées ambiantes, soit par les végétaux de taille plus élevée. Le contraire se passe pour les thyrsophylles dans les circonstances analogues. La recherche de la lumière explique suffisamment ce phénomène. Il en résulte qu'en général les mêmes espèces doivent tendre à être plus rhizophylles sur des sols secs et peu profonds, puisque ceux-ci étant moins frais se recouvrent en général d'une végétation herbacée plus courte, tandis qu'elles doivent tendre à être plus thyrsophylles sur des sols profonds, divisés et frais qui se recouvrent d'un tapis végétal plus dense et plus élevé. Par la même raison, les espèces plus essentiellement rhizophylles trouveront des conditions de vie plus avantageuses sur le premier sol que sur le second, et les thyrsophylles sur le second que sur le premier. Donc, enfin, nous arrivons à ce résultat que les terrains eugéogènes doivent offrir moins d'espèces rhizophylles que les dysgéogènes.

Or, si l'on prend les plantes du groupe *B (1* et *2)* de notre classification qui renferment les espèces des sols eugéogènes, et qu'on les décompose en deux divisions, la première renfermant les plus rhizophylles et la seconde celles qui offrent le caractère thyrsophylle et les formes intermédiaires, on trouve (après avoir éliminé de cette considération les fougères, graminées, cypéracées, joncées, arbrisseaux et arbres) sur 300 espèces environ, une 30e seulement de végétaux sensiblement notables par la prédominance du système des feuilles radicales, c'est-à-dire une rhizophylle sur 10 plantes, tandis qu'on trouve au moins 80 thyrsophylles sur 300, c'est-à-dire près de une sur 4 plantes. Si, au contraire, on prépare de la même manière les espèces jurassiques du groupe *C (1* et *2)*, on trouve près de 100 espèces où prédominent les feuilles radicales sur 350, c'est-à-dire environ 1 sur 3,50.

Si l'on envisage séparément les plantes de la région montagneuse du Jura nulles ou rares dans les Vosges (toujours avec les suppressions indiquées), on trouve une trentaine de rhizophylles sur une 50ne de plantes, c'est-à-dire plus de 1 sur 2. Si l'on réunit les plantes montagneuses communes au Jura et aux Vosges, et y offrant à-peu-près la même dispersion, on trouve une 12ne de rhizophylles sur une 50ne d'espèces, c'est-à-dire seulement 1 sur 4 environ. De même parmi les espèces alpestres jurassiques non vosgiennes, on obtient une rhizophylle au moins sur 2,50 plantes environ, tandis que parmi les espèces alpestres se trouvant dans les deux chaînes, il vient 1 sur 6 environ. Ces résultats sont moins sensibles sur les groupes caractéristiques vu le petit nombre d'espèces qu'ils renferment. Ils sont plus tranchés encore entre l'Albe et le Schwarzwald à niveau égal.

Sans s'arrêter aux chiffres approximatifs ci-dessus, il est cependant permis de conclure de ce qui précède *qu'il y a sur les sols dysgéogènes une prédominance notable des rhizophylles, et sur les eugéogènes une prédominance des thyrsophylles.* Si (comme il est aisé de le constater) on remarque que la plupart des plantes à feuilles radicales prédominantes ont des racines qui s'enfoncent moins dans le sol, sont plus superficielles et plus souvent rampantes, tandis que les thyrsophylles en ont de plus verticales et plus longues, on voit que la propriété que nous venons de reconnaître correspond très-probablement à celle des racines établies dans le paragraphe précédent.

§ 79. Une autre conséquence de l'état des racines est la suivante. C'est le plus souvent aux racines fibreuses, verticales et profondes que correspond une position verticale des tiges, et, au contraire, aux racines plus ou moins obliques ou horizontales que correspond une position plus ou moins rampante, décombante ou oblique de ces mêmes tiges. Il en résulte que, sur les terrains dysgéogènes, il y a plus de plantes offrant par rapport au sol une direction inclinée de leur axe principal, et le contraire pour les eugéogènes. Si l'on parcourt d'un coup-d'œil rapide et comparatif les groupes *B (1 et 2)* et *C (1 et 2)* de notre classification, on s'en convaincra aisément, et cela est tellement vrai, que cela est sensible dans les groupes caractéristiques moyens jurassique et vosgien. Ainsi en prenant les deux groupes de 17 plantes (§ 77) dont nous avons examiné les racines, et distribuant approximativement leurs axes en 4 classes d'inclinaison par rapport au sol, savoir de 100, 75, 50 et 25° centigrades, et écrivant vis-à-vis de chacune d'elles celui de ces chiffres dénoté par l'ensemble de son port sur le terrain, puis prenant de part et d'autre la moyenne, on trouve environ 60 à 70° pour l'inclinaison des jurassiques, et 75 à 85 pour celle des vosgiennes. La considération d'un plus grand nombre d'espèces fournit des résultats encore plus tranchés.

§ 80. Il y a également entre le degré de division des racines et le degré de division des tiges et des rameaux au dessus du sol, un parallélisme assez notable. Aux racines plus rameuses, plus fibreuses, plus amples, correspond presque toujours une ramification plus décomposée, plus étalée, plus large relativement aux dimensions de la plante, et réciproquement. Cette propriété s'observe aisément sur les espèces annuelles dont la racine est si souvent fibreuse. Si l'on examine plusieurs pieds de *Senecio vulgaris*, on peut annoncer à l'inspection du développement de la ramification, celui des fibres radiculaires ; la tige simple, peu décomposée, peu élevée d'un individu pris dans un sol plus sec et moins profond, présentera infailliblement à l'évulsion un chevelu moins prolongé et moins ample qu'un pied à ramification développée, étalée, pris dans un sol divisé, frais et profond. Les observations de M. Jaubert(1) sur ce sujet ont établi que cette dépendance mutuelle a lieu d'une manière remarquable pour les arbres. On doit, par analogie, s'attendre à trouver parmi nos espèces des terrains eugéogènes un plus grand développement de ramification que parmi celles des terrains dysgéogènes. Pour constater cette propriété, nous pourrions comme précédemment comparer ce qui se passe à cet égard dans les groupes *B* et *C*. Mais la difficulté d'apprécier le développement des racines dans plusieurs cas, nous engage à nous borner à l'exemple de quelques familles. A cet effet, admettons 3 classes de plantes. 1° Les espèces dans lesquelles la ramification est assez multiple et assez étalée pour que sa largeur atteigne ou dépasse les $^2/_3$ de la longueur de la plante à partir des premiers rameaux, comme cela a lieu, par exemple, dans la *Rapistrum rugosum* et l'*Aira flexuosa* ; qualifions d'*étalées* les espèces de cette classe, et notons-les du chiffre 3. 2° Celles où cette largeur atteint ou dépasse peu le $_1/_3$, par exemple, le *Lepidium ruderale*, le *Calamagrostis epigeios* que nous qualifierons de *moyennes* et noterons 2. 3° Celles enfin où la largeur demeure bien inférieure au $_1/_3$, comme *Arabis turrita, Kœleria cristata* qui seront les *contractées* valant 1. Cela convenu, si nous comparons les 20 et quelques Crucifères de la liste *B1*, au nombre à-peu-près pareil de la liste *C*, que nous fassions la somme des valeurs des trois classes de chaque liste, et que nous les divisions respectivement par le nombre des espèces, nous trouverons pour largeur de la ramification des Crucifères du groupe *B* le chiffre 2,03 et pour celles de *C*, 1,50, ce qui fait voir qu'en moyenne le développement est plus contracté sur sol dysgéogène que sur eugéogène. Si l'on applique un calcul semblable aux panicules des Graminées des mêmes groupes, on trouve 1,80 sur calcaire et 1,60 sur sols différents. L'application à d'autres familles conduit à des résultats constamment dans le même sens, bien que quelques-uns soient difficiles à établir.

§ 81. Chacun se rend compte vaguement que la taille des végétaux est plus élevée sur un sol frais, abondant et profond, que sur un sol mince e'

---

(1) Comptes rendus de l'Académie des sciences 1845.

sec. L'observation journalière des prés, des pâturages et des cultures offre une démonstration continuelle de ce fait, auquel il y a cependant des exceptions. Ainsi, aux mêmes altitudes, le tapis végétal d'une colline jurassique est moins haut que celui d'une colline molassique, limoneuse, keupérienne, etc. Les pâturages alpestres des sommets du Chasseral sont plus développés que ceux des sommités dysgéogènes du Grand-Colombier, mais moins que ceux des gneiss du Feldberg ; ceux-ci sont moins élevés que ceux des rochers granitiques du Hohneck et du Ballon d'Alsace, et ces derniers plus, au contraire, que ceux du Ballon de Soulz, formé par des masses euritiques, etc. Telles sont du moins les impressions demeurées dans ma mémoire et que retrouveront probablement les botanistes qui ont visité ces divers points. Cependant, si, pour se rendre compte de ce fait d'une manière plus positive, on parcourt nos listes *B (1* et *2)* et *C,* propres à ce genre de comparaison, pour reconnaître de quel côté dans l'ensemble des espèces est l'avantage de la taille, on ne saisira pas cette différence au premier abord, et on trouvera, au contraire, beaucoup de petites plantes dans la première, et beaucoup de grandes dans la seconde. Mais si, pour examiner la chose de plus près, on divise les végétaux de ces deux listes en classes de taille de 1, 2, 3, 5 décimètres, 1 mètre et au dessus (en classant toutes les espèces ligneuses dans cette dernière), on reconnaîtra que sur sols eugéogènes il y a une beaucoup plus grande variété de taille, et que les plantes de stature moyenne (un peu basse cependant : de 2 à 3 décim.) qui ne feraient guère que le tiers des espèces sur sol eugéogène, en forment les deux tiers sur sol jurassique, d'où une compensation notable sur le tout. De façon que si l'on cherche la moyenne de taille pour les deux sols, on trouve pour l'eugéogène 4 décimètres, et 2,50 environ pour le calcaire. Or, comme les plantes de ce dernier terrain croissent dans la contrée de la liste *B,* tandis que celles de cette liste ne croissent guère sur le terrain des plantes de *C,* il faut, pour obtenir la taille réelle des plantes sur sol eugéogène, prendre la moyenne entre ces deux chiffres, savoir 3,25, celles de la taille pour sol jurassique demeurant comme ci-dessus, à-peu-près 2,50, ou quelque chose de plus. On voit que ces résultats numériques justifient les impressions que l'on perçoit généralement à cet égard. Mais il ne faut pas oublier qu'ils n'ont qu'une valeur comparative et nullement absolue. Du reste, tout ceci repose sur l'hypothèse de la même taille pour les mêmes espèces sur les deux sols, ce qui est inexact au désavantage de la proposition ci-dessus, et augmenterait encore le contraste en étant introduit dans le calcul.

Nous disons que le tapis végétal est plus élevé sur sol eugéogène : il faut ajouter qu'il est surtout plus dense, plus développé en rameaux et en feuilles, plus herbacé, plus aqueux et moins vigoureux en réalité quant à la consistance des produits ligneux ou analogues. L'observateur qui sort des forêts du Jura pour entrer dans celles des collines molassiques suisses, ne saurait manquer d'être frappé du contraste, et il en est à-peu-près de même en passant sur sol alsatique, vosgien et bressan. Ici c'est la vigueur ligneuse; là la luxuriance herbacée éclate de toutes parts. Sur les molasses, des forêts d'épicéa serrées, verdoyantes, abondant en individus jeunes, d'un beau développement feuillu, mais à tissu relaché et lymphatique, n'atteignant pas à l'état adulte de proportions colossales, et passant rapidement d'une maturité précoce à une mort prématurée. Sur les calcaires, au contraire, des futaies plus rares, moins peuplées, plus aérées et plus sèches, à foliation d'un vert moins délicat, d'une croissance moins rapide, offrant dans leur jeunesse un aspect moins florissant mais arrivant plus sûrement dans leur âge mûr à des proportions vigoureuses, annonçant partout la force et les conditions d'une longue vie, enfin n'offrant que rarement le spectacle d'une décrépitude anticipée. Ici des arbres résineux atteignant déjà et avec une moindre taille leur âge d'exploitabilité vers 90 ans, et là seulement vers 120 à 130 ans. D'un côté, des bois souvent attaqués par les Dermestes, envahis par les Usnées et suspects aux constructeurs à cause de leur peu de compacité et de leurs mauvaises chances de conservation, de l'autre des bois n'offrant que rarement ces inconvénients, et préférés pour la bâtisse. Enfin, sur les sols eugéogènes un affouage tellement inférieur à quantité égale à celui des sols dysgéogènes, que dans les communes situées à la lisière des deux terrains et possédant des forêts sur l'un et sur l'autre, on dédommage par un lot supplémentaire ceux des habitants auxquels viennent à échoir les lots provenant des molasses ou des limons. On voit donc qu'ici les grands végétaux ligneux qui aiment une station épurée comme le sapin et l'épicéa font exception à ce que nous avons dit de la supériorité de la taille sur sol eugéogène : c'est, du reste encore le cas pour d'autres, mais sans préjudice réel à la généralité de la loi. Terminons par un fait (¹) qui fera voir combien les conditions biologiques sont notablement différentes sur molasse eugéogène et sur calcaire dysgéogène, et combien les racines du végétal s'approprient dès sa jeunesse à la nature du sol où il se développe. Sur quelques milliers de jeunes plants d'épicéa employés en même temps à repeupler une forêt située près de l'ancienne Abbaye de Bellelay (Jura bernois), et reposant sur les calcaires compactes blancs, toute une moitié reprit bien, tandis que l'autre manqua tota-

____
(¹) Communication de M. l'Inspecteur Marchand.

lement. Les conditions de sol, de procédé et de temps avaient été entièrement les mêmes. En recherchant avec surprise la cause de ce résultat inattendu, on reconnut qu'une partie des plants avaient été pris à proximité sur les molasses du Val de Tavannes, l'autre sur les calcaires des forêts voisines. Les premiers avaient succombé dans le changement de sol, les seconds avaient retrouvé leurs conditions d'existence primitives. Ajoutons que ce que nous disions tout-à-l'heure des différences relatives à l'affouage dans certaines communes se pratique précisément au village du Fuet, voisin de la localité, où s'est passé cette expérience, et partie sur molasse, partie sur calcaire jurassique.

On nous blâmera peut-être de n'avoir pas donné des listes détaillées à l'appui de tous les paragraphes précédents. Cela n'aurait pas offert de difficultés, mais cela aurait augmenté ce volume de tableaux nombreux et fort longs dont nous avons craint de le surcharger. Du reste, répétons encore ici ce que nous avons dit en commençant ce chapitre, c'est que nous ne prétendons donner tout ceci que comme des aperçus rapides et plus ou moins controversables.

§ 82. Telles sont, quoiqu'il en soit, les principales différences que nous avons cru saisir entre les plantes des sols eugéogènes et celles des dysgéogènes de nos contrées. Elles se résument dans les traits suivants propres aux premiers de ces sols, les seconds en offrant la négation ou l'opposition.

1. Une plus grande diversité d'espèces, une plus facile mobilisation, une aire plus développée pour les espèces sociales, une plus large dispersion des espèces communes, une moindre abondance des saxicoles.

2. Un caractère plus froid, plus humide, plus boréal ou une plus grande aptitude d'extension vers le nord.

3. Une prédominance particulière des familles inférieures.

4. Une prédominance marquée des plantes à racines profondes et divisées.

5. Une supériorité générale de taille, excepté pour certains végétaux ligneux.

6. Une prédominance notable des espèces ou domine le développement des feuilles caulinaires aux dépens des radicales.

7. Un développement plus vertical de l'axe général des formes.

8. Une plus grande ampleur de ramification.

9. Un plus grand développement herbacé, mais un moindre développement ligneux et une moindre longévité chez certaines espèces arborescentes.

Tous caractères dérivant de la seule combinaison des facteurs, eau, chaleur, lumière et sol, ce dernier par sa puissance et son agrégation déterminant certaines fonctions des trois premiers. Tous caractères entièrement étrangers à la composition chimique du détritus minéral emprunté aux roches soujacentes.

§ 82 *bis*. Essayons maintenant d'établir plus solidement et au moyen d'un nombre convenable d'espèces les groupes d'hygrophiles et de xérophiles afin qu'on puisse y avoir recours (et par là même les vérifier) dans la caractéristique des terrains et des climats de nos contrées.

L'eau d'un côté, et les sols qui en sont le plus dépourvus forment les deux extrêmes d'une série de stations plus ou moins humides, depuis la présence intégrale de ce liquide jusqu'à sa moindre quantité nécessaire. A ces deux extrêmes correspondent les plantes les plus parfaitement aquatiques et plantes les plus exclusivement terrestres : entr'elles se trouvent une foule d'intermédiaires que l'on peut se proposer de classer, en ayant particulièrement égard à ce qui se passe dans le sol. Rappelons d'abord que toutes choses égales celui-ci est d'autant plus humide qu'il repose sur des roches plus eugéogènes, d'autant plus sec qu'il repose sur des roches plus dysgéogènes, bien que cette règle puisse offrir quelques exceptions dépendantes du humus. Nous avons nommé hygrophiles les plantes terrestres qui correspondent aux premières et xérophiles celles qui correspondent aux secondes.

Ces deux catégories d'espèces représentent donc particulièrement deux manières d'être opposées, et entre elles il y a toute une troisième classe de végétaux se rapportant aux manières d'être intermédiaires oscillant entre les sols les plus nettement eugéogènes et dysgéogènes, et partant plus indifférentes à cet égard. Ainsi le *Carex Davalliana* est une hygrophile, le *Carex humilis* une xérophile et le *Carex muricata* est relativement parlant une indifférente : les deux premiers ne sauraient échanger leurs stations, tandis que le troisième qui habite des stations intermédiaires peut s'accommoder plus aisément de celle de chacun des deux autres. La présence des *C. Davalliana* et *humilis* révèle donc une catégorie particulière de roches soujacentes ce qui n'a pas lieu au même degré pour le *C. muricata*.

Les sols eugéogènes peuvent être suffisamment humides pour convenir aux hygrophiles, soit en tant que suffisamment péliques et absorbants, soit en tant que suffisamment divisés et hygroscopiques, soit enfin en tant qu'offrant un mélange de ces deux caractères. Dans ce dernier cas ils conviendront à des espèces qui s'accommodent de ce moyen terme sans se refuser entièrement aux extrêmes; dans les deux premiers, il seront habités par des espèces plus exclusives et qui ne sauraient impunément échanger leurs stations. Ainsi l'on aura des plantes hygrophiles en général comme le *Carex Davalliana*, d'autres plus pélophiles comme le *C. limosa*, d'autres plus psammophiles comme le *C. arenaria*. Toutes trois bien que très-inégalement hygrophiles exigent néanmoins des sols plus humides ou plus frais qu'une xérophile comme le *C. montana*.

De même les sols dysgéogènes sans sortir des limites de leurs conditions de siccité peuvent offrir aussi des modifications un peu péliques ou un peu psammiques plus pourvues d'eau, des modifications extrêmes qui en sont plus dépourvues, enfin une manière d'être moyenne n'offrant sensiblement aucun de ces trois caractères. A ces modifications correspondront respectivement des xérophiles oligopéliques comme le *C. glauca*, des xérophiles oligopsammiques comme le *C. alba*, des espèces qu'on pourrait qualifier de perxérophiles comme le *C. gynobasis*, enfin d'autres moins caractéristiques à tous ces égards comme le *C. præcox*.

Dans ces deux séries inverses il est évident que les xérophiles des stations les plus humides et les hygrophiles des plus sèches peuvent être très voisines des espèces indifférentes, et par conséquent, entr'elles ; de sorte que, relativement aux terrains, ce sont les extrêmes surtout qu'il importe de considérer.

Si donc on parcourt un sol eugéogène clastique ou cristallin comme celui des grès ou des granites dans les Vosges, on y trouvera de vastes surfaces offrant un caractère moyen à la fois médiocrement pélique et psammique habité par des hygrophiles ordinaires telles que l'*Orobus tuberosus*, et l'*Aira flexuosa*, tandis qu'aux affleuremens plus sableux on verra des plantes comme le *Scleranthus perennis*, et aux points plus argileux d'autres telles que le *Tussilago farfara*. Si l'on parcourt un sol dysgéogène comme celui des calcaires supérieurs dans le Jura on y trouvera aussi de grandes étendues à caractères intermédiaires et à plantes xérophiles ordinaires comme l'*Orobus vernus* et l'*Hippocrepis comosa* ; aux affleuremens plus graveleux on en verra d'autres telles que *Rumex scutatus* ; aux stations marno-compactes on trouvera des plantes comme *Gentiana ciliata* ; sur les points les plus secs enfin apparaîtront des espèces comme *Melica ciliata*. Dans chacune de ces excursions on retrouvera des catégories de plantes d'autant plus identiques qu'on se rapprochera davantage des stations plus exclusivement aquatiques, et d'autant plus diverses qu'on visitera des points plus parfaitement terrestres, sableux ou rocheux.

L'existence de ces diverses classes de plantes, bien que moins facile à reconnaître dans les altitudes montagneuses, peut cependant y être constatée. Ainsi dans les Vosges les caractères intermédiaires offriront des plantes telles que le *Meum athamanticum*, les stations plus psammiques présenteront des espèces particulières telles que *Sedum saxatile, Silene rupestris,* et les plus péliques se feront remarquer par la réapparition des espèces pélophiles des contrées basses, comme *Salix aurita* et *Alnus glutinosa.* Dans le Jura, la manière d'être habituelle des terrains correspondra par exemple à la présence des *Bellidiastrum Michelii, Mœhringia muscosa,* tandis que les *Arabis alpina* et *Coronilla vaginalis* s'y montreront aux affleurements plus graveleux, le *Carduus defloratus* à de plus secs, en même temps et que les plantes pélophiles de la plaine dessineront les zônes marneuses beaucoup plus nettement que dans les Vosges où le sol pélique est presque toujours plus ou moins chargé de sable. De même qu'aux altitudes inférieures, dans la région montagneuse des Vosges et du Jura, on verra la végétation d'autant plus spéciale qu'elle est plus terrestre d'autant plus commune qu'elle est plus aquatique.

Plaçons maintenant ici une remarque importante. C'est que les deux catégories de xérophiles et d'hygrophiles étant établies, *il n'en résulte pas que chaque xérophile appartienne nécessairement à une station moins pourvue d'eau en général que chaque hygrophile.* Ainsi la *Campanula pusilla* qui est une xérophile jurassique habite souvent des stations plus aquatiques que le *Silene rupestris* qui est une hygrophile vosgienne. Le caractère hygrophile ou xérophile tel que nous l'envisageons est essentiellement relatif au plus ou moins d'aptitude hygroscopique du sol et non au rôle de l'eau envisagé comme facteur atmosphérique extérieur à sa composition minérale. Donc les xérophiles comme les hygrophiles ont leurs plantes des lieux frais, des stations ombragées, des rives, des endroits humectés par l'eau agissant comme facteur étranger aux roches soujacentes et au sol ; de même que les hygrophiles ont leurs plantes des stations apriques et chaudes, mais, toutes choses égales, les unes ont pour elles l'élément de siccité des roches et du sol que n'ont pas les autres. Ainsi le *Bellidiastrum Michelii* plante jurassique n'aime pas moins les lieux ombragés que le *Meum athamanticum* plante vosgienne, et la *Mœhringia muscosa* n'est souvent pas moins rivulaire que le *Saxifraga stellaris* ; les *Rumex pulcher* et *Crepis fœtida* espèces hygrophiles habitent des stations plus apriques que l'*Asarum europœrum* et non moins chaudes que l'*Euphorbia verrucosa* espèces xérophiles ; mais la végétation des uns a lieu dans un sol moins hygroscopique et moins divisé, celle des autres dans un sol offrant les propriétés opposées.

Cela posé et en insistant toujours sur la prépondérance des propriétés des roches soujacentes, et partant, du sol dans la division en hygrophiles et xérophiles, nous pouvons diviser les plantes de la contrée comme suit :

Plantes parfaitement aquatiques :　　　trop indépendantes des sols pour être classées.
Plantes terrestres — 1 subaquatiques :　　　　»　　　　　　　»
　　　»　　　— 2 hygrophiles en général :　　　groupe I.
　　　»　　　— 3　　»　　plus psammiques :　　»　II.
　　　»　　　— 4　　»　　plus péliques :　　　»　III.
　　　»　　　— 5 indifférentes plus hyg. : trop peu caractérist. pour être classées.
　　　»　　　— 6　　»　　plus xér. :　　　　　»　　　　　　»
　　　»　　　— 7 xérophiles en général :　　groupe IV.
　　　»　　　— 8　　»　　plus psammophiles :　　»　trop difficiles à séparer.
　　　»　　　— 9　　»　　plus pélophiles :　　　»　　　　»　　　»
　　　»　　　—10　　»　　extrêmes : groupe V.

Il est généralement aisé de distinguer des plus tranchées comme xérophiles les espèces les mieux caractérisées comme hygrophiles, de séparer les hygrophiles plus péliques et surtout plus psammiques, enfin de grouper les xérophiles extrêmes ; mais les autres classes de ce tableau sont plus difficiles à établir avec extension, bien qu'il soit aisé de signaler quelques espèces de chacune d'elles. Il y aurait encore bien des observations à recueillir sur le caractère de la station des espèces pour pouvoir les toutes distribuer avec certitude en catégories convenables, et même pour établir ces catégories, réellement incomplètes dans le tableau ci-dessus. Nous devons donc nous borner aux cinq groupes désignés renfermant 400 espèces et que nous n'envisageons point comme définitifs et irrévocables. Ce n'est là que le rudiment imparfait d'une classification qui un jour sera établie dans l'intérêt de la phytostatique sur des bases complètes. Il aurait été aisé de faire figurer encore beaucoup d'autres espèces, mais nous avons préféré ne porter que les représentans les plus tranchés de chaque classe pris dans le plus grand nombre possible de familles. Il peut sans doute y avoir quelque mauvais placement de détail, mais l'ensemble des groupes est certainement l'expression fidèle de faits réels et bien fondés.

I. *Hygrophiles en général.*

Anemone hepatica. —A. pulsatilla. — Adonis æstivalis. — A. flammea. — Ranunculus philonotis. — Nigella arvensis. — Delphinium consolida. —Nasturtium sylvestre. — Cardamine hirsuta. — Polygala vulgaris. — Dianthus armeria. — D. deltoides. — Spergula arvensis. —Alsine segetalis. — Holos-

teum umbellatum.— Mœnchia erecta.— Erodium cicutarium.—Genista tinctoria. —Medicago falcata. —Melilotus officinalis. — Lathyrus aphaca. — L.
nissolia. — L. tuberosus. — Orobus tuberosus. — Tetragonolobus siliquosus.
— Spiræa filipendula. — Potentilla rupestris. — P. alba. — P. argentea. —
Tormentilla erecta. — Sorbus torminalis.? — Lythrum salicaria. — Sedum
villosum. — Eryngium campestre. — Buplevrum rotundifolium. — Seseli coloratum. — Meum athamanticum. — Peucedanum oreoselinum. — P. cervaria. — Asperula arvensis. — Filago gallica. — F. germanica. — F. uliginosa.
— Gnaphalium luteo-album. — Onopordon acanthium.— Centaurea nigra.—
Barkhausia fœtida. — Crepis præmorsa. — C. tectorum. — Hieracium vulga-
tum. — H. boreale. — H. umbellatum. — H. albidum. — Phyteuma nigrum.
— Vaccinium myrtillus. — Calluna vulgaris. — Heliotropium europæum. —
Asperugo procumbens. — Lycopsis arvensis.— Solanum nigrum.— Digitalis
purpurea. — Linaria elatine. — Veronica spicata. — V. verna. — V. præcox.
— Melampyrum pratense. — Pedicularis sylvatica. — Euphrasia odontites.—
Mentha pulegium. — Stachys arvensis. — Ajuga genevensis. — A. chamæpy-
tis. — Teucrium scorodonia. — Trientalis europæa.— Lysimachia vulgaris.
— Primula acaulis.— Chenopodium hybridum. —C. urbicum. —C. murale.
— Rumex pulcher. — Thesium intermedium. — Empetrum nigrum. — Castanea vulgaris. — Quercus sessiliflora. — Pinus sylvestris. — Orchis coriophora. — O. laxiflora. — O. maculata. — O. latifolia. — Listera cordata. —
Mayanthemum bifolium. —Muscari racemosum. — M. comosum. — Tofieldia calyculata. — Juncus sylvaticus. — J. supinus. — Luzula nivea. — L.
maxima.— L. spadicea. — Psyllophora Davalliana. —P. pulicaris. —Vignea
brizoides. — Carex pilulifera. — C. frigida.— Panicum sanguinale.—Alopecurus pratensis. — A. agrestis. — A. paludosus. — Agrostis stolonifera. —
Calamagrostis sylvatica. — C. epigeios. — Aira cæspitosa. — A. flexuosa. —
Holcus mollis. — Poa sudetica. — Festuca rubra. — F. sylvatica. — Bromus
tectorum. — Hordeum nodosum. — Nardus stricta.— Equisetum sylvaticum.
— Lycopodium clavatum.— L. selago.— L. chamæcyparissias.—L. alpinum.
— Polypodium phægopteris. — P. dryopteris.—P. alpestre. —Polystichum
thelypteris.—P. oreopteris.—Asplenium septentrionale.—A. germanicum.
— Blechnum spicant. — Allosurus crispus.

II. *Hygrophiles plus psammiques.*

Myosurus minimus. — Sisymbrium sophia.— Erysimum cheiranthoides.—
Sinapis cheiranthus. — Erucastrum obtusangulum. — E. Pollichii.—Teesdalia nudicaulis. — Lepidium ruderale.— Rapistrum rugosum.—Dianthus pro-

lifer. — Silene rupestris. — Spergula pentandra. — Alsine rubra. — Radiola linoides. — Ulex europæus. — Sarothamnus scoparius. — Ononis spinosa. — Melilotus leucantha. — Ornithopus perpusillus. — Epilobium Dodonæi. — Myricaria germanica. — Montia fontana. — Corrigiola littoralis. — Illecebrum verticillatum. — Herniaria glabra. — H. hirsuta. — Polycarpon tetraphyllon. — Scleranthus perennis. — Sedum saxatile. — Saxifraga granulata. — S. stellaris. — Scandix pecten. — Galium rotundifolium. — G. saxatile. — Stenactis annua. — Arnica montana. — Inula Vaillantii. — Filago minima. — Helichrysum arenarium. — Artemisia campestris. — Senecio sylvaticus. — Centaurea calcitrapa. — Arnoseris pusilla. — Thrincia hirta. — Hieracium staticæfolium. — Xanthium strumarium. — Jasione montana. — J. perennis. — Myosotis versicolor. — M. stricta. — Verbascum blattaria. — Digitalis purpurea. — Scrophularia canina. — Antirrhinum orontium. — Galeopsis ochroleuca. — Rumex acetosella. — Amaranthus sylvestris. — A. retroflexus. — Polycnemum arvense. — Euphorbia Gerardiana. — Salix viminalis. — Populus nigra. — P. alba. — Betula alba. — Alnus incana. — Asparagus officinalis. — Juncus squarrosus. — J. filiformis. — Luzula albida. — Cyperus flavescens. — C. fuscus. — Scirpus setaceus. — Panicum crus-galli. — Chamagrostis minima. — Phragmites communis. — Aira præcox. — Avena caryophyllea. — Eragrostis pilosa. — Festuca Lachenalii. — Corynephorus canescens. — Vulpia pseudomyurus. — Osmunda regalis.

III. *Hygrophiles plus pétiques.*

Ranunculus flammula. — Gypsophila muralis. — Alsine tenuifolia. — Stellaria holostea. — Hypericum humifusum. — H. pulchrum. — Genista germanica. — Trifolium fragiferum. — T. agrarium. — T. elegans. — Lotus uliginosus. — Cerasus padus. — Lythrum hyssopifolia. — Falcaria Rivini. — Lonicera periclymeum. — Galium sylvaticum. — Tussilago farfara. — Bidens cernua. — Pulicaria vulgaris. — Senecio aquaticus. — Chondrilla juncea. — Prismatocarpus hybridus. — Erythræa pulchella. — Veronica scutellata. — Chlora perfoliata. — Lindernia pyxidaria. — Stachys germanica. — Lysimachia nemorum. — Centunculus minimus. — Salix aurita. — Alnus glutinosa. — Alisma plantago. — Juncus glomeratus. — J. capitatus. — Luzula multiflora. — Heleocharis acicularis. — Triodia decumbens. — Equisetum eburneum.

IV. *Xérophiles préférentes.*

Ranunculus nemorosus. — R. gracilis. — Aquilegia vulgaris. — Actæa spicata. — Thalictrum galioides. — Helianthemum vulgare. — Dianthus carthusianorum.

—Cerastium arvense. — Hypericum hirsutum. — Astragalus glycyphyllos.—
Hippocrepis comosa.—Orobus vernus.— Rosa rubiginosa. — Ribes alpinum.
— Saxifraga aizoon. — S. rotundifolia. — Buplevrum falcatum. — Valeriana
montana.—Conyza squarrosa.—Cirsium acaule.—Carlina vulgaris.—Gentiana
cruciata.—G. ciliata.—Vinca minor.— Digitalis lutea.— Prunella grandiflora.
—P. alba.— Teucrium chamædrys. —Verbascum lychnitis. —V. thapsus. —
Daphne mezereum. — Asarum europæum. – Euphorbia amygdaloides.—E.
dulcis.—Mercurialis perennis.—Salix incana.—Orchis militaris.—O. ustulata.
—Gymnadenia conopsea.—Herminium monorchis.— Spiranthes antumnalis.
—Cephalanthera pallens.—C. rubra.—Crocus vernus.—Ornithogalum sulfureum.—Anthericum ramosum.—A. liliago.—Carex montana.—C. digitata.—
C. ornithopoda.—Melica uniflora.—Festuca duriuscula.—Scolopendrium offi-
cinale.

V. *Xérophiles plus adhérentes.*

Thalictrum montanum.—Helleborus fœtidus. —Aconitum anthora.—Arabis
alpina.—A. turrita.— Erysimum ochroleucum. — Draba aizoides.— Kernera
saxatilis.— Iberis saxatilis.— Helianthemum œlandicum.— Polygala comosa.
—P. calcarea.— Dianthus sylvestris.—D. cæsius.— Saponaria ocymoides.—
Mœhringia muscosa.— Cerastium strictum.— Acer opulifolium.— Geranium
sanguineum.— Rhamnus alpinus.— Cytisus laburnum.—Anthyllis montana.
—Trifolium rubens.— Coronilla emerus.— C. vaginalis.— Orobus niger.—
Cerasus mahaleb.— Rosa pimpinellifolia.—Cotoneaster vulgaris.—C. tomentosa.—Aronia rotundifolia.—Trinia vulgaris.— Buplevrum ranunculoides.—
Seseli montanum. — Libanotis montana. — Athamanta cretensis. — Laserpitium latifolium.—L. siler.—Lonicera alpigena.—Centranthus angustifolius.
—Aster amellus.— Bellidiastrum Michelii.— Inula salicina.— Carduus defloratus. —Carlina acaulis.—Lactuca perennis.—Hieracium Jacquini.—H. glaucum.—H. villosum.—H. amplexicaule.—Campanula pusilla.— Lithospermum
purpuro-cœruleum.—Cynanchum vincetoxicum.—Erinus alpinus.—Veronica
prostrata.—Melampyrum cristatum.—Calamintha officinalis.— Melittis melissophyllum.— Stachys alpina.—S. recta.— Teucrium montanum.—Androsace
lactea.—Rumex scutatus.— Daphne laureola.— D. alpina. — Buxus sempervirens. — Euphorbia verrucosa. — Quercus pubescens. — Taxus baccata. —
Anacamptis pyramidalis. — Gymnadenia odoratissima. — Himantoglossum
hircinum. — Ophrys arachnites. — O. muscifera. — O. apifera. — Aceras anthropophora. — Ruscus aculeatus. — Allium fallax. — A. sphærocephalum.
— Carex humilis. — C. gynobasis. — C. alba. —C. sempervirens. — C. tenuis. — Phleum Bœhmeri. — Calamagrostis montana. — Stipa pennata. —

Lasiagrostis calamagrostis. — Sessleria cœrulea. — Melica ciliata. — Festuca glauca. — Lycopodium selaginoides. — Grammitis ceterach. — Polypodium robertianum. — Asplenium Halleri. — A. viride.

§ 82 *ter*. Maintenant, et pour terminer ce chapitre, résumons rapidement le rôle que jouent ces divers groupes dans la caractéristique phytostatique.— Il est évident et l'on comprendra d'après tout ce qui précède, sans nouveaux développements, que les facteurs de la station étant essentiellement le climat (altitude et latitude) l'eau, le humus et le détritus minéral, il en résulte qu'en général la prépondérance de l'un de ces facteurs dans la station rend une plante moins dépendante des autres facteurs, ce qui conduit aux conséquences suivantes.

1° *Les plantes aquatiques ou subaquatiques sont trop indépendantes des sols et des climats pour servir utilement à caractériser ceux-ci.*

2° *Les plantes les plus indifférentes quant aux sols en sont naturellement de mauvaises caractéristiques, mais il peut ne pas en être de même quant aux climats.*

3° *Les hygrophiles et en particulier les plus psammiques ou péliques caractérisent bien les sols eugéogènes, mais moins bien les climats que les xérophiles.*

4° *Les xérophiles en général caractérisent bien les roches dysgéogènes et bien les climats ; les plus saxicoles sont les plus caractéristiques à ce dernier égard.*

5° *Enfin, si dans une contrée de quelque étendue comme par exemple l'Europe au nord des Alpes et des Pyrénées, on veut mettre en rapport la dispersion des espèces avec les variations climatologiques, il faut se servir des xérophiles sur sol dysgéogène, et non des hygrophiles sur sol eugéogène.*

En effet, à ce dernier égard, si l'on prend un groupe d'hygrophiles de nos contrées et un groupe de xérophiles, et que l'on suive du sud au nord la dégradation de leurs aires, on verra la majeure partie des premières se soutenir jusqu'à de hautes latitudes sans indiquer par conséquent les modifications successives de climat, tandis que les dernières disparaîtront graduellement de distance en distance en révélant la diminution graduelle des températures.

On sait que les espèces varient dans certaines limites et ont entre elles des affinités particulières qui semblent souvent régies par les facteurs extérieurs. Nous allons maintenant jeter un coup-d'œil sur ces modifications, afin de chercher à reconnaître si les mêmes agens physiques qui exercent sur la dispersion une influence si notable, ne sont pas également ceux qui concourent aux variations de forme des types spécifiques.

CHAPITRE DIX-SEPTIÈME.

DES MODIFICATIONS DE L'ESPÈCE, ET JUSQU'A QUEL POINT ON LES VOIT SOUS LA DÉPENDANCE DES MÊMES AGENTS PHYSIQUES QUI CONCOURENT A LA DISPERSION DES PLANTES CONTRASTANTES.

§ 83. Tous les êtres sont le résultat de la combinaison de leurs éléments à nous inconnus. Ils varient avec ces combinaisons, et se montrent sur trois plans distincts, les minéraux, les animaux, les végétaux. Ces trois plans ont traversé de nombreuses époques de la vie de notre globe, et, chaque fois, en offrant dans leurs détails des formes diverses sous l'empire de combinaisons élémentaires du monde physique, différentes. Il est donc évident que les êtres sont variables de l'une de ces combinaisons à une autre. Mais il est certain aussi que plusieurs plans généraux de structure persistent à travers ces variations.

Non-seulement les grandes bases de la structure animale et de la végétale ont traversé tous les temps de notre terre, mais d'autres plans d'organisation comprenant un nombre d'existences plus limité, ont joué un rôle analogue. La classe des végétaux cellulaires s'est reproduite à toutes les périodes, et il en est de même de celle des animaux rayonnés ; la classe des végétaux vasculaires et des animaux mammifères n'en a peut-être traversé qu'une partie plus récente. — Cela est vrai encore pour des types d'organisation plus restreints, pour des familles, pour des genres. Les uns ont été représentés à toutes les époques ; d'autres, après en avoir traversé plusieurs, ne sont pas venus jusqu'à nous ; d'autres, enfin, n'ont commencé que tard. Toutes les mers ont eu leurs Zoophytes, les premières seulement leurs Trilobites, les intermédiaires leurs Ammonites, etc. Mais le plus souvent le même plan d'organisation a parcouru plusieurs périodes consécutives, en se reproduisant dans ses bases essentielles, et en se modifiant dans ses détails.

Si, par exemple, pour ne pas quitter le Jura, on envisage les époques consécutives, Oolitiques, Oxfordienne, Corallienne, Portlandienne, Néocomienne, on verra que les animaux marins qui se sont verticalement succédés dans la même contrée, ont offert les mêmes plans généraux d'organisation. Chaque mer a eu ses Polypiers pierreux et spongieux, ses Crinoïdes, ses Echinides, ses Gastéropodes, ses Céphalopodes, ses Acephales, ses Vers. Cette permanence ne se montre pas seulement dans les ordres et les familles, mais jusque dans les genres. Ainsi, chacune des mers ci-dessus a eu parmi ses Acéphales, ses Ostrea, ses Lima, ses Pecten, ses Avicula, etc.; parmi ses Gastéropodes, ses Turbo, ses Trochus, ses Melania, ses Nerinea, etc. Enfin il y a plus encore, c'est que très-souvent chaque genre a présenté ses modifications spécifiques analogues, comme le rendra sensible le tableau suivant :

Néocomien —*Terebratula biplicata acuta* de B.   — *Terebratula depressa* de B.
Portlandien —   »   »   *sella* de B.   —   »   *inconstans* Sow.
Corallien   —   »   »   *insignis* Ziet.   —   »   *lacunosa* Schl.
Oxfordien   —   »   »   *medio-jurensis.* —   »   *Thurmanni* Voltz.
Oolitique   —   »   »   *infra-jurensis.* —   »   *concinna* Sow.

C'est-à-dire que chaque mer jurassique a eu parmi ses Térébratules une *buplicate* et une *pugnacée,* de même qu'elle a eu parmi ses Ostrea une *plissée* et une *plane,* parmi ses Pholadomies une *clavellée,* parmi ses Trigonies une *costée,* parmi ses Gryphées une *spirée,* etc. Une connaissance plus complète de la paléontologie de ces terrains rendra un jour évident ces parallélismes que je ne puis qu'indiquer ici, et permettra probablement d'y reconnaître ce qui est de règle et ce qui est exceptionnel. On les verra même se soutenir jusque dans des subdivisions moins importantes que celles que nous signalons.

Or, on peut se demander maintenant si les familles, genres et espèces d'une époque ont donné lieu par modification de leurs individus, aux familles, genres et espèces *homologues* de l'époque suivante? Mais il est aisé de voir que cela n'est pas possible. En effet, ce ne sont pas des transmissions quelconques de la *Terebratula sella* du portlandien, qui ont pu produire en se modifiant la *Terebratula acuta* du néocomien ; car la mer portlandienne n'a pas passé par transitions graduelles à la néocomienne : il y a eu un temps d'arrêt qui a suspendu les organisations et n'a pas permis ces passages organiques. De plus, si la chose s'était passée ainsi il y aurait eu des formes intermédiaires, ce qui n'a pas lieu. Enfin, des formes néocomiennes nouvelles ont apparu, et des portlandiennes disparu, qui sortent entièrement de ce mode d'action.— Il en résulte donc qu'entre deux périodes consécutives, les organismes homologues ne dérivent pas l'un de l'autre par voie de modilication insensible. Et, comme l'existence de ces organismes homologues est cependant un fait positif, il faut en conclure que la même combinaison zoologique élémentaire qui à l'origine d'une époque déterminait l'existence des uns, donnait lieu à celle des autres à l'époque précédente ou suivante. En d'autres termes, *qu'à chacune de ces époques, il existait un certain nombre de plans d'organisation dépendant des circonstances élémentaires, et réellement indépendant de ce qui précédait et suivait, bien qu'offrant des produits d'autant plus analogues qu'il y avait plus de similitude dans les combinaisons essentielles des agents du monde physique.*

On peut toutefois encore rechercher si, dans une époque donnée, les diverses formes appartenant à ces plans de structure se sont développées simultanément ou indépendamment, ou si l'une d'elles (ou quelques-unes) a servi de départ aux autres qui en auraient dérivé par modification graduelle des agens extérieurs, pour s'approprier à toutes sortes de conditions biologiques. Mais, ici encore, la paléontologie tranche en faveur de la négative. En effet, si nous nous plaçons à l'origine de la mer néocomienne, par exemple, et que nous nous représentions les formes primitives en petit nombre, desquelles auraient dû sortir toutes les autres, nous devons reconnaître que les dépouilles de ces espèces mères domineraient exclusivement dans les couches inférieures sans mélange de formes filiales. Or, cela n'a lieu en aucune façon, puisque, dans chaque terrain envisagé horizontalement, c'est-à-dire synchroniquement, tous les plans d'organisation apparaissent simultanément et sans laisser aucune place à l'élément de temps qui aurait été nécessaire pour dériver les modifications, ni à celles de ces modifications qui auraient joué le rôle d'intermédiaire entre le type de départ et la limite extrême définitive. — Nous devons donc en outre admettre que, *pour chaque époque, les organisations essentiellement différentes ont apparu simultanément, indépendamment et sans dérivation mutuelle.*

Chaque organisation, d'après un plan déterminé, produit un *individu* se perpétuant. Tout individu est donc une fonction déterminée des éléments du monde physique. *La collection des fonctions identiques forme l'espèce. Celle des groupes de fonctions offrant certains termes communs est le genre, et ainsi de suite.* Si toutes les espèces nous étaient données explicitement par les fonctions qui les représentent respectivement, le travail de leur distribution en groupes supérieurs serait sûr et facile, bien qu'artificiel en ce qui pourrait probablement avoir lieu de plusieurs manières. Mais il n'en est pas ainsi, et nos distinctions ne sont qu'un calque imparfait de la distribution que nous obtiendrons dans cette hypothèse. Aussi sommes-nous souvent embarrassés d'établir la collection d'individus qui compose l'espèce. Nos groupements supérieurs sont plus conventionnels encore, mais par là même moins sujets à erreur et moins importants (¹).

Si toutes les combinaisons possibles des éléments du monde organique s'étaient réalisées pour former des individus et par là même des espèces, il est clair qu'elles seraient susceptibles d'être disposées consécutivement, comme les termes d'une série déductible les uns des autres par un coefficient commun. Mais il est infiniment probable qu'il n'en est pas ainsi ; qu'un certain nombre de ces combinaisons n'a pas eu lieu, et que d'autres n'ont pas été viables. Il en résulte que la *collection des espèces* ou plans d'organisation essentiellement différents ne *saurait constituer une série à termes également espacés*. En outre, comme il n'est pas nécessaire que tous les éléments du monde organique soient entrés dans chaque combinaison, il en est résulté des séries d'ordre différent. De sorte que le tout nous apparait comme des lambeaux de série plus ou moins interrompus et que nous ne savons souvent comment rapprocher.

Il est clair, en outre, que chaque plan d'organisation né du concours déterminé de causes élémentaires, ne s'est développé que là où les conditions biologiques le permettaient, ces conditions étant soit identiques aux premières, soit différentes d'elles, distinctes et extérieures, ce que nous ignorons. Il en résulte que *tout plan d'organisation est en rapport avec celles de ces circonstances biologiques extérieures que nous pouvons encore constater,* et que les différences dans ces conditions correspondent à des différences dans les organisations. De là vient aussi que, *dans les groupes d'espèces les plus semblables (du même genre) le plus souvent il n'y en a pas deux qui vivent dans des conditions identiques dans le monde actuel,* tandis que des organisations très-diverses vivent au milieu des mêmes conditions biologiques. C'est aussi de là que résulte notre disposition à exagérer ce qu'il y a de réel dans le rôle des modifications que nous examinerons tout-à-l'heure.

Chaque espèce, dans une époque donnée, en tant que l'expression d'une combinaison des causes créatrices propres à cette époque, est donc fixe et arrêtée quant à l'essence de sa structure, *mais elle vit en outre aussi en présence de causes secondaires aptes à la modifier dans certaines limites sans la*

(¹) Nous invitons nos lecteurs qui s'intéresseraient à ce sujet à lire les excellents articles *genre* et *espèce* de M. Gérard dans le Dictionnaire de d'Orbigny. Bien que nous n'en partagions pas les opinions à certains égards, il nous parait que nulle part ces sortes de questions n'ont été aussi bien élucidées ; il serait sans doute très utile que les botanistes descripteurs se pénétrassent plus profondément des vues importantes qui y sont exposées.

faire sortir de son plan primitif où elle est emprisonnée par une force supé-
rieure. De là nos sous-espèces, variétés, variations, etc. C'est maintenant sur
le rôle de ces *modifications* que nous devons jeter un coup-d'œil.

§ 84. L'étude de la géographie botanique d'une contrée restreinte exigerait
essentiellement une connaissance approfondie de toutes ces formes, de leurs
rapports, de leur dépendance ou indépendance mutuelles. Mais, à cet égard,
les difficultés sont grandes et peut-être souvent insurmontables. Deux systê-
mes sont en présence. L'un énumère et décrit toutes les formes susceptibles
d'être distinguées: il offre l'inconvénient de présenter en quelque sorte comme
ayant la même importance et comme étant également espacés, tous les termes d'une série qui, en réalité, ne sont ni égaux en valeur, ni équidistants ;
cependant il présente un tableau fidèle de l'état des faits envisagés isolément,
et satisfait à cette sage condition de ne rien laisser de conventionnel dans des
rapprochements que la nature elle-même ne nous enseigne pas toujours avec
clarté. L'autre s'étudie à grouper sous un même type spécifique comme variétés, les formes qui n'en paraissent que des modifications : il offre l'avantage de plus d'égalité de valeur dans les termes de la série des espèces, et
simplifie l'étude de la science ; mais il a l'inconvénient de présenter un tableau plus conventionnel, et laisse en outre moins apercevoir les intermédiaires que la nature paraît avoir souvent établis entre les limites extrêmes
sensiblement différentes de formes appartenant réellement à un même type.
Souvent aussi, aucune de ces deux marches n'a été fidèlement suivie, et les
inconséquences se montrent dès lors à chaque pas. Ici des formes évidemment et étroitement dépendantes sont séparées et paraissent prendre une
importance égale, tandis qu'ailleurs des formes suffisamment distinctes sont
ramenées violemment à un même type : le tout, sans parler des négligences,
de la légèreté et des erreurs inhérentes à toute science, à tout homme, enfin
de la difficulté ou de l'insuffisance des observations. De là les controverses
si animées, les plaintes de part et d'autre si vives de tant d'écrivains à ce
sujet.

Ces deux systèmes dont nous venons de parler seraient en quelque sorte
représentés dans notre temps, l'un par le génie si puissamment diagnostique
de M. Koch, l'autre par l'éminente sagacité de M. Reichenbach dans l'observation des faits. Il était difficile que cette utile controverse réunit deux athlètes
plus capables. Mais au milieu de ces débats scientifiques, il n'est pas aisé à
l'observateur de satisfaire au précepte linnéen : *verus botanicus species dis-*
tinctas tradit, nec à varietatibus falsas fingit ; varietates ad species reducit.

nec cas pari passu cum speciebus ambulare sinit. Celui-là même qui se déclare partisan de la cause des réductions sera amené forcément dans une foule de cas à les repousser, de même que le partisan des séparations se verra souvent invité à réduire, par la nature elle-même.

Ces écoles des deux célèbres botanistes dont nous venons de parler ont le plus souvent traité la question de l'espèce et de la variété, sans la lier à la recherche des agents de modification dans celles des formes critiques voisines sur lesquelles roulait le débat. D'autres observateurs, et l'un surtout non moins éminent, ont tenté d'ouvrir cette importante carrière. Distinguer dans la série des espèces d'un genre quelles sont celles qui constituent réellement des types de plans d'organisation indépendants ; grouper, au contraire, sous un seul type les espèces qui ne sont que des dépendances d'un même plan ; faire voir que ces dernières sont des modifications dues à l'action du monde extérieur, et qu'elles correspondent à la prédominance de facteurs déterminés et appréciables ; enfin, établir qu'elles passent les unes aux autres par des intermédiaires correspondant également à des moyens termes dans la combinaison de ces mêmes facteurs : telle est la tâche que s'était proposée Hegetschweiler et qu'il a incontestablement accompli d'une manière victorieuse pour un grand nombre de cas. Envisageons quelques-unes de ces belles recherches qui se lient assez étroitement à notre objet.

Hegetschweiler a établi, ou si l'on veut cherché à établir que : Il y a des types d'organisation (ou des espèces) susceptibles de se plier à des conditions biologiques diverses, et d'autres qui ne le sauraient faire. Ces derniers constituent des espèces invariables ou peu variables, parce que hors d'un petit nombre de combinaisons des facteurs biologiques, elles ne sauraient vivre. Les premières, au contraire, varient selon les conditions biologiques diverses où elles se trouvent : leur plan d'organisation est mobile entre certaines limites au-delà desquelles, de même que pour les précédentes, la possibilité de leur vie s'arrête. — Ainsi, un plan d'organisation qui exige une station sèche et aprique, et qui ne saurait se développer dans une station humide et ombragée, offrira de l'unité et de l'immobilité à cet égard dans sa manière d'être, partout où l'on viendra à l'observer ; tandis qu'un plan d'organisation susceptible de se plier également à ces deux genres de stations, y offrira à l'observateur des modifications correspondantes.—Ce plus ou moins de flexibilité des types spécifiques est du reste reconnu par la plupart des botanistes, et a été parfaitement signalé à propos des cryptogames par M. Friese lorsqu'il dit : *quo magis diversa loca non fastidiunt species, eo magis vulgò etiam proteæ sunt.*

Les principaux facteurs du monde extérieur qui paraissent constituer ces conditions biologiques sont essentiellement la chaleur, la lumière, l'humidité et leurs négations plus ou moins complètes, le froid, l'ombre, la sécheresse. Les propriétés mécaniques du sol sont surtout envisagées par Hegetschweiler comme des fonctions des facteurs ci-dessus, son mode d'agrégation entraînant certaines conditions de sécheresse ou d'humidité, etc. ; quant à ses propriétés chimiques, elles ne sont prises en considération qu'implicitement dans un seul cas ; enfin l'état géologique ou minéralogique des roches soujacentes est généralement mis en dehors de la question.

Une certaine combinaison de ces divers facteurs constitue donc pour chaque plante ses conditions d'existence. Une espèce est d'autant moins susceptible de modifications qu'elle exige une combinaison plus déterminée de ces agents. Les organisations qui s'accommodent de plusieurs de ces combinaisons se modifient plus ou moins pour chacune d'elles.

Il en résulte que tout type de forme, F, généralement approprié à la combinaison de facteurs ou station S, s'il vient à habiter les stations s, s', s'', s'''..... s^n s'y montre sous des modifications parallèles f, f', f'', f'''..... f^n ; les différences entre ces formes étant généralement d'autant plus grandes que les différences entre les stations le sont elles-mêmes. Il en résulte aussi que si S et s^n sont très différents, F et f^n le seront également. En outre que non-seulement, entre F et f^n il peut exister une série de formes arrêtées, f, f', f''...., mais qu'il peut y avoir continuité de modifications entre les formes extrêmes, s'il y a continuité de modifications entre les stations extrêmes. Enfin que rien n'empêche qu'à des stations extrêmes S et s^n, correspondent des formes extrêmes F et f^n d'un même type, sans qu'on ait nécessairement les intermédiaires f, f', f''..., si les stations intermédiaires s, s', s''..... viennent à être rares ou nulles par une cause quelconque, ou (comme l'observe M. Nägeli) à être des quantités impossibles.

De là aussi cette loi générale, que deux modifications f et f' d'un même type ne sauraient habiter la même station s ou s' de l'une d'elles. Cependant, à ce sujet, il est important de remarquer que les facteurs de la station pouvant notablement changer sur une faible étendue de sol, rien n'empêche que dans certains cas, des modifications f et f' se trouvent habiter côte-à-côte dans des stations réellement différentes quoique juxtaposées. En outre, comme le temps est un élément nécessaire à la modification d'une forme f transportée d'une station s dans une station s', pour devenir la forme f' (ou demeurée dans la même station s devenue s'), il ne faut pas s'étonner si l'on rencontre quelquefois hors de leurs stations des formes non encore modifiées faute de temps convenable. Enfin, il reste à chercher si cette faculté de modification de certains types qui s'est exercée à une époque quelconque de l'histoire végétale, a lieu pendant l'époque actuelle et jusqu'à quel point (1).

Voici maintenant des exemples de ces lois que j'ai présentées d'une manière plus générale que ne le faisait Hegetschweiler lui-même, afin d'embrasser la question d'un seul coup-d'œil.

§ 85. Toute plante de la plaine qui trouve encore dans les régions supérieures des conditions biologiques suffisantes, ne s'y acclimate qu'en éprouvant certaines modifications. Ainsi, sa taille diminue, elle devient moins rameuse, ses fleurs sont moins nombreuses et se réduisent souvent à une seule, elles sont plus grandes, offrent des couleurs plus vives, etc. Ces modifications sont même soumises à une certaine régularité. Ainsi les plantes flexibles qui, dans les Alpes suisses ne dépassent guère la limite supérieure des forêts et cessent généralement vers 1600 m, se montrent sous trois formes successives, la *montana gracilis*, la *subalpina crassicaulis*, l'*alpina abbreviata*; par exemple l'*Aconitum napellus*; celles des hautes Alpes supérieures à ces limites affectent trois modifications analogues, *forma elongata, media, abbreviata*, ce que montre bien, par exemple, le *Saxifraga cæspitosa*. M. Hegetschweiler dans ses divers ouvrages a donné de nombreux exemples à l'appui de ces règles. Sans entrer dans tous les détails, nous préférons donner ici comme moins sujets à controverse les exemples qui nous sont fournis par son judicieux continuateur M. Heer, qui tout en mettant en œuvre les mêmes idées a su écarter les faits douteux et l'entraînement systématique.

Les plantes suivantes des régions inférieures se modifient comme suit dans les régions supérieures du Glaris méridional :

Agrostis alba L.	devient	A. a. colorata Heer.
Aira cæspitosa L.	»	A. c. alpina Gaud.
» flexuosa L.	»	A. f. alpina Schz.
Briza media L.	»	B. m. minor Schz.
Poa nemoralis L.	»	P. n. montana Gaud.
» annua L.	»	P. a. varia Gaud.
Anthoxanthum odoratum L.	»	A. o. grandiflorum Heer.
Carex cæspitosa L.	»	C. c. alpina Gaud.
» ornithopoda Willd.	»	C. o. alpina Gaud.
» digitata L.	»	C. d. alpina Heer.
» pallescens L.	»	C. p. nana Heer.

(1) Les botanistes qui s'intéressent à ce sujet doivent consulter le beau mémoire de M. Nägeli sur les *Cirsium* : Mém. de la Soc. helv.

Tofieldia calyculata L.	devient	T. c. glacialis Gaud.
Bellis perennis L.	»	B. p. alpina Heer.
Chrysanthemum leucanthemum L.	»	C. l. montanum W.
Rhinanthus minor Ehrh.	»	R. m. alpina Gaud.
Galium sylvestre Poll.	»	G. s. alpestre Gaud.
Ranunculus bulbosus L.	»	R. b. alpinus Heer.
Silene inflata L.	»	S. i. alpina. Lam.
Alchemilla vulgaris L.	»	A. v. subsericea Sm.
Anthyllis vulneraria L.	»	A. v. sericea Heer.
etc.		

Les plantes suivantes montagneuses ou alpestres se modifient comme suit dans les régions alpine, subnivale et nivale.

Avena versicolor L.	devient	A. v. grandiflora Sm.
Agrostis rupestris All.	»	A. alpina Willd.
Poa alpina L.	»	P. a. frigida Gaud.
Carex atrata L.	»	C. nigra Hoppe.
Doronicum bellidiastrum L.	»	D. b. nanum Heer.
Arnica scopioides L.	»	A. glacialis Jacq.
Cirsium spinosissimum L.	»	C. s. acaule Heer.
Hieracium villosum L.	»	H. subnivale Heer.
Phyteuma hemisphæricum L.	»	P. h. setaceum Heer.
Androsace obtusifolia L.	»	A. aretioides Gaud.
Primula candolliana Rchb.	»	P. integrifolia M. K.
Euphrasia salisburgensis Funck.	»	E. alpina Lam.
Myosotis alpestris Ehrh.	»	M. exscapa Dc.
Gentiana campestris L.	»	G. c. uniflora Heg.
Chærophyllum hirsutum L.	»	C. pumilum Heer.
Anemone alpina L.	»	A. apiifolia Willd.
Ranunculus tenuifolius Schl.	»	R. tenellus Thom.
Cerastium latifolium L.	»	C. subacaule Heg.
Silene rupestris L.	»	S. r. pumila Heer.
»　　 acaulis L.	»	S. exscapa All.
Saxifraga muscoides Wulf.	»	S. capitata Heg., puis S. uniflora id.
etc.		

M. Unger a vu ces sortes de faits de la même manière dans les Alpes du Tyrol ; pour lui les *Polygala alpestris* Rchb., *Rhinanthus alpestris* Wahl., *Solidago alpestris* W. K., *Myosotis alpestris* Schm., *Luzula sudetica* Willd., *Juniperus nana,* etc., ne sont que des modifications d'altitude des types respectifs bien connus des régions inférieures, et que chacun pourra remplacer ici. On doit des remarques semblables à plusieurs autres observateurs.

Le Jura, les Vosges et le Schwarzwald n'atteignant que la région subalpine, on ne saurait s'attendre à y rencontrer ces sortes de modifications aussi nettes et aussi nombreuses que dans les Alpes. Nous ne saurions y voir que la première catégorie dont nous parlions tout-à-l'heure, et encore le plus souvent les changements n'atteignent-ils que la forme *subalpina crassicaulis,* rarement l'*Alpina abbreviata,* et plus rarement encore pour quelques espèces seulement la forme inférieure *elongata* des hautes Alpes. Cependant les modifications s'y présentent en un nombre suffisant pour y reconnaître clairement l'application générale de la loi dont nous nous occupons. En voici un certain nombre d'exemples et je ne doute pas qu'une observation plus attentive n'en découvre beaucoup d'autres. Ainsi, les espèces suivantes de la plaine ou des montagnes se modifient la plupart graduellement jusqu'à la limite extrême placée vis-à-vis, et qui habite les sommités.

Festuca ovina durinsc. L.	devient	F. o. alpina K. (F. nigrescens Lam. Gaud.).
» » glauca Lam.	»	F. o. g. montana et subalpina Kirsch.
» rubra L.	»	F. cinerea Dc.
Aira cæspitosa L.	»	A. c. alpina auct. (A. alpina Roth.)
» flexuosa L.	»	A. f. alpina nob. (A. montana L.)
Agrostis vulgaris L.	»	A. v. pumila Haud. (A. pumila L.)
Poa annua L.	»	P. a. varia Gaud. (P. supina Schrad.)
» nemoralis L.	»	P. n. glauca Gaud.
Avena flavescens L.	»	A. f. variegata Gaud.
» pubescens L.	»	A. p. alpina Kirschl.
Luzula albida L.	»	L. a. rubella Koch. (L. rubella Hoppe)
» multiflora Lej.	»	L. c. nigricans Desv. (L. sudetica Dc.)
Plantago lanceolata L.	»	P. l. alpina Gaud. et même P. montana (selon M. Näg.)
Scabiosa columbaria L.	»	S. c. lucida nob. (S. lucida Vill.)
Alchemilla vulgaris L.	»	A. v. subsericea K. (A. montana Willd.)
Myosotis sylvatica L.	»	M. s. alpestris K. (M. montana Bieb., puis alpestris S.)
Campanula rotundifolia L.	»	C. r. alpestris nob. (C. Scheuchzeri et uniflora Vill.)
Angelica sylvestris L.	»	A. s. elatior Wahl. (A. montana Schl.)
Pimpinella magna L.	»	P. m. rosea K. (P. rubra Hopp.)
Heracleum sphondylium L.	»	H. s. stenophyllum Gaud. (H. longifolium Heg.)
Libanotis montana L.	»	L. m. minor Gaud.
Rumex acetosa L.	»	R. a. montana L. (R. arifolius All.)
Cerastium arvense L.	»	C. a. strictum K. (C. strictum Haenke).
Potentilla salisburgensis Hnk.	»	P. s. minor et filiformis Gaud.
Helianthemum vulgare L.	»	H. v. grandiflorum K. (H. grandiflorum Dc.)
Ajuga reptans L.	»	A. r. alpina K. (A. alpina Vill.)
Euphrasia officinalis L.	»	E. o. alpestris K. (E. micrantha Rchb.)
Polygala amara L.	»	P. a. alpestris (P. alpestris Rchb.)
Chrysanthemum leucanth. L.	»	C. l. montanum Gaud. (C. montanum L.)
Solidago virga aurea L.	»	S. v. alpestris K. (S. alpestris Willd.)
Juniperus communis L.	»	J. c. alpina Gaud. (J. nana Willd.)
Gnaphalium sylvaticum L.	»	G. s. fuscatum Wahl. (G. norwegicum Gunn.)

Ranunculus nemorosus L.	devient	R. n. alpinus Var. (R. aurens Schl.)
» lanuginosus L.	»	R. l. parvulus Dc.
Trollius europæus L.	»	T. e. humilis Dc.
Polygala vulgaris L.	»	P. oxyptera Rchb.?
Rosa pimpinellifolia L.	»	R. p. mitissima K. (R. mitissima Gm.)
Phyteuma spicatum L.	»	P. nigrum Schm. Kirschl.?
» orbiculare L.	»	P. lanceolatum Vill. Kirschl.?
Anthriscus sylvestris L.	»	A. s. alpina M. K.
Silene inflata L.	»	S. i. uniflora Dc. (Cucubalus alpinus Lam.)
Dianthus cæsius L.	»	D. c. nanus Bab. (D. cæspitosus Poir.)
Galium sylvestre L.	»	G. s. alpestre K. (G. alpestre Dc.)
Carduus defloratus L.	»	C. d. nanus Bab.
Picris hieracioides L.	»	P. h. montana Monn.

Ainsi que nous l'avons dit, la plupart de ces espèces passent à leur modification montagneuse ou alpestre extrême par de nombreux intermédiaires. Il y aurait à citer une foule d'autres plantes qui offrent également des altérations d'altitude plus ou moins profondes, et, il s'en faut de beaucoup que toutes les variétés alpestres ou alpines soient signalées par les auteurs. En tous cas, on voit clairement dans l'énumération précédente comment ces sortes de modifications extrêmes ont été prises, tantôt pour des espèces distinctes et décrites comme telles, tantôt pour des variétés de leur type, selon que les intermédiaires qui les y rattachent ont été négligés ou constatés. Donnons quelques exemples aisés à vérifier sur les lieux.

La *Scabiosa columbaria,* commune au pied du Jura, se modifie graduellement en s'élevant dans la plupart des chaînes. Jusque vers la première moitié de notre région montagneuse ces modifications sont peu remarquables; mais au dessus de ce niveau elles commencent à attirer l'attention. La plante devient moins rameuse, plus riche en feuilles radicales, pauciflore, à fleurs plus grandes relativement et même absolument : toutes les parties deviennent lisses et luisantes ; enfin elle devient entièrement uniflore dans la région alpestre, et l'on arrive ainsi à la *S. lucida.* On peut suivre cette marche dans les chaînes du Moron en montant depuis le Val-de-Moutier, de Chasseral en s'élevant depuis les bords du lac, dans celles de l'Aiguillon depuis Sainte-Croix, du Reculet depuis Thoiry, etc. On la voit également bien dans les Vosges, au Ballon de Sulz en s'élevant depuis Villers au Val-Saint-Amarin par Goldbach, jusqu'au sommet. Les caractères que donnent quelques auteurs pour les dents du calice ne m'ont pas paru constans.

Le *Chrysanthemum leucanthemum* joue exactement le même rôle dans les mêmes localités jurassiques signalées ci-dessus, pour arriver à la forme *montanum.*

Le *Poa annua* m'a paru passer par tous les intermédiaires jusqu'au *Poa supina,* en montant le Feldberg depuis la Höllenthal par Alpirsbach ; la panicule devient graduellement pauciflore, les épillets plus grands, leur coloration plus intense. La forme du sommet de la montagne mise à côté de celle de la vallée, offre un contraste frappant. Je n'ai pas vu ces modifications dans les Vosges où l'on trouve cependant la forme alpestre au Ballon de Sultz et ailleurs : les stations intermédiaires n'y sont apparemment pas favorables. On ne l'a pas encore observé que je sache dans le Jura : aussi ne faut-il pas oublier que le type *Poa annua* est une espèce des sols psammogènes.

Le *Gnaphalium sylvaticum* passe par toutes les transitions à la forme alpestre *fuscatum* ou *norwegicum,* de la vallée de Munster aux cimes déchirées du Hohneck, et du Höllenthal déjà cité aux pentes rocailleuses du Feldberg, où il devient peut-être le *supinum?* La plante devient graduellement plus petite, à fleurs moins nombreuses, plus grandes relativement, colorées d'une nuance plus sombre et plus intense, puis enfin presque totalement uniflore. Je n'ai pu observer ces transitions dans le Jura où la forme *fuscatum* se trouve cependant, et je n'ai pas vu la limite extrême *supinum* dans les Vosges.

En s'élevant dans les chaines du Wasserfall, Weissenstein, Chasseral, Aiguillon, Reculet, etc., dans le Jura, on voit se modifier insensiblement la *Campanula rotundifolia* : elle devient de plus en plus pauciflore, à tiges moins nombreuses, plus roides, à feuilles radicales plus rares?, à fleurs plus grandes et d'un plus beau bleu, à lanières du calice plus alongées, etc. Dans les pâturages élevés où cette plante est très-commune, elle atteint la limite extrême de ces modifications : la forme du sommet rapprochée de celle du pied de la montagne en diffère assez sensiblement. — Dans les Vosges, aux lieux déjà cités, on suit aisément ces mêmes modifications, et la limite extrême est mieux caractérisée encore, c'est-à-dire que la plante est plus souvent à une seule fleur et d'un bleu plus intense. — Dans le Schwarzwald, également aux mêmes endroits, cette marche n'est pas moins évidente, et la limite extrême est beaucoup plus nettement uniflore d'une nuance foncée : la plante du haut diffère entièrement de celle du bas. — Ainsi cette modification alpestre est *plus intense* au Feldberg, moins au Ballon de Soulz et moins encore dans le Jura, même à niveaux supérieurs. On conçoit d'après cela les difficultés éprouvées dans la diagnose de ces formes si mobiles (¹). On voit aussi une nouvelle preuve de ce que nous avons avancé ailleurs,

----

(¹) Voyez dans l'Enumération la synonymie de cette plante.

qu'aux mêmes altitudes, les conditions biologiques alpestres décroissent dans l'ordre Schwarzwald, Vosges, Jura.

Bornons-nous à ces exemples. Ajoutons cependant que d'autres observateurs ont déjà signalé des faits analogues. Ainsi M. Nägeli a vu dans le Jura les passages entre le *Plantago lanceolata,* et le *montana* et, ce qui serait bien plus remarquable, il dit avoir observé au Salève les transitions qui lient la *Globularia vulgaris* et la *cordifolia* (1).

Dans ces divers cas, nous n'avons jamais vu le type à côté de la modification, ce qui satisfait à l'une des deux lois posées plus haut. Cependant ce serait une erreur de croire qu'ils ne sauraient se trouver, si non presqu'au contact, du moins à la même hauteur absolue. Ainsi la *S. columbaria* et le *C. leucanthemum* à peine modifiés se trouvent dans le val de Moutier-Grandval (600^m), au même niveau et à quelques centaines de pas de leurs formes *lucida* et *montanum* très-abondant dans les Roches ou Cluses de la Birse. Mais là, ces dernières plantes se trouvent en société des *Alchemilla alpina, Gentiana acaulis, Androsace lactea,* etc., dans l'espèce de stations exceptionnelles dont nous avons parlé en détail au § 13. Il faut aussi ajouter que de même que les formes de la vallée ne sont pas tout-à-fait celles de la plaine, de même celles de la Cluse ne sont pas tout-à-fait les formes des sommités.—En outre, si l'on peut souvent observer les transitions entre les limites extrèmes des altitudes inférieures et des supérieures, on conçoit aussi combien il peut souvent arriver que, par suite de l'absence de stations intermédiaires convenables, on ignore ces transitions, et soit ainsi conduit à envisager comme espèces deux formes réellement dépendantes d'un seul type.— Du reste, ces modifications alpestres sont évidemment dues à une diminution de chaleur, jointe à une augmentation de lumière : le rôle de la pression atmosphérique est controversé, mais l'influence des vents sur la réduction de la taille ne parait pas douteuse. Quant à celle du sol et des roches soujacentes que nous avons entièrement omise, elle ne laisse pas d'avoir son importance, non-seulement sur la présence ou l'absence de certaines formes, mais sur les modifications des mêmes types. La puissance du sol et son mode d'arrosement doivent se faire sentir dans les régions supérieures, et favoriser inégalement certaines conditions de développement et de variabilité. Aussi voyons-nous le même type de la *Campanula rotundifolia* offrir aux mêmes altitudes des degrés d'altération différents sur les gneiss du Feldberg, les eurites du Ballon de Soultz et les calcaires du Chasseral ; et cela, dans un sens, qui indi-

---

(1) Nägeli, Cirsien der Schweiz, dans les Mém. soc. helv.

querait *les sols les plus eugéogènes comme plus propres à seconder celles des modifications alpestres qui exigent un certain concours de l'humidité, et les dysgéogènes, au contraire, un certain degré de siccité.*

§ 86. Jetons maintenant un coup-d'œil sur les modifications qui ont lieu, à niveau égal, par la prédominance de certains facteurs principaux en continuant à prendre Hegetschweiler pour guide.—La *lumière* porte sur l'intensité du développement floral : elle colore ; *l'ombre* amoindrit ce développement et décolore. La *sécheresse* solidifie les tissus, réduit les formes, étrique et divise souvent la foliation, augmente les revêtements ; *l'humidité* relâche les tissus, favorise la foliation et en arrondit souvent les proportions, amollit et diminue les revêtements. La *succulence* d'alimentation produit l'embonpoint et la glandulosité, etc. Les parties accessoires du végétal ne se développent jamais qu'aux dépens des parties principales, et réciproquement, etc., etc. Il suffit à notre objet des indications précédentes, mais pour se faire une idée complète de la théorie de M. Hegetschweiler, il faut en voir le développement dans ses ouvrages. Il y expose en outre plusieurs aptitudes à la modification dépendantes de l'organisation même des espèces et déterminant une prédominance particulière du système des organes mâles ou femelles, du développement corollin ou calycinal, de la foliation radicale et caulinaire, etc. Il faut aussi consulter sur ce sujet le beau mémoire de M. Nägeli sur les Cirsium (¹). Voyons comment ces lois trouvent leur application dans la flore de notre champ d'étude.

Nous avons vu dans les espèces alpestres l'action de la lumière sur l'augmentation de la fleur et la plus vive coloration de toute la plante. L'ombre, au contraire, amoindrit le développement floral et le décolore, ainsi que les autres parties du végétal. L'avortement des pétales dans les stations ombragées est assez fréquent et se remarque bien dans plusieurs genres, par exemple les *Viola, Stellaria, Cerastium;* l'amoindrissement de la corolle dans

(¹) Ces principes et d'autres analogues étant posés, Hegetschweiler a fait voir dans le plus grand détail pour plusieurs genres importants composés d'espèces flexibles, notamment les Ronces et les Rosiers, comment ils trouvent leur application. Il a établi toutes les modifications dans la floraison, la foliation, la caulescence, les revêtements, etc , qui correspondent à des combinaisons déterminées de lumière, d'humidité, de chaleur, d'air, de sol, etc. Dans tout ce travail, il a eu sans cesse devant les yeux l'ensemble des facteurs et l'ensemble des modifications produites dans chaque cas. Nous ne pouvons le suivre dans ces belles recherches trop peu connues de beaucoup de botanistes, très-appréciées par quelques-uns et que d'autres ont repoussées d'une manière fâcheuse selon nous, parce que Hegetschweiler a parfois trop étendu les conséquences de ses principes.

d'autres genres comme les *Lamium*, les *Prunella* appartient au même ordre de faits, et c'est de là que dérivent le plus souvent les variétés apétales, parviflores, clandestines, etc. Beaucoup de plantes à fleurs bleues ou surtout purpurines offrent des variétés blanches qui le plus souvent sont le résultat d'une longue habitation dans des lieux très-couverts. Il y en a plus de 80 dans nos limites, dont un grand nombre évidemment dues à cette cause. Telles sont les *Viola sylvestris*, *Geranium sylvaticum*, *G. robertianum*, *Scabiosa succisa*, *Eupatorium cannabinum*, *Carduus defloratus*, *Campanula pusilla*, *Myosotis sylvatica*, *M. palustris*, *Galeopsis ladanum*, *Scutellaria galericulata*, plusieurs *Carduus*, *Cirsium*, *Orchis*, etc. La décoloration se voit encore clairement dans ce cas chez la plupart des graminées, comme *Aira cæspitosa*, *Briza media*, *Poa nemoralis*, *Molinia cærulea*, *Holcus lanatus*, *H. mollis*, *Agrostis stolonifera*, *Avena flavescens*, *Poa annua*, *P. pratensis*, *P. trivialis*, *Dactylis glomerata*, *Phalaris arundinacea*, etc., dont la panicule est d'autant plus pâle, plus verte, qu'elles ont crû plus à l'ombre. Les cas opposés, bien que moins faciles à constater chez les fleurs à teintes tranchées, s'y font cependant remarquer, et l'on distingue suffisamment l'intensité qu'acquièrent leurs couleurs dans des stations apriques. Les plantes à fleurs jaunes, blanches ou herbacées y prennent souvent une rubéfaction notable; c'est le cas, par exemple, chez les *Anthyllis vulneraria*, *Hippocrepis comosa*, *Potentilla verna*, *Carum carvi*, *Daucus carotta*, *Achillæa millefolium*, *Euphorbia verrucosa*, *Helleborus fœtidus*, *Rumex scutatus*, et la plupart des graminées, d'où des variétés souvent signalées sous les qualifications de *rubriflora*, *rubens*, *crocea*, *purpurascens*, *rubella*, etc. Toutefois nous apporterons plus loin nos réserves à ces généralités.

La sécheresse solidifie les tissus, réduit la taille, diminue le nombre des fleurs, donne plus de rigidité à toute la plante y compris la racine, produit ou augmente la villosité, la glaucescence, les armatures, dente, divise, lacinie ou rétrécit les feuilles, les porte vers le collet de la racine et les y rapproche en rosaces ou gazons plus serrés, etc. De là, un nombre considérable de variétés plus ou moins éloignées du type, et dont nous allons donner quelques exemples. D'abord celles qui indiquent la réduction de la taille comme *Ranunculus bulbosus minor* (¹), *Iberis amara minor*, *Viola hirta minor*, *V. sylvestris minor*, *Saponaria vaccaria gracilis*, *Silene inflata minor*, *Hypericum perforatum nanum*, *Geranium pusillum humile*, *Trifolium arvense exiguum*, *T. filiforme minimum*, *Saxifraga aizoon minor*, *S. tridactilites exilis*,

---

(¹) On trouvera à-peu-près toutes ces variétés dans les Flores de MM. Hagenbach et Babey. Nous y renvoyons pour la synonymie qu'il serait trop long de donner ici.

Daucus carotta nana, Scabiosa succisa humilis, Chrysanthemum leucanthemum pygmœum, Hypochœris radicata simplex, Crepis virens humilis, Hieracium pilosella humile, Campanula glomerata nana, Linaria striata simplex, Veronica arvensis nana, Galeopsis tetrahit minor, Plantago lanceolata minor, Euphorbia peplus minor, Epipactis latifolia minor, Setaria viridis nana, Kœleria cristata gracilis, Festuca pratensis humilis, Bromus mollis nanus, Lolium perenne humile, etc. En second lieu celles qui désignent la diminution du nombre des fleurs comme *Dianthus prolifer uniflorus, D. sylvestris uniflorus, Campanula persicifolia uniflora, C. rotundifolia uniflora, Gentiana germanica uniflora, Galeopsis ladanum uniflora, Hieracium umbellatum pauciflorum*, etc. Ensuite celles qui se rapportent à la rigidité de la plante ou à ses revêtements, telles que *Poa nemoralis coarctata, Festuca duriuscula curvula, hirsuta et glauca, Triticum caninum glaucum, Erysimum ochroleucum strictum, Cerastium arvense strictum, Galium mollugo scabrum, G. lucidum scabridum, G. sylvestre hirtum, Valerianella olitoria lasiocarpa, Laserpitium latifolium asperum, Campanula rapunculus hirsuta*, etc. Enfin les variétés qui ont trait à la foliation ; celles à feuilles plus étroites et plus petites comme *Trifolium pratense microphyllum, Solidago virga aurea angustifolia, Gnaphalium sylvaticum angustifolium, Galeopsis ladanum angustifolia*, etc. ; celles à feuilles plus ramassées vers le bas comme *Polygala amara austriaca, Erodium cicutarium acaule, Saxifraga sponhemica condensata*, etc. ; celles à feuilles plus dentées ou plus divisées, comme *Ranunculus bulbosus dissectus, Valerianella olitoria dentata, Scabiosa succisa incisa, Scabiosa arvensis laciniata, Crepis biennis lacera, Hieracium murorum laciniatum, H. Jacquini lyratum, Prunella vulgaris pinnatifida, P. grandiflora pinnatifida, Libanotis montana daucifolia, Athamantha cretensis mutellinoides*, etc. Il va sans dire que bien que ces diverses variétés se rapportent chacune à un caractère principal, elles portent en outre la plupart des autres.

On remarquera que les types des variétés précédentes sont la plupart des plantes de stations habituellement assez sèches, et qui se modifient dans des lieux plus secs encore, comme par exemple les pentes pierreuses de collines dysgéogènes. Les plantes des stations habituellement humides éprouvent dans leur passage à des stations sèches des modifications analogues. Cela se voit bien dans les lieux alternativement inondés et exondés, comme certaines tourbières, les bords de certains étangs, etc. Ainsi nous y voyons comme exemple de réduction de taille, les *Ranunculus flammula reptans, Epilobium palustre minus, Myriophyllum verticillatum limosum, Lythrum salicaria nana, Galium uliginosum nanum, Bidens cernua minima, Filago minima supina, Erythræa pulchella gracilis, Lycopus europæus minor, Melampyrum pratense paludosum, Galeopsis ladanum exilis, Scutellaria galericulata simplex, Plantago major minima, Potamogeton natans pygmæus, Heleocharis palustris minor, Scirpus setaceus minimus, Carex teretiuscula nana, C. stricta minor, Molinia cærulea minor,* etc. ; et comme exemples de réduction dans les fleurs et les feuilles : *Nasturtium officinale parviflorum, Crepis præmorsa pauciflora, Hieracium umbellatum angustifolium, Gentiana pneumonanthe uniflora, Rumex acetosella angustifolia, Polygonum aviculare angustifolium, Salix aurita microphylla, Alisma plantago lanceolata, Sagittaria sagittæfolia angustifolia, Juncus tenageya filiformis,* etc.

Si nous examinons, au contraire, les effets produits par une augmentation d'humidité supérieure à ce qu'exige habituellement une plante, nous trouvons des résultats opposés. Nous voyons se développer toutes les parties de la plante, la foliation devenir plus ample et tendre à s'arrondir, la taille augmenter, les tissus se relâcher, les armatures diminuer. Mais cette augmentation d'humidité sans ombre est le plus souvent liée aux propriétés d'un sol plus profond, plus meuble, plus frais, plus chargé de sucs alimentaires. De là des variétés de taille, telles que *Viola sylvestris riviniana, Anemone pulsatilla gigantea, Primula farinosa gigantea, Parnassia palustris gigantea, Valeriana officinalis altissima, Lycopus europæus elatior, Veronica becabunga gigantea, Ranunculus repens erectus, Æthusa cynapium altissima, Carlina acaulis caulescens, Cirsium acaule caulescens, Gentiana acaulis caulescens,* etc.; de foliation plus ample et plus entière, comme *Hieracium murorum integrifolium, Lamium maculatum macrophyllum, Prunella grandiflora integrifolia, Cervaria glauca latifolia,* etc.; de ramosité plus développée, comme *Turritis glabra ramosa, Cerastium vulgatum sylvaticum, Crepis virens diffusa, Erythræa pulchella cæspitosa, Campanula rotundifolia debilis, Linaria stricta ramosa,* etc.; de glabrescence, comme *Ranunculus repens glabratus, Galium sylvestre supinum, Jasione montana glabra,* etc.; de glandulosité et de viscosité comme pour les *Rosa canina, Veronica spicata, Arenaria serpyllifolia;* enfin, de là des monstruosités comme les fleurs doublées, les épis décomposés, les bractées anormales, etc., par exemple dans les *Bidens cernua radiata, Achillæa ptarmica multiplex, Barbarea vulgaris plena, Veronica prostrata plena, Lolium perenne compositum, Plantago major monstrosa,* etc.

§ 87. Il y aurait, comme on le voit, tout un traité à faire sur le vaste sujet dont nous venons de donner un aperçu. Nous sommes loin de prétendre que tous les faits avancés y soient irréprochables dans les détails, mais nous croyons que les généralités sont parfaitement fondées. En suivant la plupart des espèces flexibles dans leurs variations et les facteurs qui y correspondent, on arrive aux mêmes résultats. Ainsi on voit varier le *Polygala vulgaris* des stations fraîches jusqu'au *comosa* des collines sèches, par des intermédiaires saisissables, et on n'observe point les variétés extrêmes réunies au même lieu. On voit de même, bien que peut-être moins clairement, le type du *Polygala amara* passer, selon ses stations d'humidité et d'altitude, aux formes *uliginosa austriaca* et *alpestris*. On voit admirablement se modifier le *Silene infata* en toutes sortes de formes redressées, couchées, pauciflores, pluriflores, raides ou débiles, vertes, glauques ou purpurescentes selon la combinaison des facteurs extérieurs. Nous avons vu les *Chrysanthemum leucanthemum, Campanula rotundifolia,* etc., varier jusqu'à leurs formes alpestres dont on a fait des espèces, et ils se modifient également dans d'autres limites pour arriver à d'autres variétés. Bref, ces variations sont plus ou moins faciles à saisir dans une foule de cas, et ont tantôt donné lieu à des formes assez déterminées pour qu'elles aient été signalées par les auteurs comme variétés ou même comme espèces à part, tantôt produit des formes intermédiaires qui ont moins fixé l'attention et ont été négligées. Presque partout on les voit aisément correspondre à des changements dans les conditions de lumière, d'humidité, etc. Cependant il est aussi des exceptions à ce moyen de solution et des faits contradictoires à ce qui précède. Ainsi, entre des formes très-voisines et qu'on serait tenté de ranger sous le même type, on aperçoit moins clairement des passages, par exemple entre les *Centaurea jacea et pratensis, Valeriana officinalis major et minor, Taraxacum vulgare, lœvigatum, palustre et alpinum,* etc.; ou bien on ne saisit pas de différences de station entre des formes présumées du même type comme *Rumex scutatus viridis et glaucus, Sedum reflexum viride et glaucum;* ou bien on voit habiter côte-à-côte des formes voisines qu'on serait tenté de regarder comme des modifications de station, telles que les *Leontodon hispidum et hastile, Euphrasia officinalis et nemorosa, Sonchus oleraceus et asper, Chœrophyllum hirsutum et cicutaria, Achillœa millefolium album et roseum, Carduus crispus purpureus et albus, viridis et vestitus,* etc. On est ainsi conduit à admettre que des formes très-semblables peuvent néanmoins appartenir à types différents, ou que certaines modifications du même type sont dues à des causes qui nous échappent. Mais, en général, cette dernière catégorie de faits est peu nombreuse en comparaison de ceux que nous avons signalés et qui abondent de toutes parts.

Cette étude des modifications d'un même type selon les facteurs principaux de ses stations, a souvent fait reconnaître les rapports entre des formes plus ou moins distinctes longtemps séparées, et qu'on a ainsi ramenées à plus ou moins juste titre à leur départ commun. C'est ce qui est arrivé notamment pour celles des types *Rubus fruticosus, Rosa canina, Thalictrum angustifolium, Rhinanthus crista-galli, Viola sylvestris, Aconitum napellus, Salix nigricans, Ranunculus aquatilis, Polygala vulgaris*, etc. On a été conduit à admettre comme liés par des intermédiaires les *Scabiosa arvensis et sylvatica; Myosotis palustris, strigulosa, laxiflora et cœspitosa; Erythrœa centaurium, pulchella, ramosissima, nana; Hieracium umbellatum et boreale; Orchis latifolia et angustifolia, Taraxacum pratense, lœvigatum, palustre; Euphrasia officinalis, intermedia, nemorosa; Solanum nigrum, miniatum, villosum; Tilia platyphyllos, intermedia, microphyllos; Bromus secalinus, grossus, velutinus; Lolium temulentum, speciosum, arvense; Betula alba, pubescens, intermedia?*, etc. Enfin, on a même étendu par analogie cette manière de voir des espèces voisines où les intermédiaires ont été à peine observés, ou seulement présumées, telles que *Brachypodium pinnatum et sylvaticum; Salix capræa, grandifolia; Adenostyles albifrons, alpina; Senecio vulgaris, viscosus, sylvatica; Senecio jacobœa, erucœfolius, aquatica; Primula officinalis, elatior, acaulis; Vicia cracca, villosa, tenuifolia; Ononis spinosa, arvensis; Thlaspi montanum, alpestre, prœcox; Erucastrum obtusangulum, Pollichii; Malva alcœa, moschata; Galeopsis ladanum, ochroleuca; Ranunculus montanus, gracilis; Potentilla verna, opaca, cinerea; Alchemilla vulgaris, fissa; Alchemilla alpina, cuneata; Heracleum sphondylium, montanum?, alpinum; Anthriscus sylvestris, torquata*, etc.

Bien que dans l'état actuel de la science on puisse envisager un bon nombre de ces rapprochements comme trop précipités ou même totalement mal fondés, il n'en est pas moins vrai que plusieurs autres sont appuyés par toutes les observations faites sans prévention avec un détail et une persévérance suffisants, non-seulement dans les herbiers mais sur la nature elle-même. Et quoique ces sortes de vues soient abandonnées par des botanistes éminens comme surannées, l'expérience et la pratique des herborisations ramène sans cesse d'autres observateurs non moins compétens à l'examen de la question, et à une solution affirmative pour beaucoup de cas. C'est ainsi que nous avons vu récemment ces principes appliqués aux *Rhinanthus, Viola, Primula*, etc., par M. Goldenberg (¹) avec l'assentiment de MM. Fuhlrath et

(¹) Botan. Zeit. 1847, n° 50.

Wirtgen ; c'est ainsi encore que M. Watson a constaté par des essais que les *Primula officinalis et elatior* dérivent du même type (¹) ; que M. Kaltenbach a établi les intermédiaires qui lient la *Viola arvensis* à la *lutea,* etc. Il suffit en outre d'examiner avec soin les monographies suffisamment détaillées de certains genres pour se convaincre de la réalité de l'existence de certains intermédiaires : c'est ce que l'on voit bien, par exemple, dans celle des *Viola* de M. Kirschleger (²). Et, du reste, il n'est pas un botaniste que la détermination consciencieuse d'un assez grand nombre de formes n'ait mis dans l'embarras, et qui n'ait reconnu des intermédiaires échappant également à deux diagnoses consécutives. Tous les observateurs concèdent la modification des espèces de la plaine dans les hautes régions, celles des stations apriques ou ombragées, sèches ou humides. Enfin, bien que les intermédiaires aient été le plus souvent négligés, il n'est personne qui n'ait au moins entrevu leur existence. Toute la question roule donc, non pas sur la réalité du fait, mais sur ses limites. L'*existence* de ces modifications et passages selon les stations est la seule chose qui nous importe ici, et on a vu par tout ce qui précède que notre champ d'étude en fournit des preuves assez nombreuses.

Si, comme dans tout ce qui précède, au lieu d'envisager les modifications d'une espèce transportée d'une station dans une autre, on considère ce qui revient au même, les modifications qu'elle éprouverait dans un lieu dont les facteurs viendraient à changer, on arrive également à des résultats favorables à l'opinion de l'influence capitale de ces facteurs sur plusieurs des caractères principaux que nous sommes habitués à envisager comme spécifiques. M. Fraas a cherché récemment à rendre appréciables plusieurs faits de ce genre dans les temps historiques, et à établir qu'aux grandes modifications de climat de plusieurs contrées auraient correspondu, non-seulement l'apparition ou la disparition de certaines espèces peu flexibles, mais des variations notables dans les types susceptibles de se plier aux changements survenus. C'est ainsi, selon cet observateur, que le climat de la Grèce actuelle devenu notablement plus chaud et plus sec que celui de la Grèce ancienne, aurait en même temps réduit la dispersion des espèces à station fraîche ou humide, fait disparaître plusieurs d'entr'elles, introduit des espèces nouvelles inconnues à Théophraste, rendu caduques des feuilles persistantes, vivaces des plantes annuelles, rabougris des végétaux arborescens, enfin modifié les caractères de

(¹) Botan. Zeit., n° 51.—Nous apprenons qu'il a paru un mémoire de M. Watson sur la *Théorie du développement progressif, l'origine et la transformation des espèces* qui, à ce qu'il paraît, traite de la question dans le même sens que Hegetschweiler. Malheureusement il nous est encore inconnu.

(²) Mémoires de Strasbourg.

la foliation de certains arbres dans des limites assez étendues pour que les termes extrêmes de ces modifications représentés par des diagnoses, convinssent à ce que nous envisageons dans un temps donné comme des espèces différentes. Du reste, nous n'insistons pas sur ces sortes de faits qui ont été très-controversés. L'opinion ci-dessus de M. Fraas serait reconnue mal fondée que cela ne changerait rien à ce qui précède.

Bien que, dans tout ceci, il ne s'agisse que de végétaux phanérogames, l'action des facteurs physiques sur les modifications des cryptogames n'est pas moins importante, et se montre même d'une manière plus tranchée. C'est ce que s'était appliqué à démontrer pour les mousses suisses M. Custer dans un mémoire spécial qui malheureusement n'a pas été publié (¹). Plus récemment les stations ont servi de base à M. Wesdendorp pour une classification de ces végétaux (²). L'influence des facteurs physiques y compris le sol est du reste aisée à reconnaître au moyen des variations étudiées dans les flores. C'est ainsi, par exemple, que l'*Hypnum stellatum* Schreb. prend des formes différentes selon qu'il végète sur sol pélique humide, exondé sec, ombragé frais ; que la *Grimmia pulvinata*, l'*Anomodon curtipendulus*, le *Schistidium apocarpum*, etc., des roches calcaires du Jura se modifient sur les cristallines des Alpes et sur les blocs erratiques ; que les *Lecidea confluens, parasema,* etc., les *Parmelia parietina, centrifuga,* etc., offrent de nombreuses modifications selon les conditions hygroscopiques de leur surface d'insertion et les circonstances atmosphériques ambiantes qui en dépendent directement. Nous dirons encore un mot ailleurs sur ce sujet.

Enfin il ne faut pas oublier que tout ce que nous disons ici des plantes ne s'applique pas moins à diverses autres classes d'être organisés. Il serait aisé d'en apporter des exemples empruntés à la conchyliologie actuelle, et la paléontologie en offre de bien plus nombreux encore. C'est ainsi qu'une étude approfondie des trois *Helix nemoralis, hortensis* et *sylvatica,* dont les variations extrêmes sont parfaitement distinctes, y a fait reconnaître des changements de station du même type, et qu'il existe à peine une Ammonite oxfordienne dont les formes extrêmes liées par tous les intermédiaires n'offrent, envisagées séparément, des caractères spécifiques parfaitement distincts.

§ 88. Comme on le voit, les agens de modification que nous venons d'examiner sont essentiellement la chaleur, l'humidité, la lumière combinées en proportions diverses. La composition du sol en tant que pélique, pélopsammi-

<hr>

(¹) Acti della società helvetica. Lugano 1855.

(²) Bulletin de l'Acad. royale de Belgique. tom XIII.

que, psammique plus ou moins profond, ne s'y montre guère qu'implicitement
comme fonction de ces facteurs, c'est-à-dire exerce son action d'une manière
physique. Il faut y ajouter ce que nous avons dit ailleurs des effets respectifs
des sols eugéogènes et dysgéogènes sur les caractères extérieurs. Ainsi, en
général, de même que dans les faits de dispersion, nous voyons dans ceux de
modification dominer largement l'action des facteurs mécaniques, et la nature chimique du sol ne jouer qu'un rôle exceptionnel. Il ne faut pas oublier
que le cas des sols gras ou fortement azotés qui exercent un certain effet sur
les altérations de formes, appartient essentiellement, non pas aux éléments
minéraux du sol, mais à ses principes d'origine organique. Rien n'empêche
aussi que certains changements de couleur dans les fleurs, par exemple en
certains cas celui de teintes blanches en roses ou purpurines, dérive de quelque solution minérale et rentre dans l'action chimique des sols. Enfin l'action
de certains sels solubles, évidente sur la dispersion, l'est encore sur la modification, et c'est certainement à elle qu'il faut assigner les variations *Poa
distans marina, Alsine rubra marina, Atriplex latifolia marina, Tetragonolobus siliqnosus maritimus,* etc. Mais, en général, pas plus que dans la dispersion, *on ne trouve de rapports directs et constants des modifications de l'espèce
avec les généralités chimiques de composition des grandes masses soujacentes,
calcaires, siliceuses, alumineuses,* etc.

Il résulte aussi de tout ce qui précède, qu'aux traits d'organisation généraux que nous avons donnés comme respectivement propres aux espèces préférentes des terrains eugéogènes et dysgéogènes, nous pouvons en ajouter
quelques autres relatifs aux espèces qu'ils possèdent en commun. En effet,
si nous nous représentons deux districts, l'un eugéogène, l'autre dysgéogène,
c'est-à-dire l'un plus frais et plus humide, l'autre plus sec, il est clair que
l'habitus des mêmes plantes ne saurait être entièrement la même dans les
deux cas. Ainsi le *Polygala vulgaris* chez le premier, tendra fréquemment à
sa limite extrême *genuina,* et le second à la forme opposée *comosa,* sans préjudice aux intermédiaires : le premier sera commun sur les collines molassiques de Saint-Gall, par exemple, où le second sera rare ; le second sera
habituel sur les collines calcaires de Porrentruy où le premier deviendra soit
infréquent, soit nul. La *Prunella grandiflora* se montre à feuilles entières
sur les calcaires oolitiques de Salins ou les basaltes plus désagrégeables du
Kaiserstuhl, et la variété laciniée y sera exceptionnelle, tandis qu'elle deviendra la règle sur les calcaires portlandiens du Jura bernois, où la forme
à feuilles entières se montre peu. Le *Hieracium umbellatum* sera réduit et
pauciflore sur les calcaires du Jura alsatique, élevé et riche en fleurs sur les

collines limoneuses du Sundgau et de la Bresse. La *Festuca ovina* offrira des variétés *curvula* dans le premier cas et sa forme *duriuscula* dans le second. La *Calluna vulgaris* sera chétive et réduite sur les terrains jurassiques de l'Albe et des Collines lorraines, élevée et luxuriante sur les roches clastiques et cristallines du Schwarzwald et des Vosges. Le *Meum athamanticum* demeurera bas et couché dans les combes marno-compactes du Jura, sera haut et dressé sur les syénites vosgiennes. La *Campanula rotundifolia* offrira ses variétés hispides sur les basaltes du Kaiserstuhl et demeurera glabre sur les gneiss hercyniens; sur ces derniers elle passera, moyennant les altitudes, à la limite extrême *Scheuchzeri* qu'elle atteindra à peine sur les calcaires jurassiques à des niveaux supérieurs.—*C'est-à-dire, qu'en général, de même qu'on voit les espèces xérophiles et les hygrophiles caractériser respectivement les sols dysgéogènes et les eugéogènes, on verra les variétés que nous pouvons appeler aussi xérophiles et hygrophiles, se conduire de la même manière chez les espèces communes à ces deux terrains.*

CHAPITRE DIX-HUITIÈME.

REVUE ET INTERPRÉTATION DES FAITS RELATIFS A LA DISPERSION DES ESPÈCES SIGNALÉS PAR LES PRINCIPAUX OBSERVATEURS.

§ 89. Après avoir si longtemps entretenu le lecteur de nos propres observations et de nos vues personnelles, il est bien temps de rechercher jusqu'à quel point elles sont d'accord avec les faits recueillis par nos devanciers, et les opinions qu'ils en avaient déduites.

Tous les observateurs ont admis la part d'influence de l'état d'agrégation mécanique des sols et, partant, celui des roches soujacentes sur la végétation. Mais, à côté de cela, un certain nombre ont envisagé leur composition chimique comme un des agens principaux des faits de dispersion ; d'autres ont reconnu le parallélisme qui existe entre la dispersion et les terrains, sans se prononcer entre la cause chimique et la cause physique ; d'autres enfin les envisagent comme un produit de cette double action. La plupart des botanistes se sont surtout attachés à signaler des faits : tels sont MM. Link, Boué, Thomson, de Brebisson, Johnston, Atkinson, Zahlbruckner, A. Sauter, D. Sauter, Hoppe, Stein, Voigt, Lachmann, Meyer, Lindblom, Rœper, Kirschleger, Mougeot, Spenner, Griselich, Duret, Lorey, Moritzi, Grenier, Godron, Döll, Lagrèze-Fossat, Boreau, Martins, de Lambertye, Blytt, Willkom, Boissier, Grisebach, de Schlechtendal, Neilreich, Desmoulins, Duchartre, etc. MM. Watson, Unger, Heer et de Mohl ont traité la question plus spécialement. Les chimistes ont d'après cela le plus souvent envisagé comme légitimement établies ces données de l'observation extérieure, et dirigé leurs essais et leurs analyses vers la vérification, l'explication ou la justification de ces rapports. De là, d'assez nombreux travaux analytiques et physiologiques parmi lesquels nous citerons ceux de MM. Schrader, Braconnot, John, Th. de Saussure, Dävy, Lassaigne, Peschier, Berthier, Liebig, Daubeny, C. Sprengel, Payen, Sauvanaud, etc., travaux aboutissant du reste à des résultats très divers, les uns confirmatifs de l'action chimique comme ceux de MM. de Saussure et Sprengel, les autres arrivant à des conclusions presqu'entièrement opposées tels que ceux de MM. Braconnol, Berthier et Sauvanaud.

La plupart des botanistes cités plus haut ont apporté à l'appui de l'influence chimique des roches soujacentes sur la végétation, des faits observés dans un champ d'étude assez limité. Les observateurs qui ont étudié sur une plus grande échelle, tels que MM. Wahlenberg, Watson, Decandolle, Schouw et de Mohl ont été conduits à la révoquer en doute, à la combattre comme généralité, à la restreindre dans de certaines limites ou même enfin à la nier presque totalement. La plupart ont au contraire insisté sur la prépondérance de l'action physique.

On voit que de part et d'autre dans ce débat (¹) les autorités les plus respectables ont apporté leur contingent de lumières. Il y aurait donc eu de notre part plus que de la témérité d'avoir osé aborder une carrière aussi épineuse, si nous ne nous étions sévèrement prescrit de procéder uniquement comme on l'a vu, par la comparaison purement géographique des faits de dispersion, et de nous abstenir de toute considération chimique ou physiologique qui n'en découlerait pas immédiatement. Mais c'est ici le cas pour éviter tout malentendu de poser de nouveau la question avant de débattre les faits que nous avons à passer en revue. *Nous ne prétendons pas que l'action chimique des roches soujacentes qui entrent désagregées ou décomposées dans la formation du sol, soit nulle sur l'acte de la végétation ; mais nous croyons avoir établi que, dans notre champ d'étude, les grands faits de dispersion dépendants du sol et qui permettent de distinguer certains terrains géologiques par leurs espèces préférentes, ne sont pas l'effet de l'influence chimique, mais celui de l'état mécanique des détritus de ces roches soujacentes.*

Il peut se faire donc que la silice, l'alumine, la magnésie, le calcaire, etc., exercent soit généralement, soit dans certains cas une action particulière sur la végétation et ses produits, ou favorisent même le développement et la présence de certaines plantes ; mais on a vu dans tout ce qui précède que *si cela a lieu, les preuves doivent en être recherchées ailleurs que dans les grands faits de dispersion* qui ne montrent aucun rapport avec ceux de ces élémens qui pourraient être fournis au sol par les roches soujacentes.

<hr>

(¹) Pour apprendre à connaitre la partie chimique et physiologique de cette intéressante controverse, on ne saurait mieux faire que de consulter le beau travail spécial de M. Unger (Einfluss des Bodens, etc.), où l'on trouvera le résumé historique des faits avancés de part et d'autre ; puis la dissertation de M. de Mohl (Einfluss des Bodens, etc.), sur le même sujet, où cet observateur discute les opinions émises avec une grande sagacité.

Cependant on ne saurait méconnaître l'influence de certains sels sur la présence et, par conséquent, la dispersion d'espèces déterminées. De ce nombre est le sel marin, et, sans parler de son rôle évident sur les côtes maritimes. notre contrée même présente des exemples frappants à cet égard. Les environs des salines ou sources salées de Franche-Comté, de Lorraine, d'Allemagne, du Dauphiné, où le sol est pénétré de cette substance, fournissent tous quelques espèces exclusivement attachées à ces localités : telles sont les *Poa distans*, *Alsine marina*, *Atriplex latifolia marina*, *Salicornia herbacea*, *Glaux maritima*, *Triglochin maritimum*, *Aster tripolium*, *Apium graveolens*, *Ruppia maritima*, *Salsola kali*, etc. Ici le cas n'est pas douteux et l'influence chimique du sel marin est de la plus complète évidence; car en deçà et au delà des portions de sol qui en sont imprégnées, la plante disparaît, ce qui se voit très-clairement le long des bâtiments de graduation, par exemple à Mont-Morot près de Lons-le-Saulnier pour les deux premières plantes citées plus haut. L'action des sels ammoniacaux n'est pas moins claire : ils contribuent au rapide développement de certaines plantes (¹), au dépérissement de certains autres, et l'influence des lieux azotés sur un grand nombre de Solanées, Cucurbitacées, Borraginées, Polygonées, Chénopodées, est un fait d'une observation journalière. Mais ici, il s'agit de sels essentiellement et constamment solubles dans l'eau, sans parler que la présence du second dépend du détritus organique et non des roches soujacentes. Et, du reste, l'évidence même avec laquelle l'action d'un principe minéral emprunté au sous-sol comme dans le cas du sel marin, se révèle sur la dispersion, lorsqu'elle a lieu, puis l'étroite connexion qui se présente dès lors entre quelques espèces et les parties du sol pourvues de ce principe, nous indiquent précisément que s'il y a des plantes siliceuses ou calcaires, comme il y en a qui suivent le sel marin, nous devons les trouver vivant sur des roches soujacentes, siliceuses ou calcaires Or, nous avons vu que dans nos contrées toutes les plantes auxquelles on pourrait supposer cette propriété n'en ont que des apparences incomplètes et nullement la réalité. On a également cité des espèces comme l'*Arenaria cenaria* croissant de préférence aux environs des mines de plomb, et peut-être au contact de quelque sel soluble de ce métal. Les *Gypsophila* sont signalées comme suivant volontiers les sulfates de chaux : ce n'est pas le cas pour ceux de nos contrées qui s'accommodent de sols entièrement privés de ce sel. Certains genres comme les *Verbascum* ont été désignés comme recherchant les sols ferrifères; je n'ai également rien constaté de semblable dans notre champ

---

(¹) Voir Blanchet, Influence de l'ammoniaque sur la végétation, Lausanne 1845.

d'étude, où les plantes de ce genre croissent avec une égale abondance sur des terrains très-différents et ne contenant point de fer. Malgré les propriétés délétères indiquées pour la magnésie par les expériences directes, les terrains très-magnésifères de Lunel n'ont pas offert à Duval d'autre végétation que celle des calcaires : Giobert et Abbene ont démontré que la stérilité de ces terrains tient essentiellement à l'état d'agrégation de leurs roches.

On a aussi avancé à la suite de diverses analyses que les espèces croissant sur sol calcaire ou siliceux fournissent respectivement plus de calcaire ou plus de silice. Cela prouverait peut-être que les plantes peuvent retenir à l'état libre dans leurs tissus des éléments minéraux qu'elles ne sauraient s'assimiler ou exclure autrement après élaboration végétale des liquides qui les tenaient en suspension ou en combinaison; cet état libre est remarquablement révélé en certains cas, par exemple, par les cristaux calcaires de l'*Hydrurus cristallophorus* Schübl ; mais cela ne prouverait pas que ces substances soient essentielles à leur organisation propre, puisque la même espèce, sur des sols différents, retient des substances différentes. Et si l'on suppose, au contraire, que ces substances entrent comme partie intégrante essentielle des plantes, il en résulterait précisément que toutes celles qui peuvent réellement vivre sur les sols chimiques les plus opposés devraient les emprunter partout ailleurs qu'au sol. Du reste, la légitimité de ces sortes de résultats ne paraît rien moins que généralement établie, car nous voyons d'un côté des espèces croissant sur sols siliceux fournir des produits nettement calcaires, et, d'autre part, des plantes développées sur des sols où l'on a de la peine à constater quelques traces de silice contenir abondamment ce principe. Ainsi le *Saxifraga aizoon* recueilli sur les granites du Gothard n'a pas ses feuilles bordées de concrétions moins calcaires (vivement effervescentes avec les acides) que celui qui croit dans le Jura. Les *Phragmites,* les *Equisetum* des hautes tourbières du Jura fournissent un tiers et jusqu'à la moitié de leur poids de silice, c'est-à-dire tout autant que ces espèces prises dans les contrées stagnales les plus siliceuses de la plaine du Rhin. Les péricarpes pierreux des *Lithospermum officinale* dans lesquels M. Le Hunte a trouvé 16 pour cent de silice et 45 de calcaire, ne cessent certainement pas de renfermer une certaine proportion de calcaire sur terrains siliceux et de silice sur calcaire. Enfin, les *Hydrurus cristallophorus* des ruisseaux roulant sur les galets cristallins aux environs d'Aarau, ne sont pas moins chargés de corpuscules de carbonate de chaux que ceux des cours d'eau de l'Albe (1). C'est-à-dire,

(1) Voyez : Fleischer, Bemerkungen ueber Hydr. cristalloph. dans les Verhandl. der Schweiz. Gesellsch. Aarau 1835.

en un mot, que nous ne voyons pas la prédominance d'une substance dans le sol être en rapport sensible et constant avec les proportions de cette même substance fournie par l'analyse du végétal.

Qu'on nous pardonne aussi, à cette occasion, un rapprochement qui scandalisera peut-être les chimistes. La distribution des espèces animales à la surface du globe obéit à des lois analogues à celles qui président à la dispersion des végétaux. Leur mobilité, leur indépendance apparente du sol qui leur sert de station, sont cause qu'on n'est pas porté à admettre entre la présence des espèces et la nature physique ou chimique des sols, des rapports aussi étroits qu'on le fait pour les plantes. Cependant c'est dans les éléments mêmes de ce sol que les animaux puisent médiatement plusieurs de leurs principes de développement et d'assimilation. Il n'y aurait donc rien de bien surprenant à ce qu'en moyenne pour deux contrées offrant des oppositions physiques ou chimiques tranchées, il en résultât des conséquences contrastantes sur l'ensemble de leurs habitants. Il est aisé de reconnaître en effet que les altitudes avec leurs conséquences exercent une action marquée sur la dispersion zoologique, ainsi que l'a bien démontré M. Heer pour les coléoptères suisses, et ainsi qu'il serait facile de le faire voir pour les gastéropodes terrestres dans nos contrées. En outre, la nature mécanique et hygroscopique des terrains géologiques se fait sentir non-seulement dans l'état pathologique relatif des individus de même espèce (ce qui est hors de doute), mais encore dans la présence ou l'absence d'espèces différentes, fait entièrement analogue à ce que nous voyons pour les végétaux. Cependant, on n'a jamais, que je sache, songé à mettre en question l'unité de composition chimique de produits organiques animaux, parce qu'ils se seraient développés sur des sols chimiquement différents. Ainsi les os des mammifères, le test des mollusques, le corps pierreux des polypiers ne sont pas moins calcaires sur le continent cristallin norwégien où domine l'élément siliceux que sur le sol jurassique où domine l'élément calcaire ; la coquille de l'*Helix sylvatica* des grès vosgiens ne diffère en rien chimiquement de celle des rochers de l'Albe ; l'*Ostrea*, le *Balanus* qui vivent socialement sur les calcaires portlandiens du Cap-la-Hève, sont tout pareils à cet égard à ceux des côtes granitiques de Bretagne ; les Astrées, les Méandrines qui prennent assiette et forment des îlots sur une roche siliceuse, ne sont pas moins calcaires que celles qui se développent sur un massif formé de carbonate de chaux. Et cependant, peut-on assimiler tout au moins ces dernières espèces animales aux végétaux saxicoles et aux Lichens incrustants de nos rochers.

Mais en voilà bien assez et trop peut-être dans un champ aussi hypothétique. Nous l'avons déjà dit : nous nous déclarons incompétents quant au point de vue purement chimique et physiologique de la question, et nous terminons cette excursion hors de notre domaine en répétant avec M. Schouw, *que dans l'état actuel de la science cette question est de celles où la physiologie végétale doit chercher un appui dans la géographie botanique plutôt que de le lui fournir,* et avec Decandolle *que sans nier entièrement l'influence de la nature chimique des terrains, nous pensons qu'elle ne doit jamais* (ou du moins très-rarement) *être séparée des influences purement physiques, et qu'on lui a en général attribué une importance exagérée.*

Nous allons donc maintenant faire une revue des faits de dispersion relatifs au sol signalé dans nos limites par les différents observateurs qui ont traité séparément de l'un ou de l'autre de nos districts. Nous examinerons ensuite un certain nombre de faits du même genre observés dans les pays voisins, afin de reconnaître jusqu'à quel point ils s'accordent avec ceux de notre champ d'étude. Cela nous fournira, nous le pensons du moins, l'occasion d'étendre et de corroborer la plupart des résultats obtenus. Nous allons voir que, malgré quelques dissidences plus apparentes que réelles dans les opinions, tous les faits en eux-mêmes sont entièrement de même nature que ceux que nous avons présentés, et que l'hypothèse de l'influence mécanique des roches soujacentes s'adapte en tous points à leur interprétation. Si nous sommes conduits à combattre quelques conclusions différentes des nôtres, nous espérons qu'on y verra non pas la prétention d'ériger un système et de nous poser en critique présomptueux, mais uniquement le désir d'apporter notre tribut de lumières à la solution de la question. Nous regretterions infiniment d'être mal compris à cet égard, et nous renvoyons le lecteur à la protestation que nous avons faite au commencement de ce volume (1). Rappelons également qu'on trouvera les titres des ouvrages des divers auteurs dans notre *Introduction* : nous ne les reproduirons plus ici.

§ 90. MM. Spenner et Kirschleger ont formé leur région calcaire badoise et alsatique de la série des Collines sous-vosgiennes et sous-hercyniennes dont nous avons déjà parlé : le premier de ces botanistes n'a pas hésité à y joindre le groupe basaltique du Kaiserstuhl. Tous deux donnent une énumération des espèces qui y croissent habituellement, et les caractérisent. Un certain nombre d'espèces badoises manquent dans la région calcaire alsatique, et réciproquement. Leur ensemble est très-semblable à celui des Collines jurassiques de même altitude. Les espèces qu'elles ont en commun et qui, par

(1) Page 17.

conséquent, peuvent être envisagées comme les plus caractéristiques, sont les suivantes : *Carex alba, C. montana, C. digitata, Bromus erectus, Melica ciliata, Convallaria polygonatum, Anthericum ramosum, Allium sphæroce-phalum, Anacamptis pyramidalis, Orchis militaris, Gymnadenia conopsea, Ophrys arachnites, Euphorbia verrucosa, Veronica prostrata, V. spicata, Stachys recta, Prunella grandiflora, Calamintha officinalis, Melittis melisso-phyllum, Teucrium chamædrys, T. montanum, Lithospermum purpuro-cœruleum, Aster amellus, Buplevrum falcatum, Coronilla emerus, Hippocrepis comosa, Potentilla verna, Malva alcæa, Hypericum hirsutum, Geranium sanguineum, Iberis amara, Ranunculus nemorosus, Helleborus fœtidus.* Ces espèces sont évidemment toutes xérophiles et propres aux sols dysgéogènes jurassiques. Toutes les autres données de MM. Spenner et Kirschleger ont été utilisées dans ce que nous avons dit des Vosges et du Schwarzwald et constituent les principales sources où nous avons puisé les faits relatifs à ces montagnes et les opinions que nous en avons déduites. Il n'y a donc plus rien à examiner ici à cet égard. Cependant nous devons nous occuper de quelques conclusions de M. Kirschleger.

Ce botaniste, dans sa Notice sur la végétation comparée du Jura avec les Vosges et le Schwarzwald, a bien fait voir qu'il existe de grandes différences entre ces montagnes. Il les rapporte aux différences dans la constitution géologique, et voit, d'un côté des plantes *arénophiles,* de l'autre *calcaréophiles.* Bien qu'il paraisse pencher pour l'influence chimique, cette classification à laquelle il est amené par la force des faits, témoigne qu'il prend en grande considération la constitution mécanique ; car si la seconde classe regarde la composition, la première concerne l'agrégation. Bien qu'il admette des espèces *préférentes,* il incline à repousser les *exclusives.* Il arrive du reste à ce résultat que sur 350 espèces montagneuses ou alpestres qui se trouvent dans les trois chaînes, 310 habitent le Jura, 190 les Vosges et 175 le Schwarz-wald. Sans nous arrêter à ces chiffres dans lesquels l'élément de la quantité de dispersion n'est pas introduit, il est évident qu'il y a une grande similitude entre le Schwarzwald et les Vosges, et de grandes différences entre leur végétation et celle du Jura, ce qui est parfaitement conforme à nos observations. Du reste, si l'on jette un coup-d'œil sur la liste des espèces du Jura étrangères aux montagnes du Rhin, on verra que sur 153 espèces, il n'y a pas le cinquième appartenant à des stations humides et que toutes les autres sont propres à des stations sèches relativement à leur altitude, tandis que sur une quarantaine d'espèces vogéso-hercyniennes, il y en a plus du tiers qui préfèrent les expositions fraîches.

D'un autre côté, M. Kirschleger conclut des chiffres cités plus haut, qu'il y a *proportion extrêmement favorable pour les constitutions calcaire et oolitique*, relativement aux roches granitiques et arénacées, c'est-à-dire, plus d'espèces, toutes choses égales, sur une surface donnée des premières que sur une surface pareille des dernières. Ce résultat est en contradiction directe avec notre principe d'une *plus grande diversité sur sol eugéogène que sur dysgéogène* : aussi ne saurions-nous tomber d'accord sur le fait signalé par M. Kirschleger. En effet, voici ce qui résulte de l'examen attentif des listes de plantes qu'il donne dans sa notice.

D'abord nous y trouvons comme propres aux trois chaînes, et par conséquent au Jura, un certain nombre d'espèces qui, ou bien y manquent réellement, telles que *Sedum saxatile, Saxifraga stellaris, Juncus squarrosus, Galium saxatile*, ou bien y sont comme nulles sur les calcaires, telles que *Arnica montana, Jasione montana, Centaurea nigra, Luzula albida*, etc. Ensuite, dans ce chiffre total de 340 espèces alpestres ou montagneuses, il y a un bon nombre d'espèces jurassiques de la région moyenne, telles que *Acer opulifolium, Orobus vernus, Stachys alpina, Primula acaulis, Cyclamen europæum, Daphne laureola, Limodorum abortivum, Allium paniculatum, Galanthus nivalis, Carex alba, C. gynobasis, Sessleria cærulea*, etc., tandis qu'on ne voit pas figurer en compensation un certain nombre d'espèces vogéso-hercyniennes appartenant également aux altitudes collines, et nulles ou très-rares dans le Jura, telles que *Sarothamnus scoparius, Filago minima, Galeopsis ochroleuca, Betula alba, Vignea brizoides, Alopecurus pratensis, Aira flexuosa, Festuca Lachenalii, Corynephorus canescens*, etc. En troisième lieu, parmi les 133 plantes montagneuses ou alpestres du Jura qui ne se trouvent pas dans les chaînes du Rhin, il y en a une vingtaine qui sont exclusivement propres au Jura sud-occidental, par exemple *Ranunculus thora, Aconitum anthora, Erysimum ochroleucum, Dianthus monspessulanus, Linum montanum, Hypericum Richeri, Rhamnus pumilus, Cytisus laburnum, C. alpinus, Cirsium erisithales, Siderites hyssopifolia*, etc.; leur présence dans le Jura ne saurait être attribuée exclusivement au calcaire, puisque plusieurs d'entr'elles se retrouvent sous les mêmes influences de dispersion dans les chaînes cristallines ou clastiques du Chârolais, Beaujolais et Lyonnais. En outre, il n'y a aucune parité quant aux altitudes entre le système du Rhin dont quelques sommités seulement dépassent peu 1400^m, et le Jura où plus de vingt dépassent 13 ou 1400, une grande partie s'élèvent à 1500, 1600 et 1700. On ne saurait donc attribuer au calcaire la présence d'espèces jurassiques généralement supérieures à 14 et 1500^m; telles sont *Hutchinsia alpina, Arenaria verna, A. ciliata, A. liniflora, A. grandiflora, Oxytropis montana, Orobus luteus, Dryas octopetala, Sedum atratum, Saxifraga aizoides, Ligusticum ferulaceum, Aster alpinus, Erigeron alpinus, Crepis aurea, Campanula thyrsoidea, Rhododendron ferrugineum, Linaria alpina, Veronica alpina, V. aphylla, Pinguicula alpina, Androsace villosa, Plantago alpina, Polygonum viviparum, Salix retusa, Nigritella angustifolia, Luzula spicata, Phleum alpinum, Festuca Scheuchzeri,* etc. Enfin, il y a encore à retrancher des influences calcaires quelques espèces appartenant plutôt à la plaine qu'au Jura, comme *Epilobium Dodonæi, Plantago cynops,* etc., et quelques autres indiquées probablement à tort comme jurassiques (du moins dans les limites ordinaires, qui sont certainement celles qu'admet M. Kirschleger pour le Jura), telles que *Acer monspessulanum, Gentiana bavarica, Agrostis rupestris?, Aconitum variegatum.*

Si donc, de la liste des 135 espèces propres au Jura, on retranche ces différentes catégories dont le total s'élève à plus de 75, il reste une soixantaine de plantes dont on pourrait particulièrement attribuer la présence au sol calcaire. Mais si d'un autre côté on forme le groupe des espèces vogésohercyniennes absentes dans le Jura, en le composant : 1º des plantes de la région moyenne négligées ; 2º des plantes des Vosges non-jurassiques ; 3º de celles du Schwarzwald également étrangères à la chaîne calcaire : si, dis-je, on fait ce calcul, on verra l'équilibre se rétablir amplement, et les montagnes du Rhin offrir, au contraire, toutes choses égales, sur une même surface et aux mêmes altitudes, une plus grande diversité que le Jura.

Mais si, au lieu de prendre en considération le Jura tout entier, dont les différences en latitudes déjà sensibles, et les niveaux supérieurs rendent la comparaison très-sujette à difficulté, on prend seulement le Jura oriental de Bâle et Bienne au Lægerberg, comprenant vingt et quelques lieues des parties bernoises, bâloises, soleuroises, argoviennes et zuricoises, on aura une contrée calcaire comparable à la partie du Schwarzwald qui s'étend du Rhin à la Höllenthal et renfermant à-peu-près comme celle-ci une douzaine de sommités de 1000 à 1450^{m}. Entre ces deux systèmes ainsi limités, offrant à-peu-près les mêmes conditions de superficie, de niveaux et de latitude, il sera beaucoup plus légitime de tirer des conclusions. Or, on y verra clairement que l'avantage quant à la diversité des espèces, et à ce qu'on a l'habitude de nommer la richesse de la flore, bien loin d'être du côté des calcaires est tout entier en faveur des roches cristallines et clastiques. On le comprendra d'un seul mot : car, dans la partie hercynienne on aura à-peu-près toutes les espèces montagneuses du Schwarzwald que l'on faisait entrer dans les calculs précédents, tandis que dans le district jurassique on n'aura plus guère que la moitié des montagneuses de la chaîne totale, par suite de ce qu'il faut défalquer pour les niveaux supérieurs et les influences sud-occidentales.

Si ces résultats laissaient dans l'esprit du lecteur quelque incertitude relativement aux phanérogames, la considération des cryptogames seuls ou réunis lèverait toute difficulté. Il suffit de jeter un coup-d'œil sur les fougères, les lichens et les mousses du Schwarzwald et des Vosges pour se convaincre que leur nombre d'espèces et leur abondance sont très-supérieurs à ce qu'ils sont dans le Jura. Cela n'échappera à aucun botaniste qui a visité ces montagnes même en passant.

Nous espérons que M. Kirschleger à qui le présent travail a des obligations capitales, et qui du reste sera mieux que personne en position de relever les erreurs qui nous seraient échappées relativement aux Vosges, nous pardonnera cette petite dissidence. Plus le nom d'un observateur fait autorité, et plus c'est un devoir de controverser les faits sur lesquels on diffère d'opinion.

§ 91. MM. Duret et Lorey donnent une énumération des plantes qu'ils envisagent comme plus particulièrement caractéristiques des divers terrains dans le département de la Côte-d'or, mais sans se prononcer sur les causes physiques ou chimiques de leur dispersion. On peut faire deux groupes des plantes qu'ils signalent; le premier celui des calcaires blancs modernes de la montagne (jurassique) et autres de la plaine; le second celui des granites, du passage des calcaires aux grès, du liassique avec arkoses et des formations gravelo-siliceuses de la plaine. Voici les plantes de ces deux groupes :

Groupe calcaire. Asplenium Halleri, Polygala calcarea, Lilium martagon, Narcissus poeticus, Daphne alpina, Plantago cynops, Euphrasia lutea, Scutellaria alpina, Linaria striata, Convolvulus cantabrica, Gentiana lutea, Prenanthes viminea, Hieracium Jacquini, Aster amellus, Inula montana, Valeriana tuberosa, Centranthus angustifolius, Asperula galioides, Laperpitium gallicum, Athamanta cretensis, Bunium verrucosum, Aronia rotundifolia. Fragaria collina, Genista prostrata, Anthyllis montana, Coronilla montana, Erysimum alpinum, Cardamine impatiens, Lunaria rediviva, Biscutella ambigua, Draba aizoides, Iberis Durandi, Saponaria ocymoides, Linum montanum, Viola mirabilis, Helianthemum fumana, Acer opulifolium, Anemone pulsatilla, Ranunculus gramineus, Aconitum lycoctonum, Pæonia corallina, Crypsis alopecuroides, Allium fallax, Euphorbia falcata, Veronica montana, Centaurea nigra, Silene noctiflora, Linum gallicum, Aster Novi Belgii.

Groupe granitique, etc. Cystopteris regia, Asplenium septentrionale, Pilularia, Marsilea, Poa sudetica, Illecebrum, Herniaria hirsuta, Plantago arenaria, Montia, Scleranthus perennis, Villarsia, Corrigiola, Galeopsis ochroleuca, Daphne cneorum, Thesium alpinum, Anagallis tenella, Lysimachia nemorum, Digitalis purpurea, Vaccinium myrtillus, V. oxycoccos, Jasione montana, Wahlenbergia hederacea, Arnoseris minima, Senecio adonidifolius, Doronicum austriacum, Arnica montana, Chrysosplenium oppositifolium, C. alternifolium, Sedum villosum, Comarum palustre, Geum rivale, Ulex europæus, Sarothamnus scoparius, Ornithopus perpusillus, Cardamine amara, Teesdalia iberis, Drosera rotundifolia, Radiola, Tillæa, Silene gallica, Viola palustris, Hypericum elodes.

Or, sur 50 plantes du premier groupe, une quarantaine sont évidemment des espèces croissant dans des stations chaudes et sèches, et une dixaine dans des stations plus fraiches. La plupart de ces plantes se retrouvent dans le Jura méridional sarde et dauphinois qui offrent ce genre de station. Nos xérophiles y dominent. Sur 48 plantes du second groupe, une quinzaine sont tout-à-fait ou à-peu-près aquatiques, telles que *Villarsia,* etc.; une vingtaine exigent des stations très-fraiches, telles que *Vaccinium, Lysimachia, Chrysosplenium,* etc.; enfin la plupart des autres ne croissent que sur des sols psammogènes, tels que *Illecebrum, Herniaria, Jasione, Arnoseris, Ulex, Sarothamnus,* etc. Les hygrophiles y dominent. Ainsi les espèces calcaires sont d'un côté celles des lieux secs et chauds des sols dysgéogènes, les granitiques et clastiques celles des lieux humides, psammiques ou pélopsammiques des terrains eugéogènes. Quelques espèces seulement font peut-être exception dans ces deux groupes qui confirment tout ce que nous avons avancé.

§ 91 *bis.* M. Mougeot dans ses Considérations sur la végétation du département des Vosges, a donné l'énumération des espèces avec une indication complète des terrains sur lesquels elles végétent de préférence. Il serait aisé de déduire de ces données la plupart des conséquences que nous recherchons, mais il sera plus utile de faire porter notre examen sur la flore lorraine toute entière, telle que nous la devons à M. Godron qui a mis en œuvre les données de M. Mougeot en les complétant pour les autres parties de cette province. Nous nous réservons toutefois d'employer le travail de M. Mougeot qui renferme surtout un tableau précieux de la cryptogamie vosgienne, pour arriver à quelques conclusions relatives à la dispersion des mousses et des lichens. Cet excellent observateur, tout en reconnaissant largement l'action des roches soujacentes, n'énonce point d'opinion relativement à sa nature chimique ou mécanique.

§ 92. M. Grisselich n'est point disposé à admettre l'influence chimique des sols calcaires ou siliceux sur la dispersion des espèces. Il fait remarquer que des plantes envisagées comme calcaréophiles dans certains districts, sont regardées dans quelque autre comme siliceuses. Il apporte des exemples à l'appui. Le groupe suivant se montre à Fribourg et en Alsace sur le calcaire, à Heidelberg sur les granites et les grès : *Paris quadrifolia, Anthericum ramosum, A. liliago, Asarum europæum, Mercurialis perennis, Calamintha officinalis, Asperula galioides, Pyrethrum corymbosum, Crepis præmorsa, Hypericum pulchrum, Geranium sanguineum*. Les espèces suivantes sont calcaires à Fribourg et de la Plaine rhénane (psammiques?) à Heidelberg : *Poa bulbosa, Veronica præcox, Melampyrum cristatum, Marrubium vulgare, Lithospermum officinale, Chlora perfoliata, Crepis tectorum*. Enfin les suivantes sont calcaires à Fribourg et psammiques à Heidelberg : *Carex humilis, Cynodon dactylon, Andropogon ischæmum, Allium sphærocephalum, Veronica spicata, Euphrasia lutea, Ajuga genevensis, Echinospermum lappula, Scabiosa suaveolens, Centaurea paniculata, Artemisia campestris, Chondrilla juncea, Seseli coloratum, Medicago minima, Alysson montanum, Nigella arvensis, Trifolium alpestre*. En effet, si l'on n'envisage que la nature calcaire et siliceuse des terrains, cela est parfaitement exact. Sur 55 plantes citées plus haut, 50 sont des espèces à station sèche, chaude, aprique sur sol sablonneux ou graveleux de quelque nature chimique qu'il soit d'ailleurs. Ainsi l'*Anthericum ramosum* prospère aussi bien sur les graviers calcaires du Jura que sur les sables ou galets siliceux de la plaine rhénane ; le *Medicago minima* aussi bien sur les grèves plus calcaires du Léman que sur les sables plus siliceux de la Hardt, et ainsi de suite. En outre, des plantes telles que l'*Asarum* ne s'accommodent pas moins bien des sols granitiques oligopsammiques peu envahis par les espèces hygrophiles que des sols calcaires dysgéogènes, le tout moyennant conditions égales de siccité et de température. C'est-à-dire que si, au lieu de chercher des oppositions entre la nature calcaire et la siliceuse, on les recherche entre l'état psammique et l'absence de cet état dans le sol, les contradictions précédentes cessent. Ainsi, on trouvera bien les *Echinospermum, Ajuga, Veronica et Hypericum* cités, sur des sols calcaires, moyennant qu'ils soient convenablement désagrégés et graveleux, mais on ne les trouvera pas ou beaucoup plus rarement sur des calcaires compactes. Du reste, M. Grisselich remarque bien que la végétation des calcaires en général porte un caractère comme méridional, ce qui accuse suffisamment pour l'ensemble de ces sortes de roches moins d'absorbtion et plus de siccité, et vient à l'appui de nos opinions.

§ 93. M. Döll n'a point donné d'énumération d'espèces propres à tel ou tel sol dans le système du Rhin. Il remarque seulement que la végétation des calcaires et celle des grès se montrent les plus contrastantes. Il ajoute que celle des masses cristallines se rapproche surtout de celle des grès, et celle des masses volcaniques, de transition et tertiaires de celle des calcaires, classification qui ne diffère de la nôtre que par le rapprochement des sols tertiaires avec les roches dysgéogènes. Dans sa flore, M. Döll indique en outre souvent la même plante croissant sur les calcaires et sur les porphyres. Nous avons oublié plus haut de dire que M. Kirschleger fait le même rapprochement dans les Vosges entre ces dernières roches et les eurites, ce qui confirme en tous points nos opinions.

§ 94. M. Godron a indiqué avec soin la nature du sol sur lequel les espèces de Lorraine ont été observées. En faisant un dépouillement de ces indications, et éliminant les plantes des altitudes supérieures, puis réunissant les terrains en roches soujacentes calcaires plus dysgéogènes (jurassiques, liassiques, conchyliens) et en roches plus ou moins eugéogènes, la plupart psammiques ou pélopsammiques (alluvions, grès vert, liassique, keupérien, bigarré, vosgien), voici les groupes que l'on trouve :

Groupe calcaire. Thalictrum montanum, Anemone hepatica, Helleborus foetidus, Actea spicata, Polygala comosa, P. calcarea, Helianthemum vulgare hirsutum, Hypericum hirsutum, H. montanum, Geranium pyrenaicum, Trifolium medium, T. alpestre, T. rubens, Orobus vernus, O. niger, Colutea arborescens, Astragalus glycyphyllos, Coronilla emerus, C. vaginalis, C. varia, Vicia pisiformis, Hippocrepis comosa, Rosa pimpinellifolia, Aronia rotundifolia, Sedum reflexum, Eryngium campestre, Ribes alpinum, Buplevrum falcatum, Seseli montanum, S coloratum, Libanotis montana, Cervaria glauca, Laserpitium latifolium, Aster amellus, Inula salicina, Carlina vulgaris, Centaurea calcitrapa, Onopordon acanthium, Cirsium eriophorum, C. acaule, Lactuca perennis. Taraxacum lævigatum, Barkhausia taraxacifolia, Phyteuma orbiculare, Campanula glomerata, Cynanchum vincetoxicum, Gentiana cruciata, G. ciliata, Lithospermum officinale, L. purpureo-cæruleum, Pulmonaria officinalis, Physalis alkekengi, Atropa belladona, Verbascum lychnitis, Digitalis lutea. Veronica prostrata, Euphrasia lutea, Melampyrum cristatum, Stachys alpina,

S. germanica, Calamintha officinalis, Melittis melissophyllum, Prunella grandiflora, Ajuga genevensis, A. chamæpytis, Teucrium chamædrys, T. montanum, Globularia vulgaris, Daphne mezereum, D. laureola, Stellera passerina, Thesium alpinum, T. humifusum, Asarum europæum, Buxus sempervirens, Euphorbia stricta, E. dulcis, E. verrucosa, E. amygdaloides, Mercurialis perennis, Anacamptis pyramidalis, Gymnadenia conopsea, Orchis militaris, O. fusca, O. simia, Himantoglossum hircinum, Herminium monorchis, Aceras anthropophora, Ophrys myodes, O. arachnites, O. aranifera, Cephalanthera pallens, C. ensifolia, C. rubra, Cypripedium calceolus, Convallaria polygonatum, Carex tomentosa, C. montana, C. pilulifera, C. humilis, C. digitata, C. ornithopoda, Phleum Bœhmeri, Sessleria cærulea, Melica uniflora, M. ciliata, Bromus tectorum, Hordeum murinum et quelques autres.

Ces 150 plantes environ croissent toutes sur les calcaires jurassiques de Lorraine, mais surtout celles des stations les plus sèches; elles diminuent sur les calcaires liassique et conchilien en nombre et en abondance. On y voit un mélange de plantes xérophiles des stations sèches et compactes, et de quelques hygrophiles des stations pélogènes les moins humides, ce qui vient du grand développement des divisions oolitique, liassique et conchylienne dont les calcaires sont plus désagrégeables que ceux des groupes jurassiques supérieurs et alternent, en outre, avec de plus fréquentes assises marneuses. Mais, dans son ensemble, ce groupe porte évidemment le caractère de nos xérophiles et on y trouve à peine quelques hygrophiles psammiques.

Groupe des grès. Myosorus minimus, Draba muralis, Viola canina, Alsine rubra, Spergula arvensis, S. pentandra, Sagina procumbens, S. apetala, Montia fontana, Alsine tenuifolia, Holosteum umbellatum, Mœnchia erecta, Cerastium semidecandrum, C. glomeratum, Gypsophila muralis, Malva moschata, Hypericum pulchrum, H. humifusum, Genista germanica, Sarothamnus scoparius, Ornithopus perpusillus, Potentilla argentea, P. supina, Lythrum hyssopifolia, Corrigiola, Herniaria, Illecebrum, Artemisia campestris, Filago gallica, F. minima, Thrincia hirta, Arnoseris minima, Jasione, Vaccinium, Digitalis purpurea, Veronica verna, V. triphyllos, Galeopsis ochroleuca, Centunculus, Lysimachia nemorum, Rumex acetosella, Betula, Juncus squarrosus, J. tenageya, J. capitatus, Luzula multiflora, Carex ericetorum, C. maxima, Panicum glabrum, P. crus-galli, Setaria viridis, S. verticillata, Alopecurus fulvus, Cynodon dactylon, Triodia, Holcus mollis, Aira flexuosa, Corynephorus canescens, Poa compressa, Vulpia pseudo-myurus, Bromus inermis, Festuca Lachenalii, Nardus stricta, Osmunda regalis, Asplenium septentrionale, Lycopodium, etc.

Ces soixante plantes environ croissent sur les sols psammiques ou pélopsammiques; elles sont la plupart nulles ou rares sur les calcaires de Lorraine comme dans le Jura. Il est impossible de ne pas y reconnaître nos hygrophiles, surtout psammiques. Nous retrouvons donc ici nos deux groupes correspondant aux deux sols eugéogènes et dysgéogènes. Là où les calcaires deviennent suffisamment eugéogènes, nous voyons apparaître quelques hygrophiles comme le *Sarothamnus*; là où les roches siliceuses, par exemple les grès vosgiens, deviennent suffisamment dysgéogènes ou secs, nous voyons s'établir quelque xérophile comme l'*Aronia*,

M. Godron dans son *Mémoire sur l'Espèce* a aussi jeté un coup-d'œil plus spécial sur la question qui nous occupe. Après avoir fait voir que beaucoup de plantes paraissent très-ubiquistes quant aux terrains, il donne quelques exemples de celles qui semblent au contraire exiger respectivement des sols siliceux ou calcaires. Les silicéophiles qu'il indique sont les *Digitalis purpurea, Vaccinium myrtillus, Arnica montana, Jasione perennis, Galeopsis ochroleuca, Scleranthus perennis, Plantago arenaria, Avena caryophyllea, Festuca pseudo-myurus*; les calcaréophiles sont les *Silene noctiflora, Polygala calcarea, Vicia pisiformis, Falcaria Rivini, Seseli montanum, Buplevrum rotundifolium, Asperula arvensis, Crepis præmorsa, Euphrasia lutea, Teucrium montanum, Ajuga chamæpytis, Prunella grandiflora, Globularia vulgaris, Orchis simia, Anacamptis pyramidalis, Himantoglossum hircinum, Carex humilis*. M. Godron sans toutefois se prononcer formellement penche en faveur de l'influence chimique des roches soujacentes. — Les plantes du premier des deux groupes ci-dessus sont en effet liés le plus souvent à la présence de nos sols siliceux psammogènes; mais nous avons déjà vu que cela n'a pas lieu d'une manière totalement exclusive, et que plusieurs d'entre elles s'accommodent des calcaires lorsque, par exception, ceux-ci acquièrent une constitution suffisamment psammique ou graveleuse; c'est ainsi que les *Vaccinium, Arnica, Festuca* cités apparaissent disséminés dans le Jura, et la *Digitalis* sur certains points de l'Albe au contact des calcaires dolomitiques ou coralliens sableux. De même les plantes du second groupe suivent le plus souvent, les unes, les calcaires oligopéliques, d'autres des roches plus pélogènes; mais parmi les premières, les *Euphrasia, Teucrium, Prunella, Anacamptis, Himantoglossum, Carex* prospèrent sur les basaltes et dolérites du Kaiserstuhl ou les grès compactes de Fontainebleau, tandis que les *Falcaria, Buplevrum, Asperula, Ajuga* qui fuient les calcaires compactes des plateaux du Jura s'accommodent bien des limons cailloutcux et même des sables siliceux de la plaine rhénane. Et si nous ne pouvons signaler d'exemples du

même genre pour les *Scleranthus,* c'est que cette plante exige des sols nettement psammiques comme il est à-peu-près impossible que les calcaires en
produisent, de même que, par une raison inverse, la *Digitalis* repoussée par
les roches volcaniques compactes du Kaiserstuhl, est admises par certaines
roches volcaniques désagrégées des monts Dômes de l'Auvergne. Quant aux
Jasione, Polygala, Seseli, Plantago cités, leur aire de dispersion est trop
peu étendue pour qu'on puisse en tirer des conclusions d'un poids suffisant.

§ 95. M. Moritzi, dans sa flore suisse, remarque que la végétation des
calcaires du Jura porte plutôt un caractère négatif que positif, c'est-à-dire
qu'elle est plutôt distinguée par les espèces qui lui manquent que par celles
qui lui sont propres; qu'elle ne possède que très-peu de plantes de ce genre
et qu'il lui en manque un très grand nombre qui croissent à ses altitudes
dans les Alpes, comme *Saxifraga aizoides, S. mutata, Alnus viridis, Erica
carnea,* etc. Cet observateur remarque en outre que dans les Alpes les plus
grands contrastes de végétation ont lieu entre les calcaires et les granites;
que relativement à la dispersion des espèces, il est convenable de réunir les
flysch aux calcaires comme offrant une compacité qui les en rapproche; que
la pauvreté si remarquable du tapis végétal sur les serpentines est due à
l'inaltérabilité de ces roches; que la végétation des masses cristallines et de
leurs alluvions est la plus exclusive quant à ses espèces, telles que *Phyteuma
pauciflorum, Arnica doronicum, Pedicularis rostrata, P. incarnata, Eritri-
chium nanum, Primula latifolia, Carex microglochin, Heleocharis alpina,
Tofieldia borealis, Kœleria hirsuta, Linnœa borealis,* etc.; enfin que les molasses, à cause de leur facile désagrégation, sont propres à servir de station
à un grand nombre de plantes, etc. Ces diverses considérations sont entièrement favorables à l'influence de l'état mécanique des sols. La pauvreté végétale des calcaires jurassiques, l'ubiquité de leurs espèces, la convenance
de la réunion du flysch au calcaire malgré leur différence chimique, la stérilité des serpentines compactes, oligopéliques, dysgéogènes, l'exclusivisme
des espèces des roches cristallines psammogènes, tous ces traits caractéristiques se rapportent en définitive à une classification dans laquelle seraient
séparés comme nous l'avons fait, les roches à détritus facile et abondant de
celles qui n'en offrent qu'une faible quantité, et ce, indépendamment de
toute composition chimique, en même temps qu'on y entrevoit la possibilité
des xérophiles sur tous les sols, et l'impossibilité de certaines hygrophiles
sur les sols non psammogènes.

§ 96. M. de Mohl dans ses considérations géographiques sur la flore du Wurtemberg, a insisté sur l'influence des terrains dans la distribution des espèces, et cherché à faire voir que les autres facteurs du monde extérieur ne suffisent point à l'explication des faits que l'on observe à cet égard. Il paraît l'envisager en partie comme de nature chimique, sans cependant entrer dans des développemens à ce sujet, et ne se prononce pas non plus explicitement pour l'action mécanique. Cependant il oppose principalement les calcaires aux roches clastiques, et retrouve dans ces contrastes la position de certains groupes d'espèces que rien n'expliquerait sans cela. Il signale, par exemple, dans les terrains keupériens, conchyliens et liassiques de la vallée du Neckar, les contrastes résultant de l'état sableux, marneux, argileux ou calcaire des subdivisions de ces terrains, mais sans classer positivement les plantes correspondantes en siliceuses, alumineuses ou calcaires. De sorte, qu'en résumé, les distinctions qu'il établit à cet égard correspondent principalement, d'une part à l'état dysgéogène, de l'autre à l'état psammique; il n'envisage pas séparément les roches péliques, et les réunit au calcaire dans le cas des marnes. Il signale comme espèces des grès keupériens : *Vulpia pseudo-myurus, Aira flexuosa, Avena caryophyllea, Montia, Polycnemum, Centunculus, Myosotis versicolor, Juncus squarrosus, Chrysosplenium oppositifolium, Alsine rubra, Hypericum pulchrum, H. humifusum, Digitalis purpurea, Teesdalia nudicaulis, Sarothamnus, Genista pilosa, G. sagittalis, Arnoseris minima, Helichrysum arenarium.* Comme espèces des roches clastiques et cristallines du Schwarzwald : *Juncus squarrosus, Chrysosplenium oppositifolium, Hypericum humifusum, Digitalis purpurea, Sarothamnus, Genista pilosa, Vaccinium myrtillus, V. uliginosum, V. vitis-idæa.* Comme espèces calcaires, il donne l'énumération d'une centaine de celles de la vallée du Neckar croissant principalement sur le conchylien, et dont une cinquantaine au moins sont habituelles sur les calcaires jurassiques, telles que *Carlina acaulis, Inula salicina, Melittis melissophyllum, Euphorbia amygdaloides,* etc. ; quelques-unes suivant les sols marneux frais telles que *Trifolium fragiferum, Stachys germanica,* etc. ; quelques autres paraissant plus pélopsammiques, telles que *Vignea brizoides, Poa sudetica,* etc. ; d'autres enfin y étant peu répandues. — Ce mélange de plantes péliques et pélopsammiques au milieu d'espèces envisagées par M. de Mohl comme calcaréophiles, ne doit pas surprendre dans une contrée où le sol calcaire conchylien et liassique moins dysgéogène que le jurassique, offre, tant par lui-même que par son association au keupérien, des alternances et des affleuremens fréquens et variés de couches marneuses, argileuses et sableuses, de sorte que la flore du calcaire ainsi enchevêtrée ne saurait s'y montrer aussi indépendante que dans le Jura et l'Albe. En résumé, nous voyons dans la vallée du Neckar apparaître sur les affleuremens clastiques nos hygrophiles psammiques, et, sur les calcaires alternant avec assises péliques, le tapis végétal se mêler respectivement de xérophiles et de quelques hygrophiles péliques, ce qui est entièrement conforme à tout ce que nous avons vu nous-mêmes. Nous parlerons un peu plus loin des observations de M. de Mohl relatives aux Alpes.

§ 97. M. Unger dans son travail sur les Alpes du Kitzbühl, nous a donné la liste des espèces qu'il considère comme *adhérentes* et *préférentes* du sol calcaire et du sol schisteux. Si l'on envisage seulement les premières comme jouant un rôle plus tranché, on trouve les deux groupes suivans, que nous classons par régions, et dans lesquels, pour faciliter la comparaison, nous plaçons séparément à la fin les plantes étrangères au Jura.

Groupe calcaire. Moyennes : Brachypodium sylvaticum, Calamagrostis sylvatica, Carex alba, Cypripedium calceolus, Ophrys myodes, Cephalanthera ensifolia, Allium fallax, Anthericum ramosum, Convallaria maïalis, C. polygonatum, C. multiflora, Tofieldia calyculata, Fagus sylvatica, Euphorbia cyparissias, Carlina acaulis, Buphthalmum salicifolium, Galium cruciata, Asperula odorata, Viburum lantana, Cynanchum vincetoxicum, Gentiana cruciata, Prunella grandiflora, Pyrola rotundifolia, Cornus sanguinea, Helianthemum vulgare, Polygala chamæbuxus, Corydalis fabacea, C. bulbosa, Astragalus glycyphyllos, Hippocrepis comosa, Anemone hepatica. — *Montagneuses:* Sessleria cœrulea, Streptopus amplexifolius, Convallaria verticillata, Taxus baccata, Pinus pumilio, Crepis succisæfolia, C. alpestris, Adenostyles albifrons, Hieracium Jacquini, H. flexuosum, H. saxatile, Carduus defloratus, Leontodon incanus, Centaurea montana, Globularia cordifolia, Teucrium montanum, Arctostaphilos alpina, Laserpitium latifolium, Athamanta cretensis, Kernera saxatilis, Coronilla vaginalis, Potentilla caulescens, Rubus saxatilis, Cotoneaster vulgaris, C. tomentosa, Aronia rotundifolia, Sorbus aria, Aquilegia atrata. — *Alpestres :* Phleum Michelii, Allium victorialis, Juniperus nana, Aronicum scorpioides, Hieracium villosum, Crepis blattarioides, Aposeris fœtida, Senecio doronicum, Globularia nudicaulis, Plantago montana, Androsace lactea, Pedicularis foliosa, Calamintha alpina. Saxifraga oppositifolia, Gypsophila repens, Oxytropis montana, Anemone alpina, Dryas octopetala, Sorbus chamæmespilus, Biscutella lævigata, Petrocallis pyrenaica, Hutchinsia alpina, Potentilla minima, Helianthemum œlandicum. — *Étrangères au Jura :* Epipactis atrorubens, Crepis chondrilloides,

Hieracium pallescens?, Senecio abrotanifolius, Valeriana saxatilis, V. supina, Saxifraga mutata, Carex mucronata, C. firma, Juncus monanthos, Salix Wulfeniana, Leontodon taraxaci, Achillæa atrata, A. Chiavennæ, Pedicularis Jacquini, Rhododendron hirsutum?, R. chamæcistus, Heracleum austriacum, Saxifraga aphylla, S. Burseriana, S. cæsia, Papaver Burseri, Thlaspi rotundifolium, Ranunculus hybridus.

Groupe schisteux. Moyennes et montagneuses: néant.—*Alpestres qui croissent dans le Jura* : Rhododendron ferrugineum, Sibbaldia procumbens, Phyteuma hemisphæricum, Sempervivum arachnoideum, Veronica bellidioides.—*Alpestres étrangères au Jura* : Sessleria disticha, S. tenella, Aira subspicata, Juncus triglumis, J. trifidus, Oxyria digyna, Hieracium albidum, H. angustifolium, Crepis grandiflora, Aronicum Clusii, Sedum saxatile, Rhodiola rosea, Primula glutinosa, Androsace obtusifolia, Pedicularis aspleniifolia, Azalea procumbens, Stellaria cerastoides, Hutchinsia brevicaulis, Draba fladnizensis, Arabis bellidifolia, Phaca astragalina, P. australis, Astragalus uralensis.

Sur 108 plantes du groupe calcaire, il y en a 82 présentes et plus ou moins répandues dans le Jura : les deux tiers des 26 autres y manquent probablement par défaut d'altitudes suffisantes ou suffisamment soutenues. Il y a donc, entre la flore du Jura et la flore calcaire du Kitzbühl, une ressemblance frappante, et que nous verrions encore s'augmenter en joignant à la liste des adhérentes ci-dessus celle d'une trentaine de préférentes qui presque toutes sont également jurassiques. Quant à la flore des schistes, le défaut de plantes des régions inférieures empêche une conclusion directe. On reconnaît quelques plantes qui sont rares dans le Jura, quelques-unes de nos espèces contrastantes vosgiennes, et le reste est formé d'espèces alpines habituelles aux alpes cristallines. Mais le tout est fort loin d'offrir le caractère net et tranché de la flore granitique, ce qui tient probablement aussi au caractère de désagrégation des schistes, souvent dysgéogènes par places, jamais nettement psammogènes, souvent péliques et pélopsammiques, c'est-à-dire, offrant un moyen terme entre les calcaires nettement dysgéogènes et les granites ou les grès nettement eugéogènes psammiques. On sait que M. Unger est partisan de l'influence chimique des roches soujacentes. Cependant je ne sais si parmi les adhérentes calcaires citées plus haut, il en est une seule que l'on pourrait prétendre ne point avoir été observée sur des roches fort différentes, notamment sur des porphyres, eurites, serpentines, gneiss, granites même, suffisamment dysgéogènes. Ces espèces portent du reste évidemment dans leur ensemble le caractère des stations sèches relativement à leurs diverses altitudes, et c'est à peine si quelques-unes appartiennent à des lieux humides où cependant l'action chimique devrait également s'exercer. Nous ne saurions y voir quant à nous qu'un fait entièrement semblable à tous les précédens et rentrant dans la même solution.

§ 98. M. Heer en traitant des Alpes glaronnaises, a également comparé la végétation des terrains calcaires à celle des roches schisteuses. Malheureusement les parties calcaires du district étudié sont exclusivement situées dans la région subnivale, ce qui rend la comparaison bien difficile. Cependant il arrive aux résultats suivans. Il trouve d'abord, que, toutes choses égales, le nombre des espèces est moindre sur les terrains calcaires que sur les schistes, ce qui est parfaitement d'accord avec notre principe de la moindre diversité sur sol dysgéogène. En second lieu, il établit que la flore calcaire des régions supérieures compte moins d'espèces de la plaine que celle des schistes : or si l'on réfléchit qu'il est de la nature des plaines d'être formées de terrains eugéogènes, on voit que cela équivaut à dire que la flore calcaire compte moins de plantes hygrophiles péliques ou psammiques. En troisième lieu, il reconnait que les espèces qui paraissent caractériser les calcaires croissent dans le terreau ou sur les roches, ce qui signifie qu'elles se montrent plus indépendantes du sous sol détritique, circonstance qui est encore une expression de la manière d'être des végétaux sur les terrains dysgéogènes. En outre si l'on parcourt les énumérations d'espèces schisteuses et calcaires, on voit que toutes les calcaréophiles, excepté 7, croissent également sur le sol schisteux, tandis qu'aux mêmes altitudes, un assez grand nombre d'espèces schisteuses ne croissent pas ou sont plus rares sur le sol calcaire : telles sont *Nardus stricta*, *Juncus trifidus*, *Luzula spadicea*, *Gnaphalium supinum*, *Hieracium albidum*, *Avena versicolor*, *Poa supina*, *Sessleria disticha*, *Festuca ovina*, *Anthoxanthum odoratum*, *Luzula campestris*, *Aira cæspitosa*, *Arnica montana*, *Crepis aurea*, *Phyteuma Halleri*, *Campanula barbata*, *Vaccinium myrtillus*, *Calluna vulgaris*, *Silene rupestris*, *Epilobium origanifolium*, *Empetrum nigrum*, *Alchemilla fissa*, etc., espèces qui dans les autres parties des Alpes montrent partout de la préférence pour les sols psammogènes. M. Heer ne se prononce pas du reste sur les causes de toutes ces différences, mais ce que nous venons de rapporter révèle évidemment l'action mécanique des roches que nous cherchons à démontrer.

§ 99. Revenons maintenant au travail de M. de Mohl sur les causes de la dispersion dans les Alpes. Nous avons dit ailleurs que ce travail est un résumé de toutes les observations faites jusqu'alors dans ces montagnes sur les rapports entre les espèces et les roches soujacentes. M. de Mohl qui admet largement la part d'influence des sols sur la dispersion, discute avec une grande sagacité les raisons et les faits qui militent pour ou contre l'influence purement chimique, et paraît, sans la repousser entièrement, incliner en faveur de l'action mécanique comme facteur principal. Voici ce qui résulte du dépouillement de l'énumération qu'il donne à l'appui.

Sur 752 plantes de la chaîne des Alpes, prises presque toutes à partir des niveaux de notre région montagneuse, et en excluant les espèces des zônes inférieures, M. de Mohl trouve 572 espèces croissant indifféremment sur les terrains calcaires et sur les primitifs *(Urgebirge)*, et 380 paraissant affectionner plus ou moins l'un ou l'autre de ces deux sols. Sur ce dernier chiffre 230 environ sont habituelles aux calcaires, 150 environ au sol primitif.

Sur ces 150 dernières espèces, il ne s'en trouve pas 15 habitant l'ensemble des masses calcaires du Jura et de l'Albe; sur les 230 plantes calcaires, il y en a environ 130 qui, presque toutes, y sont habituelles et répandues. Le contraste ne saurait être plus frappant, et confirme parfaitement les préférences que ces espèces des Alpes y affectent pour ce dernier genre de roches, d'autant plus que la très-grande partie de celles qui ne se trouvent pas dans le Jura y manquent par défaut d'altitudes suffisantes.

M. de Mohl suivant la même marche que M. Unger, a divisé chacune de ces deux classes de plantes calcaires ou primitives en deux sous-groupes d'adhérentes et de préférentes. Si nous jetons un coup-d'œil sur la classe des calcaires qui se trouvent dans le Jura, nous en voyons d'abord un grand nombre qui sont portées dans la catégorie des adhérentes, c'est-à-dire exclusives, qui évidemment croissent ailleurs sur des sols fort différens et nullement calcaires. Citons quelques exemples qu'il serait très-facile de multiplier : *Lunaria rediviva* (Vosges cristallines), *Nigritella angustifolia* (granites du Gothard), *Crepis succissæfolia* (gneiss du Schwarzwald), *Teucrium montanum* (sables siliceux purs de la région rhénane), etc., etc. Mais sans nous préoccuper de cette distinction en exclusives et préférentes, voyons si les jurassiques qui font partie de la classe des calcaires offrent quelque trait général de station. Voici une grande partie de ces plantes :

Teucrium montanum, Carduus defloratus, Hieracium Jacquini, Libanotis montana, Athamanta cretensis, Laserpitium latifolium, Cotoneaster vulgaris, C. tomentosa, Aronia rotundifolia, Colutea arborescens, Coronilla montana, Buplevrum ranunculoïdes, Androsace lactea, Heracleum alpinum, Orobus luteus, Aquilegia atrata, Kernera saxatilis, Luzula Forsteri, Phleum Michelii, Stipa pennata, Lasiagrostis calamagrostis, Sessleria cærulea, Carex humilis, C. alba, C. brachystachys, Anthericum ramosum, A. liliago, Orchis sambucina, Herminium monorchis, Daphne mezereum, Globularia cordifolia, Stachys alpina, Digitalis grandiflora, D. lutea, Erinus alpinus, Buphthalmum salicifolium, Senecio doronicum, Cirsium eriophorum, C. acaule, Centaurea montana, Crepis alpestris, C. blattarioides, Hieracium villosum, H. amplexicaule, Eryngium alpinum, Laserpitium siler, Chærophyllum aureum, Saxifraga aizoon, Ribes alpinum, Sorbus chamæmespilus, Potentilla caulescens, Coronilla vaginalis, Rhamnus alpinus, R. pumilus, Geranium pyrenaicum, G. phæum, Acer opulifolium, Linum montanum, Alsine verna, Dianthus sylvestris, Tunica saxifraga, Arabis arenosa, Dentaria digitata, D. pinnata, Thalictrum aquilegifolium, etc. etc. ; Allium fallax, Hieracium andryaloides, Cytisus alpinus, Anthyllis montana, Arabis ciliata, OEthionema saxatile, Androsace villosa, Soyeria montana, Cephalaria alpina, Hypericum Richeri, Arenaria grandiflora, Hutchinsia alpina, Ranunculus thora, Aconitum anthora, Alsine laricifolia, Dianthus monspessulanus, etc.

Or, nous le demandons à quiconque a observé ces espèces sur le terrain, si, dans leurs régions d'altitudes respectives, elles n'appartiennent pas toutes à des stations sèches et apriques, ou du moins à des sols très-épurés, bien que frais ou ombragés ; le caractère xérophile y domine évidemment, ainsi que tous ses rapports avec le sol peu détritique et perméable. C'est donc en tant que roche dysgéogène que le calcaire agit ici, et non en tant que carbonate de chaux, car sans cela verrions-nous du moins quelques plantes à stations humides où l'action chimique n'aurait certainement pas plus d'obstacle à s'exercer qu'au sein d'une station sèche.

Quant au groupe des plantes qui suivent le sol primitif, c'est à peine, comme nous l'avons dit, si quelques-unes se trouvent dans le Jura, mais nous y retrouvons la plupart de nos vosgiennes granitiques et contrastantes qui ne sont autre chose que des hygrophiles psammiques. Ainsi, en résumé, tout ce que nous observons ici se passe de nouveau d'une manière entièrement conforme à tout ce que nous avons vu ailleurs, et rentre dans la même solution. Les observations précédentes de MM. de Mohl et Unger résumant celle des autres botanistes qui ont envisagé plus ou moins spécialement la dispersion dans les Alpes germaniques tels que MM. de Welden, Zahlbruckner, Sieber, Zuccarini, Sendtner et probablement d'autres, nous n'examinerons pas en particulier les opinions de ces savans.

§ 100. Après avoir ainsi cherché à apprécier les faits de dispersion signalés à peu près dans les limites de notre champ d'étude, choisissons quelques observateurs des contrées voisines, et essayons de reconnaître si les faits du même genre continuent à être susceptibles de la même interprétation, ou s'il y a quelques modifications à y apporter par suite des changements de latitude et de climat. Nous commencerons par les plus anciens observateurs qui aient traité ce sujet. Mais nous devons auparavant placer ici quelques remarques.

Les considérations qui nous occupent exigeant la combinaison de notions topographiques, hypsométriques, géologiques et botaniques appartiennent nécessairement aux derniers temps de la science. On a de tout temps admis qu'il existe des rapports entre la végétation et les sols ; mais le rapprochement d'espèces déterminées avec des terrains géologiques envisagés dans leur composition minérale, ne date guère que d'une cinquantaine d'années : les données positives et quelque peu nombreuses de ce genre n'ont paru qu'il y a peu de temps. On ne trouve guère chez les anciens botanistes relativement à notre sujet que des généralités de raisonnement appuyées tout au plus d'un petit nombre de faits. C'est le cas pour les ouvrages de Tournefort, Haller, de Saussure, Reynier, Ramond, Giraud-Soulavie, Wildenow, Strohmeyer, Treviranus, Gmelin, Young, Bossi, Engelhard, Parot, etc.

Linné ne paraît pas avoir envisagé notre question d'une manière spéciale. A cet égard nous n'avons à remarquer ici que sa division fondamentale des sols. Voici ses paroles : il les divise en *Arena, argilla, creta. Arena sicca, friabilis, siticulosa. Argilla tempestate humidâ, unctuosa, siccâ autem indurata. Creta in collibus siccissimis, aridissimis.* Il est aisé d'y reconnaître respectivement les sols psammiques avec leur mobilité et leur hygroscopicité, les péliques avec leur rôle variable, les dysgéogènes avec leur siccité, ce qui constitue en effet les trois manières d'être capitales que nous avons sans cesse considérées.

Decandolle, sans nier la part de l'influence chimique dans le cas des sels solubles, assigne essentiellement aux propriétés physiques du sol les contrastes de dispersion des plantes. A cet égard, le mode d'arrosement, puis le degré de ténacité ou de mobilité, sont les facteurs principaux. Il combat l'adhérence exclusive et cite des faits à l'appui : tel est celui des buis croissant de préférence sur les calcaires, mais se montrant aussi sur des roches volcaniques, schisteuses et cristallines moyennant état convenable de ces roches ; tel est encore celui du châtaignier préférant les sols siliceux, mais croissant également sur sol calcaire dans certains cas. Toute cette manière d'envisager la question est entièrement conforme à tout ce que nous avons vu. Seulement, aux yeux de Decandolle, l'influence des propriétés physiques du sol sur la dispersion ne serait que très secondaire : ainsi les *Vosges granitiques, par exemple, et le Jura calcaire auraient à peine quelques plantes différentes.* Nous savons que cela est fort inexact. Cette erreur tenait à cette époque au défaut de données suffisantes sur l'habitation des espèces.

M. de Humboldt, le créateur de la géographie botanique climatologique, bien qu'il ait signalé plusieurs faits relatifs à l'action chimique des sels solubles sur la présence de certaines plantes, n'a point traité spécialement des rapports entre la dispersion et les terrains. Mais toutes ses opinions viennent indirectement à l'appui de l'influence des facteurs physiques. Un fait important signalé par cet illustre savant est celui de la plus grande sociabilité des espèces aux hautes qu'aux basses latitudes, fait confirmé pour la Suède en s'avançant du sud au nord. Il faut évidemment en conclure que les stations froides et humides contribuent à produire ce résultat, ce qui s'accorde bien avec la plus grande sociabilité des espèces sur sols eugéogènes et la moindre sur dysgéogènes.

M. de Buch à qui la géologie, la climatologie et aussi la botanique sont redevables de si éminens services, n'a également point abordé ce côté de la question.

M. Wahlenberg ne l'a point non plus traité spécialement. Pour cet observateur les faits de dispersion sont essentiellement sous la dépendance des facteurs climatologiques qu'il poursuit jusque dans les conditions du sol. Ses opinions aboutissent par conséquent à l'influence des propriétés physiques de ce dernier, et il a en outre repoussé explicitement l'hypothèse de l'action chimique des roches.

M. Schouw qui le premier a réuni la géographie botanique en un corps de science, qui a divisé le globe en régions végétales et montré un si bel exemple de l'emploi des données climatologiques, n'a traité notre question que d'une manière générale. Bien qu'il signale et admette le cas de l'action chimique des sels solubles, il incline également en faveur de l'influence des propriétés physiques du sol, et insiste sur l'étude préalable des faits de dispersion comme plus particulièrement propre à amener la solution du problème. Notre travail est essentiellement le résultat de la marche d'observation conseillée à cet égard par ce botaniste.

§ 101. Le plus ancien observateur qui, à notre connaissance, ait étayé les rapports entre la végétation et les roches soujacentes, de l'énumération des espèces est **M. Link**. Les environs de Gœttingue offrent des terrains très variés dans un faible rayon autour de cette ville ; granites, porphyres, basaltes, schistes, calcaires et grès de tout âge. C'est probablement ce qui aurait éveillé l'attention de M. Link sur les rapports entre les roches et la végétation. Envisageant leur action sur la dispersion comme de nature chimique, il les divisait en siliceuses (granites, gneiss, grauwackes, grès) ; alumineuses (Thonboden) ou argileuses (argiles, trapps, basaltes, mandelsteins, porphyres et gypses) ; enfin, calcaires. Cette division, quoique peu exacte, est remarquable en ce que la classe des siliceuses comprend des roches toutes psammogènes, et celle des alumineuses des roches la plupart dysgéogènes ou un peu pélogènes. Toutefois, il ne divise la végétation qu'en deux classes principales, l'une des espèces calcaires, l'autre de celles des sols siliceux et alumineux qu'il dit identiques. Voici, en éliminant quelques plantes qui ne croissent pas dans nos limites, les espèces qu'il donne comme plus caractéristiques sur chaque sol principal.

Sol sableux (Sandboden). Aira præcox, Avena caryophyllea, Nardus, Corynephorus, Molinia, Avena pratensis, Arundo arenaria, Elymus arenarius, Triticum junceum, Carex dioica, C. pulicaris, C. pauciflora, C. arenaria, C. elongata, C. canescens, C. ericetorum, C. hirta, Eriophorum vaginatum, Scirpus cæspitosus, S. bæothryon, S. acicularis, Schœnus nigricans, S. fuscus, Cladium, Rhincospora alba, Juncus conglomeratus, J. filiformis, J. squarrosus, J. tenageya, Goodiera repens, Epipactis palustris, Calla, Acorus, Sagittaria, Juniperus, Betula nana, B. pubescens, B. humilis, Salix aurita, Empetrum, Pinguicula vulgaris, Galeopsis ochroleuca, Melampyrum cristatum, M. sylvaticum, Pedicularis palustris, Digitalis purpurea, Gratiola, Veronica spicata, V. verna, Anchusa officinalis, Gentiana pneumonanthe, Pyrola minor, P. secunda, P. uniflora, Vaccinium vitis-idæa, V. oxycoccos, V. uliginosum, Arctostaphylos uva ursi, Andromeda, Ledum, Jasione, Phyteuma orbiculare, Scorzonera humilis, Arnoseris minima, Hypochæris glabra, H. radicata, Artemisia campestris, Helichrysum arenarium, Inula britannica, Arnica montana, Chrysanthemum segetum, Asperula cynanchica, Galium saxatile, Libanotis montana, Athamanta oreoselinum, Cervaria glauca, Chrysosplenium oppositifolium, Herniaria glabra, Illecebrum, Peplis, Epilobium montanum, Isnardia, Myriophyllum verticillatum, Spiræa filipendula, Sarothamnus, Genista germanica, G. pilosa, Ulex europæus, Ononis spinosa, Orobus tuberosus, O. nige Vicia multiflora, V. lathyroides, Ornithopus, Radiola, Gypsophila muralis, Dianthus prolifer, D. carthusianorum, D. superbus, Alsine rubra, A. verna, Lychnis vespertina, Drosera rotundifolia,

D. longifolia, Viola palustris, Teesdalia iberis, Farsetia incana, Anemone pratensis, Thalictrum flavum, Lysimachia thyrsiflora, L. nemorum, Trientalis.

Sur granites et aussi, pour la plupart, sol sableux. Molinia, Betula nana, B. pubescens, B. humilis, Vaccinium vitis-idæa, V. oxycoccos, V. uliginosum, Pyrola uniflora, Galium saxatile, Hieracium alpinum, Ulex europæus, Angelica archangelica, Trientalis, Chrysosplenium oppositifolium, Stellaria nemorum, Ranunculus aconitifolius, Anemone alpina.

Sur grès, schistes et grauwackes. Circæa alpina, Galium saxatile, Cervaria glauca, Sambucus racemosa, Trientalis, Ranunculus aconitifolius, Arabis Thaliana.

Sur basaltes. Sambucus racemosa, Stellaria nemorum.

Sur calcaires. Sessleria cærulea, Elymus europæus, Leucoium vernum, Paris, Lilium martagon?, Gymnadenia conopsea, Orchis militaris, O. maculata, Epipactis nidus avis, Spiranthes autumnalis, Herminium monorchis, Cypripedium, Asarum, Euphorbia amygdaloides, Daphne mezereum, Stachys alpina, S. arvensis, Digitalis ambigua?, Cynanchum, Atropa, Physalis, Lithospermum purpureo-cæruleum, Campanula glomerata, C. cervicaria, Adoxa, Hedisarum onobrychis, Medicago falcata, Crepis fœtida, Aster amellus, Hypericum pulchrum, Polygala amara, Thlaspi perfoliatum, Alysson calycinum?, Linum tenuifolium, Buplevrum longifolium, B. falcatum, Orlaya grandiflora, Caucalis daucoides, Scandix pecten, Saponaria vaccaria, Actæa, Aconitum napellus, A. lycoctonum, Anemone sylvestris.

Des 113 espèces du sol sableux, une vingtaine seulement croissent sur les calcaires du Jura, toutes les autres habitent dans nos contrées sur sols eugéogènes, surtout psammiques. Des 17 granitiques, 5 viennent sur les calcaires et 5 dans les tourbières jurassiques. Des 7 schisteuses, 5 se trouvent dans le Jura. Les deux basaltiques y sont fréquentes. Des 45 calcaires, 40 sont habituelles dans le Jura. Il y a donc un accord satisfaisant à cet égard entre les faits de dispersion signalés par M. Link et ceux de nos contrées. Mais l'influence chimique est-elle la cause de ces faits?

Or, on voit par le nombre même des espèces qui entrent dans ces groupes que c'est surtout dans le sol sableux, puis dans le calcaire que cet observateur a pu saisir les oppositions les plus claires, tandis qu'il a été plus embarrassé pour signaler un nombre convenable d'espèces des granites, grauwackes, schistes et basaltes, roches qui cependant ne sont pas moins siliceuses que les sols psammiques désignés en général. On remarquera ensuite que le nombre des espèces prétendues siliceuses va en diminuant de proportion du premier groupe au quatrième, c'est-à-dire avec la diminution des propriétés psammogènes des roches. Enfin, si l'on remarque que plus des deux tiers du groupe sableux, est composé d'espèces exigeant de l'eau, de l'humidité et de la fraîcheur, tandis qu'au contraire plus de la moitié de celles du groupe calcaire aiment des lieux arides, on achèvera de se convaincre que ces deux classes d'espèces soi-disant siliceuses ou calcaires ne sont autre chose que nos deux groupes de xérophiles et d'hygrophiles, correspondant respectivement à des sols dysgéogènes ou eugéogènes, dans lesquels les propriétés caractéristiques sont un peu plus variables que nous ne les avons vues ailleurs, les calcaires, par exemple, étant souvent péliques, les sables quelquefois secs, les granites parfois compactes, et ainsi de suite.

§ 102. M. Lachmann a donné des énumérations très détaillées des espèces qui croissent sur les divers terrains des environs de Brunswick. Quoiqu'il attache de l'importance à l'influence chimique des sols, il est cependant sans cesse ramené lui-même dans les détails au rôle de leur composition mécanique. Il est assez difficile de résumer ici les faits nombreux et intéressants qu'il signale, d'autant plus que la plupart des terrains de Brunswick, même ceux dans lesquels les masses calcaires dominent, offrent des alternances péliques ou psammiques qui rendent à certains égards les contrastes moins saisissables. Il résulte de là que les sols n'offrent également rien de bien tranché dans leur ensemble quant à la composition chimique. Les deux terrains les plus contrastants sous ce double rapport sont les calcaires conchyliens et les grès liassiques. Ce qui concerne les terrains jurassiques et crétacés y est étudié moins en détail.

Les plantes du conchylien sont : Veronica prostrata, Sessleria, Asperula cynanchica, Thesium montanum?, Veronica montana, Lithospermum purpureo-cæruleum, Vinca minor, Convallaria multiflora, Asarum, Cynanchum, Ranunculus nemorosus, Verbascum lychnitis, Dianthus carthusianorum, Brachypodium sylvaticum, Rosa rubiginosa, Daphne mezereum, Actæa, Ligustrum, Primula elatior, Silene nutans, Prunella grandiflora, Teucrium scorodonia, Digitalis grandiflora, Anthyllis, Hypericum hirsutum, H. montanum, Cephalanthera rubra, Platanthera bifolia, Stachys recta, Melittis, Orobus niger, Orchis militaris, Epipactis latifolia, Ophrys muscifera, Elymus europæus, Aconitum lycoctonum, Myosotis sylvatica, Melica nutans, M. uniflora, Atropa, Aster amellus, Geranium sanguineum, Astragalus glycyphyllos, Teucrium chamædrys. — Ces espèces sont toutes jurassiques; le caractère xérophile des plantes et dysgéogène des terrains y domine évidemment, sur-

tout eu égard à la latitude. Lorsqu'au milieu de ces calcaires, quelque affleurement local vient donner au sol une manière d'être plus pélique ou pélopsammique, on voit se mêler aux précédentes : Orobus tuberosus, Lotus
siliquosus, Montia, Alopecurus agrestis, Aira flexuosa, Galium tricorne, Seseli coloratum, Polycnemum, Eryngium, Cerastium semidecandrum, Onopordon, Senecio sylvaticus, Centaurea phrygia, Chrysocoma, etc., espèces
plus ou moins hygrophiles des sols pélo-graveleux.

Les plantes des grès liassiques sont, avec un certain nombre des précédentes : Quercus, Betula, Alnus, Calluna, Sarothamnus, Populus nigra, P.
alba, Pinus, Salix viminalis, etc. ; puis Asplenium septentrionale, Linnæa,
Jasione, Helichrysum arenarium, Ornithopus, Vulpia pseudo-myurus, Lycopsis, Saxifraga granulata, Sisymbrium sophia, Genista germanica, G. pilosa,
Chondrilla juncea, Melilotus officinalis, Arnoseris, Vignea Schreberi, Holcus
mollis, Holosteum, Gypsophila muralis, Antirrhinum orontium, Digitalis
purpurea, etc. Il est aisé d'y reconnaître le caractère de nos hygrophiles la
plupart psammiques et extra-jurassiques.

Dans les sols marécageux reposant sur des fonds argileux ou siliceux,
on a : Veronica scutellata, Gratiola, Rhincospora fusca, Nardus, Molinia,
Leersia, Alopecurus geniculatus, Agrostis canina, Glyceria spectabilis, Poa
fertilis, Exacum filiforme, Juncus filiformis, J. squarrosus, J. tenageya,
Rumex hydrolapathum, Erica tetralix, Spergula nodosa, Euphorbia palustris,
Thalictrum flavum, Ranunculus lingua, R. sceleratus, R. flammula, Nymphæa, Nuphar, Sagittaria, Hydrocharis, Myriophyllum, Ceratophyllum, Utricularia, Typha, Alnus, Salix cinerea, S. repens, Carex riparia, C. vesicaria,
C. hirta, C. ovalis, C. pilulifera, etc. On reconnaîtra également ici toutes les
hygrophiles péliques et aquatiques de nos plaines.

Les plantes des terrains meubles de sables, graviers et galets, sont : Calluna, Carex arenaria, C. hirta, Arundo arenaria, Corynephorus, Poa compressa, Festuca ovina, Helichrysum, Teesdalia, etc. Lorsqu'ils acquièrent un
peu plus de solidité d'agrégation, on y voit apparaître Veronica serpyllifolia,
Arundo epigeios, Setaria glauca, Kœleria cristata, Herniaria glabra, Draba
verna, Centunculus, Polygonum aviculare, Sagina procumbens, Illecebrum,
Corrigiola, Peplis, Jasione, Triodia, etc., etc.; toujours les hygrophiles des
divers sols eugéogènes. En résumé, tous les faits signalés par M. Lachmann
sont constamment du même ordre que ceux de notre champ d'étude, et s'expliquent de la même manière.

§ 103. M. de Brébisson divise les plantes de la Basse-Normandie en
trois classes : celles des terrains primordiaux (granites, grès, schistes, mar-

bres, etc.), celles des terrains secondaires (jurassique et crétacé), et celles qui paraissent indifférentes. Ainsi les roches calcaires des environs de Caen et de Falaise présentent avec les roches cristallines du Bocage des contrastes dont il examine les traits principaux.

La prédominance particulière des chênes, châtaigniers, hêtres, bruyères, ajoncs, genêts, puis celle de toutes les familles de cryptogames, caractérisent particulièrement les terrains primordiaux. Sur 40 espèces environ, propres aux bois, coteaux et lieux humides de ces terrains, après en avoir retranché une quinzaine qui ne croissent pas dans nos contrées, il nous reste les suivantes :

Silene nutans, Campanula rotundifolia, Sedum reflexum, Solidago virga-aurea, Gnaphalium dioicum, Euphorbia dulcis, Linaria striata, Hypericum humifusum, Galium saxatile, Orobus tuberosus, Ornithopus, Tormentilla recta, Filago minima, Digitalis purpurea, Calluna, Teucrium scorodonia, Luzula Forsteri, L. maxima, Aira flexuosa, A. præcox, Festuca Lachenalii, Sagina erecta, Spergula pentandra, Barbarea præcox, Illecebrum, Lysimachia nemorum, Polygonum mite, Exacum filiforme, Littorella, Alisma natans, Juncus squarrosus, Scirpus bæothryon, Eriophorum vaginatum, Carex pulicaris. — On y reconnaîtra aisément la prédominance de nos hygrophiles psammiques, associées à quelques espèces indifférentes.

La moindre abondance des cryptogames caractérise les terrains secondaires. En retranchant deux ou trois espèces indigènes, il reste pour ces terrains les :

Thalictrum montanum, Helianthemum vulgare, Astragalus glycyphyllos, Coronilla minima, Hippocrepis, Buplevrum falcatum, Seseli montanum, Asperula cynanchica, Scabiosa columbaria, Cirsium eriophorum, Phyteuma orbiculare, Gentiana germanica, Linaria vulgaris, Veronica prostrata?, Teucrium chamædrys, T. montanum, Prunella grandiflora, Himantoglossum hircinum, Ophrys muscifera, O. aranifera, Anthericum ramosum, Carex humilis, Althæa hirsuta, Anemone pulsatilla, Spiræa filipendula, Onopordon, Chlora, Lactuca saligna, Globularia vulgaris, Thesium linophyllum?, Avena pubescens, A. pratensis.— On voit dans ce groupe, où prédominent les espèces xérophiles des sols dysgéogènes, un mélange de plantes indifférentes et de celles des stations pélo-graveleuses de nos contrées. Ce mélange s'explique principalement par l'état généralement peu compacte des terrains jurassiques de Normandie où abondent les subdivisions détritiques. Relativement au Jura la latitude est probablement aussi de quelque influence.

Nous voyons donc dans le Calvados, tout comme dans nos contrées, des

sols plus eugéogènes d'un côté avec plus de plantes hygrophyles, plus dysgéogènes de l'autre avec plus de xérophiles, les contrastes paraissent toutefois
moins tranchés par suite du peu de siccité des terrains secondaires. M. de
Brébisson, tout en admettant dans certaines limites l'influence de la composition chimique des roches sur la dispersion, fait cependant remarquer qu'elle
influe souvent moins sur la végétation que la consistance du sol, son humidité et sa sécheresse. Il signale en outre une plus grande diversité d'espèces
sur le sol primitif que sur le secondaire, et, comme nous l'avons déjà dit,
la prédominance des familles inférieures sur le premier de ces terrains, toutes
conclusions entièrement conformes aux nôtres.

104. M. Murray, dans son mémoire sur Alford, repousse en général cette
idée qu'on trouve dans le tapis végétal une expression de l'état des roches
soujacentes, bien qu'il en admette la possibilité dans certains cas; il combat
surtout l'influence chimique, et, comme il reconnaît que la mobilité, l'humidité et la profondeur du sol sont des facteurs principaux de la végétation, il
est conduit indirectement à admettre l'influence des propriétés physiques. Du
reste il s'est plutôt borné à raisonner sur le sujet qu'à baser une démonstration sur des faits.

M. Thomson dans ses Remarques sur les relations entre la végétation et
les terrains, combat l'opinion de l'observateur précédent en ce qui concerne
la possibilité de l'influence chimique. Il parcourt un certain nombre de faits
propres à démontrer que le tapis végétal varie selon sa base géologique;
mais, dans cet examen, il ne met en œuvre qu'un petit nombre d'espèces et
ne sépare pas en réalité les deux ordres d'action chimique et physique. Il résulte uniquement de sa démonstration que la dispersion de certaines plantes
paraît liée à certains affleurements. Il a vu le tapis végétal caractérisé sur
les calcaires par un développement sec, grêle, dur et la présence des Orchidées; sur le granite et les roches primitives, par la présence habituelle et
le grand développement des Ericacées; sur les roches basaltiques, par la
prospérité plus particulière de certaines espèces, parmi lesquelles *Geranium
sanguineum, G. robertianum, G. pratense*; sur le nouveau grès-rouge, par
la rareté ou l'absence des *Origanum, Ophrys* et quelques autres qu'il retrouve
aussitôt au passage de cette roche sur le Calcaire-de-montagne, où il signale
des espèces appartenant aux plus méridionales d'Angleterre, telles que *Geranium sanguineum, Fœniculum officinale, Cotoneaster vulgaris*; les Grün-
stein contrastent de nouveau avec ces derniers, et les plantes précédentes y
ont entièrement disparu. Bien que l'auteur ait pour but essentiel de démon-

trer qu'il n'y a rien de déraisonnable à admettre l'hypothèse de l'action chimique, il n'aborde pas directement le côté physiologique et analytique de la question, et laisse une large part d'influence au mode de désagrégation, à la perméabilité des masses en grand, à la température à laquelle ces propriétés contribuent, etc. En un mot, les faits énumérés par M. Thomson viennent entièrement à l'appui de nos solutions, et ses opinions ne nous paraissent guère différer des nôtres, que par suite de la manière trop générale dont la question avait été posée quant au fait de l'influence des sols, et par suite de l'incomplète distinction établie à cet égard entre les deux genres d'action chimique ou physique.

§ 105. Parmi les ouvrages qui ont le plus contribué à éveiller l'attention des botanistes et des géologues sur les relations entre la végétation et les terrains, il faut citer quelques-uns des *Agenda* géologiques élaborés à l'imitation de celui de Saussure. Deux de ces ouvrages surtout ont été fort utiles en posant la série des questions à résoudre et des faits à observer. L'un, l'agenda de M. de Léonhard, établit avec netteté les points à étudier concernant l'influence qu'exercent sur la dispersion, la végétation et les variations spécifiques, la configuration et la nature minérale des terrains. Ces directions tout-à-fait propres à mettre sur la voie un observateur quelque peu attentif ont, je crois, été fort utiles et m'ont, quant à moi, véritablement éclairé dans mes recherches. L'autre, le Guide de M. Boué, en reproduisant les mêmes questions avec plus de développement encore et les accompagnant de nombreux renseignements de géographie botanique et zoologique peu familiers aux géologues, a singulièrement contribué à diriger leurs études vers ce genre d'observations. Du reste l'opinion de M. Boué est favorable à l'influence physique, et il remarque que *la végétation est moins réglée par la nature de la roche que par ses variétés particulières, par quelques-unes de ses formes extérieures, par quelques-uns de ses gisemens, par sa plus ou moins grande disposition à réfléchir et à absorber la chaleur, à se décomposer, à attirer, absorber ou laisser passer l'humidité,* ce qui est parfaitement conforme à tous nos résultats. Il ajoute que *l'influence géologique du sol doit être étudiée par grandes contrées sans étendre les résultats au-delà de certaines limites,* règle de conduite fort juste et trop souvent négligée.

§ 106. Un des botanistes qui nous parait avoir présenté de la manière la plus lucide les principaux éléments de la question qui nous occupe, est M. Watson. Voici comment, dans ses observations sur les rapports entre la végétation et les terrains, il résume ses principes :

1º Les principaux facteurs de la dispersion sont, dans leur ordre d'importance, la température, l'humidité, les propriétés mécaniques et chimiques des sols, celles des roches soujacentes. 2º L'influence combinée de ces facteurs et de quelques autres moins importants détermine la flore et la végétation. 3º Ils n'agissent pas toujours dans les mêmes proportions relatives; lorsqu'un d'eux atteint son maximum, l'action des autres est moins sensible. 4º La température est le facteur principal de la *flore* d'une contrée, l'humidité, le sol, etc., les facteurs de la *végétation* de ses districts. 5º Certaines plantes dépendent plus particulièrement de certains facteurs. 6º L'influence des roches soujacentes est souvent masquée par celle des autres facteurs dans l'ensemble de la flore, mais la végétation particulière la révèle clairement. — Cet excellent résumé dont nous aurions pu faire la base de notre travail s'il ne nous eût été connu trop tard, est entièrement conforme à nos opinions, avec cette différence seulement que nous envisageons comme plus tranchée encore l'action des terrains. Il est fort à regretter que M. Watson se soit borné à un exposé d'opinions sans les appuyer d'une série de faits qu'il est si bien en position de recueillir. Quant aux terrains ayant une végétation analogue, il classe d'un côté les granites, les dépôts de graviers et galets et même les tourbières; de l'autre les roches calcaires, trappéennes et serpentineuses. Il est aisé de reconnaître dans cette division deux groupes, l'un de roches eugéogènes à sol meuble et plus ou moins psammique, l'autre de sols dysgéogènes compactes plus ou moins péliques. Elle est par conséquent en réalité fondée sur l'état d'agrégation et nullement sur la composition chimique.

Dans le petit nombre de faits que rapporte M. Watson, nous trouvons l'énumération suivante d'espèces envisagées comme propres aux calcaires par l'auteur de la flore de Cambridge : *Ligustrum, Veronica spicata, Avena pubescens, Dipsacus pilosus, Scabiosa columbaria, Asperula cynanchia, Plantago media, Campanula glomerata, Prismatocarpus hybridus, Thesium linophyllum?, Gentiana amarella, Libanotis montana, Pimpinella magna, Viburnum lantana, Silene otites, S. noctiflora, Spiræa filipendula, Potentilla verna, Helianthemum vulgare, Anemone pulsatilla, Clematis vitalba, Calamintha acinos, Hippocrepis comosa, Onobrychis sativa, Hypochœris maculata, Carduus nutans, Conyza squarrosa, Cineraria integrifolia, Anacamptis pyramidalis, Orchis ustulata, Ophrys muscifera, O. apifera, O. aranifera, Taxus baccata.* Ces plantes deviennent rares ou nulles sur les syénites et les schistes du Cambridge, pour reparaître sur les calcaires jurassiques du Yorkshire. On y voit un mélange de nos xérophiles des stations les moins sèches et de plantes ubiquistes dans nos contrées. C'est-à-dire que ces espèces, dont l'ensemble, à nos latitudes, s'accommode de sols médiocrement dysgéogènes, ont déjà besoin en Angleterre de conditions plus tranchées à cet égard, par suite de l'abaissement des températures.

§ 107. M. Rœper, dans sa notice géographico-botanique sur la flore bâloise, arrive à une conséquence que nous tenons à consigner ici, savoir celle d'une plus grande diversité de végétation dans le Schwarzwald que dans les chaînes jurassiques. Il attribue le fait à la plus grande homogénéité de sol de ces dernières montagnes. Cette conséquence est conforme à notre principe de l'admission d'un plus grand nombre d'espèces par les sols eugéogènes que par les dysgéogènes, et milite contre l'opinion opposée de M. Kirschleger que nous avons déjà combattue plus haut.

§ 108. M. Lindblom donne une énumération des espèces observées en Suède comme préférant les terrains de transition. Ces terrains y sont envisagés dans leur ensemble géologique comprenant non-seulement des calcaires compactes et assez souvent hemipéliques, mais aussi des grès et des schistes assez développés. Il ne serait donc pas étonnant d'y rencontrer un mélange d'espèces hygrophiles et xérophiles. Cependant, malgré cela, les dernières prédominent remarquablement. En effet, si des plantes citées par M. Lindblom, on élimine les espèces suédoises pour ne considérer que celles de nos climats, voici les résultats que l'on obtient :

1° Sur 140 plantes environ des terrains de transition, il n'y en a guère qu'une quinzaine de boréales, et toutes les autres croissent dans l'Europe centrale, ce qui indique bien déjà qu'elles sont des espèces les plus australes, c'est-à-dire des stations les plus sèches et les plus chaudes, ou enfin les plus xérophiles du continent scandinave. 2° Sur les 125 restantes, il n'y en a pas une seule de nos hygrophiles caractéristiques que l'on retrouve, comme nous le verrons plus loin, sur les gneiss des Hardanger, et presque toutes au contraire croissent dans le Jura. 3° Non-seulement ces 125 espèces sont jurassiques, mais le plus grand nombre appartient aux stations sèches du Jura. En effet, 25 au plus sont psammiques, péliques ou tourbeuses, telles que *Schœnus nigricans, Sanguisorba, Carex tomentosa, Cladium, Athamanta orcoselimum, Juncus obtusiforus, Sturmia Lœselii, Cineraria campestris, Teucrium scordium, Blysmus, Artemisia campestris, Orchis latifolia, Veronica beccabunga, Eriophorum latifolium, Marrubium, Crepis paludosa, Ophyoglossum*, etc.; 20 au plus sont des espèces montagneuses ou alpestres du

Jura, comme *Chrysosplenium alternifolium, Trollius, Lunaria, Arenaria ci-liata, Ranunculus lanuginosus, Helianthemum œlandicum, Elymus europœus, Petatites alba, Bartsia, Campanula latifolia, Convallaria verticillata, Lo-nicera cærulea, Festuca rubra glaucescens, Hieracium prenanthoides, Nigri-tella angustifolia, Polypodium robertianum, Scolopendrium,* etc.; 40 environ sont des espèces communes de nos régions inférieures à station médiocre-ment sèche, parfois hémipélique : *Alliaria officinalis, Polygala amara, Viola hirta, Triticum caninum, Lonicera xilosteon, Verbascum nigrum, Sedum al-bum, Arabis hirsuta, Leontodon hastile, Cichorium intybus, Carduus crispus, Thlaspi perfoliatum, Orchis morio, O. mascula, Corydalis cava, Euphorbia exigua, Linaria elatine, Sium falcaria, Ajuga reptans, Delphinium conso-lida, Ballota nigra, Bromus asper, Festuca gigantea, Brachypodium sylva-ticum, Asperula odorata, Lithospermum officinale, Pulmonaria officinalis, P. angustifolia, Convolvulus arvensis, Rhamnus catharticus, Hedera helix, Sanicula europœa, Torilis anthriscus, Chærophyllum temulum, Epilobium parviflorum, E. roseum, Lychnis vespertina, Epipactis latifolia;* 25 envi-ron habitent nos collines sèches jurassiques : *Cirsium acaule, Inula salicina, Gymnadenia conopsea, Mercurialis perennis, Orobus vernus, Astragalus gly-cyphyllos, Anacamptis pyramidalis, Orchis militaris, O. ustulata, Coronilla varia, Dianthus prolifer, Verbascum thapsiforme, Aquilegia vulgaris, Ori-ganum vulgare, Ophrys muscifera, Cephalanthera rubra, Ribes alpinum, Convallaria multiflora, Sedum reflexum, Potentilla verna, Herminium monorchis, Carex ornithopoda;* enfin, plusieurs autres appartiennent à des stations jurassiques plus méridionales, savoir : *Orobus niger, Hypericum montanum, Anchusa officinalis, Helianthemum fumana, Globularia vulgaris, Chrysocoma, Melampyrum cristatum, Melica ciliata, Medicago minima, Phleum Bœhmeri, Cotoneaster vulgaris,* etc. Le caractère jurassique de toute cette flore est vraiment remarquable.

§ 109. M. Boreau, dans l'introduction à la flore du centre de la France, met en rapport avec les terrains géologiques un certain nombre d'espèces. Il fait remarquer qu'à cet égard les contrastes principaux existent entre la silice ou sable sous quelque forme qu'il se présente, et le calcaire à quelque formation qu'il appartienne. Aussi rapproche-t-il, par exemple, d'un côté les terrains primitifs et les grès du lias, de l'autre les calcaires oolitiques et cré-tacés, bien que ce soit particulièrement à l'égard des terrains jurassiques qu'il indique sa catégorie de plantes calcaires.

Voici les espèces qu'il signale comme plus habituelles au sol primitif : Fagus, Betula, Carpinus, Castanea, Ranunculus aconitifolius, Cardamine amara, C. sylvatica, Viola palustris, Lychnis diurna, Stellaria nemorum, Chrysosplenium alternifolium, Sedum villosum, Sorbus aucuparia, Comarum, Geum rivale, Alchemilla vulgaris, Sambucus racemosa, Vaccinium myrtillus, V. uliginosum, V. oxycoccos, Polygonum bistorta, Salix pentandra, Potamogeton rufescens, Carex teretiuscula, C. canescens, Equisetum sylvaticum, Polypodium phægopteris, P. dryopteris, Asplenium septentrionale, Lycopodium clavatum, Digitalis lutea, Senecio nemorensis, S. adonidifolius, S. viscosus, Ranunculus hederaceus, Larbrea aquatica, Illecebrum, Anarrhinum, Genista pilosa, Brassica cheiranthus.

De ces trente et quelques plantes il en est à peine une ou deux qui appartiennent à des stations sèches ; la plupart habitent des lieux humides, ou tourbeux, ou bien sont des plus montagneuses de la contrée, ce qui tient probablement aux niveaux qu'y atteignent les sols primitifs (les plus hautes altitudes n'y dépassent guère 850^m) ; 8 à 10 espèces seulement trahissent clairement la constitution psammique, telles que *Betula, Castanea, Asplenium, Illecebrum, Brassica,* etc., mais on pourrait sans aucun doute y en ajouter beaucoup d'autres que leur qualité de plantes communes dans la contrée a peut-être fait négliger, telles que *Sarothamnus, Calluna, Ulex, Aira,* etc.

Les plantes les plus répandues sur les calcaires sont : Adonis æstivalis, A. flammea, Thlaspi montanum, Coronilla minima, C. varia, Hippocrepis, Linum montanum, Hypericum montanum, Buplevrum falcatum, B. protractum, Ptychotis, Sison amomum, S. segetum, Cervaria glauca, Libanotis, Cornus mas, Senecio crucæfolius, Inula salicina, Pyrethrum corymbosum, Phyteuma orbiculare, Campanula rapunculus, Gentiana germanica, G. cruciata, Anchusa italica, Orobanche cruenta, Teucrium montanum, Asarum, Gymnadenia odoratissima, Orchis militaris, Anacamptis pyramidalis, Ophris apifera, O. muscifera, O. arachnites, Aceras anthropophora, Cephalanthera rubra, Anthericum ramosum, Convallaria polygonatum, Carex gynobasis, Sessleria cærulea, Melica ciliata.

Sur cette quarantaine d'espèces, c'est à peine s'il y en a cinq ou six auxquelles on pourrait assigner des stations humides, et, parmi les autres, on reconnaît nos plantes jurassiques en majorité. Ici donc encore, on a pour les terrains primitifs plus eugéogènes, une prédominance des hygrophiles, pour les calcaires, même y compris les terrains crétacés, une prédominance des xérophiles. M. Boreau ajoute que c'est dans les plaines découvertes, dans les lieux où la roche calcaire se trouve presque à la surface du sol, que croissent certaines espèces méridionales, ce qui vient encore à l'appui de ce qui précède. Parmi ces espèces dont il signale une vingtaine, on peut citer les *Anthyllis montana, Aster amellus, Convolvulus cantabrica, Plantago cynops, Orchis sambucina, Gaudinia, Adianthum capillus veneris*, etc., espèces jurassiques plus ou moins australes. M. Boreau n'énonce du reste aucune opinion relativement aux causes physiques ou chimiques de ces faits.

§ 109 *bis*. MM. Lecoq et Lamotte nous ont donné un tableau précieux de la flore du Plateau central de la France en y signalant avec soin le gisement géologique de chaque espèce. Bien que ces observateurs ne se prononcent point explicitement quant aux rapports entre la dispersion et les terrains, il résulte implicitement de leur travail une flore plus spéciale pour les calcaires, puis une grande ressemblance de végétation entre les roches cristallines et volcaniques en général, enfin plus exceptionnellement la communauté d'un certain nombre d'espèces aux calcaires et aux basaltes.

Le Plateau central est formé de massifs cristallins surtout granitiques fort étendus, traversés par de nombreux groupes volcaniques formant les Monts-Dome, les Monts-Dore, le Cantal, le Mezenc, etc. ; parmi ces massifs, le Forez constitue une chaîne plus exclusivement cristalline et porphyrique. Ils sont bordés au sud dans la Lozère et le Gard par une zône gneissique, puis calcaire jurassique formant les Causses. Ils sont sillonés par plusieurs grandes vallées dont les principales sont celles de l'Allier et de la Loire occupées par des terrains tertiaires et récens. Ce pays est compris dans les degrés 44, 45 et 46 de latitude, c'est-à-dire d'un degré plus au sud que le Jura dauphinois. Il s'étend sous le climat Girondin (Martins), mais vers les approches des climats Méditerranéen et Rhodanien, ce qui en fait faire évaluer la température moyenne annuelle à 12°,80 au moins, température qui dépasse considérablement celles des montagnes du Rhin et qu'atteint à peine le Jura le plus méridional. La moyenne des altitudes du Plateau est de 700 à 1000ᵐ, les sommités qui l'accidentent s'élevant souvent à 1300ᵐ, atteignant çà et là jusqu'à 1500, puis rarement 1800 et 1850. C'est-à-dire que de vastes étendues appartiennent à notre région montagneuse et de nombreuses sommités à notre région alpestre. Ajoutons aussi, pour orienter le lecteur, qu'un bon nombre de villages s'y rencontrent encore vers 1100ᵐ; que le sapin y commence vers 900ᵐ comme dans le Jura méridional, et y cesse vers 1500 ; enfin, que les pâturages alpestres commencent déjà vers 1300ᵐ à occuper de grandes étendues.

Si, au moyen des plantes habituelles de cette contrée, nous recherchons ce qui s'y passe aux niveaux de nos régions basse et moyenne sur sols récens, tertiaires et cristallins nous trouvons que, tandis que les plantes les plus hygrophiles psammiques et péliques, telles que les *Ulex, Pinus, Sarothamnus, Betula, Castanea, Jasione, Illecebrum*, etc. sont partout abondantes, un grand nombre de nos xérophiles de la région moyenne, telles que *Helleborus, Cynanchum, Ruscus, Ceterach, Melittis*, etc., sont aussi très répandues, mais que cependant une autre catégorie exigeant des sols plus dysgéogénes, comme les *Buxus, Mahaleb, Quercus pubescens, Coronilla emerus, Daphne laureola, Tunica, Asarum, Cytisus laburnum, Hypericum hirsutum*, n'y sont que disséminées, rares ou même nulles, excepté sur les calcaires (et aussi parfois les gneiss) de la lisière méridionale, où se retrouvent en outre, avec beaucoup d'espèces australes, la plupart de nos plantes jurassiques. De façon que, dans le plateau central proprement dit, toutes les espèces à-peu-près de notre groupe *B* (page 155) y compris les caractéristiques de la lisière sousjurassique et de la région moyenne des Vosges (pages 171 et 224) sont répandues et habituelles, tandis que celles du groupe moyen jurassique *C* (page 156) y compris les caractéristiques (page 172) y manquent en grande partie. Si nous considérons ensuite l'ensemble des espèces des régions montagneuse et alpestre occupées à la fois par les granites et les roches volcaniques, nous trouvons dominantes à-peu-près toutes les montagneuses vosgiennes et hercyniennes du groupe *B 2* (page 155) y compris leurs groupes caractéristiques (pages 227 et 255) presque en totalité, tandis que nous voyons nulles ou rares la moitié au moins des jurassiques *C 2* et *C 3* et des groupes correspondants (pages 158 et 159).

A part donc les Causses calcaires qui joignent à la flore jurassique celle de la région des oliviers, nous trouvons au Plateau central tant volcanique que cristallin, une végétation moins méridionale que celle du Jura à des latitudes égales, et toute vogéso-hercynienne. Il n'était, du reste, pas besoin d'une étude détaillée pour s'en convaincre : un coup-d'œil comparatif sur les gracieuses descriptions des Vosges de M. Mougeot et de l'Auvergne de MM. Lecoq et Lamotte suffit pour reconnaitre la similitude notable qui règne à cet égard. Ainsi nous ne rencontrons point sur les dômes français la végétation jurassique du Kaiserstuhl. Ce résultat ne surprendra nullement si l'on réfléchit que les volcans d'Auvergne, outre qu'ils sont de toutes parts encadrés dans des masses cristallines dont la végétation doit s'y propager jusqu'à un certain point, sont eux mêmes formés souvent de roches (trachytes terreux, domites, ponces, tufs volcaniques, etc., souvent quarzifères) très désagréables à détritus abondant, frais, pélique, souvent psammique-permanent, de manière que leurs cônes offrent soit des formes tout-à-fait adoucies, soit des déchirures, des ravines ruiniformes détritiques, à talus meuble et sableux propres à servir de station aux plantes arénicoles, beaucoup plutôt que des rochers compactes à escarpements arrêtés et inaltérables offrant des stations aux espèces saxicoles. Et cependant les variétés dysgéogènes des roches se montrent assez fréquemment dans ces montagnes volcaniques pour qu'en examinant leur flore de plus près on la voie participer quelque peu de celle du Jura et nourrir des espèces réputées calcaréophiles étrangères aux montagnes du Rhin. C'est ainsi que l'on y trouve, bien que disséminées, les *Lonicera alpigena*, *Daphne laureola*, *Crocus vernus*, *Gentiana verna*, *Geranium sanguineum*, *G. nodosum*, *Saponaria ocymoides?*, *Libanotis montana*, *Buplevrum longifolium*, *Arabis alpina*, *Mœhringia muscosa*, *Draba aizoides?*, *Cerastium strictum*, *Rosa pimpinellifolia*, *Rumex scutatus*, etc.. plantes qui manquent dans les chaînes exclusivement cristallines, comme celle du Forez, malgré ses porphyres. C'est ainsi, en outre, que de loin en loin, là où les roches volcaniques prennent plus nettement la constitution dysgéogène, on les voit, de même qu'au Kaiserstuhl, accueillir la végétation jurassique comme cela a lieu en plusieurs points signalés par MM. Lecoq et Lamotte sur les basaltes pour les *Buxus*, *Celtis*, *Cotoneaster*, *Adianthum capillus veneris*, *Athyrium fontanum*, *Coronilla emerus*, etc.

La végétation des roches volcaniques n'est donc en réalité et malgré les apparences générales pas entièrement identique à celle des roches cristallines, et les faits observés à cet égard sont encore ici de même nature que partout ailleurs, dérivant du mode de désagrégation et non de la composition chimique. La ressemblance dans le tapis végétal des terrains volcaniques et cristallins en Auvergne tient uniquement à la similitude dans leurs propriétés détritiques, et cette ressemblance s'affaiblit ou cesse totalement pour offrir les contrastes opposés, dès que sans changer de nature géologique, minéralogique ou chimique, leurs roches de pélogènes ou psammogènes qu'elles sont le plus souvent, deviennent quelque peu nettement dysgéogènes.

Enfin, un trait caractéristique de la végétation de ces contrées est la pauvreté de leur flore alpestre eu égard aux altitudes qu'atteignent ses sommités, ce qui dérive encore de l'état eugéogène des terrains. Nous avons vu en effet (page 288) que la flore est d'autant plus indépendante des altitudes que les conditions de fraîcheur, d'humidité et de puissance dans le sol jouent un rôle plus prédominant; tellement que dans le Jura vers 1200^m, par exemple, le tapis végétal d'une combe marneuse compte beaucoup moins d'espèces montagneuses qu'un crêt calcaire de même niveau. Nous pensons que le contraste du même genre qui existe entre une sommité volcanique comme le Mont-Dôme et une sommité jurassique comme le Reculet, doit être attribué aux mêmes causes, une grande partie de la flore alpestre la plus saxicole de ce dernier ne trouvant point de stations convenables chez le premier. Mais si la végétation *alpine* compte moins de représentants au Mont-Dôme il n'en est pas de même de la végétation *boréale,* témoin le *Salix lapponum* et d'autres encore. Enfin, du moindre nombre d'espèces alpines, on aurait également tort de conclure à une moindre diversité de plantes en général au Mont-Dôme relativement au Reculet, car le premier accepte très haut sur ses pentes une foule d'espèces des régions inférieures qui s'arrêtent au pied du second. .

§ 109 *ter.* M. Durocher (¹) envisageant dans le nord-ouest de la France (Bretagne, Normandie, Maine, Anjou) les rapports entre les productions végétales et les terrains, divise ces derniers en cinq groupes : 1 granites et schistes cristallins à éléments granitiques ; 2 schistes argileux et grauwackes; 3 grès et schistes quarzeux; 4 dépôts tertiaires argilo-graveleux et caillouteux ; 5 terrains calcaires (anciens, secondaires, tertiaires). Remarquons d'abord que parmi ces groupes les quatre premiers sont formés des roches plus eugéogènes, tandis que celles du dernier sont plus dysgéogènes. En outre, les groupes 1, 3 et 4 sont plus psammiques que le groupe 2 qui offre des roches plus péliques et peut-être parfois à un faible degré ; enfin les calcaires du groupe 5 dans ces contrées sont souvent pélogènes, à désagrégation graveleuse, abondante et rarement aussi compactes que ceux du Jura qui nous servent de type extrême dysgéogène. Cela posé, M. Durocher établit les faits suivants.

Les terrains calcaires sont les plus favorables à la culture des céréales et fourragères, puis à la végétation des prés de meilleure qualité ; la culture du sarrasin y est peu en usage ; on y voit peu de landes et de forêts ; les *Quercus, Castanea, Betula, Ulex, Sarothamnus* les évitent et y sont rares ou nuls ; tout y révèle des sols plus épurés, des stations plus sèches et plus chaudes, toutes choses égales.

Les schistes argileux et grauwackes sont moins favorables à la culture ; les pâturages y sont beaux et verdoyants, mais de moindre qualité que sur les calcaires ; les landes et les forêts s'y montrent un peu plus répandues ; tout y indique des stations moins épurées, moins sèches, moins chaudes, que sur les calcaires, mais au contraire plus assainies, moins inondées, moins fréquemment stériles que sur les groupes suivants.

(¹) Voir aux additions les derniers ouvrages consultés.

Les groupes cristallins, granitiques, clastiques et argilo-graveleux ou cail-louteux (1, 3, 4) sont les moins propres à la culture : le sarrasin y joue un rôle capital ; les landes et les forêts y occupent de vastes étendues : les *Quercus, Castanea, Betula, Pinus, Frangula, Ulex, Calluna, Erica, Sarothamnus* y règnent ; tout y révèle des sols profonds, absorbans, froids, souvent argileux, imperméables, parfois au contraire sableux trop meubles, très-souvent infertiles.

Il est impossible de méconnaître dans les traits précédents l'état plus particulièrement dysgéogène du sol calcaire oligopélique avec ses propriétés moyennes ; l'état plus particulièrement eugéogène, pélique, psammique ou pélopsammique des sols cristallins, clastiques, argileux ; enfin les propriétés intermédiaires des sols reposant sur les schistes et la grauwacke qui ne sont nettement ni compactes, ni sableux, ni argileux.

Les contrastes dans la végétation spontanée entre les sols cristallins, schisteux et clastiques paraissent peu tranchés, bien que les terrains anciens offrent quelques espèces plus rares sur les tertiaires, espèces que nous ne saurions prendre ici en considération parce qu'elles sont étrangères à notre champ d'étude.

En revanche le contraste entre la végétation des calcaires et celle des divers terrains eugéogènes est clairement accusé. Sur une soixantaine de plantes citées par M. Durocher comme plus ou moins préférentes des calcaires, nous trouvons les groupes suivants :

a) Phleum Bœhmeri, Carex nitida, Linum angustifolium, Anchusa italica, Anacamptis pyramidalis, Himantoglossum hircinum, Ophrys apifera, O. aranifera, Althæa hirsuta, Melampyrum cristatum, Salvia sclarea, Polycnemum arvense, Silene conica, Fumaria parviflora, etc.

b) Silene inflata, Asperula cynanchica, Ononis repens, Anthyllis vulneraria, Scabiosa Columbaria, S. arvensis, Helianthemum vulgare, Lithospermum officinale, Astragalus glycyphyllos, Galeopsis Ladanum, Cichorium intybus, Centaurea scabiosa, Clematis vitalba, Allyssum calycinum, Dianthus carthusianorum, Hippocrepis comosa, Cirsium acaule, C. eriophorum, Calamintha acinos, Bromus erectus, Erigeron acre, etc.

c) Eryngium campestre, Centaurea calcitrapa, Chlora perfoliata, Ajuga chamæpytis, Reseda lutea, Silene gallica, Euphorbia Gerardiana, etc.

Le premier est formé d'espèces jurassiques des stations sèches et chaudes notablement méridionales pour la latitude, le second d'espèces de station analogue, mais communes, le troisième de quelques plantes des terrains graveleux ou sableux correspondant probablement à des subdivisions calcaires de facile désagrégation. M. Durocher envisage comme prépondérante l'influence des propriétés physiques des roches soujacentes dans ces faits de dispersion ; toutefois il regarde l'action des calcaires comme chimique en partie, tout en faisant remarquer que les contrastes que présente leur végétation avec celle des autres roches sont moins tranchés lorsqu'ils sont plus friables, et que des espèces propres au sol calcaire se retrouvent sur d'autres terrains, ou réciproquement, lorsque ces terrains viennent à offrir des caractères physiques pareils. Si l'on ajoute à cela que son groupe des schistes et grauwackes à roches peu clastiques, bien que siliceuses ou alumineuses, offre une végétation qui tend à se rapprocher de celle des calcaires, et que dans toute cette série de roches il manque d'un exemple de roches siliceuses nettement dysgéogènes, on se convaincra que les faits que nous venons d'examiner rentrent en général dans notre mode d'interprétation. M. Durocher fait en outre la remarque que là où les espèces différentielles manquent, elles sont souvent remplacées par des modifications de forme, de taille, etc., des mêmes espèces.

§ 110. M. Schultz, dans la dixième session du congrès scientifique de France, annonce qu'après avoir longtemps envisagé certaines espèces comme liées à la présence de certains *terrains géologiques,* il a reconnu que les faits de ce genre propres à une petite circonscription ne se vérifient pas dans des limites plus étendues. Il signale des espèces regardées dans les environs de Bitche comme propres aux grès, se retrouvant sur les granites, par exemple *Dianthus deltoides, Illecebrum,* et d'autres considérées comme propres aux calcaires se retrouvant sur les porphyres, par exemple *Helianthemum vulgare, Polygala calcarea, Lithospermum purpureo-cœruleum.* Il est aisé de reconnaître des espèces psammophiles dans les deux premières, et des plantes à station sèche dans les trois dernières. Nous voyons encore ici le rapprochement des roches cristallines psammogènes avec les roches clastiques, et, ce qui est plus important, celui des porphyres dysgéogènes et silicéo-alumineux avec les calcaires. Quant aux terrains envisagés géologiquement, c'est-à-dire comprenant des roches très variées, il est clair qu'ils ne sauraient correspondre aux faits de dispersion et qu'il ne saurait y avoir des plantes tertiaires, liassiques, siluriennes, etc., comme il y en a de pélophiles, psammophiles, xérophiles, etc., correspondant uniquement et nécessairement aux propriétés soit physiques, soit chimiques de leurs subdivisions qui seules offrent une homogénéité suffisante pour être en rapport avec des faits parallèles de végétation. Si nous avons souvent employé l'expression de plantes jurassiques, c'est relativement aux terrains calcaires dysgéogènes qui dominent remarquablement dans le Jura : cette expression cessera probablement d'être juste dans d'autres contrées.

§ 111. M. Wirtgen, dans sa notice botanique sur les environs des Bains de Bertrich près Coblence, a signalé sur les terrains volcaniques de ce lieu un groupe d'espèces dont l'apparition à cette latitude est fort remarquable. On y voit les *Buxus, Aronia, Mahaleb* et *Acer monspessulanum*. Ils se trouvent sur les basaltes, et accusent à la fois leur rôle dysgéogène et leur capacité d'échauffement. Une étude des différents groupes volcaniques de ces contrées rhénanes offrirait probablement des faits analogues.

§ 112. La société géologique de France a entendu lecture (9 août 1844) d'un mémoire de M. Baudoin qui touche à la question dont nous nous occupons, et dans lequel l'auteur paraît partisan de l'influence chimique et peut-être de l'adhérence exclusive. Nous n'avons malheureusement dans le Bulletin que des extraits trop incomplets de ce travail pour pouvoir en parler. Ses opinions ont été appuyées plus ou moins explicitement par MM. Billet, Virlet, Tournier, Chamousset, Clément-Mullet et Bernard, et combattues dans leur trop grande généralité par M. Michelin ; mais le tout n'est appuyé que d'un petit nombre de faits. M. Bernard a postérieurement (12 janvier 46) signalé des faits restrictifs des précédents. Nous avons peu de chose à tirer de cette discussion qui n'a pas été rapportée en détail. La *Galeopsis ochroleuca* signalée par M. Clément-Mullet est en effet une de nos hygrophiles psammiques les plus caractéristiques. La présence de l'*Arctostaphylos officinalis* sur les dolomies du Mont-du-Chat et des environs de Nantua, est encore tout-à-fait conforme à notre théorie. Cette plante aime les sols sablonneux et se montre de préférence sur les affleurements psammogènes, ce qui est le cas pour certaines dolomies coralliennes du Jura méridional qui, ainsi que le remarque M. Bernard, ont été quelquefois prises pour de la molasse. Aussi cette plante est-elle peu répandue dans le Jura et se montre-t-elle plus fréquemment sur les sols eugéogènes des Alpes et du Bassin suisse. Il se passe donc ici un fait analogue à celui qui fait apparaître les bouleaux dans l'Albe calcaire également au contact des dolomies sableuses, ce qui bien loin de confirmer l'influence chimique, milite au contraire puissamment en faveur de l'action des propriétés physiques.

§ 113. M. Duchartre, dans son mémoire sur les environs de Béziers, ne s'est pas précisément occupé des rapports entre la végétation et les terrains, bien qu'il ait classé les espèces par groupes de stations. Mais nous y trouvons relativement à notre étude un fait remarquable. On se rappelle que nous avons dit que la flore aquatique est plus indépendante de l'effet des altitudes que la terrestre, et qu'à 1000 m, par exemple, dans le Jura elle ne compte que quelques espèces montagneuses qui lui sont propres, tandis que la flore terrestre en possède déjà un grand nombre. Il se passe ici, relativement aux latitudes un fait entièrement analogue et confirmatif du premier. A Béziers, tandis que la flore de terre ferme est augmentée relativement à celle de nos contrées, de quelques centaines d'espèces méridionales, tandis que, par exemple, la station des *Garrigues* relativement à celle des landes sableuses de notre région rhénane, l'emporte de plus de cent plantes australes, la station des eaux douces offre encore les graminées, cypéracées, typhacées, nymphéacées, potamées, myriophyllées, cératophyllées, Vallisnerie, Villarsie, utriculaires, butome, etc., de nos climats, augmentées seulement d'un petit nombre d'espèces méridionales.

§ 114. M. de Fischer, dans sa notice sur le cercle de Sluzk en Lithuanie, nous fournit un exemple inverse. Ce pays de plaines eugéogènes et le plus souvent psammiques et pélopsammiques accidenté de rares collines sableuses est situé par les 52 me de latitude. Grâce au caractère généralement hygrophile de ses terrains, sur 580 plantes environ qui constituent la majeure partie de sa flore, c'est à peine si une quarantaine sont étrangères à nos contrées, et représentent l'influence boréale qui, en Angleterre, par exemple, sous le même degré et sur des sols plus dysgéogènes, est formulée par un grand nombre d'espèces propres, sans parler de nos espèces montagneuses, dont le cercle de Sluzk ne compte pas plus d'une douzaine. Notre flore hygrophile pélique et psammique se montre du reste ici avec un grand développement. Le *Fagus* est totalement nul; les *Pinus, Betula, Populus, Quercus, Padus, Ledum, Andromeda, Vaccinium, Salix aurita* forment les forêts; les *Calluna* et *Genista* tapissent les landes; les *Hydrocharis, Cicuta, Menyanthes, Stratiote, Nymphæa, Nuphar, Calla, Glyceria spectabilis, Rumex hydrolapathum*, etc., *Cineraria palustris, Iris sibirica, Gladiolus imbricatus, Ranunculus lingua*, etc., ornent les lieux aquatiques ou humides; les *Nardus, Molinia, Triodia, Festuca rubra, Aira cæspitosa, Panicum crus-galli, Luzula multiflora, Juncus alpinus*, etc., forment les pelouses découvertes ou boisées; les *Hieracium boreale, H. umbellatum, Stellaria holostea, Ranunculus flammula, Melampyrum pratense*, etc., embellissent les bois; les lieux psammiques découverts sont habités par les *Jasione, Artemisia campestris,*

Helichrysum, Filago minima, Galium saxatile, Herniaria glabra, Trifolium agrarium, Radiola, Dianthus deltoides, Myosurus, Rumex acetosella, Myosotis stricta, etc. ; les *Arnica montana, Polygonum bistorta, Crepis succisœfolia, Circœa alpina, Geranium sylvaticum* et quelques autres révèlent le caractère boréal ; enfin, là où le permet la siccité de la station psammique, on voit un certain nombre de xérophiles, telles que : *Prunella grandiflora, Aquilegia, Geranium sanguineum, Orobus vernus, O. niger, Trifolium alpestre, Pimpinella saxifraga, Melittis, Artemisia absinthium, Carex montana, Asarum, Gymnadenia* et une douzaine d'autres, la plupart infréquentes ou rares.

§ 115. M. de Schlechtendal, dans sa notice sur le Wennethal en Westphalie, nous fournit pour le nord de l'Allemagne un point de repère analogue au précédent quant aux niveaux, à la latitude et aux terrains. On voit dans les bois *Calluna, Sarothamnus, Betula, Salix aurita, Luzula albida, Galium saxatile, Juncus glomeratus, Digitalis purpurea* ; dans les prés : *Aira præcox, A. cæspitosa, Avena caryophyllea* ; dans les cultures : *Spergula arvensis, Galeopsis ochroleuca, Hypericum humifusum* ; le long des rives : *Salix viminalis* ; sur les collines sèches *Teucrium scorodonia, Hypericum pulchrum, Hieracium umbellatum.* Cet ensemble si nettement hygrophile est accidenté çà et là par l'apparition de quelques xérophiles dont les plus remarquables sont *Fagus, Tilia parvifolia, Convallaria multiflora, Clinopodium, Origanum, Pimpinella saxifraga, Cirsium acaule, Gentiana ciliata* et quelques autres.

§ 116. M. Lund dans son voyage botanique dans le district de Finmarck, remarque la pauvreté de la flore de Tana et d'Alten relativement à celle du reste de la Finlande. La première repose sur les calcaires de transition, la seconde principalement sur des roches cristallines, et c'est à cette différence de terrains qu'il attribue le fait, ce qui vient bien à l'appui de notre principe de la plus grande diversité sur sol eugéogène.

§ 117. M. Metsch dans sa notice sur l'Isle d'Usedom, nous donne une idée de la végétation des terrains sablonneux de ces contrées. Nous y voyons dans les dunes le *Carex arenaria* et analogues, comme plante marine l'*Aster salignus*, comme marécageuses *Helosciadium inundatum, Euphorbia palustris, Salix daphnoides, Carex filiformis*, comme tourbeuses *Sedum, Empetrum*, comme sylvatiques *Arabis arenosa, Athamanta oreoselinum, Arctostaphylos*,

végétation à caractère tout hygrophile psammique avec laquelle on voit contraster sur les collines sèches le *Thlaspi montanum*, plante jurassique xérophile.

118. M. de Czerniaïew dans le Bulletin de la Société des naturalistes de
Moscou, nous montre des forêts dans l'Ukraine où les humus atteignant 3 à 5
mètres de profondeur, développent des espèces dont la taille est en hauteur
et largeur, le double et le triple de ce qu'elle est dans ses stations ordinaires.
On y voit des *Cephalaria* de 3 mètres, des *Delphinium* de 2, et certains
champignons d'un mètre de diamètre, que l'on prendrait de loin pour des
hommes accroupis, pelotonnés et cherchant à se cacher. Nous citons ces
faits à propos de ce que nous avons dit de la supériorité de taille sur les sols
eugéogènes représentés ici par cette énorme puissance de humus. La fertilité en est telle que le seigle y est cultivé sans engrais.

§ 119. Les environs de Paris, bien qu'ils n'aient pas jusqu'à présent été
étudiés au point de vue qui nous occupe, fournissent un exemple que nous
recommandons à l'attention du lecteur. Nous en puiserons les données dans
la Flore de MM. Germain et Cosson. Nous voulons parler de la contrée de
Fontainebleau. La forêt située auprès de cette ville repose sur les grès et sables supérieurs du terrain parisien. Ils y forment de nombreuses collines où
les sables quarzeux purs et meubles alternent avec des grès d'une parfaite
compacité. Les uns et les autres sont entièrement siliceux. Or, tandis que
les espèces hygrophiles psammiques y abondent dans les parties sableuses,
les xérophiles prospèrent tout à côté sur les grès les plus compactes. Ainsi
on a en même temps les *Mœnchia, Hypericum elodes, Melilotus leucantha,
Orobus tuberosus, Herniaria glabra, Illecebrum, Scleranthus perennis, Sedum
villosum, Jasione, Hieracium boreale, Exacum filiforme, E. pusillum, Digitalis purpurea, Betula, Euphorbia Gerardiana, Juncus squarrosus, Carex
ericetorum, Aira flexuosa, Dianthus deltoides*; puis les *Thalictrum montanum, Hutchinsia petræa, Helleborus fœtidus, Helianthemum fumana, Geranium sanguineum, Trifolium rubens, Orobus vernus, O. niger, Aronia, Rosa
pimpinellifolia, Sorbus aria, Trinia vulgaris, Bupleurum falcatum, Cynanchum, Veronica prostrata, Teucrium montanum, Globularia vulgaris, Anacamptis pyramidalis, Himantoglossum hircinum, Ophrys myodes, Aceras
anthropophora, Cephalanthera rubra, Ruscus, Anthericum ramosum, Carex
humilis, Stipa pennata, Sessleria cærulea, Scolopendrium*. C'est-à-dire sur
un petit district *tout siliceux*, les contrastes les plus extrêmes qu'on voit entre

les sables de Haguenau et les calcaires portlandiens du Jura, les hygrophiles
et les xérophiles les plus caractéristiques à quelques pas les uns des autres,
selon que les grès sont désagrégés ou compactes. Il est probablement peu de
points qui fournissent une démonstration aussi claire de l'importance capitale
des propriétés physiques des roches et de l'action minime, sinon nulle, de
leur composition chimique sur la dispersion des prétendues espèces calcaires
ou siliceuses. C'est ce mélange de végétation psammique et dysgéogène qui
fait signaler la richesse botanique de Fontainebleau par MM. Germain et Cosson, bien que, comme l'observe Rabelais, dont ils se plaisent à rapporter la
pittoresque expression, la terre y soit si maigre « que les os (ce sont rocz)
lui percent la peau. » On y reconnaît bien, en outre, l'aptitude à la diversité
végétale que nous avons annoncée dans les sols eugéogènes qui prédominent
encore à Fontainebleau, malgré les interruptions de roches compactes.

§ 120. M. de Lambertye, dans son catalogue des plantes de la Marne,
fournit de nombreuses données sur les rapports de dispersion des espèces et
la nature géologique du sol. Le terrain des craies blanches occupe dans cette
contrée une vaste étendue, et on peut puiser dans cet ouvrage une idée
exacte du tapis végétal qui les recouvre. Tandis que sur les collines sèches on
voit assez habituellement la plupart de nos xérophiles jurassiques, on y retrouve dans ses parties les plus fraîches la plupart des hygrophiles de nos
terrains péliques et psammiques. Ainsi, en même temps que les *Helleborus,
Thalictrum montanum, Aquilegia, Linum tenuifolium, Hippocrepis, Buple-
rrum falcatum, Veronica prostrata, Melittis, Stachys recta, Prunella grandiflora, Teucrium chamædrys, T. montanum, Ophrys arachnites, Cephalanthera rubra, Anthericum ramosum, Convallaria polygonatum, Verbascum
lychnitis, Cirsium acaule*, etc., se montrent plus ou moins répandues dans
les affleurements à siccité convenable, les *Betula, Stellaria holostea, Hypericum pulchrum, Sarothamnus, Ononis spinosa, Trifolium fragiferum, Orobus tuberosus, Saxifraga granulata, Filago minima, Centaurea calcitrapa,
Hieracium boreale, Jasione, Chlora, Verbascum blattaria*, etc., occupent
partout les stations suffisamment fraîches ou meubles. De sorte que, de
même que le sol crétacé participe à la fois de la siccité des calcaires par sa
structure en grand et de la fraîcheur des roches pélopsammiques par son
mode de désagrégation, de même on voit sa végétation porter un caractère
mixte. Cependant comme la sécheresse des craies n'arrive pas au degré
qu'elle atteint chez les calcaires compactes ou les grès semblables de Fontainebleau, un certain nombre de xérophiles comme les *Buxus, Euphorbia ver-*

rucosa, Rumex scutatus, Orobus vernus, Aronia, etc., y manquent ou y sont très-rares ; et comme la psammicité, la pélicité et l'hygroscopicité de ce même sol crétacé n'atteignent pas non plus les limites extrêmes qu'on rencontre sur certains grès, on voit également faire défaut un certain nombre d'hygrophiles telles que *Scleranthus perennis, Arnoseris minima, Luzula albida, Vignea brizoides, Aira flexuosa, Triodia, Castanea, Vaccinium myrtillus, Digitalis purpurea, Carex pilulifera,* etc., espèces qui presque toutes reparaissent aussitôt au passage des craies sur les grès verts de l'Argonne qui limitent la Marne au levant. Nous voyons donc ici sur un même sol calcaire un mélange d'hygrophiles et de xérophiles naturellement expliqué par l'influence de l'état d'agrégation, et qui demeure inintelligible dans l'hypothèse de l'action chimique. On pourrait objecter à ceci la présence des rognons de silex souvent fort abondants dans ce terrain. Je n'ai point fait d'essais sur les sols crétacés de ce département : mais en revanche des terres végétales que j'ai recueillies en plusieurs points de la route de Troyes à Paris, sur les craies à silex, se sont constamment montrées très-effervescentes au contact des acides. Du reste, il en serait autrement en un grand nombre d'endroits que cela ne prouverait rien, puisque, ainsi que nous l'avons remarqué ailleurs, les terres végétales qui recouvrent les roches soujacentes oolitiques dans le Jura, sont souvent totalement privées de calcaire, sans que cela apporte le moindre changement à la composition xérophile de leur tapis végétal.

§ 121. M. Desmoulins dans son examen des causes de la croissance de certains végétaux sur des sols déterminés, passe en revue plusieurs faits d'adhérence ou de préférence signalés dans les réunions de la Société géologique dont nous avons déjà parlé. Il combat l'influence *géologique* et insiste sur l'action *minéralogique,* c'est-à-dire à la fois physique et chimique. Il a vu le châtaignier éviter les sols purement calcaires et aussi les sols purement siliceux, et conclut à l'alliance de la silice et l'alumine comme condition essentielle de sa prospérité. Mais si l'on réfléchit que les sols purement calcaires qu'il cite (les craies) sont trop secs et offrent des humus trop peu profonds, et que les sols purement siliceux qu'il signale (sables des landes) sont trop meubles, si à cela l'on ajoute la présence du châtaignier au pied du Jura bressan dans les sols profonds de l'oolitique inférieur et du liassique renfermant beaucoup de calcaire, on arrive à penser que cet arbre exige simplement des sols à la fois convenablement puissants, divisés et frais. Or, c'est en réalité souvent le cas pour les sols silicéo-alumineux et rarement pour les calcaires. Nous avons dit ailleurs notre opinion sur l'*Arctostaphylos*, le *Galeopsis ochroleuca*, etc. Nous reviendrons plus loin sur ce mémoire à l'occasion des cryptogames.

§ 122. M. Grisebach dans sa caractéristique des Hardanger-Fjeld, plateaux élevés, interrompus par des vallées profondes et formés de roches cristallines où dominent les gneiss, a fait voir que c'est à certaines conditions du sol qu'on y doit la présence de certains groupes d'espèces, et certaines combinaisons de dispersion. Bien que, selon cet observateur, ces roches (recouvertes du reste de lambeaux d'alluvions et galets) résistent remarquablement à la décomposition et ne fournissent que des détritus de peu de puissance, toute leur végétation offre cependant entièrement le caractère de nos groupes psammiques et pélopsammiques, c'est-à-dire hygrophile. Sur 180 espèces phanérogames et cryptogames vasculaires citées par M. Grisebach comme caractéristiques des diverses parties des Hardanger, dont nous n'envisageons ici que l'ensemble, c'est à peine si l'on trouve trois ou quatre de nos xérophiles les moins chaudes comme *Pimpinella saxifraga*. Il est vrai que la latitude et l'altitude doivent ici être prises en considération. Mais au milieu de la flore alpine on retrouve la plupart de nos montagneuses des stations fraiches et humides, telles que *Geranium sylvaticum*, *Sonchus alpinus*, etc., tandis que c'est à peine si l'on en voit quelques-unes des stations sèches. Du reste, ce qui importe le plus, c'est qu'on observe ici comme prédominantes toutes nos hygrophiles les plus contrastantes entre les montagnes du Rhin et le Jura. Voici ces plantes dont les 15 premières sont données par M. Grisebach comme caractéristiques des Hardanger :

Betula alba *var.*, Digitalis purpurea, Aira cæspitosa, A. flexuosa, Nardus stricta, Gnaphalium supinum, Vaccinium myrtillus, Empetrum, Calluna, Anthoxanthum, Agrostis vulgaris, A. rubra, Molinia, Fraxinus, Melampyrum pratense, Lecidea geographica.—Saxifraga stellaris, Silene rupestris, Sedum saxatile, Hieracium alpinum, Gnaphalium norwegicum, Montia, Juncus filiformis, Asplenium septentrionale, Allosurus crispus, Lycopodium selago, L. alpinum, Scirpus cæspitosus, Epilobium origanifolium, Polypodium alpestre. Prunus padus, Hieracium umbellatum, Rumex acetosella.—C'est là comme on le voit, une végétation entièrement vosgienne ou hercynienne. Si l'on rapproche ce qui précède de ce que nous avons dit d'après M. Lindblom sur la végétation des calcaires de Suède, on se convaincra que le continent scandinave présente encore les mêmes contrastes que nos contrées dans les rapports entre la dispersion et les roches soujacentes.

§ 123. Du reste les remarques de M. Blytt dans son voyage dans la vallée de Walders, font voir que la végétation précédente n'est liée au gneiss que conditionnellement à son état particulier d'agrégation, et que dans les Hardanger elle dépend peut-être davantage de la couche de terrains récens qui les recouvre. En effet, cet observateur combattant l'*adhérence* d'espèces calcaires signalées dans d'autres contrées, fait voir qu'elles se retrouvent en Norwège sur les gneiss. Il reconnaît comme adhérentes aux calcaires dans ce pays les *Anemone ranunculoides, Trifolium montanum, Libanotis, Monotropa, Stachys arvensis, Ophrys muscifera, Neottia nidus avis, Malaxis Lœselii,* et il assigne aux gneiss comme préférentes ou même adhérentes pour quelques-unes : *Hepatica, Corydalis fabacea, Astragalus glycyphyllos, Dryas, Rubus saxatilis, Sorbus aria, Cotoneaster vulgaris, Saxifraga oppositifolia, Asperula odorata, Pyrola rotundifolia. Arctostaphylos alpina, Fagus, Taxus, Convallaria maialis, C. verticillata, C. polygonatum, Calamagrostis sylvatica, Brachypodium sylvaticum,* espèces la plupart jurassiques, et correspondant probablement à des gneiss peu désagrégeables comme ceux des Hardanger, mais probablement non recouverts comme ces derniers par des lambeaux récents et eugéogènes. Tout ceci relativement aux gneiss vient bien à l'appui de la remarque faite par M. Unger (bien que cet observateur l'interprète différemment) que des affleurements de cette roche aux environs de Graetz offrant le même mode de désagrégation que des calcaires, présentaient également la végétation de ces derniers. C'est ce que l'on voit encore souvent dans le Schwarzwald.

§ 124. M. Martins dans son voyage botanique en Norwège, donne diverses florules intéressantes, notamment celles des Loffoden, de l'Altenfiord, de Hammerfest, de Mageröe, de Karesuando, qui reposent toutes sur des terrains cristallins. En comparant ces énumérations, en éliminant les espèces boréales non comparables avec nos contrées, et dépouillant les plantes qu'elles possèdent *en commun,* on obtient évidemment ce que leur végétation offre de plus caractéristique, du moins relativement à notre point de vue. Or, en faisant cette opération, on trouve pour résultat la liste suivante : *Betula, Vaccinium myrtillus, Calluna, Rumex acetosella, Montia, Hieracium boreale, H. alpinum, Aira flexuosa, A. cœspitosa, Festuca rubra, Nardus stricta, Saxifraga stellaris, Sedum saxatile, Silene rupestris, Gnaphalium norvegicum, G. supinum, Empetrum, Trientalis, Rhodiola, Juncus filiformis, Silene acaulis, Carex atrata, Juncus trifidus, Allosurus crispus,* c'est-à-dire précisément toutes des espèces des sommités cristallines des Vosges, du Schwarzwald, de la Côte-d'Or, des Alpes, etc., plus quelques plantes croissant aussi dans le Jura, savoir : *Alchemilla alpina, Arabis alpina, Geranium sylvaticum et Polygonum viviparum.* On voit que le caractère hygrophile de la végétation des roches cristallines se soutient jusqu'à de hautes latitudes. Mais redescendons maintenant vers le sud.

§ 125. M. Neilreich, dans sa flore viennoise, met en rapport les terrains des environs de cette ville avec la dispersion de certains groupes d'espèces. Si, parmi les districts dans lesquels cet auteur les divise, nous envisageons en particulier sa zône calcaire et celle des Kahlengebirge formés de roches clastiques, nous trouvons les résultats suivants. Cette dernière chaine offre les plantes ci-après associées entr'elles, mais que nous divisons ici en deux listes : 1. Betula, Populus nigra, Alnus, Salix aurita, Calamagrostis sylvatica, Festuca heterophylla, Vignea brizoides, Luzula albida, L. multiflora, Filago minima, Hieracium boreale, Stachys germanica, Calluna, Vaccinium myrtillus, Trifolium agrarium, Aira flexuosa, Alopecurus pratensis, Triodia, Festuca rubra, Nardus, Jasione, Sarothamnus, etc. — 2. Phleum Bœhmeri, Stipa capillata, S. pennata, Anacamptis pyramidalis, Ophrys arachnites, etc., Limodorum abortivum, Chrysocoma, Artemisia absinthium, Cynanchum, Melittis, Stachys recta, Teucrium chamædrys, Prunella grandiflora, P. alba, Melampyrum cristatum, Trinia, Geranium sanguineum, Rosa pimpinellifolia, Trifolium rubens, Carex humilis, Helianthemum fumana, Sorbus aria, Daphne laureola, Euphorbia verrucosa, etc. Nous voyons donc ici sur les grès du Kahlengebirge, comme à Fontainebleau, un mélange d'hygrophiles et de xérophiles. Il est dû en partie à la variabilité de désagrégation de ces roches assez dysgéogènes par places, et ensuite aux bonnes expositions et à la température de Vienne qui est à-peu-près celle de Paris ou lui est même supérieure (10,88 C.).—Si maintenant nous envisageons la zône calcaire viennoise, nous voyons disparaître les hygrophiles ci-dessus et les xérophiles s'y augmenter des Sessleria cærulea, Festuca glauca, Carex alba, Allium fallax, A. sphærocephalum, Stachys alpina, Teucrium montanum, Convolvulus cantabrica, Verbascum lychnitis, Arabis turrita, Hutchinsia petræa, Æthionema, Mercurialis perennis, Aronia, Cotoneaster vulgaris, C. tomentosa, Mahaleb, Ononis Columnæ, Colutea, Micropus, Polycnemum, Antirrhinum orontium, Anthyllis montana, Ribes alpinum, Crepis pulchra, Plantago cynops, Hyssopus, Rhus, Coronilla vaginalis, Buplevrum tenuisimum, etc., puis plus haut : Asplenium viride, Poa alpina, Thesium alpinum, Scabiosa lucida, Carduus defloratus, Centaurea montana, Calamintha alpina, Globularia cordifolia, Primula auricula, Libanotis, Laserpitium latifolium, L. siler, Thlaspi montanum, Helianthemum œlandicum, Digitalis lutea, Lunaria, Saxifraga aizoon, Draba aizoides, Valeriana montana, etc., végétation toute jurassique.

§ 126. M. Lagrèze-Fossat divise les terrains des environs de Moissac dans le Tarn-et-Garonne, en modernes (alluvions et galets) et tertiaires (sableux, marneux et calcaires). Tous ces terrains dans nos limites sont eugéogènes, y compris même les calcaires analogues, et repoussent en général la plupart de nos xérophiles qui n'y vivent que disséminées Or, ici nous trouvons les premiers caractérisés par les *Leersia, Plantago cynops, Scrophularia canina, Ajuga genevensis, Xanthium, Artemisia campestris, Melilotus leucantha, Reseda phyteuma, Nasturtium sylvestre, Iberis pinnata, Epilobium Dodonaei, Glaucium, Sagittaria, Butomus, Lotus uliginosus, Trifolium elegans, Filago minima, Ornithopus, Sedum cœpea, Sagina erecta, Linum gallicum*, etc., plus un certain nombre d'espèces méridionales. C'est-à-dire qu'à part ces dernières, la végétation se présente à-peu-près avec les mêmes caractères relativement aux terrains que dans notre champ d'étude. Les seconds des terrains ci-dessus offrent dans leurs parties psammiques nos *Herniaria, Corrigiola, Scleranthus, Polycarpon, Polycnemum, Calluna, Erica, Arenaria, Vulpia*, etc., *Hieracium boreale, Stellaria holostea, Androsaemum, Gaudinia, Avena caryophyllea*, etc., mais en même temps plusieurs de nos xérophiles, telles que : *Anacamptis pyramidalis, Hypericum hirsutum, Daphne laureola*; dans ses affleurements péliques, les *Tussilago farfara, Melilotus officinalis, Carex glauca, Equisetum eburneum*, etc., mais aussi les *Coronilla emerus, Sedum reflexum, Crysocoma*, etc. ; enfin, dans ses calcaires tertiaires et assez détritiques, la plupart des xérophiles moyennes méridionales de nos roches plus dysgéogènes, comme *Ceterach, Mahaleb, Hutchinsia petraea, Melica ciliata, Carex gynobasis, Ophrys arachnites, Ruscus, Buxus, Prunella grandiflora, Verbascum lychnitis, Cynancum, Acer monspessulanum, Rhamnus alaternus*, etc., et en même temps quelques espèces plus psammiques, telles que *Draba muralis, Holosteum, Bromus tectorum, Micropus, Senecio viscosus, Ononis natrix, Medicago minima*, etc. On voit donc qu'ici, grâce à l'augmentation des températures, les roches eugéogènes admettent déjà un bon nombre de plantes des stations sèches qui chez nous n'habitent guère les roches semblables, et en exigent de plus dysgéogènes. Il est probable que ce fait est général en marchant du nord vers le sud, comme nous voyons le fait inverse en s'avançant du sud vers le nord. Cela est déjà sensible dans notre champ d'étude aux environs de Grenoble.

§ 127. La topographie botanique du Mont-Ventoux en Provence, par M. Martins, nous permet de prendre une idée exacte de sa végétation, et de la comparer à celle de nos sommités jurassiques ou vosgiennes. Cette cime est formée de calcaires secondaires généralement compactes, et atteint 1900^m environ. On n'y voit qu'un très-petit nombre de sources, et la montagne est fort aride. Si, en faisant abstraction des espèces méridionales, étrangères à notre champ d'étude, nous y considérons les plantes de nos climats, nous arrivons aux résultats suivants :

1° Nous y trouvons en grande abondance toutes les espèces xérophiles les plus chaudes de notre région moyenne, telles que Buxus, Acer opulifolium, Anthyllis montana, Cytisus laburnum, Sedum anopetalum, Artemisia absinthium, Linaria striata, Lavandula vera, Thymus vulgaris, Stipa pennata, Leuzea conifera, etc.; cependant M. Martins n'y signale pas : Pistacia terebinthus, Rhamnus alaternus, et Acer monspessulanum.

2° Nous voyons ensuite un bon nombre de nos montagneuses jurassiques, comme Aconitum anthora, Ranunculus gracilis, Iberis saxatilis, Kernera saxatilis, Draba aizoides, Arabis alpina, Mœhringia muscosa, Cerastium strictum, Rhamnus alpinus, Athamanta cretensis, Laserpitium latifolium, L. siler, Adenostyles alpina, Chrysanthemum montanum, Hieracium Jacquini, Gentiana campestris, Globularia cordifolia, Lilium martagon, etc., toutes des stations sèches et à peine quelques-unes des lieux frais.

3° Enfin, un groupe d'espéces alpestres avec quelques alpines, telles que Viola cenisia, Arenaria grandiflora, Alchemilla alpina, Sedum atratum, Sempervivum montanum, Saxifraga oppositifolia, S. muscoides, S. cæspitosa, S. aizoon, Valeriana saliunca, V. tripteris, Erigeron uniflorum, Myosotis alpestris, Veronica aphylla, Euphrasia salisburgensis, Pedicularis tuberosa, Androsace villosa, c'est-à-dire toutes jurassiques de stations assez sèches relativement à leur région.

Parmi ces plantes et celles de nos contrées signalées au Mont-Ventoux par M. Martins, toutes portent le caractère de la végétation jurassique, et, excepté une ou deux comme l'*Aira flexuosa*, les psammiques contrastantes vosgiennes ou hercyniennes manquent totalement. Bref, il y a prédominance totale des xérophiles et absence totale des hygrophiles. Si l'on était tenté d'attribuer ce fait plutôt à l'abaissement en latitude qu'aux terrains, nous rappellerions la flore hygrophile du Pilat dont nous avons parlé ailleurs; du reste, ce qui va suivre y répondrait suffisamment.

§ 128. Le mémoire de M. Desmoulins sur le Pic du midi de Bigorre peut faciliter une comparaison utile avec le cas précédent. Il est formé de roches schisteuses et cristallines, et atteint 3000 ᵐ. Or, au dessus de 1800 ᵐ, c'est-à-dire dans la région alpine, outre la plupart des espèces alpines du sommet du Ventoux et quelques autres dépendant d'altitudes supérieures, nous trouvons le groupe suivant : *Calluna, Pedicularis sylvatica, Silene rupestris, Angelica pyrenaica, Leontodon pyrenaicum, Nardus, Sedum repens, Gnaphalium supinum, Jasione perennis, Androsace carnea, Allosurus crispus, Asplenium septentrionale, Lecidea geographica,* formé précisément de contrastantes vosgiennes. De façon qu'il y a dans le caractère de végétation du sommet eugéogène du Pic-du-midi relativement à celui du Ventoux calcaire, des traits différentiels entièrement analogues à ceux qui font contraster, par exemple, les sommités jurassiques de la Dôle ou du Chasseral avec le Ballon de Giromagny ou le Feldberg.

§ 129. Les parties même du continent européen les plus récemment étudiées promettent de fournir des faits analogues à tous les précédents. M. Wilkomm a signalé récemment dans ses études sur l'Espagne, les contrastes de végétation qu'offrent les divers terrains de la Sierra-Morena. Il y a vu les granites, les grauwackes, les grès quarzeux et ceux associés aux schistes coticules, offrir chacun une végétation caractéristique dont il a déjà esquissé les principaux traits. Bien qu'ici la composition de la flore soit trop différente de celle de nos contrées pour y être immédiatement comparée, cependant, en n'envisageant parmi les plantes indiquées que celles dont les genres sont représentés dans le Jura et les pays voisins, on arrive aux résultats suivants. Dans la Sierra-Morena formée de roches psammogènes, on remarque l'abondance des *Quercus, Pinus, Jasione, Xanthium, Heliotropium, Erica, Genista, Eryngium, Rumex,* etc., qui tous s'éloignent plus ou moins de nos sols dysgéogènes calcaires, et que l'on verra probablement diminuer de la même manière sur les terrains compactes de la Péninsule.

§ 130. Enfin, le voyage de M. Boissier dans le midi de l'Espagne nous fournira une dernière donnée. Si nous y envisageons la Sierra-Nevada flanquée jusque vers 2000 ᵐ de terrains tertiaires et secondaires dont le caractère d'agrégation nous est inconnu, mais formée au dessus de cette limite de schistes micacés jusque vers 3600 ᵐ, nous y trouvons les régions suivantes : 1º La *chaude* où, parmi les plantes comparables, nous voyons les *Celtis, Punica, Olea, Populus alba, Ficus.* 2º La *montagneuse* où nous trouvons les *Fraxinus, Ulmus, Populus nigra, Artemisia campestris, Herniaria incana.* 3º L'*alpine* avec *Pinus, Taxus, Salix capræa, Sorbus aria, Sarothamnus,*

Rosa canina, Berberis, Acer opulifolium, Juniperus nana?, Festuca duriuscula. 4° Là *nivale* avec *Salix hastata, Vaccinium uliginosum, Nardus, Festuca Halleri, F. duriuscula, Silene rupestris, Digitalis purpurea.* Ou bien, dans l'ensemble et aux divers niveaux, les *Populus alba, P. nigra, Artemisia campestris, Herniaria, Sarothamnus, Silene rupestris, Digitalis purpurea,* toutes espèces hygrophiles dans nos contrées sur les terrains analogues à ceux de la Sierra-Nevada, et jouant ainsi, à ce qu'il paraît, le même rôle, moyennant les niveaux convenables, depuis les déserts neigeux de la Laponie, jusqu'en regard des côtes africaines, c'est-à-dire sur plus de 50 degrés de latitude.

§ 150 *bis.* Nous ne prétendons pas étendre cette revue aux contrées extra-européennes. Cependant des contrastes végétaux entre les divers terrains y ont aussi été indiqués sur plusieurs points avec des caractères analogues à tout ce que nous voyons en Europe. C'est ainsi que M. de Martius signale dans l'Amérique-sud, entre les zônes calcaires et les zônes psammiques, des oppositions si observables, que la présence de certaines espèces est dans l'opinion des habitants une révélation assurée du gisement des sables adamantins.

§ 151. Nous avons suivi dans cette revue, sauf quelques exceptions, l'ordre chronologique des publications. On la trouvera bien longue, et cependant il y aurait sans doute encore bien d'autres ouvrages à consulter, notamment à l'égard des terrains volcaniques. On remarquera peut-être que nous avons négligé des flores bien connues, et que nous avons le plus souvent préféré avoir recours à des notices aussi locales que possible. C'est que le plus souvent ces dernières seules se prêtent au genre de dépouillement que nous avons dû faire subir. On conçoit, du reste, qu'il n'est pas sans difficulté de réunir ces sortes de matériaux disséminés la plupart dans des publications peu répandues. Aussi nous pardonnera-t-on d'avoir omis, peut-être sans le vouloir, quelque travail important. et d'avoir quelquefois eu recours aux *recensions* des journaux scientifiques qui suffisaient à notre but.

Nous pouvons tirer de la revue précédente toutes les conséquences que nous avions déjà déduites de l'examen spécial de notre champ d'étude. Nous y voyons constamment ceux des faits de dispersion qui sont indépendants des niveaux et des latitudes, étroitement liés aux affleurements géologiques. Nous retrouvons dans ceux-ci nos sols eugéogènes, péliques et psammiques avec leurs espèces hygrophiles, et les dysgéogènes avec leurs xérophiles. Nous observons partout les propriétés physiques du sol jouant le rôle de facteur principal et fournissant la solution des faits, tandis que l'hypothèse chimique vient se heurter à de continuelles contradictions. Nous voyons reparaître le principe de la plus grande diversité sur sol eugéogène, la prédominance des familles inférieures chez les hygrophiles, l'ubiquité des xérophiles, l'adhérence plus exclusive des hygrophiles psammiques, et l'indépendance par rapport aux facteurs extérieurs d'autant plus grande que l'action du sol est plus importante. *En un mot, tous les faits signalés sont de même nature que ceux de notre contrée, rentrent dans la même catégorie, s'expliquent de la même manière et, qui plus est, roulent sur les mêmes espèces.*

Mais bien que cette revue n'offre rien de nouveau relativement aux principes que nous avons posés, elle peut nous servir à constater l'extension dont leur application est susceptible, et à reconnaître le genre de modifications que les faits de dispersion éprouvent au nord et au sud de nos contrées. Or, voici ce qu'il est aisé de conclure à cet égard : *En s'avançant vers le nord, les mêmes xérophiles exigent, toutes choses égales, des terrains de plus en plus secs et dysgéogènes, tandis que les mêmes hygrophiles se contentent de sols moins eugéogènes, la psammicité demeurant toutefois la condition indispensable aux hygrophiles psammiques. Au contraire, en marchant vers le sud, les mêmes xérophiles s'accommodent de terrains de moins en moins dysgéogènes, tandis que les mêmes hygrophiles exigent des sols plus eugéogènes, avec la même réserve toutefois, relativement aux plantes psammiques.*

On voit aussi qu'à-peu-près au nord des Alpes et des Pyrénées, la considération des xérophiles et des hygrophiles que nous avons employées suffira pour diriger l'observateur dans les rapports entre la végétation et les terrains. Mais à mesure que l'on s'avance au nord et au sud de nos contrées, de nouvelles xérophiles et de nouvelles hygrophiles apparaîtront, dont le rôle devra être reconnu. Cependant, indépendamment de ces dernières plantes, et *pour la majeure partie de l'Europe centrale et même boréale, il est infiniment probable que les mêmes groupes d'espèces pourront servir à caractériser les terrains.* Rappelons donc encore ici qu'outre les groupes de xérophiles et d'hygrophiles donnés aux chapitres XIII et XVI, on trouvera les plantes de la première de ces catégories dans les sections *A, B* et *E* (marquées **) de la classification établie au chapitre VI, et celles de la seconde dans les sections *C* et *E* (marquées *).

Depuis vingt ans, les données topographiques, hypsométriques, climatologiques, géologiques et botaniques se multiplient avec une grande rapidité en Europe, et il sera bientôt peu de districts qui n'aient leur flore locale mise en rapport avec les divers éléments du sol et du climat. Le jour ne paraît donc pas éloigné où l'on pourra établir les lois de dispersion, et les représenter peut-être par des cartes phytostatiques dont notre croquis Pl. I n'est qu'un imparfait rudiment. On pourra être encore arrêté quelque temps par les obstacles topographiques, dans les grandes chaînes de montagnes comme les Alpes et les Pyrénées, mais la France, l'Allemagne, l'Angleterre, la Suède offrent dès à présent de grandes facilités et un vaste champ aux investigations. Le Schwarzwald, les montagnes de Bohême, de Moravie, du Limousin, de la Bretagne, etc., serviront à établir les contrastes entre la végétation des roches cristallines feuilletées et celle des granites. Les montagnes de Saxe, du Forez, du Morvan, des Vosges révèleront les différences entre ces dernières roches et les masses porphyroïdes. La comparaison du Spessart et du Vogelsgebirge mettra en lumière les oppositions entre le tapis végétal des grès et celui des roches volcaniques; celle des Monts-Dore et des masses cristallines d'Auvergne fournira des données analogues. La vaste zône jurassique de la France orientale, comparée soit à sa zône concentrique des grès verts et des craies de l'Argonne et de la Champagne à l'est, soit aux roches anciennes du Morvan au sud, soit enfin aux grauwackes et schistes des Ardennes au nord, offrira infailliblement des parallélismes lumineux. C'est ainsi que commencera à s'ouvrir pour la géographie botanique une carrière et des perspectives nouvelles. C'est ainsi que l'étude des espèces, de leurs variations, de leur dispersion, de leur arithmétique acquerra un plus vif intérêt par leur mise en rapport intime, non plus seulement avec les climats, mais avec les variations du sol. C'est enfin en entrant dans cette voie que la phytostatique enseignera peut-être un jour à l'agriculture, à l'art vinicole et surtout à la science forestière, comment il convient de modifier d'un district à un autre des procédés trop souvent généralisés par la routine et même par la théorie.

Puisque nous avons prononcé le mot d'agriculture, qu'on nous permette de jeter maintenant un coup-d'œil sur l'importance relative de l'état mécanique et de la composition chimique des sols dans ses procédés. Nous nous contenterons de reproduire les observations d'hommes plus compétents que nous, et on y reconnaîtra, comme dans tout ce que nous avons dit sur la végétation spontanée, le rôle capital de l'état d'agrégation des roches soujacentes.

CHAPITRE DIX-NEUVIÈME.

QUE LES DONNÉES FOURNIES PAR L'AGRICULTURE MILITENT ÉGALEMENT EN FAVEUR DE LA PRÉPONDÉRANCE DES PROPRIÉTÉS PHYSIQUES DES ROCHES SOUJACENTES SUR LA VÉGÉTATION.

§ 132. L'influence de la composition chimique des détritus organiques qui entrent dans le sol n'est pas sujette à contestation. Celle du détritus minéral. du sous-sol et des roches soujacentes, bien qu'admise dans plusieurs cas par les agriculteurs, est encore controversée. Essayons une revue des faits et des principes admis en agronomie à ce sujet, et voyons jusqu'à quel point ils révèlent l'action mécanique ou chimique. Nous emprunterons plusieurs des données suivantes à des ouvrages qui sont entre les mains de tout le monde et à la collaboration desquels ont contribué les hommes les plus compétents dans la spécialité (¹).

Les qualités que l'agriculteur recherche dans les sols et qui les lui font envisager comme les plus propres à la végétation, sont principalement : 1° D'être assez divisés pour que les racines les pénètrent facilement et que la plumule les soulève; assez pesants pour que les tiges ébranlées par les vents résistent à l'aide du scellement des racines. 2° D'être assez perméables aux liquides, et néanmoins de les retenir convenablement. 3° D'être assez légers pour absorber et exhaler les gaz. 4° De contenir parmi leurs éléments minéraux de l'argile, du sable et du calcaire en proportions telles que les caractères précédents soient réunis, et surtout assez de cette dernière substance pour qu'il ne puisse s'y introduire ou s'y perpétuer un excès d'acide. 5° D'avoir les propriétés précédentes sur une profondeur convenable aux racines. 6° De ne point offrir au dessous du sous-sol une roche soujacente imperméable. Etc. Ces conditions portent évidemment toutes sur l'état d'agrégation purement mécanique des sols, excepté en ce qui concerne l'alumine de l'argile et le calcaire. Nous verrons plus loin que le rôle de cette dernière substance est très controversé.

(¹) Le Cours complet d'Agriculture et la Maison rustique du 19ᵐᵉ siècle.

Les substances qui entrent essentiellement dans la composition du sol arable sont, outre le humus, l'eau et les gaz, l'argile, le sable, le calcaire ; quelques autres, comme l'oxide de fer, s'y trouvent souvent aussi, mais en très-faible proportion. L'argile formée de silice et d'alumine, où la première domine presque toujours, rend les terres fortes, grasses, froides, humides. La marne, qui est une argile chargée de calcaire, en diffère surtout pour le praticien en ce qu'elle manque de liant. Le sable est généralement formé de silice dont la cohésion est assez forte. Sa résistance à tout changement par l'humidité et la sécheresse est la première cause de son action. Les sables calcaires produisent les mêmes effets tant qu'ils n'ont pas atteint la désagrégation terreuse. Le calcaire, facilement décomposé par plusieurs acides, laisse alors dégager son acide carbonique et peut former des sels solubles, de sorte que, passant dans la sève des végétaux, il se retrouve dans leurs cendres. — Ici encore on voit dominer l'état mécanique. Dans l'argile la consistance, dans le sable la légèreté. Le transport même de l'élément calcaire dans les tissus est une action physique et point une assimilation chimique essentielle. La même plante qui absorbe mécaniquement un sel de chaux se conduit de la même manière à l'égard d'autres substances sans éprouver aucune modification essentielle.

§ 155. Les agriculteurs divisent souvent les sols en argileux, sableux et calcaires. Cette division, qui est l'expression de certains faits, n'est ni chimique, ni mécanique, mais participe de ces deux caractères. Du reste, ces trois expressions ne font que représenter des manières d'être extrêmes, et la plupart des sols ne sont en réalité que des intermédiaires. — On reconnaît que les sols argileux sont humides et froids, forment pâte, se durcissent et s'encroûtent, et agissent par suite de ces caractères ; que les sols sableux offrent des avantages et des inconvénients opposés, qu'ils ne peuvent retenir l'eau, se dessèchent, deviennent brûlants. Que les premiers s'accommodent mieux des végétaux à racines vigoureuses, et que les seconds acceptent ceux à racines chevelues. Qu'il faut tendre à diviser les sols argileux, et, au contraire, donner de la consistance aux sols sableux. Quant à la classe des sols calcaires qui a été créée presque exclusivement pour les terrains crayeux et marneux, elle offre des caractères des deux précédents : dans le premier cas, ils font pâte et se fendillent comme une argile, mais deviennent friables comme les sables sans garder de milieu convenable, et il faut, à la fois, les irriguer et les épurer ; dans le second cas, ils se rapprochent plus ou moins des sols argileux ou crayeux, selon que l'argile avec sa compacité ou la terre calcaire avec sa pulvérulence y domine, etc. Les sols compris entre ces divers termes offrent une foule de modifications intermédiaires.

D'autres agriculteurs divisent les sols différemment; par exemple en trois classes : la première comprend les terres de toute nature chimique, plutôt sèches qu'humides, plutôt meubles que compactes; la seconde les terres plutôt humides que sèches, plutôt tenaces que meubles; la troisième offre des caractères intermédiaires.

Malgré quelques apparences, les caractères qui servent en réalité de base à ces classifications sont plus mécaniques que chimiques. C'est surtout dans le détail des subdivisions de nature de sols qu'on voit disparaître la considération des composants, et presque tout rouler sur deux faits principaux, la compacité et la mobilité, avec les propriétés de perméabilité et d'hygroscopicité qui en résultent. L'agent de la consistance, de la ténacité, de l'imperméabilité est le plus souvent l'argile, la marne même, c'est-à-dire, si l'on veut, l'alumine, mais agissant par ses propriétés physiques; celui de la division, de l'ameublissement, de la pulvérulence permanente ou temporaire est le sable, le gravier de toute nature, certaines terres calcaires, certaines substances crayeuses, certaines marnes effritées, etc. En faisant même la part du rôle chimique attribué au calcaire, il reste évidemment en première ligne le fait principal de l'état d'agrégation. On voit aussi qu'on arrive à notre division des sols en péliques, pélopsammiques et psammiques.

Les propriétés qu'on a en vue dans les *façons*, et pour la constatation desquelles on a imaginé divers procédés, sont la pesanteur spécifique, la ténacité, la perméabilité, l'absorption, la dessication, le retrait, la capillarité, la capacité de calorique, etc. Ces propriétés sont évidemment la plupart sous la dépendance de l'état d'agrégation.

L'agriculture n'a également pas méconnu le rôle des roches soujacentes. Elle enseigne que lorsqu'une contrée arable repose sur des roches dures et peu désagrégeables, elle est en général peu fertile. Que lorsque le sous-sol est de nature à améliorer la terre labourable, on doit le ramener à la surface dans des limites convenables. Que dans les terres peu profondes, les couches soujacentes agissent en modifiant le jeu des racines, et qu'il faut choisir les cultures en conséquence. Que la perméabilité ou l'imperméabilité de cette couche joue un rôle capital dans l'état d'humidité du sol, etc. Ces circonstances révèlent évidemment un côté particulier de l'influence de l'état mécanique du sol sur les cultures.

De toutes les divisions des sols proposées en agriculture, la plus nettement géognostique est, je crois, celle de M. Hundeshagen. Elle repose sur la nature des roches soujacentes dont il forme quatre classes. La première renferme les roches calcaires, basaltiques, trappéennes, serpentineuses, chloritiques, porphyriques, marneuses, etc., c'est-à-dire évidemment toutes les roches compactes à désagrégation pélique. La seconde, les granites, gneiss, micaschistes, phyllades et quelques grès argilo-compactes, c'est-à-dire les roches à désagrégation médiocrement psammique et souvent pélopsammique. La troisième, la plupart des roches clastiques comme les grès récents, tertiaires, molassiques, verts, liassiques, keupériens, bigarrés, vosgiens, c'est-à-dire les roches plus nettement psammiques. Enfin, la quatrième renferme les terrains de galets et de sables, non agrégés et mobiles, c'est-à-dire essentiellement psammiques. Sur les premiers le bouleau, le pin, le genêt, les bruyères, les fougères sont rares ou peu développés, le hêtre, le charme, le sapin prospèrent; sur les seconds on voit augmenter le bouleau, diminuer le hêtre, etc.; sur les troisièmes les bouleaux, etc., atteignent leur plus grande, les hêtres, etc., leur moindre abondance; sur les quatrièmes les bouleaux, etc., réussissent à peine, et il y a en général stérilité. Les premiers sont, selon M. Hundeshagen, en agriculture, des sols riches, les seconds moyens, les troisièmes pauvres, les quatrièmes stériles. Cette classification très-remarquable et qui est en tous points d'accord avec tout ce que nous avons avancé dans le cours de ce travail, serait plus complète encore en créant une classe des sols compactes stériles par l'insuffisance de désagrégation pélique. On voit clairement, en tous cas, qu'elle n'a point de bases chimiques relativement aux roches soujacentes, mais que la même classe des sols conduisant aux mêmes résultats végétaux, comprend les roches de la composition la plus disparate.

M. Thiolière, dans sa notice géologique sur les terrains où la vigne est cultivée dans le département du Rhône, divise les terrains en deux classes. La première comprend ceux qui reposent sur les alluvions, le diluvium, les dépôts tertiaires formés de débris déjà triturés : elle présente des sols profonds où abondent les limons, les argiles et les sables fins. La seconde comprend ceux qui reposent sur les roches secondaires et de transition, les granites, les gneiss formés de masses compactes, continues et solides, plus ou moins lentes à se désagréger en une couche qui repose avec une faible épaisseur sur la roche elle-même : elle présente des sols superficiels formés des débris encore imparfaits d'un sous-sol pierreux. Il est évident que cette classification fait entièrement abstraction de la nature chimique des roches soujacentes et repose sur leurs propriétés physiques. On y reconnaît, en outre, respectivement les propriétés fondamentales de nos sols eugéogènes et dysgéogènes. Les sols de la première classe très-favorables aux céréales et aux fourrages sont peu cultivés en vignes, et, lorsque cela a lieu, leurs produits sont plus abondants et de moindre qualité. Les sols de la seconde sont plus vignobles, fournissent moins de vin et des qualités supérieures. M. Thiolière combat du reste l'opinion de l'influence de la composition chimique des soussols et des roches soujacentes, et arrive à ce résultat que, dès qu'une terre a de l'adhérence sans être trop tenace, et qu'elle est meuble et perméable sans manquer pour cela de consistance, elle répond toujours bien aux besoins de la culture.

§ 154. Ce que la chimie agricole a constaté du rôle du sol dans la germination vient entièrement à l'appui de tout ce qui précède. Des expériences faites sur des substances sableuses et pulvérulentes entièrement différentes sous le rapport chimique, telles que le humus, le soufre, le charbon, le sable siliceux, la poudre calcaire, etc., ont prouvé qu'à état d'agrégation et alimentations égales, les plantes germent et se développent dans ces différents sols artificiels ou naturels, tandis qu'à état d'agrégation inégale de ces sols, la germination et le développement éprouvent des modifications ou des difficultés dues à des résistances purement mécaniques. On en a conclu que le rôle du sol consiste à offrir : 1° aux graines les conditions d'humidité, de température, d'oxygène qui déterminent la germination; 2° à conduire l'eau et les solutions alimentaires et stimulantes; 3° à recevoir une certaine quantité d'eau atmosphérique; 4° à concentrer le calorique pour conserver à la plante un milieu de température convenable; 5° à fournir aux racines une fixation convenable; 6° à entretenir l'excitation électrique; 7° *à fournir à l'eau de très-minimes parties de sa propre substance, et notamment de sels calcaires, qui ne pouvant la suivre lorsqu'elle se volatilise dans l'air, restent interposées dans les tissus;* 8° à offrir aux détritus organiques un concours de circonstances convenables à leur décomposition.

L'effet des amendements et surtout des stimulants employés par l'agriculteur, bien que probablement dû, dans beaucoup de cas, à une action chimique, est cependant encore très-controversé, même pour les plus importants, et notamment en ce qui concerne le chaulage et le marnage. Néanmoins, on admet que le chaulage donne de la consistance aux terres trop légères et les ameublit lorsqu'elles sont trop argileuses; que le marnage ameublit également le sol dans beaucoup de cas, etc. L'action de ces substances est peut-être souvent due à leur état mitoyen entre la ténacité des argiles et la mobilité des sables. Quant à l'amendement des terres les unes par les autres, il con-

siste essentiellement dans l'ameublissement des sols forts par de plus légers,
et réciproquement, puis dans cette même introduction de l'élément calcaire
dont le rôle demeure encore à apprécier exactement.

§ 135. Une des théories agricoles qui militerait le plus en faveur de l'influence chimique de la partie minérale des sols, est celle des alternances, si
elle était clairement et définitivement établie. D'après les idées admises à cet
égard par beaucoup d'agriculteurs, la plus ou moins longue permanence d'une
espèce *effrite* le sol et le rend impropre à la continuation de sa culture. Cet
effritement n'est pas l'épuisement pur et simple, puisque moyennant changement d'espèce, de genre ou de famille, on obtient une végétation convenable,
mais *l'épuisement de sucs propres à l'espèce en culture.* On a aussi cherché
à expliquer le fait par la division particulière donnée au sol par les racines ;
enfin, on l'a attribué aux excrétions des racines qui le vicieraient d'une manière déterminée pour certaines espèces.

Si même ce fait de la nécessité de l'alternance était généralement vrai pour
toutes les plantes cultivées, ou pour la plupart d'entr'elles, il est déjà reconnu
par les agronomes les plus distingués qu'il ne saurait être attribué à l'épuisement de sucs propres à l'espèce. Car « les plantes les plus dissemblables
absorbent indistinctement avec l'eau toutes les substances solubles qu'elle
contient, et si, dans l'acte de la végétation, il se fait un choix de matières
minérales tenues en dissolution ou en suspension dans le liquide sèveux, ce
ne peut être, ainsi que le démontrent des expériences positives, qu'à l'intérieur de la plante (¹). » Et « la supposition que les plantes d'une famille se
nourrissent de certains sucs qui leur sont plus favorables et laissent intacts
ceux qui seraient nutritifs pour les espèces d'une autre famille est purement
gratuite ; toutes les plantes tirent du sol l'eau avec les matières dont elle est
chargée sans aucun choix (²). » On a cherché, à diverses époques, à assigner
la cause de l'opportunité des rotations, et « d'abord on s'est demandé si les
diverses espèces végétales ont besoin d'une nourriture particulière ; mais on
vit bientôt qu'il n'en est pas ainsi, et que les organes de chaque plante tirent
les sucs qui lui sont nécessaires des substances qui concourent à la nutrition
en général..... que les plantes les plus opposées par leurs caractères botaniques, celles qui sont alimentaires comme celles qui sont vénéneuses au
plus haut degré, peuvent vivre et prospérer sur la même motte de terre, aux

(¹) Leclere-Thonin. Maison rustique.

(²) Decandolle. Théorie des assolements.

dépens d'un engrais commun..... qu'elles s'enlèvent réciproquement leur nourriture, etc. (1).

L'explication empruntée à la division particulière du sol par les racines, serait tout au plus admissible pour des terrains qui ne sont pas sans cesse désagrégés et réagrégés artificiellement par les façons de la culture. Des physiologistes éminens admettent que dans certains cas l'excrétion des racines puissent communiquer au sol des propriétés particulières, tandis que d'autres non moins distingués n'ont pu le reconnaître. Des expériences toutes récentes de M. Link viennent encore confirmer l'opinion de ces derniers (2). Mais ces explications seraient évidemment insuffisantes, et d'autres observateurs pensent que l'opportunité ou la nécessité de l'alternance tiendrait dans la plupart des cas aux difficultés ou même à l'impossibilité qu'offre entre deux cultures consécutives de même espèce l'accomplissement égal des mêmes conditions de réussite dans les procédés agricoles. De sorte que, dans les cas où ces conditions offrent un accomplissement possible, il n'y aurait nul inconvénient à continuer indéfiniment la culture d'une même espèce.

Mais le fait de la nécessité, de l'opportunité même de l'alternance ne paraît rien moins que général, et bientôt il sera démontré que les espèces qui l'exigent d'une manière absolue ou fondée sur la nature même de leurs rapports avec le sol et non sur les convenances de culture et de bénéfice, font, non pas la règle, mais l'exception.

En outre, si par suite des procédés employés et de leurs rapports avec le résultat financier, l'alternance demeure reconnue nécessaire dans beaucoup de cas, il ne paraît pas moins fort douteux que la nature elle-même fournisse des exemples de ce genre, et c'est encore ce que concèdent ceux-là même qui admettent le fait en agriculture. Ce qu'on a dit des prés naturels à cet égard serait purement une illusion ainsi que l'a fait voir récemment un observateur (3). Beaucoup de sylviculteurs admettent maintenant que l'alternance naturelle des forêts est due non pas à l'épuisement de sucs convenables dans les sols, mais aux conditions biologiques d'ombre et de lumière dans lesquels se trouvent placés les semis spontanés et les jeunes plants par rapport aux futaies à l'abri desquels ils croissent. Essayons de développer ici cette idée (4).

---

(1) Boussingault, Mém. sur les rotations.

(2) Vortrag über die schleimigen Aussonderungen der Wurzeln, etc., dans le Berl. Nachr., recens., dans la Bot. Zeit. du 18 août 48.

(3) M. Monnier, dans le Journal d'agriculture.

(4) Nous puisons ce qui va suivre dans une communication de M. Marchand, conservateur des forêts du canton de Berne.

Examinons ce qui se passe dans l'alternance si souvent signalée du hêtre et du sapin. Elle ne saurait être méconnue dans une foule de cas, et le Jura en particulier en offre de nombreux exemples. Si, dans sa région moyenne, on se promène sous une futaie de sapins un peu sombre, on y verra très souvent les jeunes hêtres prospérer en quelque sorte au détriment des jeunes plants de sapin, et si l'on parcourt une futaie de hêtres un peu claire, on y sera frappé de la plus grande prospérité et du plus rapide développement relatif des jeunes sapins. On peut souvent observer le fait dans la même forêt et à quelques pas de distance. Or en voici l'explication.— Le sapin, dans ses premières années, exige plus de lumière et ne saurait prospérer à l'ombre; le hêtre au contraire exige moins de lumière et réussit mieux à l'ombre ; on sait qu'en général une forêt de sapins donne un couvert plus épais qu'une forêt de hêtres (¹) — Si maintenant on suppose à l'ombre d'une futaie de sapins une levée simultanée de jeunes plants des deux essences, les jeunes hêtres supportant plus aisément et plus longtemps l'ombre, se développeront plus rapidement et mieux que les jeunes sapins, et offriront ainsi une chance

(¹) Il n'est pas impossible, moyennant quelques précautions, de constater, thermomètre en main, qu'il parvient en été non-seulement plus de lumière, mais aussi plus de chaleur sous une futaie de hêtres que sous une de sapins. Si par un jour chaud, calme et sans nuages on parcourt deux quartiers de forêt à-peu-près de même âge, également exposés et formés respectivement des deux essences sans mélange ; qu'on prenne dans chaque bois successivement la température à sa lisière et à une distance déterminée dans l'intérieur, on trouvera presque constamment la dernière inférieure à la première, et ce d'une quantité plus forte chez les sapins que chez les hêtres. Ainsi, j'ai trouvé en moyenne sur dix observations de ce genre (faites en août 1848 sur dix jours différents, à neuf heures du matin, par une température de 15 à 17° à l'air libre, dans la forêt du Grand-Fahy près de Porrentruy et dans des futaies de 60 à 80 ans) 1,0 R. de plus sur les lisières des hêtres qu'à 50 pas dans l'intérieur, et 0,75 R. pour les sapins. Une comparaison semblable entre un bois de sapins et un de pins (de 30 à 50 ans) a donné respectivement les chiffres 1,0 R. et 0,60, et ce dernier chiffre serait plus faible dans un bois de pins plus âgé. De sorte que, si nous appelons a la température sous les sapins, celle sous les hêtres serait $a+0,25$ R. et sous les pins $a+0,40$ R., chiffres qui sont certainement des minima. Du reste, l'ensemble de la végétation qui m'entourait sous ces futaies et dont j'ai pris note au lieu même de l'observation est bien en rapport avec ces chiffres. — Sous les sapins, sol peu couvert : quelques jeunes *Fagus*, *Hedera*, *Oxalis*, *Asperula odorata*, puis quelques pieds rares de *Milium effusum*, *Carex sylvatica*, *Monotropa*. Sous les hêtres, sol encore peu couvert : quelques jeunes *Abies*, *Cratœgus oxyacantha*, *Acer campestre*, *Prunus cerasus*, *Ilex aquifolium*, *Hedera*, *Asperula odorata* et quelques *Carex sylvatica*. Enfin, sous les pins, sol presque entièrement couvert : quelques jeunes *Quercus*, *Salix caprœa*, *Prunus spinosa* (très-abondants), *Rosa arvensis*, *Rubus idœus*, *Fragaria vesca*, *Hypericum perforatum*, *Agrostis vulgaris* (abondant), *Pyrola rotundifolia*. De ces trois groupes, il est clair que le dernier indique un air plus libre, le premier une ombre plus complète et le second un intermédiaire. Du reste, les personnes habituées à parcourir les forêts savent combien en été il fait chaud dans les bois de pins et frais sous les futaies de sapins.

favorable au futur remplacement par le hêtre. Si, au contraire, on suppose
la jeune levée en question dans une forêt de hêtres généralement plus éclai-
rée, les jeunes sapins y auront au contraire un accroissement relatif plus facile et plus rapide, et offriront dans certains cas plus de chances au reboise-
ment par le sapin. De là, la possibilité et souvent le fait de l'alternance.

Nous disons la possibilité et non la nécessité, car il s'en faut de beaucoup
qu'elle soit constante. Le remplacement du sapin par le hêtre est beaucoup
plus fréquent que le remplacement inverse ; car dans le cas de la futaie de
hêtre, bien que généralement plus claire, la végétation frutescente peut être
un autre obstacle au développement du sapin. C'est surtout à une forêt de
sapins tenue très serrée et ne permettant à aucune broussaille de s'y développer, puis exploitée à blanc-étoc, et offrant une riche lumière, c'est à cette
sorte de forêts, dis-je, qu'on verra le plus souvent succéder le sapin. Au
contraire une forêt de sapins peu serrée, permettant la végétation frutescente
et exploitée en jardinant, se repeuplera plutôt en hêtre, à cause de l'insuffisance de la lumière dans les trouées pour le jeune sapin. Cela est tellement
vrai que si, dans des forêts mélangées des deux essences, au lieu de procéder par coupes réglées, et avec l'espoir de favoriser le sapin, on coupe les
hêtres en détail dans l'idée de les détruire, on ne fait que favoriser leur reproduction et leur plus grand développement. C'est ce qui est arrivé dans
certaines parties du Jura bernois.(¹) On comprend combien ce dernier fait est
significatif et opposé à la théorie de l'épuisement des sucs propres à l'espèce.
— C'est de tout cela qu'il résulte que dans les contrées où les forêts de sapins sont entre les mains des communes, de propriétaires ou même de sylviculteurs peu intelligens, elles ont tendu à disparaître et à être remplacées
par le hêtre. Il n'y a en un mot dans toute cette alternance des deux essences
que le jeu de diverses combinaisons d'ombre et de lumière, dû le plus souvent au mode d'exploitation. — Cependant, il peut se faire aussi que les
vieilles forêts de sapin qui s'éclaircissent spontanément par la décrépitude
des chablis se trouvent dans une condition analogue à celle des forêts jardi-
nées, et favorisent par la même là reproduction du hêtre. Mais il faut remarquer que les forêts de ce genre en quelque sorte inabordables aux spécula-
tions de l'exploitateur, se trouvent ordinairement dans des contrées montagneuses et à des altitudes où le hêtre a déjà moins de chances de prospérité.
Enfin il ne faut pas oublier non plus que tout ce qui précède est surtout
relatif aux pays et aux niveaux où les deux essences ont d'égales chances de

(¹) Notamment dans les districts de Delémont, Moutier et Courtelary où pendant longues années on a procédé dans ce sens.

reproduction, notamment comme toute la région moyenne supérieure et la montagneuse inférieure du Jura oriental et central (entre 600 et 1000^m environ). Au-dessus de ces limites, les chances deviennent défavorables au hêtre [1], au-dessous au sapin. C'est ce qui est cause que les faits d'alternance dont nous parlons, sont moins nombreux dans certaines parties montagneuses du Jura [2], et a quelquefois disposé les observateurs à en révoquer en doute la généralité. — La nécessité d'une large lumière pour la réussite des cultures du sapin est un fait digne des méditations du sylviculteur. Il en résulterait que cet arbre, mêlé à d'autres essences, a d'autant plus de chances de reproduction que celles-ci lui laissent plus de jour. C'est en effet ce qui a lieu dans le cas de son association au pin sylvestre au milieu duquel il réussit avec une remarquable facilité, et auquel il succède aisément. Enfin, il faut remarquer que tout ceci est surtout relatif à ce qui se passe sur les calcaires du Jura, et que les faits d'alternance sont souvent, par diverses raisons, moins tranchés sur certains autres terrains plus eugéogènes, comme par exemple les molasses.

Quant aux végétaux entièrement abandonnés à la nature, on voit les mêmes espèces sociales faire depuis des siècles permanence aux mêmes lieux, gazonner les mêmes pâturages, boiser les pentes inexploitables, orner les mêmes rochers et s'y perpétuer au même point. Tout botaniste, dans les lieux qui l'environnent et qu'il connaît le plus en détail, a pu apprécier l'immobilité des espèces vivaces dans toutes les localités où la main de l'homme ne vient pas modifier les conditions d'existence. Ainsi, la tradition et les documens officiels eux-mêmes nous apprennent que depuis des époques reculées, le même plateau est occupé par des bruyères, des genêts, des fougères, des ajoncs, des cytises, des buis ; la même tourbière par des airelles, des andromèdes, des bouleaux nains ; le même marais par des laîches, des scirpes, des roseaux, des prèles, des flouves ; les mêmes grèves par des saules, des argousiers, des tamarins ; le même pâturage par d'innombrables gentianes ou par un tapis d'alchimilles ; le même rocher granitique par des rosages, des cammarines, des azalées, etc., sans que ces espèces bien connues du campagnard aient éprouvé de diminution par l'épuisement des sols, sans qu'on aperçoive aucune souffrance dans leur végétation, aucun déplacement, aucun changement de distribution dans leurs groupemens. Et de-

[1] Malgré l'altitude, le hêtre fait même quelquefois disparaître l'épicéa dans la région montagneuse.

[2] Par exemple dans le Jura neuchâtelois, d'après M. Lesquereux. Essai sur la géog. bot. du canton de Neuchâtel. *ms.*

puis que la science a commencé à signaler l'habitation des espèces rares, nous les voyons partout où elles ont été indiquées hors des atteintes de l'homme, se perpétuer sans interruption. Ainsi dans les Vosges, le Jura, les Alpes, les mêmes espèces se trouvent encore sur les mêmes sommités, sur le même escarpement, dans les mêmes fentes de rochers où elles ont été observées par Bauhin, Mappus ou Scheuchzer. C'est ainsi que selon la remarque de M. Babey, Toscan, pharmacien à Champagnole, envoyait il y a deux siècles à J. Bauhin la variété à fleurs blanches du *Daphne cneorum* recueillie sur la montagne de Cise, au même point où elle se trouve encore aujourd'hui.

Du reste, même en admettant des faits naturels d'alternance, il reste d'autant plus à douter qu'ils soient dus au jeu chimique de la partie minérale du sol, que des observateurs distingués, qui ont eux-mêmes défendu ces sortes de faits *comme une loi fondamentale imposée à la végétation,* n'en admettent pas moins en même temps «que la variété minéralogique des sols n'influe pas sensiblement sur la végétation, à moins qu'on ne change la nature chimique et hygroscopique des terrains, soit par l'action des engrais, soit par la division mécanique » (¹), ce qui revient à dire que le rôle chimique appartient essentiellement à la composition du détritus organique et le rôle physique à l'état d'agrégation du détritus minéral.

§ 156. On voit par ce qui précède que, même en admettant la part de l'influence chimique dans l'alternance, dans certains amendemens et dans les stimulans, l'action mécanique se montre partout comme fait capital en agriculture. C'est en effet l'opinion, non-seulement des praticiens les plus expérimentés, mais celle des chimistes, même de ceux qui envisagent l'action chimique comme importante dans certains cas. Tous sont d'accord pour admettre l'état d'agrégation avec ses conséquences comme la donnée qu'il importe le plus de considérer dans les procédés. Rien n'est douteux à leurs yeux quant à la nécessité de l'ameublissement ou de la consolidation, tandis qu'il y a controverse sur les opérations ayant pour base l'intervention chimique présumée.

La prépondérance de l'action mécanique ne laisserait pour ainsi dire rien à désirer si les opinions relatives à l'alternance et à l'effet de certains amendemens et notamment la chaux, étaient une fois reconnues exagérées, ou trop généralisées, ou mal fondées. C'est à-peu-près à ce résultat qu'est

---

(¹) Dureau-de-la-Malle, Mémoire sur l'alternance.

arrivé un des docimasistes les plus éminents de notre temps, M. Berthier, par l'analyse des terres végétales des environs de Nemours, analyse dont il résulte que les terres les plus fertiles ne renfermaient qu'une très-faible proportion de calcaire, et que les fertilités relatives tenaient essentiellement à l'état d'agrégation, d'hygroscopicité et de puissance du sol. Ainsi, à mesure que la science s'enrichit d'expériences mieux dirigées, les convictions s'ébranlent de plus en plus à cet égard.

Jusque dans ces derniers temps, la plupart des auteurs qui ont traité des terrains sous le rapport agricole se sont plus occupés d'établir que, moyennant certaines qualités, on peut atteindre certains résultats, que de discerner nettement ce qu'il y a de chimique ou de physique dans les phénomènes, eu égard à la partie minérale du sol. En outre, peu de travaux ont été exécutés à cet égard avec assez d'ensemble, sur des données assez nombreuses, comparables par suite de l'uniformité des procédés d'analyse, suffisamment mises en rapport, d'un côté, avec les résultats agricoles, moyens, habituels, non exceptionnels, et d'autre part avec les données géologiques. Le seul travail qui, à ma connaissance, satisfasse entièrement à ces conditions est celui de M. Sauvanaud sur les terres végétales du Rhône et de l'Ain, et c'est précisément aussi celui qui arrive à l'opinion d'une prépondérance presque exclusive de l'action physique des sols sur la végétation. Plus de 150 terres végétales envisagées dans leur détritus inorganique, et recueillies parmi toutes sortes de qualités et sur toutes sortes de terrains géologiques, ont été analysées par cet habile observateur d'après un procédé uniforme, et ont fourni par leur rapprochement avec l'état des cultures qu'elles supportent une série de conséquences positives, entourées de soins et de garanties que peu d'expériences de ce genre ont offerts jusqu'à ce jour. Voici quelques-unes des conséquences que nous puisons, tant dans le mémoire de M. Sauvanaud que dans le rapport de M. Fournet sur ce travail, où elles ont été mises en relief.

« Les terrains compactes ou légers ne sont tels qu'en vertu de leur agrégation mécanique, et n'exercent leur action qu'en vertu des propriétés physiques qui en résultent. Ainsi les terrains siliceux, argileux ou calcaires également imperméables offrent les mêmes obstacles, également perméables les mêmes facilités à la végétation. »

« Les terrains les plus différents chimiquement peuvent offrir le même degré de stérilité. Les terrains blancs silicéo-alumineux de la Bresse et les terrains blancs très-calcaires du Bugey en sont un exemple frappant. »

« Le carbonate de chaux n'est nullement essentiel à la constitution d'une bonne terre végétale. Des sols nullement calcarifères se montrent, toutes choses égales, aussi fertiles que d'autres très-calcaires; des terrains très-calcarifères se montrent plus stériles que d'autres qui le sont beaucoup moins, ou pas du tout. »

« Le sous-sol et la configuration des surfaces jouent un rôle important : le degré de perméabilité des roches soujacentes, celui de la facilité d'écoulement exercent une influence qui peut modifier entièrement les propriétés de la couche végétale. »

Enfin, M. Sauvanaud se propose de démontrer ultérieurement « que les éléments du sol n'ont point d'action directe sur la végétation; qu'ils ne servent que de support aux plantes, de point d'attache à leurs racines et de moyen de transmission des principes nutritifs. »

Il est en effet impossible d'échapper à ces conséquences, dans un examen tant soit peu attentif de la belle série d'analyses de cet observateur. Aussi la classification des terres qu'il adopte est-elle entièrement mécanique, et fondée sur la consistance et la profondeur du sol. Enfin nous ne devons pas terminer ce chapitre sans rappeler les expériences de Kirwan, signalées partout où il a été traité du sujet qui nous occupe. Cet observateur a démontré par l'analyse de terres réputées bonnes pour le froment en divers pays, «qu'elles contiennent d'autant plus de silice que le climat est plus sujet à la pluie, d'autant plus d'alumine qu'il est moins pluvieux; ou, en d'autres termes, que le terrain, pour être bon pour un végétal donné, doit être plus hygroscopique dans un climat sec et moins dans un climat humide (¹). » Or, l'état hygroscopique des détritus, bien qu'il montre un parallélisme fréquent avec la présence de l'alumine, n'est pas sous son unique dépendance, mais en général, sous celle de l'état d'agrégation; et fût-il exclusive ment dépendant d'elle, ce serait, non pas comme élément chimique, mais comme élément doué de certaines propriétés phisiques, ce que nous avons déjà fait remarquer au commencement de cet ouvrage en nous occupant de la classification des roches.

(¹) Decandolle, Dict. des sciences nat., Art. géog. botanique.

CHAPITRE VINGTIÈME.

QUELQUES MOTS RELATIVEMENT A L'ACTION DE ROCHES SOUJACENTES SUR
LA DISPERSION DES CRYPTOGAMES.

§ 137. Tout ce que nous avons dit jusqu'à présent dans cet ouvrage est
exclusivement relatif aux végétaux phanérogames. Nous ne faisons aucun
doute que le même genre d'observations appliqué aux cryptogames conduirait aux mêmes résultats. Nous nous bornerons à quelques mots à ce sujet,
sur lequel à lui seul, selon l'expression de M. Montagne (¹), on pourrait
écrire tout un livre.

Les contrastes entre la végétation cryptogamique des roches cristallines
ou clastiques et celle des roches calcaires, ont été signalés par la plupart des
cryptogamistes, du moins à l'égard d'un bon nombre d'espèces. On en trouve
de nombreux exemples dans les ouvrages de MM. Friese, Schimper, Montagne, Mougeot, Scherer, De Brébisson, Lesquereux, Desmoulins, Raben-
horst, et, sans doute, beaucoup d'autres, mais presque toujours purement et
simplement comme fait d'observation. Souvent aussi on rencontre, dans les
flores, l'énumération des variétés du même type correspondant à des roches
différentes. Plusieurs géologues ont également éveillé l'attention sur ces différences, tels sont MM. Chamousset, Rilliet, Virlet, Baudouin, etc. Notre
contrée offre de toutes parts des preuves dans le même sens, qui, réunies
et élaborées par un botaniste compétent jetteraient une vive lumière sur la
question qui nous occupe.

Le voyageur qui quitte le sol du Jura pour passer sur le territoire vosgien,
ne saurait manquer d'être frappé de la différence *d'aspect* qu'offre la végétation cryptogamique qui recouvre les roches calcaires d'une part et celles de
grès rouges de l'autre. Au débouché des gorges jurassiques dans la plaine
d'Alsace, par exemple, entre Delle et Belfort, au moment où le grès vosgien

(¹) Dict. des sciences naturelles de M. d'Orbigny.

vient remplacer le calcaire dans les constructions, il remarquera le même contraste sans quitter les routes, sur les bornes milliaires, les parapets des ponceaux, les margelles des puits, etc. Au passage du Jura sur les molasses du Bassin suisse, il observera des faits analogues quoique peut-être moins tranchés, et, jusque dans le Jura même, là où les blocs erratiques de granite, de protogyne et autres roches cristallines ont été utilisés pour la confection des bornes, il le retrouvera encore. Sans même être assez cryptogamiste pour reconnaître immédiatement avec sûreté les lichens qui incrustent ces diverses roches, il demeure convaincu par leur aspect, leurs couleurs, leur degré d'abondance et leur mode de développement, qu'un examen détaillé et exact viendrait justifier ses impressions.

Si l'on compare deux forêts, l'une située sur sol calcaire, l'autre sur sol cristallin, clastique ou pélique, on est frappé de la plus grande abondance des fougères, des mousses et des lichens dans la dernière. A cet égard, entre une forêt prise, par exemple, dans le Schwarzwald sur les gneiss, ou dans les Vosges sur les syénites, et une autre prise dans le Jura sur les calcaires portlandiens, la différence ne saurait être méconnue. On la remarque également bien dans le Jura même, entre les calcaires et les marnes oxfordiennes ou surtout liassiques, et, mieux encore, entre ces mêmes calcaires et les terrains tertiaires ou les lambeaux diluviens des plateaux. Ainsi, par exemple, l'apparition et l'abondance seule des *Evernia* et des *Usnea* sur les végétaux arborescents, annoncent presque toujours de tout loin le passage du sol compacte sec sur un sol pélique frais, etc., de même que la plus grande multiplicité et le beau développement des espèces saxicoles sur les rochers annonce l'affleurement des roches psammogènes. Cette prédominance des cryptogames sur les sols détritiques a été bien remarquée par M. de Brébisson dans le Calvados.

Si nous dépouillons attentivement les précieux tableaux que M. Mougeot nous a donnés de la végétation du département des Vosges, nous y trouvons des résultats non moins positifs. Ainsi, pour parler d'abord des lichens, sur 400 formes de cette famille dont un grand nombre croissent indifféremment dans des districts reposant sur toutes sortes de terrains, nous en trouvons 150 qui préfèrent les contrées granitiques et 120 celles de grès vosgien, tandis que 80 au plus préfèrent les parties calcaires (jurassique et conchylien) de la contrée. Bien que de ces espèces granitiques un assez grand nombre doivent être défalquées comme propres à la région montagneuse, il n'en reste pas moins non-seulement une plus grande abondance de lichens sur sols eugéogènes, mais aussi un plus grand nombre d'espèces. Si parmi eux nous envisageons seulement les espèces saxicoles qui se trouvent dans un rapport plus immédiat avec les roches 'soujacentes, nous y trouvons (indépendamment des espèces ubiquistes plus abondantes) 90 espèces granitiques, 60 psammiques (grès vosgien et bigarré) et seulement 45 calcaires; ce qui, même après avoir déduit les espèces montagneuses, laisse l'infériorité numérique aux dernières.

La considération des mousses fournit des résultats plus frappants encore. M. Mougeot en énumère 570 dont une moitié au moins croissent dans toutes les parties de la contrée, c'est-à-dire sur les différents sols géologiques. Ce sont principalement celles qui végètent sur les troncs, dans les lieux tourbeux, sur les terres argileuses de diverses formations et sur les humus les plus indépendants du sous-sol. Parmi les autres, 110 environ croissent plus particulièrement dans les contrées granitiques, 150 dans celles des grès, et à-peu-près 50 dans celles des calcaires jurassiques. Ces dernières contrées occupent dans le département des étendues suffisamment grandes pour qu'il y ait au moins parité à cet égard dans la comparaison avec les terrains cristallins et arénacés, mais elles ne s'élèvent pas dans les zônes supérieures que ceux-ci atteignent. En supposant donc que la moitié des espèces des districts eugéogènes y doivent leur présence aux altitudes, ce qui est largement admissible, il reste encore à niveau égal, 55 espèces granitiques et 75 arénacées pour 30 espèces calcaires, c'est-à-dire toujours le moindre nombre et la moindre diversité sur les terrains dysgéogènes.

M. Lesquereux énumère 450 espèces de mousses suisses. Sur ce nombre, en y comprenant les mousses communes, 260 au plus sont indiquées dans le Jura, ses vallées et ses lisières les plus rapprochées. En comparant ce chiffre d'espèces croissant sur la contrée calcaire que forme la chaîne jurassique depuis le Weissenstein jusqu'à la Dôle, à celui (570) du département des Vosges, on voit que sur le district calcaire, au moins double en superficie du vosgien, il y aurait un tiers d'espèces de moins, malgré des altitudes supérieures favorables à la présence d'espèces alpestres; ou, à surface égale, environ 5 espèces dans les Vosges pour une dans le Jura. Bien qu'une partie de cette énorme différence puisse provenir de ce que le Jura est moins étudié jusqu'à ce jour, il est certain qu'elle demeurerait encore très-grande à surface égale, quand même on aurait découvert dans le Jura 50 espèces de plus. Ajoutons à cela que presque toutes les espèces jurassiques croissent dans les Alpes cristallines ou clastiques, plus 100 autres au moins, à altitudes à-peu-près pareilles. Enfin n'oublions pas qu'un assez grand nombre de ces mousses que nous admettons comme jurassiques, sont réellement disséminées ou rares dans le Jura, où plusieurs fructifient rarement. M. Lesquereux qui dans ses voyages a également reconnu la pauvreté cryptogamique des calcaires, remarque (¹) que certains basaltes offrent encore ce caractère à un plus haut degré, par exemple ceux du Rhöngebirge, observation qui vient entièrement à l'appui de tout ce que nous avons dit de l'analogie entre la végétation de ces roches et celle des calcaires.

§ 138. Il se passe donc dans les rapports des cryptogames avec divers sols, des faits non moins caractéristiques que ceux que nous avons constatés pour les phanérogames. La préférence de certaines espèces pour certaines roches y paraît encore plus décidée, et les premières apparences plus favorables encore à l'hypothèse de l'influence chimique. C'est ainsi que la *Lecidea geographica* suit avec constance les roches cristallines du Schwarzwald, des Vosges, de la Serre, des Alpes, et s'arrête partout brusquement à la rencontre des calcaires jurassiques. Elle se conduit à ce qu'il paraît de la même manière dans toute l'Europe : en France, M. Desmoulins la signale sur les roches siliceuses et silicéo-alumineuses dures les plus différentes, depuis les galets quarzeux et les meulières, jusqu'aux schistes anciens divers, aux porphyres syénitiques et aux granites, s'éloignant partout des calcaires non métamorphiques et ne s'y montrant que comme variété particulière sur quelques calcaires cristallins.

Et cependant les lichénographes sont d'accord pour envisager les lichens comme n'étant point munis de racines, ne faisant que reposer sur les corps auxquels nous les voyons attachés, et ne puisant leurs éléments de nutrition que dans l'atmosphère. Aussi voyons-nous souvent les mêmes espèces vivre indifféremment sur les corps de la nature et de la composition les plus opposés, tels que bois, sable, écorces, terre végétale, roches diverses, métaux même, etc. Ici donc encore la nature chimique du support paraît bien plus que pour les phanérogames indifférente aux conditions biologiques du végétal. Mais il n'en est pas de même de son état physique et mécanique, et il est impossible de méconnaître qu'il exerce une grande influence sur la dispersion des espèces.

D'abord les terrains envisagés en grand et non comme support direct, exercent médiatement une influence sur la présence, le développement et l'abondance des cryptogames, par leur plus ou moins grande hygroscopicité et les conséquences qui en résultent pour l'atmosphère ambiante. Ainsi une

______
(¹) *In litteris.*

forêt reposant sur les molasses, le diluvium ou les granites, est plus humide et plus fraîche que celle qui végéte sur les calcaires compactes ou sur certains basaltes et porphyres dysgéogènes. De là, dans la première, une plus grande abondance et une plus grande diversité des fougères, des mousses, des lichens, des champignons, par une raison analogue à celle qui multiplie ces végétaux à l'exposition boréale et à des niveaux ou des latitudes élevées. Ainsi, de même que M. de Brébisson l'a fait remarquer pour la Basse-Normandie, on trouvera une prédominance marquée des cryptogames de toutes les classes sur les terrains eugéogènes, et une infériorité fort sensible sur les dysgéogènes.

En outre, envisagées en petit et comme support immédiat, les roches exercent sur la présence des cryptogames diverses influences dépendantes de leur hygroscopicité, de leur aspérité, du plus ou moins de rapidité de leur désagrégation superficielle. Une roche plus hygroscopique comme certains grès, certains granites, pourra servir de support à des lichens que repousserait le calcaire compacte. Une roche convenablement pourvue d'aspérités offrira prise à des espèces qui ne sauraient se fixer sur un corps lisse. Enfin, une masse dure et dont les superficies demeurent intactes aux agents atmosphériques, pourra recevoir des espèces qu'une masse à désagrégation superficielle pulvérulente ne saurait maintenir. De sorte que les roches qui réunissent à la fois une certaine hygroscopicité et une aspérité convenables sans être pulvérulentes à leur surface, telles que beaucoup de grès, pourront servir à beaucoup d'espèces saxicoles qui ne se fixeront que rarement ou pas du tout sur les roches offrant la manière d'être opposée, comme beaucoup de calcaires compactes. C'est là, si nous ne nous trompons, la principale clef de la distribution des cryptogames, en exceptant toutefois les parasites dont l'existence paraît dépendre de la présence d'espèces déterminées. Leur distribution sur les écorces de divers arbres vient entièrement à l'appui de cette opinion. Si l'on parcourt une forêt, le plus léger coup-d'œil fera reconnaître qu'entre la flore cryptogamique des écorces rugueuses, spongieuses et hygroscopiques comme celles du chêne, et la flore des écorces plus lisses, plus dures et plus sèches comme celle du hêtre, il existe des différences tout-à-fait analogues à celles que nous remarquons entre les grès et les calcaires. Non-seulement sur les premières les lichens et les mousses prennent un développement plus luxuriant, plus complet, et y naissent plus nombreux en individus, mais ils y sont encore beaucoup plus diversifiés quant aux espèces que sur les seconds où elles se présentent moins variées, de plus petite taille, plus chétives et à vie plus courte. Par exemple, nous voyons, sans sortir d'un seul genre, le

Calycium turbinatum préférer l'écorce du hêtre, le *tigillaria* celle du sapin, le *quercinum* celle du chêne, mais d'une manière qui dépend si bien de l'aspérité, de l'agrégation et de l'hygroscopicité de leurs surfaces, que le *tigillaria* se retrouve sur les bois d'autre nature suffisamment endurcis, et le *quercinum* sur les sapins morts (1).

De ces trois causes signalées, le degré d'hygroscopicité des roches, l'état d'aspérité et le mode de désagrégation de leurs surfaces, le premier ne paraîtra probablement pas sujet à contestation. Le second joue certainement aussi un rôle important, car, bien que les cryptogames finissent à la longue par se fixer sur des surfaces lisses, il n'en est pas moins vrai que toutes choses égales, celles-ci sont moins favorables à leur insertion que des surfaces granuleuses ou esquilleuses. Si dans quelque carrière calcaire abandonnée, ou sur les pierres de taille d'un édifice offrant dans les deux cas souvent sur certains points des cassures conchoidales lisses et des parties polies, on examine avec attention quels sont les points envahis par les lichens incrustants, on se convaincra bientôt que ce sont surtout ceux qui offraient plus d'inégalités, tandis que les autres ont souvent résisté à cet envahissement. Du reste, la nature nous offre elle-même dans les roches polies des Alpes, demeurées telles depuis des siècles et souvent encore miroitantes, la preuve de l'extrême résistance de certaines surfaces lisses à l'insertion des cryptogames. Les surfaces analogues que l'on voit sur quelques points du Jura, comme aux Combettes de la Neuveville et celles d'un autre genre qui sont dues à des glissements ou froissements des masses à l'état de mollesse, offrent également de nombreux exemples de la difficulté du moins relative qu'éprouvent les cryptogames aux fixations de ce genre. Certains gros polypiers fossiles du terrain corallien si abondants dans le Jura bernois fournissent aussi des faits curieux à cet égard. Ainsi, tandis que dans les talus de débris qui se forment au pied des rochers, les Pavonies à granulation délicate et presque lisses se recouvrent à peine de quelques *Lepra,* les vallons des Méandrines à grosses et profondes dentelures servent d'insertion aux mousses avec une solidité telle qu'on vient difficilement à bout de les en débarrasser. Enfin l'influence du mode de relief de la surface est tel sur le développement des lichens, que les variations du même type végétal correspondant à des différences à cet égard, ont quelquefois été classées comme espèces distinctes et ont donné même lieu à l'établissement de genres différents. C'est ce qu'a bien développé M. Desmoulins à propos de la *Lecidea atro-alba,* dont les

---

(1) Mougeot. Considérations, etc., pages 85 et 275.

variations forment cinq variétés selon M. Friese, trois espèces selon Acharius et deux genres selon Decandolle (1).

Quant au mode de désagrégation, il exerce certainement aussi une notable influence. De même qu'une écorce dont la superficie se renouvelle fréquemment, comme par exemple celle du bouleau, laisse moins le temps aux cryptogames de s'y établir, de même celle des roches qui se modifient rapidement par désagrégation pulvérulente, offre souvent à leur insertion, soit par son renouvellement, soit par sa mobilité, un obstacle qui rappelle le procédé mis en usage par les jardiniers pour empêcher l'ascension des insectes contre le tronc des arbustes, en frottant celui-ci de quelque substance crayeuse. Or, les calcaires offrent cela de particulier, que leurs surfaces exposées aux agents extérieurs sont toujours recouvertes d'une légère désagrégation terreuse, essentiellement mobile et tachant les doigts. Ceci s'applique surtout aux calcaires sédimentaires non métamorphiques des terrains crétacés, jurassiques et triassiques.

Il est aisé de voir combien leurs subdivisions crayeuses et marno-compactes sont souvent nues ou peu recouvertes par la végétation, non-seulement cryptogamique, mais comme conséquence aussi phanérogamique, tandis que les calcaires et dolomies grenues métamorphiques qui n'offrent pas cette pulvérulence superficielle, paraissent se conduire d'une manière beaucoup plus analogue aux roches cristallines. Du reste, répétons-le, les calcaires sédimentaires les plus lisses et les moins altérés en apparence, offrent presque tous à l'insertion des cryptogames, et peut-être parmi ceux-ci à la fixation de certaines espèces, l'obstacle dont il s'agit. C'est probablement à cet obstacle qu'est dû entr'autres l'éloignement qu'éprouve pour les calcaires la *Lecidea geographica* dont nous parlions plus haut.

Signalons ici à cette occasion un fait tout-à-fait favorable en apparence à l'influence chimique et qui s'interprète cependant aisément par ce qui précède. La chaîne du Môle en Savoie offre des calcaires appartenant aux terrains crétacés : ils sont souvent compactes à la manière jurassique et traversés de grandes veines blanches d'aspect spathique, qui sont parfois recouvertes de *Lecidea.* Si, par exemple, on passe cette chaîne par le sentier qui conduit de Bonneville à Saint-Joire, on observe une végétation toute jurassique, à part quelques espèces accidentelles de l'Arve, telle que l'*Hippophäe.* Vers les trois quarts de la hauteur du côté du sud, on trouve de nombreux blocs de toute grosseur, détachés des rochers du sommet et accumulés à son pied.

<hr>

(1) Desmoulins. Examen, etc., page 12.

Ils sont recouverts de *Rhamnus pumilus, Hieracium andryaloides, Asplenium Halleri,* etc. Ils sont formés de calcaires très-compactes traversés par les larges veines dont nous parlions tout-à-l'heure, et qui ressemblent à du spath calcaire; elles déterminent à leur surface des aspérités, des croûtes tantôt lisses, tantôt hérissées. Ces veines sont sur plusieurs de ces blocs abondamment recouvertes de plaques de *Lecidea* qui s'y trouvent rigoureusement circonscrites, sans passer en un seul point sur le calcaire où elles sont enchâssées. Uu coup de marteau pour en détacher une, fera jaillir une étincelle et en révélera la composition siliceuse. On ne saurait voir un fait plus séduisant au premier abord en faveur de l'influence chimique. Mais si l'on examine de près la surface du calcaire, du reste très-compacte, on se convaincra bientôt de l'obstacle mécanique que sa décomposition superficielle pulvérulente oppose à l'extension de la *Lecidea,* tandis que cette décomposition manque totalement aux veines calcédonieuses, ce qui est précisément la cause de leur relief. — Je n'ai point remarqué moi-même la *Lecidea* dans le Jura, et M. Lesquereux ne l'y a jamais vue non plus, même sous sa forme *calcarea* Schær., mais j'ai été souvent frappé de l'aspect particulier de la végétation cryptogamique qu'offrent les rognons de silex qui font relief au milieu des calcaires à la superficie des rochers. Je tiens de M. Babey, auteur de la *Flore jurassienne,* qu'il a observé au Crêt-Belin qui domine Salins, des concrétions siliceuses faisant feu au briquet, engagées dans le calcaire oolitique et recouvertes à sa grande surprise par la *Lecidea* (1).

La présence des cryptogames non jurassiques sur les blocs erratiques du Jura constitue aussi un fait du même genre que le précédent, et fort digne d'attention. On y remarque non-seulement la *Lecidea* et d'autres lichens, mais un bon nombre de mousses appartenant aux genres *Dicranium, Orthotrichum, Schistidium, Grimmia, Leskea,* etc. (2), et même, comme nous l'a-

---

(1) La persévérance avec laquelle cette espèce suit les roches psammogènes est vraiment remarquable. M. de Humbold l'a retrouvée sur les cimes du Chimborazo. Elle s'élève très-haut dans les Alpes, et je l'ai vue, au dessus de toute autre végétation, tapisser les sommets de la Fibia ; cependant, au sommet même de la pyramide, c'est-à-dire à 5000^m ou un peu plus, elle a déjà sensiblement diminué.

(2) M. Lesquereux (Catalogue des mousses suisses) signale un grand nombre de faits de ce genre. J'ai à me reprocher de n'avoir pas utilisé plus amplement une très-belle suite de mousses que ce savant a bien voulu m'adresser avec des notes sur leurs rapports de dispersion. Mon incompétence en cryptogamie ne m'a pas permis d'en tirer parti avec une connaissance de cause suffisante. Il serait vivement à désirer que cet intéressant sujet sur lequel M. Lesquereux possède de précieuses données fut traité par cet excellent observateur lui-même.

vons fait remarquer ailleurs l'*Asplenium septentrionale,* toutes espèces généralement nulles dans le Jura. Rien n'est plus frappant que l'aspect de ces blocs que l'on reconnaît de tout loin à leur couverture de lichens, bien que souvent à demi enterrés et encombrés par d'autres blocs calcaires. Il resterait à débattre si cette végétation étrangère aux distrits qu'ils occupent est venue les y trouver, ou si, comme paraît l'admettre M. Zuccarini pour certaines espèces erratiques des Alpes allemandes, ils n'ont pu y être apportés sur les blocs eux-mêmes qu'ils suivent avec tant de constance depuis les environs de Soleure et de Bienne jusqu'au pied du Reculet, au Mont-de-Sion, etc. L'admission de cette hypothèse, tout en fournissant une date botanique remarquable, témoignerait contre le transport des blocs par un cataclysme violent, et militerait en faveur du système glaciaire défendu avec tant de talent dans ces dernières années. Sans donc admettre dans toute sa latitude la théorie ingénieuse de M. Forbes sur les centres spécifiques d'origine géologique, il ne paraît pas impossible que durant l'époque des glaces qui paraît l'une des plus rapprochées de nos temps historiques, certains végétaux actuels aient déjà existé, et aient été transportés avec les boues, graviers et blocs, aux limites extrêmes du développement glaciaire qui entourait les Alpes, pour s'arrêter à l'obstacle du Jura. La présence sporadique d'autres espèces dessinant à-peu-près la même zône serait peut-être sous la dépendance du même fait : telles sont les *Alnus viridis, Epilobium Dodonæi, Saxifraga mutata, Salix daphnoides, Kœleria valesiaca, Calamagrostis sylvatica, Primula farinosa?, Gentiana verna,* etc. Tout cela, comme hypothèse, et sans préjudice au concours des autres voies de transport encore existantes pour certaines espèces.

Nous n'avons pas besoin de faire remarquer que tout ce que nous avons dit plus haut de la pauvreté ou de l'inaptitude des calcaires à l'égard des cryptogames est purement relatif. Bien que leur manière d'être mécanique en éloigne un assez grand nombre d'espèces et y laisse moins de chances de développement aux espèces ubiquistes, il n'en est pas moins vrai que cette même manière d'être est, au contraire, favorable à la présence de certaines formes végétales qui s'y montrent plus habituellement ou presque exclusivement. De ce nombre sont, par exemple, certaines *Weissia* parmi les mousses, puis parmi les lichens les *Lecidea calcarea* Schær., *L. calcivora* S., *L. pruinosa* S., *Biatora rupestris,* etc. Dans une étude des relations des cryptogames avec leur support, il resterait à établir les modifications de forme qu'éprouvent les types spécifiques selon son hygroscopicité, la forme

et l'agrégation de ses surfaces, etc. Sans prétendre d'une manière absolue
que ce genre de recherches conduirait à la négation de l'influence chimique
de la roche, nous pensons qu'il mènerait cependant à faire la plus large
part aux propriétés physiques du support, une part infiniment plus restreinte
à son action chimique sur le végétal, et une part enfin peut-être assez importante à *l'action physique ou chimique du végétal lui-même sur certaines
roches,* comme on ne peut guère en douter pour un bon nombre de lichens
à apothécions immergés dans les calcaires. En résumé, de même que pour
les phanérogames, nous arrivons à cette conclusion que les grands faits de
dispersion correspondent aux propriétés physiques des roches soujacentes,
bien que certains faits de détail puissent se montrer en rapport avec leurs
propriétés chimiques.

CHAPITRE VINGT-UNIÈME.

§ 159. Réunissons ici en dernier résultat les conséquences principales auxquelles nous conduit l'examen de la contrée en égard au rôle des roches soujacentes, conséquences qui sont le but définitif de ce livre.

Les principaux facteurs de l'état de la végétation et de la flore, c'est-à-dire de la dispersion des espèces sont : le climat, dépendant particulièrement de la latitude et de l'altitude ; puis, à climat égal, les propriétés mécaniques des roches soujacentes avec les conséquences qui en résultent relativement à l'hygroscopicité, la puissance et la division des sols.

Les roches soujacentes à l'égard de leur mode de désagrégation de leur faculté d'absorption en petit et de leur perméabilité en grand, se divisent essentiellement en eugéogènes et dysgéogènes.

Les eugéogènes donnent lieu à un détritus abondant : lorsqu'il est de nature pélique, il détermine des stations humides et souvent inondées ; lorsqu'il est de nature psammique, il détermine des sols divisés et presque toujours frais ; lorsqu'il est pélopsammique, c'est-à-dire participant de ces deux natures, il détermine des stations à propriétés intermédiaires.

Les dysgéogènes donnent lieu à un détritus faible, quelquefois psammique, presque toujours pélique et déterminant en tous cas des stations plus sèches que celles de la classe des eugéogènes.

Aux roches soujacentes eugéogènes correspond essentiellement la présence d'une catégorie de plantes qui recherchent l'humidité ou hygrophiles : aux roches soujacentes eugéogènes péliques correspondent des hygrophiles péliques qui aiment particulièrement les stations fraîches ; aux eugéogènes psammiques des hygrophiles psammiques qui aiment particulièrement les sols divisés.

Aux roches soujacentes dysgéogènes correspond essentiellement une catégorie d'espèces qui recherchent un certain degré de siccité ou xérophiles.

Les hygrophiles péliques s'accommodent des sols dysgéogènes dans certains cas et

*y passent quelquefois disséminées ; les hygrophiles psammiques ne sauraient géné-
ralement vivre sur les sols dysgéogènes et s'arrêtent brusquement à leur rencontre ;
les xérophiles passent disséminées sur les sols eugéogènes dans tous les points où
ceux-ci offrent une siccité convenable.*

*Les plus grands contrastes dans la dispersion ont lieu entre les hygrophiles psam-
miques et les sols dysgéogènes.*

*A mesure qu'on s'avance vers le nord, les hygrophiles s'accommodent de sols plus
dysgéogènes, tandis que les xérophiles fuient davantage les eugéogènes. A mesure
qu'on s'avance vers le sud, les hygrophiles exigent des sols plus eugéogènes, tandis
que les xérophiles s'accommodent de sols moins dysgéogènes.*

*Les limites extrèmes des propriétés physiques des sols donnent lieu à l'improduc-
tivité végétale par trois causes différentes. Les roches dures absolument dysgéogènes
sont stériles par suite de leur inaltérabilité même qui s'oppose à toute production
de détritus ; les roches tendres de nature eugéogène perpélique le sont à la fois par
suite de leur compacité et de leur imperméabilité ; les roches eugéogènes perpsammiques absolument meubles peuvent être et sont en effet souvent stériles, non par
suite de leur extrème division, mais par suite de leur mobilité. Les premières deviennent élément du sol et contribuent à établir à leur surface la productivité par
la désagrégation, les secondes par la division, les troisièmes par la fixation ; les
premières sont essentiellement sèches, les secondes essentiellement humides, les troisièmes essentiellement divisées, plus ou moins sèches selon qu'elles sont plus ou moins
meubles et, dès qu'elles sont fixées, nécessairement plus humides que les premières,
bien que moins que les secondes.*

*Toutes choses égales quant à la latitude et aux altitudes, un district de roches sou-
jacentes eugéogènes est plus frais, plus humide, plus arrosé et probablement plus
froid qu'un district dysgéogène ; la végétation y est moins dépendante des niveaux,
plus commune, plus boréale, plus sociale, généralement plus riche en espèces, et en
particulier plus riche en plantes des familles inférieures, plus herbacée, à racines
profondes et divisées plus nombreuses, etc. ; elle offre les caractères opposés sur sol
dysgéogène.*

*Plus la végétation est aquatique et plus elle est indépendante des latitudes et des
niveaux ; plus elle est terrestre et plus elle est sous l'influence de ces facteurs ; les
espèces saxicoles des roches dysgéogènes sont essentiellement les meilleures caractéristiques climatologiques.*

*Dans une contrée médiocrement étendue, les températures moyennes annuelles de
l'air, bien qu'étant une expression incomplète du climat, en sont cependant un élément assez prépondérant pour être en rapport constant et saisissable avec les principaux faits de phytostatique, tels que le cantonnement des groupes d'espèces les plus
australes, les plus boréales, les plus alpines.*

Les mêmes régions d'altitude ne sauraient offrir le même caractère végétal qu'autant qu'elles appartiennent à des zônes à-peu-près également eugéogènes ou dysgéogènes ; ces régions ne sont donc comparables entr'elles, quant à l'action des niveaux, qu'à terrain égal ; la région des plaines ne saurait presque jamais être légitimement assimilée aux régions supérieures établies pour les montagnes.

Indépendamment des trois principaux facteurs de dispersion signalés dans ce qui précède, il y a diverses causes qui circonscrivent l'aire des espèces en général ou de certaines espèces en particulier, ce sont : la limite fortuite, toute plante cessant quelque part ; la limite topographique, notamment les chaines de montagne ; la limite posée par l'extrème sociabilité de certaines espèces, etc. **D'autres causes au contraire** *étendent l'aire de dispersion, telles sont certaines facilités de transport mécanique à des époques contemporaines, historiques ou même géologiques. Ces diverses causes isolées ou combinées produisent certains faits de dispersion qui tout en obéissant aux exigences de la latitude, des niveaux et des terrains ne sont cependant pas exclusivement sous leur dépendance. Ces faits, dans une contrée limitée, peuvent être saillants et traverser en quelque sorte les généralités phytostatiques dues aux trois facteurs principaux ci-dessus ; mais ils sont presque toujours trop peu nombreux pour altérer profondément la physionomie de ces généralités.*

La flore et la végétation sont donc deux choses essentiellement différentes : la flore peut être riche et la végétation pauvre ou réciproquement. Les nombres d'espèces de chaque famille sont un mauvais criterium comparatif entre deux contrées voisines ; le rôle de chaque espèce, envisagée dans sa quantité de dispersion, doit être l'élément principal de cette comparaison. Une espèce caractéristique très-répandue modifie plus le tapis végétal qu'un grand nombre d'espèces rares. Des groupes d'espéces caractéristiques par région d'altitude peuvent représenter ou plutôt caractériser assez bien la composition relative du tapis végétal dans divers districts ; ces espèces doivent être prises parmi celles qui contrastent par leur présence, leur absence ou leur degré de dispersion entre les terrains et les niveaux différents.

Tous les faits de dispersion qu'a présenté notre champ d'étude s'expliquent par les principes que nous venons de récapituler. Ils sont tous essentiellement sous la dépendance de l'action combinée de la latitude, des niveaux et des propriétés physiques des roches soujacentes ; il n'y a d'exception, à ce dernier égard, que pour certains sels solubles dans l'eau, sels d'origine soit minérale, soit animale.

FIN DU TOME PREMIER.

TABLE DES MATIÈRES

DU PREMIER VOLUME.

INTRODUCTION. BUT DE CET ESSAI. SOURCES CONSULTÉES. PLAN DE L'OUVRAGE.

PREMIÈRE PARTIE. ÉTUDE DES ÉLÉMENTS DE LA STATION ET DE LA DISPERSION.

Chapitre premier. Caractéristique végétale.

Chapitre deuxième. Examen climatologique de la contrée.

Section III. Hygroscopicité, perméabilité, etc., des roches soujacentes.

§ 18. Roches inégalement hygroscopiques, les unes absorbantes, les autres non absorbantes, les unes plus sèches, les autres plus humides. Roches eugéogènes plus hygroscopiques ; rôle de l'alumine, objections et réponse. Recherches sur l'hygroscopicité de diverses roches ; tableau des hygroscopicités spécifiques des principales roches de la contrée ; leur division en cinq classes. Évaluation numérique des propriétés hygroscopiques des principaux massifs géologiques de la contrée : Jura, Aibe, Kaiserstuhl, Vosges, Schwarzwald, Vallées ; classification.

§ 19. Perméabilité en grand ; contrastes entre les montagnes cristallines et calcaires dans le développement des cours d'eau ; perméabilité extrême des calcaires secondaires. Roches perméables en grand et imperméables en grand ; exemples. Évaluations de M. Belgrand. Rapports entre la perméabilité des masses et la température des sources. Disposition habituelle des masses géologiques plus ou moins perméables dans la constitution des terrains.

§ 20. Accidentation des terrains en petit et configuration orographique en grand. Différences des roches eugéogènes et dysgéogènes à cet égard. Conséquences quant à la distribution des espèces saxicoles. Structure orographique et ordre plus ou moins régulier des affleurements ; son influence sur la dispersion.

§ 21. Conductibilité et facilité d'émission des roches pour le calorique ; leurs conséquences probables. Expériences de M. Forbes. Observation de M. Willkomm sur les granites de la Sierra-Morena.

§ 22. Rôle de la couleur des roches. Observation de M. de Humboldt. Essai d'une série d'expériences à ce sujet sur des roches de la contrée ; détails d'expériences ; tableau des résultats obtenus ; jusqu'à quel point ils sont applicables ; exemple tiré des vignobles salinois.

§ 23. Sols correspondant aux diverses roches soujacentes, pélogènes, psammogènes, etc. ; leurs propriétés ; rôle de l'eau comme sol ; plantes terrestres ; plantes aquatiques ; plus une plante est aquatique et moins elle a de rapports avec l'état des détritus minéraux qui entrent dans la composition du sol ; les espèces saxicoles sont les plus importantes à envisager dans la recherche des rapports entre la dispersion et les roches soujacentes.

Chapitre cinquième. Caractéristique générale de la contrée étudiée.

§ 24. Limites latitudinales. Altitudes générales des montagnes et des vallées. Régions d'altitude. Températures des divers dtstricts. — § 25. Terrains géologiques des diverses montagnes et vallées. — § 26. Composition chimique des diverses masses géologiques. — § 27. Leur état d'agrégation. — § 28. Leur hygroscopicité. — § 29. Leur perméabilité.

SECONDE PARTIE. DE LA VÉGÉTATION DU JURA ET DES CONTRÉES VOISINES.

Chapitre sixième, Classification des espèces.

§ 30. Nécessité de diviser les plantes de la contrée en groupes ou catégories pour pouvoir raisonner sur leur dispersion. Limites de la flore. Plantes aquatiques; plantes terrestres; espèces d'existences ou d'indigénat douteux ; plantes cultivées en grand ou en petit ; espèces introduites par les cultures ; ubiquistes, extra-jurassiques; jurassiques, région moyenne, montagneuse, alpestre. On ne doit envisager ces groupes que d'une manière très-générale. — Tableau des groupes d'espèces. *A*. Aquatiques plus dépendantes du sol. *B*. Extra-jurassiques des sols eugéogènes. *C*. Jurassiques des sols dysgéogènes. *D*. Aquatiques plus ubiquistes. *E*. Terrestres plus ubiquistes quant aux sols. *F*. Introduites par les cultures et l'habitation. *G*. Cultivées en grand

Chapitre septième. Le Jura.

Section I. Le Jura envisagé orographiquement et géologiquement

Section II. De la végétation et de la distribution des espèces dans le Jura.

Chapitre huitième. Comparaison du Jura avec les plaines sous-jurassiques.

Chapitre neuvième. Comparaison du Jura avec les Vosges et caractéristique végétale de ces dernières.

Chapitre dixième. Comparaison avec le Schwarzwald, l'Albe, le Kaiserstuhl, etc.

Chapitre onzième. Quelques mots de comparaison avec les Alpes.

TROISIÈME PARTIE. DE L'INFLUENCE DES ROCHES SOUJACENTES SUR LA DISPERSION.

Chapitre douzième. Contrastes en petit.

d'exemples pris sur toutes les lisières du Jura entre les terrains jurassiques dysgéogènes et les terrains vosgiens, hercyniens, molassiques, limoneux, etc. Lisière hercynienne, exemples 1 et 2; lisière alsatique, exemples 3 à 12; lisière suisse, exemples 13 à 15; lisière vosgienne, exemple 16; lisière occidentale française, exemples 17 à 21; autres exemples pris dans la Serre, le Dauphiné, la lisière sarde, le Kaiserstuhl, l'Albe, les blocs erratiques sous-jurassiques, la Côte-d'Or, exemples 22 à 28.

Chapitre treizième. De deux catégories de plantes.

§ 62. Deux catégories de plantes jouant le rôle principal dans les contrastes observés relativement à la dispersion des espèces dans toute la contrée. Deux groupes de 50 espèces. Groupe de l'*Orobus tuberosus*; groupe de l'*Orobus vernus*; rôle de ces groupes; autres espèces contrastantes de même genre; les plantes du premier groupe appartiennent à des stations fraiches ou humides; celles du second à des stations sèches. Plantes *hygrophiles* et plantes *xérophiles*: hygrophiles divisées en psammophiles et pélophiles.

Chapitre quatorzième. Si les différences de végétation correspondent à des différences de composition chimique dans les roches soujacentes.

§ 63. Comparaison sur une grande échelle, d'où il résulte que les contrastes de dispersion ne correspondent pas aux différences chimiques des terrains; qu'on les voit, au contraire, correspondre aux xérophiles et aux hygrophiles. — § 64. Comparaison au moyen des faits de détail conduisant au même résultat, série d'exemples; collines portlandiennes du Jura bernois; collines oolitiques du Jura occidental; terrains liassiques et keupériens de la Plaine lorraine; grèves calcaires et grèves siliceuses; calcaires coralliens compactes ou désagrégeables de l'Albe; terrain liassique de Grenoble; sables quarzeux de la plaine du Rhin; eurites et granites dans les Vosges; basaltes et dolérites du Kaiserstuhl; murs, aires à charbon, taupinées, tourbières. Il résulte de cette comparaison que la dispersion des espèces contrastantes ne se montre dans aucun rapport direct avec la composition des terrains. — § 65. On voit, au contraire, les xérophiles correspondre régulièrement aux terrains dysgéogènes et les hygrophiles aux eugéogènes. Parmi les facteurs principaux de l'état du sol (à altitudes et latitudes égales) son degré de division, sa profondeur et sa quantité d'humidité décident principalement de la ressemblance et de la dissemblance du tapis végétal, tandis que l'identité de composition chimique n'entraîne aucune identité à cet égard. Tableau général des facteurs de dispersion dans les diverses parties de la contrée. — § 66. Distribution des zônes d'hygrophiles et de xérophiles dans la contrée, Pl. I. Coupes phytostatiques représentant la dispersion des xérophiles, des psammophiles et des pélophiles, Pl. III.

Chapitre quinzième. Jusqu'à quel point les espèces contrastantes évitent les roches soujacentes qui ne conviennent pas à leur végétation.

§ 67. Première question; une espèce hygrophile pélique peut-elle vivre sur un sol dysgéogène, une xérophile sur un sol eugéogène pélique. Moins un sol pélique et plus un sol dysgéogène seront humides et plus ils pourront avoir d'espèces communes, leurs limites extrêmes repoussant toute communauté à cet égard. — § 68. Seconde question: une espèce hygrophile psammique peut-elle vivre sur un sol dysgéogène et réciproquement une xérophile sur un sol eugéogène psammique; solution au moyen d'exemples; comparaison entre un district de sables quarzeux à Haguenau et un district de calcaires portlandiens dans le Jura; Neuf-Brisach; rives du Léman; Belpberg près Berne. Il en résulte que les xérophiles des sols dysgéogènes vivent également sur les sols eugéogènes psammiques moyennant siccité convenable de ceux-ci, mais qu'au contaire les hygrophiles psammiques ne sauraient vivre sur les sols dysgéogènes. — § 69. Troisième question : une espèce hygrophile psammique peut-elle vivre sur un sol eugéogène pélique et une hygrophile pélique sur un sol psammique; comparaison entre la végétation d'une combe marneuse du Jura et celle d'un district sableux de la plaine rhénane; conclusion, que les espèces hygrophiles psammiques, à conditions égales d'humidité, ne s'accommodent pas des sols purement péliques, tandis que les espèces hygrophiles péliques peuvent vivre sur les sols psammiques.

§ 70. Les sols eugéogènes psammiques sont les seuls qui, à conditions égales d'humidité, offrent des conditions de vie suffisantes à toutes les espèces. Les sols dysgéogènes repoussent les espèces hygrophiles péliques et surtout les psammiques. Les sols eugéogènes péliques repoussent les xérophiles et les hygrophiles psammiques. Réserves à ces généralités; leur trait saillant est l'inaptitude des sols dysgéogènes aux plantes hygrophiles psammiques; les roches perpsammiques ne sont impropres à la végétation qu'en tant que trop meubles et non en tant que trop divisées. Sociabilité des espèces psammophiles sur sol psammique et ses conséquences. Quand un district psammique manque de certaines espèces d'un district dysgéogène adjacent, on n'est pas autorisé à conclure qu'elles sont repoussées par les propriétés du sol, si celui-ci est occupé par un grand développement des espèces qui s'en accommodent le mieux.

§ 71. Une contrée à sols psammogènes peut renfermer plus d'espèces qu'une contrée à sols dysgéogènes; réserves; kritter, crans et arènes des terrains psammiques; la pauvreté ou la richesse de la flore n'est pas en rapport avec la pauvreté ou la richesse de la végétation: aspect de celle-ci sur certains sols psammogènes.

§ 72. Des proportions d'influence du sol, de l'humidité et des altitudes; que la végétation est d'autant moins dépendante des altitudes qu'elle occupe des sols plus eugéogènes; rapport entre le nombre des plantes alpestres d'une combe oxfordienne et d'un crêt corallien; comparaison entre le nombre des plantes montagneuses d'une haute tourbière et celui des terrains compactes ambiants; qu'il y a, à altitude égale, beaucoup plus d'espèces montagneuses et alpestres sur les rochers que dans les lieux aquatiques; que l'influence des altitudes est à son maximum chez les plantes saxicoles; que la masse des espèces communes des plaines s'élève plus haut dans les montagnes eugéogènes que dans les dysgéogènes; que le tapis végétal des dernières est nécessairement plus différent de celui des plaines que ne l'est celui des premières; réserves relatives aux espèces de la contrée considérées dans d'autres climats. Conclusion, que dans une contrée donnée, toutes choses égales quant au climat, le sol joue un rôle principal dans la dispersion des espèces possibles sous ce climat, et que, tout pareil d'ailleurs quant au sol, le climat est l'élément prépondérant dans la dispersion des espèces viables sur ce sol.

§ 73. Plantes préférentes et adhérentes; les xérophiles sont préférentes des sols dysgéogènes, mais probablement jamais exclusivement adhérentes; les hygrophiles sont en général préférentes à l'égard des sols eugéogènes et, parmi elles, les psammophiles particulièrement adhérentes aux sols psammogènes; le tout, non par rapport à telle ou telle roche chimiquement déterminée, mais par rapport à tel ou tel mode de désagrégation.

Chapitre seizième. De quelques caractères des hygrophiles et des xérophiles, puis de la végétation sur sol eugéogène et sur sol dysgéogène.

§ 73. L'auteur ne donne ce qui va suivre que comme des aperçus qu'il invite à vérifier. — Il règne parmi les plantes des terrains eugéogènes une plus grande diversité que parmi celles des dysgéogènes; l'aspect de la végétation sur sol eugéogène est plus uniforme à cause du rôle plus développé des espèces sociales; on y voit une plus grande mobilité et une moindre fixité dans la dispersion; les espèces communes des plaines y sont plus répandues et y atteignent de plus fortes altitudes.

§ 73 *bis.* Le tapis végétal sur sol dysgéogène est formé, en moyenne, d'espèces qui s'avancent moins vers le nord que celles qui constituent le tapis végétal sur sol eugéogène; établissement de ce fait au moyen de groupes caractéristiques du Jura, de ses lisières, de l'Albe, des Vosges et du Schwarzwald ; chiffres représentatifs des aptitudes d'extension vers le nord de la végétation de ces divers districts; conclusion, que la végétation des zônes dysgéogènes est plus méridionale que celle des zônes eugéogènes.

§ 74. Que les hygrophiles ou plantes préférentes des sols eugéogènes appartiennent en beaucoup plus grand nombre que les xérophiles aux classes inférieures de la série végétale; établissement de ce fait au moyen des groupes du chapitre VI; constatation du fait dans divers districts; plaines et montagnes du Doubs d'après M. Grenier; molasses et calcaires jurassiques du canton de Neuchâtel d'après M. Godet; molasses du canton de Zurich d'après M. Kölliker ; flore lyonnaise d'après Balbis; plantes vosgiennes non jurassiques d'après M. Kirschleger; plantes des terrains calcaires et des cristallins de Lorraine d'après M. Godron; plantes de la plaine rhénane, puis des collines calcaires sous-vosgiennes et sous-hercyniennes de MM. Kirschleger et Spenner; plantes des terrains calcaires et des primitifs des Alpes du Tyrol d'après M. Unger; résultats moyens, que le chiffre des familles inférieures est plus fort sur les sols eugéogènes que sur les dysgéogènes; la prédominance des hygrophiles va en augmentant à mesure qu'on descend la série végétale; ce résultat conforme à celui de M. de Brébisson dans le Calvados et de M. Heer dans le Glaris; développement moindre des endogènes phanérogames dans les altitudes supérieures; constaté à la Fibia, au Reculet; développement moindre des endogènes phanérogames aux hautes latitudes; rôle possible des terrains dans ces sortes de faits; îles Loffoden, etc. de M. Martins. Ordre de perfection de la série végétale; évolution graduelle selon M. Gérard.

§ 75. Racines et germination en rapport avec les propriétés mécaniques du sol; obstacles ou facilités qu'il leur présente; exigences de température des racines, M. Dove; rapports entre le mode d'agrégation et de puissance du sol et ces exigences; classification des racines. — § 76. Qu'il y a plus d'espèces à racines non perennantes sur sol eugéogène que sur dysgéogène, Vosges et Jura comparés à cet égard ; que les plantes non perennantes du Jura croissent elles-mêmes sur les plus eugéogènes de ses sols; examen de quelques familles de la flore lorraine au même point de vue; examen pareil des énumérations de M. de Mohl pour le Wurtemberg; des groupes de M. de Brébisson pour la Basse-Normandie. — § 77. Qu'il y a plus de plantes à racines pivotantes et fibreuses sur sol eugéogène, plus à racines rampantes sur dysgéogène; établissement de ce fait au moyen des groupes du chapitre VI; sa constatation sur les groupes caractéristiques vosgiens et jurassiques; les essais relatifs à l'ensemencement des espèces psammiques viennent à l'appui.

§ 78. Prédominance du développement des feuilles radicales sur sol dysgéogène et des caulinaires sur sol eugéogène; plantes rhizophylles et plantes thyrsophylles; qu'une espèce est d'autant plus rhizophylle qu'elle croit dans un lieu plus découvert; démonstration au moyen des groupes du chapitre XVI. — § 79. Axe des plantes plus vertical sur sol eugéogène; essai de démonstration. — § 80. Ramification plus développée sur sol eugéogène; essai de démonstration. — § 81. Taille des végétaux plus élevés sur sol eugéogène; essai de démonstration, exceptions; luxuriance herbacée, moindre vigueur du ligneux, moindre longévité sur sol eugéogène; végétation sur les molasses suisses; renseignements sylvicoles et économiques.

§ 82. Récapitulation des caractères ci-dessus; sur les terrains eugéogènes la végétation est plus froide, plus humide, plus commune, plus boréale et plus sociale; les familles inférieures, les racines profondes et divisées, la taille élevée, la luxuriance herbacée, etc., y dominent; les terrains dysgéogènes offrent les caractères opposés.

§ 82 *bis*. Etablissement final des groupes d'hygrophiles et de xérophiles avec leurs subdivisions; hygrophiles en général, plus péliques, plus psammiques; indifférentes plus hygrophiles, plus xérophiles; xérophiles en général, plus péliques, plus psammiques, extrêmes; hygrophiles et xérophiles dans les altitudes montagneuses; hygrophiles des stations sèches et xérophiles des stations humides quant aux facteurs extérieurs au sol; que les hygrophiles et les xérophiles sont essentiellement telles relativement au sol. Classification des groupes. Enumération de leurs espèces.

§ 82 *ter*. Rôle général des hygrophiles, des xérophiles, etc., en phytostatique comme caractéristique des terrains et des climats; cinq principes à cet égard.

§ 451. Tous les faits signalés dans la revue précédente sont de même nature que ceux de nos contrées, s'expliquent de la même manière et roulent le plus souvent sur les mêmes espèces. En s'avançant vers le nord, les mêmes xérophiles exigent des terrains de plus en plus secs et dysgéogènes, tandis que les mêmes hygrophiles se contentent de sols moins eugéogènes, la psammicité demeurant toutefois la condition indispensable aux psammophiles. Au contraire, en marchant vers le sud, les mêmes xérophiles s'accommodent de terrains de moins en moins dysgéogènes, avec la même réserve relativement aux plantes psammophiles. Il est infiniment probable que pour la majeure partie de l'Europe centrale et même boréale, les mêmes groupes d'espèces pourront servir à caractériser les terrains. Avenir prochain de la phytostatique.

Chapitre dix-neuvième. Que les données fournies par l'agriculture militent également en faveur de la prépondérance des propriétés physiques des roches soujacentes.

§ 452. Qualités des sols principalement dépendantes des propriétés physiques; substances composantes.—§ 455. Divisions des sols admises en agriculture, MM. Hundeshagen et Thiolière. —§ 454. Germination, amendements révélant l'importance des propriétés physiques.—§ 455. Alternance; jusqu'à quel point elle milite en faveur de l'influence chimique des roches soujacentes; alternance naturelle résultant de causes d'autre nature; alternance des hêtres et sapins due à un jeu d'ombre et de lumière, M. Marchand. — § 456. Analyse des terres végétales, ce qu'elle révèle; conclusions de M. Berthier; conclusions de M. Sauvanaud tendant à nier totalement l'importance de la composition chimique de la partie minérale du sol et à considérer uniquement ses propriétés mécaniques.

Chapitre vingtième. Quelques mots relatifs à l'action des roches soujacentes sur la dispersion des cryptogames.

§ 457. Aspects contrastants de la végétation cryptogamique dans le Jura et les Vosges; plus grand développement des cryptogames sur sol eugéogène; reconnu par M. de Brébisson dans le Calvados ; établi pour les lichens des Vosges et des Collines lorraines au moyen de l'Énumération de M. Mougeot ; établi pour les mousses dans le même district ; établi par la comparaison des mousses suisses de M. Lesquereux entre le Jura et les Vosges.

§ 158. Qu'il se passe donc chez les cryptogames des faits de dispersion relativement aux roches soujacentes analogues à ceux que présentent les phanérogames ; influence chimique ou mécanique des roches soujacentes envisagées en grand comme terrain, ou en petit comme supports ; indifférence de la nature chimique du support ; importance de ses reliefs, de son mode de désagrégation superficielle, de son degré d'hygroscopicité ; nouvel exemple relatif à la *Lecidea geographica* ; cryptogames des blocs erratiques, conséquences géologiques possibles ; action des cryptogames eux-mêmes sur les roches. Qu'en résumé les faits de phytostatique offerts par les cryptogames paraissent susceptibles de la même solution que ceux relatifs aux phanérogames.

Chapitre vingt-unième. Conclusions principales.

§ 159. Récapitulation des principes de pytostatique auxquels conduit l'étude de la contrée, notamment en ce qui concerne l'influence des roches soujacentes.

TABLE DES DONNÉES PRINCIPALES (1).

Tableau des observateurs, pages 7 et suivantes. — *Sources consultées, pages 12 et suivantes* (2). — Tableau des données météorologiques, page 37. — Températures moyennes des diverses parties de la contrée, pages 41 et suivantes. — Décroissance dans les montagnes, pages 49 et suivantes. — *Division de la contrée en cinq climats, page 52, Pl. II.* — Tableau relatif à la température des sources, pages 49 à 62.

Caractère des régions d'altitude dans le Jura, p. 77 et 171.

Classification chimique et physique des roches soujacentes, p. 88 à 95 et suiv. Pl. I. — Tableau de l'hygroscopicité des diverses roches, p. 100 et suiv. — Tableau des aptitudes d'échauffement de diverses roches selon leurs couleurs, p. 111.

Classification des espèces relativement au Jura, etc., p. 151 et suiv.—B. extra-jurassiques, p. 155. — C. *jurassiques, p. 156 et suiv.* — Énumération d'espèces se rapportant aux accidents orographiques , p. 161.—*Groupes caractéristiques des altitudes dans le Jura, p. 171 et suiv.*—Dispersion détaillée du sapin, de l'épicéa, de la grande-gentiane, de l'alchimille, p. 182 et suiv., du buis, p. 191, de la vigne, p. 195.—Marche des espèces dans le Jura avec les altitudes, p. 186 et suiv., avec la latitude, p. 189 et suiv.

Groupes caractéristiques dans la vallée du Rhin, p. 201 et suiv.— Le Bassin suisse, p. 204, 207.—La vallée de la Saône, p. 210.

Plantes jurassiques différentielles avec les Vosges, p. 220, vosgiennes différentielles avec le Jura, p. 225. — *Groupes caractéristiques vosgiens, p. 227.*

Groupes caractéristiques du Schwarzwald, p. 255,—de l'Albe, p. 256,—du Kaiserstuhl, p. 241. Exemples de contrastes en petit, p. 253. — *Groupes de plantes contrastant en grand, hygrophiles*

---

(1) Cet volume renferme un certain nombre de tableaux et d'énumérations à consulter dans le courant de la lecture et qu'on aimera à retrouver aisément ; nous les réunissons ici en indiquant en *italique* les plus importants.

(2) Voir aussi les additions à la fin du second volume.

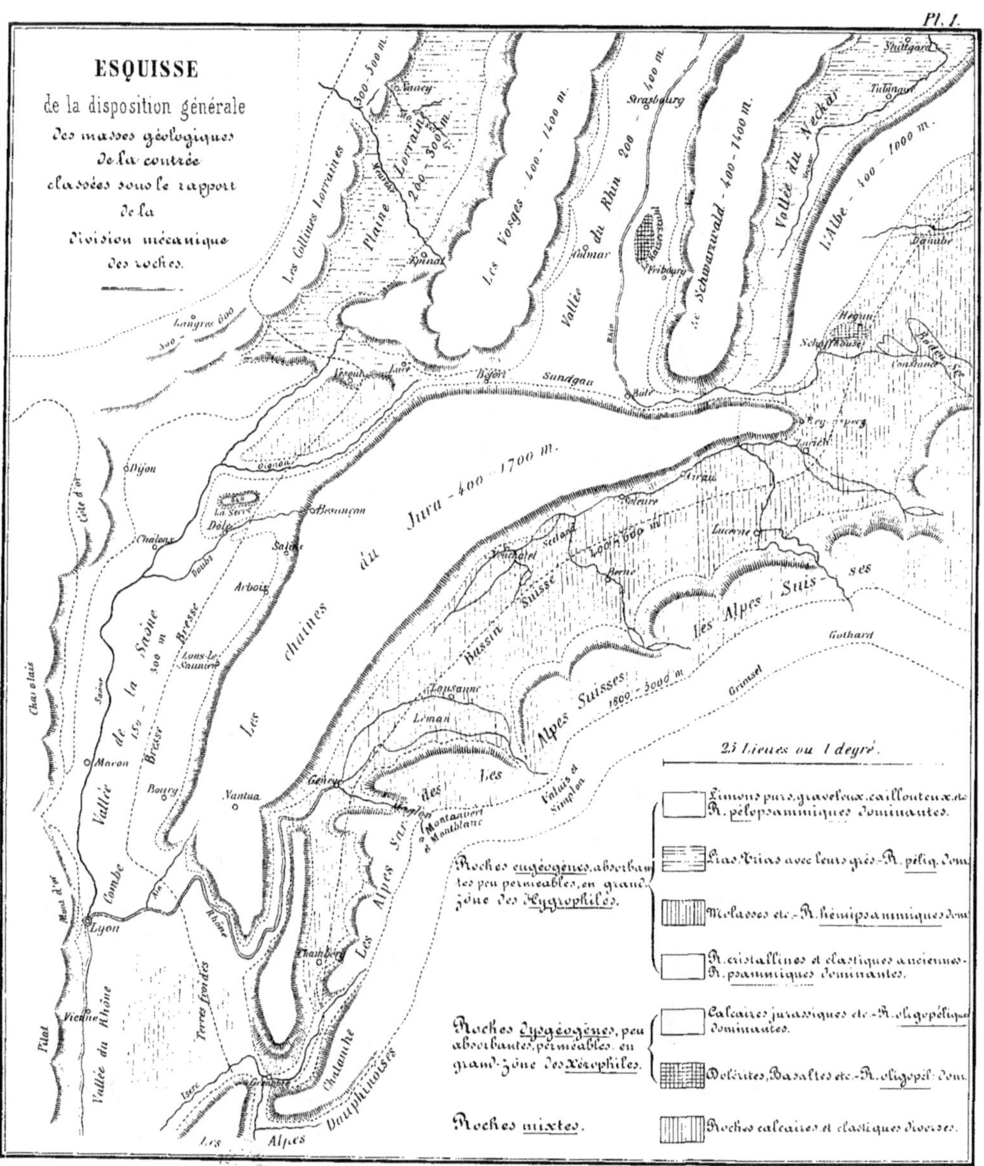

Pl. I.
ESQUISSE
de la disposition générale
des masses géologiques
de la contrée
classées sous le rapport
de la
division mécanique
des roches.
Stuttgard
Nancy
Tubingen
Strasbourg
Vallée du Neckar
300-500 m.
Plaine Lorraine
200-300 m.
Les Vosges 400-1400 m.
Vallée du Rhin 200-400 m.
le Schwarzwald 400-1400 m.
L'Albe 400-1000 m.
Épinal
Colmar
Kaiserstuhl
Fribourg
Vallée
Rhin
Danube
Langres 600
Les Collines Lorraines
Hegau
Schaffhouse
Constance
Vallée Sce
500
Issoul Jura
Dijon
Sundgau
Bâle
Côte d'or
Dijon
Oignon
Bry ......pers
Zurich
Aarau
Jura - 400 - 1700 m.
Soleure
Lucerne
La Serre
Dole
Châlons
Besançon
Doubs
Neuchâtel
Seland
Bienne
1000-1600 m.
Les Alpes Suis- - ses
Saône
Arbois
Les chaînes du
Bassin Suisse
Gothard
Bresse
300 m.
Lons-le-Saunier
Vallée de la Saône 150-300 m.
Les
Alpes Suisses
1800 - 3000 m.
Grimsel
Chalolais
Saône
Lausanne
Léman
25 Lieues ou 1 degré.
Maron
Bresse
Les Alpes
Bourg
Nantua
Genève
Aiglon
des
Valais et Simplon
Montanvert
et Montblanc
Mont d'or
Combe
Ain
Rhône
Roches eugéogènes, absorbantes peu perméables, en grand
zône des Hygrophiles.
Limons purs, graveleux, caillouteux &c.
R. pélopsammiques dominantes.
Lias Trias avec leurs grès - R. pélig. dom.
Molasses etc - R. hémipsammiques dom.
Lyon
Chambéry
Vienne
Terres froides
Vallée du Rhône
Les Alpes sur
Chataube
Dauphinoises
R. cristallines et clastiques anciennes -
R. psammiques dominantes.
Calcaires jurassiques etc - R. oligopélig.
dominantes.
Roches dysgéogènes, peu
absorbantes, perméables, en
grand zône des Xérophiles.
Pilat
Isère
Grenoble
Isère
Alpes
Roches mixtes.
Dolérites, Basaltes etc - R. oligopél. dom.
Roches calcaires et clastiques diverses.

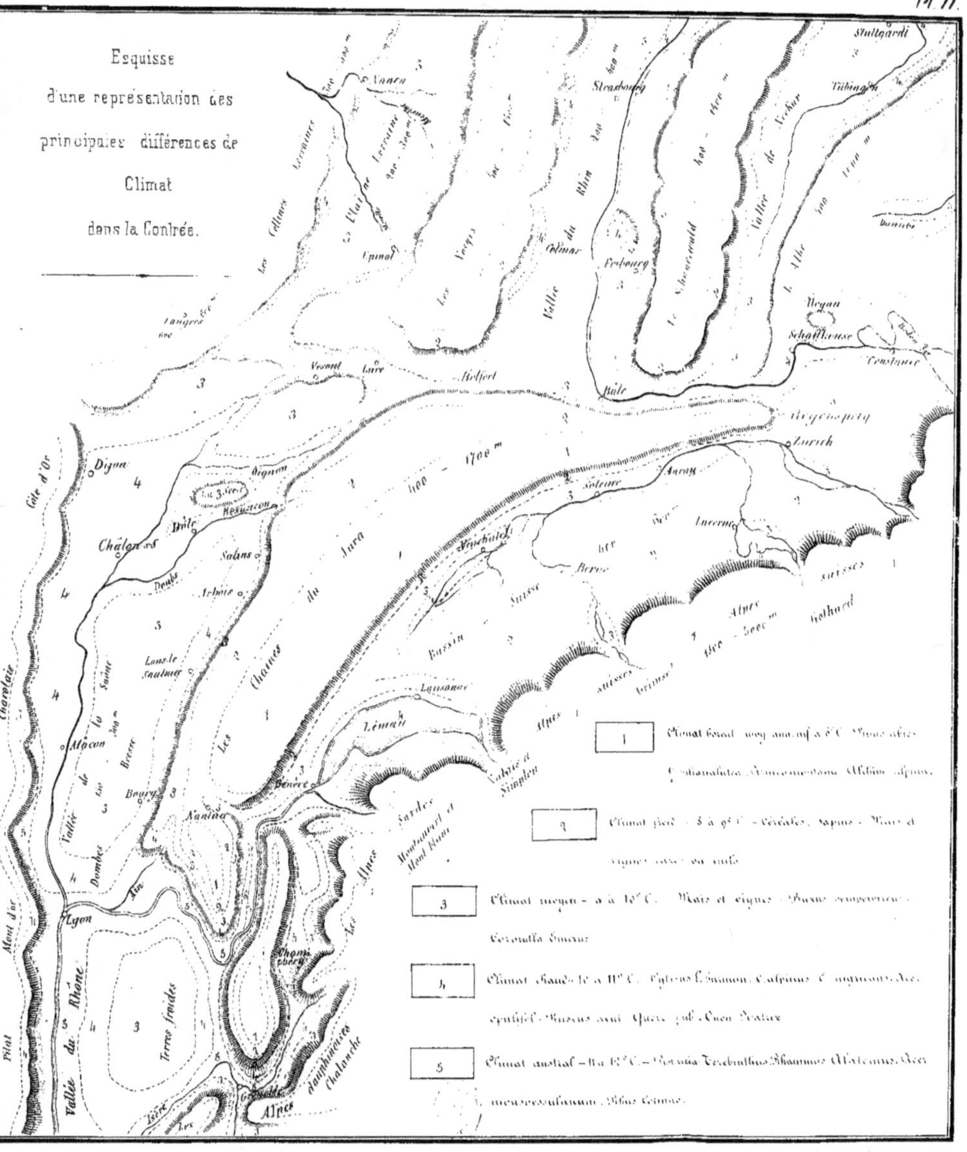

Esquisse
d'une représentation des
principales différences de
Climat
dans la Contrée.
Stuttgardt
Strasbourg
Tübingen
Vallée de Necker
Vanen
Lorraine
Vallée du Rhin
Epinal
Les Vosges
Colmar
Fribourg
Schwarzwald
Neyau
Schaffhouse
Constance
Langres
Vesoul
Laure
Belfort
Bâle
Regensberg
Zurich
Dijon
Côte d'Or
Bignon
Aarau
Soleure
Besançon
Dôle
Jura
Neuchâtel
Lucerne
Châlons
Salins
Berne
Arbois
Doubs
Suisse
Alpes
Gothard
Lons-le-Saulnier
Les Chaînes du Jura
Bassin
suisses
Grimsel
Lausanne
Léman
Alpes
Mâcon
Cabale à Simplon
Bourg
Sardes
Nantua
Montanvert et Mont Blanc
Ain
Les Alpes
Lyon
Chamb. berg
Mont d'Or
Terres froides
Chalanche
Pilat
Vallée du Rhône
dauphinoises
Isère
Les Alpes
400   1700 m
600
1100 m
1   Climat boréal
2   Climat froid
3   Climat moyen
4   Climat chaud
5   Climat austral

Coupe est-ouest par l'Albe, le Schwarzwald et les Vosges.

Collines Lorraines. Plaine Lorraine. Vosges. Vallée du Rhin. Kaiserstuhl. Schwarzwald. V. d. Neckar. Albe de Souabe. C. Danube.

Coupe nord-sud par le Schwarzwald et le Jura argovien.

Collines du Bassin suisse. Jura argovien. Rhin près Sæckingen. Schwarzwald.

Coupe nord-sud par les Vosges et le Jura Neuchâtelois.

Collines du Bassin suisse. Lac de Neuchâtel. Jura neuchâtelois et bisontin. Vallée de Belfort à Villersexel. Vosges.

Coupe est-ouest par la Côte d'Or et le Léman.

Charolais, etc. Vallée de la Saône. Jura bressan et vaudois. Collines du Bassin suisse. Lac Léman.

Configurations orographiques des chaînes du Jura.

1   2   3   4   5

6   7   8   9   10

Roch. eugéog. péliques. Hygr. péliq | R. eug. pélopsm. Hygr. pl. et pm. | R. eug. psm. domin. Hygr. psm. | R. dysgéogènes Xérophiles.